Especialista en aplicación de revestimientos industriales

Nivel dos

Guía del estudiante
Primera edición

PEARSON

Boston Columbus Indianapolis New York San Francisco Upper Saddle River
Amsterdam Cape Town Dubai London Madrid Milan Munich Paris Montreal Toronto
Delhi Mexico City Sao Paulo Sydney Hong Kong Seoul Singapore Taipei Tokyo

NCCER

Presidente: Don Whyte
Directora de desarrollo de productos: Daniele Stacey
Gerente de proyecto de Especialista en aplicación de revestimientos industriales: Jennifer Wilkerson
Gerente de producción: Tim Davis
Coordinadora de control de calidad: Debie Ness
Editores: Rob Richardson, Chris Wilson
Coordinador de Autoedición: James McKay
Asistente de producción: Laura Wright, Megan Casey

A NCCER le gustaría agradecer al proveedor contratista de servicios por este currículo: Topaz Publications, Syracuse, New York.

Servicios de traducción del texto al español provistos por: Trusted Translations, Inc., Falls Church, VA.

10 9 8 7 6 5 4 3 2 1

PEARSON

ISBN 13: 978-0-13-352725-4

Prefacio

Para el alumno

¡Felicitaciones! Si está realizando un entrenamiento mediante un Patrocinador acreditado de NCCER, ha completado con éxito Especialista en aplicación de revestimientos industriales, nivel uno. Ahora está bien preparado para el entrenamiento en habilidades de revestimiento más específicas.

En este nivel, aprenderá acerca de cómo identificar diferentes tipos de corrosión; los pasos que se deben seguir para ejecutar un plan de trabajo; y cómo construir un equipo de contención seguro y adecuado para aplicaciones específicas. También ampliará su conocimiento de preparaciones de superficies, revestimientos industriales y aplicaciones de revestimientos.

Y lo más importante: aprenderá a trabajar de manera independiente y, por lo tanto, pasará más tiempo demostrando sus habilidades y comprendiendo los conceptos presentados en este texto.

Le deseamos éxito a lo largo de este programa de entrenamiento. Si tiene comentarios acerca de cómo podría NCCER mejorar este texto, complete y envíe el formulario de actualización del usuario ubicado al final de cada módulo y envíenoslo. Siempre tendremos en cuenta y responderemos a las sugerencias de nuestros clientes.

Lo invitamos a visitar el sitio web de NCCER en **www.nccer.org**, el cual cuenta con información sobre los lanzamientos de productos y entrenamientos más recientes, así como versiones en línea de nuestro boletín informativo *Cornerstone* y el catálogo de productos de Pearson.

Nos interesa recibir sus comentarios. Puede enviarnos sus comentarios a **curriculum@nccer.org** o enviar comentarios y consultas generales a **info@nccer.org**.

Currículo estandarizados de NCCER

NCCER es una fundación educacional sin fines de lucro 501(c)(3) establecida en 1995 por las compañías de construcción más progresivas y grandes del mundo y por asociaciones nacionales de construcción. Se fundó para acudir la falta de fuerza laboral severa en la industria y para desarrollar un proceso de entrenamiento y currículo estandarizado. Hoy día, NCCER recibe apoyo de cientos de compañías de construcción y mantenimiento, de la manufactura, y de asociaciones nacionales. Los curriculos estandarizados de NCCER se desarrolló por NCCER en conjunto a Pearson Education, Inc., la compañía publicadora de editorial educativo más grande en el mundo.

Algunas características de los curriculos estandarizados de NCCER son las siguientes:

- Un récord de éxito comprobado por la industria
- Currículos desarrollados por la industria para la industria
- La estandarización nacional de las destrezas aprendidas y créditos educacionales, proveyendo credenciales portátiles
- Cumplimiento con los requisitos de programas de aprendizaje, entrenamiento, de empleadores y de Servicios Laborales (CFR 29:29)
- Bien ilustrada, actualizada e información práctica

NCCER también mantiene un Registro Nacional que provee transcripciones, certificados y tarjetas (o carnés) a aquellos individuos que hayan completado y pasado módulos de los curriculos estandarizados de NCCER. *Los programas de entrenamiento deben ser provistos por algún patrocinador acreditado por NCCER para recibir dichas credenciales.*

NACE International

NACE International cuenta con más de 25.000 miembros en 100 países que conforman una red de conocimientos de tecnologías de control de la corrosión. El programa más grande de NACE es el Programa de inspector de revestimientos de NACE, que proporciona entrenamiento integral y certificación para inspectores de revestimientos que con frecuencia trabajan junto con los aplicadores para garantizar el éxito prolongado de los sistemas de revestimientos protectores. A los aplicadores de pintura que estén evaluando pasar al campo de inspección de revestimientos se los alienta a considerar el entrenamiento y la certificación de inspección de revestimientos, que se describe en **www.nace.org**. NACE International también es líder en el desarrollo de normas escritas para la industria de los revestimientos, a las que pueden acceder sin cargo los miembros de la NACE en **www.nace.org.**

Currículos Estandarizados de NCCER

Los programas de entrenamiento de NCCER comprenden más de 80 áreas de construcción, mantenimiento y tuberías e incluyen evaluación de habilidades, entrenamiento en seguridad y educación gerencial.

Boilermaking
Cabinetmaking
Carpentry
Concrete Finishing
Construction Craft Laborer
Construction Technology
Core Curriculum: Introductory Craft Skills
Drywall
Electrical
Electronic Systems Technician
Heating, Ventilating, and Air Conditioning
Heavy Equipment Operations
Highway/Heavy Construction
Hydroblasting
Industrial Coating and Lining Application Specialist
Industrial Maintenance Electrical and Instrumentation Technician
Industrial Maintenance Mechanic
Instrumentation
Insulating
Ironworking
Masonry
Millwright
Mobile Crane Operations
Painting
Painting, Industrial
Pipefitting
Pipelayer
Plumbing
Reinforcing Ironwork
Basic Rigger
Intermediate Rigger
Advanced Rigger
Scaffolding
Sheet Metal
Signal Person
Site Layout
Sprinkler Fitting
Tower Crane Operator
Welding

Green/Sustainable Construction

Building Auditor
Fundamentals of Weatherization
Introduction to Weatherization
Sustainable Construction Supervisor
Weatherization Crew Chief
Weatherization Technician
Your Role in the Green Environment

Energy

Alternative Energy
Introduction to the Power Industry
Introduction to Solar Photovoltaics
Introduction to Wind Energy
Power Industry Fundamentals
Power Generation Maintenance Electrician
Power Generation I&C Maintenance Technician
Power Generation Maintenance Mechanic
Power Line Worker
Power Line Worker: Distribution
Power Line Worker: Substation
Power Line Worker: Transmission
Solar Photovoltaic Systems Installer
Wind Turbine Maintenance Technician

Pipeline

Control Center Operations, Liquid
Corrosion Control
Electrical and Instrumentation
Field Operations, Liquid
Field Operations, Gas
Maintenance
Mechanical

Safety

Field Safety
Safety Orientation
Safety Technology

Management

Fundamentals of Crew Leadership
Project Management
Project Supervision

Supplemental Titles

Applied Construction Math
Careers in Construction
Tools for Success

Spanish Translations

Rigging Fundamentals (Principios Básicos de Maniobras)
Carpentry Fundamentals (Introducción a la Carpintería, Nivel Uno)
Carpentry Forms (Formas para Carpintería, Nivel Trés)
Concete Finishing, Level One (Acabado de Concreto, Nivel Uno)
Core Curriculum: Introductory Craft Skills (Currículo Básico: Habilidades Introductorias del Oficio)
Drywall, Level One (Paneles de Yeso, Nivel Uno)
Electrical, Level One (Electricidad, Nivel Uno)
Field Safety (Seguridad de Campo)
Insulating, Level One (Aislamiento, Nivel Uno)
Masonry, Level One (Albañilería, Nivel Uno)
Pipefitting, Level One (Instalación de Tubería Industrial, Nivel Uno)
Reinforcing Ironwork, Level One (Herreria de Refuerzo, Nivel Uno)
Safety Orientation (Orientación de Seguridad)
Scaffolding (Andamios)
Sprinkler Fitting, Level One (Instalación de Rociadores, Nivel Uno)

Reconocimientos

Este currículo pudo ser revisado gracias a la visión y el liderazgo de los siguientes patrocinadores:

Basic Industries
Brand Energy
International Paint
Greenman-Pedersen, Inc.
Altus Energy Services

Este currículo existe gracias a la dedicación y energía generosa de los voluntarios que participaron del equipo de autores. Nuestro más sincero agradecimiento a:

Kat Coronado
Thomas Gibbons
David Hurtado
Richard McGinty
Cathey Perkins
Chester Ramírez
Gil Rogers
John Troeger

Entidades Patrocinadoras de NCCER

American Fire Sprinkler Association
Associated Builders and Contractors, Inc.
Associated General Contractors of America
Association for Career and Technical Education
Association for Skilled and Technical Sciences
Carolinas AGC, Inc.
Carolinas Electrical Contractors Association
Center for the Improvement of Construction Management and Processes
Construction Industry Institute
Construction Users Roundtable
Design Build Institute of America
Manufacturing Institute
Merit Contractors Association of Canada
Metal Building Manufacturers Association
NACE International
National Association of Minority Contractors
National Association of Women in Construction
National Insulation Association
National Ready Mixed Concrete Association
National Technical Honor Society
National Utility Contractors Association
NAWIC Education Foundation
North American Technician Excellence
Painting & Decorating Contractors of America
Portland Cement Association
SkillsUSA
Steel Erectors Association of America
U.S. Army Corps of Engineers
University of Florida
Women Construction Owners & Executives, USA

Socios comerciales de NCCER

ACT
ProV
Pearson
Judgment Index
NACB
ConstructNet International

Índice

ES69201-10
Seguridad al trabajar con revestimientos industriales 1.i

Describe las normas y las reglamentaciones de seguridad, el control de acceso y los requisitos de equipos de protección personal y entrenamiento. Cubre los procedimientos de toma de decisiones relativos a la seguridad. (30 horas)

ES69202-10
Protección contra la corrosión 2.i

Enseña los elementos de la corrosión de concreto y metales y describe la química de la corrosión. (5 horas)

ES69203-10
Planificación del trabajo y control de calidad 3.i

Explica cómo seguir y ejecutar un plan de trabajo. Cubre los cálculos de área y de razones y explica cómo determinar las razones de COV cuando se agregan diluyentes. Explica los efectos de la presión, el volumen y la temperatura en la preparación de las superficies y la aplicación. (25 horas)

ES69204-10
Contención 4.i

Describe los tipos de contención apropiados para las diversas aplicaciones de revestimientos y preparación de superficies, incluidas las normas y la verificación. También cubre el armado y la reparación de las contenciones. (60 horas)

ES69205-10
Preparación de superficies, nivel dos 5.i

Explica cómo identificar la condición de la superficie de sustratos comunes. Proporciona entrenamiento específico para diferentes tipos de equipos de preparación de superficies. Describe los procesos y equipos de prueba para inspección y documentación. (80 horas)

ES69206-10
Revestimientos industriales, nivel dos 6.i

Trata de las propiedades físicas de diferentes revestimientos, incluidos los convertibles y los no convertibles. También cubre los mecanismos básicos de curado y los métodos de formación de película. (20 horas)

ES69207-10
Aplicación de revestimientos, nivel dos 7.i

Cubre la configuración, el mantenimiento y el desensamblaje de equipos de rociado con aire convencionales, sin aire, sin aire asistidos por aire y HVLP, incluidas las pruebas y la documentación. También cubre los revestimientos adicionales y explica cómo usar medidores de espesor de película húmeda y seca. (100 horas)

Glosario G.1

Seguridad al trabajar con revestimientos industriales

ES69201-10

Este mapa del curso muestra todos los módulos de *Especialista en aplicación de revestimientos industriales, nivel dos.* El orden de entrenamiento sugerido comienza desde la parte inferior y avanza hacia la parte superior. Los niveles de habilidad se incrementan a medida que avanza en el mapa del curso. El Patrocinador local del Programa de entrenamiento puede modificar el orden del entrenamiento.

Objetivos

Cuando haya completado este módulo, el alumno podrá hacer lo siguiente:

1. Identificar los cuerpos que reglamentan la salud y la seguridad respecto de los trabajos de preparación de superficies y revestimientos.
2. Determinar los requisitos de acceso a estructuras que necesitan trabajo de revestimiento.
3. Identificar procedimientos de bloqueo y etiquetado específicos del sitio y demostrar la verificación del bloqueo.
4. Seleccionar el sistema de prevención de caídas adecuado según las condiciones del lugar de trabajo.
5. Reconocer equipos y dispositivos intrínsecamente seguros y a prueba de explosiones.
6. Identificar los equipos de protección personal (EPP) adecuados para las operaciones de preparación de superficies, mezcla y dilución de revestimientos, y aplicación de revestimientos.
7. Describir procedimientos de seguridad relacionados con lo siguiente:
   - Limpieza previa
   - Limpieza de herramientas manuales y con fuente de energía
   - Limpieza abrasiva seca y húmeda
   - Hidrolavado a presión ultraalta
   - Decapado químico
   - Perturbación de revestimientos con contenido de metales tóxicos
   - Manejo, almacenamiento y eliminación de materiales, y minimización de desechos
   - Operaciones de mezcla, dilución y aplicación de revestimientos

Términos clave del oficio

Accidentes
Anclaje
Andamiajes
Andamiaje colgante de dos puntos
Aparato
Arco
Arnés de cuerpo entero
Bloqueo
Bordes que sobresalen
Caída libre
Clasificación de servicio
Combustible
Con puesta a tierra
Conectores
Cuerda de seguridad autorretráctil
Cuerda salvavidas
Cumplimiento
Decibeles (dB)
Deficiente en oxígeno
Dispositivo de aislamiento de energía
Dispositivos de bloqueo
Dispositivos de etiquetado
Efecto agudo
Efecto crónico
Enriquecida en oxígeno
Espacio cerrado
Espacio cerrado que requiere permiso
Espacio cerrado que no requiere permiso
Exposición aguda
Exposición crónica
Estándar de Comunicación de Peligros (HazCom)
Etiquetado
Fuente de energía
Herramientas con fuente de energía
Herramientas de impacto
Herramientas eléctricas
Herramientas neumáticas
Hipotermia
Hoja de datos de seguridad de materiales (MSDS)
Interruptor de circuito con falla a tierra (GFCI)
Líneas de vida
Peligros atmosféricos
Persona competente
Plan de mejores prácticas
Plataformas
Protecciones
Sílice
Sistema personal de detención de caídas
Unión

Prerrequisitos

Antes de comenzar con este módulo, se recomienda que haya completado con éxito *Especialista en aplicación de revestimientos industriales, nivel uno.*

Índice

Los temas que vamos a presentar en este módulo comprenden:

1.0.0 Introducción ... 1.1
1.1.0 Organizaciones industriales y gubernamentales relacionadas con la seguridad ... 1.1
1.1.1 OSHA ... 1.3
1.1.2 EPA ... 1.4
1.2.0 Piezas, materiales y equipos falsos y de imitación ... 1.5
2.0.0 Componentes básicos de un programa de seguridad ... 1.6
2.1.0 Declaración de políticas ... 1.6
2.2.0 Abuso de drogas y alcohol ... 1.6
2.3.0 Reglas de seguridad ... 1.7
2.4.0 Entrenamiento de seguridad ... 1.7
2.5.0 Respuesta ante emergencias ... 1.7
2.6.0 Investigación de accidentes ... 1.8
2.7.0 Mantenimiento de registros ... 1.8
2.8.0 Mejores prácticas ... 1.9
2.9.0 Pautas para que el lugar de trabajo sea seguro ... 1.9
2.10.0 Programa HazCom ... 1.9
2.10.1 Peligros químicos ... 1.10
2.11.0 Hojas de datos de seguridad de materiales (MSDS) ... 1.12
2.12.0 Equipo de protección personal (EPP) ... 1.13
2.12.1 Protección respiratoria ... 1.16
2.12.2 Protección auditiva ... 1.23
3.0.0 Seguridad en el área de trabajo ... 1.24
3.1.0 Carteles ... 1.24
3.2.0 Etiquetas de seguridad ... 1.24
3.2.1 Etiquetas de "No encender" ... 1.25
3.2.2 Etiquetas de peligro ... 1.27
3.2.3 Etiquetas de precaución ... 1.27
3.2.4 Etiquetas de "Fuera de servicio" ... 1.27
3.2.5 Etiquetas de radiación ... 1.27
3.2.6 Etiquetas de peligro biológico ... 1.27
3.3.0 Bloqueo y etiquetado ... 1.27
3.3.1 Dispositivos de bloqueo y etiquetado ... 1.28
3.3.2 Procedimientos de bloqueo y etiquetado ... 1.28
3.3.3 Precauciones de bloqueo y etiquetado ... 1.31
3.4.0 Barricadas y barreras ... 1.32
4.0.0 Trabajo sobre el nivel del suelo ... 1.33
4.1.0 Escaleras ... 1.33
4.1.1 Escaleras rectas ... 1.35
4.1.2 Escaleras de extensión ... 1.37
4.1.3 Escaleras de tijera ... 1.38
4.1.4 Escaleras fijas ... 1.39
4.2.0 Andamiajes ... 1.40
4.2.1 Peligros de los andamiajes ... 1.40
4.2.2 Pautas generales de seguridad relativas a los andamiajes ... 1.41
4.2.3 Pautas de seguridad para andamiajes sostenidos ... 1.42
4.2.4 Pautas de seguridad para andamiajes colgantes y otros andamiajes de suspensión ... 1.43

Índice (continuación)

4.3.0 Caídas 1.43
4.3.1 Peligros y precauciones relativos a las caídas 1.44
4.3.2 Sistemas personales de detención de caídas 1.45
4.3.3 Sistemas de mallas de seguridad 1.50
4.3.4 Rescate después de una caída 1.51
5.0.0 Trabajo en caminos 1.51
5.1.0 Control temporal del tránsito (CTT) 1.52
5.1.1 Carteles 1.52
5.1.2 Control del tránsito en el área de trabajo 1.52
5.2.0 Señalizadores 1.54
6.0.0 Espacios cerrados 1.54
6.1.0 Clasificación de los espacios cerrados 1.55
6.1.1 Espacio cerrado que no requiere permiso 1.55
6.1.2 Espacio cerrado que requiere permiso 1.55
6.2.0 Permisos de entrada 1.56
6.3.0 Peligros atmosféricos 1.56
6.3.1 Atmósferas deficientes o enriquecidas en oxígeno 1.59
6.3.2 Atmósferas combustibles 1.59
6.3.3 Atmósferas tóxicas 1.60
6.3.4 Monitorización de la atmósfera en espacios cerrados 1.60
6.4.0 Peligros adicionales 1.60
6.4.1 Descarga eléctrica 1.61
6.4.2 Purgas 1.61
6.4.3 Caída de objetos 1.61
6.4.4 Sepultamiento 1.61
6.4.5 Temperaturas extremas 1.61
6.4.6 Ruido 1.61
6.4.7 Superficies resbaladizas o mojadas 1.61
6.4.8 Partes móviles 1.61
6.5.0 Responsabilidades y deberes 1.61
6.5.1 Personas que entran 1.61
6.5.2 Asistentes 1.62
6.5.3 Supervisores 1.62
6.5.4 Personal de rescate 1.63
6.6.0 Precauciones 1.63
6.6.1 Monitorización y pruebas 1.63
6.6.2 Ventilación 1.63
6.6.3 Equipo de protección personal 1.64
6.6.4 Comunicaciones 1.64
6.6.5 Entrenamiento 1.64
7.0.0 Pautas de seguridad para trabajar con revestimientos industriales 1.65
7.1.0 Peligros de incendio 1.65
7.1.1 Prevención de incendios 1.66
7.1.2 Extinción de incendios 1.66
7.2.0 Herramientas manuales y con fuente de energía 1.66
7.3.0 Seguridad de las herramientas de mano 1.66
7.3.1 Herramientas de impacto 1.67
7.3.2 Polvo y partículas en suspensión 1.67

Índice (continuación)

7.4.0 Herramientas eléctricas 1.67
7.4.1 Pautas de seguridad para herramientas con fuente de energía 1.68
7.4.2 Herramientas eléctricas 1.69
7.4.3 Herramientas neumáticas 1.70
7.5.0 Limpieza abrasiva 1.71
7.6.0 Hidrolavado 1.71
7.7.0 Decapado químico 1.73
7.8.0 Mezcla y dilución 1.73
7.9.0 Aplicación de revestimientos 1.74
7.10.0 Manejo de residuos 1.74

Figuras y tablas

Figura 1 Carteles de advertencia de peligros de radiación 1.11
Figura 2 Etiquetas comunes para materiales inflamables, combustibles y explosivos. 1.12
Figura 3 Etiquetas comunes para materiales tóxicos 1.12
Figura 4 MSDS de muestra 1.14-1.18
Figura 5 Diamante de advertencia de peligros de la Asociación Nacional de Protección contra el Fuego (NFPA) 1.19
Figura 6 Etiquetas de materiales peligrosos del Departamento de Transporte de los EE.UU. 1.19
Figura 7 Ejemplos de equipo de protección personal 1.21
Figura 8 Respiradores 1.22
Figura 9 Carteles y etiquetas de comunicación 1.25
Figura 10 Usos comunes de las barricadas 1.25
Figura 11 Carteles 1.26
Figura 12 Ejemplos de etiquetas de seguridad 1.26
Figura 13 Dispositivo de bloqueo y etiquetado 1.28
Figura 14 Etiquetas de seguridad típicas para bloqueos 1.28
Figura 15 Dispositivos de bloqueo 1.29
Figura 16 Dispositivo de bloqueo y etiquetado múltiple 1.29
Figura 17 Colocación de un dispositivo de bloqueo y etiquetado 1.30
Figura 18 Tipos comunes de barricadas y barreras para pozos en el piso 1.32
Figura 19 Tipos de escaleras 1.34
Figura 20 Forma apropiada de posicionar la escalera 1.35
Figura 21 Escalera recta 1.35
Figura 22 Pata estabilizadora de escalera 1.36
Figura 23 Cómo asegurar una escalera 1.36
Figura 24 Escaleras de extensión 1.37
Figura 25 Superposición de longitudes para las escaleras de extensión 1.38
Figura 26 Escalera de tijera típica 1.38
Figura 27 Seguridad de las escaleras 1.39
Figura 28 Escalera fija típica 1.40
Figura 29 Andamiaje típico 1.40
Figura 30 Etiquetas para andamiajes típicas 1.42
Figura 31 Andamiajes sostenidos 1.42

Figuras y tablas (continuación)

Figura 32 Andamiajes colgantes y modulares 1.44
Figura 33 Estructura de trabajo de elevación por cable 1.44
Figura 34 Uso correcto e incorrecto del arnés de seguridad 1.46
Figura 35 Arneses de cuerpo entero con argollas D deslizantes en la espalda 1.47
Figura 36 Arnés con argolla D en el pecho 1.47
Figura 37 Ubicación correcta de la argolla D 1.48
Figura 38 Cuerda salvavidas típica 1.48
Figura 39 Cuerda salvavidas con amortiguador 1.48
Figura 40 Amarre de cuerda y línea de vida retráctil 1.48
Figura 41 Línea de vida vertical 1.49
Figura 42 Línea de vida horizontal y amarre 1.49
Figura 43 Dispositivos de anclaje a la viga de la línea de vida 1.50
Figura 44 Mosquetón con doble cierre 1.50
Figura 45 Carteles típicos de construcción vial en carreteras 1.51
Figura 46 Barricadas y barreras de concreto (Jersey) utilizadas en la construcción vial 1.52
Figura 47 Cuadro de vestimenta de seguridad de alta visibilidad 1.53
Figura 48 Entrada en recipientes de procesamiento 1.55
Figura 49 Espacios cerrados que requieren y que no requieren permiso de entrada 1.56
Figura 50 Permiso de entrada 1.57-1.58
Figura 51 Detector 1.59
Figura 52 Un asistente controla la atmósfera 1.62
Figura 53 Rescate sin entrar 1.63
Figura 54 Ventilación positiva adecuada 1.64
Figura 55 Triángulo y tetraedro de fuego 1.65
Figura 56 Herramientas manuales 1.67
Figura 57 Herramientas con fuente de energía 1.68
Figura 58 Enchufe de tres patas con puesta a tierra 1.69
Figura 59 Configuración de tomacorrientes de tres patas 1.70
Figura 60 Conexión de manguera neumática de aire 1.71
Figura 61 Equipo de protección personal para limpieza abrasiva 1.71
Figura 62 Equipo de protección personal para hidrolavado 1.72
Figura 63 Dispositivo de monitorización de compuestos orgánicos volátiles 1.73

Tabla 1 Materiales peligrosos típicos 1.10
Tabla 2 Cuadro de selección de protección ocular y facial 1.20
Tabla 3 Código de colores para cartuchos de respiradores 1.23
Tabla 4 Niveles en decibeles de sonidos comunes 1.23

1.0.0 INTRODUCCIÓN

El trabajo de revestimientos industriales puede ser peligroso si los técnicos no siguen las prácticas de trabajo seguro. La mayoría de los **accidentes** laborales se producen por descuido por parte del trabajador, poca planificación de seguridad, falta de entrenamiento o falta de cumplimiento de las normas de seguridad, ya sea por parte del empleador o del empleado, o falta de responsabilidad.

Para ayudar a prevenir accidentes, la empresa debe contar con un programa de seguridad. Los programas de seguridad proporcionan los procesos necesarios para trabajar en forma segura de acuerdo con las reglas y las precuaciones de la empresa. La seguridad debe incorporarse en todas las etapas del trabajo e involucra a todos los empleados de todos los niveles, incluida la gerencia.

Las reglamentaciones exigen que una **persona competente** designada por la empresa esté en el lugar de trabajo antes de que se dé comienzo a cualquier tarea. Una persona competente es alguien que tiene experiencia y entrenamiento en la tarea y conoce los peligros que esta implica. Conoce las normas y las reglamentaciones y tiene la autoridad para corregir una tarea si el trabajo no se está realizando de manera segura.

Además de sus propias normas, las empresas deben cumplir con reglamentaciones locales, estatales y nacionales. Las reglamentaciones de seguridad han sido creadas para lograr un lugar de trabajo seguro y sin accidentes. Es importante recordar que hay una buena razón por la que existe cada reglamentación. El respeto de las buenas prácticas de seguridad ayuda a salvar vidas.

> **NOTA**
> Este módulo se ha elaborado para que se cumplan con las reglamentaciones de seguridad de los EE. UU. Los usuarios de otros países deben consultar las reglamentaciones locales correspondientes. Además, trabajar en entornos especializados tales como plantas de energía nuclear u operaciones de extracción o refinerías de petróleo requiere de entrenamientos y certificaciones de seguridad adicionales.

Las diez reglas básicas de seguridad que aparecen a continuación deben convertirse en un hábito para todos en el lugar de trabajo:

1. Use las herramientas, los equipos y los equipos de protección personal de la forma en que fueron diseñados para usarse. Siempre mantenga el control de las herramientas que esté usando.
2. Use un casco y equipos de seguridad en todo momento, en los lugares que sea necesario.
3. Inspeccione los equipos a diario.
4. Sólo realice tareas para las cuales haya sido entrenado.
5. Comprenda las normas y las políticas de seguridad de la empresa.
6. Responsabilícese por usted y por sus compañeros de trabajo.
7. Corrija o informe inmediatamente todas las condiciones de inseguridad al supervisor.
8. Adopte la filosofía de cero accidentes.
9. Participe en el programa de seguridad de la empresa.
10. Si tiene dudas, ¡deténgase y pregunte!

Siempre informe las condiciones o las acciones inseguras, los defectos de los equipos y demás situaciones peligrosas. Nunca suponga que una condición deficiente ya ha sido informada o que está bien seguir un procedimiento inseguro porque siempre se lo ha hecho de esa manera. Cuando un compañero de trabajo realice una acción insegura, hágase oír; podría salvar la vida de su compañero.

1.1.0 Organizaciones industriales y gubernamentales relacionadas con la seguridad

Las actividades profesionales pueden requerir trabajar con varias organizaciones de la industria, tales como NACE International, la Sociedad de Revestimientos Protectores (SSPC), la Asociación Nacional de Contratistas de Pintura (NPCA), la Asociación de Contratistas de Pintura y Decoración (PDCA) y ASTM International (conocida originalmente como American Society for Testing and Materials), como así también organismos del gobierno de los Estados Unidos, tales como la Agencia de Protección Ambiental (EPA) y la Occupational Safety and Health Administration (OSHA). Estas organizaciones pueden proporcionar una gran cantidad de información acerca de cómo hacer tareas en forma segura. Se puede acceder a los información de estas organizaciones mediante sus sitios web y se les puede pedir materiales impresos. Lo más probable es que el empleador tenga información a mano.

Una gran parte de las organizaciones profesionales tienen muchos años de existencia (en algunos casos, más de cien). Esto refleja lo profundo que es el compromiso que tienen los profesionales del revestimiento con la prevención de la corrosión, la seguridad de los revestimientos y la ética comercial.

Este curso está patrocinado por NACE International (conocida originalmente como National Association of Corrosion Engineers). Al momento de esta publicación, NACE International cuenta con más de 23.000 miembros en 109 países. La misión de NACE International es "proteger a la gente, los bienes y el medio ambiente del efecto de la corrosión". Esto lo hacen mediante el establecimiento de normas para las industria de la corrosión y la distribución de la información más reciente que aparece en boletines y artículos técnicos de todo el mundo. También realizan varias conferencias y reuniones al año.

La SSPC comenzó sus actividades en 1950 como Consejo de Pintura de Estructuras de Acero y, como el nombre lo indica, su interés principal era el uso de revestimientos para proteger las estructuras de acero industriales. En 1997, el nombre de la asociación cambió a La Sociedad de Revestimientos Protectores porque ampliaron su misión para incluir la protección de concreto, acero y otras estructuras. La SSPC es una buena fuente de información para preparación de superficies, selección y aplicación de revestimientos, reglamentaciones ambientales y cuestiones de salud y seguridad de interés para la industria de los revestimientos industriales.

La NPCA es una asociación de comerciantes que se creó en 1888 con el nombre de Asociación Nacional de Pinturas, Aceites y Varnices. Su principal función en la actualidad es servir de voz en la industria de los revestimientos industriales a nivel federal, estatal y local (incluso cuando se está debatiendo una ley que cambiará las reglamentaciones o creará otras nuevas para productos que se utilizan en operaciones industriales de revestimiento). Además, la NPCA se interesa por los procesos legales que involucran productos que se utilizan en la industria.

La Asociación de Contratistas de Pintura y Decoración (PDCA) se fundó en 1884 con el nombre de Asociación de Maestros Pintores de Casas de los Estados Unidos y Canadá. En la declaración de su misión, se puede leer: "La PDCA existe para liderar a la industria mediante el suministro de productos, programas, servicios y oportunidades de calidad esenciales para el éxito de nuestros miembros". Sus objetivos son apoyar los avances en la industria de los revestimientos industriales, fomentar la comunicación entre los profesionales de la industria y promover la ética comercial.

ASTM International se fundó en 1898. Es una organización de desarrollo de normas voluntarias. Estas normas abarcan una amplia variedad de materiales, productos, industrias y servicios, tales como metales, pinturas, plásticos, petróleo, construcción, aviación, energía, medio ambiente, productos para el consumidor y electrónicos. Además, ASTM ofrece programas de continuación de la educación técnica y de entrenamiento para la industria y el gobierno.

La Agencia de Protección Ambiental (EPA) de los EE. UU. se creó en 1970 como organismo regulador independiente responsable de implementar leyes federales elaboradas para proteger el medio ambiente. Los requisitos de la EPA se deben seguir prácticamente en todos los aspectos de cada tarea. La misión de la EPA incluye lo siguiente:

> Establecer y hacer cumplir normas de protección ambiental coherentes con los objetivos nacionales relativos al medio ambiente... Realizar investigaciones acerca de los efectos adversos de la contaminación y de los métodos y equipos para controlarla; reunir información acerca de la contaminación; y usar esta información para fortalecer los programas de protección ambiental y recomendar cambios en las políticas... ayudar a otros, mediante subsidios, asistencia técnica y otros medios, a detener la contaminación del medio ambiente... ayudar al Consejo de Calidad Ambiental a desarrollar y recomendar al presidente nuevas políticas para proteger el medio ambiente.

La OSHA, parte del Departamento de Trabajo de EE.UU., es un organismo del gobierno que ayuda a proteger a millones de trabajadores por año. Su misión es garantizar que el entorno en el lugar de trabajo sea seguro y saludable. Desde que se creó en 1971, las muertes en el lugar de trabajo se han reducido a la mitad y las tasas de lesiones y enfermedades han bajado un 40 %. A la vez, ha habido un incremento en la cantidad de personas que trabajan. De hecho, desde 1971, la cantidad de personas que trabajan en los Estados Unidos de América se ha duplicado, de 56 millones de trabajadores en 3,5 millones de lugares de trabajo a 115 millones de trabajadores en 7,5 millones de lugares de trabajo.

En Canadá, los trabajadores tienen cobertura de códigos provinciales, territoriales y federales. A los trabajadores cubiertos por leyes federales (incluidos los que trabajan en minería, transporte y empleos federales) los cubre el Código de Trabajo de Canadá (CLC). Todos los demás están cubiertos por los diferentes códigos de salud y seguridad de la provincia o el territorio donde trabajan. El Centro Canadiense de Salud y Seguridad Ocupacional (CCOHS), un organismo del gobierno de Canadá, se creó en 1978 y tiene encomendado promover la seguridad y la salud en el lugar de trabajo para ayudar a prevenir lesiones y enfermedades laborales. La protección ambiental está a cargo de un departamento denominado Environment Canada. Este departamento administra casi dos docenas de leyes gubernamentales, ya sea en parte o en su totalidad. Este departamento utiliza reglamentaciones para establecer controles estrictos en áreas regidas por esas leyes. El Departamento de Justicia de Canadá proporciona el texto completo de las leyes y las reglamentaciones federales. La Asociación Canadiense de Normas (CSA) es una organización sin fines de lucro que crea normas consensuadas. Publica normas o pautas relacionadas con el medio ambiente y normas de salud y seguridad ocupacional. Cuando se hace referencia a alguna de estas normas en reglamentaciones o códigos federales, provinciales o territoriales como de cumplimiento obligatorio, tiene fuerza de ley.

En México, las leyes laborales y ambientales están definidas en gran detalle en la Constitución mexicana. Cada ley designa qué secretaría (división del gabinete) es responsable de la supervisión. Las reglamentaciones definen las leyes y las crean las secretarías con el fin de detallar los procedimientos y los procesos para que se cumplan. Las normas de salud y seguridad ocupacional las crea la Secretaría del Trabajo y Previsión Social (STPS). Las normas de protección ambiental las crea la Secretaría de Medio Ambiente y Recursos Naturales (SEMARNAT). Las normas se publican como Normas Oficiales Mexicanas (NOM) y tienen fuerza de ley. Las NOM incluyen la abreviatura de la secretaría correspondiente como parte del código (NOM-STPS-xxxxxx o NOM-SEMARNAT-xxxxxxxx). En las normas se incluye el detalle de los formularios y el formato de la documentación que se debe llevar para las leyes y las reglamentaciones. También se detallan las multas y las sanciones. Las Normas Mexicanas (NMX) son normas voluntarias que por lo general sirven como guías de referencia; sin embargo, se puede hacer referencia a ellas en una NOM como obligatorias para cumplir con esa NOM.

En Europa, sobre la base del artículo 137 del Tratado de la Comunidad Europea (CE), se han adoptado varias medidas en el campo de la protección ambiental, la seguridad y la salud. Las directivas europeas resultantes son jurídicamente vinculantes y se deben transponer a las leyes nacionales de los países miembro. El artículo 137 y otras directivas sobre asuntos específicos del medio ambiente, la seguridad y la salud forman la base de la legislación europea sobre medio ambiente, seguridad y salud. El Comité Europeo de Estandarización (CEN) es la entidad que se encarga de la estandarización y el desarrollo resultante de las Normas Europeas (EN) para la salud, la seguridad y la protección ambiental. Estas normas se incorporan en las reglamentaciones y los códigos de los países miembro. Cada uno de estos países puede tener a su vez códigos adicionales o más rigurosos.

1.1.1 OSHA

La OSHA adopta y hace cumplir reglamentaciones de seguridad conocidas como estándares; algunas, como el ***Estándar de Comunicación de Peligros (HazCom),*** se aplican a todas las industrias. Otras sólo se aplican a una industria en particular.

Veintiséis estados cuentan con sus propios programas de OSHA. Las reglamentaciones estatales deben ser, como mínimo, igual de estrictas que los estándares nacionales. Algunos planes de OSHA estatales hacen del incumplimiento por parte del empleado un acto delictivo. Averigüe qué reglamentaciones corresponden a su lugar de trabajo específico. Los programas de OSHA estatales y federales mantienen los lugares de trabajo seguros mediante la investigación de accidentes, las inspecciones y la promoción.

Si hubiera un accidente grave en un lugar de trabajo en el que tres o más trabajadores fueran hospitalizados o alguien muriera, se debería notificar a la OSHA. La OSHA luego investigará el accidente. La investigación de accidentes es una herramienta de la OSHA para descubrir peligros que se omitieron durante las inspecciones previas o de rutina. La investigación de accidentes se trata en realidad de su prevención. Se puede aprender mucho de un accidente; principalmente, cómo evitar que ocurra otro. Las investigaciones son muy útiles cuando descubren todos los factores que colaboraron para que se produjese el accidente. Esto ayuda a corregir la condición o actividad insegura y ayuda a evitar que ocurra otra vez.

La OSHA inspecciona los lugares de trabajo para garantizar el **cumplimiento** de los estándares mínimos de seguridad. Si los funcionarios de la OSHA descubren alguna violación en un lugar de trabajo, deben emitir una citación y una penalización. Las citaciones informan al empleador y a los empleados de las reglamentaciones y los estándares que se han violado. La penalizaciones son multas que debe pagar la empresa por cada violación. Aunque la empresa pague la multa, los empleados seguirán padeciendo los efectos. Las multas afectan a los empleados porque la empresa tendrá menos dinero para aumentos y bonos, y para contratar a más trabajadores para suplantar a aquellos que puedan haberse lesionado.

La OSHA juega un papel importante en la prevención de lesiones y enfermedades laborales. Esto se logra mediante la promoción, la educación y el asesoramiento para el cumplimiento. La OSHA proporciona diversos tipos de materiales de entrenamiento para ayudar a los empleadores y a los trabajadores a comprender los estándares.

El sitio web de la OSHA (www.osha.gov) tiene casi 450.000 páginas de información sobre seguridad. También ofrece asistencia y herramientas virtuales interactivas para ayudar a empleadores y empleados a comprender y cumplir los estándares.

Además del sitio web, las oficinas de la OSHA brindan información y entrenamiento a empleados y empleadores para ayudarlos a comprender y cumplir con las reglamentaciones de seguridad. La OSHA también ofrece consultas gratuitas en el lugar de trabajo. Estas consultas están disponibles para cualquier empresa que necesite ayuda en el lugar de trabajo a fin de instaurar programas de salud y seguridad, así como también para identificar y corregir peligros en el lugar de trabajo. En estas oficinas también se responden preguntas a empleados que deseen más información, pero no que tengan quejas para presentar.

Hay una diferencia entre cumplimiento y mejores prácticas. La OSHA determina el cumplimiento; las políticas de cada empresa en particular determinan las mejores prácticas. La OSHA establece requisitos mínimos de seguridad, investiga los accidentes graves e inspecciona los lugares de trabajo. Una empresa cumple las normas cuando satisface todas las reglamentaciones mínimas de seguridad.

Además de pautas de seguridad específicas, las reglamentaciones de la OSHA incluyen una cláusula de obligaciones generales. Todos los empleadores tienen una obligación general de proporcionar a los empleados un lugar de trabajo sin peligros reconocidos que pudieran causar la muerte o lesiones graves. Se requiere que las empresas establezcan procedimientos y prácticas para asegurar que todos los trabajadores estén seguros. Un programa de seguridad que incluye las mejores prácticas y equipos disponibles para garantizar la seguridad del trabajador es lo que llamamos plan de mejores prácticas. Las mejores prácticas a menudo exceden los requisitos mínimos de seguridad. También pueden modificarse a medida que se desarrollan equipos y procedimientos nuevos.

NOTA

Tenga en cuenta que si un empleado se lesiona y no respetó el programa de seguridad de la empresa o los estándares de OSHA, puede ser considerado responsable del accidente.

1.1.2 EPA

La Agencia de Protección Ambiental de los EE. UU. se estableció en 1970 para consolidar en un solo organismo varias actividades de investigación federal, control, establecimiento de normas y aplicación para garantizar la protección del medio ambiente. La misión de la EPA es proteger la salud humana y salvaguardar el medio ambiente natural, incluidos el aire, el agua y la tierra de los cuales depende la vida. Por lo tanto, es importante comprender cómo el trabajo que se realiza en un lugar de construcción afecta el medio ambiente. Esto implica conocer las principales reglamentaciones ambientales que tratan de la liberación, el tratamiento, el almacenamiento y la eliminación de materiales potencialmente peligrosos en el aire, el agua y el suelo.

El trabajo de recubrimientos industriales genera muchos materiales no deseados (astillas de pintura, solventes, exceso de revestimiento, trapos sucios y ropa protectora contaminada). A todo esto se lo llama flujo de residuos. El flujo de residuos puede ser peligroso o no peligroso. De cualquier modo, es necesario eliminar los residuos y, según el tipo de residuos, puede ser costoso. Se destina mucho dinero y esfuerzo a eliminar residuos, así que el primer paso del manejo de residuos es la prevención. Naturalmente, algunos residuos son inevitables, pero otros son productos del descuido.

Se deben controlar los residuos y, para ello, se debe mezclar sólo la cantidad necesaria de revestimientos para hacer la tarea de manera apropiada. Esto implica calcular cuidadosamente las cantidades sobre la base del espesor de la capa seca final específica para la tarea. Otra manera de controlar los residuos es usar sólo la cantidad necesaria de solvente y trapos para hacer un buen trabajo de preparación de superficie. Al utilizar abrasivos secos, sólo hay que limpiar hasta obtener el perfil de superficie correcto (si se hace demás, sólo se sigue erosionando el metal y se contamina el abrasivo).

Reducir los residuos al mínimo baja los costos de dos maneras. Se ahorra dinero en materiales y también en gastos de eliminación. La reducción de los residuos al mínimo también es buena para el medio ambiente. Los residuos que se liberan al medio ambiente en forma intencional o accidental pueden contaminar el agua y el aire, matar animales y destruir vegetación. Además, se pueden aplicar multas cuantiosas si se eliminan los residuos de manera inapropiada.

Los residuos no peligrosos se deben eliminar de acuerdo con la política del empleador. Estas políticas por lo general se crean a partir de las leyes locales que tratan de la eliminación de residuos, por lo tanto hay que asegurase de cumplirlas.

Los residuos peligrosos son residuos que constituyen o podrían constituir un peligro para la salud humana o el medio ambiente. Pueden ser líquidos, sólidos, gases contenidos o lodo. Pueden ser los subproductos de procesos de fabricación o productos descartados, como los solventes. Estos productos se deben eliminar de acuerdo con la *Ley de Recuperación y Conservación de Recursos (RCA) 40 CFR 261* de la EPA o las leyes locales. Las leyes locales pueden ser más estrictas que la RCA, pero no más permisivas. Se debe consultar la MSDS del producto para averiguar cómo desecharlo en forma segura.

La EPA ha determinado que varios residuos específicos son peligrosos. Estos se definen en el documento de la EPA *Título 40, Protección del medio ambiente Parte 261—Identificación y caracterización de residuos peligrosos*. Otros residuos también se pueden clasificar como peligrosos, incluidos aquellos que son espontáneamente combustibles o que tienen un punto de inflamación bajo (como algunos solventes) y aquellos que son tóxicos (como algunas pinturas).

Como ya aprendió en el módulo de *Revestimientos industriales, nivel uno*, toda persona o lugar de trabajo que cree residuos peligrosos es un generador y, sobre la base de cuántos residuos produzca por mes, puede que necesite tener un programa especial de eliminación de residuos. Incluso las empresas exentas de seguir las reglas que deben cumplir los generadores grandes y pequeños necesitan eliminar los residuos peligrosos de manera apropiada. A todos los generadores de grandes y pequeñas cantidades se les exige hacer lo siguiente:

- Obtener del estado un número de identificación de EPA.
- Cumplir con el sistema de manifiesto.
- Manejar los residuos apropiadamente antes del envío; por ejemplo, el tiempo de envoltura, etiquetado, marcado y acumulación.
- Cumplir con los requisitos de registro e información.

La información para determinar si un lugar de trabajo necesita en número de identificación de EPA y sobre cómo obtener uno se encuentra en *Instrucciones y formulario de notificación de actividad de residuos*, formulario de EPA 8700-12 (OMB# 2050-0028). En la sección Preguntas frecuentes (FAQ) del sitio web de la EPA (www.epa.gov), se incluyen consejos prácticos acerca de qué hacer con los residuos peligrosos.

Es muy importante saber qué residuo es peligroso y cuál no. Es más costoso eliminar los residuos peligrosos que lo no peligrosos. Ambos tipos se deben almacenar y eliminar por separado. Ambos se deben colocar en contenedores adecuados de acuerdo con la política de la empresa. Los residuos peligrosos los debe eliminar un contratista autorizado para ello. A veces, es necesario someter a prueba los residuos para determinar exactamente sus contenidos. A menudo intervienen en las pruebas profesionales de la seguridad certificados (CSP) e higienistas industriales certificados (CIH) con experiencia.

En caso de que un material peligroso se llegue a derramar en el lugar de trabajo, consulte la MSDS para conocer las instrucciones de limpieza. En caso de que se lo requiera, informe a la EPA del derrame (según el tipo de material y qué tan grande sea la zona afectada). Algunos estados pueden tener reglas más rigurosas acerca del manejo de materiales peligrosos y la limpieza de derrames.

PRECAUCIÓN

Siempre informe todos los derrames que observe al supervisor. Algunos estados exigen que el informe se realice antes de que haya transcurrido una hora del momento del derrame.

Asegúrese siempre de almacenar, mezclar y usar los materiales de manera apropiada. Coloque todos los residuos en los receptáculos apropiados hasta el momento de su eliminación. Cuando las leyes locales indiquen que los residuos se deben someter a prueba para determinar si son peligrosos, tenga presente los procedimientos de prueba y cómo operar correctamente los equipos de prueba. Conozca qué significan los resultados, no suponga. Siempre siga el procedimiento que figure en la documentación del empleador para eliminar residuos.

1.2.0 Piezas, materiales y equipos falsos y de imitación

¡ADVERTENCIA!

Las piezas, los materiales y los equipos falsos y de imitación pueden causar lesiones graves o la muerte cuando se los utiliza, ya sea con o sin intención, en o como equipos de protección personal, aparejos, tanques o herramientas de alta presión, herramientas de alta velocidad u otros tipos de equipos cuya falla repentina podría ser peligrosa para el personal.

Debido a la globalización, están entrando en los mercados una gran cantidad de piezas, materiales y equipos falsos y de imitación. Estos productos actualmente han invadido como la plaga las industrias automotriz, aeronáutica y médica, pero ningún mercado es inmune. El Departamento de Energía (DOE) de los EE. UU. ha descubierto sujetadores, válvulas y otros componentes y productos falsos y de imitación que se suministraban a la industria de la energía nuclear.

Los artículos falsificados violan patentes y derechos de autor con el objetivo de duplicar el aspecto de artículos de fabricantes de equipos originales (OEM), incluida la envoltura. Los artículos de imitación son similares a los falsificados, pero evaden leyes de patentes y marcas comerciales al evitar el uso de marcas exactas de OEM, a veces mediante la variación de una sola letra o el agregado de un guión, una barra o puntos. La envoltura de los artículos de imitación es casi idéntica a la de los artículos de OEM. Incluso las etiquetas o marcas de identificación, incluidos los números de piezas, son a menudo los mismos que en los artículos de OEM.

Las piezas, los materiales y los equipos tanto falsificados como de imitación no tienen calidad ni integridad rastreables y no poseen garantía. Cuando necesite obtener piezas, materiales o equipos de repuesto cuya falla sería peligrosa, siempre obténgalos directamente del OEM o de un distribuidor autorizado del OEM. Además, siempre examine los artículos y la envoltura en busca de signos de falsificación o imitación.

Para obtener información adicional, se puede descargar una copia de un cuadernillo de entrenamiento para detectar artículos sospechosos (de imitación) y falsificados en el sitio web de Artículos defectuosos, sospechosos/falsificados HS-32 del DOE (eh.doe.gov/sci), junto con otra información pertinente.

2.0.0 COMPONENTES BÁSICOS DE UN PROGRAMA DE SEGURIDAD

Hay ciertos elementos comunes a la mayoría de los programas de seguridad eficaces. Hasta qué grado y medida se incluyen estos elementos en un programa varía según el tamaño y la naturaleza de las operaciones. Los componentes más básicos de un programa de seguridad son los siguientes:

- Una declaración de políticas y apoyo de la gerencia
- Una política sobre abuso de alcohol y drogas
- Reglas de seguridad
- Orientación y entrenamiento
- Acceso a atención médica de primeros auxilios y de seguimiento
- Planificación de seguridad previa a los proyectos y las tareas
- Reuniones de seguridad y participación de los empleados
- Administración de subcontratistas
- Planes de acción de emergencia y métodos para tratar con los medios de comunicación
- Inspecciones, observaciones de los empleados y auditorías
- Investigación y análisis de accidentes
- Registros
- Sistema de responsabilidad
- Evaluación y seguimiento del programa

A fin de cumplir con reglamentaciones específicas de la OSHA, es posible que sean necesarios estos elementos adicionales:

- Comunicación de peligros
- Patógenos de transmisión sanguínea
- Soldadura, quemado y corte
- Protección respiratoria
- Equipos de protección personal
- Trabajo en zonas elevadas y protección contra caídas
- Conservación de la audición
- Entrada en espacios cerrados
- **Bloqueo y etiquetado**
- Grúas, plataformas de elevación y otros dispositivos de elevación
- Operaciones con equipos móviles

2.1.0 Declaración de políticas

En la declaración de políticas, se delinean las filosofías y los objetivos de la gerencia en cuanto a la seguridad y la prevención de pérdidas. La firma el presidente o el director ejecutivo (CEO) y se comunican a todos los empleados afectados. En una buena declaración de políticas, se reconoce la responsabilidad de la gerencia con relación a la seguridad y la prevención de pérdidas, sin menoscabar el papel de cada uno de los empleados. Expresa un compromiso firme, positivo y realista con la seguridad. El apoyo y el compromiso de la gerencia son los factores más importantes para el éxito de todo programa de seguridad. Los empleados deben tener presente la declaración de políticas de la gerencia de la empresa.

2.2.0 Abuso de drogas y alcohol

El abuso de drogas y alcohol son problemas nacionales que resultan en lo siguiente:

- Mayores costos de indemnización y atención médica
- Menor productividad
- Mayores gastos en herramientas y materiales
- Mayor ausentismo

Muchos empresarios y contratistas han reconocido este problema y han puesto en práctica programas para combatir la situación. Los empleados deben tener presentes los programas de la empresa contra el abuso de drogas y alcohol. Algunas empresas grandes patrocinan programas de asistencia a los empleados.

2.3.0 Reglas de seguridad

Las reglas de seguridad son una parte necesaria de todo programa. Deben ser lógicas y se las debe preparar y presentar en términos que se puedan comprender con facilidad. Las reglas no tienen ningún valor a menos que se las comunique y comprenda, y los trabajadores deben convencerse del proceso de seguridad. Además, todas las personas del lugar de trabajo deben comprender las consecuencias de romper las reglas de seguridad.

Por lo general, las reglas de seguridad se dividen en las categorías siguientes:

- Reglas de seguridad generales o de la empresa que se aplican a todos los empleados
- Reglas de seguridad específicas para ciertos clientes, tareas o lugares de trabajo
- Reglas de seguridad especiales o propias del oficio que se aplican a un tipo específico de trabajo

Se pueden presentar en carteles en el lugar de trabajo, durante la orientación, las reuniones de seguridad o el entrenamiento de seguridad. Los contratistas progresistas planifican la seguridad en el trabajo durante la etapa de licitación.

2.4.0 Entrenamiento de seguridad

El entrenamiento de seguridad es una herramienta importante para prevenir accidentes. Este entrenamiento se puede dividir en dos categorías principales: orientación para nuevos empleados y capacitación de seguridad específica del trabajo. Las estadísticas han mostrado que el 25 % de todas las lesiones corresponden a empleados sin entrenamiento que se han estado desempeñando en el trabajo durante 30 días o menos. Esto muestra con claridad la necesidad de contar con un programa de orientación eficaz. Se debe brindar capacitación de seguridad a los empleados recién contratados, a los empleados existentes a los cuales se les asigne una nueva tarea y cuando se comiencen nuevos trabajos.

A fin de que el entrenamiento de seguridad sea eficaz, debe abarcar lo siguiente:

- Evaluación de peligros
- Procedimientos de trabajo correctos
- Cuidado, uso, mantenimiento y limitaciones de todo EPP necesario
- Los peligros y las precauciones asociados con los materiales dañinos que se utilicen
- Adónde recurrir en busca de ayuda
- Procedimientos de información y respuesta ante emergencias en el lugar de trabajo

Las reuniones de seguridad comúnmente se usan para mantener el interés y la participación de los empleados. Son un elemento clave de todo programa de seguridad. Estas reuniones pueden variar desde una presentación formal hasta charlas informales breves de cinco minutos.

Las reuniones de seguridad, cuando se las realiza apropiadamente, se pueden usar para hacer lo siguiente:

- Intercambiar información respecto de cuestiones de seguridad específicas
- Proporcionar un canal para que los trabajadores traten asuntos críticos
- Proporcionar un registro escrito de las medidas tomadas
- Establecer un enlace de comunicación eficaz entre la gerencia y los empleados
- Concentrarse en los peligros y las precauciones asociadas con la tarea planeada

Las reglamentaciones gubernamentales tanto federales como estatales exigen que los empleadores entrenen a sus empleados acerca de los peligros y las precauciones asociadas con la tarea que estén realizando. Las reuniones de seguridad se pueden usar como sesiones de entrenamiento.

2.5.0 Respuesta ante emergencias

Todos los lugares de trabajo deben contar con un plan para responder en caso de emergencia. La planificación es particularmente importante si el accidente ocurre en un área remota que no tenga teléfono ni servicio de celular. Tenga presente qué implica el plan de emergencia del empleador. Averigüe a quién es necesario llamar en caso de emergencia y qué protección se requiere.

Los planes de acción ante emergencias pueden reducir el tiempo de respuesta a las emergencias en el lugar de trabajo. En muchos casos, la planificación anticipada puede incluso reducir la gravedad del incidente. Por ejemplo, si se publica en cada teléfono del lugar de trabajo los nombres, las direcciones y los números de teléfono de los organismos médicos, de combate contra incendio, policiales y de respuesta ante emergencias más cercanos, será más fácil obtener la ayuda necesaria. Además, como parte del plan de acción ante emergencias, todos deberían familiarizarse con los procedimientos de información y respuesta ante emergencias del lugar de trabajo. Otra parte del plan de acción es la posibilidad de acceder de inmediato a atención médica de primeros auxilios y de seguimiento. Es posible que los planes de acción ante emergencias también requieran que una o más personas en cada lugar de trabajo tengan entrenamiento en primeros auxilios básicos y resucitación cardiopulmonar (RCP). Cuando todos estos elementos se incorporan en los planes de acción ante emergencias, se salvan vidas.

Los equipos de respuesta ante emergencias son la primera línea de defensa. Sólo a los empleados que son físicamente capaces de realizar las tareas correspondientes y aquellos que han sido adecuadamente entrenados se los puede asignar a uno de estos equipos. Según las dimensiones de la operación, puede haber uno o varios equipos entrenados en las siguientes áreas:

- Uso de varios tipos de extintores (obligatorio para todos los empleados)
- Primeros auxilios, incluida RCP
- Procedimientos de apagado
- Procedimientos de evacuación
- Procedimientos de control de derrames químicos
- Uso de aparatos de respiración autónomos (SCBA)
- Procedimientos de búsqueda y rescate en emergencia

El tipo y la dimensión de la emergencia dependerá de las operaciones que se desarrollen en el lugar. La respuesta variará según el tipo de proceso, el material que se manipula, la cantidad de empleados y la disponibilidad de recursos externos.

Los equipos de respuesta ante emergencias deben estar entrenados en los tipos de emergencia que pudieran ocurrir y deben saber las acciones de emergencia que se deben llevar a cabo. Deben estar informados acerca de los peligros especiales, como el uso y almacenamiento de materiales inflamables, productos químicos tóxicos y fuentes reactivas a las que podrían estar expuestos durante un incendio y otras emergencias.

Es importante determinar cuándo no se debe intervenir. Por ejemplo, los miembros del equipo pueden determinar si el incendio es demasiado grande para que lo controlen ellos o si es seguro realizar un rescate de emergencia. Si los miembros del equipo pudieran lesionarse o quedar incapacitados, deberán esperar a los bomberos profesionales y/o a los grupos de respuesta ante emergencias.

2.6.0 Investigación de accidentes

Todos los accidentes, las lesiones, las enfermedades y los conatos de accidente se deben informar e investigar de inmediato. La finalidad principal de la investigación de un accidente es prevenir que vuelva a producirse. Las investigaciones de accidentes son importantes porque en ellas se hace lo siguiente:

- Se determinan las causas de accidentes
- Se ayuda a prevenir las repeticiones
- Se satisfacen las exigencias de las compañías de seguro y las reglamentaciones del gobierno
- Se documentan hechos y se preservan las pruebas para fines legales
- Se detectan tendencias y se identifican áreas problemáticas

El supervisor de primera línea por lo general desempeña la función principal de investigación de accidentes. Esto es así porque se está de acuerdo por lo general en que los supervisores de primera línea son quienes están más familiarizados con el lugar de trabajo y los empleados.

> **En el lugar**
>
> **Pregunte**
>
> Averigüe sobre todos los peligros potenciales del trabajo antes de empezar a trabajar. Pida al supervisor o a una persona competente que se encuentre en el lugar de trabajo que responda a las siguientes preguntas antes de comenzar un trabajo:
>
> - ¿Cuáles son los peligros relacionados con este trabajo?
> - ¿Dónde se encuentra la fuente de energía y cómo se la puede cortar o controlar?
> - ¿Qué podría salir mal?
> - ¿Qué se debe hacer para proteger a todos de daños personales?

2.7.0 Registros

Llevar registros es una parte fundamental del programa de seguridad y salud de las empresas. Los datos que se recopilan ayudan a llevar la cuenta de las lesiones y las enfermedades laborales. Una vez que los datos se han reunido y analizado, se los puede usar para ayudar a identificar y corregir áreas problemáticas. Esto ayudará a prevenir futuras enfermedades y lesiones. Llevar registros no sólo permite proporcionar información a la gerencia acerca de enfermedades y lesiones, también informa a los trabajadores acerca de incidentes que podrían ocurrir en el lugar de trabajo. Cuando los trabajadores tienen presentes las lesiones, las enfermedades y los peligros relacionados con el lugar de trabajo, es más probable que sigan las prácticas de seguridad laboral e informen los peligros del lugar de trabajo.

Llevar registros también es una exigencia de la OSHA. Se le suministra a la OSHA información específica de enfermedades y lesiones como parte del programa dirigido de inspección específico del lugar de trabajo que lleva adelante este organismo. La Oficina de Estadísticas Laborales (BLS, Bureau of Labor Statistics) también utiliza registros de lesiones y enfermedades como datos de origen para el "Estudio anual de lesiones y enfermedades laborales". Este informe muestra las tendencias de seguridad y salud en toda la nación y la industria.

2.8.0 Mejores prácticas

Las mejores prácticas son las normas y procedimientos de seguridad que la industria considera que son el método más seguro de hacer un trabajo. Estas prácticas abordan la seguridad de manera proactiva, mediante la identificación con anticipación de problemas posibles de seguridad y la instauración de procedimientos para evitar accidentes potenciales. Aunque son las empresas las que establecen las mejores prácticas, a menudo se basan en las reglamentaciones de la OSHA. Las mejores prácticas se elaboran para ayudar a los empleados a cumplir los estándares de seguridad obligatorios.

La seguridad en lugares cerrados es un buen ejemplo de las mejores prácticas y el cumplimiento. Las plantas industriales deben respetar el estándar de lugares cerrados.

2.9.0 Pautas para que el lugar de trabajo sea seguro

Los empleados tienen la responsabilidad de respetar las normas y los procedimientos de seguridad de la empresa. Hay varias normas de seguridad general que promueven un lugar de trabajo seguro:

- Siga las normas, las políticas y los procedimientos, tanto escritos como verbales, de la tarea que se esté realizando.
- Nunca inicie un tarea hasta que se haya estudiado el procedimiento apropiado para hacerla y se comprenda cómo llevarla a cabo de manera apropiada.
- Nunca realice tareas no autorizadas.
- Nunca comience una tarea que parezca poco segura o que sea innecesariamente riesgosa.
- Nunca comience una tarea que exija ayuda adicional si no cuenta con ella.
- Nunca tenga comportamientos poco seguros.
- Manténgase concentrado en la tarea en todo momento. Anticipe los peligros posibles y tome medidas para evitarlos.
- Informe inmediatamente a su supervisor todos los incidentes, conatos de accidentes y lesiones relacionados con el trabajo.
- Informe inmediatamente todos los peligros al supervisor. Corrija todas las condiciones que se puedan controlar.
- Diga a los compañeros que detengan la tarea si actúan de manera insegura o crean una situación peligrosa.

2.10.0 Programa HazCom

El uso incorrecto de materiales peligrosos puede provocar problemas de salud. Estos pueden incluir problemas menores tales como irritación ocular o en la piel o enfermedades graves tales como el cáncer. Estos materiales también presentan peligros físicos tales como incendios, corrosión y reactividad. Usted tiene el derecho a saber los peligros de todas las sustancias químicas a las que estará expuesto en el trabajo. La OSHA indica que los empleadores informen a los trabajadores acerca de los materiales peligrosos en el lugar de trabajo a través del *Estándar de Comunicación de Riesgos (HazCom)*. Es posible que haya oído acerca de esto como el programa del derecho a saber del trabajador.

Los empleadores deben educar a los trabajadores acerca de los materiales peligrosos que podrían usar en el trabajo. Esto se hace a través de un programa y entrenamiento HazCom por escrito. Además, todos los materiales deben contar con etiquetas adecuadas y **hojas de datos de seguridad de materiales (MSDS)**. Las etiquetas y las MSDS brindan información acerca de los peligros para la salud, las precauciones de seguridad y las respuestas ante emergencias. Los trabajadores tienen las siguientes responsabilidades en lo que se refiere a HazCom:

- Aprender a reconocer las etiquetas de los materiales peligrosos.
- Saber dónde se guardan las MSDS en el lugar de trabajo.
- Informar al supervisor los peligros que detecte en el lugar de trabajo.
- Conocer los peligros físicos y para la salud de los materiales que se utilizan, y la protección necesaria.
- Saber qué hacer frente a una emergencia.
- Comprender el programa HazCom del empleador.

Existen varios tipos de materiales peligrosos en los lugares de trabajo. Estos materiales y los peligros relacionados aparecen en la *Tabla 1*.

Los materiales peligrosos se presentan de muchas formas. Las sustancias químicas no son sólo líquidas. También pueden ser sólidas, gaseosas, vapores, emanaciones, polvos y neblinas. Muchos productos de uso común contienen varias sustancias químicas. Por ejemplo, algunas pinturas actuales contienen cadmio, cromo y plomo.

Muchas sustancias químicas representan peligros para la salud, como la posibilidad de contraer enfermedades o sufrir quemaduras. Otras representan peligros físicos, entre ellos la posibilidad de incendios o explosiones. Algunas representan tanto peligros físicos como para la salud. La MSDS identifica los peligros e incluye una lista de las precauciones de seguridad y los EPP requeridos.

Los materiales radioactivos pueden ser un peligro grave en el lugar de trabajo. Se utilizan para probar soldaduras en tuberías y recipientes, por lo cual puede haber cierto contacto. Todo el material radioactivo debe estar correctamente etiquetado y deben colocarse carteles de advertencia en el área de trabajo. Sólo a los trabajadores con entrenamiento especial y EPP se les permite ingresar en estas áreas. Si ve carteles como los que aparecen en la *Figura 1*, manténgase alejado de esa zona.

Los materiales radioactivos son un tipo de peligro físico diferente del resto. La radiación no se puede ver, pero afecta el cuerpo. La exposición excesiva a la radiación puede provocar quemaduras en la piel, náuseas, vómitos, infertilidad y cáncer. Para minimizar la exposición a la radiación, se debe limitar el tiempo de exposición y/o aumentar la distancia a la fuente. Use la protección o el EPP apropiados. Consulte con el supervisor para averiguar si hay algún peligro de radioactividad y cómo evitarlo.

¡ADVERTENCIA!

Los materiales radioactivos requieren de manejo, capacitación y EPP especiales. Nunca ingrese en un área en la cual se estén usando materiales radioactivos, a menos que haya recibido el entrenamiento adecuado y use el EPP apropiado.

Las sustancias químicas pueden representar peligros físicos, entre ellos reacciones ácidas o quemaduras. Los ácidos pueden generar vapores tóxicos y reaccionar de manera violenta cuando se los mezcla con otras sustancias químicas. Otras sustancias son inflamables, **combustibles** o explosivas (*Figura 2*). Por ejemplo, los solventes y los gases comprimidos a veces son inflamables. Éstos materiales pueden encenderse en estado líquido o gaseoso. Algunos, como los detonadores, son sólidos peligrosos. Estos artículos deben mantenerse alejados de la llama directa, las chispas, el calor intenso y otras fuentes de ignición, para evitar incendios o explosiones. Conozca los peligros físicos de las sustancias químicas en uso y siga las

Tabla 1 Materiales peligrosos típicos

Sustancia*	Peligro
Pegamento y adhesivos	Vapores tóxicos, explosión, incendio
Gasolina	Vapores tóxicos, explosión, incendio
Pinturas	Vapores tóxicos, explosión, incendio
Concreto y mortero	Vapores tóxicos, enfermedades pulmonares, dermatitis del cemento, quemaduras químicas
Combustibles y aceites	Vapores tóxicos, explosión, incendio
Madera	Proyección de partículas
Gases comprimidos	Gases tóxicos, explosión, incendio
Líquidos corrosivos	Quemaduras, riesgos respiratorios
Material radioactivo	Quemaduras, radiotoxemia

* Cada uno de estos materiales debe contar con una MSDS. No los use a menos que haya leído y comprendido la MSDS. La MSDS lo ayudará a determinar los peligros a los que puede estar expuesto y cómo protegerse.

201T01.EPS

precauciones de seguridad requeridas para prevenir incendios y reacciones químicas.

El gas comprimido se encuentra a muy alta presión en el tanque. Los gases comprimidos deben manejarse con cuidado de modo que no se dañe el tanque. Los tanques dañados pueden emanar gases o vapores peligrosos. Si el tanque está muy dañado, puede explotar.

2.10.1 Peligros químicos

Muchas sustancias químicas constituyen un peligro para la salud. Por ejemplo, los solventes y las pinturas pueden ser venenosos. Incluso una exposición leve puede provocar irritación en la piel, problemas respiratorios o reacciones alérgicas. Los productos peligrosos llevan una marca que dice TÓXICO o VENENO (*Figura 3*). Con frecuencia, se utiliza un símbolo de una calavera con huesos cruzados para identificar los venenos. La exposición a los venenos puede provocar lesiones graves o la muerte.

Las sustancias químicas pueden provocar daños cuando ingresan en el cuerpo. Esto se conoce como exposición química. La exposición a sustancias químicas tóxicas se puede producir a través de la piel, la boca, los ojos y los pulmones. Estas se conocen como rutas de exposición. Las sustancias químicas se pueden absorber por contacto directo con la piel; las heridas abiertas aumentan la exposición. Fumar o comer sin haberse lavado las manos y después de haber manejado sustancias químicas o abrasivos agotados puede ser causa de ingestión de toxinas. Las sustancias químicas pueden ingresar en los ojos si se los frota o por salpicaduras, neblinas o vapores. Respirar vapores, neblinas o polvos químicos lleva sustancias químicas a los pulmones. El EPP utilizado debe reducir o eliminar las rutas de exposición química.

La gravedad de la exposición química depende del individuo, la toxicidad y la dosis. Cada persona reacciona de manera diferente a las sustancias químicas. Algunas personas son más sensibles que otras. Su sensibilidad a las sustancias químicas puede variar con el tiempo. La toxicidad es una medida de cuán venenosa es una sustancia. Algunas son muy venenosas y otras son sólo moderadamente irritantes. La dosis es la cantidad de sustancia que ingresa en el cuerpo en un cierto periodo de tiempo. Una gran dosis de una toxina leve puede ser mortal. Tenga presentes los peligros de las sustancias químicas que se utilicen y sepa qué protección es necesario usar.

Si se traga un frasco completo de aspirina, causa una enfermedad grave. Sin embargo, tomar una o dos aspirinas para el dolor de cabeza puede aliviar dolores leves. Diferentes exposiciones dan diferentes resultados. Los funcionarios de salud calculan límites de seguridad para varias rutas de exposición (ojos, piel y boca) en diferentes lapsos de tiempo (15 minutos, 1 hora, 8 horas, 10 horas y 12 horas). Por lo general, puede darse dos casos extremos de exposición: aguda y crónica. Un con-

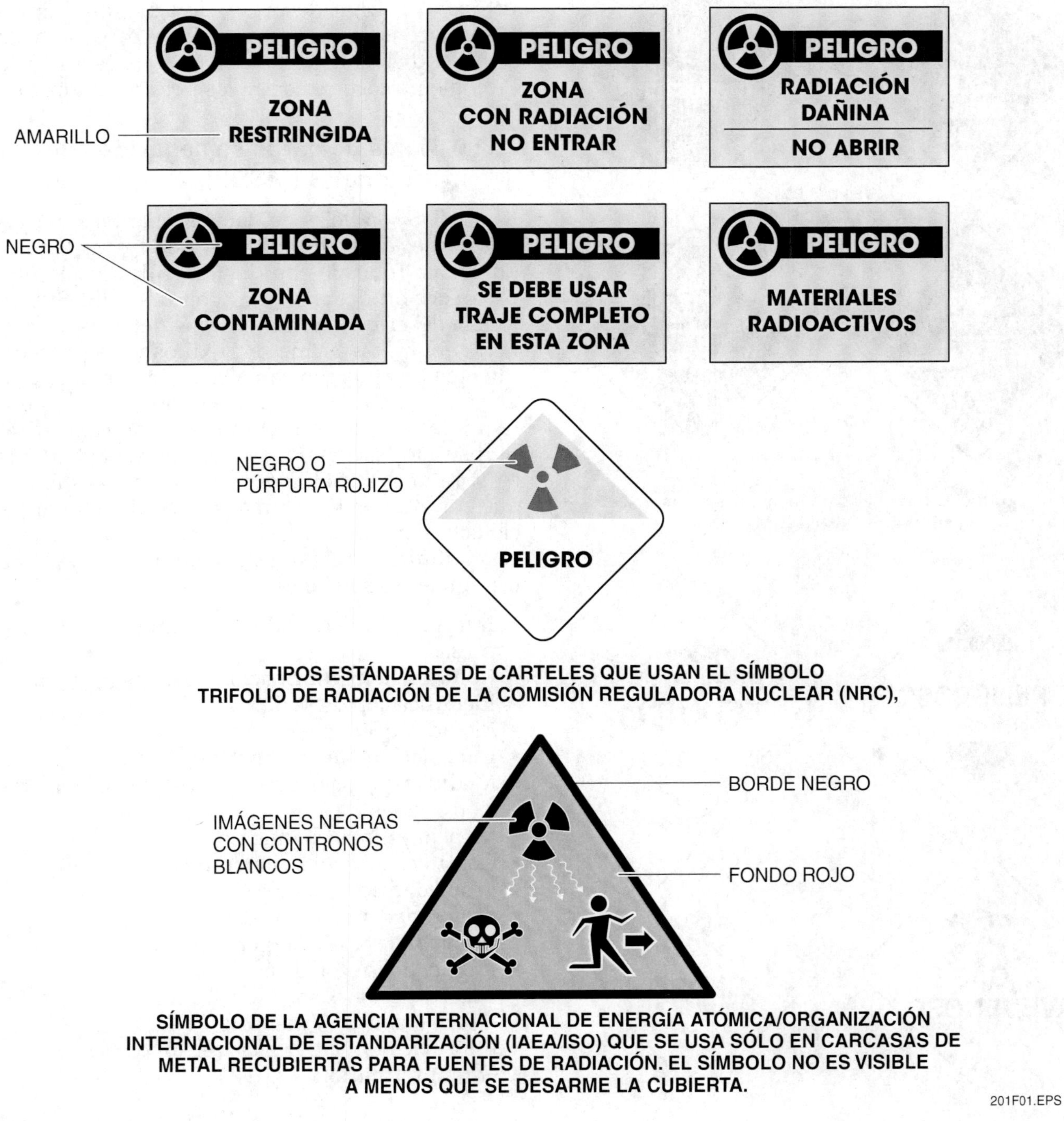

Figura 1 Carteles de advertencia de peligros de radiación.

tacto intenso y de corto plazo con una sustancia química se llama **exposición aguda**. Algunas exposiciones químicas pueden afectar de inmediato a las personas. Esto se llama **efecto agudo**. Algunos efectos agudos comunes son los mareos, los dolores de cabeza y las erupciones cutáneas. Por ejemplo, la inhalación de vapores de acetona (exposición) provocará mareos inmediatos (efecto).

Algunos efectos provocados por las sustancias químicas no aparecen por muchos meses e incluso años. Un nivel de exposición bajo durante un periodo de tiempo largo también puede provocar problemas de salud. Esto se conoce como **exposición crónica**. A menudo las personas no se dan cuenta de que están afectadas. Respirar polvo de asbesto durante muchos años provocará asbestosis. Este es un **efecto crónico**.

201F02.EPS

Figura 2 Etiquetas comunes para materiales inflamables, combustibles y explosivos.

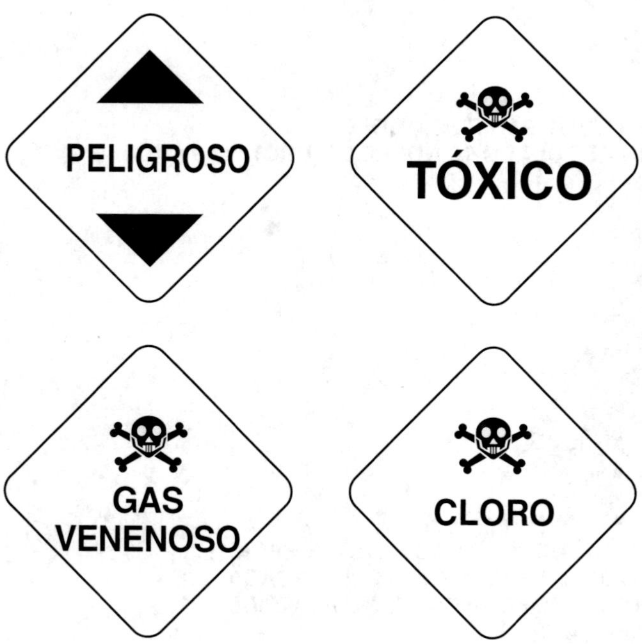

201F03.EPS

Figura 3 Etiquetas comunes para materiales tóxicos.

Es importante saber con qué tipo de sustancias químicas trabaja y cómo protegerse. También debe saber qué hacer cuando se derramen productos químicos o se exponga a ellos. Las MSDS de los productos pueden serle de utilidad. Siempre respete las pautas de seguridad establecidas, utilice el equipo de protección personal apropiado y consulte con la persona encargada de la seguridad en el lugar de trabajo si no está seguro de cómo protegerse contra los peligros químicos.

2.11.0 Hojas de datos de seguridad de materiales (MSDS)

Las MSDS son hojas de datos preparadas por los fabricantes o los importadores de las sustancias químicas. Todos los productos utilizados en una construcción deben contar con una MSDS. Una MSDS describe la sustancia, los peligros, el manejo seguro, los primeros auxilios y los procedimientos de emergencia en caso de derrames. La OSHA no tiene un formulario obligatorio, pero requiere la inclusión de información específica. El Instituto Nacional Estadounidense de Normas (ANSI) ha desarrollado un formulario estándar que cumple con las normas nacionales e internacionales. La mayoría de los fabricantes de sustancias químicas utilizan este formulario, que tiene las siguientes secciones:

- Información del producto químico y de la empresa
- Composición/información de los ingredientes
- Identificación de peligros
- Medidas de primeros auxilios
- Información para combatir incendios
- Medidas que se deben tomar en caso de liberación accidental
- Manejo y almacenamiento
- Controles de exposición/protección personal
- Propiedades físicas y químicas
- Estabilidad y reactividad
- Propiedades toxicológicas
- Propiedades ecológicas
- Consideraciones sobre la eliminación
- Información de transporte
- Información relativa a las reglamentaciones
- Otra información

Puede resultar difícil leer una MSDS. La información científica es bastante técnica. La *Figura 4* presenta una MSDS de muestra de un diluyente de pintura común. Las cosas más importantes que se deben observar en una MSDS son los peligros específicos, la protección personal, los procedimientos de manejo y la información sobre primeros auxilios. La mayoría de las MSDS incluyen un número de teléfono de respuesta ante emergencias en el que se atiende las 24 horas.

Lea la MSDS de muestra de la *Figura 4* y busque la información sobre seguridad de este diluyente de pintura. Primero, localice los peligros. En la sección 7 de la MSDS se muestra que el diluyente es inflamable y se brindan precauciones pertinentes.

En la sección 8 se muestra que es necesaria la ventilación mecánica para reducir los vapores peligrosos. Puede utilizarse un ventilador en una ventana abierta. Si la ventilación no puede controlar la exposición dentro de los límites aceptables, se necesita usar protección respiratoria. En la sección 8 también se explica cómo proteger los ojos y la piel.

Por último, averigüe cómo eliminar el producto. En la sección 13 se incluye una lista de requisitos para eliminar el producto en forma segura.

En el lugar de trabajo, todos los materiales que se encuentren en contenedores deben llevar una etiqueta. Las etiquetas describen lo que hay en los contenedores. También advierten de los peligros químicos. El *Estándar HazCom* indica que los contenedores de materiales peligrosos deben estar etiquetados o marcados. La etiqueta debe incluir el nombre del material, las advertencias correspondientes al peligro y el nombre y el domicilio del fabricante. La OSHA no exige un formato específico de etiquetas. La información de la etiqueta puede ser cualquier tipo de mensaje con palabras, dibujos o símbolos. Sin embargo, las etiquetas deben describir los peligros presentes de manera legible y que se pueda ver con facilidad.

Dos sistemas comunes de etiquetado son el de la Asociación Nacional de Protección contra Incendios (NFPA, National Fire Protection Association) y el del Departamento de Transporte (DOT, Department of Transportation) de los EE.UU. La NFPA desarrolló *NFPA 704* para contenedores de almacenamiento fijos, que también se llama diamante de advertencia de peligros de la NFPA (*Figura 5*). El diamante de cuatro colores puede ser una etiqueta de un contenedor. También se utiliza en puertas para indicar el peligro en habitaciones o edificios. Cada sección y color representa un peligro: salud, inflamabilidad, inestabilidad y peligros específicos. Los números de cero a cuatro indican peligros crecientes. El DOT también requiere el uso de etiquetas para embarques de materiales peligrosos (*Figura 6*). Cualquiera de estas etiquetas puede formar parte del programa de etiquetado HazCom de una empresa. Asegúrese de entender el método de etiquetado que utilice su empresa.

Si el material peligroso se transfiere de un contenedor etiquetado, también se debe etiquetar el nuevo contenedor. La nueva etiqueta debe contar con toda la información de la etiqueta original. Asegúrese de que todos los materiales del lugar de trabajo estén etiquetados claramente.

¡ADVERTENCIA!

Nunca use un producto o material de un recipiente sin etiqueta.

2.12.0 Equipo de protección personal (EPP)

El EPP está diseñado para proteger a los trabajadores ante el riesgo de lesiones. Muchos trabajadores se lesionan en el lugar de trabajo porque no usan el EPP correcto. En un incidente, un trabajador sufrió una herida ocular grave cuando le ingresaron en los ojos residuos del lugar de trabajo. El supervisor le había indicado a este trabajador repetidas veces que utilizara anteojos de seguridad. Si hubiera utilizado los anteojos de seguridad correspondientes, este trabajador no habría sufrido lesiones ni habría tenido que tomar licencia para recuperarse. Lea la *Tabla 2* para conocer algunas actividades en las cuales se necesita protección ocular y facial.

No se pueden ver todas las condiciones potencialmente peligrosas con sólo recorrer el lugar de trabajo. Consulte las MSDS de todos los productos que se utilicen y, antes de realizar cualquier tarea, considere qué tipo de accidentes se podrían producir. Utilizar el sentido común y saber cómo usar el equipo de protección personal reducirá en gran medida las posibilidades de salir lastimado.

El mejor EPP no tiene ninguna utilidad a menos que:

- Se lo inspeccione con regularidad.
- Se lo cuide apropiadamente.
- Se lo use correctamente cuando sea necesario.
- Nunca se lo altere o modifique de ninguna manera.

Los EPP que se usan comúnmente en los lugares de trabajo son los siguientes (ver las *Figuras 7* y *8*):

Hoja de datos de seguridad de materiales
HOJA DE DATOS DE SEGURIDAD DE MATERIALES
R7K145
04 00
===
Sección 1 -- IDENTIFICACIÓN DEL PRODUCTO Y LA EMPRESA

CÓDIGO HMIS DEL PRODUCTO
Salud 2*
R7K145 Inflamabilidad 3
Reactividad 0
NOMBRE DEL PRODUCTO
Reducer No. 145
NOMBRE DEL FABRICANTE N.° DE TELÉFONO PARA EMERGENCIAS
THE SHERWIN-WILLIAMS COMPANY (216) 566-2917
101 Prospect Avenue N.W.
Cleveland, OH 44115
FECHA DE PREPARACIÓN N.° DE TELÉFONO DE INFORMACIÓN
02-ABR-07 (216) 566-2902
===
Sección 2 -- COMPOSICIÓN/INFORMACIÓN DE LOS INGREDIENTES
% PESO N.° CAS UNIDADES DE INGREDIENTE PRESIÓN DE VAPOR
----
7 100-41-4 Etilbenceno
ACGIH TLV 100 ppm 7,1 mm
ACGIH TLV 125 ppm LECP
OSHA LEP 100 ppm
OSHA LEP 125 ppm LECP
41 1330-20-7 Xileno
ACGIH TLV 100 ppm 5,9 mm
ACGIH TLV 150 ppm LECP
OSHA LEP 100 ppm
OSHA LEP 150 ppm LECP
51 107-98-2 1-Metoxi-2-propanol
ACGIH TLV 100 ppm 10,9 mm
ACGIH TLV 150 ppm LECP
OSHA LEP 100 ppm
OSHA LEP 150 ppm LECP
===
Sección 3 -- IDENTIFICACIÓN DE PELIGROS

RUTAS DE EXPOSICIÓN
INHALACIÓN de vapor o neblina de pulverización.
Contacto de los OJOS o la PIEL con el producto, el vapor o la neblina de pulverización.
Contiene alcoholes y acetatos que se pueden absorber a través de la piel.
EFECTOS DE LA SOBREEXPOSICIÓN
OJOS: irritación.
PIEL: la exposición prolongada o repetida puede causar irritación.
INHALACIÓN: irritación del sistema respiratorio superior.
Puede causar depresión del sistema nervioso. La sobreexposición extrema puede derivar en pérdida del conocimiento y posiblemente la muerte.
SIGNOS Y SÍNTOMAS DE LA SOBREEXPOSICIÓN
El dolor de cabeza, los mareos, las náuseas y la pérdida de la coordinación son indicios de exposición excesiva a los vapores o la neblina de pulverización. El enrojecimiento y la sensación de comezón o ardor pueden indicar exposición de los ojos o exposición excesiva de la piel.

201F04A.EPS

Figura 4 MSDS de muestra (1 de 5).

- Cascos
- Protección ocular
- Arneses de seguridad
- Guantes
- Zapatos y botas con puntas protegidas
- Protección auditiva
- Protección respiratoria
- Ropa protectora

PRECAUCIÓN

No corra riesgos con la seguridad; use EPP siempre que la tarea lo requiera.

R7K145 página 2
==
AFECCIONES MÉDICAS AGRAVADAS POR LA EXPOSICIÓN
Ninguna con reconocimiento general. INFORMACIÓN RELATIVA AL CÁNCER
Si desea conocer un análisis completo de los datos de toxicología, consulte la sección 11.
==
Sección 4 -- MEDIDAS DE PRIMEROS AUXILIOS

OJOS: lave los ojos con grandes cantidades de agua durante 15 minutos.
Busque atención médica.
PIEL: lave a fondo con agua y jabón la zona afectada.
Quite la ropa contaminada y lávela antes de volver a usarla.
INHALACIÓN: la persona afectada debe ser retirada del lugar de exposición. Se debe restablecer su respiración. Debe permanecer abrigada y quieta.
INGESTIÓN: no induzca el vómito. Busque atención médica inmediatamente.
==
Sección 5 -- MEDIDAS PARA COMBATIR INCENDIOS

PUNTO DE INFLAMACIÓN LEI LES
80 °F (26,7 °C) PMCC 1,0 13,7
CLASIFICACIÓN DE INFLAMABILIDAD
ETIQUETA ROJA: inflamable, punto de inflamación inferior a 100 °F (38 °C)
MEDIOS DE EXTINCIÓN
Dióxido de carbono, polvo químico, espuma
PELIGROS INUSUALES DE INCENDIO Y EXPLOSIÓN
Los recipientes cerrados pueden explotar cuando se los expone a calor extremo. Se deben tomar precauciones especial para aplicar el producto sobre superficies calientes.
En situaciones de emergencia, la sobreexposición a los productos de la descomposición puede causar un peligro para la salud. Los síntomas pueden no ser evidentes de inmediato. Busque atención médica.
PROCEDIMIENTOS ESPECIALES PARA COMBATIR INCENDIOS
Se deben usar equipos de protección completos, incluidos aparatos respiradores autónomos.
El rocío de agua puede no ser eficaz. En caso de usar agua, son preferibles las boquillas que forman neblina. Se puede usar agua para enfriar los recipientes y así evitar que aumente la presión, lo cual crearía la posibilidad de que se prendan fuego o exploten al exponerse al calor extremo.
==
Sección 6 -- MEDIDAS QUE SE DEBEN TOMAR EN CASO DE LIBERACIÓN ACCIDENTAL

PASOS A SEGUIR EN CASO DE QUE SE LIBERE O DERRAME MATERIAL
Retire todas las fuentes de ignición. Ventile el área.
Limpie con un absorbente inerte.
==
Sección 7 -- MANEJO Y ALMACENAMIENTO

CATEGORÍA DE ALMACENAMIENTO
Clase IC de almacenamiento del DOL

201F04B.EPS

Figura 4 MSDS de muestra (2 de 5).

2.12.1 Protección respiratoria

Siempre que haya peligro de asfixia u otros peligros respiratorios, debe usarse un respirador. Las leyes federales especifican qué tipo de respirador se debe usar para diversos peligros respiratorios. Averigüe qué respirador se debe usar para el producto que se esté empleando; para ello, lea el plan de protección respiratoria específico del lugar de trabajo que el empleador tiene la obligación de preparar.

El respirador debe elegirse correctamente de acuerdo con el contaminante presente en el lugar y su nivel de concentración. Se debe ajustar adecuadamente y usar según las instrucciones del fabricante. Se debe usar durante todo el tiempo de exposición.

R7K145 página 3
==
PRECAUCIONES QUE SE DEBEN TOMAR PARA EL MANEJO Y EL ALMACENAMIENTO
El contenido es INFLAMABLE. Se debe mantener alejado del calor, las chispas y las llamas directas. Durante el uso y hasta que todos los vapores se hayan ido: mantenga el área ventilada, no fume; extinga todas las llamas, las luces piloto y los calentadores; apague las estufas, las herramientas eléctricas, los electrodomésticos y toda otra fuente de ignición.
Consulte el Código de la NFPA. Use procedimientos aprobados de unión y puesta a tierra.
Mantenga el recipiente cerrado cuando no esté en uso. Transfiera el producto sólo a recipientes aprobados y con todas las etiquetas correspondientes. No ingerir. Mantener fuera del alcance de los niños.
==
Sección 8 -- CONTROLES DE EXPOSICIÓN/PROTECCIÓN PERSONAL

PRECAUCIONES QUE SE DEBEN TOMAR DURANTE EL USO
Usar sólo con ventilación adecuada.
Evite el contacto con la piel y los ojos. Evite respirar el vapor y la neblina de pulverización.
Lávese las manos después de usar el producto.
VENTILACIÓN
Es preferible que haya ventilación por extracción local. Es aceptable la ventilación por extracción general si la exposición a los materiales de la sección 2 se mantiene debajo de los límites de exposición correspondientes.
Consulte los estándares de OSHA 1910.94, 1910.107, 1910.108.
PROTECCIÓN RESPIRATORIA
Si mediante ventilación no se puede controlar la exposición para que no supere los valores límite correspondientes, use un respirador con filtro para partículas/vapores orgánicos con ajuste correcto que esté aprobado por NIOSH/MSHA, como protección contra los materiales de la sección 2.
GUANTES PROTECTORES
Use guantes recomendados por el proveedor de guantes como protección contra los materiales de la sección 2.
PROTECCIÓN OCULAR
Use anteojos de seguridad con protecciones laterales sin perforaciones.
OTROS EQUIPOS DE PROTECCIÓN
Se recomienda usar en la piel una crema que actúe como barrera.
OTRAS PRECAUCIONES
El uso indebido de este producto, en la forma de concentrar e inhalar intencionalmente el contenido, puede ser dañino o mortal.
==
Sección 9 -- PROPIEDADES FÍSICAS Y QUÍMICAS

PESO DEL PRODUCTO 7,41 lb/galón 887 g/l
PESO ESPECÍFICO 0,89
PUNTO DE EBULLICIÓN 248 – 292 °F 120 – 144 °C
PUNTO DE FUSIÓN no disponible
VOLUMEN VOLÁTIL 100 %
TASA DE EVAPORACIÓN menor que la del éter
DENSIDAD DEL VAPOR más pesado que el aire
SOLUBILIDAD EN AGUA N.D.
COMPUESTOS ORGÁNICOS VOLÁTILES (COV teórico – como fue empaquetado)
7,40 lb/galón 887 g/l Menos agua y solventes exentos por ley federal
7,40 lb/galón 887 g/l COV emitidos

201F04C.EPS

Figura 4 MSDS de muestra (3 de 5).

Los empleadores deben contar con un programa de protección respiratoria con los siguientes componentes:

- Programas de funcionamiento normal para la elección y el uso
- Entrenamiento para los empleados
- Limpieza y desinfección regular de los equipos
- Almacenamiento higiénico
- Inspección regular
- Pruebas de ajuste anuales
- Aptitudes médicas, que usualmente incluyen pruebas de funcionamiento pulmonar

El empleado es responsable de usar protección respiratoria cuando es necesario. En ciertas concentraciones, los vapores o emanaciones pueden eliminarse mediante el uso de dispositivos purifi-

R7K145 página 4

==

Sección 10 -- ESTABILIDAD Y REACTIVIDAD

ESTABILIDAD -- Estable
CONDICIONES QUE SE DEBEN EVITAR
Ninguna conocida.
INCOMPATIBILIDAD
Ninguna conocida.
PRODUCTOS DE DESCOMPOSICIÓN PELIGROSOS
Por fuego: dióxido de carbono, monóxido de carbono
POLIMERIZACIÓN PELIGROSA
no se producirá

==

Sección 11 -- INFORMACIÓN TOXICOLÓGICA

PELIGROS CRÓNICOS PARA LA SALUD
El etilbenceno está clasificado por la IARC como posiblemente carcinógeno para los seres humanos (2B) sobre la base de evidencia inadecuada en seres humanos y evidencia suficiente en animales de laboratorio. La exposición de ratas y ratones a la inhalación durante toda la vida de concentraciones elevadas de etilbenceno dio como resultado el incremento de ciertos tipos de cáncer, incluidos tumores de riñón en las ratas y tumores de pulmón e hígado en los ratones. Estos efectos no se observaron en animales expuestos a concentraciones más bajas. No hay evidencia de que el etilbenceno cause cáncer en seres humanos.
La sobreexposición prolongada a los ingredientes del solvente de la sección 2 puede causar efectos perjudiciales en el hígado y los aparatos urinario y reproductor.
Ha habido informes que han asociado la sobreexposición repetida y prolongada a los solventes con daños permanentes del cerebro y el sistema nervioso.

DATOS DE TOXICOLOGÍA
N.° de CAS Nombre del ingrediente

100-41-4 Etilbenceno LC50
RATA 4 H No disponible LD50
RATA 3500 mg/kg
1330-20-7 Xileno
LC50 RATA 4 H 5000 ppm
LD50 RATA 4300 mg/kg
107-98-2 1-Metoxi-2-propanol
LC50 RATA 4 H No disponible
LD50 RATA 6600 mg/kg

==

Sección 12 -- INFORMACIÓN ECOLÓGICA

INFORMACIÓN ECOTOXICOLÓGICA
No hay datos disponibles.

201F04D.EPS

Figura 4 MSDS de muestra (4 de 5).

R7K145 página 5

==

Sección 13 -- CONSIDERACIONES SOBRE LA ELIMINACIÓN

MÉTODO DE ELIMINACIÓN DE RESIDUOS
Los residuos de este producto pueden ser peligrosos según la definición de la Ley de Recuperación y Conservación de Recursos (RCRA) 40 CFR 261.
Se debe determinar mediante pruebas si los residuos son inflamables y determinar los números correspondientes de peligrosidad de residuos de la EPA. Para incinerarlos, se deben usar instalaciones aprobadas. No incinerar el recipiente cerrado. Eliminar de acuerdo con las reglamentaciones federales, estatales/provinciales y locales respecto de la polución.

==

Sección 14 -- INFORMACIÓN DE TRANSPORTE

Suelo estadounidense (DOT)
Las cantidades de 1 galón (3,78 l) o menos se pueden incluir en la Clase de ARTÍCULO PARA EL CONSUMIDOR, los recipientes más grandes de ORM–D están regulados como:
UN1263, MATERIAL RELACIONADO CON PINTURA, 3, PG III, (ERG#128)
DOT (Dpto. de Transporte) Sustancias peligrosas y cantidades que se deben informar
Etilbenceno 1000 lb (453,59 kg) RQ
Xilenos (isómeros y mezcla) 100 lb (45,36 kg) RQ
Los contenedores a granel se pueden enviar como (marque las cantidades que se deben informar):
RQ, UN1263, MATERIAL RELACIONADO CON PINTURA, 3, PG III, (XILENOS (ISÓMEROS Y MEZCLA)), (ERG#128)
Canadá (TDG)
UN1263, MATERIAL RELACIONADO CON PINTURA, CLASE 3, PG III, CANTIDAD LIMITADA, (ERG#128) IMO
UN1263, MATERIAL RELACIONADO CON PINTURA, CLASE 3, PG III, (27 C c.c.), EmS F–E, S–E

==

Sección 15 -- INFORMACIÓN RELATIVA A LAS REGLAMENTACIONES

SARA 313 (40 CFR 372.65C) - NOTIFICACIÓN PARA PROVEEDORES
N.° de CAS QUÍMICO/COMPUESTO % por PESO % Elemento

1100–41–4 Etilbenceno 7
1330–20–7 Xileno 41
PROPUESTA 65 DE CALIFORNIA
ADVERTENCIA: este producto contiene sustancias químicas que, según tiene conocimiento el Estado de California, causan cáncer y defectos congénitos u otros daños reproductivos.
CERTIFICACIÓN de TSCA
Todos las sustancias químicas de este producto figuran en el Inventario de la TSCA o están exentas de figurar en él.

R7K145 página 6

==

Sección 16 -- OTRA INFORMACIÓN

Este producto se ha clasificado de acuerdo con el criterio de peligros de las Reglamentaciones de Productos Controlados (CPR) Canadienses y la MSDS contiene toda la información exigida por dichas reglamentaciones.
La información anterior corresponde a este producto tal como está formulado actualmente y se basa en la información disponible en este momento. El agregado de reductores u otros aditivos a este producto puede alterar considerablemente la composición y los peligros del producto. Como las condiciones de uso están fuera de nuestro control, no damos ninguna garantía, expresa o implícita, y no asumimos ninguna responsabilidad con relación ningún tipo de uso de esta información.

201F04E.EPS

Figura 4 MSDS de muestra (5 de 5).

Figura 5 Diamante de advertencia de peligros de la NFPA.

cadores, siempre y cuando los niveles de oxígeno sean aceptables. Las bocanadas de humo de un incendio y las emanaciones generadas en la soldadura son ejemplos de emanaciones. Siempre revise el cartucho de su respirador para asegurarse de que sea del tipo correcto para las condiciones de aire y los contaminantes que se hallen en su lugar de trabajo (*Tabla 3*).

Cuando seleccione un respirador para usar cuando trabaje con materiales específicos, primero determine los ingredientes peligrosos presentes en el material y sus niveles de exposición y luego elija el respirador apropiado para protegerse a esos niveles. Siempre lea las MSDS del producto. Estas hojas identifican los ingredientes peligrosos y deben nombrar el tipo de respirador y los cartuchos recomendados para usar con el producto.

Las restricciones que se aplican a los respiradores de media máscara (purificadores de aire) son las siguientes:

- Estos respiradores no eliminan por completo la exposición a los contaminantes, sino que reducen la exposición hasta un nivel aceptable.
- Estos respiradores no suministran oxígeno y no se deben usar en áreas en donde el nivel de oxígeno sea inferior al 19,5 %.
- Estos respiradores no deben usarse en áreas en donde las sustancias químicas presenten señales de advertencia escasas, tales como falta de sabor u olor.

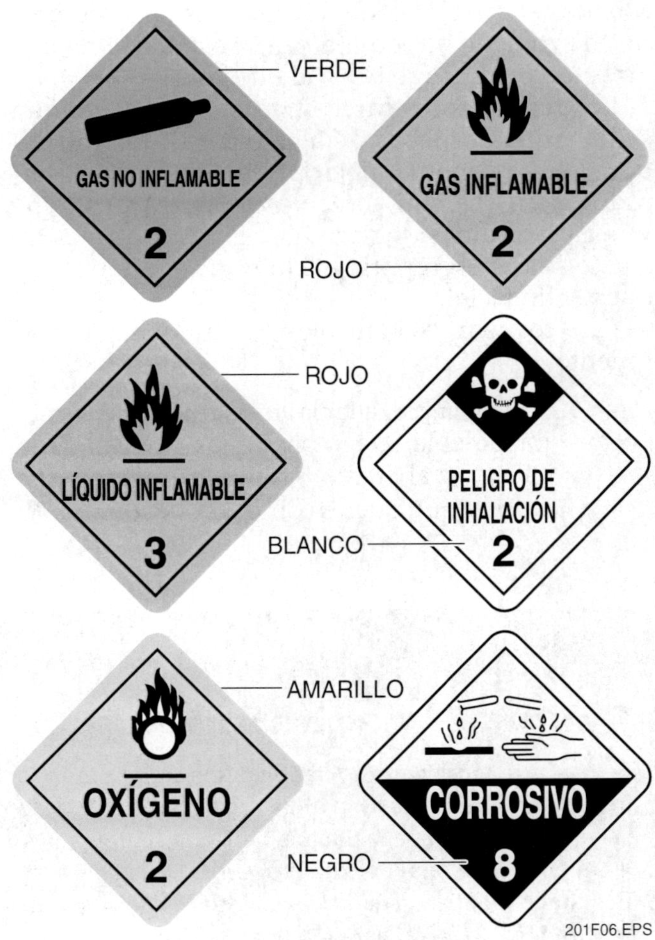

Figura 6 Etiquetas de materiales peligrosos del DOT.

Tabla 2 Cuadro de selección de protección facial y ocular

Fuente	Evaluación del peligro	Protección
IMPACTO – Astillamiento, amolado, perforación, cincelado, lijado, etc.	Proyección de fragmentos, objetos, astillas grandes, partículas, arena, tierra, etc.	Lentes con protección lateral, gogles, protección facial. Para exposiciones intensas, use protección facial sobre una protección ocular primaria.
PRODUCTOS QUÍMICOS – Manejo de ácido y productos químicos	Salpicadura	Gogles, cobertores oculares y otros tipos de cubiertas. Para exposiciones intensas, use protección facial sobre una protección ocular primaria.
	Neblinas irritantes	Gogles para tareas especiales.
POLVO – Lijado, pulido, condiciones generales de ambiente con polvo	Polvo molesto	Gogles, cobertores oculares y otros tipos de cubiertas.

201T02.EPS

- Los cartuchos deben contar con un indicador que muestre cuándo ha acabado su vida útil o una indicación de cuánto tiempo protegerá al trabajador.

Tenga presente los peligros respiratorios. Entre los efectos de la exposición, se encuentran: dificultad para respirar, mareos o náuseas, y sensación de sustancias químicas en los sentidos del olfato o el gusto. Se se producen estos síntomas, deje la zona de inmediato, regrese a una zona con aire fresco y busque la ayuda necesaria.

Los respiradores carecen de utilidad salvo que se hagan las pruebas de ajuste para cada individuo. Para obtener la mejor protección de su respirador, debe realizar controles de ajuste positivos y negativos antes de cada uso. Estos controles de ajuste se deben repetir hasta que se obtenga un buen sello facial.

Para realizar los controles positivos, haga lo siguiente:

Paso 1 Ajuste la pieza facial para que calce lo mejor posible, luego ajuste las correas de la cabeza y el cuello para asegurar un buen calce y que quede cómodo.

¡ADVERTENCIA!

No ajuste en exceso las correas de la cabeza y del cuello. Sólo ajústelas lo suficiente como para detener las fugas. El ajuste excesivo puede causar deformaciones en la máscara y fugas peligrosas.

Paso 2 Bloquee la válvula de exhalación con su mano u otro material.

Paso 3 Exhale hacia la máscara.

Paso 4 Controle si hay pérdida de aire por los bordes de la máscara.

Paso 5 Si la máscara se infla levemente por unos segundos, significa que se obtuvo un buen sello facial.

Para realizar los controles de ajuste negativos, haga lo siguiente:

Paso 1 Bloquee la válvula de inhalación con su mano u otro material.

Paso 2 Intente inhalar

Casos históricos

Peligros respiratorios

Se bajó a un empleado sentado en una cadena enrollada aproximadamente 17 pies (5,2 m) a una boca de inspección de 21 pies (6,4 m) de profundidad. Veinte segundos después comenzó a faltarle el aire y cayó del asiento de cadena boca abajo en el agua acumulada en el fondo del pozo. La autopsia determinó que la causa de la muerte fue la falta de oxígeno. Un análisis del aire y un respirador podrían haber salvado su vida.

Resultado Final: los peligros respiratorios no se pueden ver. Asegúrese de que se analice el aire y de contar con el respirador adecuado para el trabajo.

Fuente: OSHA

Paso 3 Controle si hay pérdida de aire por los bordes de la máscara.

Paso 4 Si la máscara se hunde levemente por unos segundos, significa que se obtuvo un buen sello facial.

Los respiradores deben estar limpios, en buenas condiciones y todas sus piezas deben estar en su lugar para que brinden la protección adecuada. Los respiradores deben limpiarse todos los días. En caso de no hacerlo, su eficacia estará restringida y proporcionará poca o ninguna pro-

Figura 7 Ejemplos de equipo de protección personal.

RESPIRADOR DE MEDIA MÁSCARA REUTILIZABLE

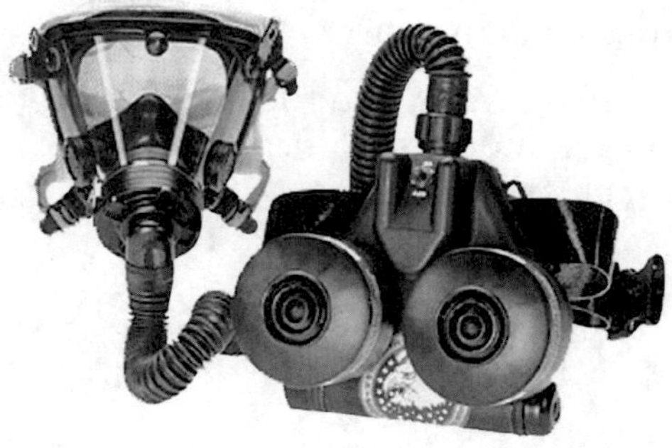

RESPIRADOR PURIFICADOR DE AIRE ELÉCTRICO

RESPIRADOR DE MÁSCARA COMPLETA REUTILIZABLE

ANTES DE USAR UN RESPIRADOR, DEBE DETERMINAR LO SIGUIENTE:

1. EL TIPO DE CONTAMINANTES PARA EL CUAL SE SELECCIONA EL RESPIRADOR.
2. EL NIVEL DE CONCENTRACIÓN DE LOS CONTAMINANTES.
3. SI EL RESPIRADOR SE PUEDE AJUSTAR BIEN AL ROSTRO DE QUIEN LO VAYA A USAR.

LA PERSONA QUE VAYA A USAR EL RESPIRADOR DEBE LEER Y COMPRENDER, ANTES DEL USO, TODAS LAS INSTRUCCIONES, ADVERTENCIAS Y LIMITACIONES DE USO DEL RESPIRADOR INCLUIDAS EN CADA PAQUETE.

APARATO RESPIRADOR AUTÓNOMO

RESPIRADOR CON SUMINISTRO DE AIRE

201F08.EPS

Figura 8 Respiradores.

tección. Por ejemplo, suponga que se utilizó un respirador durante dos semanas y no se lo limpió. Las bacterias acumuladas por respirar dentro del respirador, sumadas a los contaminantes que se transportan por el aire y que lograron entrar en la pieza facial, hacen que el interior del respirador esté en condiciones muy antihigiénicas. El uso continuo puede causar más daño que protección. Recuerde que sólo un respirador limpio y completo le brindará la protección necesaria. Siga estas pautas generales:

- Inspeccione el estado del respirador antes y después de cada uso.
- Para que el rostro quede bien sellado, no use un respirador que tenga la pieza facial deformada o que esté roto o con grietas.
- No use respiradores si les faltan piezas. Reemplace las correas o las partes faltantes antes de usarlos.
- No exponga los respiradores al calor o el frío excesivos, a sustancias químicas ni a la luz solar.
- Limpie y lave su respirador diariamente. Quite el cartucho y el filtro, lave el respirador a mano con jabón suave y un cepillo blando, y deje que se seque con el aire durante la noche.
- Desinfecte su respirador todas las semanas. Retire el cartucho y el filtro y luego empape el respirador con una solución desinfectante por al menos dos minutos. Enjuague cuidadosamente con agua tibia y déjelo secar al aire libre durante la noche. Guarde el respirador limpio y desinfectado en su bolsa plástica resellable. No guarde el respirador con el lado correspondiente a la cara hacia abajo. Esto podría torcer la pieza facial.

2.12.2 Protección auditiva

Algunas herramientas neumáticas, como los martillos neumáticos, pueden ser muy ruidosas. Se debe usar protección auditiva cuando se las utiliza. La OSHA exige el uso de protección auditiva cuando los trabajadores se exponen a niveles de ruido que promedian o superan los 85 **decibeles (dB)** por un lapso de ocho horas (conocido como tiempo promedio ponderado en un periodo de ocho horas o TPP). En realidad, 85 dB no es un nivel de ruido muy alto. Como muestra la *Tabla 4*, 85 dB es el volumen de la alarma de un reloj despertador digital típico. Incluso a este nivel, la exposición prolongada puede representar un riesgo para la audición. La intensidad de sonido de un martillo neumático generalmente es de 100 dB; cuando trabaje con un martillo neumático o cerca de uno, siempre debe utilizar protección auditiva.

La persona competente del sitio, que está entrenada para colocar protectores auditivos, debe ayudar a los empleados a elegir el tamaño y el tipo de protección adecuados para el entorno de trabajo. El protector seleccionado debe ser cómodo y reducir el nivel de ruido lo suficiente como para evitar la pérdida de audición.

Los protectores auditivos deben reducir apropiadamente el nivel de ruido del entorno de trabajo de cada empleado. Por lo general, cada tipo y modelo de protección auditiva (tapones u orejeras) tiene un nivel de reducción de ruido (NRR) que indica cuántos decibeles reduce el sonido. Una vez conocido el NRR de la protección auditiva, se le debe restar 7 dB. Esto se hace para tomar en cuenta el ruido de fondo del lugar de trabajo. El número de NRR restante es qué tan bajo hará el

Tabla 3 Código de colores para cartuchos de respiradores

Cartucho	Código de color
Vapor orgánico	Negro
Gas ácido	Blanco
Vapor orgánico/gas ácido	Amarillo
Amoníaco	Verde
Partículas (HEPA)	Magenta
Varios gases/vapor	Verde oliva

201T03.EPS

Tabla 4 Niveles en decibeles de sonidos comunes

Fuente del ruido	Nivel en decibeles
Tránsito intenso	75 dB
Restaurante ruidoso	80 dB
Reloj despertador digital	85 dB
Fábrica promedio	88 dB
Grito de niño	90 dB
Tren subterráneo	100 dB
Camión diésel	100 dB
Helicóptero	105 dB
Cortadora de pasto motorizada	105 dB
Sierra a motor	110 dB
Pistola de aguja	112 dB
Limpieza abrasiva	115 dB
Estadio de fútbol	117 dB
Compresor de 600 cfm (17 m^2/min)	120 dB
Concierto de rock	120 dB
Bocina de auto	120 dB
Martillo neumático	130 dB
Sirena de ataque aéreo	130 dB
Inicio del dolor	**140 dB**
Disparos de pistola	140 dB
Motor jet	140 dB
Lanzamiento de cohete	180 dB

201T04.EPS

ruido que entre en los oídos. Por lo tanto, si el sonido de una pistola de agujas se mide en 103 dB y los tapones tienen un NNR de 30, si se le resta 7 a 30, eso da una protección de 23. Al restar 23 a 103 dB, se obtienen apenas 80 dB de exposición. A los trabajadores se les debe explicar cómo usar y cuidar los protectores y se los debe supervisar en el trabajo para verificar que sepan cómo y cuándo usarlos.

El nivel de intensidad del sonido depende de la distancia a la fuente que lo produce. Cuanto más lejos esté de la fuente de origen, más bajo le parecerá el sonido. Como regla general, es posible que el nivel de ruido sea superior al límite legal al si hay que levantar la voz para poder ser oído a treinta centímetros de distancia. Otros signos de que el nivel es alto son la pérdida temporal de audición o sentir un zumbido en los oídos.

Algunos trabajadores pueden sufrir pérdida de audición incluso si el nivel de ruido está por debajo del límite permitido. Es mejor evitar la exposición al ruido siempre que sea posible. Si hay alguna razón para pensar que el nivel de ruido es muy alto, la empresa puede hacer que se mida su nivel con instrumentos. Esto se llama monitorización de ruido.

Para obtener más orientación sobre cuándo usar protección auditiva, qué tipo de protección usar y cómo usarla correctamente, consulte al supervisor o el técnico de seguridad.

3.0.0 SEGURIDAD EN EL ÁREA DE TRABAJO

¡ADVERTENCIA!

Existen requisitos específicos para trabajar en vías de ferrocarril, autopistas, plantas generadoras de energía y otras instalaciones, o en zonas cercanas a estas. Siempre obtenga y siga el plan de seguridad para la zona de trabajo específica. No hacerlo puede ser causa de muerte, lesiones graves o responsabilidades legales.

El trabajo de revestimiento a menudo se realiza en lugares públicos o cerca de ellos. Generar una zona de trabajo despejada es una parte importante del trabajo seguro. Para demarcar zonas de trabajo de construcción, se usan barricadas, vallas, cinta de precaución, carteles y conos. Para garantizar la seguridad de todos, se debe mantener a los vehículos y a las personas alejados del área de trabajo.

En el lugar de trabajo, se utilizan carteles, etiquetas y códigos de color para proteger a los empleados de situaciones peligrosas y para ayudarlos a responder a emergencias (*Figura 9*). Para que estos carteles, etiquetas y códigos de color resulten efectivos, todos los trabajadores deben comprender lo que significan y qué medidas deben tomar. Esto ayuda a evitar la confusión y asegura su efectividad.

También se usan señales tales como alarmas, campanas, timbres, silbatos y sirenas para comunicar peligros a los trabajadores. Por ejemplo, se utilizan alarmas de retroceso en carretillas elevadoras, equipos de construcción y camiones. Las alarmas de incendios se usan para despejar áreas de trabajo. Las líneas de las cintas transportadoras tienen timbres, campanas o silbatos para avisar a los trabajadores que las cintas están por entrar en movimiento.

Las barricadas son otra forma de advertir sobre peligros potenciales. Se las utiliza en las construcciones para mantener alejado al personal no autorizado y para controlar el tránsito (*Figura 10*). Las barricadas también se usan para controlar el tránsito peatonal en el exterior o el movimiento de gente a pie en habitaciones o pasillos en los cuales se están realizando tareas de revestimiento.

Es importante reconocer todos los carteles y las señales relacionados con el lugar de trabajo y asegurarse de que estén bien colocados y funcionen correctamente. Hacer esto puede salvar vidas.

3.1.0 Carteles

Todos los lugares de trabajo tienen marcas y carteles específicos para identificar los peligros y para proporcionar información de emergencia (*Figura 11*). Aprenda a reconocer estos tipos de carteles:

- *Carteles de peligro:* advierten a los trabajadores acerca de peligros inmediatos.
- *Carteles de precaución:* advierten a los trabajadores acerca de peligros potenciales.
- *Carteles de información:* proporcionan a los trabajadores información general no relacionada con la seguridad.
- *Carteles de seguridad:* proporcionan a los trabajadores información general relacionada con la seguridad.

Cuando trabaje en un lugar que no le sea familiar, siempre siga lo indicado en los carteles publicados.

3.2.0 Etiquetas de seguridad

Las etiquetas de prevención de accidentes se usan como una forma temporal de advertir a los trabajadores sobre peligros inmediatos y potenciales (*Figura 12*). Son similares a los carteles, sin embargo, no están diseñadas para ser utilizadas en

201F09.EPS

Figura 9 Carteles y etiquetas de comunicación.

reemplazo de los carteles o como medio permanente de protección. Por ejemplo, se puede usar una etiqueta de "Fuera de servicio" en un equipo averiado hasta que se lo pueda eliminar o reparar. Se puede colocar una etiqueta de "No encender" en máquinas durante procedimientos de bloqueo. Las etiquetas pueden ser una forma efectiva de proteger a los trabajadores y a la propiedad. Las etiquetas y los dispositivos usados para colocarlas deben cumplir requisitos físicos específicos para garantizar su durabilidad y su eficacia.

3.2.1 Etiquetas de "No encender"

Estas etiquetas se usan para evitar accionamientos imprevistos de equipos que podrían resultar en lesiones, daños a los equipos o ambos. Estas etiquetas se deben colocar en un lugar visible que bloquee efectivamente el mecanismo de encendido. Su color es blanco. El panel cuadrado es rojo y las letras pueden ser blancas, grises o grabadas visiblemente en la etiqueta.

201F10.EPS

Figura 10 Usos comunes de las barricadas.

Figura 11 Carteles.

Figura 12 Ejemplos de etiquetas de seguridad.

3.2.2 Etiquetas de peligro

Las etiquetas de peligro se usan donde existe un peligro inmediato. Le indican al trabajador que deben tomarse precauciones específicas. Las etiquetas de peligro son blancas. Tienen letras blancas sobre un óvalo rojo dentro de un cuadrado negro. Una etiqueta de peligro puede decir: PELIGRO - INSEGURO - NO USAR.

3.2.3 Etiquetas de precaución

Las etiquetas de precaución se usan para advertir a los trabajadores sobre peligros potenciales y los previenen sobre prácticas inseguras. Estas etiquetas le informan al trabajador que se deben tomar medidas de precaución apropiadas. Por ejemplo, una etiqueta puede decir: PRECAUCIÓN - Detenga la máquina para limpieza, aceitado o reparación. Las etiquetas de precaución son amarillas. Contienen un panel cuadrado negro con letras amarillas.

3.2.4 Etiquetas de "Fuera de servicio"

Las etiquetas de "Fuera de servicio" sólo se deben usar para notificar a los trabajadores que una máquina o herramienta en particular está fuera de servicio y que su uso puede constituir un peligro. Estas etiquetas son blancas. Contienen un cuadrado negro con letras blancas.

3.2.5 Etiquetas de radiación

Estas etiquetas notifican a los trabajadores sobre peligros de radiación reales o potenciales. Las etiquetas de radiación son amarillas con un panel púrpura rojizo. Las letras que aparezcan sobre el fondo amarillo serán negras. El símbolo de radiación también debe aparecer en la etiqueta.

3.2.6 Etiquetas de peligro biológico

Las etiquetas de peligro biológico indican la presencia de un peligro biológico real o potencial. Estos peligros pueden ser cualquier agente infeccioso que represente un riesgo real o potencial para los trabajadores. Estas etiquetas generalmente son de color blanco o anaranjado fluorescente con letras negras. También muestran el peligro biológico o el símbolo de peligro biológico.

3.3.0 Bloqueo y etiquetado

¡ADVERTENCIA!

El bloqueo y el etiquetado varían de un lugar de trabajo a otro.

Muchos accidentes en el lugar de trabajo están relacionados con las máquinas y los equipos. Estos accidentes se producen comúnmente porque se libera energía en forma incontrolada y ello puede encender máquinas mientras se las repara o se les hace mantenimiento. El no bloquear y etiquetar las máquinas antes de comenzar a trabajar en ellas es la principal causa de lesiones y muertes en el lugar de trabajo. Algunos de esos incidentes comprenden la electrocución, la amputación de partes del cuerpo y lesiones graves por aplastamiento. En una ocasión, un trabajador de mantenimiento murió al perder el equilibrio debido a que un equipo que se movió inesperadamente lo empujó hacia las cuchillas giratorias de una cortadora de 36 pulgadas (91 cm).

La adecuada implementación de un sistema de bloqueo y etiquetado eficiente puede eliminar este tipo de peligro. Dicho sistema permite resguardar a los trabajadores de la liberación inesperada de energía de diversas **fuentes de energía**. Una fuente de energía es cualquier fuente de energía eléctrica, mecánica, hidráulica, neumática, química, térmica u otra. La energía puede quedar almacenada en un sistema o una máquina aun después de que se corte el suministro. La energía almacenada en un sistema puede ser liberada o **puesta a tierra** para evitar un accionamiento inesperado de la máquina mientras está recibiendo servicio técnico. Por ejemplo, aunque el suministro de energía se haya cortado, en un compresor queda presión residual que puede activar **herramientas neumáticas**.

Si la máquina contiene ácidos, productos químicos, líquidos inflamables o gases o líquidos a alta temperatura, existe un peligro adicional. La energía almacenada puede producir la liberación explosiva de esos materiales peligrosos y provocar lesiones graves.

Cuando alguien está trabajando en un sitio donde existe este peligro, o cerca de un sitio tal, se debe apagar, drenar o desenergizar los dispositivos mecánicos y los demás sistemas. **Los dispositivos de aislamiento de energía**, tales como interruptores, interruptores de circuito, válvulas y otros componentes, se utilizan junto con las etiquetas y los bloqueos (*Figura 13*) para garantizar que los motores no se enciendan, las válvulas no se abran o cierren, y no pueda producirse ningún otro cambio que pueda poner en peligro a los trabajadores.

¡ADVERTENCIA!

Los equipos eléctricos no son la única fuente de accidentes de bloqueo y etiquetado.

Algunos dispositivos de desconexión están equipados con bloqueos con uso de llave para brindar protección durante la operación. Esos dispositivos de bloqueo se llaman kirklocks y se confía en ellos sólo para garantizar la secuencia adecuada de la operación. No deben ser usados para fines de bloqueo de un circuito o sistema. Cuando hay interruptores instalados para su uso en el aislamiento, nunca deben ser abiertos bajo carga. Cuando se abre manualmente un interruptor, debe hacerse rápidamente utilizando una fuerza positiva. Además, deben utilizarse dispositivos de bloqueo cuando los interruptores estén abiertos

Por lo general, cada candado tiene su propia llave, y la persona que pone el candado se queda con ella. Esa persona es la única que puede quitar el candado. Las etiquetas normalmente contienen la palabra PELIGRO (*Figura 14*).

3.3.1 Dispositivos de bloqueo y etiquetado

El bloqueo y etiquetado protege a los trabajadores de toda posible fuente de energía. Cuando se realiza un bloqueo, se coloca un dispositivo de aislamiento de energía, tal como un interruptor o un interruptor de circuito, en la posición OFF (APAGADO) y se le coloca un candado. En la *Figura 15* se muestran algunos ejemplos de los tipos de **dispositivos de bloqueo** que se pueden usar con candados de llave o combinación. Cuando más de una persona tiene acceso al equipo, se usan varios dispositivos de bloqueo (*Figura 16*). En algunos casos, cuando se trabaja con válvulas, se puede usar cadena y candado para mantener la válvula en su lugar e impedir cualquier cambio.

Cuando se efectúa un etiquetado, los componentes que regulan la alimentación de energía a las máquinas o los equipos, tales como los interruptores, quedan en posición segura y se les coloca una advertencia escrita o un **dispositivo de etiquetado** (*Figura 17*).

Un programa efectivo de bloqueo usando candado y etiqueta debe incluir lo siguiente:

- La inspección del equipo por parte de una persona entrenada que esté perfectamente familiarizada con la operación del equipo y los peligros que involucra.
- La compra de candados, etiquetas y bloqueadores.
- La identificación y la marcación de los dispositivos de bloqueo.
- Un procedimiento operativo escrito estándar que deberán seguir los empleados.

3.3.2 Procedimientos de bloqueo y etiquetado

Los procedimientos exactos de bloqueo y etiquetado pueden variar de una empresa o lugar de

201F13.EPS

Figura 13 Dispositivo de bloqueo/etiquetado.

201F14.EPS

Figura 14 Etiquetas de seguridad típicas para bloqueos.

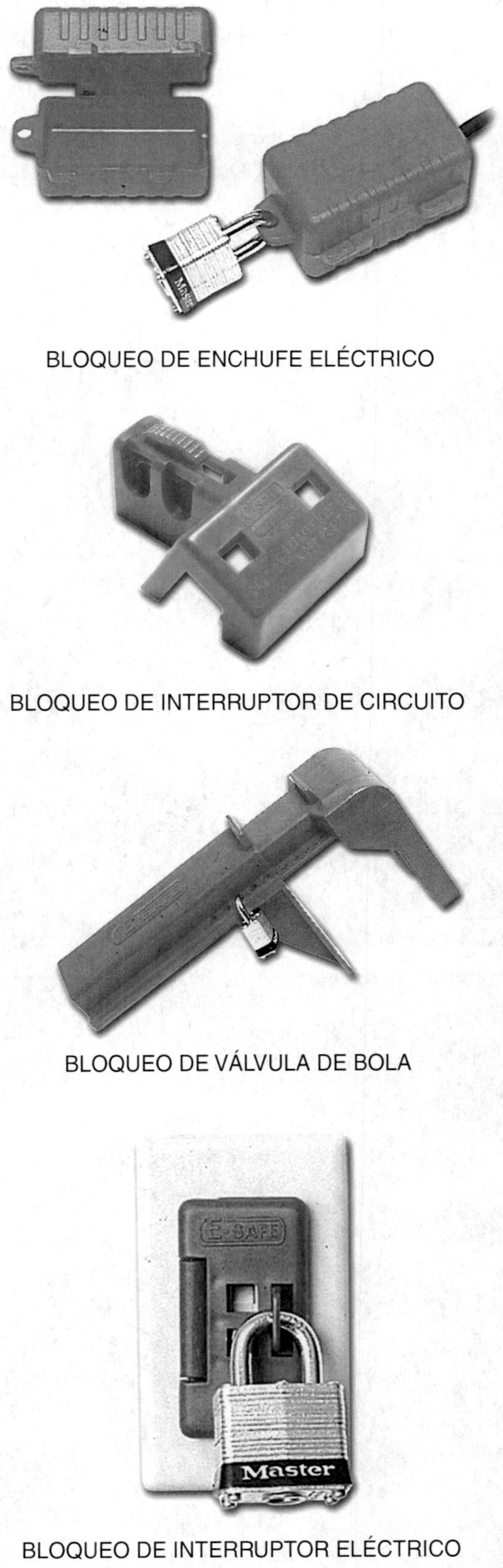

Figura 15 Dispositivos de bloqueo.

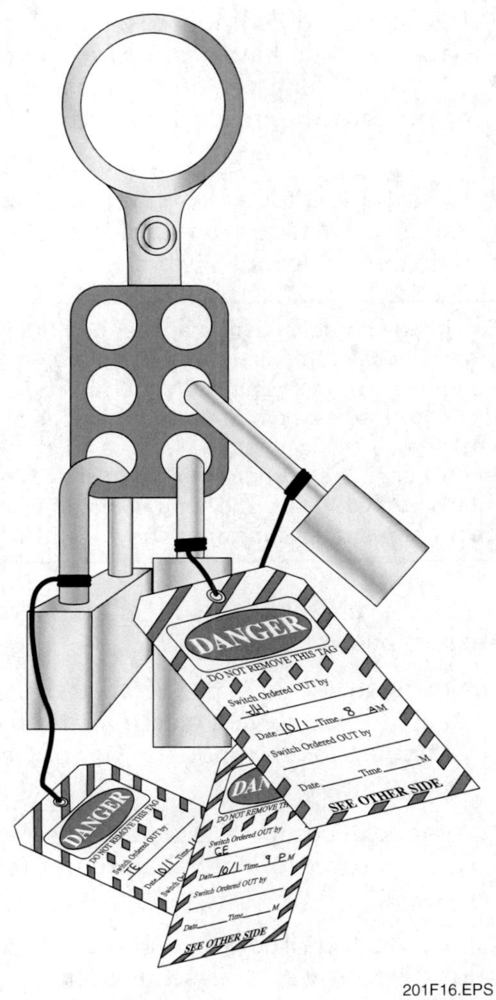

Figura 16 Dispositivo de bloqueo/etiquetado múltiple.

trabajo a otro. Pida al supervisor que le explique el procedimiento de bloqueo y etiquetado que se emplea en su lugar de trabajo. Conozca este procedimiento y sígalo. Es para la seguridad de todos. Si tiene dudas acerca de los procedimientos de bloqueo y etiquetado, pregunte al supervisor. Cuando trabaje en otra instalación, una persona autorizada de la empresa debe comunicarse con la instalación donde se realiza el trabajo respecto del bloqueo y el etiquetado para asegurarse de que el proceso, la máquina o el área se hayan desenergizado por completo.

El siguiente es un ejemplo típico de procedimiento de bloqueo y etiquetado. Está compuesto por estas cuatro etapas.

- Preparación para el bloqueo y etiquetado
- Secuencia para el bloqueo y etiquetado
- Restauración de la energía
- Autorización de extracción de emergencia

Durante la preparación del bloqueo y etiquetado, es importante seguir estos pasos.

Paso 1 Revise los procedimientos, para comprobar que no se hayan producido cambios desde la última vez que se haya aplicado el procedimiento de bloqueo y etiquetado.

Paso 2 Identifique a todos los empleados autorizados y afectados por el bloqueo/etiquetado que se llevará a cabo.

> **NOTA**
>
> Existe una diferencia entre apagar una máquina y desconectar concretamente una pieza del equipo. Cuando se apaga un interruptor de control, se está abriendo un circuito; sin embargo, aún hay energía eléctrica en el interruptor. Si se produce un cortocircuito en el interruptor o alguien enciende la máquina, esta puede comenzar a funcionar nuevamente.

Para llevar a cabo el bloqueo y etiquetado, siga los siguientes pasos.

Paso 1 Notifique a todo el personal autorizado y afectado que se va a efectuar un bloqueo y etiquetado, y explíqueles por qué es necesario hacerlo.

Paso 2 Apague el equipo o el sistema, con el uso de los procedimientos habituales (OFF o STOP).

Paso 3 Bloquee toda fuente de energía y revise los dispositivos de desconexión para asegurarse de que no puedan moverse a la posición ON (ENCENDIDO). A continuación, abra el interruptor de corte. Si no hay interruptor de corte, bloquee el imán en la posición de interruptor abierto antes de trabajar sobre equipos que funcionen con electricidad o **aparatos** tales como motores o relés. Quite el cable de control.

Paso 4 Coloque el candado y la etiqueta en los interruptores o las válvulas que lo requieran, en posición abierta. Cada empleado autorizado debe colocar un candado y una etiqueta, si es necesario.

Paso 5 Libere la energía acumulada; para ello, conecte el equipo o el sistema a tierra.

Paso 6 Utilice una fuente de energía conocida para verificar que el equipo de prueba esté funcionando correctamente.

Paso 7 Confirme que todos los interruptores estén en posición abierta y use el equipo de prueba para verificar que todos los componentes estén sin energía.

Paso 8 Si es necesario abandonar temporalmente el área, al regresar, vuelva a comprobar que el equipo o el sistema siga estando sin energía.

Una vez que haya finalizado el trabajo en la máquina o el equipo, siga estos pasos para restaurar la energía.

Paso 1 Vuelva a montar completamente el equipo o el sistema, y asegúrelo.

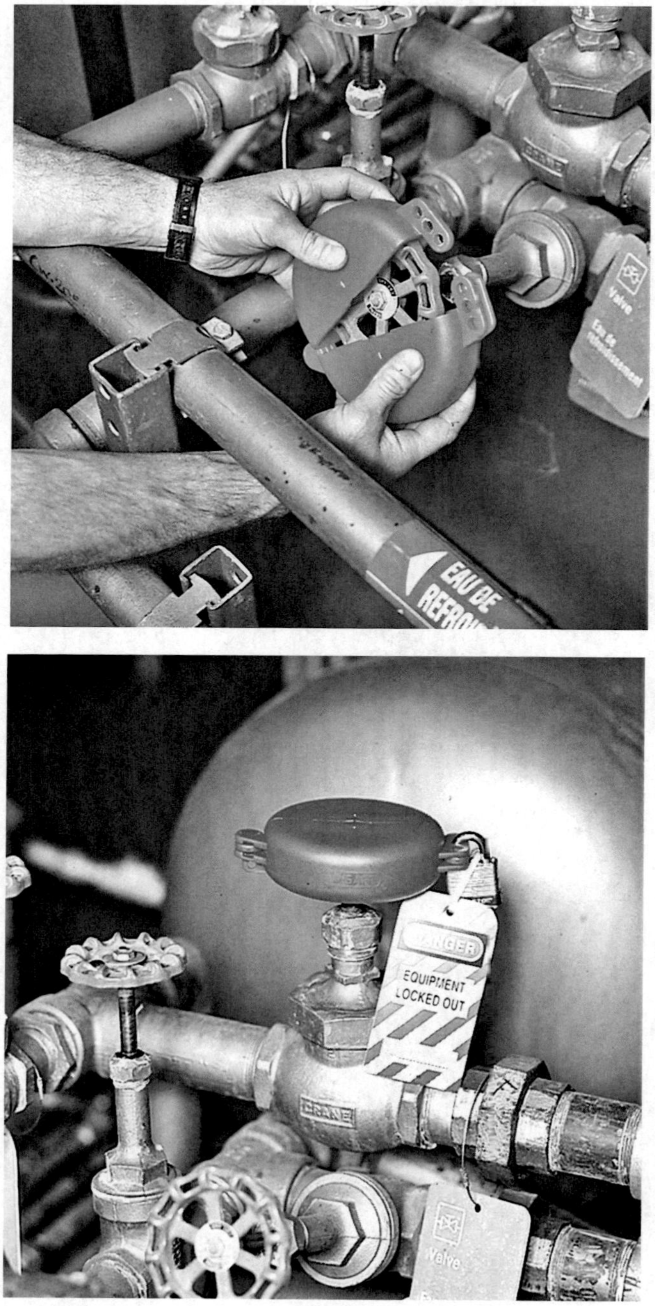

201F17.EPS

Figura 17 Colocación de un dispositivo de bloqueo/etiquetado.

En el lugar

Procedimientos de bloqueo/etiquetado P.R.O.P.E.R.

El uso de procedimientos P.R.O.P.E.R de bloqueo/etiquetado es la mejor manera de evitar accidentes, lesiones y muertes.

P – Efectúe el apagado.
R – Reconozca las fuentes de energía.
O – Off (apague las fuentes de energía).
P – Coloque los candados y las etiquetas.
E – Libere la energía almacenada.
R – Coloque los controles en neutro.

Paso 2 Confirme que todos los equipos y las herramientas, incluidos los detectores de cortocircuitos, se hayan identificado y retirado del equipo o el sistema.

Paso 3 Vuelva a colocar y a activar todos los controles de seguridad.

Paso 4 Quite los candados y las etiquetas de los interruptores de aislamiento. Cada empleado debe quitar su propio candado y su propia etiqueta.

Paso 5 Notifique a todo el personal afectado que el bloqueo y etiquetado ha finalizado, y que el equipo o el sistema va a recibir alimentación eléctrica.

Paso 6 Opere o cierre los interruptores de aislamiento para volver a suministrar energía.

En algunas ocasiones, es necesario efectuar una extracción de emergencia del dispositivo de bloqueo. Sólo un supervisor autorizado puede retirar el dispositivo. Si el empleado autorizado está ausente o se ha perdido la llave, se le debe informar que se ha retirado el dispositivo de bloqueo y etiquetado. La persona que haya realizado la acción debe registrar dicha acción en el informe diario, incluido el informar al empleado autorizado acerca del retiro del dispositivo.

3.3.3 Precauciones de bloqueo y etiquetado

Es importante saber cómo proteger a los trabajadores en el lugar de trabajo. Todos deben ser conscientes de qué actividades se están realizando en el lugar de trabajo y comprender cómo realizarlas de manera segura. Las siguientes son las precauciones más habituales que deben ser observadas para mantener el lugar de trabajo en condiciones seguras:

Para pensar

Método de bloqueo

¿Qué método de bloqueo preferiría usar si su vida estuviera en juego?

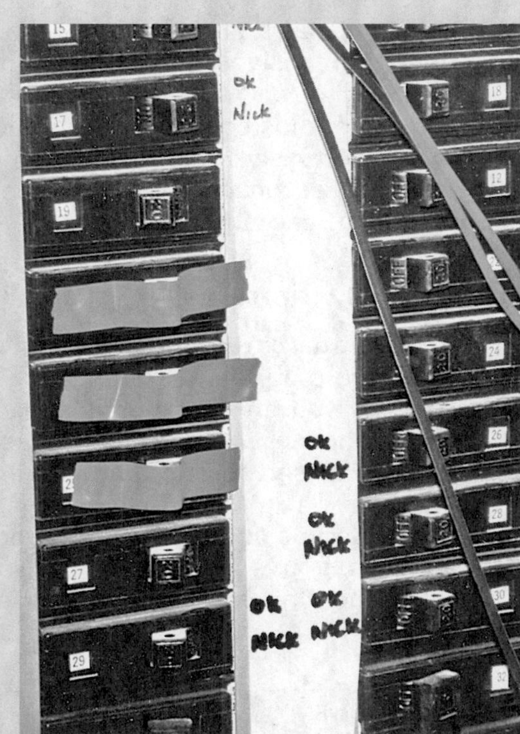

(A) CINTA

(B) CANDADO PARA INTERRUPTOR DE CIRCUITOS

201SA01.EPS

- Nunca opere ningún dispositivo, válvula, interruptor o pieza de equipo que tenga colocado un candado o una etiqueta.
- Utilice únicamente etiquetas que estén aprobadas para el lugar de trabajo.
- Si un dispositivo, válvula, interruptor o pieza de un equipo se encuentra bloqueado, asegúrese de que tenga colocada la etiqueta adecuada.
- Bloquee y etiquete todos los sistemas eléctricos
- Bloquee y etiquete las tuberías que transporten ácidos, fluidos explosivos y vapor a alta presión.
- Bloquee y etiquete los equipos y vehículos a motor que requieran ser reparados o reemplazados. Además, desconecte o desactive todos los dispositivos de encendido.

3.4.0 Barricadas y barreras

Toda abertura en una pared, en el piso o en el suelo es un peligro para la seguridad. Hay dos tipos de protección para estas aberturas: se las puede cubrir o colocarles vallas. Cubra todos los agujeros siempre que sea posible. Cuando no resulte práctico cubrir un agujero, use barricadas. Si el borde inferior de una abertura en la pared se encuentra a menos de tres pies (91 cm) por sobre el piso y puede hacer que alguien caiga más de cuatro pies (1,22 metros), coloque vallas alrededor de la abertura. Hay varios métodos distintos de vallado:

- Se colocan barandillas a lo largo de las aberturas en las paredes o como vallas alrededor de aberturas en el piso para evitar caídas (*Figura 18A*).
- Las barricadas de advertencia alertan a los trabajadores sobre el peligro, pero no brindan protección verdadera (*Figura 18B*). Las barricadas de advertencia típicas son de cuerda o cinta plástica colgadas de alambres o entre postes. La cinta o cuerda sigue un código de color:
  - Rojo significa peligro. Nadie puede ingresar en un área con una barricada de advertencia color rojo. Las barricadas rojas se usan cuando hay peligro de caída de objetos o cuando hay una carga suspendida sobre el área.
  - Amarillo significa precaución. Se puede ingresar en un área con una barricada amarilla, pero se debe saber cuál es el peligro y tener cuidado. Las barricadas amarillas se usan alrededor de áreas mojadas o con polvo suelto. El amarillo con letras negras advierte de peligros físicos tales como de chocar contra algo, tropezar o caerse.

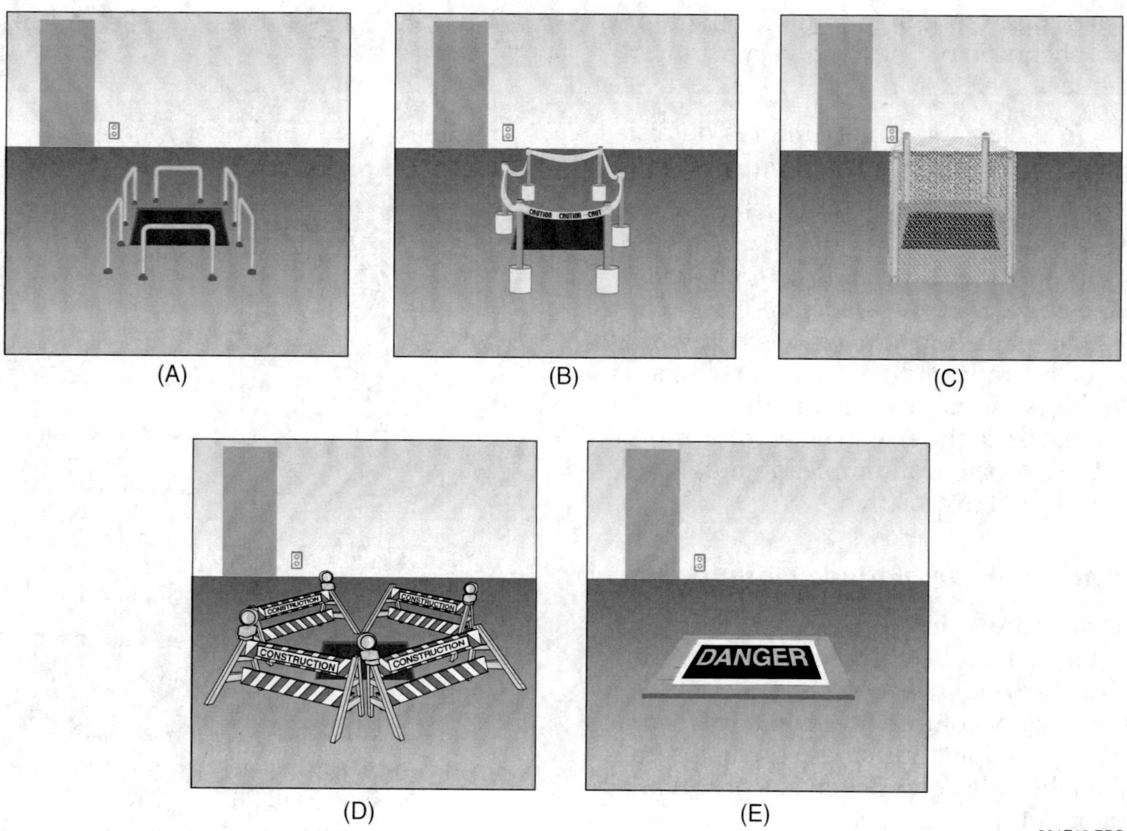

201F18.EPS

Figura 18 Tipos comunes de barricadas y barreras para pozos en el piso.

- El amarillo con púrpura indica una advertencia de radiación. Nadie puede pasar una barricada amarilla y púrpura. Estas barricadas se usan a menudo cuando se aplican rayos X a las soldaduras de tuberías.

- Las barricadas protectoras dan una advertencia visual y protegen contra lesiones (*Figura 18C*). Pueden estar hechas con postes y barandillas de madera, postes y cadenas, o cables de acero. La gente no puede pasar las barricadas de protección.
- Se colocan luces intermitentes en las barricadas para que se las vea de noche (*Figura 18D*).
- Las cubiertas se usan para tapar agujeros en el piso o en el suelo (*Figura 18E*). Deben estar aseguradas y etiquetadas. Deben ser lo suficientemente fuertes para soportar dos veces el peso de cualquier cosa que pudiera colocarse sobre ellas.

Los tipos de barreras y barricadas varían según los lugares de trabajo. También puede haber diferentes procedimientos en cuanto al momento y la forma de colocar las barricadas. Aprenda y respete las políticas de su lugar de trabajo.

4.0.0 Trabajo sobre el nivel del suelo

Gran parte del trabajo de revestimiento industrial se realiza sobre el nivel del suelo, así que las escaleras y los **andamiajes** son elementos comunes de ver donde se realizan trabajos de revestimiento. También son una fuente frecuente de accidentes fatales. Los accidentes más comunes relacionados con las escaleras y los andamiajes son las caídas, los golpes con objetos que caen y la electrocución. En un caso, un trabajador murió cuando se resbaló de una escalera fija que estaba adosada a una torre de agua y cayó al suelo desde una altura de 40 pies (12 m). Murió porque no estaba usando los equipos de seguridad adecuados. Siempre use equipos de protección contra caídas con 100 % de amarre.

La seguridad es una principal prioridad en el trabajo. Es obligación de cada trabajador aprender a ajustar, usar y mantener los equipos. Esto hace a la seguridad de todos.

4.1.0 Escaleras

Las escaleras se encuentran entre las herramientas más importantes del lugar de trabajo. Según la situación, se deben usar diferentes tipos de escaleras (*Figura 19*). Las escaleras de aluminio son resistentes a la corrosión y se pueden usar en situaciones en las que podrían quedar a la intemperie. Además, son livianas y se pueden usar en lugares donde se necesite levantarlas y trasladarlas con frecuencia. Las escaleras de madera, que son más pesadas y firmes que las escaleras de fibra de vidrio o aluminio, se pueden usar cuando se deba subir y bajar cargas pesadas. Las escaleras de fibra de vidrio son no conductoras y muy duraderas, por lo que son útiles para cuando hay que realizar trabajos eléctricos o para lugares en los cuales sea inevitable tratarlas con brusquedad. La fibra de vidrio y el aluminio son más fáciles de limpiar que la madera.

Es importante seleccionar la escalera correcta para el trabajo que se vaya a realizar, a fin de poder finalizar el trabajo de la forma más segura y eficiente posible. Cuando elija una escalera, tenga en cuenta sus características y la manera en que satisface las necesidades del trabajo. Siempre tenga en cuenta la máxima **clasificación de servicio** y el límite superior de peso necesarios, así como también los requisitos de altura. Si la escalera es muy larga o muy corta, no permitirá alcanzar la superficie de trabajo en forma fácil, segura y cómoda.

Cuando elija una escalera para realizar un trabajo, es importante elegir una que se extienda al menos 36 pulgadas (91 cm) por encima de la superficie a la que usted intente llegar. Coloque siempre la base de la escalera de manera que la distancia entre la base y la pared sea un cuarto de la altura de la escalera, calculada desde la elevación de la base hasta el punto en el cual la escalera toca la pared (*Figura 20*).

Tenga presentes las siguientes precauciones cuando ajuste y use cualquier tipo de escalera:

- No use una escalera de metal para realizar ningún tipo de trabajo eléctrico ni cuando haya posibilidad de entrar en contacto con conductores eléctricos.
- Coloque la escalera en una posición estable.
- Coloque la escalera de manera que deje al menos 6 pulgadas (15 cm) de espacio libre detrás.
- Coloque la escalera de manera que quede apoyada en una superficie sólida y que no se pueda mover. Nunca coloque una escalera contra una ventana, una puerta, un portal, un marco, una pared suelta o móvil, o una caja.
- Colóquese de frente a la escalera cuando suba o baje.
- Suba o descienda por la escalera de a un escalón por vez. Nunca corra para subir ni se deslice para bajar de una escalera.
- No use escaleras cuando haya vientos fuertes. Si debe usar una escalera en condiciones ventosas, asegúrese de atar la escalera de forma segura para evitar que se deslice.
- Controle las suelas de sus zapatos para asegurarse de que no tengan aceite, barro o grasa.

Figura 19 Tipos de escaleras.

- Suba con ambas manos libres para sujetarse de la escalera en forma segura. Use una cuerda para subir y bajar herramientas y materiales.
- Nunca deje herramientas ni materiales en la parte superior de una escalera.
- Mueva la escalera de acuerdo con el trabajo que vaya a realizar. Nunca se incline hacia los costados de la escalera para alcanzar un área de trabajo.
- Nunca se pare en los dos escalones superiores de una escalera.

Figura 20 Forma apropiada de posicionar la escalera.

- Use escaleras sólo por periodos cortos de trabajo en altura. Si debe trabajar en una escalera por periodos largos, utilice una **línea de vida** atada a un cinturón de seguridad.
- Nunca use reemplazos temporales para las escaleras.
- Deje la escalera en el suelo después de que haya terminado de usarla, salvo que se encuentre anclada de forma segura tanto en la parte superior como en la inferior en el lugar que se está utilizando.
- Nunca use escaleras de tijera para los trabajos que requieren escaleras rectas.

Cada escalera está diseñada para un fin específico y para ciertas condiciones de ascenso y, generalmente, entran en estas cuatro categorías. rectas, de extensión, de tijera y fijas.

4.1.1 Escaleras rectas

Las escaleras rectas consisten en dos largueros, escalones entre los largueros y zapatas de seguridad en la parte inferior de los largueros (*Figura 21*). Las escaleras rectas que se usan en la construcción están generalmente hechas de madera o fibra de vidrio. Las escaleras de metal son conductoras de la electricidad y no se deben utilizar cerca de equipos eléctricos.

Las escaleras siempre deben inspeccionarse antes de usarlas. Asegúrese de cumplir estas pautas cuando inspeccione una escalera:

- Controle que los largueros y los escalones no tengan grietas u otros daños, incluida la existencia de escalones sueltos. Si encuentra algún daño, no use la escalera.
- Revise toda la escalera para detectar si hay clavos, tornillos, soportes u otros herrajes sueltos. Si encuentra algún problema de herrajes, ajuste las piezas sueltas o lleve a reparar la escalera antes de usarla.
- Asegúrese de que las zapatas estén fijadas con firmeza y que no estén deterioradas ni desgasta-

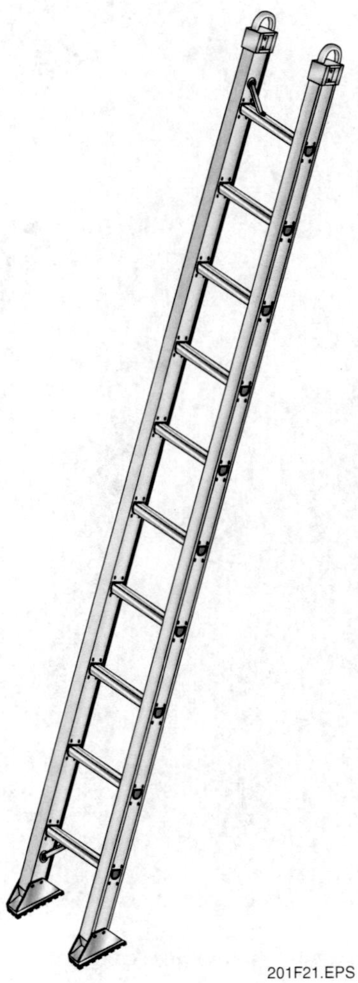

Figura 21 Escalera recta.

das. No use escaleras cuyas zapatas de seguridad no se encuentren en buen estado de funcionamiento. Si es necesario en el caso de superficies irregulares, coloque y use una pata estabilizadora (*Figura 22*).

Después de inspeccionar una escalera, el siguiente paso es el ajuste. Siga estas pautas para asegurarse de que la escalera esté ajustada en forma segura:

- Coloque la escalera recta en el ángulo correcto antes de usarla. Si se la coloca en un ángulo incorrecto, quedará inestable y podría hacerlo caer.
- Las escaleras rectas sólo deben usarse sobre superficies estables y niveladas, salvo que estén aseguradas en la parte superior e inferior para prevenir movimientos accidentales (*Figura 23*).
- La distancia entre la zapata de la escalera y la base de la estructura en la cual se apoya la escalera debe ser de un cuarto de la distancia entre el suelo y el punto en que la escalera toca la estructura.

201F22.EPS

Figura 22 Pata estabilizadora de escalera.

BASE ASEGURADA

PARTE SUPERIOR ASEGURADA

201F23.EPS

Figura 23 Cómo asegurar una escalera.

Una vez que se ha inspeccionado y ajustado la escalera, se puede empezar a trabajar. Las siguientes son algunas medida de precaución para llevar a la práctica mientras trabaja en una escalera.

- Nunca intente mover una escalera cuando haya alguien en ella. Si una escalera se debe colocar frente a una puerta que se abre hacia la escalera, la puerta se debe cerrar o bloquear en posición abierta, de manera que no pueda golpear la escalera.
- Nunca coloque horizontalmente una escalera para usarla como plataforma de trabajo.
- Asegúrese de que la escalera se haya fijado apropiadamente antes de usarla para subir o bajar.
- Asegúrese de que las zapatas de la escalera estén colocadas firmemente sobre un suelo seguro y nivelado.
- Mantenga las dos manos en los largueros cuando ascienda por una escalera recta.
- Siempre revise que la parte superior de la escalera esté ubicada en una posición firme y que no haya peligro de que se mueva hacia la derecha o la izquierda cuando comience el ascenso.
- Siempre mantenga el peso del cuerpo en el centro de la escalera entre los largueros.
- Nunca suba o baje una escalera sin mirar hacia ella. Debe estar de frente a la escalera en todo momento.
- No lleve herramientas mientras suba una escalera. En lugar de eso, use un cordel de mano o un cable de retención para acercar las herramientas después de que haya llegado al lugar en el que trabajará.

¡ADVERTENCIA!

Recuerde que el agregado del peso de una persona afecta la estabilidad de la escalera al subir. Primero, como prueba, aplique peso a la escalera sin comenzar a subir. Esto garantiza que la escalera permanecerá estable.

4.1.2 Escaleras de extensión

Una escalera de extensión está formada en realidad por dos escaleras rectas. Están conectadas de manera que usted pueda ajustar su superposición y cambiar el largo de la escalera según sea necesario (*Figura 24*).

Las escaleras de extensión se colocan y aseguran de acuerdo con las mismas reglas que las escaleras rectas. Sin embargo, existen algunas medidas de seguridad que son exclusivas para las escaleras de extensión:

201F24.EPS

Figura 24 Escaleras de extensión.

- Cuando ajuste el largo de una escalera de extensión, siempre vuelva a colocar la sección móvil desde la parte inferior de la escalera y no desde la superior, para asegurarse de que las trabas de los escalones queden enganchadas correctamente después de hacer el ajuste.
- Asegúrese de que el mecanismo de bloqueo de sección se encuentre completamente enganchado en el escalón que desee.
- Asegúrese de que todas las cuerdas que se usan para subir y bajar la extensión estén sin obstáculos y desenredadas.
- Asegúrese de que la escalera de extensión se superponga entre las dos secciones (*Figura 25*). En escaleras que midan más de 36 pies (11 m) de largo, la superposición de las secciones debe ser de al menos tres pies (91 cm). En escaleras que midan entre 36 y 48 pies (11 y 15 m) de largo, la superposición de las secciones debe ser de al menos cuatro pies (1,2 m). En escaleras que midan entre 48 y 60 pies (15 y 18 m) de largo, la superposición de las secciones debe ser de al menos cinco pies (1,5 m).
- Nunca se pare encima del nivel seguro más elevado para estar parado de una escalera. En una escalera de extensión, este nivel es el cuarto escalón desde la parte superior. Si se para en un escalón más alto, puede perder el equilibrio e incluso caerse. Algunas escaleras tienen escalones de colores para indicar el nivel más elevado para estar parado.

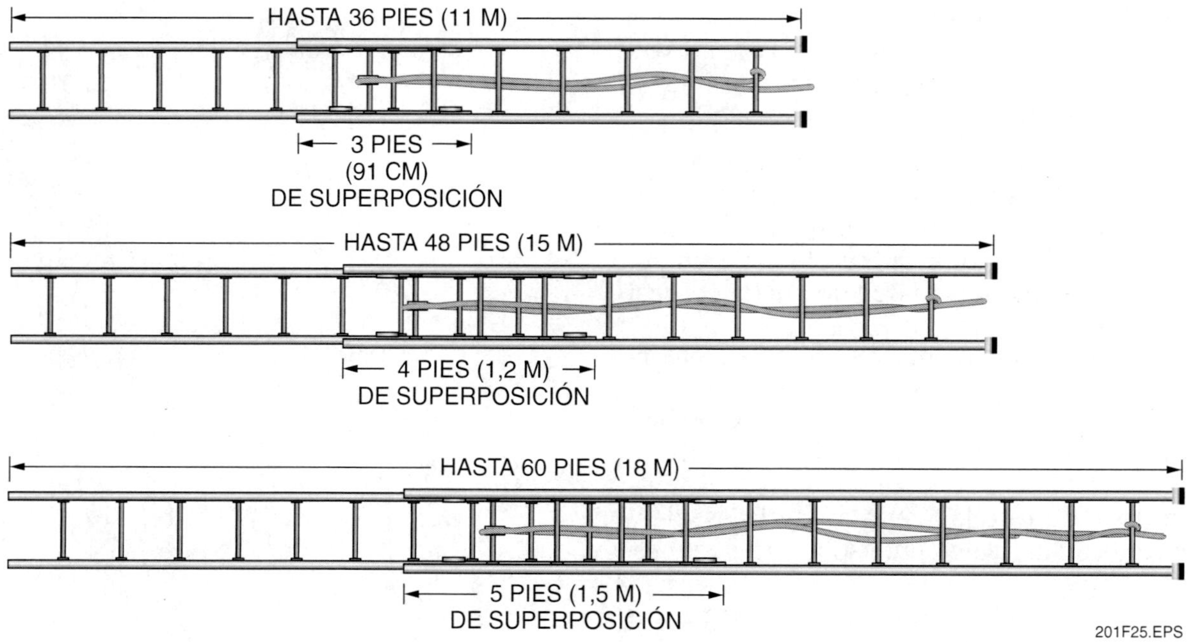

Figura 25 Superposición de longitudes para las escaleras de extensión.

4.1.3 Escaleras de tijera

Las escaleras de tijera son escaleras que se mantienen solas y están hechas de dos secciones unidas con bisagras en la parte superior (*Figura 26*). La sección de la escalera de tijera que se usa para subir cuenta con largueros y escalones como las escaleras rectas. La otra sección cuenta con largueros y travesaños. Los separadores son los brazos con bisagras que se encuentran entre las secciones y que mantienen la escalera estable y evitan que se pliegue mientras está en uso. Las escaleras de tijera pueden tener un estante para cubos para colocar pintura o herramientas.

Inspeccione las escaleras de tijera de la misma manera que las rectas o las de extensión. Sin embargo, en las escaleras de tijera se debe prestar especial atención a las bisagras y separadores para asegurarse de que se encuentren en buen estado. También asegúrese de que los escalones estén limpios. Los escalones de las escaleras de tijera comúnmente son chatos, por lo que el aceite, la grasa o suciedad se acumulan fácilmente en ellos y los hacen resbaladizos.

Cumpla estas reglas cuando use escaleras de tijera:

- Cuando coloque una escalera de tijera, asegúrese de que las cuatro zapatas estén sobre una superficie sólida y lisa. Si no lo están, la escalera se puede tambalear de un lado a otro o de esquina a esquina cuando suba.
- Nunca se pare en el escalón superior o en la parte superior de una escalera de tijera. Si pone su peso a esa altura, hará que la escalera quede inestable. La parte superior de la escalera está hecha para soportar las bisagras y no para usarla como escalón.
- Asegúrese de que los separadores estén trabados en la posición de abertura completa cuando la escalera esté en posición.
- Nunca use los travesaños para subir aunque parezcan escalones. No están diseñados para soportar peso.

NOTA

La OSHA exige que todas las escaleras que se usen para la construcción estén clasificadas para tareas pesadas.

Figura 26 Escalera de tijera típica.

Figura 27 muestra algunas de las precauciones de seguridad comunes para escaleras.

4.1.4 Escaleras fijas

Las escaleras fijas (*Figura 28*) son escaleras que no se pueden mover o trasladar fácilmente debido a que son una parte permanente del edificio o la estructura. Las escaleras fijas deben poder soportar al menos dos cargas de 250 libras (114 kilogramos) cada una. Cada peldaño o escalón debe poder soportar una carga simple concentrada de al menos 250 libras (114 kilogramos) aplicadas en el medio del peldaño o escalón. Las escaleras construidas después del 15 de marzo de 1991 deben tener escalones o peldaños corrugados, con nudos, hoyuelos, cubiertos con materiales antideslizantes o tener tratamientos para reducir al mínimo la posibilidad de resbalarse.

Sí

- Asegúrese de que la escalera esté bien colocada y se la utilice de acuerdo con las advertencias e instrucciones de seguridad.
- Utilice calzado con suela antideslizante

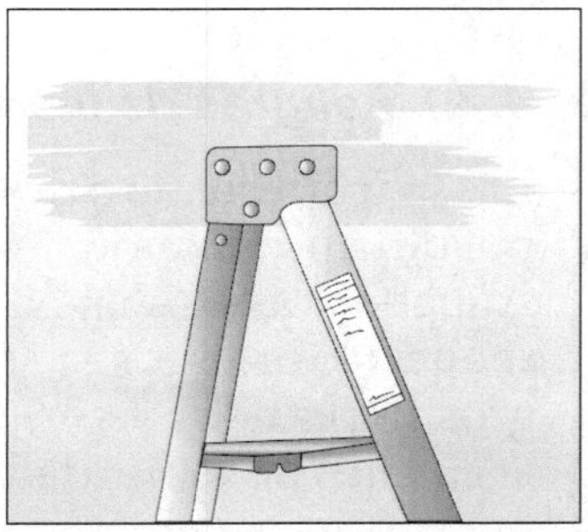

- Mantenga su cuerpo en el centro de la escalera. Tómela con una mano mientras trabaja con la otra. La hebilla de su cinturón no debe pasar nunca ninguno de los dos largueros de la escalera.

- Cuando mueva materiales, hágalo con mucha precaución. Cuide de no empujar ni jalar nada mientras esté en la escalera. Podría perder el equilibrio o voltear la escalera.

No

- Nunca se pare encima del nivel más elevado considerado seguro para estar parado en una escalera.
- Nunca se pare encima del segundo peldaño desde la parte superior de una escalera y el cuarto escalón desde la parte superior de una escalera de extensión. Una persona parada más arriba puede perder el equilibrio y caer.

- Nunca suba a una escalera cerrada. Podría desplazarse desde abajo de usted.
- No suba sobre la parte trasera de una escalera. No está diseñada para sostener a una persona.

- No se pare ni se siente en la parte superior de una escalera o en el estante para cubos. No están diseñados para sostener su peso.
- Nunca suba una escalera si no está física ni mentalmente apto para esta tarea.

- No exceda la clasificación de servicio, que es la capacidad de carga máxima de la escalera.
- No permita que se pare más de una persona en una escalera de un solo lado o en una escalera de extensión.

201F27.EPS

Figura 27 Seguridad de las escaleras.

201F28.EPS

Figura 28 Escalera fija típica.

El ángulo de una escalera fija debe ser menor a 90 grados desde el plano horizontal, medido en la parte posterior de la escalera. La escalera debe estar equipada con jaulas, pozos, dispositivos de seguridad para escaleras o **líneas de vida autorretráctiles** cuando el ascenso sea de menos de 24 pies (7,30 m), pero la parte superior de la escalera esté a una distancia mayor que 24 pies (7,30 m) con respecto a los niveles inferiores.

Las escaleras cuya longitud total de ascenso iguale o supere los 24 pies (7,30 m) deben estar equipadas con alguno de los siguientes elementos:

- Dispositivos de seguridad para escaleras
- Líneas de vida autorretráctiles y plataformas de descanso a intervalos que no superen los 150 pies (46 m)
- Una jaula o pozo y múltiples secciones

4.2.0 Andamiajes

Los andamiajes son **plataformas** de trabajo elevadas que sostienen a trabajadores y materiales. Son muy comunes en muchos trabajos de construcción. En la *Figura 29* se muestran andamiajes típicos. La parte principal de los andamiajes es la plataforma de trabajo. La plataforma de trabajo debe tener un sistema de barandales que incluya una barra superior, una barra media, una tabla de pie y una pantalla de protección. Para que sea segura y eficaz, la barra superior debe estar a aproximadamente 42 pulgadas (1,07 m) de altura, la barra intermedia debe encontrarse a media distancia entre la barra superior y la tabla de pie, y la tabla de pie debe tener al menos 4 pulgadas (10 cm) de alto.

Si hay personas que van a pasar o trabajar debajo del andamiaje, el área entre la barra superior y la tabla de pie debe estar protegida. Por último, los tablones de la plataforma deben colocarse bien juntos. Por razones de seguridad, los extremos de los tablones deben superponerse al menos 6 pulgadas (15 cm) y no más de 12 pulgadas (30 cm).

Hay muchos tipos de andamiajes que se usan en la construcción residencial y comercial. Los tres más comunes son los sostenidos, los colgantes y los de suspensión con vigas.

4.2.1 Peligros de los andamiajes

El uso inadecuado o descuidado de los andamiajes puede causar accidentes, lesiones o fallecimientos. Aquellos que trabajen sobre andamiajes pueden reducir los riesgos si son conscientes de los peligros implicados y si siguen los procedimientos y las pautas de seguridad adecuados para reducir al mínimo esos peligros.

Los principales peligros relacionados con el uso de andamiajes son las caídas, los golpes por objetos que caen y la electrocución.

Las caídas pueden ocurrir porque los equipos de protección contra caídas no se proporcionaron, no se usaron o se instalaron o usaron de forma inadecuada. Los andamiajes con tablones colocados incorrectamente causan muchas caídas. Trabajar en andamiajes cuando las condiciones climáti-

201F29.EPS

Figura 29 Andamiaje típico.

cas son peligrosas, como por ejemplo cuando hay vientos fuertes, hielo, lluvia o rayos, también lleva a que se produzcan accidentes. Asimismo, también se producen caídas cuando los andamiajes colapsan por estar mal construidos.

Se requiere el uso de equipos de protección contra caídas en los andamiajes ubicados a más de 10 pies (3 m) sobre un nivel inferior. Los dispositivos de protección contra caídas consisten en sistemas de barandales, **sistemas personales de detención de caídas** o mallas de seguridad. Los sistemas de barandales sirven normalmente como equipos de protección contra caídas adecuados para la mayoría de los andamiajes.

Los sistemas de barandales se deben prolongar por todos los lados abiertos del andamiaje. El lado que colinda con la superficie de trabajo no necesita tener barandal si está ubicado a menos de 14 pulgadas (35 cm) de la superficie de trabajo. Todas las aberturas en una plataforma de andamiaje deben estar protegidas por un sistema de barandales, incluidas las aberturas de acceso y las plataformas que no se extiendan a lo ancho de todo el andamiaje.

Las personas que trabajan o pasan por debajo de andamiajes se pueden golpear con objetos que caen de los andamios. Pueden caer herramientas, escombros y partes de andamiajes a la superficie de abajo. Aquellos que trabajan en andamiajes también pueden lesionarse si hay otras personas trabajando arriba de ellos o si la estructura o la pieza de trabajo sobrepasa el nivel de trabajo del andamiaje. Es obligatorio que todos los trabajadores que estén expuestos a la caída de objetos usen cascos de seguridad. Según la situación, se puede necesitar protección adicional, tal como redes para escombros, pantallas o mallas, estructuras cobertoras y tablas de pie. También se pueden usar barricadas que pidan acceder a la zona que se encuentra debajo del andamiaje, para proteger a los trabajadores y otras personas.

¡ADVERTENCIA!

Si el andamiaje se desplaza o comienza a colapsar, deje de trabajar y salga de él de inmediato.

Debido a que la mayoría de los andamiajes están hechos de metal, siempre existe el peligro de recibir una descarga eléctrica Nunca suponga que usted puede trabajar cerca de cables de alto voltaje con sólo evitar el contacto. Los voltajes pueden formar un **arco** en el aire y causar electrocución sin contacto directo. Cuando se deben levantar andamiajes cerca de cables de electricidad, se debe llamar a la empresa de servicios públicos para que desactive, mueva y/o cubra los cables con barreras protectoras aislantes.

Siempre remítase a la persona competente del lugar si tiene dudas acerca de la seguridad de los andamiajes.

4.2.2 Pautas de seguridad generales respecto de los andamiajes

La seguridad comienza por entrenarse en el uso correcto de los andamiajes. Igualmente importante es usar siempre los equipos de seguridad correctos, entre los cuales se encuentran los cascos de seguridad y los sistemas personales de protección contra caídas.

Una persona competente debe instruir a la cuadrilla responsable del armado y se debe entrenar a todos aquellos que usen andamios, antes de que puedan trabajar sobre ellos. Esta persona competente debe estar presente siempre que se vaya a mover, modificar o bajar el andamio. Además, la persona competente debe inspeccionar el andamio al comienzo de cada turno, antes de empezar a trabajar. Esto garantiza que una persona con conocimientos haya verificado que la estructura sea segura. No se suba a un andamio a menos que haya sido inspeccionado.

Nunca trabaje en andamiajes, estructuras de trabajo de elevación por cable o plataformas modulares de elevación por cable si padece alguna de las siguientes afecciones:

- Es propenso a tener convulsiones.
- Se marea o aturde cuando trabaja en altura.
- Toma medicamentos que puedan afectar su estabilidad o su rendimiento.
- Está bajo la influencia de drogas o alcohol.

Cuando trabaje en andamiajes, siempre siga estas pautas:

- Nunca intercambie piezas de un sistema de andamiaje hechas por diferentes fabricantes.
- Erija y use andamiajes de acuerdo con las instrucciones del fabricante. Los andamiajes también se deben erigir y usar de acuerdo con todos los requisitos locales, estatales y federales/de la OSHA.
- Adhiera una etiqueta verde, roja o amarilla (*Figura 30*), según se necesite, a los andamiajes ensamblados o erectos, para alertar a los usuarios del estado mecánico y/o de seguridad actual. Sin embargo, no confíe solamente en estas etiquetas. Inspeccione todas las piezas de los andamiajes antes de cada uso.

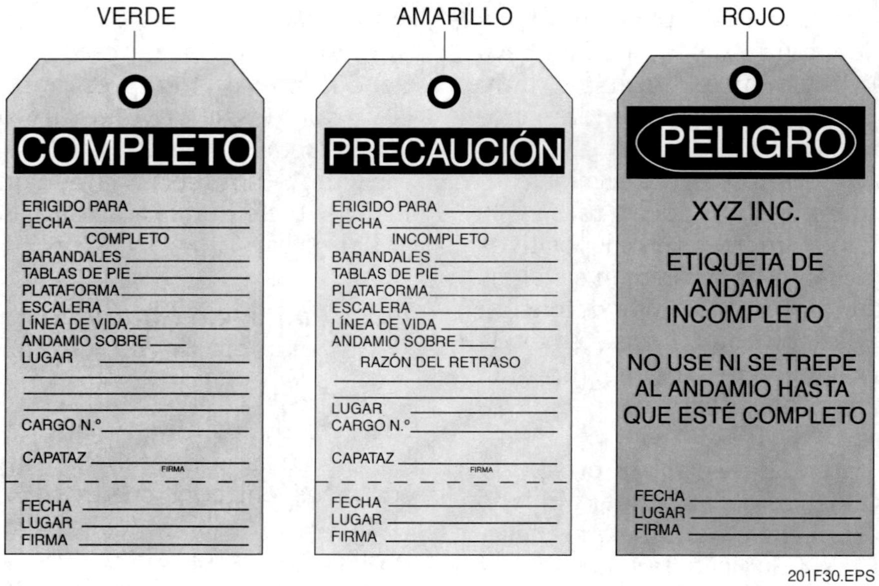

Figura 30 Etiquetas para andamiajes típicas.

- Si el andamiaje se mueve, salga de él inmediatamente.

4.2.3 Pautas de seguridad para andamiajes sostenidos

Los andamiajes sostenidos (*Figura 31*) se construyen desde el suelo hacia arriba en el lugar de trabajo. Siempre inspeccione el andamiaje ya erigido antes de usarlo. Tenga en cuenta las siguientes pautas cuando erija y use andamiajes sostenidos tubulares:

- Inspeccione todas las piezas de los andamiajes antes de ensamblarlas.
- Nunca use piezas que estén rotas, dañadas o deterioradas. Sea precavido con respecto a los materiales que estén oxidados.
- Cumpla las recomendaciones del fabricante para poner en práctica los métodos correctos de erección y uso de andamiajes.
- No intercambie piezas de diferentes fabricantes.
- No fuerce los travesaños ni otras piezas para encajarlas. Ajuste el nivel de los andamiajes hasta que pueda realizar las conexiones fácilmente.
- Coloque las soleras o los recalces adecuados para todos los andamiajes construidos sobre suelo rellenado o blando. Compense la irregularidad del suelo con el uso de tornillos de ajuste o bases de nivel.
- No use cajas, bloques de concreto, ladrillos ni otros objetos similares para sostener andamiajes.
- Mantenga los andamiajes sin obstrucciones ni materiales resbaladizos.
- Asegúrese de que los andamiajes estén aplomados y nivelados en todo momento. Cumpla con los requisitos reglamentarios de espaciado y posicionamiento para las piezas de los andamiajes. Sujete o amarre los andamiajes al edificio de acuerdo con los intervalos reglamentarios.
- Use escaleras en lugar de travesaños cruzados para subir a los andamiajes. Posicione las escaleras con precaución para evitar que las torres de los andamiajes se vuelquen.
- No trabaje en andamiajes de más de 6 pies (3 m) de alto sin barras intermedias, barras medias y tablas de pie en los lados y extremos abiertos.

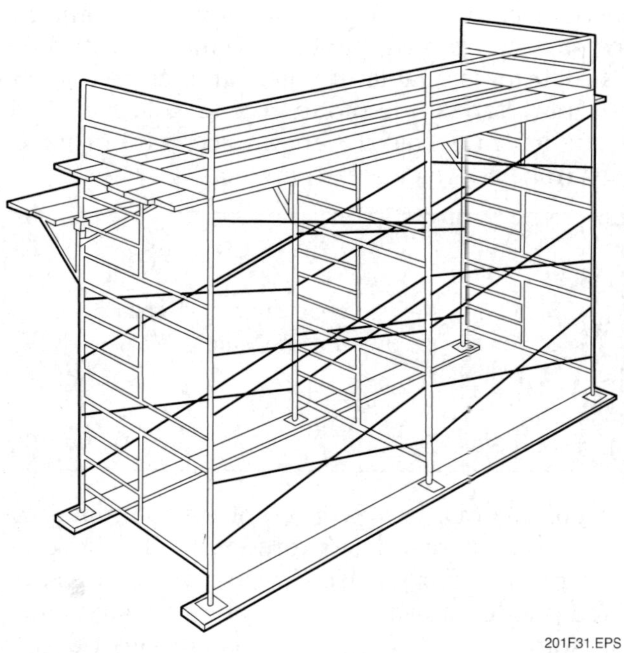

Figura 31 Andamiajes sostenidos.

- Trabe las ruedas de los andamiajes móviles cuando se lo posicione para usar.
- No se traslade en las andamiajes móviles.
- Evite construir andamiajes cerca de cables de electricidad.

4.2.4 *Pautas de seguridad para andamiajes colgantes y otros andamiajes de suspensión*

Los andamiajes colgantes y modulares (*Figura 32*) se suspenden con cuerdas y cables de manera tal que se los puede elevar y bajar según sea necesario. Otro tipo de andamiaje de suspensión es la estructura de trabajo de elevación por cable (*Figura 33*). Una estructura de trabajo está generalmente suspendida con dispositivos de aparejamiento que se fija en una viga en I con varios tamaños de abrazaderas y rodillos. Es importante seguir estas pautas cuando erija y use andamiajes colgantes y otros tipos de andamiajes de suspensión:

- Siga las recomendaciones del fabricante para instalar, usar y mantener los equipos. Antes de la instalación, inspeccione todas las partes de la estructura a la cual se fijarán los aparejos y cordones de amarre para asegurarse de que puedan soportar la carga.
- Asegúrese de que los dispositivos de aparejamiento tengan los tamaños y diseños correctos para soportar los andamiajes y de que estén instalados correctamente. Si se usan contrapesos para asegurar los extremos interiores de las vigas estabilizadoras, los contrapesos deben estar fijados en los soportes adicionales. Los materiales de techado y las bolsas de arena no son contrapesos adecuados.
- Revise que haya líneas de vida verticales para cada persona instaladas perpendicularmente en la cara de la estructura y que estén aseguradas a un soporte sólido.
- Revise si hay cables de alta tensión o de servicio eléctrico en el lugar de trabajo. Si presentan un peligro, contáctese con la empresa de servicios públicos para que los desactive temporalmente.
- Observe la capacidad de carga del andamiaje; nunca cargue en exceso los equipos.
- Inspeccione los equipos de andamiaje todos los días. Revise cuidadosamente las cuerdas y los cables para observar si están desgastados, pelados, corroídos, frágiles, dañados o si se encuentran en otro estado que pueda debilitarlos. Cuando sea necesario, haga que el personal capacitado los reemplace.
- Mantenga las cuerdas y los cables de suspensión rectos y perpendiculares a la plataforma mientras estén en uso. No los anexe a nada para cambiar la línea de recorrido.
- Amarre el andamiaje al edificio o la estructura para prevenir que se ladee.
- Manténgase fuera de los andamiajes cuando haya tormentas o vientos fuertes; observe si las plataformas tienen hielo o están resbaladizas.
- Garantice que se pueda acceder en forma segura a la tarima colgante en todo momento.
- Use radios de dos vías para que los trabajadores se comuniquen entre ellos en los andamiajes y en el suelo.
- No combine dos o más **unidades de andamiajes colgantes de dos puntos** para formar una sola unidad.
- Eleve y amarre los andamiajes en una posición segura cuando no estén en uso.

4.3.0 Caídas

Las caídas son la causa principal de muertes en la industria. De hecho, más de un tercio de las muertes en la industria de la construcción se producen por caídas. Se requiere protección contra caídas cuando los trabajadores están expuestos a caídas desde áreas de trabajo a 6 pies (1,8 m) o más de altura. Los siguientes tipos de áreas de trabajo ponen al trabajador en riesgo de caer:

- Andamiajes
- Escaleras
- **Bordes que sobresalen**
- Rampas y corredores
- Aberturas de paredes y pisos
- Techos

Casos históricos

Esté preparado

Dos empleados estaban pintando el exterior de un edificio de tres pisos cuando uno de los dos soportes adicionales del andamiaje colgante de dos puntos falló. Uno de los pintores trepó al techo y se salvó mientras que el otro cayó de una altura aproximada de 35 pies (10,7 m) y murió. Ninguno de los pintores estaba usando arneses de seguridad aprobados.

Resultado Final: esté preparado para lo inesperado. Cuando trabaje en andamiajes, siempre use los EPP autorizados.
Fuente: OSHA

PLATAFORMA MODULAR

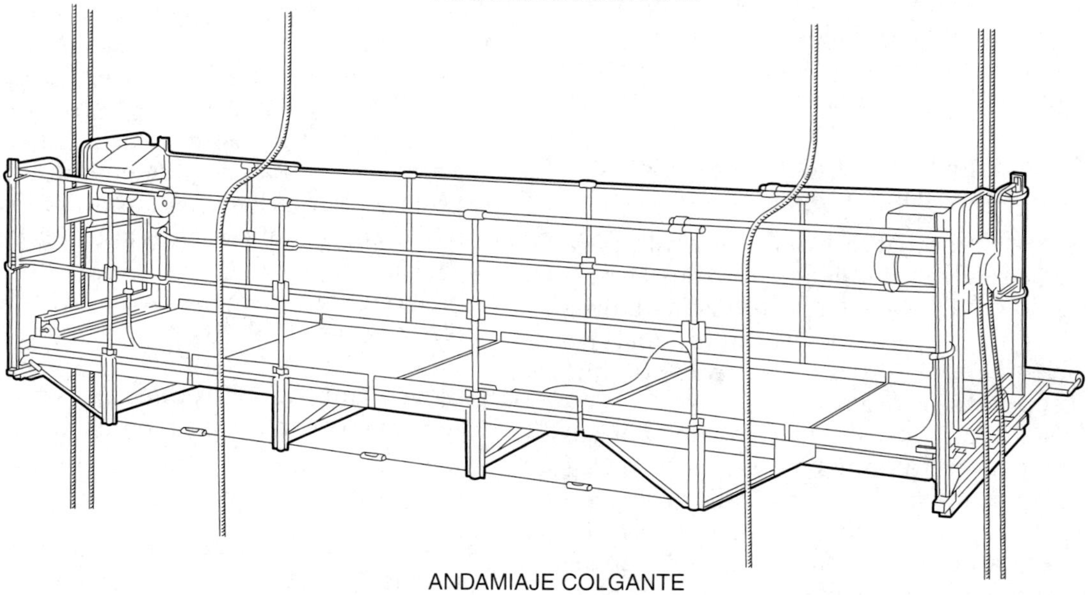

ANDAMIAJE COLGANTE

201F32.EPS

Figura 32 Andamiajes colgantes y modulares.

201F33.EPS

Figura 33 Estructura de trabajo de elevación por cable.

- Armazones de concreto
- Aleros y bordes sin protección

Las caídas se producen debido al uso incorrecto o la falta de sistemas de protección contra caídas (*Figura 34*). También suceden por descuido de los trabajadores. Es su obligación aprender a ajustar, usar y mantener los equipos de protección contra caídas. Esto no sólo lo ayudará a preservar su vida y no sufrir lesiones, sino que también podría salvar la vida de sus compañeros de trabajo.

4.3.1 Peligros de caída y precauciones

Las caídas se clasifican en dos grupos: caídas desde una elevación y caídas en el mismo nivel. Las caídas desde una elevación pueden suceder cuando una persona está realizando un trabajo en andamiajes, plataformas de trabajo, tablas prefabricadas, armazones de concreto, escaleras o excavaciones. Las caídas desde elevaciones son casi siempre fatales. Esto no significa que las caídas en

Casos históricos

Trabaje de forma independiente

Dos trabajadores estaban limpiando con chorro de arena un tanque de agua de 110 pies (34 m) de alto mientras trabajaban en un andamiaje colgante de dos puntos a entre 60 y 70 pies (entre 18 y 21 m) del suelo. El punto de sujeción del andamiaje falló, liberó los cables del andamiaje e hizo que este cayera al suelo. Los dos trabajadores murieron instantáneamente porque no estaban amarrados independientemente y el andamiaje no estaba equipado con un sistema de sujeción independiente.

Resultado Final: asegúrese de que todos los equipos de seguridad estén en su lugar antes de usar andamiajes.
Fuente: OSHA

el mismo nivel no sean extremadamente peligrosas. Cuando un trabajador cae en el mismo nivel, generalmente por tropezarse o resbalarse, es común que sufra lesiones en la cabeza. Los bordes filosos y los objetos con puntas, tales como flejes expuestos, pueden cortar o punzar al obrero.

Las siguientes prácticas seguras pueden ayudar a prevenir resbalones y caídas:

- Use botas de trabajo seguras, fuertes y que estén en buen estado.
- Mire por dónde camina. Asegúrese de que su pisada sea segura.
- No tome posturas incómodas. Controle sus movimientos en todo momento.
- Mantenga limpias y planas las superficies donde camina y trabaja. Llene los orificios, los baches y las grietas. Limpie el material resbaladizo y recoja la basura.
- Instale los cables, los cables de extensión y las mangueras de modo tal que no se conviertan en peligros de tropiezo.
- No corra sobre andamiajes, plataformas de trabajo, cubiertas, techos u otras áreas de trabajo elevadas.

La mejor manera de sobrevivir a una caída desde un lugar elevado es con el uso de los equipos de protección contra caídas. Los tres tipos más comunes de equipos de protección contra caídas son las barras intermedias, los sistemas personales de detención de caídas y las mallas de seguridad.

4.3.2 Sistemas personales de detención de caídas

Los sistemas personales de detención de caídas atrapan a los trabajadores después de que comenzaron a caer. Están diseñados y equipados para prevenir que los trabajadores tengan una **caída libre** desde alturas de más de 6 pies (1,8 m) y golpeen contra el piso o un área de trabajo más baja. Al describir los sistemas personales de detención de caídas, se deben comprender estos términos:

- *Distancia de caída libre:* es la distancia vertical que un trabajador recorre después de la caída, antes de que se active el dispositivo de desaceleración.
- *Dispositivo de desaceleración:* es un dispositivo, tal como una **cuerda salvavidas** amortiguadora de impactos o una línea de vida autorretráctil, que hace que la persona que está cayendo se detenga sin lesionarse.
- *Distancia de desaceleración:* es la distancia que recorre la persona que cae antes de detenerse. La distancia de desaceleración requerida para un sistema de detención de caídas es de 3½ pies (1 metro).
- *Fuerza de detención:* es la fuerza que se necesita para detener a una persona en una caída. Cuanto mayor sea la distancia de la caída libre, más fuerza se necesitará para frenar o detener la caída.

Los sistemas personales de detención de caídas utilizan equipos especializados.

- **Arneses de cuerpo entero**
- Cuerdas salvavidas
- Dispositivos de desaceleración
- Líneas de vida
- Dispositivos de anclaje y **conectores** de equipos

En los sistemas personales de detención de caídas se usan arneses de cuerpo entero con argollas D deslizantes en la espalda (*Figura 35*). Están hechos de correas que se ajustan al cuerpo del usuario. Esto hace que la fuerza de detención se distribuya por todo el cuerpo, incluidos los hombros, las piernas, el torso y las nalgas. Esta distribución reduce las probabilidades de lesionarse. Cuando ocurre una caída, la argolla D deslizante se mueve hasta la nuca. Esto mantiene a los trabajadores en posición vertical y ayuda a distribuir la fuerza de detención. Luego, el trabajador permanece en una posición relativamente cómoda mientras espera que lo rescaten.

La elección de un arnés de cuerpo entero depende de una combinación de requisitos del tra-

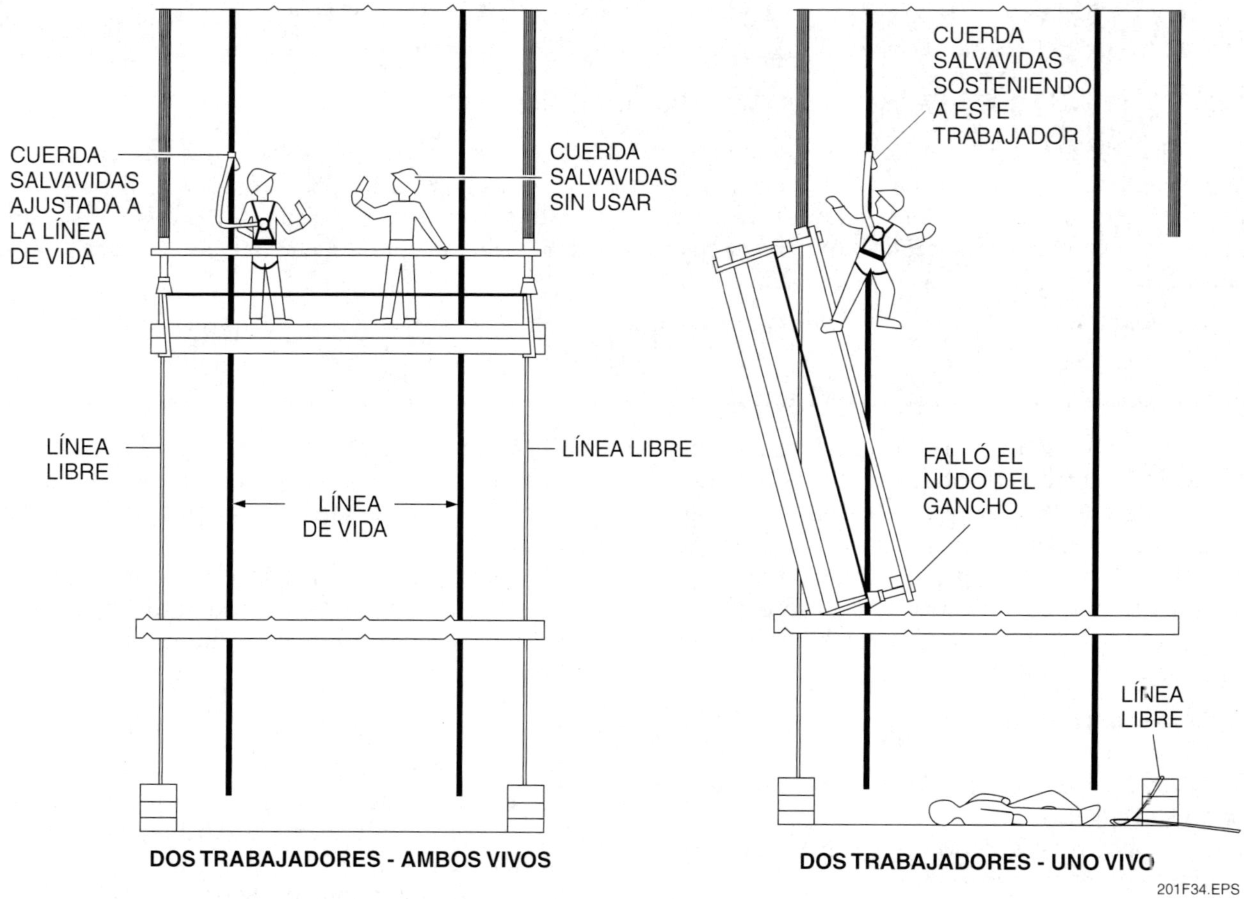

Figura 34 Uso correcto e incorrecto del arnés de seguridad.

bajo y preferencias personales. Los fabricantes de arneses normalmente ofrecen una selección de pautas en las instrucciones de los productos. Algunos tipos de arneses de cuerpo entero se pueden equipar con argollas D en el pecho, con argollas D en los laterales, o argollas D en los hombros. Los arneses con argollas D en el pecho generalmente se usan para subir escaleras y para los sistemas de posicionamiento personal (*Figura 36*). Los arneses con argollas D en los laterales también se usan en los sistemas de posicionamiento personal. Los sistemas de posicionamiento personal permiten que los trabajadores se mantengan en el lugar con las manos libres para realizar las tareas.

Un sistema de posicionamiento personal no debe permitir que el trabajador tenga caídas libres de más de 2 pies (60 cm) aproximadamente. El **anclaje** al cual se sujeta debe poder soportar al menos dos veces la carga de impacto de la caída del trabajador o 3000 libras (1361 kg), el valor que sea mayor.

Las argollas D deslizantes en la espalda son el tipo más común de argollas D. El procedimiento para colocarse un arnés de cuerpo completo con argollas D deslizantes en la espalda es el siguiente:

Paso 1 Sostenga el arnés por la argolla D de la espalda.

Paso 2 Sacuda el arnés para que todas las correas se coloquen en su lugar.

Paso 3 Desabroche y libere las correas de la cintura y/o de las piernas.

Paso 4 Deslice las correas sobre los hombros de manera que la argolla D quede ubicada en el medio de la espalda (*Figura 37*).

Paso 5 Ajuste la correa de la cintura. Debe quedar ajustada pero no muy apretada.

Paso 6 En cada pierna, coloque las correas entre las piernas y abroche.

Paso 7 Después de abrochar todas las correas, ajuste las hebillas deslizables de manera que el arnés encaje bien pero que permite una amplitud de movimiento total.

Paso 8 Coloque la correa del pecho alrededor de las correas del hombro y ajústela en la zona media del pecho. Ajústela lo suficiente de manera que las correas de los hombros queden tensas.

Las cuerdas salvavidas son correas cortas y flexibles con conectores en cada extremo (*Figura 38*). Se usan para conectar el arnés de cuerpo entero a una línea de vida, un dispositivo de desaceleración o un punto de anclaje. Existen muchos tipos de cuerdas salvavidas hechas para diferentes usos y situaciones de ascenso. Todas deben tener un mínimo de resistencia al rompimiento de 5000 libras (2268 kg). Vienen en largos tanto fijos como ajustables y están fabricadas con entramado de acero, cuerdas o nailon. Algunas tienen amortiguadores (*Figura 39*) que absorben hasta el 80 % de la fuerza de detención mientras se está deteniendo una caída. Cuando elija una cuerda salvavidas para un trabajo en particular, siempre siga las recomendaciones del fabricante.

NOTA

Antes, se usaban generalmente cinturones en lugar de arneses de cuerpo completo como parte del sistema de detención de caídas. Sin embargo, el 1.° de enero de 1998 se prohibieron para tal uso. Esto fue así porque los cinturones concentran toda la fuerza de detención en la zona abdominal y a menudo los trabajadores se lesionaban la espalda al caer. Además, hacen que el trabajador quede colgando en una posición incómoda y potencialmente peligrosa mientras espera que lo rescaten.

PRECAUCIÓN

Cuando una cuerda de seguridad con amortiguación se activa durante el proceso de detención de caídas, ésta se estira para reducir la fuerza de detención. Este posible aumento en el largo siempre debe tenerse en cuenta cuando se determina la distancia de caída libre total desde un punto de anclaje.

Los dispositivos de desaceleración limitan la fuerza de detención a la cual se ve sometido el trabajador cuando la caída se frena repentinamente. Dos dispositivos de desaceleración comunes son los amarres de cuerda y las líneas de vida autorretráctiles (*Figura 40*). Los amarres de cuerda se conectan a las cuerdas salvavidas y se sujetan a una línea de vida. En caso de que ocurra una caída, la cuerda salvavidas tira hacia abajo el amarre de cuerda y hace que la cuerda apriete la línea de vida y se trabe en esa posición. Algunos amarres de cable tienen un mecanismo que permite que el trabajador destrabe el dispositivo y descienda lentamente por el cabo salvavidas hasta el suelo o la superficie que está más abajo.

Las líneas de vida autorretráctiles ofrecen la posibilidad de moverse sin restricciones y brindan protección contra caídas mientras se asciende y desciende por escaleras y equipos similares, o cuando se trabaja en varios niveles. Generalmente, tienen un cable de acero galvanizado de entre 25 y 100 pies (entre 8 y 30 m) que tensa au-

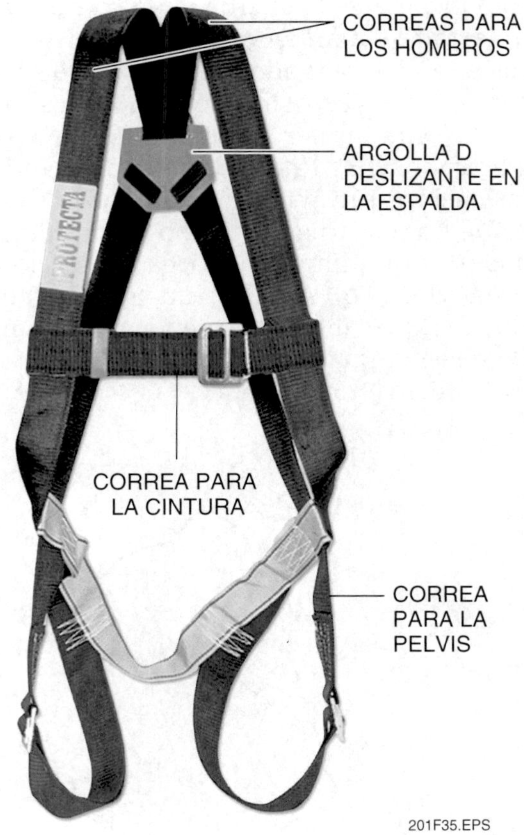

Figura 35 Arneses de cuerpo entero con argollas D deslizantes en la espalda.

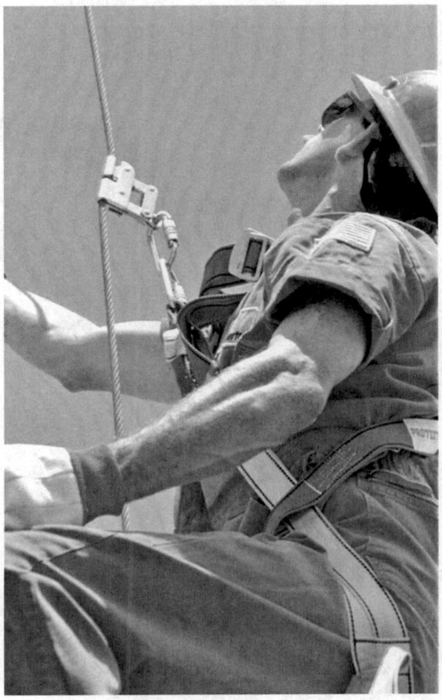

Figura 36 Arnés con argolla D en el pecho.

tomáticamente la cuerda en la cuerda salvavidas amarrada y mantiene la cuerda salvavidas fuera del paso del trabajador. En caso de que ocurra una caída, un mecanismo de frenado centrífugo se encaja para limitar la distancia de caída libre del trabajador. Las líneas de vida autorretráctiles y las cuerdas salvavidas que limitan la distancia de caída libre a 2 pies (61 cm) o menos deben poder soportar un mínimo de carga de tracción de 3000 libras (1361 kg). Aquellas que no limitan la caída libre a 2 pies (61 cm) o menos deben ser capaces de sostener una carga de tracción de por lo menos 5000 libras (2268 kg).

Las líneas de vida son cuerdas o cables de acero flexibles que se sujetan al anclaje. Proporcionan un medio para amarrar los equipos personales de protección contra caídas. Las líneas de vida verticales (*Figura 41*) se suspenden verticalmente desde un anclaje fijo. A la línea de vida se sujeta un dispositivo de detención de caídas, tal como un amarre de cuerda. Las líneas de vida verticales deben tener un mínimo de resistencia al rompimiento de 5000 libras (2268 kg). Cada trabajador debe usar su propia línea. Esto se debe a que si

Figura 37 Ubicación correcta de la argolla D.

Figura 38 Cuerda salvavidas típica.

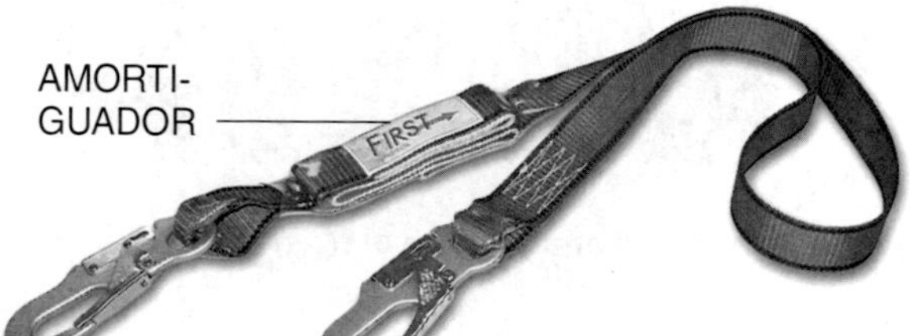

Figura 39 Cuerda salvavidas con amortiguador.

Figura 40 Amarre de cuerda y línea de vida retráctil.

un trabajador se cae, el movimiento de la línea de vida durante la detención de la caída puede hacer que los otros trabajadores se caigan. Las líneas de vida verticales se deben conectar de un modo tal que eviten que el trabajador sobrepase su extremo o se deben extender hasta el suelo o el nivel de trabajo siguiente.

Las líneas de vida horizontales (*Figura 42*) se conectan horizontalmente entre dos anclajes fijos y son sistemas de diseño complejo que normalmente se instalan en forma permanente. Se deben diseñar, instalar y usar bajo la supervisión de una persona calificada. Cuantos más trabajadores se encuentren amarrados a una misma línea horizontal, más fuerte debe ser la línea y los anclajes.

Los dispositivos de anclaje (*Figura 43*), generalmente llamados puntos de amarre, soportan todo el peso del sistema de detención de caídas. El anclaje debe ser capaz de soportar 5000 libras (2268 kg) por cada trabajador que esté sujetado. Las vigas superiores se consideran puntos de anclaje.

Las argollas D, las hebillas, los ganchos y los mosquetones (*Figura 44*) que ajustan o conectan las piezas de un sistema personal de detención de caídas se llaman conectores. Existen reglamentos que especifican cómo se deben fabricar, y exigen que las argollas D y los mosquetones tengan una resistencia mínima a la tracción de 5000 libras (2268 kg).

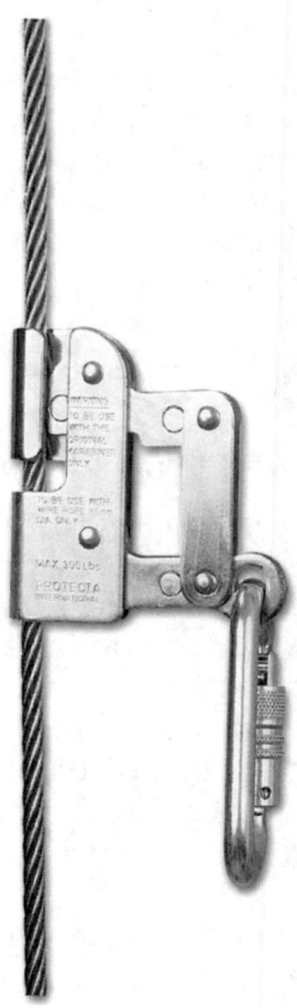

201F41.EPS

Figura 41 Línea de vida vertical.

NOTA

En los sistemas personales de detención de caídas, sólo se permite usar mosquetones con traba.

La conexión de un arnés, ya sea directa o indirectamente, a un punto de anclaje seguro se denomina amarre. El amarre se hace siempre antes de ir a una posición desde la cual se pueda producir una caída. Siga las instrucciones del fabricante

AMARRE DE LÍNEA HORIZONTAL

LÍNEA DE VIDA HORIZONTAL CON POSTES DE VIGA

201F42.EPS

Figura 42 Línea de vida horizontal y amarre.

para elegir un punto de anclaje adecuado y los mejores métodos de amarre para los equipos.

En general, un punto de anclaje debe:

- Estar directamente arriba del trabajador.
- Estar en un lugar de fácil acceso.
- No presentar daños y ser capaz de soportar 5000 libras (2268 kg) por trabajador.
- Estar lo suficientemente alto como para no golpear ningún nivel inferior en caso de que ocurra una caída.
- Estar separado de los amarres de los cestos de trabajo.

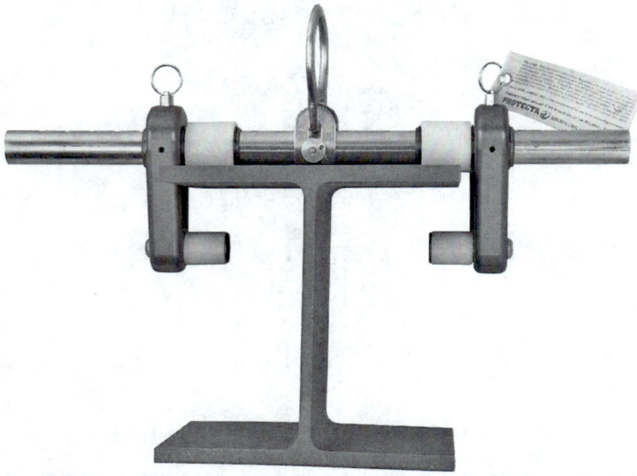

ANCLAJE DE VIGA DESLIZANTE

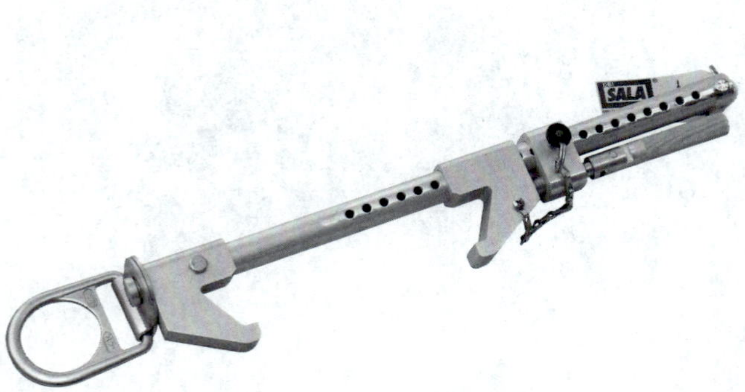

ANCLAJE DE VIGA FIJO

201F43.EPS

Figura 43 Dispositivos de anclaje a la viga de la línea de vida.

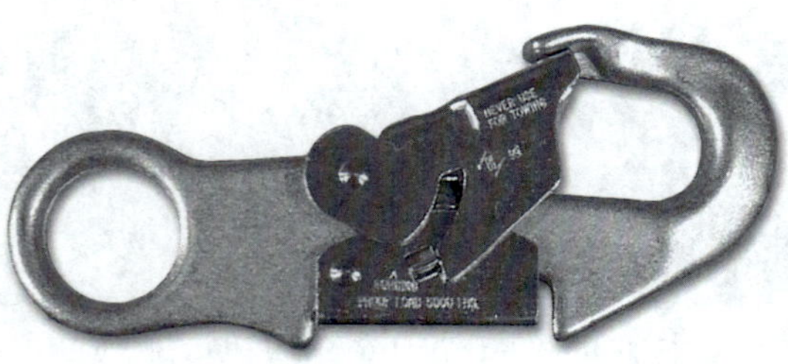

201F44.EPS

Figura 44 Mosquetón con doble cierre.

Asegúrese de revisar las etiquetas de los equipos del fabricante y dejar un margen para la distancia de expansión y de desaceleración.

Antes de usar equipos de protección contra caídas en el trabajo, conozca lo fundamental acerca de la protección contra caídas y el uso correcto de los equipos. Todos los equipos que le proporcione un empleador deben cumplir las normas de resistencia establecidas. Siempre lea las instrucciones y las advertencias de todos los equipos de protección contra caídas. Antes de cada uso, guíese por las siguientes pautas para inspeccionar los equipos:

- Examine los arneses y las cuerdas salvavidas y observe si tienen moho o si están desgastadas, dañadas o deterioradas.
- Asegúrese de que las correas no estén cortadas, rotas, rasgadas o raspadas.
- Revise si hay deterioros ocasionados por incendios o sustancias químicas o corrosivas.
- Asegúrese de que las herramientas no tengan grietas, bordes filosos ni rebabas.
- Revise que los mosquetones se cierren y traben en forma ajustada y que las hebillas funcionen correctamente.
- Revise que las cuerdas no estén desgastadas, que no tengan fibras rotas ni puntadas salidas y que no estén decoloradas.
- Asegúrese de que los anclajes y los montajes de las líneas de vida no estén sueltos ni deteriorados.

No mezcle equipos de diferentes fabricantes. Todas las sustituciones deben estar autorizadas por un supervisor. Todas las piezas deterioradas o defectuosas se deben retirar de servicio inmediatamente y etiquetar como inutilizables, o se las debe destruir. Si los equipos se usaron en una caída anterior, retírelos de servicio hasta que una persona calificada los inspeccione.

4.3.3 Sistemas de mallas de seguridad

Las mallas de seguridad se utilizan como protección contra caídas en puentes y proyectos similares. Deben instalarse tan cerca como sea posible, no más de 30 pies (9,1 m) por debajo del área de trabajo. Debe haber suficiente espacio libre debajo de la malla de seguridad como para evitar que un trabajador que caiga en ella choque contra la superficie que esté debajo de la malla. Tampoco debe haber obstrucciones entre el área de trabajo y la malla.

Según cuál sea la distancia vertical real entre la malla y el área de trabajo, la malla debe extenderse por lo menos entre 8 y 13 pies (2,4 y 3,9 m)

En el lugar

Pruebas de caídas en las mallas de seguridad

A las mallas de seguridad se les deben hacer pruebas de caída en el lugar de trabajo antes de realizar la instalación inicial, siempre que se las reubique y después de arreglarlas y, al menos, cada seis meses si permanecen en el mismo lugar. La prueba de caída consiste en lanzar una bolsa de arena de 400 libras (181 kg) de un diámetro de 29 a 31 pulgadas (74 a 78 cm) a la malla desde una altura de al menos 42 pulgadas (1 m) por encima de la superficie para caminar/trabajar más alta en la cual los trabajadores estén expuestos a peligros de caídas. Si la malla queda intacta después de que se lanza la bolsa de arena, habrá pasado la prueba.

más allá del área de trabajo. Las aberturas de la trama de la malla deben ser de no más de 36 pulgadas cuadradas (232 centímetros cuadrados) y 6 pulgadas (15 cm) de lado. La cuerda del borde debe tener un mínimo de 5000 libras (2268 kg) de resistencia al rompimiento y las conexiones entre los paneles de la red deben ser tan fuertes como las mallas mismas. Las mallas de seguridad se deben inspeccionar al menos una vez por semana y después de cada suceso que las pueda haber dañado o debilitado. Las mallas desgastadas o deterioradas deben sacarse de servicio.

4.3.4 Rescate después de una caída

Todos los sitios de trabajo en lugares elevados deben contar con un plan de rescate y recuperación. La planificación es especialmente importante en zonas remotas en donde no se puede acceder fácilmente a un teléfono. Antes de comenzar a trabajar, tenga presente qué indica hacer el plan de rescate del empleador en caso de que se produzca una caída. Averigüe qué equipos de rescate están disponibles y dónde están ubicados. Aprenda a usar los equipos de autorrescate y para rescatar a otras personas.

Si ocurre una caída, todo empleado que quede colgando del sistema de detención de caídas debe ser rescatado en forma segura y rápida. El empleador debe haber determinado con anterioridad el método de rescate para todas las víctimas. Este método puede incluir los equipos que permiten que la víctima se rescate por sí sola, un sistema de rescate llevado a cabo por los compañeros de trabajo o una manera de alertar a una unidad de rescate entrenada. Si el rescate depende de pedir ayuda fuera del lugar, como por ejemplo al departamento de bomberos o a una unidad de rescate, todos los números telefónicos necesarios deben estar a simple vista en el área de trabajo. En caso de que un compañero de trabajo caiga, siga el plan de rescate de su empleador. Llame a los servicios de rescate necesarios. Comuníquese con la víctima y obsérvela constantemente durante el rescate.

5.0.0 Trabajo en caminos

El trabajo en caminos presenta situaciones complejas en las cuales los trabajadores se enfrentan a diversos riesgos de lesiones en condiciones que pueden cambiar sin previo aviso. Las causas más comunes de lesiones cuando se trabaja en carreteras son los vehículos a motor circulantes que ingresan en el espacio de trabajo. El 80 % de las lesiones sufridas durante el trabajo en caminos son causadas por vehículos fuera de control en el espacio de trabajo.

Es importante saber cómo estar seguro en un entorno constantemente inseguro. Respetar las siguientes pautas puede salvar vidas:

- Asegúrese de que todos los elementos de control del tránsito, tales como carteles (*Figura 45*), barreras, barricadas (*Figura 46*), señales y marcas en el pavimento, estén en el lugar correspondiente antes de comenzar a trabajar en un carril o el arcén de un camino.
- NUNCA trabaje en un carril de tránsito abierto.
- Siempre use vestimenta de seguridad muy visible y retrorreflectante (*Figura 47*) y equipos de protección personal apropiados para el trabajo en carretera que deba realizar. La vestimenta y

201F45.EPS

Figura 45 Carteles típicos de construcción vial en carreteras.

Figura 46 Barricadas y barreras de concreto (Jersey) utilizadas en la construcción vial.

los equipos deben satisfacer las exigencias de la Norma 107-2004 ANSI/ISEA.

- Sólo los integrantes del personal entrenados para ser señalizadores pueden controlar el tránsito.
- Sea siempre consciente de lo que lo rodea y de los equipos y el tránsito del área.
- Asegúrese de que puedan comunicarse todos los trabajadores y los operadores de todos los equipos y vehículos del espacio de trabajo.
- Conozca dónde está permitido trabajar y dónde está prohibido por cuestiones de seguridad. Los trabajadores, los equipos, los vehículos y los materiales pueden ingresar solamente en el espacio de trabajo designado en la zona con control temporal del tránsito (CTT).

5.1.0 Control temporal del tránsito (CTT)

Los responsables de planificar y supervisar la instalación y el mantenimiento de los dispositivos y las zonas de CTT son los supervisores o el personal dedicado entrenado en CTT. Desde 2000 y la aparición de la *Edición del milenio del Manual nacional de dispositivos uniformes de control del tránsito (MUTCD)*, sólo al personal entrenado en técnicas de CTT se le permite realizar este trabajo como parte del *MUTCD y el Código de Regulaciones Federales (CFR)*. Permitir que trabajadores sin entrenamiento realicen esta función podría resultar en lesiones o la muerte, y los supervisores podrían recibir una multa y ser encarcelados por culpa penal.

Existen numerosos CTT que se utilizan en los lugares de trabajo, tales como carteles, señales, barricadas, barreras, marcas en el pavimento, luces, etc., todos los cuales se deben instalar de acuerdo con el plan de CTT elaborado por un ingeniero entrenado en CTT.

5.1.1 Carteles

Los carteles para control del tránsito proporcionan advertencias e instrucciones generales y específicas a los usuarios de caminos; les indican y advierten que se están realizando trabajos o hay trabajadores presentes, y de las acciones que deben realizar para atravesar el lugar de trabajo en forma apropiada y segura. Estas instrucciones proporcionan la información necesaria para que el usuario del camino evite conflictos con los trabajadores y los equipos de la zona de trabajo. Puede ser algo tan simple como un único cartel con el símbolo de hombres trabajando en un camino recto poco transitado con un área de trabajo muy corta, o algo tan complejo como una serie de advertencias e instrucciones a lo largo de varios kilómetros de autopista.

Las carreteras y autopistas de alta velocidad son tan peligrosas para los usuarios como para los trabajadores debido a las grandes diferencias de velocidad y el tamaño y la ubicación de los vehículos, los equipos y los materiales.

5.1.2 Control del tránsito en el área de trabajo

El control del tránsito en el área de trabajo se basa en varios elementos principales: el tamaño del área de trabajo, la velocidad de aproximación, el volumen del tránsito y la proximidad de los traba-

CLASE	DESCRIPCIÓN	ANCHO DE LA RETRORREFLECTIVIDAD	VELOCIDAD	PARA QUIÉNES SE RECOMIENDA EL USO
3	Máxima visibilidad y perceptibilidad	≥ 50 mm 2 pulgadas 1⁄4 milla (400 m) de visibilidad	> 50 mph (80 km/h)	Trabajadores de la construcción en caminos Operadores de vehículos Trabajadores de servicios públicos Cuadrillas de inspección Trabajadores de respuesta ante emergencias Trabajadores de ferrocarril, Investigadores de lugares de accidentes
2	Visibilidad superior y más perceptible que la de Clase 1	≥ 35 mm 13⁄8 de pulgada 1000 pies (305 m) de visibilidad	> de 25 a 50 mph (40 a 80 km/h)	Guardias de cruce de escuelas Personal de estacionamientos y peajes Cuadrillas de pistas de aeropuerto Trabajadores del ferrocarril Personal del orden público que esté dirigiendo el tránsito
1	Lejos del tránsito; perceptible	≥ 25 mm 1 pulgada 500 pies (152 m) de visibilidad	≥ 25 mph (40 km/h)	Asistentes de servicio de estacionamiento Trabajadores de depósito en tránsito de equipos Encargados de regresar carritos de compras y encargados del mantenimiento de aceras

NOTA:
- El color de la tela de fondo (exterior) de la vestimenta debe ser anaranjado rojizo fluorescente o amarillo verdoso fluorescente, según las normas.
- El material retrorreflector debe ser anaranjado, amarillo, blanco, plateado, amarillo verdoso o una versión fluorescente de estos colores, visible a un mínimo de 1000 pies (305 m) y diseñado para identificar como persona a quien lo use.

201F47.EPS

Figura 47 Cuadro de vestimenta de seguridad de alta visibilidad.

jadores al tránsito circulante. Cuando se realizan trabajos de pintura, se mueven menos equipos pesados al área de trabajo que en las actividades de construcción en caminos, a menos que el trabajo de pintura forme parte de un proyecto de recuperación de una carretera o un puente. Estas son áreas de operaciones de uso mixto, las cuales se vuelven más peligrosas sin un plan de control de tránsito interno. Un plan de control de tránsito interno es un plan que elabora el contratista para separar cuanto sea posible a los trabajadores a pie de los que se mueven en vehículos a motor y de sus equipos y vehículos de gran tamaño. Estos planes con frecuencia proporcionan controladores de tránsito y buenos equipos de comunicación para mantener a todo el personal en contacto.

En la parte del espacio de trabajo que pertenece al camino, se usan conos y barricadas para delinear físicamente el espacio y, junto con las barreras portátiles, separar a los trabajadores del tránsito que pasa por la zona de CTT. Siempre deben dejarse espacios de separación para dar a los vehículos fuera de dirección lugar para recuperarse antes de entrar en el espacio de trabajo. Además, en calles principales y autopistas, se deben usar vehículos de señalización o de protección que tengan colocados atenuadores de impacto, para dar más protección a los trabajadores y al tránsito en el área de trabajo.

5.2.0 Señalizadores

El *MUTCD* indica que una persona que dirige el tránsito es un señalizador. Además, indica que como los señalizadores son responsables de la seguridad pública y son quienes más contacto tienen con el público, se los debe entrenar en prácticas de control de tránsito y técnicas de contacto con el público. Muchos estados exigen ahora que los señalizadores reciban entrenamiento especial y certificación.

Entre las calificaciones que deben tener los señalizadores, se encuentran las siguientes:

- Sentido de responsabilidad por la seguridad del público y los trabajadores
- Capacitación adecuada en técnicas de CTT seguro
- Inteligencia promedio
- Buena condición física (vista, oído y movilidad)
- Buena atención
- Capacidad de reaccionar de manera calma y racional en situaciones de emergencia
- Modo de conducirse cortés, pero firme
- Aspecto pulcro

El *MUTCD* establece que los señalizadores, tanto de día como de noche, deben usar vestimenta de seguridad que satisfaga los requisitos de la *Norma nacional estadounidense de vestimenta de alta visibilidad* de la Asociación Internacional de Equipos de Seguridad (ISEA) y con una etiqueta que indique que su rendimiento cumple con la *Norma ANSI 107-2004* para exposición a riesgos de Clase 2. Para la actividad nocturna, se debe considerar que el señalizador use vestimenta de seguridad con etiqueta que indique rendimiento para exposición a riesgos de Clase 3.

El cartel de PARE/DESPACIO debe ser el elemento de señalización manual principal y preferido, porque es para los usuarios del camino una guía más positiva que las banderas rojas. El uso de banderas rojas se debe limitar a situaciones de emergencia en las cuales no se disponga del cartel.

Los señalizadores se deben posicionar a una distancia suficiente antes del espacio de trabajo como para advertir adecuadamente a los trabajadores si es probable que un vehículo entre en dicho espacio.

6.0.0 Espacios cerrados

Los espacios de un lugar de trabajo se consideran cerrados cuando su tamaño y su forma restringen los movimientos de cualquiera que ingrese o trabaje en ellos, o salga de ellos. Los espacios cerrados por lo general tienen escasa ventilación y es difícil entrar y salir de ellos. Por ejemplo, los trabajadores que trabajan en recipientes de procesamiento, por lo general, tienen que deslizarse para entrar y para salir a través de aberturas estrechas y realizar sus tareas en posiciones apretadas o incómodas. En algunos casos, el encierro mismo constituye un peligro.

En un espacio cerrado, los peligros tales como la mala calidad del aire, las toxinas, las explosiones, el fuego y las partes de máquinas móviles tienden a ser mucho más letales. De hecho, durante un período de 8 años en la década de 1990, hubo un promedio de 38 muertes de trabajadores en espacios cerrados por año.

La mayoría de los espacios cerrados tienen lugares de entrada y salida restringidos. Muchas veces los trabajadores reciben heridas al entrar o salir a través de pequeñas puertas o escotillas. También puede resultar difícil moverse en un espacio cerrado y los trabajadores pueden golpearse al mover equipos. Los escapes y los rescates son mucho más difíciles en los espacios cerrados que en otros lugares.

A los espacios cerrados se ingresa para hacer inspecciones, probar equipos, hacer reparaciones, limpiar o por emergencias. Sólo se debe ingresar en ellos por períodos breves.

Algunos de los espacios cerrados en los que se puede tener que trabajar son:

- Calderas
- Túneles
- Alcantarillas
- Bóvedas subterráneas de servicios públicos
- Cañerías
- Pozos
- Conductos de aire
- Recipientes de procesamiento (*Figura 48*)

Un programa escrito de entrada en espacios cerrados puede proteger a todos. Le indicará los peligros y le especificará el equipo o el apoyo que se requiere para evitar lesiones. Todos los lugares de trabajo industriales y algunos sitios de construcción tienen programas escritos de entrada en espacios cerrados. Conozca y siga la política de la empresa.

6.1.0 Clasificación de los espacios cerrados

Los espacios cerrados deben ser inspeccionados antes de empezar a trabajar en ellos. Esto ayuda a identificar los peligros posibles. Un espacio se considera cerrado si se lo puede describir como sigue:

- Es lo suficientemente grande y sus características son tales que un empleado puede ingresar y realizar tareas asignadas.
- Tiene medios limitados o restringidos de entrada y salida (ejemplo de ellos son: tanques, recipientes, silos, cajones de almacenamiento, tolvas, bóvedas y pozos).
- No está diseñado para que los trabajadores permanezcan en su interior de manera continua.

Después de una inspección realizada por una persona autorizada por la empresa, el espacio cerrado se clasificará en función de los peligros que presente. Se clasifican en **espacios cerrados que no requieren permiso y espacios cerrados que requieren permiso** (*Figura 49*).

¡ADVERTENCIA!

Nadie tiene autorización para ingresar en un espacio cerrado a menos que haya recibido el entrenamiento adecuado y cuente con un permiso de entrada válido.

6.1.1 *Espacio cerrado que no requiere permiso*

Un espacio cerrado que no requiere permiso es un espacio de trabajo libre de todo **peligro atmosférico**, mecánico, físico o eléctrico que pueda ocasionar lesiones o la muerte. Una vez que un espacio ha sido clasificado como espacio cerrado que no requiere permiso, los trabajadores pueden entrar en su interior con el uso del equipo de protección personal adecuado para el tipo de tarea que vayan a realizar. Siempre consulte con su supervisor si no está claro qué equipo de protección personal se necesita. También tenga presente que el trabajo con revestimientos a menudo introduce peligros adicionales en el espacio. Estos pueden ser peligros mecánicos de la limpieza abrasiva y las mangueras a presión de rociado sin aire; peligros atmosféricos derivados del polvo abrasivo; y liberación de vapor de los revestimientos en sí.

6.1.2 *Espacios cerrados que requieren permiso*

Un **espacio cerrado que requiere permiso** es un espacio cerrado que presenta peligros reales o po-

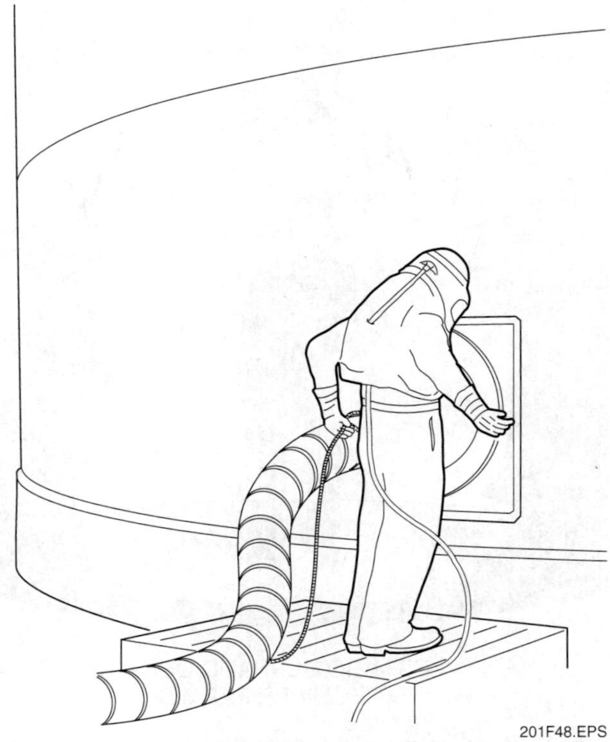

Figura 48 Entrada en recipientes de procesamiento.

sibles. Estos riesgos pueden ser atmosféricos, físicos, eléctricos o mecánicos. La norma *OSHA CFR 1910.146* define el espacio cerrado que requiere permiso como un espacio cerrado que:

- Contiene o puede contener una atmósfera peligrosa.
- Contiene un material o una sustancia que puede sepultar a la persona que entre.
- Tiene una configuración interna tal que la persona que entra puede quedar atrapada o resultar asfixiada por paredes que converjan hacia el interior o por un piso con pendiente hacia abajo y que vaya estrechándose hacia una sección transversal más pequeña.
- Presenta cualquier otro peligro reconocido como grave para la seguridad o para la salud.

¡ADVERTENCIA!

Todos los espacios cerrados que requieren permiso de entrada deben estar identificados y se debe exhibir el permiso correspondiente.

Para ingresar en el espacio cerrado, se debe contar con un permiso de entrada extendido y firmado por el responsable del lugar de trabajo. Nadie tiene permitido ingresar en un espacio cerrado sin un permiso de entrada válido. El per-

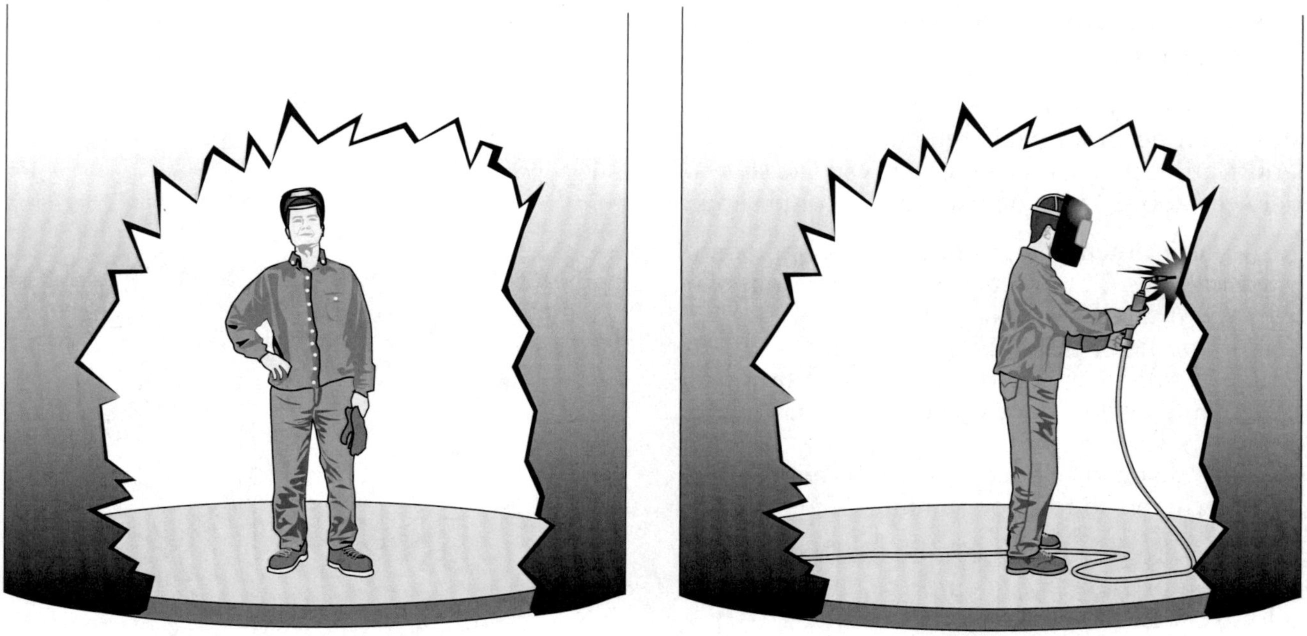

Figura 49 Espacios cerrados que requieren y que no requieren permiso de entrada.

miso se debe conservar en el espacio cerrado mientras se realiza el trabajo. Siempre consulte con su supervisor si no está suficientemente claro si se necesita o no un permiso para entrar en un espacio cerrado.

6.2.0 Permisos de entrada

Los espacios cerrados pueden ser extremadamente peligrosos. El ingreso en un espacio comienza cuando alguna parte de su cuerpo atraviesa la entrada o la abertura del espacio cerrado. Se requiere obtener un permiso de entrada antes de ingresar en estos espacios *(Figura 50)*.

Un permiso de entrada es una lista de control de trabajo que verifica que el espacio ha sido inspeccionado. También informa a todas las personas que trabajan en el lugar acerca de los riesgos de la tarea. El permiso de entrada debe ser completado y firmado por el supervisor antes de que cualquier persona ingrese en el espacio. El permiso también debe se debe exhibir en la entrada del lugar y encontrarse a disposición para que puedan revisarlo los trabajadores. Los permisos de entrada deben incluir la siguiente información:

- Una descripción del espacio y del tipo de trabajo que se hará.
- La fecha de validez del permiso y su duración.
- Los resultados de las pruebas de todas las pruebas atmosféricas, incluidas las de niveles de oxígeno, toxinas y materiales inflamables.
- El nombre y la firma de la persona que realizó las pruebas.
- El nombre y la firma del supervisor de la entrada.
- Una lista de todos los trabajadores, incluidos los supervisores, que estén autorizados a ingresar en el sitio.
- Los medios a través de los cuales los trabajadores y los supervisores se comunicarán entre sí.
- Los equipos y procedimientos especiales que deberán usarse durante el trabajo.
- Otros permisos necesarios para tareas que se realizarán en el espacio, como por ejemplo soldar.
- La información de contacto para la respuesta ante emergencias del personal de rescate.

NOTA

Algunos espacios cerrados requieren tanto un permiso de entrada como un permiso para trabajar en ellos.

6.3.0 Peligros atmosféricos

Los peligros atmosféricos son los más comunes en espacios cerrados. En una atmósfera peligrosa, el aire puede tener muy poco oxígeno o bien demasiada cantidad, ser explosivo o inflamable, o contener gases tóxicos. Para detectar esos peligros atmosféricos se utilizan medidores especiales (*Figura 51*).

Anexo 16 – 2
Permiso de entrado para espacio cerrado

N.º de tarjeta maestra o ticket de trabajo seguro: ______________

1. Descripción de la tarea: ______________
Nombre del equip. / Número y ubicación del área ______________
Propósito de la entrada ______________
Fecha de inicio válida______________ Duración ______ a ______

2. Materiales peligrosos:
¿Qué fue lo último que contuvo el equipo? ______________
¿La tarea generará una atmósfera peligrosa? ☐ Sí ☐ No Si la respuesta es sí, especifique los ______________ peligros y los controles.

3. Requisitos de rescate:
☐ Externo, por el asistente ☐ Rescate complejo, por equipo de rescate en punto de entrada
☐ Rescate no IDLH y/o simple, por equipo de rescate en el lugar ☐ IDLH, por equipo de rescate en punto de entrada
¿Se ha notificado de la entrada al equipo de rescate? ☐ Sí ☐ N/D Día y hora de la notificación ______
¿Cómo se convocará al equipo de rescate en caso de emergencia? ☐ Radio Canal: ______ ☐ Otro: ______

4. Requisitos de prueba de gas:
LEL/0_2 - Fab. instrumento/N.º ______/______ Hora de la prueba funcional/medidor de gas - ______/______
Toxicidad - Fab. instrumento/N.º ______/______ Hora de la prueba funcional/medidor de gas - ______/______
Frecuencia de pruebas: ☐ Continua* ☐ Otra - Especificar - ______________
∗Los resultados de la monitorización continua se deben registrar cada tres horas

Niveles aceptables	Resultados									
Oxígeno: 19,5 %ơ 23,5 %										
Gas Combustible: %LEL - <10 %										
Otro ______ < LEP* ______										
Otro ______ < LEP* ______										
Otro ______ < LEP* ______										

∗ Las entradas que superen el LEP requerirán del uso del EPP apropiado.

5. Equipo de ventilación / extracción:
☐ No se requiere ninguno, la ventilación natural es adecuada ☐ Ventilación forzada de aire ☐ Ventilación de extracción
Tipo de equipo: ☐ Bocina de aire ☐ Soplador eléctrico Volumen requerido: - ______ pies^3/min

6. Protección personal:
☐ Guantes (tipo) ______ ☐ Respirador (tipo) ______
☐ Gogles o protección facial ☐ Equipo de respiración autónomo
☐ Líneas de vida fijadas a un arnés ☐ Otro (especificar): ______
☐ Traje resistente a los productos químicos (especificar tipo) ______

7. Protección contra ☐ No se necesita ☐ Extintor portátil, tipo y tamaño:______
☐ Personal de vigilancia contra incendios ☐ Otro (especificar): ______

201F50A.EPS

Figura 50 Permiso de entrada (1 de 2).

8. Condición del área y los equipos:

Obligatorio Sí	N/D	ESTOS PUNTOS CLAVE SE DEBEN REVISAR
		a. ¿Los equipos están bloqueados y etiquetados?
		b. ¿Las tuberías están desconectadas, tapadas o cubiertas?
		c. ¿Se vaciaron, lavaron, purgaron y ventilaron los equipos?
		d. ¿Se suministraron equipos de protección de bajo voltaje o protegidos con GFCI? e. ¿Se proporcionaron equipos eléctricos a prueba de explosiones?
		f. Se colocaron barricadas o carteles en los lugares de entrada cuando el asistente no estaba trabajando.

Otros requisitos:

9. Instrucciones especiales: ☐ Ninguna ☐ Confirme con el emisor antes de comenzar el trabajo

10. Aprobación	Permiso			Aceptación de permiso		
	Superint. / superv. de área	Fecha	Hora	Superv. mant. / ingeniero / superv. contrat.	Fecha	
Emitido por						
Aprobado por						
Aprobado por						

11. Revisión individual / listado de personas que entran:

Me han instruido con respecto al permiso de trabajo apropiado, la entrada en el espacio cerrado, los procedimientos de bloqueo/etiquetado y los peligros físicos y atmosféricos asociados, y he revisado los resultados de las pruebas de gas.

Personas	Fecha	Hora Entrada	Hora Salida	Hora Entrada	Hora Salida	Hora Entrada	Hora Salida	Hora Entrada	Hora Salida	Hora Entrada	Hora Salida

Me han informado acerca de los deberes y las responsabilidades que tiene un asistente, los peligros físicos y atmosféricos, y he revisado los resultados de las pruebas de gas.

Asistentes	Fecha	Hora Inicio	Hora finalización	Hora Inicio	Hora finalización	Hora Inicio	Hora finalización

12. Realización de la tarea:

☐ Sí ☐ N/D ¿Se ha notificado al equipo de rescate?
☐ Sí ☐ No ¿Se ha completado el trabajo en los equipos y el espacio cerrado está listo para entrar en servicio?
☐ Sí ☐ No ¿Se ha limpiado y dejado en condición segura el lugar de trabajo?

Trabajadores que responden las preguntas anteriores: ____________________

13. Revisión posterior a la tarea: ¿Se encontró o creó algún peligro durante las operaciones de entrada?

☐ Sí ☐ No Si la respuesta es sí, descríbalos: ____________________

Soluciones posibles: ____________________

Enviar al archivo de la tarea dentro de los 7 días siguientes a su finalización.

201F50B.EPS

Figura 50 Permiso de entrada (2 de 2).

201F51.EPS

Figura 51 Detector.

6.3.1 Atmósferas deficientes o enriquecidas en oxígeno

Un espacio cerrado que no tiene suficiente oxígeno se denomina atmósfera **deficiente en oxígeno**; un espacio cerrado que tiene demasiado oxígeno se denomina atmósfera **enriquecida en oxígeno**. Para trabajar en condiciones seguras, el nivel de oxígeno en un espacio cerrado debe estar entre 19,5 % y 23,5 % por volumen; el nivel considerado normal es de 21 %. Las concentraciones de oxígeno por debajo del 19,5 % por volumen se consideran deficientes; las que se encuentran por encima del 23,5 % por volumen se consideran enriquecidas en oxígeno.

¡ADVERTENCIA!

Nunca entre en un espacio cerrado si no sabe con certeza qué tan seguro es.

Muchos de los procesos que ocurren en un espacio cerrado consumen oxígeno y pueden reducir el porcentaje de oxígeno a un nivel peligroso:

- El quemado
- La oxidación de metales
- La descomposición de plantas o basura
- La mezcla de oxígeno con otros gases

¡ADVERTENCIA!

La respiración normal en un espacio cerrado también puede generar deficiencia de oxígeno.

Cuando disminuye el oxígeno en un espacio cerrado, se hace más difícil respirar. Los síntomas de la falta de oxígeno aparecen en este orden:

1. Respiración y ritmo cardíaco rápidos
2. Confusión mental
3. Reacción emocional extrema
4. Fatiga poco habitual
5. Náuseas y vómitos
6. Incapacidad para mover el cuerpo libremente
7. Pérdida de conciencia
8. Muerte

6.3.2 Atmósferas combustibles

El aire en un espacio cerrado se vuelve combustible cuando las sustancias químicas, los gases o el polvo de pintura alcanzan determinada concentración. En los espacios cerrados pueden quedar atrapados gases y vapores inflamables. El polvo y los subproductos de trabajos de pintura con pulverizador o preparación de superficies también pueden formar una atmósfera combustible.

Algunos gases inflamables son más livianos que el aire y se concentran más en la parte superior del espacio cerrado. Los vapores de los combustibles por lo general son más pesados que el aire y se concentran más en la parte inferior del espacio.

En una atmósfera combustible, una chispa, una llama o temperaturas de superficie superiores al punto de inflamación de sustancias químicas o gases causarán una explosión.

¡ADVERTENCIA!

Las luces, los motores, los ventiladores de extracción y los demás equipos que se usen para prevenir incendios y explosiones en cualquier área combustible deben ser a prueba de explosiones. No use teléfonos celulares en áreas combustibles, a menos que sean intrínsecamente seguros.

En áreas combustibles peligrosas se deben usar equipos intrínsecamente seguros o a prueba de explosiones. Se usan en tanques, contenciones y otros espacios cerrados. Se exige que los equipos estén clasificados y marcados de acuerdo con el *Código Eléctrico Nacional (National Electrical Code®, NEC®)*. Las clasificaciones informan a los usuarios en qué condiciones los equipos no producirán incendios ni explosiones. Las clasificaciones se definen por Clase, División y Grupo. Por ejemplo, las clasificaciones Clase I, División 1 o 2, Grupo C y D (o IIB e IIA) corresponden a la mayoría de los solventes volátiles. La clasificación División 1 corresponde a lugares en los cuales normalmente habría solvente. La clasificación División 2 corresponde a lugares en los cuales no se esperaría que hubiese solvente a menos que se dé una condición anormal.

Las clasificaciones Clase II, Grupo E corresponden a polvos metálicos combustibles, tales como el de aluminio, magnesio u otros metales que por el tamaño de las partículas, su grado de abrasividad o su conductividad suponen un peligro equivalente. Las clasificaciones Clase II, Grupo F corresponden a polvos de carbono, carbón o coque. Las clasificaciones Clase II, Grupo G corresponden a polvo plástico o químico (pintura seca).

Debido a que la temperatura de ignición de varios solventes y otros materiales difiere mucho, el *NEC*® también exige que la temperatura de superficie operativa de los equipos intrínsecamente seguros y a prueba de explosiones esté marcada en los equipos directamente o mediante un código numérico del *NEC*®. Siempre asegúrese de que la temperatura operativa de los equipos sea inferior al punto de inflamación indicado en la MSDS del solvente o el material que se esté utilizando.

Existe una gran variedad de equipos intrínsecamente seguros y a prueba de explosiones. Los siguientes son algunos ejemplos:

- Luces portátiles, incluidas luces para tanques, luces con soportes telescópicos y luces fluorescentes con cobertura de hasta 50.000 pies^2 (4645 m^2).
- Equipos de comunicación tales como radios y teléfonos celulares.
- Equipos portátiles de distribución de energía con interruptores de circuito que tengan **interruptor de circuito con falla a la tierra (GFCI)**, incluidos los cables de extensión con interruptores de encendido y apagado.
- Equipos y herramientas para pruebas, tales como termómetros infrarrojos y juegos de herramientas que no producen chispas.
- Mezcladores de pintura eléctricos con abrazadera de agarre.

6.3.3 Atmósferas tóxicas

Los gases y los vapores tóxicos provienen de muchas fuentes. Pueden ser letales cuando se los inhala o se los absorbe a través de la piel por encima de cierto nivel de concentración. En espacios sin ventilación, se pueden formar concentraciones altas y volverse tóxicos rápidamente. Aun en dosis bajas, algunas sustancias químicas pueden afectar gravemente las funciones respiratorias y cerebrales.

Los efectos nocivos de los gases y los vapores tóxicos varían. Muchos gases tóxicos, como por ejemplo el monóxido de carbono, no pueden ser detectados por la vista o el olfato. Algunos tienen efectos nocivos que pueden no evidenciarse hasta años después del contacto. Otros, como el óxido nítrico, pueden matar rápidamente.

NOTA

La MSDS adosada al permiso de entrada tendrá información acerca de las toxinas que se puedan encontrar.

6.3.4 Monitorización de la atmósfera en espacios cerrados

En un espacio cerrado que requiere permiso, se debe controlar el aire antes de autorizar la entrada de cualquier persona. Las pruebas atmosféricas deben hacerse en este orden:

1. Contenido de oxígeno
2. Gases y vapores inflamables
3. Contaminantes potencialmente tóxicos

La prueba de oxígeno debe realizarse primero, dado que muchos detectores de gas combustible dependen del oxígeno y no proporcionan lecturas confiables en una atmósfera deficiente en oxígeno. La prueba para gases combustibles se realiza a continuación, ya que la amenaza de fuego o de explosión por lo general es más urgente y más peligrosa para la vida que la exposición a gases y vapores tóxicos.

Para controlar y hacer pruebas de atmósferas de espacios cerrados se utilizan diversos instrumentos. Los detectores de gas portátiles a batería pueden medir los niveles de oxígeno, mediante el cambio del sensor en el detector. Los detectores de gas se deben calibrar y operar de acuerdo con las instrucciones del fabricante. El detector debe ser capaz de detectar oxígeno y gases combustibles en los niveles especificados por *OSHA 29 CFR 1910.146*. Se deben hacer pruebas de gas previas a la entrada por cada cuatro pies (1,22 m) de elevación vertical en el espacio cerrado para tomar en cuenta la estratificación de gas y vapor que puede haber en el espacio. Un CSP, CIH, ingeniero de seguridad registrado, o químico marítimo debe revisar los hallazgos entes de la entrada, de acuerdo con *OSHA 29 CFR 1910.146, Apéndice B.*

6.4.0 Peligros adicionales

Además de los peligros atmosféricos, en los espacios cerrados hay otros riesgos peligros y ambientales.

- Descarga eléctrica
- Purgas
- Caída de objetos
- Sepultamiento
- Temperaturas extremas
- Ruido
- Superficies resbaladizas o mojadas
- Partes móviles

6.4.1 Descarga eléctrica

Cuando se usan **herramientas con fuente de energía** y cables de alimentación eléctrica en un área en la que hay superficies o pisos mojados, puede producirse una descarga eléctrica. Cuando se trabaja en un espacio cerrado, las herramientas y los equipos deben ponerse a tierra, o bien se debe utilizar un interruptor de circuito con falla a tierra.

6.4.2 Purgas

Las purgas ocurren cuando entran gases tóxicos, corrosivos o naturales y se mezclan con el aire en un espacio cerrado. Las purgas se producen con mayor frecuencia cuando se trabaja en tuberías. Los gases de purga se utilizan para limpiar cañerías. Esos gases pueden crear un desequilibrio de oxígeno en el espacio, que asfixiará a los trabajadores en forma casi inmediata. Una vez finalizada la purga, se debe establecer una ventilación adecuada para que la atmósfera sea segura. Se debe realizar un control del aire para comprobar su calidad.

6.4.3 Caída de objetos

Pueden caer materiales o equipos dentro de los espacios cerrados y golpear a los trabajadores. Esto normalmente ocurre cuando otro trabajador entra o sale de un espacio cerrado con una abertura en la parte superior, como una boca de inspección. Las vibraciones también pueden hacer que caigan materiales o equipos y golpeen a los trabajadores.

6.4.4 Sepultamiento

El sepultamiento se produce cuando un trabajador queda tapado por un líquido o sustancia que entra en un espacio cerrado. Materiales pequeños y sueltos almacenados en recipientes y tolvas, tales como granos, arena o carbón, pueden sepultar y asfixiar a un trabajador. Los materiales o líquidos más pesados que entran en un espacio cerrado pueden aplastar o ahogar a un trabajador.

6.4.5 Temperaturas extremas

Los espacios cerrados demasiado cálidos o demasiado fríos pueden ser peligrosos para los trabajadores. Los espacios demasiado cálidos pueden producir un golpe de calor o agotamiento por calor, mientras que los espacios demasiado fríos pueden ocasionar **hipotermia**. Otro peligro relacionado con la temperatura en un espacio cerrado es el vapor. El vapor es extremadamente caliente y puede provocar quemaduras graves o mortales.

6.4.6 Ruido

El ruido en un espacio cerrado puede ser muy alto. Esto sucede porque el tamaño del espacio es pequeño y los sonidos rebotan en las paredes. Cuando el ruido es excesivo o demasiado alto, puede ocasionar daños permanentes en la audición. También puede impedir a los trabajadores la comunicación. Si esto sucede, el trabajador podría no percibir una alarma de evacuación.

6.4.7 Superficies resbaladizas o mojadas

Los trabajadores pueden resultar gravemente heridos al resbalar o caer en superficies resbaladizas o mojadas. En las superficies mojadas también se agrega la posibilidad de electrocución por circuitos eléctricos, equipos y herramientas eléctricas.

6.4.8 Partes móviles

Las partes móviles, como taladros o cinturones, pueden golpear o atrapar a los trabajadores. Esto habitualmente sucede cuando un trabajador se resbala o se cae. También puede suceder si el operador de maquinaria móvil está vestido con ropa suelta o lleva accesorios.

6.5.0 Responsabilidades y deberes

Todas las personas que trabajen en un espacio cerrado deben recibir un entrenamiento especial previo. Esto incluye a quienes entran para efectuar una tarea en un espacio cerrado, los asistentes que se encuentran a la entrada del espacio, los supervisores y el personal de rescate.

6.5.1 Personas que entran

Las personas que entran son aquellas que efectivamente ingresan en un espacio cerrado para realizar un trabajo. Deben ser conscientes de los peligros del trabajo y saber cómo protegerse. La persona que entra debe hacer lo siguiente:

- Obtener un permiso de entrada válido.
- Conocer los peligros atmosféricos, de incendio y contaminación tóxica.
- Usar el equipo personal de protección especificado, incluidos protección facial y ocular, guantes, delantales y monos, según sea necesario.
- Permanecer en contacto con el asistente, para asegurarse de que estén siendo controlados y que pueden recibir la orden de evacuación, si fuera necesario.
- Alertar al asistente si se presentan signos o síntomas de exposición preocupantes.
- Saber cómo escapar cuando sea necesario.

- Salir del espacio de inmediato si oye una alarma de evacuación o si detecta un peligro no controlado en el espacio.

> **NOTA**
> Los métodos de recuperación deben formar parte de los procedimientos de emergencia. Sin embargo, sea cauteloso cuando utilice dispositivos de recuperación en situaciones en las que el dispositivo pueda hacer que el trabajador quede enredado.

6.5.2 Asistentes

El asistente permanece en el exterior del espacio cerrado y se comunica directamente con la persona que entra. El asistente mantiene contacto permanente con la persona que entra, ya sea visual, por teléfono, por radio o por otro medio aprobado. La responsabilidad básica del asistente es proteger a la persona que entra. Para ello, el asistente debe hacer lo siguiente:

- Instalar una estación a la salida del espacio cerrado.
- Llevar la cuenta del personal que se encuentra dentro.
- Saber qué trabajos están autorizados y cuáles no están autorizados en ese espacio.
- Saber cómo controlar la seguridad.
- Controlar la atmósfera de modo remoto utilizando una sonda (*Figura 52*) y reconocer los niveles de seguridad y de peligro.
- Mantener contacto con las personas que entran y ser capaz de reconocer los síntomas de sufrimiento físico.
- Ordenar la evacuación cuando surgen inconvenientes.
- Saber cómo llamar al personal de rescate y usar el sistema de alarma.
- Negar la entrada al personal que no cuente con autorización.
- No ingresar nunca en el espacio para intentar un rescate.

6.5.3 Supervisores

El supervisor de la entrada es la persona responsable de la seguridad de las operaciones de entrada en el espacio cerrado. Esto significa que será responsable de las vidas de todos los trabajadores que participen en la operación. El supervisor de la entrada debe hacer lo siguiente:

- Autorizar y supervisar la entrada.
- Estar bien entrenado en los procedimientos de entrada.
- Conocer los peligros de los espacios cerrados.

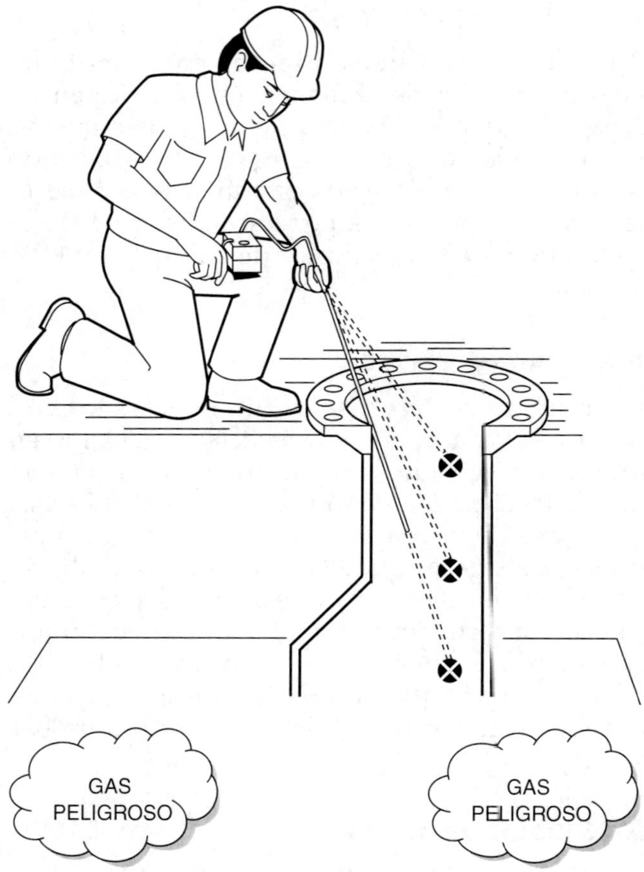

Figura 52 Un asistente controla la atmósfera.

- Comprobar que los permisos de entrada están correctos y completos.
- Comprobar que se lleven a cabo los procedimientos adecuados de bloqueo y etiquetado.
- Verificar que todo el equipo requerido para la entrada se encuentre disponible y saber cómo funciona.
- Asegurarse de que los trabajadores entiendan la tarea que deben realizar.
- Conocer los planes de rescate y al personal de rescate.
- Hacerse responsable de cancelar la autorización de entrada y cortar la entrada cuando se presenten condiciones inaceptables o una vez que haya finalizado la tarea.
- Evaluar los problemas y reconocer cuándo las condiciones son seguras para volver a entrar.
- Asegurarse de que se utilicen equipos a prueba de explosiones.
- Informar a todos los trabajadores que se encuentren en el área o en las instalaciones de que se está realizando un trabajo en un espacio cerrado.

6.5.4 Personal de rescate

Hay dos tipos de rescates: rescates sin entrar y rescates con entrada

Un rescate sin entrar es el que puede ser realizado por alguien que se encuentre fuera del espacio cerrado. Normalmente es realizado por el asistente. En este tipo de rescate, pueden utilizarse cabestrantes y trípodes para extraer a la persona que se encuentra dentro sin poner en peligro a otros trabajadores (*Figura 53*).

El personal de rescate tiene la responsabilidad de hacer lo siguiente:

- Conocer los peligros de los espacios cerrados.
- Conocer el uso adecuado del equipo de protección personal y de rescate, incluidos los respiradores.
- Practicar las operaciones de rescate y saber cómo realizar los rescates.
- Estar entrenados en primeros auxilios y RCP.
- Conocer el programa de rescate de espacios cerrados de la empresa.

Los rescates con entrada pueden ser extremadamente peligrosos. Sólo el personal de rescate entrenado está autorizado a entrar en un espacio cerrado durante una emergencia. En los accidentes en espacios cerrados, son más los miembros de los grupos de rescate que mueren que los trabajadores que intentan rescatar.

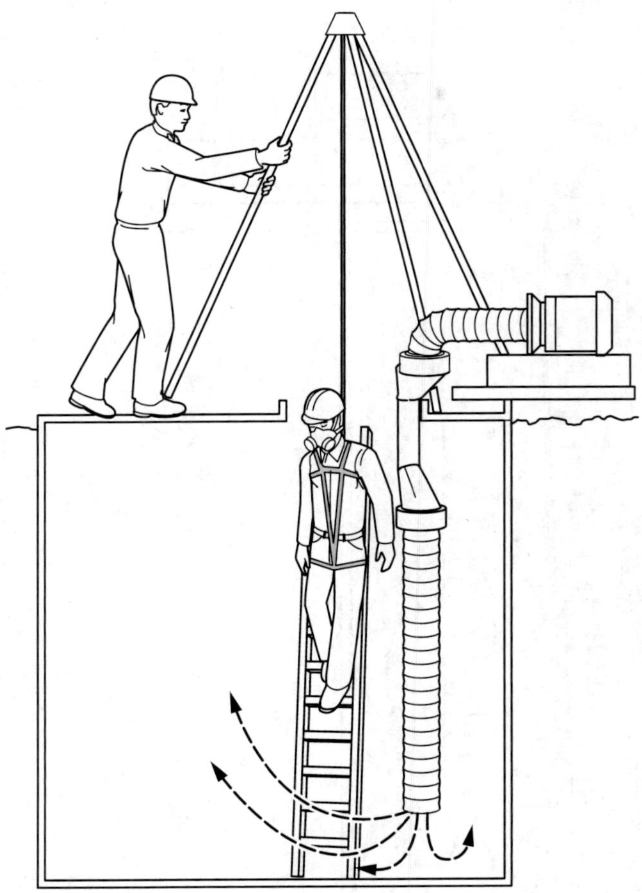

201F53.EPS

Figura 53 Rescate sin entrar.

6.6.0 Precauciones

Cuando trabaje en un espacio cerrado, es importante que sepa cómo protegerse y cómo proteger a sus compañeros de trabajo. Para esto, cada uno debe ser consciente de qué está sucediendo en el lugar y comprender cómo trabajar en condiciones seguras. Estas son las precauciones más habituales que deben observarse durante las operaciones en espacios cerrados:

- Monitorización y pruebas
- Ventilación
- Equipos de protección personal
- Comunicaciones
- Entrenamiento

6.6.1 Monitorización y pruebas

El aire dentro de un espacio cerrado debe ser sometido a prueba antes de autorizar la entrada de cualquier trabajador. Las pruebas deben ser realizadas por una persona calificada y adecuadamente entrenada. Se realizan pruebas al aire para determinar el contenido de oxígeno, gases o vapores explosivos y sustancias químicas tóxicas. Esto puede realizarse insertando en el espacio cerrado una vara sujetada al detector de gas.

> **NOTA**
> Las personas que entran y los asistentes tienen derecho a observar o revisar los resultados de la prueba de gas y pueden pedir una prueba adicional si lo consideran necesario.

Puede ser necesario monitorizar la atmósfera de un espacio cerrado durante todo el trabajo. Esto se hace sujetando monitores a las personas que entran o utilizando dispositivos desde el exterior. Cuando se monitoriza la atmósfera, los trabajadores pueden estar seguros de que la calidad del aire es buena y de que se les informará inmediatamente si se producen cambios en la atmósfera que hagan necesaria su salida.

6.6.2 Ventilación

Si el aire de un espacio cerrado es peligroso o existe la probabilidad de que se vuelva peligroso, el espacio debe ser ventilado inmediatamente para eliminar los gases o vapores tóxicos y reponer el oxígeno faltante. Los ventiladores envían aire limpio al interior del espacio y deben permanecer encendidos mientras los trabajadores estén dentro (*Figura 54*).

Es importante recordar que por más que se esté enviando aire hacia el interior o extrayendo desde el interior del espacio, eso no significa que el aire esté siendo ventilado. Puede haber gases tóxicos escondidos en los espacios cerrados. Asegúrese de que el asistente haya controlado cuidadosamente todo el espacio por completo antes de ingresar en él.

6.6.3 Equipo de protección personal

Toda tarea exige el uso de algún tipo de EPP. El EPP estándar consiste en cascos, gogles y anteojos de seguridad, botas y guantes. Para el trabajo en un espacio cerrado, pueden necesitarse los siguientes elementos, además del equipo estándar:

- Arneses de cuerpo completo
- Líneas de vida
- Respirador purificador de aire
- Respirador con suministro de aire

NOTA

Siempre revise el permiso de entrada para comprobar que usted cuente con el equipo personal de protección necesario para entrar en un espacio cerrado.

6.6.4 Comunicaciones

Todos los trabajadores deben tener la posibilidad de comunicarse entre sí en el lugar de trabajo. Poder comunicarse es especialmente importante para los asistentes y las personas que entran. Permite a los asistentes advertir a los que entran de los peligros y ordenar la evacuación cuando sea necesario. La comunicación entre los trabajadores es otra forma de controlar el espacio cerrado.

6.6.5 Entrenamiento

El ingreso en un espacio cerrado requiere entrenamiento especial. De hecho, nadie está autorizado a ingresar en un espacio cerrado si no ha sido adecuadamente entrenado y autorizado por el supervisor del lugar para entrar en ese espacio. El entrenamiento proporciona a los trabajadores los conocimientos necesarios para realizar sus tareas de manera segura y eficiente. No entre en ningún espacio cerrado sin el entrenamiento adecuado.

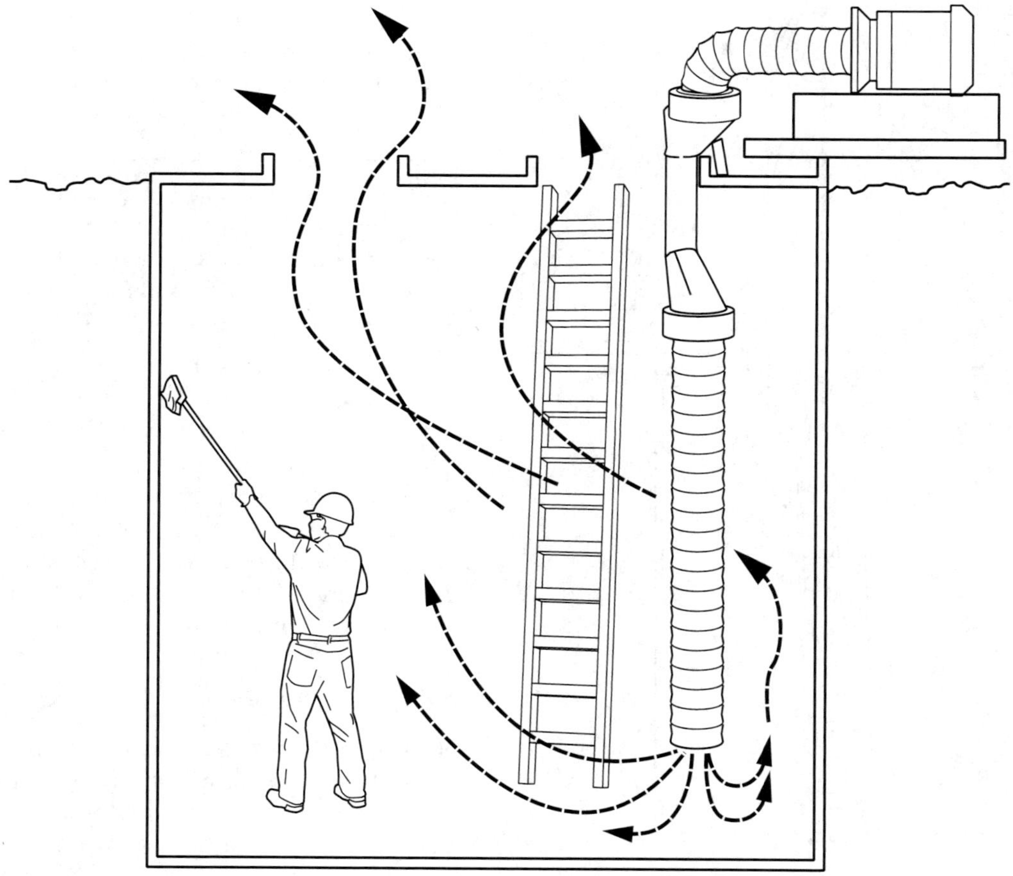

201F54.EPS

Figura 54 Ventilación positiva adecuada.

7.0.0 PAUTAS DE SEGURIDAD PARA TRABAJAR CON REVESTIMIENTOS INDUSTRIALES

El trabajo de revestimientos industriales puede ser peligroso para la gente y el medio ambiente. Algunos de los peligros son obvios, como el uso de herramientas manuales o con fuente de energía que pueden causar lesiones graves si tienen defectos o se las usa incorrectamente; el uso de sustancias químicas inflamables, que pueden irritar la piel o ser nocivas si se las inhala; el lanzamiento de residuos cuando se trabaja con hidrolavado de alta presión y equipos de limpieza abrasiva; y la exposición a grandes cantidades de polvo irritante. Algunos peligros no son obvios, como la inhalación de vapores peligrosos invisibles; transportar polvo tóxico a casa en la ropa; y exponerse a una gran variedad de sustancias tóxicas presentes en revestimientos viejos. Siga todas la reglas de seguridad y use el EPP apropiado.

7.1.0 Peligros de incendio

Para que se inicie un incendio, hacen falta tres elementos en el mismo lugar, al mismo tiempo: combustible, calor y oxígeno. Si falta alguna de estos tres elementos, no se iniciará un incendio.

Se denomina combustible a cualquier cosa que se pueda combinar con oxígeno y calor para arder. Cuando hay presencia de oxígeno puro, como en la cercanía de una junta o manguera que pierdan oxígeno, los materiales que normalmente no se considerarían combustibles (incluidos algunos metales) entraran en ignición.

El calor es cualquier cosa que eleve la temperatura del combustible al punto de ignición. El punto de inflamación es la temperatura a la cual un combustible libera suficientes gases (vapores) para arder. El punto de inflamación de muchos combustibles es bastante bajo: temperatura ambiente o menos. Cuando los gases que arden suben la temperatura de un combustible a un punto en el que se enciende, el combustible mismo arde y sigue ardiendo aunque la fuente original de calor haya sido eliminada.

El oxígeno está siempre presente en el aire. Lo que se necesita para que comience un incendio se muestra como un triángulo de fuego (*Figura 55*).

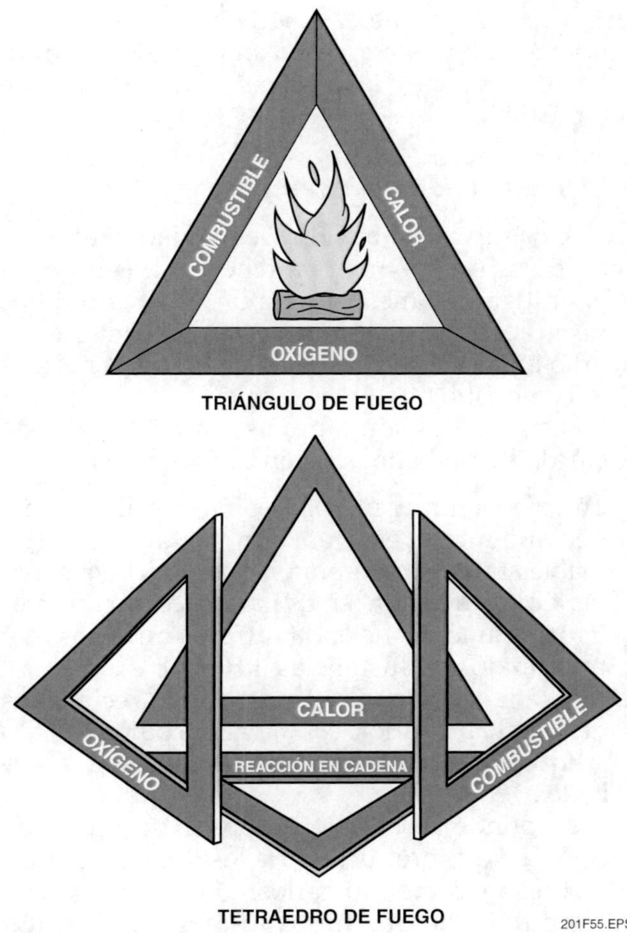

Figura 55 Triángulo y tetraedro de fuego.

Para pensar

Seguridad

1. A un equipo de tareas de revestimiento se le ha asignado revestir un edificio vacío de cuatro pisos. Hay un estacionamiento grande que rodea el edificio, pero no está en uso y toda el área está asegurada con vallas y puertas de acceso, así que no hay peligro de tránsito vehicular o a pie. ¿Es necesario poner señalizadores y barricadas? ¿Se pueden usar escaleras en forma segura? ¿O se deberían usar andamiajes? ¿Se necesitan dispositivos de protección contra caídas?
2. ¿Y si el edificio está situado en una calle con mucho movimiento y no hay un estacionamiento o una valla que lo rodee?
3. Un equipo de tareas de revestimiento debe realizar trabajos de preparación y revestimiento de superficies en la parte exterior de un puente que está a 40 pies (12,2 m) de altura sobre el suelo. ¿Qué dispositivos de seguridad serán necesarios?

Si falta alguno de estos elementos, no se podrá iniciar un incendio. Si se ha iniciado un incendio, la eliminación de un elemento cualquiera del triángulo lo apagará.

Algunos expertos en prevención de incendios han agregado un cuarto lado al concepto del triángulo de fuego, lo que resulta en el desarrollo de un nuevo modelo llamado el tetraedro de fuego. El cuarto elemento involucrado en el proceso de combustión es lo que se llama reacción química en cadena. Para que el fuego siga encendido, es fundamental que se produzcan reacciones químicas en cadena entre las moléculas de oxígeno y de combustible.

7.1.1 Prevención de incendios

La mejor forma de brindar seguridad contra incendios es evitar que comience el incendio en primer lugar. La mejor forma de evitar incendios es asegurarse de que nunca estén presentes en el mismo lugar y a la vez los tres elementos necesarios (combustible, oxígeno y calor).

Las siguientes son algunas pautas básicas de seguridad para la prevención de incendios:

- Trabaje siempre en zonas bien ventiladas, especialmente si está usando sustancias inflamables tales como goma laca, lacas, decapante para pintura o adhesivos para la construcción.
- Nunca fume ni encienda fósforos mientras esté trabajando con sustancias inflamables.
- Mantenga los trapos engrasados en recipientes de metal aprobados, con tapadera automática.
- Almacene el combustible sólo en envases aprobados.
- Sepa dónde se encuentran los extintores, qué tipo de extintores usar para los diferentes tipos de fuego y cómo utilizarlos.
- Asegúrese de que todos los extintores estén completamente cargados. Nunca quite la etiqueta de un extintor, ya que allí figura la última fecha en que el extintor recibió servicio técnico y fue inspeccionado.

7.1.2 Extinción de incendios

Siempre tenga presente la posibilidad de que se produzca un incendio en cualquier lugar de trabajo. Conozca dónde están ubicados los equipos para combatir incendios y qué equipos usar en diferentes tipos de incendios. Sólo personal calificado está autorizado a combatir incendios.

La mayoría de las empresas indican a los nuevos empleados dónde se encuentran los extintores. Si usted no lo sabe, pregunte. También pregunte cómo se deben informar los incendios. El número de teléfono de la central de bomberos más cercana debe estar bien visible en el área de trabajo. Si la empresa tiene una brigada para combatir incendios, entérese de cómo contactarla. Conozca los procedimientos contra incendios de la empresa.

7.2.0 Herramientas manuales y con fuente de energía

Las herramientas son una parte común de nuestras vidas, de modo que es fácil olvidar que pueden presentar peligros graves para la seguridad. Todas las herramientas se diseñan teniendo en cuenta la seguridad pero, aún así, ocurren accidentes graves relacionados con ellas. Las herramientas manuales y con fuente de energía pueden provocar diferentes tipos de lesiones:

- Quemaduras
- Cortes
- Esguinces
- Descargas eléctricas
- Lesiones oculares
- Pérdida auditiva
- Quebraduras de huesos

El fuego es un peligro significativo cuando se trabaja con herramientas manuales y con fuente de energía. Los incendios se producen cuando una chispa entra en contacto con materiales combustibles o inflamables. Las chispas generadas por herramientas eléctricas y por el golpe de **herramientas de impacto** puede encender emanaciones, trapos, papel o solventes que se utilicen en el sector. Para reducir el riesgo al mínimo, use las herramientas correctas para la tarea, sea consciente del entorno y sepa qué hacer en caso de incendio.

7.3.0 Seguridad de las herramientas manuales

Las herramientas manuales son herramientas sin fuente de energía, tales como las espátulas, los martillos de soldador y los cepillos (*Figura 56*). Las herramientas manuales son peligrosas si se las utiliza de manera incorrecta o no se las mantiene apropiadamente. Las siguientes son pautas generales para el uso y el mantenimiento de herramientas manuales:

- El uso de la herramienta incorrecta puede ser peligroso. Utilice las mecánicas sólo para el propósito para el que fueron creadas.
- Siempre mantenga las herramientas adecuadamente. Si el mango de madera de una herramienta, como un martillo, está suelto, astillado o quebrado, la cabeza de la herramienta puede salir volando y golpear al usuario o a otra persona.

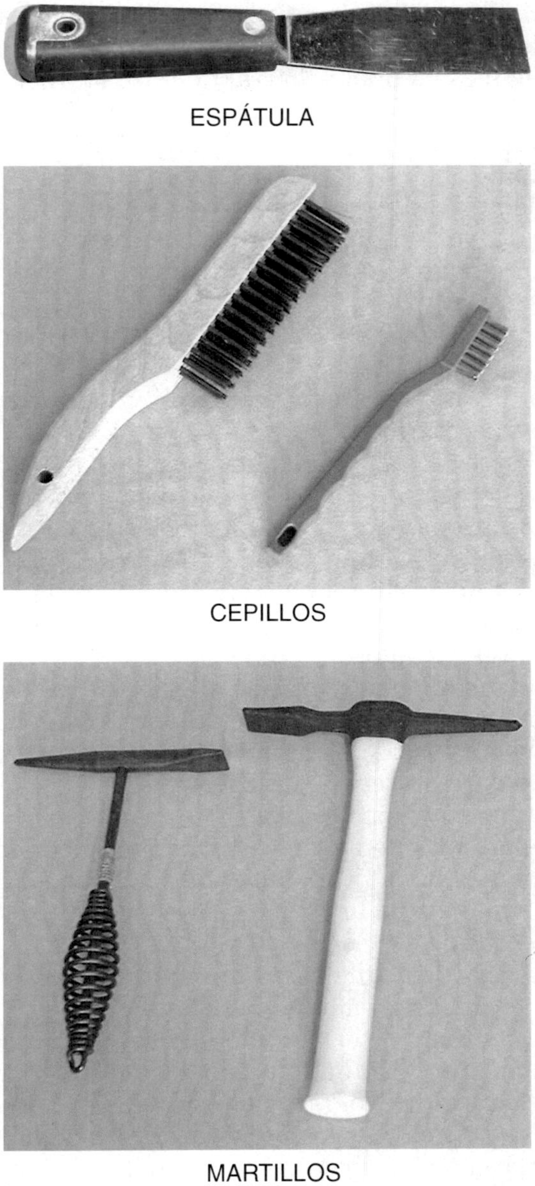

Figura 56 Herramientas manuales.

- Repare o reemplace las herramientas dañadas o gastadas.
- Las herramientas de impacto como los cinceles, las cuñas y los pasadores cónicos son inseguros si tienen las cabezas con rebabas. La cabeza se puede romper cuando se golpea la herramienta y despedir fragmentos filosos.

En general, los riesgos se reducen mucho mediante la inspección y el mantenimiento periódico de las herramientas y el uso en todo momento del equipo de protección personal apropiado, tales como como gogles, cascos y máscaras filtrantes. Además, mantenga los pisos secos y limpios para evitar deslizamientos accidentales que podrían resultar en lesiones causadas por las herramientas que se estén usando.

7.3.1 Herramientas de impacto

Las herramientas de impacto, como los cinceles, están hechas para ser golpeadas con martillos. Los dos tipos más comunes de lesiones asociadas con herramientas de impacto son los golpes con martillos y las lesiones oculares por fragmentos que salen disparados. Los golpes con un martillo generalmente son el resultado del descuido o de la falta de atención. Manténgase concentrado en la tarea cuando use un martillo.

Las lesiones provocadas por fragmentos que salen disparados de herramientas dañadas pueden evitarse si se revisan las herramientas antes de usarlas. Revise si las cabezas tienen rebabas, están quebradas, recortadas o presentan signos de daño o debilidad. Las lesiones en los ojos pueden evitarse con el uso de protección ocular cuando se empleen herramientas de impacto.

7.3.2 Polvo y partículas en suspensión

Algunas herramientas manuales generan mucho polvo y partículas que quedan en el aire, en especial durante las operaciones de preparación de superficies. La exposición de corto plazo a estas partículas puede ocasionar irritación leve en los ojos, la nariz y los senos nasales. En algunas personas, la exposición puede desencadenar una reacción más grave, como un ataque de asma. La exposición de largo plazo durante toda una carrera puede afectar los pulmones, con posibilidad de bronquitis crónica, neumonía u otros problemas pulmonares. Para ayudar a prevenir estas situaciones, se deben utilizar máscaras filtrantes y protección ocular cuando se use una herramienta que genere polvo.

7.4.0 Herramientas con fuente de energía

Las herramientas con fuente de energía (*Figura 57*) pueden ser peligrosas cuando no se las usa o mantiene apropiadamente. La mayoría de los riesgos asociados con las herramientas manuales también son riesgos cuando se usan herramientas con fuente de energía. Al agregar una fuente de energía a una herramienta, los factores de riesgo aumentan.

Estas herramientas pueden ser activadas por diferentes fuentes de energía:

- Electricidad
- Neumática (presión de aire)
- Hidráulica (presión de fluidos)

Debe conocer las normas de seguridad y los procedimientos de operación correctos para cada herramienta que use. Los procedimientos de operación y las normas de seguridad específicos para

201F57.EPS

Figura 57 Herramientas con fuente de energía.

usar una herramienta se encuentran en el manual del usuario/operador suministrado por el fabricante. Antes de operar una herramienta con fuente de energía por primera vez, siempre lea el manual para familiarizarse con la herramienta. Si falta el manual, contáctese con el fabricante para que se lo reponga.

7.4.1 Pautas de seguridad para herramientas con fuente de energía

Antes de explicar más acerca de las herramientas con fuente de energía, debe comprender las normas generales de seguridad que se aplican al uso de todas las herramientas con fuente de energía, independientemente del tipo.

Respete estas pautas generales para prevenir accidentes y lesiones:

- Nunca use una herramienta con fuente de energía que genere chispas en una atmósfera combustible. Siempre use herramientas intrínsecamente seguras o a prueba de explosiones.
- Nunca lleve una herramienta del cable o de la manguera.
- Mantenga los cables y las mangueras alejados del calor, el aceite y de bordes filosos.
- No intente operar herramientas con fuente de energía a menos que un instructor lo haya entrenado adecuadamente y haya hecho la revisión.
- Siempre utilice protección ocular, casco y cualquier otro equipo de protección personal necesario cuando opere herramientas con fuente de energía.
- Utilice protección facial y auditiva cuando sea necesario.
- Utilice equipos respiratorios adecuados cuando sea necesario.
- Utilice la ropa adecuada para la tarea que se realice. Utilice ropa ajustada que no pueda quedar atrapada en herramientas en movimiento. Enrolle o abotone las mangas largas, póngase la camisa dentro del pantalón y átese el pelo en la nuca si lo tiene largo. No use joyas, incluidos relojes y anillos.
- No distraiga a los demás ni deje que los demás lo distraigan cuando esté utilizando una herramienta con fuente de energía.
- No participe en juegos bruscos.
- No corra ni arroje objetos.
- Tenga en cuenta la seguridad de los demás, además de la propia. Los observadores deben permanecer a una distancia prudente del área de trabajo.
- Nunca deje una herramienta con fuente de energía funcionando y desatendida.
- Tome una posición cómoda y segura antes de usar una herramienta con fuente de energía. Asegúrese de lograr buen equilibrio y apoyo.
- Asegure el trabajo con abrazaderas o con una prensa de banco, lo que le libera las dos manos para operar la herramienta.
- Para evitar el encendido accidental, nunca lleve una herramienta con el dedo en el interruptor.
- Antes de usar una herramienta con fuente de energía, asegúrese de que esté puesta a tierra apropiadamente y conectada a un interruptor de circuito con falla a la tierra (GFCI).
- Asegúrese de que las herramientas estén desconectadas antes de realizar mantenimiento o de cambiar accesorios.
- No use accesorios ni herramientas rotos o desafilados.
- Use la herramienta sólo para el fin para el que fue diseñada.
- Mantenga los pies, los dedos y el cabello alejados de la cuchilla y/u otras partes móviles de las herramientas eléctricas.
- Nunca use una herramienta a la que se le hayan quitado o anulado las **protecciones** o los dispositivos de seguridad.

- Nunca opere una herramienta con fuente de energía si tiene las manos o los pies mojados.
- Mantenga el área de trabajo limpia en todo momento.
- Familiarícese con el funcionamiento correcto y los ajustes de la herramienta antes de intentar utilizarla.
- Mantenga las herramientas afiladas y limpias para que tengan un rendimiento óptimo.
- Siga las instrucciones del manual del usuario para la lubricación y el cambio de accesorios.
- Sostenga la herramienta con firmeza en todo momento.
- Seleccione cables de extensión de tamaño suficiente para alimentar la herramienta que vaya a usar.
- Informe las condiciones inseguras a un instructor o supervisor.
- Retire de servicio las herramientas dañadas y coloque una etiqueta que indique "No usar".

7.4.2 Herramientas eléctricas

El peligro más grave cuando se usan **herramientas eléctricas** es la electrocución. La electricidad puede provocar quemaduras, descargas, explosiones, electrocución e incendios. Las descargas eléctricas pueden ser menores y molestas o pueden ser graves y provocar quemaduras o la muerte. Incluso una pequeña cantidad de corriente puede hacer que el corazón deje de latir rítmicamente, lo cual puede causar la muerte a menos que se brinde la atención médica apropiada. Las descargas eléctricas también puede producir pérdida del equilibrio, del control de los músculos o de la conciencia, lo que podría hacer que la víctima cayera y/o dejara caer una herramienta. Una caída desde una escalera o un andamio obviamente puede ser bastante grave.

Para evitar descargas eléctricas, las herramientas deben contar con al menos uno de los siguientes tipos de protección:

- *Doble aislamiento:* el doble aislamiento es más conveniente que los cables de tres conductores. El usuario y las herramientas quedan protegidos de dos maneras: mediante el aislamiento normal de los cables interiores y mediante una carcasa que no conduce electricidad al operador en caso de mal funcionamiento.
- *Alimentación mediante un transformador de aislamiento de bajo voltaje:* si las herramientas eléctricas no cuentan con un enchufe con puesta a tierra o con doble aislamiento, consulte con el supervisor para asegurarse de que esté protegido por un transformador de aislamiento de bajo voltaje.
- *Cable de tres conductores con puesta a tierra:* los cables de tres conductores tienen dos conductores de corriente y uno de puesta a tierra. Probablemente ya conozca el enchufe de tres patas común en las herramientas eléctricas *(Figura 58)*. Cuando hay un enchufe de tres patas, quiere decir que la herramienta cuenta con cable con puesta a tierra y sólo debe enchufarse en un tomacorriente puesto a tierra para enchufe de tres patas *(Figura 59)*. Siempre que se use un adaptador para hacer una conexión a un tomacorriente de dos agujeros, el conductor del adaptador debe estar conectado a una descarga a tierra. Nunca quite la tercera pata (conductor de puesta a tierra) de un enchufe. Si utiliza un cable de extensión de tres patas, asegúrese que esté puesto a tierra en su fuente de energía.

Aquí detallamos algunos consejos generales para mantenerse seguro mientras utiliza herramientas eléctricas:

- Las herramientas eléctricas deben utilizarse para los trabajos para los que fueron diseñadas.
- Utilice el equipo de protección personal correspondiente, como guantes y calzado de seguridad.
- Cuando no las use, guarde las herramientas en un lugar seco.
- Las herramientas eléctricas no deben usarse en lugares húmedos o mojados.
- El área de trabajo debe estar bien iluminada.

Debido a que las herramientas eléctricas en mal estado de funcionamiento pueden provocar chispas, estas herramientas también pueden producir incendios y explosiones. Asegúrese de conocer los peligros de incendio en su área de trabajo y evite usar herramientas eléctricas cerca de materiales, emanaciones y gases inflamables.

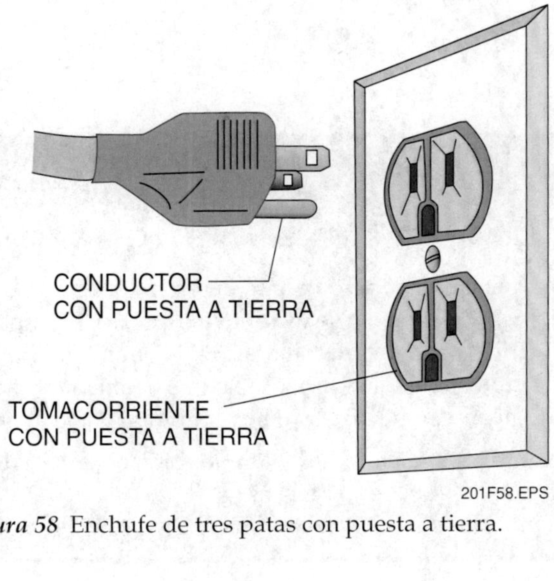

Figura 58 Enchufe de tres patas con puesta a tierra.

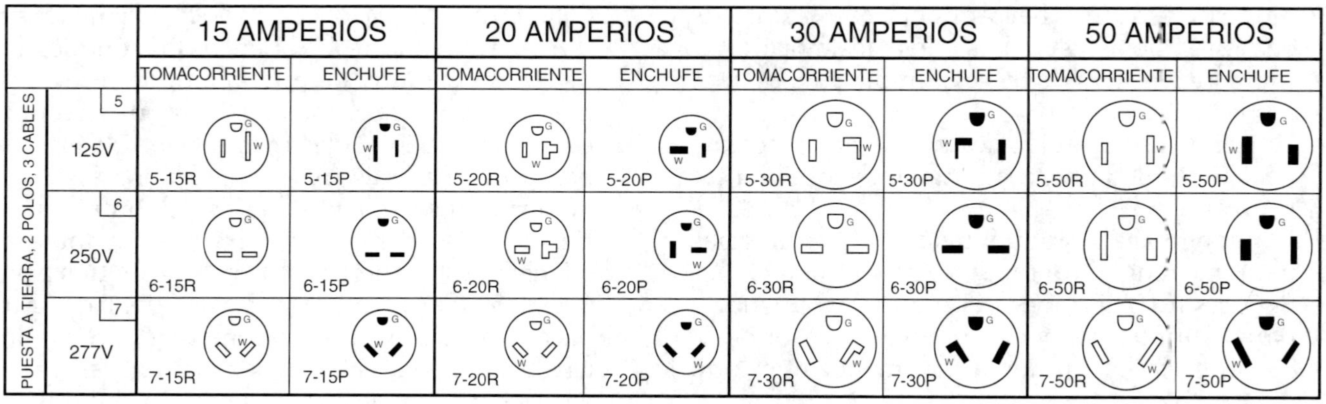

Figura 59 Configuración de tomacorrientes de tres patas.

La electricidad estática también produce chispas y puede encender materiales inflamables. Para controlar la electricidad estática, se usa la **interconexión** y la puesta a tierra. En la interconexión, se conectan objetos conductores con un alambre de cobre. Esto iguala la carga entre los objetos. En la puesta a tierra se conectan objetos interconectados a una varilla u otro sistema de puesta a tierra para descargar en forma segura la electricidad estática u otras corrientes de falla.

Por último, existe el peligro de tropezarse con los cables eléctricos y de extensión. Evite colocar cables que crucen áreas de trabajo y andamiajes elevados. Los cables de extensión deben ser de colores brillantes para que sean más visibles. Los conductores y los cables deben colocarse fuera de los lugares de paso, o al menos al lado de una pared, en lugar de en medio o a través de un sitio de paso. En ocasiones, puede ser necesario poner un cable que atraviese un lugar de paso. Si no se puede evitar, pegue el cable con cinta al piso y ponga una alfombra sobre él, o colóquelo en un conducto para cables para reducir el riesgo de tropiezos.

7.4.3 Herramientas neumáticas

Las herramientas neumáticas, tales como las astilladoras y las lijadoras, son impulsadas por aire comprimido. El riesgo más grave al usar estas herramientas es el peligro de ser golpeado por uno de los accesorios de la herramienta.

El uso de herramientas neumáticas a veces produce la dispersión de residuos. Use protección ocular apropiada cuando use una herramienta neumática. Es altamente recomendable el uso de protección facial completa. Se deben colocar pantallas para evitar que los trabajadores que estén trabajando cerca reciban golpes de fragmentos que salgan disparados de trituradoras, pistolas remachadoras, grapadoras o taladros neumáticos.

Las pistolas rociadoras sin aire que atomizan pinturas y fluidos a alta presión (1000 psi [6,89 MPa] o más) deben estar equipadas con dispositivos automáticos o visuales de seguridad que eviten que se presione el gatillo hasta quitar manualmente que el dispositivo de seguridad.

Las herramientas neumáticas reciben energía de aire que se envía por mangueras (*Figura 60*). Cuando use herramientas neumáticas, siempre verifique que estén bien ajustadas a la manguera de aire para evitar que se desconecten. La mayoría de las

Casos históricos

Cuando haya mangueras, mire dónde pisa

Un trabajador tropezó con una manguera de aire comprimido que había quedado en un callejón y cayó mal, se quebró el brazo y se lesionó la espalda. La línea de tubo de aire no había sido guardada luego de usarla. El callejón estaba mal iluminado y el incidente ocurrió por la noche. Luego de una investigación, la empresa instaló reflectores en lugares con poca luz y reubicó la línea de aire y la manguera. Ahora se brinda entrenamiento a todo el personal sobre orden y limpieza, y conciencia en seguridad.

Resultado Final: ordenar y limpiar bien es una parte importante de la seguridad. Guarde todas las herramientas y las mangueras luego de usarlas.

Fuente: Instituto Nacional para la Salud y Seguridad Laboral (NIOSH)

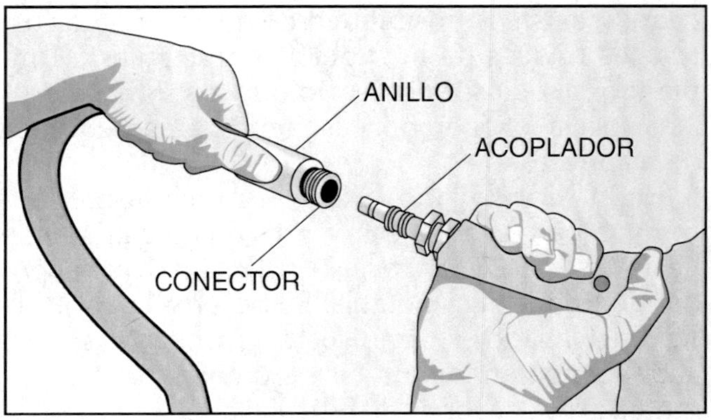

201F60.EPS

Figura 60 Conexión de manguera neumática de aire.

herramientas neumáticas cuentan con un alambre corto o un dispositivo de bloqueo positivo que une la manguera de aire a la herramienta. Esto garantiza que la herramienta se fije correctamente.

Si la manguera de aire tiene un diámetro superior ½ pulgada (1,27 cm), se debe instalar una válvula de seguridad de exceso de flujo en la fuente de suministro de aire para que el paso del aire se cierre automáticamente en caso de que la manguera se rompa. En general, se deben tomar las mismas precauciones con la manguera de aire que con los cables eléctricos. Esto se debe a que pueden ocurrir el mismo tipo de accidentes y lesiones, incluidos los tropiezos.

7.5.0 Limpieza abrasiva

Las operaciones de limpieza abrasiva pueden ser especialmente peligrosas. Los abrasivos y el aire comprimido se disparan desde los equipos a gran presión; el manejo inapropiado de la pistola de lavado puede lesionar gravemente o matar a una persona. Esta presión puede expulsar abrasivos a grandes distancias, así que es importante que las personas y los equipos que se encuentren en el área de las operaciones de preparación de superficies estén protegidos.

Para que el operador de limpieza abrasiva trabaje seguro, debe usar ropa de trabajo de calidad y EPP. Como se muestra en la *Figura 61*, entre la ropa y el EPP que se deben usar están los siguientes elementos:

- Botas de seguridad con puntera de acero.
- Guantes de cuero resistentes con dobladillos largos
- Ropa protectora pesada (pueden ser monos)
- Cascos o pantallas para limpieza con aire comprimido, con visor reemplazable y capa de cuero o respiradores, con suministro adecuado de aire limpio y fresco monitorizado y con alarma para alertar al trabajador si el aire está contaminado.
- Protección ocular y auditiva

201F61.EPS

Figura 61 Equipo de protección personal para limpieza abrasiva.

Como la limpieza abrasiva a alta presión es una operación peligrosa, es esencial seguir buenas prácticas de seguridad para proteger a los operadores, los espectadores y otros integrantes del personal. Estas son consideraciones de seguridad importantes:

- Sólo al operador se le debe permitir permanecer en el área de la operación de limpieza abrasiva y este debe ser consciente de dónde se encuentran los otros trabajadores que participan en la operación.
- Se deben colocar carteles de advertencia y barricadas para alertar acerca de los peligros a aquellos que no participen de la operación.
- Debe haber un vigilante alerta por si se producen situaciones peligrosas.
- Antes de usar los equipos, se los debe inspeccionar y probar para verificar que funcionen bien (incluidas todas las mangueras y los conectores, las conexiones eléctricas y la válvula de seguridad con dispositivo de hombre muerto).
- Los trabajadores nunca se deben quitar el EPP durante la operación, para prevenir lesiones.
- Todos los equipos de limpieza abrasiva y la estructura que se esté limpiando deben tener puesta a tierra para prevenir que se acumule electricidad estática y se produzcan descargas eléctricas.

7.6.0 Hidrolavado

El hidrolavado es el uso de un chorro de agua a presión para limpiar superficies. Los requisitos de protección respiratoria para el hidrolavado pueden ser menos rigurosos que los correspondientes a otros métodos de preparación de superficies, pero es esencial usar ropa de protección. Incluso a baja presión, el agua es suficientemente poderosa como para penetrar la piel humana; a alta presión, puede ser mortal. El agua a una presión de 10.000 psi (69 MPa) puede cortar concreto y la piel presenta mucha menos resistencia.

Además del equipo estándar, todos los trabajadores del área de operación de hidrolavado deben usar el siguiente EPP (*Figura 62*):

- Trajes impermeables
- Protección para la cabeza
- Gogles de protección y protector facial completo

Los operadores de las pistolas de limpieza deben usar el siguiente EPP:

- Punteras de protección en el calzado
- Canilleras
- Guantes
- Protector facial completo
- En algunos casos, protección para todo el cuerpo

A los operadores de lanzas no se les exige usar canilleras ni punteras, sólo botas de caucho. Es obligatorio el uso de protectores auditivos o tapones para aquellos que trabajen cerca de equipos ruidosos, pero todos los trabajadores deberían considerar usar protección auditiva. Además, cuando existe la posibilidad de que se quiten sustancias tóxicas de la superficie que se está limpiando, puede ser necesario que los trabajadores (en especial el operador) usen máscaras o equipos de respiración.

En el hidrolavado sólo se emplea agua para limpiar, pero el agua está a presión (la cual puede llegar a ser de 72.000 psi [496 MPa]), así que el poder de limpieza es notable. Sostener una boquilla de hidrolavado es como sostener una pistola cargada. Tenga en cuenta las siguientes pautas durante las operaciones de hidrolavado:

- Siempre tenga presente hacia dónde apunta la lanza. Evite tener que alejar la mirada de la lanza cuando esté en funcionamiento.
- Siempre sea consciente de los peligros potenciales.
- Nunca apunte la boquilla a su cuerpo. La presión del agua de la boquilla puede pelar capas de la protección de cuerpo entero.
- Nunca use agua de la boquilla para limpiar calzado o protectores faciales.
- Nunca apunte la boquilla ni la lanza a nadie (ni siquiera a alguien que se encuentre lejos de la operación). La presión es tan alta que, incluso después de recorrer largas distancias, es capaz de seguir teniendo fuerza para derribar a una persona.

201F62.EPS

Figura 62 Equipo de protección personal (EPP) para hidrolavado.

- Pruebe la válvula de descarga al comienzo de la operación. Si no se corta el paso del agua cuando se usa la válvula de descarga, interrumpa el trabajo de inmediato. Nunca intente reparar el sistema mientras esté presurizado. Corte la presión en la bomba, drene el sistema y haga reparar o reemplazar la válvula. Esto también es válido para la reparación de fugas.
- Apague todo el equipo cuando esté desatendido. Use dispositivos de bloqueo según sea necesario.
- Cuando trabaje en un espacio cerrado, asegúrese de que haya buena ventilación en la salida de aire. Esté atento a la aparición de síntomas de envenenamiento con monóxido de carbono (dolor de cabeza, mareos, náuseas, confusión y debilidad crecientes, seguido de pérdida del conocimiento y tez roja). Si se presentan síntomas iniciales, vaya a un lugar con aire fresco. En caso de presentarse síntomas avanzados, se debe notificar al personal médico y administrar oxígeno. No vuelva a trabajar hasta que se encuentre y corrija la fuente de monóxido de carbono.

Todos los accidentes por limpieza a presión se deben informar de inmediato. Incluso cuando el chorro no penetre visiblemente en la piel, la presión puede hacer ingresar agua, burbujas de aire y toxinas bajo la piel. Esto es válido incluso cuando no se ve sangre. Si ingresan pequeñas cantidades de burbujas de aire en el sistema circulatorio, es poco probable que causen problemas, pero cuando la cantidad se acerca al volumen de una onza líquida, pueden afectar negativamente el sistema cardíaco. Si superan ese volumen, podrían ser mortales. Además, pueden introducirse bacterias bajo la piel y causar una infección. Las víctimas de accidentes deben acudir de inmediato a un doctor, un hospital o una sala de emergencias. Si el incidente se produce en una zona remota, se debe cubrir la herida. El trabajador debe permanecer quieto hasta que llegue la ayuda médica. Esto es importante porque la actividad puede incrementar la circulación y diseminar aire y bacterias por todo el cuerpo.

7.7.0 Decapado químico

Cuando trabaje con decapadores químicos, estudie la MSDS de los productos que se utilicen. Como mínimo, use protección ocular para que las salpicaduras no alcancen los ojos (considere también usar protección facial). Utilice guantes y ropa de protección cuando trabaje con sustancias que pueden corroer las telas.

Según el producto que se utilice, puede ser necesario usar algún tipo de respirador. Cuando use uno con purificador de aire, cerciórese de que esté utilizando el cartucho correcto para el producto (consulte la *Tabla 3*). Información acerca del tipo necesario de cartucho para respirador que se puede encontrar en la MSDS del producto.

Durante las operaciones de decapado, muchos de los productos que se utilizan son inflamables, así que asegúrese de que no haya fuentes de ignición presentes. Esto incluye llamas directas, sopletes para soldar, interruptores y conexiones de electricidad que no se hayan sellado, y chispas generadas por amolar o golpear metal. Siempre use sistemas de iluminación sellados y a prueba de explosiones en el área de operación de decapado. Si tiene dudas acerca de si la iluminación existente es a prueba de explosiones, no la use. En cambio, use un sistema portátil que sí sea a prueba de explosiones. Puede ser necesario usar dispositivos de monitorización para detectar niveles de vapores volátiles en el aire (*Figura 63*). Recuerde almacenar los trapos usados para limpiar decapadoras en recipientes aprobados, para eliminarlos.

7.8.0 Mezcla y dilución

Durante las operaciones de mezcla y dilución, es importante leer y seguir las instrucciones de producto que se utilice. Nunca reemplace un producto químico con otro sin determinar primero si es adecuado. Consulte la hoja de datos del producto o póngase en contacto con el fabricante para confirmar esta información. Además, lea la MSDS de todos los productos que se utilicen, para determinar cómo usarlos en forma segura.

201F63.EPS

Figura 63 Dispositivo de monitorización de compuestos orgánicos volátiles.

Coloque carteles y barricadas para identificar el área para el personal que no participe en las operaciones de revestimiento. Desvíe el tránsito a pie y vehicular cerca del área siempre que sea necesario. No suponga que la gente sabrá que debe permanecer fuera del área.

Ponga en práctica buenos procedimientos de orden y limpieza durante la mezcla y la dilución. Siempre tape los envases de solventes y diluyentes después de usarlos. Asegúrese de que todos los envases tengan etiquetas que indiquen su contenido. Limpie de inmediato todos los derrames. Etiquete y tome muestras de los revestimientos mezclados o diluidos, de acuerdo con la política del empleador o el cliente.

Siempre es recomendable usar protección ocular o facial durante las operaciones de mezcla y dilución, incluso cuando no se lo exige. Usar gogles que cubran todo el ojo ayudará a prevenir lesiones oculares derivadas de salpicaduras. Hay pocas sustancias que no causen cierto grado de irritación si salpican los ojos.

Asegúrese de que el área que se utilice para las operaciones de mezcla y dilución estén ventiladas de manera apropiada. Cuando sea necesario, use iluminación y herramientas eléctricas de mezcla intrínsecamente seguras/a prueba de explosiones.

7.9.0 Aplicación de revestimientos

Durante las operaciones de revestimiento, coloque carteles y barricadas para mantener fuera del área al personal que no participe en las operaciones de revestimiento. Coloque barricadas más allá del área inmediata para evitar que gotas perdidas y pulverizaciones de revestimientos alcance a la gente, los automóviles y la vegetación. Siempre que sea posible, desvíe el tránsito a pie y vehicular para alejarlo de la operación de revestimiento.

7.10.0 Manejo de residuos

Además de peligros relacionados con sustancias químicas, abrasivos y agua, los residuos generados durante la preparación de superficies pueden contener metales pesados tales como plomo, arsénico y cadmio. Estos metales son muy tóxicos. No inhale ni trague el polvo ni permita que esté en contacto con la piel por períodos prolongados.

Durante la limpieza de concreto, se puede liberar sílice a la atmósfera. Esta sustancia puede irritar la piel, los ojos y los pulmones. La exposición repetida y por períodos prolongados a la sílice libre (lo cual quiere decir que no está unida a otro elemento) puede causar una enfermedad pulmonar grave llamada silicosis.

No se puede determinar el contenido de un revestimiento antiguo con sólo mirarlo. Se deben tomar muestras del revestimiento y hacer pruebas de laboratorio para determinar el contenido. Una vez determinado, también se puede determinar el tipo de EPP, como así también los pasos a seguir para proteger a la gente y al medio ambiente.

Usar el equipo de protección apropiado es esencial. Los dispositivos de vacío ayudarán a recolectar los residuos para eliminarlos y mantener el polvo en el área de trabajo. Es posible que haya dispositivos de monitorización en la zona para evaluar los niveles de materiales potencialmente dañinos. La OSHA limita la exposición de los empleados a muchos elementos peligrosos promediada a lo largo de un día de trabajo de ocho horas. En el caso del plomo, la concentración es de 50 microgramos por metro cúbico de aire; para el cadmio, es de 200 microgramos por metro cúbico de aire; y para el arsénico, es de 10 miligramos por metro cúbico de aire. Se debe consultar a un CSP o un CIH acerca de cuál es el procedimiento de monitorización correcto y la interpretación de los resultados de las pruebas.

Para proteger el medio ambiente, todos los residuos de preparación de superficies, tales como agua, abrasivos secos o húmedos, solventes, trapos y astillas de pintura, se deben eliminar de manera apropiada.

Resumen

El trabajo de revestimientos industriales puede ser peligroso para la gente y el medio ambiente. Algunos de los peligros son obvios, tales como el uso de productos químicos, trabajar con equipos de hidrolavado y lavado abrasivo de alta presión, y exponerse a altas concentraciones de polvo irritante. Algunos peligros no son obvios, como la inhalación de vapores peligrosos invisibles, transportar polvo tóxico a casa en la ropa y exponerse a una gran variedad de sustancias tóxicas presentes en revestimientos viejos. Por eso es importante saber todo lo posible acerca de los materiales que se utilicen y los revestimientos existentes, y luego tomar las medidas necesarias para protegerse uno mismo y también a los demás y el medio ambiente.

Para obtener información acerca de los productos que se utilicen, consulte las instrucciones del fabricante acerca de cómo usarlos. Lea las MSDS para obtener más información acerca de los EPP exigidos. La MSDS proporciona información completa acerca de los peligros de un producto. Cuando se trabaje con revestimientos y estructuras antiguos, se les deben hacer pruebas para determinar la contención y el EPP necesarios.

La seguridad no se reemplaza con nada. Los accidentes pueden tener consecuencias permanentes. Conozca y siga todas las precauciones de seguridad, y use el sentido común para mantener a todos seguros.

Preguntas de repaso

1. ¿Cuál de las siguientes organizaciones se creó para proteger el medio ambiente?
   a. EPA
   b. OSHA
   c. NACE
   d. ASTM

2. La OSHA exige usar protección auditiva para sonidos que promedien _____ dB sobre un período de ocho horas.
   a. 65
   b. 85
   c. 105
   d. 145

En las preguntas 3 a 7, indique la letra de la descripción correspondiente al tipo de cartel o etiqueta.

3. _____ Cartel de peligro

4. _____ Etiqueta de "No encender"

5. _____ Cartel informativo

6. _____ Cartel de seguridad

7. _____ Etiqueta de prevención de accidentes

   a. Proporciona información general no relacionada con la seguridad.
   b. Proporciona información relacionada con asuntos de seguridad.
   c. Informa a los trabajadores que existen peligros inmediatos.
   d. Es una manera temporal de advertir a los trabajadores acerca de peligros inmediatos o posibles.
   e. Previene el accionamiento imprevisto de equipos.

8. Las liberaciones no intencionales de energía se pueden prevenir con el uso de _____.
   a. un interruptor de circuito con falla a la tierra (GFCI)
   b. bloqueo y etiquetado
   c. interruptores
   d. válvulas

9. Los sistemas de bloqueo/etiquetado sólo se usan para proteger a los trabajadores de peligros relacionados con la electricidad.
   a. Verdadero
   b. Falso

10. Un procedimiento típico de bloqueo/etiquetado consiste en _____.
    a. tres componentes
    b. cuatro componentes
    c. cinco componentes
    d. seis componentes

11. El primer paso de un procedimiento de bloqueo/etiquetado es _____.
    a. apagar el equipo
    b. disipar la energía almacenada
    c. verificar que el equipo de prueba funcione correctamente
    d. notificar a todo el personal autorizado y afectado

12. La cinta para barricadas amarilla y púrpura se usa para _____.
    a. peligro de caída de objeto
    b. peligro de radiación
    c. peligro de superficie mojada
    d. peligro tóxico

Para las preguntas de 13 a 15, una el tipo de escalera con la descripción correspondiente.

13. _____ Escalera de aluminio

14. _____ Escalera de fibra de vidrio

15. _____ Escalera de madera

    a. Liviana y resistente a la corrosión
    b. Pesada y firme
    c. Duradera y no conductora

16. Las escaleras fijas son capaces de soportar al menos dos cargas de _____.
    a. 150 lb (69 kg)
    b. 200 lb (91 kg)
    c. 250 lb (114 kg)
    d. 300 lb (136 kg)

17. Se requiere el uso de equipos de protección contra caídas en los andamiajes ubicados más de _____ pies (metros) por encima de un nivel inferior.
    a. 6 (1,83 m)
    b. 10 (3,05 m)
    c. 12 (3,66 m)
    d. 14 (4,27 m)

Para las preguntas 18 a 20, una el término correcto con la definición.

18. _____ Dispositivo de desaceleración

19. _____ Distancia de desaceleración

20. _____ Distancia de caída libre

    a. Distancia que existe en una caída antes de que la persona se detenga.
    b. Cuerda salvavidas amortiguadora de impactos o línea de vida autorretráctil que hace que la persona que está cayendo se detenga sin lesionarse.
    c. Distancia vertical que un trabajador recorre después de la caída, antes de que se active el dispositivo de desaceleración.
    d. Distancia de fuerza de caída.
    e. Equipo que soporta todo el peso del sistema de detención de caídas.

21. Las correas cortas y flexibles que tienen conectores en las puntas se denominan _____.
    a. anclajes
    b. dispositivos de desaceleración
    c. cuerdas salvavidas
    d. líneas de vida

22. Las mallas de seguridad se deben colocar a no más de _____ pies (metros) por debajo del área de trabajo.
    a. 10 (3,05 m)
    b. 20 (6,10 m)
    c. 30 (9,14 m)
    d. 35 (10,67 m)

23. El ingreso en un espacio cerrado comienza cuando _____.
    a. se extiende el permiso
    b. se ha asignado una tarea a todas las personas que entran
    c. alguna parte del cuerpo pasa por la entrada
    d. la primera persona entra en el espacio cerrado

24. Una explosión en una atmósfera combustible puede ser producida por _____.
    a. ropa o sustancias inflamables
    b. una llama o una chispa
    c. la presencia de vapores tóxicos en la parte superior del espacio cerrado
    d. las vibraciones de las herramientas en uso

25. Es común que las lesiones asociadas con herramientas de impacto se deban a _____.
    a. residuos que salen disparados
    b. descargas eléctricas
    c. polvos tóxico
    d. fuerza excesiva

Términos clave del oficio introducidos en este módulo

Accidente: evento no planificado precedido por un acto inseguro, una condición de inseguridad o ambos que interrumpe las actividades y muchas veces resulta en lesiones personales o daño a la propiedad.

Anclaje: punto de sujeción seguro para líneas de vida, cuerdas salvavidas o dispositivos de desaceleración.

Andamiaje: estructura temporal sostenida o plataforma o área de trabajo colgante diseñada para soportar trabajadores, materiales y equipos en lugares de trabajo elevados o inaccesibles por algún otro motivo.

Andamiaje colgante de dos puntos: plataforma manual o a motor que está sostenida por soportes colgantes en dos puntos suspendidos desde otros soportes que se encuentran por encima de la altura de la cabeza en un modo que permite elevar o descender la plataforma a la posición de trabajo.

Aparato: conjunto de máquinas usadas en conjunto para realizar una tarea específica.

Arco: flujo de corriente eléctrica de un punto a otro a través de un gas como el aire.

Arnés de cuerpo entero: correas que se pueden asegurar al trabajador en un modo que distribuirá las fuerzas de detención de caídas en, al menos, los muslos, la pelvis, la cintura, el pecho y los hombros, con medios para sujetarlas a otros componentes de un sistema personal de detención de caídas.

Borde que sobresale: borde de un piso, techo o armazón u otra superficie para trabajar o caminar (como las plataformas) que cambia de ubicación a medida que se colocan, forman o construyen más pisos, techos, plataformas o armazones. Un borde que sobresale se considera una parte y un borde sin protección durante los periodos en que la superficie no se encuentra activa y continuamente en construcción.

Bloqueo: colocación de un dispositivo de bloqueo en un dispositivo de aislamiento de energía, de acuerdo con un procedimiento establecido, para garantizar que no se pueda operar el dispositivo de aislamiento de energía ni el equipo sometido a control hasta que el dispositivo de bloqueo sea retirado.

Caída libre: el acto de caer antes de que un sistema personal de detención de caídas comience a aplicar fuerza para detener la caída.

Clasificación de servicio: clasificación del Instituto Nacional Estadounidense de Normas (ANSI, American National Standards Institute) asignada a las escaleras. Indica el tipo de uso para el cual la escalera está diseñada (industrial, comercial, familiar) y el límite máximo de carga de servicio (capacidad de peso) de la escalera. El límite de carga de servicio es el peso máximo combinado del usuario, las herramientas y todos los materiales que se concentran en los escalones de una escalera.

Combustible: aire o materiales que pueden explotar y provocar un incendio.

Conector: dispositivo que se usa para acoplar (conectar) piezas del sistema personal de detención de caídas con los sistemas de dispositivos de posicionamiento. Puede tratarse de un componente independiente del sistema, como un gancho. También se puede tratar de un componente integral de parte del sistema, como por ejemplo una hebilla o una argolla D cosida a un cinturón o un arnés de cuerpo entero o un mosquetón empalmado o cosido a una cuerda de seguridad.

Con puesta a tierra: conectado a tierra o a un cuerpo conductor que extiende la conexión a tierra.

Cuerda salvavidas: cuerda flexible, cable o correa que generalmente tiene un conector en cada extremo para conectar el cinturón o el arnés de cuerpo entero con un dispositivo de desaceleración, una cuerda de seguridad o un anclaje.

Cumplimiento: plan de seguridad que cumple con los estándares mínimos de seguridad de la OSHA.

Decibeles (dB): medida de intensidad o volumen del sonido. Cuanto más alto es el nivel de decibeles, más fuerte, y por lo tanto, potencialmente más dañino, es el sonido.

Deficiente en oxígeno: atmósfera en la cual no hay suficiente oxígeno. Normalmente se considera así cuando está por debajo del 19,5 % de oxígeno por volumen.

Dispositivo de aislamiento de energía: cualquier dispositivo mecánico que evite físicamente la transmisión o la liberación de energía. Esto comprende, entro otros, los disyuntores eléctricos operados manualmente, los interruptores, las válvulas de línea y los bloqueadores.

Dispositivo de bloqueo: cualquier dispositivo que utilice un medio positivo, como un candado, para mantener un dispositivo de aislamiento de energía en una posición segura y evitar que se energice una máquina o un equipo.

Dispositivo de etiquetado: cualquier dispositivo notorio de advertencia, tal como una etiqueta y un medio de fijación, que pueda ser colocado de forma segura a un dispositivo de aislamiento de energía de acuerdo con un procedimiento establecido. La etiqueta indica que no se puede operar la máquina o el equipo al que se encuentra fijada, hasta que el dispositivo de etiquetado sea retirado de acuerdo con el procedimiento de control de energía.

Efecto agudo: reacción inmediata a la exposición química, como náuseas o la muerte.

Efecto crónico: reacción demorada o de largo plazo a una exposición química. Los efectos crónicos pueden resultar en enfermedades graves, como el cáncer.

Enriquecida en oxígeno: atmósfera en la cual hay demasiado oxígeno. Normalmente se considera así cuando está por encima del 23,5 % de oxígeno por volumen.

Espacio cerrado: área que es lo suficientemente grande para que una persona trabaje dentro, pero con medios limitados de ingreso y egreso, y cuyo fin no es la ocupación humana continua.

Espacio cerrado que requiere permiso: espacio cerrado que presenta riesgos reales o potenciales. Estos riesgos pueden ser atmosféricos, físicos, eléctricos o mecánicos.

Espacio cerrado que no requiere permiso de entrada: espacio de trabajo libre de todo riesgo mecánico, físico, eléctrico y atmosférico que pueda ocasionar lesiones o la muerte.

Estándar de Comunicación de Riesgos (HazCom): reglamentación federal de la OSHA que requiere que los empleadores eduquen e informen a los trabajadores sobre los riesgos químicos en el lugar de trabajo (*29 CFR 1910.1200*).

Etiquetado: colocación de un dispositivo de etiquetado en un dispositivo de aislamiento de energía, de acuerdo con un procedimiento establecido, para indicar que el dispositivo de aislamiento de energía y el equipo que se está controlando no pueden ser activados hasta que el dispositivo de etiquetado sea retirado.

Exposición aguda: exposición de corto plazo, generalmente intensa, a una sustancia química.

Exposición crónica: exposición de largo plazo, generalmente de bajas dosis, a una sustancia química.

Fuente de energía: cualquier fuente de energía eléctrica, mecánica, hidráulica, neumática, química, térmica u otra.

Herramientas con fuente de energía: herramientas que necesitan una fuente de energía, ya sea eléctrica, hidráulica o neumática, para funcionar.

Herramientas de impacto: herramientas que deben golpear o ser golpeadas para cumplir su tarea. Entre estas herramientas se encuentran los martillos, los cinceles y los machuelos.

Herramientas eléctricas: herramientas que usan corriente eléctrica para funcionar.

Herramientas neumáticas: herramientas que usan aire a presión para funcionar.

Hipotermia: situación que hace peligrar la vida, ocasionada por la exposición a temperaturas muy bajas.

Hoja de datos de seguridad de materiales (MSDS): documento que debe acompañar a todos los materiales peligrosos. Identifica la sustancia e indica los límites de exposición, las características físicas y químicas, el tipo de peligro que presenta, las precauciones para un manejo y uso seguro, y medidas específicas de control.

Interruptor de circuito con falla a tierra: dispositivo de protección que actúa para desenergizar un circuito o una parte de él dentro de un período establecido cuando una corriente a tierra supera un valor predeterminado. Este valor es menor al requerido para activar el dispositivo de protección por sobrecorriente del circuito de suministro.

Línea de vida: componente que consiste en una cuerda flexible conectada verticalmente a un anclaje por un extremo (línea de vida vertical) o conectada a un anclaje horizontalmente por ambos extremos (línea de vida horizontal) y que sirve como medio para conectar otros componentes de un sistema personal de detención de caídas a un anclaje.

Línea de vida autorretráctil: dispositivo de desaceleración que contiene una cuerda que se enrolla en un tambor y se puede extraer del tambor, o retraer, bajo leve tensión durante el movimiento normal del empleado y el cual, después del inicio de la caída, traba automáticamente el tambor y detiene la caída.

Persona competente: persona designada por la empresa que puede identificar las condiciones o entornos laborales que sean poco sanos, riesgosos o peligrosos para los empleados y que cuenta con autorización para corregir o eliminar rápidamente estas condiciones.

Plan de mejores prácticas: plan de seguridad que incluye las mejores prácticas y equipos disponibles para garantizar la seguridad del trabajador.

Plataforma: superficie de trabajo más elevada que otros niveles. Las plataformas se pueden construir con tablas de madera individuales, tablas fabricadas, tablas prefabricadas o plataformas fabricadas.

Protecciones: dispositivos que protegen a los operadores de herramientas de partes móviles peligrosas como cuchillas, engranajes y poleas.

Riesgo atmosférico: peligro potencial en el aire o condición de mala calidad del aire.

Sílice: compuesto cristalino blanco o incoloro que se usa para fabricar una gran variedad de materiales, en especial vidrio y concreto.

Sistema personal de detención de caídas: sistema usado para detener a un empleado en una caída desde un nivel de trabajo. Consiste en un anclaje, conectores y un arnés de cuerpo entero y puede incluir una cuerda salvavidas, un dispositivo de desaceleración, una cuerda de seguridad o combinaciones adecuadas de estos elementos. Desde el 1.° de enero de 1998, está prohibido el uso de cinturones para la detención de caídas.

Unión: conexión de objetos conductores para establecer continuidad eléctrica.

Recursos adicionales

Este módulo presenta recursos detallados para el entrenamiento en las tareas. Para ampliar los estudios, recomendamos el siguiente material de referencia.

ASTM International; www.astm.org

Agencia de Protección Ambiental; www.epa.gov

Seguridad de campo, guía para el participante (Field Safety Participant Guide). NCCER. Upper Saddle River.

Guía de entrenamiento de hidrolavado (Hydroblasting Trainee Guide). NCCER. Upper Saddle River.

NACE International; www.nace.org

Occupational Safety and Health Administration; www.osha.gov

OSHA 29 CFR 1926, Estándares de seguridad y salud para la construcción

Guía de bolsillo sobre orientación en seguridad (Safety Orientation Pocket Guide). NCCER. Upper Saddle River.

Tecnología de seguridad, guía para el participante (Field Safety Participant Guide). NCCER. Upper Saddle River.

Créditos de las figuras

Foto cortesía de Bullard, portada del módulo, 201F07 (casco), 201F61

Sherwin-Williams Co., 201F04

Bacou-Dalloz, 201F07 (gogles y anteojos de seguridad)

North Safety Products USA, 201F07C (guantes de trabajo), 201F08 (respirador de rostro completo, aparato respirador autónomo y respirador con suministro de aire), 201F15, 201F17, 201SA01 (bloqueo de interruptor de circuito)

Topaz Publications, Inc., 201F07 (tapones para los oídos y orejeras), 201F10, 201F13, 201F45, 201F46, 201F56, 201F57, 201F62

Timberland, 201F07 (zapatos de seguridad)

Scott Health and Safety, 201F08 (respirador de media máscara y respirador purificador de aire)

Mike Powers, 201SA01 (cinta)

Louisville Ladder Group, 201F19

Ridge Tool Company (RIDGID®), 201F22, 201F24, 201F26

Werner Co., 201F27

Access Safety Group, 201F28

Spider, una división de SafeWorks, LLC, 201F32 (plataforma modular), 201F33

Fotografía cortesía de Capital Safety (DBI-SALA y PROTECTA), 201F35, 201F36, 201F38–201F44

Champion America, 201F47 (chaleco)

NACE International, 201F47 (cuadro)

RAE Systems, Inc., 201F51

Draeger Safety, Inc., 201F63

Firefree Coatings, Inc., apéndice

Hoja de datos de seguridad de materiales

Firefree Coatings, Inc., Appéndice

Firefree Coatings, Inc. **FireFree88®**

Hazard	Fire-Resistant Coating
Is it flammable?	
Is the waste hazardous?	
How should the waste be disposed of?	
What PPE is needed?	
What is the first aid for skin contact?	
How do you clean up a spill?	

201A01.EPS

Material Safety Data Sheet

FIREFREE Coatings, Inc.
580 Irwin Street, No. 1
San Rafael, CA 94901

Product: FireFree 88®
MSDS Revision No. 4
November 2007

Emergency and Information:

(888) 990-3388

Section I Product Identification

Product: **FireFree 88®**
Product Class: **Latex Intumescent Fire Retardant, Resistant Paint**

National Paint and Coatings Association, Hazardous Material Identification System:

Health Hazard		See Section VI and IX for more information.
Flammability Hazard	0 -	not considered flammable.
Reactivity Hazard	0 -	minimal
Disposal Procedures	2 -	Glasses, gloves and dust respirator if paint dust is anticipated in elevated concentrations. **Application of wet paint should not present a health hazard.**

Section II Hazardous Ingredients

NONE

1 Confidential

201A01A.EPS

Material Safety Data Sheet

FIREFREE Coatings, Inc.
580 Irwin Street, No. 1
San Rafael, CA 94901

Product: Fire Free 88
MSDS Revision No. 3

Page 2

This product contains pigments and other solids necessary to formulate an intumescent fire retardant paint. These materials may be dust hazards if; excessive quantities of cured paint is released into the air. Due to the anticipated surface coating thickness, it is unlikely that excessive exposures would occur. Work practices designed to subdue dust during paint removal, such as wet methods, would be prudent. Application of wet paint would not present such a hazard under normal application conditions. Spray application in confined areas may require special controls and use of personal protective equipment. An in can preservative has been added at levels not considered hazardous.

Section III Physical Data

Boiling Range:	**212°F**	**Vapor Density:**	**Neutral**
Evaporation Rate:	**Slower than ether**	**Percent volatile:**	**48 to 50%**
Density:	**10.4-lbs/gallon**	**Water solubility:**	**miscible with water**
VOC:	**33 grams/litre**		

Section IV Fire and Explosion Data

Flammability Classification: Not regulated
Lower Explosive Limit: N/A
Hazards of decomposition products: None

Flash Point: >250°F
Extinguishing Media: N/A
Special Fire Protective Procedures:
None

Unusual Fire and Explosion Hazard:
Closed containers may explode due to internal pressure when exposed to extreme heat

201A01B.EPS

Material Safety Data Sheet

FIREFREE Coatings, Inc.
580 Irwin Street, No. 1
San Rafael, CA 94901

Product: Fire Free 88
MSDS Revision No. 3

Page 3

Section V Reactivity Data

Stability:	Stable
Hazardous Polymerization:	Will not occur
Hazardous Decomposition Products:	May produce hazardous gases (carbon monoxide) if heated to very high temperatures

Section VI Health Hazard Information

Summary of risks: NONE

Section VII Spill, Leak and Disposal Procedures

Spill/Leak Procedures:

Ventilate area. Soak liquid into an absorbent and dispose of according to local, State and Federal regulations. If the paint cures and removal is attempted, dust may be released. Clean-up personnel should wear approved respiratory protection, gloves, and goggles to prevent irritation from contact and/or inhalation.

Waste management/Disposal:

This product does not exhibit any characteristics of a hazardous waste. Follow all local, state and Federal regulations for proper disposal.

3 Confidential

201A01C.EPS

Material Safety Data Sheet

FIREFREE Coatings, Inc.
580 Irwin Street, No. 1
San Rafael, CA 94901

Product: Fire Free 88
MSDS Revision No. 3

Section VIII Special Information

Under normal application conditions, no special precautions or needs for personal protective equipment are anticipated. Exposure to this material should be limited to protect against irritation and inhalation. The use of personal protective equipment including goggles, gloves, respirators, long sleeve clothing and head covering may be recommended.

Respiratory Protection: Provide workers with NIOSH/MSHA-approved respirators in accordance with requirements.

Respiratory Type

Optional disposal respirator. Half-mask air purifying respirator equipped with high efficiency particulate air (HEPA) filter cartridge. Full face-piece air purifying respirator equipped with high efficiency particulate air (HEPA) filter cartridges or powered air purifying respirator with HEPA filter cartridges. Any supplied-air respirator operated in positive pressure mode.

SARA Title III information.

This product does not contain reportable quantities of substances listed under SARA Title III sections 302, 304, and 313.

DOT Class.

Not regulated.

201A01D.EPS

Material Safety Data Sheet

FIREFREE Coatings, Inc.
580 Irwin Street, No. 1
San Rafael, CA 94901

Product: Fire Free 88
MSDS Revision No. 3

Section IX Acronyms and Definitions Used in This MSDS

DOT:	Department of Transportation
MSHA:	Mine Safety and Health Administration
NIOSH:	National Institute for Occupational Safety and Health
OSHA:	Occupational Safety and Health Administration
SARA:	Superfund Amendments and Reauthorization Act

Reasonable care has been taken in the preparation of the information contained in this document. FIREFREE Coatings, Inc., intends no warranties, makes no representation and assumes no responsibility as to the accuracy or suitability of such information for application to purchaser's intended purposes or for consequences of its use.

201A01E.EPS

CURRÍCULO DE NCCER - COMENTARIOS DEL USUARIO

NCCER hace el esfuerzo de mantener estos libros de texto actualizados y libres de errores técnicos. Apreciamos su ayuda en este proceso. Si encuentra algún error, ya sea tipográfico o de contenido, en el currículo de NCCER, haga el favor de completar este formulario (o una fotocopia de él) o el formulario en línea en **www.nccer.org/olf**. Asegúrese de incluir el número exacto del módulo, la página, una descripción detallada y la corrección recomendada. Su comentario será puesto en conocimiento del comité técnico de revisión. Gracias por su ayuda.

Instructores: si tiene una idea para mejorar este libro de texto o encontró que algún material adicional es necesario para enseñar este módulo con eficacia, por favor háganoslo saber para que podamos presentar sus sugerencias al comité técnico de revisión.

NCCER Product Development and Revision

13614 Progress Blvd., Alachua, FL 32615

Correo electrónico: curriculum@nccer.org

En internet: www.nccer.org/olf

❑ Guía del estudiante ❑ AIG ❑ Examen ❑ PowerPoints Otro ____________________

Oficio / nivel: Fecha de copyright:

Número/título del módulo:

Número(s) de sección:

Descripción:

Corrección recomendada:

Su nombre:

Dirección:

Correo electrónico: Teléfono:

Protección contra la corrosión

ES69202-10

Este mapa del curso muestra todos los módulos de *Especialista en aplicación de revestimientos industriales, nivel dos.* El orden de entrenamiento sugerido comienza desde la parte inferior y avanza hacia la parte superior. Los niveles de habilidad se incrementan a medida que avanza en el mapa del curso. El Patrocinador local del Programa de entrenamiento puede modificar el orden del entrenamiento.

Objetivos

Cuando haya completado este módulo, el alumno podrá hacer lo siguiente:

1. Identificar los componentes de una celda de corrosión.
2. Describir la corrosión de metales disímiles.
3. Describir cómo se corroe el concreto.
4. Describir cómo se corroen las varillas de refuerzo de concreto y las consecuencias de esa corrosión.
5. Enumerar los tipos y las clasificaciones de la corrosión.

Términos clave del oficio

Agregado
Electrolito
Iones
Noble
Revestimiento de sacrificio

Prerrequisitos

Antes de comenzar este módulo, se recomienda que haya completado con éxito el *Currículo básico* y *Especialista en aplicación de revestimientos industriales, nivel uno* y *Especialista en aplicación de revestimientos industriales, nivel dos,* Módulo ES69201-10.

Índice

Los temas que vamos a presentar en este módulo comprenden:

1.0.0 Introducción 2.1
2.0.0 Celda de corrosión 2.1
3.0.0 Clasificaciones de la corrosión 2.3
3.1.0 Prevención de la corrosión 2.4
3.1.1 Protección con revestimientos 2.4
3.1.2 Otras técnicas de protección contra la corrosión 2.5
4.0.0 Concreto 2.5

Figuras y tablas

Figura 1 Una celda de corrosión en una superficie de acero 2.1
Figura 2 Ejemplo de corrosión con una batería 2.2
Figura 3 Acero corroído 2.2
Figura 4 Metales enumerados de acuerdo con su susceptibilidad a la corrosión 2.3
Figura 5 Corrosión uniforme 2.3
Figura 6 Corrosión galvánica 2.3
Figura 7 Sistema de protección catódica por corriente impresa 2.5
Figura 8 Ánodo flexible de larga duración usado en instalaciones bajo tanques 2.6
Figura 9 Resistencia a la compresión versus resistencia a la tracción 2.7
Figura 10 Corrosión del concreto 2.7
Figura 11 Proceso de corrosión de varillas de refuerzo 2.8

1.0.0 INTRODUCCIÓN

La corrosión es un problema estructural costoso. Según un estudio financiado por la Administración Federal de Carreteras, la corrosión trae aparejado un costo de unos 276 mil millones de dólares por año solamente en los Estados Unidos. La corrosión afecta el aspecto y la seguridad de las estructuras, y puede ser nociva para el medio ambiente cuando se corroen tuberías, vagones, buques cisterna, trenes o tanques de almacenamiento.

NACE define la corrosión como "el deterioro de un material, por lo general, un metal, provocado por una reacción química o electroquímica al entorno". Los materiales se corroen con el tiempo, algunos más rápidamente que otros. Los especialistas en revestimientos industriales los aplican a fin de detener o retardar la corrosión. Para saber cómo detener la corrosión, primero es necesario comprender cómo ocurre. En este módulo, se explica cómo se corroen los metales y el concreto. También se incluyen algunos métodos usados para controlar la corrosión.

Se dice que algunos metales, como el cobre y el aluminio, se "oxidan". Esto significa que reaccionan químicamente con el oxígeno y la humedad del aire. Imagínese una moneda de un centavo nueva. Con el tiempo, la superficie de cobre de la moneda se combina con el oxígeno del aire y se transforma en óxido de cobre, lo cual le da un aspecto opaco. Más adelante, a medida que el cobre queda expuesto a oxígeno, agua y dióxido de carbono, se forma carbonato de cobre. El carbonato de cobre le da a la superficie de la moneda el color azul verdoso característico y, junto con el óxido de cobre, puede proteger el metal contra la corrosión en algunos entornos.

2.0.0 CELDA DE CORROSIÓN

La corrosión de los metales es provocada por actividad electroquímica, en ocasiones denominada "acción galvánica". El prefijo *electro* de la palabra "electroquímica" hace referencia a la corriente de electrones entre las áreas anódica y catódica del metal. La parte química está dada por el intercambio o la circulación de **iones** entre las áreas anódica y catódica del metal a través de un **electrolito** en la superficie del metal. Para que haya corrosión, deben existir ambas corrientes. Los cuatro componentes que se necesitan para sustentar el flujo de corriente y provocar corrosión se denominan celda de corrosión (*Figura 1*). A continuación, se describen estos componentes:

- *Áreas anódicas:* estas áreas son las que aportan electrones para el camino metálico. Estas son las partes del acero que se corroen.
- *Áreas catódicas:* estas áreas son receptoras de electrones. Son las áreas superficiales de acero que reciben los electrones por el camino metálico.
- *Camino metálico:* es el conductor que completa el circuito para la corriente de electrones. Es el interior del sustrato de acero.
- *Electrolito:* es un medio líquido o corrosivo conductor de la electricidad y que suele ser a base de agua. El agua pura no es un buen conductor. Sin embargo, la presencia de sales químicas, como el sodio o el cloruro de magnesio, o la contaminación del agua con compuestos de sulfato, permite que sea un buen conductor de electricidad mediante el intercambio de iones.

El acero es una mezcla de muchos elementos diferentes. No se trata de un metal totalmente uniforme u homogéneo. Dadas estas cualidades, las placas y estructuras de acero pueden tener muchas áreas anódicas o catódicas en la superficie. Puede haber ligeras diferencias en cuanto al potencial eléctrico de estas áreas. Como resultado, hacen falta tres de los cuatro elementos para que se cree una celda de corrosión en el acero. Las mismas condiciones se presentan en la mayor parte de los metales.

El proceso de corrosión puede demostrarse al explicar cómo un circuito de batería seca usa la corrosión galvánica para generar energía eléctrica (*Figura 2*). Cabe destacar que los cuatro elementos de la celda de corrosión se presentan de este modo:

- Un electrolito, compuesto de una pasta húmeda de cloruro amónico y cloruro de zinc dentro de la caja de la batería. En el caso del acero, el electrolito es lluvia o rocío que se contaminó con sales o compuestos químicos depositados en la

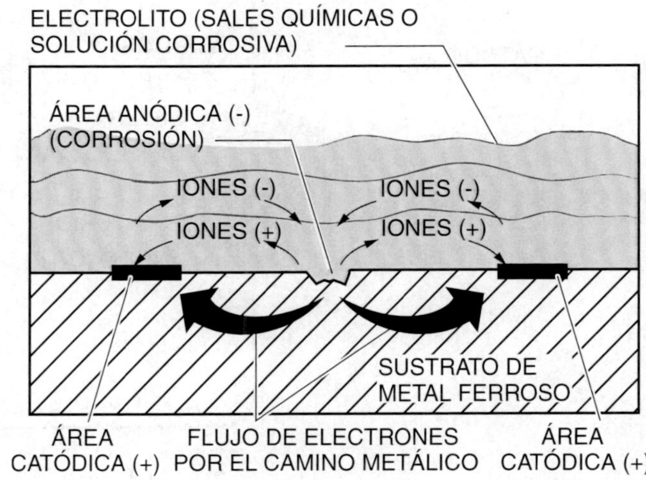

Figura 1 Una celda de corrosión en una superficie de acero.

superficie del acero. En ocasiones, el agua utilizada para limpiar puede estar contaminada con los mismos materiales.

- Un electrodo negativo (caja de zinc), que corresponde al ánodo de la celda de corrosión.
- Un electrodo positivo (varilla de carbón), que corresponde al cátodo de la celda de corrosión.
- Un cable conductor, que corresponde al camino metálico de la celda de corrosión.

El ánodo es la parte del metal que se corroe (disuelve) en el electrolito cuando la corriente electrónica fluye en una celda de corrosión. El ánodo se disuelve en la forma de iones con carga positiva. Los electrones que quedan hacen que el área circundante del ánodo pase a tener carga negativa. En el ejemplo de la batería, el excedente de electrones en el ánodo circula por un cable, una bombilla y un interruptor cerrado hacia el cátodo, que enciende la bombilla. El mismo proceso tiene lugar en una celda de corrosión a través del camino metálico que proporciona el sustrato de acero. El cátodo, que corresponde a la varilla de carbón de la batería, es el área menos activa (+) de la superficie del metal. Esta área consume los electrones. En el acero, la reacción, por lo general, ioniza el electrolito líquido de la superficie para formar gas hidrógeno e iones de hidroxilo con carga negativa (–). Los iones de hidroxilo con carga negativa (–) se combinan en el ánodo con los iones metálicos con carga positiva (+) disueltos, para completar el circuito y formar compuestos como el hidróxido ferroso. Con la exposición al oxígeno, el hidróxido ferroso vuelve a reaccionar para convertirse en óxido de hierro o herrumbre (*Figura 3*).

Algunos metales, como el oro o el platino, son resistentes a la corrosión, pero su alto costo hace poco práctico su uso generalizado. La lista que se muestra en la *Figura 4* incluye metales comunes en orden descendente según su susceptibilidad a la corrosión. Observe que el acero y el hierro fundido, dos metales de uso habitual, figuran en el medio de la lista.

A los metales menos susceptibles a la corrosión se los suele llamar menos activos, catódicos o **nobles**. A los metales más susceptibles a la corrosión se los suele llamar activos o más activos; también se los llama metales anódicos. Estas propiedades pueden aprovecharse para preservar la estructura principal. Por ejemplo, el zinc, que se corroe con facilidad, puede usarse para revestir acero. Al exponerse a la intemperie, el revestimiento de zinc se corroe con más rapidez que el acero y, de este modo, lo protege. En secciones posteriores de este módulo, se profundiza sobre este y otros métodos para evitar la corrosión.

3.0.0 Clasificaciones de la corrosión

Los materiales se corroen de diferentes maneras de acuerdo con el entorno. Una característica común de la corrosión es que, cuando un metal se corroe, el material corroído ocupa más espacio que el material original. A continuación, se describen las clases de corrosión más habituales:

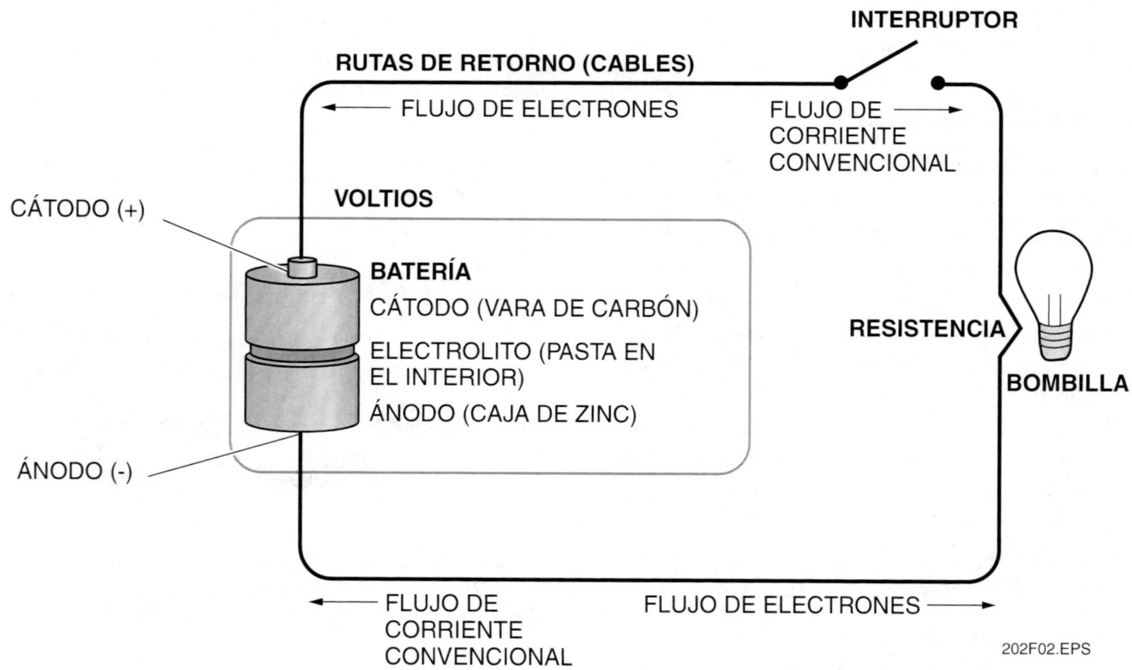

Figura 2 Ejemplo de corrosión con una batería.

Figura 3 Acero corroído.

- *Corrosión uniforme:* esta corrosión, también llamada corrosión general, se produce en grandes partes de las estructuras debido a una exposición dañina de algún tipo, como al agua, al ácido, a la atmósfera o a la tierra. La corrosión uniforme se puede prevenir con la eliminación de la fuente de corrosión o mediante el uso de un revestimiento protector adecuado *(Figura 5)*.
- *Corrosión galvánica:* se produce cuando dos metales disímiles, como el cobre y el acero, están colocados uno cerca del otro. La *Figura 6* muestra la corrosión provocada por pernos de acero en contacto con una brida de una tubería de cobre. Para controlar la corrosión galvánica, se puede evitar la conexión de metales disímiles, seleccionar materiales nobles o instalar ánodos de sacrificio o un sistema de corriente impresa.

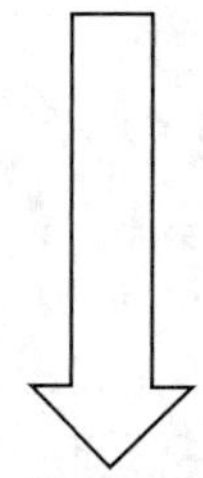

Figura 4 Metales enumerados de acuerdo con su susceptibilidad a la corrosión.

- *Corrosión localizada:* de este modo se denomina la corrosión aislada en un área pequeña. Estos son los dos tipos de corrosión localizada:
  - La corrosión de picadura se identifica por un área pequeña y profunda de corrosión rodeada por una superficie sin defectos. Por lo general, la causa una celda de corrosión o un punto de contaminación mínimos, como una pizca de sal o ácido, o una parte delgada de un revestimiento. El aluminio, el acero inoxidable, las aleaciones de cobre y el plomo son especialmente susceptibles a las picaduras. Las picaduras se pueden prevenir con la limpieza de las superficies o la aplicación de revestimientos.
  - La corrosión en hendiduras es la que se produce en las hendiduras de las estructuras. Si bien la mayor parte de la corrosión en hendiduras se produce en el acero de carbono, que suele usarse en estructuras industriales, entre los metales más susceptibles a este tipo de corrosión se encuentran el aluminio, el

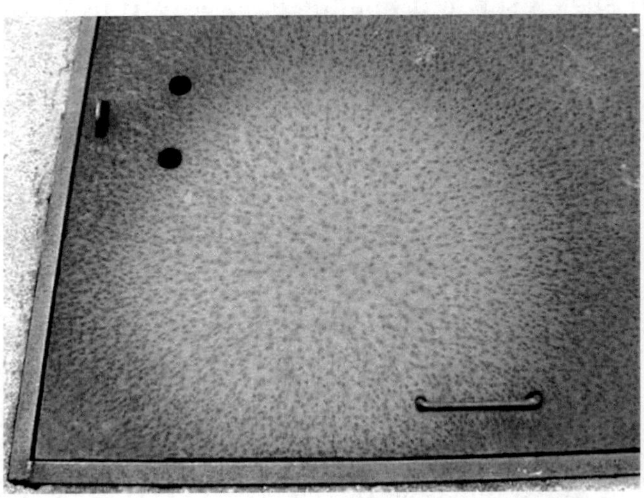

Figura 5 Corrosión uniforme.

Figura 6 Corrosión galvánica.

acero inoxidable y el titanio, como así también el cobre, el circonio y otras aleaciones. La corrosión en hendiduras puede controlarse mediante la selección de materiales que no sean susceptibles a ella o mediante el diseño de estructuras sin hendiduras; también se puede utilizar protección catódica.

- *Agrietamiento de corrosión por tensión:* este tipo de corrosión resulta de la combinación de tensión externa y la exposición a un agente corrosivo. El agrietamiento de corrosión por tensión en el acero inoxidable y en el acero de carbono puede ser resultado de la exposición a cloruros, la exposición del acero inoxidable a sustancias cáusticas o la exposición de las aleaciones de cobre al amoníaco.
- *Corrosión de origen microbiológico (MIC, por sus siglas en inglés), también denominada corrosión microbiana o biológica:* se refiere al deterioro de los metales que se produce por la actividad metabólica de microorganismos. Se conocen varias bacterias que ocasionan este tipo de corrosión en aceros de carbono, aceros inoxidables, aleaciones de aluminio y aleaciones de cobre. Las bacterias viven en aguas y suelos que tienen un pH de 4 a 9 y temperaturas de entre 50 °F y 122 °F (10 °C y 50 °C). Reciben la clasificación amplia de aeróbicas (necesitan oxígeno para activarse) o anaeróbicas (el oxígeno es tóxico para estas bacterias). Las bacterias reductoras de sulfato (BRS) son anaeróbicas. Estas bacterias son responsables de la mayoría de los casos de corrosión acelerada en barcos, tuberías submarinas y estructuras de alta mar. Las bacterias oxidantes del hierro y el manganeso son aeróbicas. Se las relaciona usualmente con los ataques agresivos de picaduras en el acero inoxidable en las soldaduras.
- *Incrustaciones macrobiológicas:* incluyen el daño provocado por mejillones cebra, crustáceos y otras especies de vida marina. Este tipo de incrustaciones puede acelerar la corrosión biológica e inutilizar equipos submarinos. Además de producir corrosión, la adhesión de crustáceos al casco de una embarcación puede restringir su movimiento.

3.1.0 Prevención de la corrosión

La tarea de prevención contra la corrosión se centra en gran parte en los revestimientos. Sin embargo, también se usan otros métodos.

Los diseñadores y los especificadores de proyectos pueden contribuir a prevenir la corrosión mediante la selección de materiales que soporten las condiciones del entorno donde se los colocará. También pueden diseñar sistemas que eviten posibles reacciones corrosivas. Por ejemplo, los sistemas deben diseñarse de modo que se evite el uso de metales disímiles que favorezcan la corrosión. El diseño también debe evitar la fricción entre piezas, y las grietas y las hendiduras que puedan retener suciedad y humedad. Un buen diseño de sistema incluye asimismo facilitar el acceso a todas las áreas de modo que se las pueda revestir de manera adecuada.

3.1.1 Protección con revestimientos

Se pueden aplicar diversos revestimientos para atenuar la corrosión de superficies ferrosas y no ferrosas. Es posible lograr la protección necesaria mediante uno de los cuatro tipos siguientes de revestimientos, o una combinación de ellos:

- *Revestimientos de sacrificio:* los **revestimientos de sacrificio** tienen un alto contenido de zinc. El zinc actúa como ánodo de sacrificio y se corroe para proteger la superficie en caso de que se dañe el revestimiento. Los revestimientos de sacrificio pueden aplicarse de diversas maneras. Por ejemplo, se los puede aplicar como revestimientos que contienen polvo de zinc, como metal de zinc rociado en caliente, o como revestimiento de zinc por inmersión en baño caliente (galvanizado).
- *Revestimientos de barrera:* estos revestimientos mantienen la humedad alejada de la superficie del sustrato. Esta protección contra la humedad elimina el elemento electrolítico de la celda de corrosión y así detiene la corrosión. El revestimiento de barrera es uno de los métodos más utilizados para proteger tuberías subterráneas y estructuras de acero y concreto sobre la superficie.
- *Revestimientos inhibidores:* estos revestimientos suelen ser imprimadores que contribuyen a controlar la corrosión del acero mediante el uso de pigmentos. Algunos pigmentos que pueden generar un efecto inhibidor de la corrosión son el fosfato de zinc y, en algunos países, el minio. Los pigmentos reaccionan con la humedad absorbida en el revestimiento y luego vuelven a hacerlo con el acero para neutralizarlo y reducir sus cualidades corrosivas.
- *Revestimientos biocidas:* estos revestimientos se usan para reducir la formación de organismos micro y macrobiológicos en los cascos de las embarcaciones, las tuberías subterráneas, las tomas de agua y otras estructuras sumergidas. En este tipo de compuestos de cobre se han incluido compuestos de estaño o cobre considerados nocivos para otras formas de vida marina.

¡ADVERTENCIA!

El plomo es un peligro conocido para la salud y puede provocar enfermedades y, en casos extremos, la muerte. Si quita revestimientos con plomo, asegúrese de seguir las normas y los reglamentos del *estándar de la OSHA 29 CFR 1926.62, Controles ambientales y de salud ocupacional: Plomo.*

3.1.2 Otras técnicas de protección contra la corrosión

Es posible usar otros métodos, además de los revestimientos, para proteger metales susceptibles de corrosión, como el hierro y el acero. Para los interiores de tuberías, los conductos de calderas y equipos similares, se utilizan modificaciones ambientales para reducir la corrosión interna. Algunas de estas modificaciones son el agregado de inhibidores o la desaireación y el control de pH de los líquidos o los gases que circulan por el equipo.

También se dispone de dos técnicas electroquímicas que hacen que el metal que necesita protección actúe como cátodo, lo cual, en esencia, elimina la corrosión del metal. Estas técnicas se conocen como sistemas catódicos. Se los puede emplear en tuberías, estructuras de acero y varillas de refuerzo de concreto junto con revestimientos de barrera.

Uno de estos dos sistemas catódicos es de tipo pasivo. Utiliza los ánodos de sacrificio y la acción galvánica para proteger el sustrato de hierro o acero. Los ánodos están hechos de metales más activos que el hierro o el acero, como el magnesio, el aluminio o el zinc. Como sucede en una celda de corrosión, cuando hay un electrolito para el sustrato, el ánodo comienza a disolverse y se convierte en fuente de electrones que circulan por un cable conectado al sustrato (o por contacto directo). Como resultado, todo el sustrato se convierte en el cátodo positivo. Esto previene la actividad de áreas catódicas o anódicas más pequeñas en el sustrato, y así evita que se corroa. Los ánodos están disponibles en varias formas estándares y personalizadas. Debido a lo limitado de la corriente de electrones, los ánodos de sacrificio solo se usan en determinadas aplicaciones subterráneas o sumergidas de tuberías, cascos de embarcaciones, estructuras de hierro, columnas de soporte y pilotajes.

El otro sistema catódico es el más eficaz. Previene la corrosión del metal mediante el uso de una fuente de energía de corriente directa. La fuente de energía tiene una gran capacidad de corriente y un voltaje más alto que aumenta la diferencia de potencial eléctrico y el flujo de corriente resultante entre el ánodo y el cátodo. Este tipo de sistema es un sistema de protección catódica por corriente impresa (*Figura 7*), comúnmente llamado sistema de corriente impresa. El terminal negativo de la fuente de energía se conecta al sustrato de metal que se desea proteger. El terminal positivo se conecta al ánodo. Esta disposición aumenta considerablemente la diferencia de potencial eléctrico y permite que se genere un flujo de corriente de electrones medible. En presencia de un electrolito, el ánodo se convierte en una fuente de electrones con carga negativa muy grande y el sustrato metálico se convierte en un receptor de electrones con mucha carga positiva. El gran flujo de electrones del ánodo al cátodo a través de la fuente de energía cancela cualquier actividad anódica o catódica más pequeña en una superficie amplia del sustrato; de este modo, se previene la corrosión. Los ánodos que se usan están disponibles en muchas formas (*Figura 8*). Pueden ser de sacrificio o no (relativamente), en función de la aplicación. Estos sistemas de corriente impresa se usan para tuberías subterráneas largas, partes sumergidas de plataformas costeras, la parte inferior de tanques y otras grandes estructuras subterráneas de acero. También se utilizan para proteger el acero estructural y las varillas de refuerzo en aplicaciones de acero en concreto, como cubiertas de puentes, garajes de estacionamiento, estructuras edilicias, techos y balcones.

4.0.0 CONCRETO

El concreto es uno de los materiales de construcción más usados. Se usa en la contención secundaria, la protección ignífuga, el revestimiento de tanques y pisos, y como componente estructural, en tanques y tuberías. Es posible usar concreto incluso bajo el agua. Es fácil de usar, económico y versátil. Como está hecho de cemento (por lo

202F07.EPS

Figura 7 Sistema de protección catódica por corriente impresa.

Ánodo flexible configurado en anillos concéntricos para proteger el fondo de un tanque de almacenamiento de petróleo crudo antes de instalarlo.

202F08.EPS

Figura 8 Ánodo flexible de larga duración usado en instalaciones bajo tanques.

general, Portland), **agregado** y agua, se lo puede mezclar en el lugar de trabajo o en otro sitio para transportarlo más tarde al lugar de trabajo.

Si bien se cree que el concreto es indestructible, es susceptible a la corrosión. Tiene una gran resistencia a la compresión, lo cual significa que puede soportar una gran cantidad de presión simultánea sobre él si tiene un apoyo. Sin embargo, es débil bajo tensión, lo cual significa que no puede soportar presión de tracción hacia el exterior (*Figura 9*). Para mejorar la resistencia a la tensión del concreto, se lo suele reforzar con materiales de acero o fibrosos.

El concreto es poroso y, si no se sella su superficie, puede absorber fácilmente agua y otros líquidos. Cuando el concreto con agua u otros líquidos se expone a temperaturas de congelación, el líquido puede congelarse y romper el concreto. El concreto sin sellar puede absorber líquidos, lo cual puede hacer que se corroan las varillas de refuerzo de acero que están en su interior y debilitarlo aún más. Es muy importante revestir correctamente el concreto y las varillas de refuerzo que se encuentren en entornos ácidos (*Figura 10*). En estos casos, se debe aplicar una barrera de humedad adecuada en la superficie del concreto cuanto antes una vez que esté curado.

Si bien el concreto se usa con frecuencia para superficies viales y edilicias, puede sufrir daños

En el lugar

Restauración del acero en el concreto

El techo interior de las instalaciones de armado de la NASA presentaba muchas grietas y desprendimientos, lo cual indicaba que la corrosión en las varillas de refuerzo era la causa de la caída de escombros dentro de las instalaciones. Como parte de la restauración del concreto, se instaló un sistema de protección catódica de corriente impresa conectado a las varillas de refuerzo, a fin de evitar la corrosión de las varillas y el deterioro del concreto en el futuro. En el caso del concreto, los ánodos suelen estar hechos de un metal noble, para aumentar su duración.

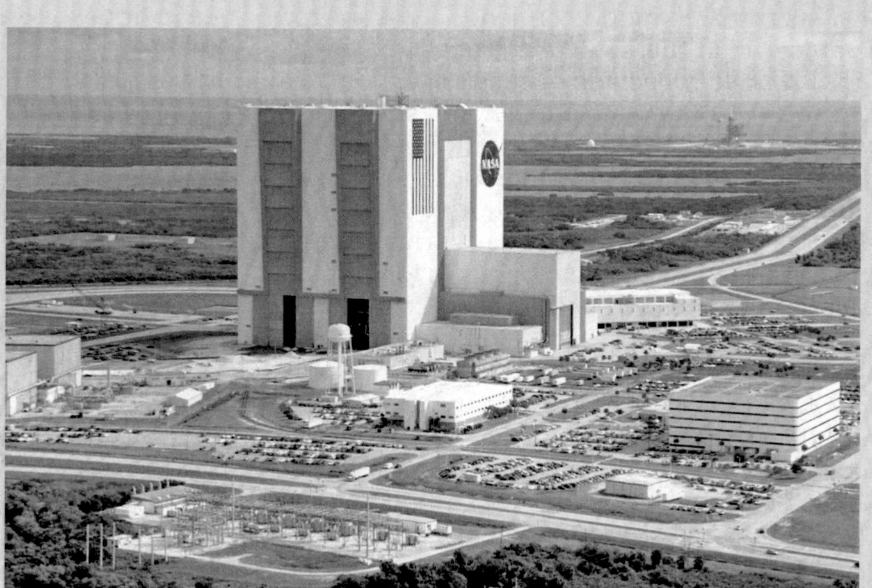

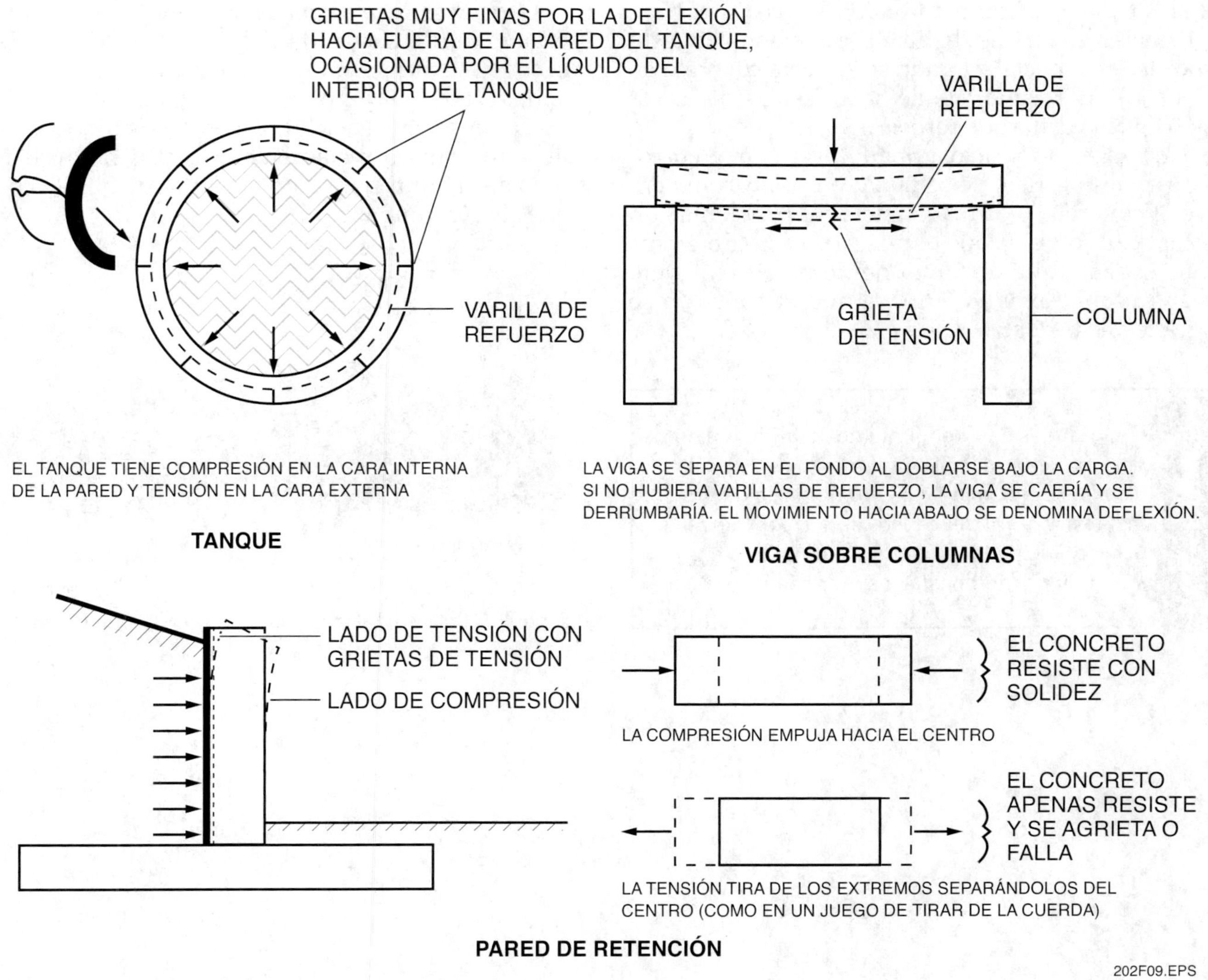

Figura 9 Resistencia a la compresión versus resistencia a la tracción.

por la abrasión del tránsito pedestre y vehicular, y de las partículas que transportan el agua y el viento. Para prevenir la corrosión abrasiva, es importante usar cemento de alta calidad, el tipo correcto de agregado en la proporción y el tamaño adecuados, y agua potable. Una vez que se haya curado el concreto, se debe aplicar el revestimiento adecuado.

El concreto es alcalino, de modo que reacciona químicamente con los ácidos para formar sales y agua. Esta característica hace que se disuelva y se debilite con el tiempo. Hay muchos productos químicos ácidos de uso comercial.

El concreto y las varillas de refuerzo de acero no reaccionan entre sí cuando no hay sales, ácidos, agua u otros contaminantes. Sin embargo, es prácticamente imposible mantener un entorno sin contaminantes. A veces, la mezcla de concreto contiene sales. En otros casos, el concreto queda expuesto a la humedad o a ácidos. Los agregados con alto contenido de sílice reaccionan con el concreto. Un contaminante puede ser algo que se utilice usualmente en la estructura de concreto, como la sal que se emplea para derretir el hielo

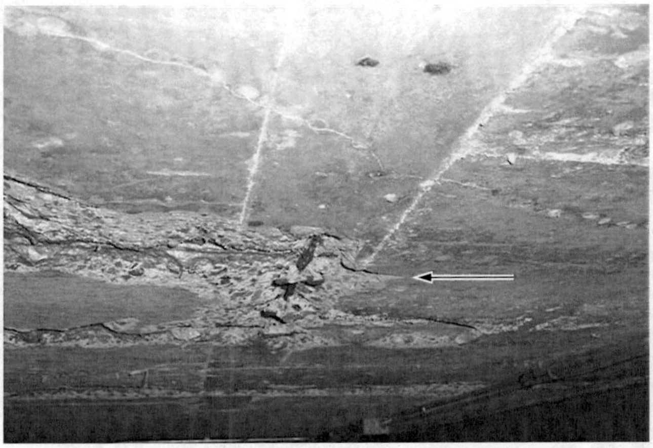

Figura 10 Corrosión en el concreto.

de los caminos. También puede ocurrir que haya corrientes eléctricas dispersas en el entorno (esto sucede, en especial, cuando se entierra concreto en el suelo). Asimismo, puede haber celdas de corrosión en las varillas de refuerzo.

En todos estos casos, puede producirse corrosión en las varillas de refuerzo o una reacción entre el concreto y otra sustancia. El problema con estas reacciones es que el material corroído ocupa más espacio que el componente original. Como resultado, la expansión hace que el concreto se agriete desde dentro (*Figura 11*).

¡ADVERTENCIA!

Los grandes desprendimientos o agrietamientos del concreto reforzado, sin manchas de óxido visibles, pueden indicar la inminencia de una falla estructural del concreto. Si se observa esta condición, notifíquela de inmediato a un supervisor y no revista la superficie.

Deben tomarse todas las precauciones posibles para evitar la corrosión del concreto. Al mezclar el concreto, utilice mezcla de cemento de alta calidad, agregado no expansivo y agua potable. Antes de la puesta en servicio del concreto curado, se lo debe revestir correctamente. Si está contaminado, se lo debe curar por completo antes de que se aplique el revestimiento.

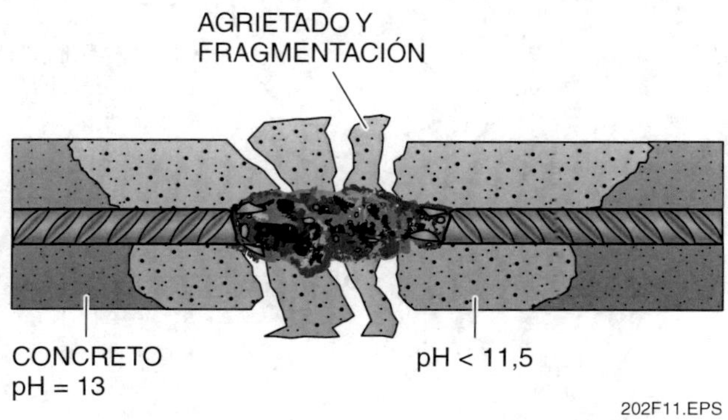

Figura 11 Proceso de corrosión de varillas de refuerzo.

RESUMEN

La mayor parte de los materiales se corroen cuando se exponen a determinadas condiciones ambientales. Sin embargo, se pueden tomar varias medidas para reducir la probabilidad de que se corroan rápidamente. Para saber cómo detener o retardar la corrosión, primero es necesario comprender cómo se produce y por qué.

En este módulo, se explicó cómo funcionan las celdas de corrosión. También se mencionaron los tipos comunes de corrosión y los revestimientos que se usan para retardarla o detenerla. Asimismo, se analizaron las modificaciones en el entorno y los sistemas catódicos.

Preguntas de repaso

1. El carbonato de cobre que se forma en una superficie de cobre tiene un color _____.
   a. marrón opaco
   b. azul verdoso
   c. negro
   d. rosa

2. Además del cobre, otro metal que suele oxidarse es el _____.
   b. oro
   b. platino
   c. titanio
   d. aluminio

3. Un electrolito es un medio, por lo general a base de agua, que _____.
   a. previene la corrosión
   b. permite el flujo de corriente
   c. es un aditivo de revestimiento
   d. puede reemplazar los revestimientos

4. La celda de corrosión consta de _____.
   a. un ánodo, un cátodo, un camino metálico y un electrolito
   b. un ánodo, un cátodo, un electrolito y electrones
   b. un cátodo, un camino metálico, un electrolito y electrones
   a. un ánodo, un cátodo, un camino metálico y electrones

5. El metal más resistente a la corrosión es el _____.
   a. magnesio
   b. zinc
   c. platino
   d. cobre

6. La corrosión que se produce cuando dos metales disímiles se colocan cerca el uno del otro se denomina _____.
   a. corrosión uniforme
   b. corrosión galvánica
   c. corrosión localizada
   d. corrosión filiforme

7. La corrosión que se produce a partir de la exposición a fuerzas externas y a un entorno corrosivo se denomina _____.
   a. agrietamiento de corrosión por tensión
   b. daño inducido por hidrógeno
   c. fatiga por corrosión
   d. corrosión en hendiduras

8. Un tipo de revestimiento que protege mediante la corrosión es un _____.
   a. revestimiento inhibidor
   b. revestimiento de barrera
   c. revestimiento de sacrificio
   d. revestimiento biocida

9. Un sistema catódico muy eficaz para prevenir la corrosión de los metales es el _____.
   d. sistema de revestimiento biocida
   b. sistema con distribución de ánodos de sacrificio
   c. sistema de revestimiento de varias barreras
   d. sistema de corriente impresa

10. El concreto es susceptible al daño por congelamiento porque _____.
    a. puede absorber agua fácilmente
    b. contiene agregados
    c. se disuelve en agua
    d. es alcalino

Términos clave del oficio introducidos en este módulo

Agregado: piedra triturada o grava que se tamiza para usarla en el concreto.

Electrolito: material no metálico que es capaz de conducir un flujo de corriente eléctrica, tal como un líquido en el cual se ha disuelto sal.

Iones: partículas cargadas eléctricamente.

Noble: término que se utiliza para describir un metal resistente a la corrosión.

Revestimiento de sacrificio: revestimiento que se corroe para preservar el metal que recubre.

Recursos adicionales

Este módulo presenta recursos detallados para el entrenamiento en las tareas. Para ampliar los estudios, recomendamos el siguiente material de referencia.

Sitio web del Laboratorio de Tecnología de la Corrosión del Centro Espacial Kennedy: http://corrosion.ksc.nasa.gov

Sitio web del distrito móvil del Cuerpo de Ingenieros del Ejército de los Estados Unidos (para obtener información sobre el control de la corrosión y la protección catódica): www.sam.usace.army.mil

Chemical Bonding (Enlaces químicos). Anthony Carpi, Ph.D. Visionlearning Vol. CHE-1 (7), 2003. www.visionlearning.com

Créditos de las figuras

Fotografía por cortesía de Hippwrap Containment (portada del módulo)

Andy Pernick, Oficina de Recuperación de Tierras , Departamento del Interior de los EE. UU., 202F03

John Troger, 202F05

Chester Ramírez. 202F06

MATCOR®, Inc., 202F07, 202F08, 202F10, 202F11

Tom Gibbons, 202F09

NASA, 202SA01

CURRÍCULO DE NCCER - COMENTARIOS DEL USUARIO

NCCER hace el esfuerzo de mantener estos libros de texto actualizados y libres de errores técnicos. Apreciamos su ayuda en este proceso. Si encuentra algún error, ya sea tipográfico o de contenido, en el currículo de NCCER, haga el favor de completar este formulario (o una fotocopia de él) o el formulario en línea en **www.nccer.org/olf**. Asegúrese de incluir el número exacto del módulo, la página, una descripción detallada y la corrección recomendada. Su comentario será puesto en conocimiento del comité técnico de revisión. Gracias por su ayuda.

Instructores: si tiene una idea para mejorar este libro de texto o encontró que algún material adicional es necesario para enseñar este módulo con eficacia, por favor háganoslo saber para que podamos presentar sus sugerencias al comité técnico de revisión.

NCCER Product Development and Revision

13614 Progress Blvd., Alachua, FL 32615

Correo electrónico: curriculum@nccer.org

En internet: www.nccer.org/olf

❑ Guía del estudiante ❑ AIG ❑ Examen ❑ PowerPoints Otro ______________________________

Oficio / nivel Fecha de copyright :

Número/título del módulo:

Número(s) de sección:

Descripción:

Corrección recomendada:

Su nombre:

Dirección:

Correo electrónico: Teléfono:

Planificación del trabajo y control de calidad

ES69203-10

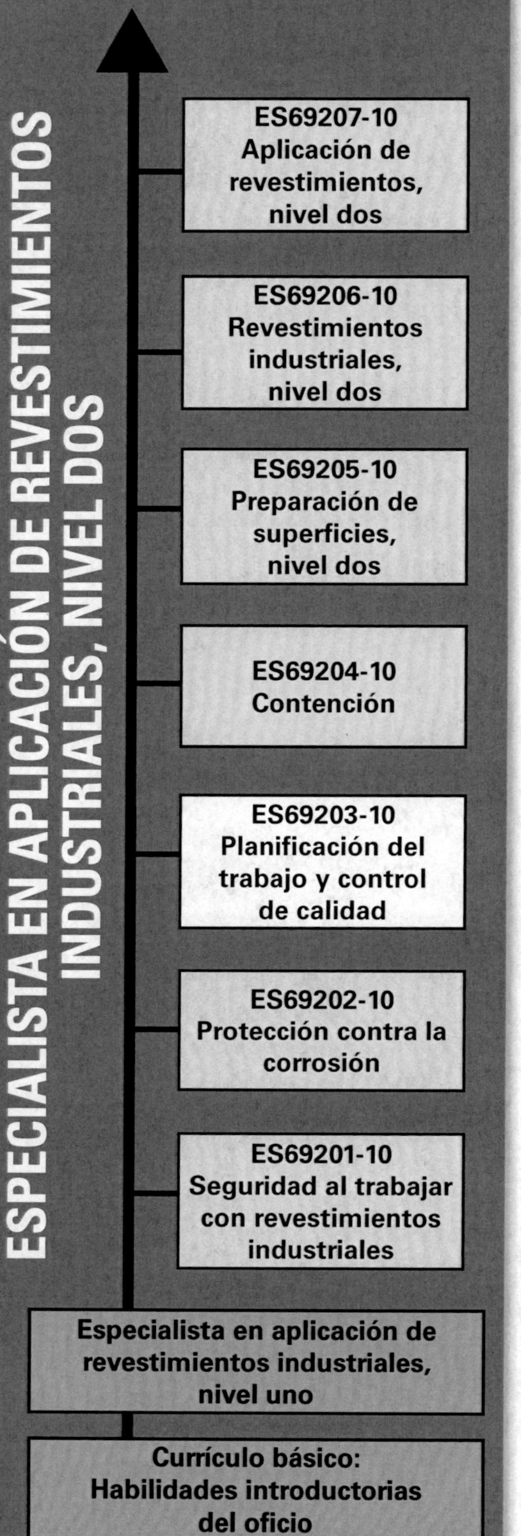

Este mapa del curso muestra todos los módulos de *Especialista en aplicación de revestimientos industriales, nivel dos.* El orden de entrenamiento sugerido comienza desde la parte inferior y avanza hacia la parte superior. Los niveles de habilidad se incrementan a medida que avanza en el mapa del curso. El Patrocinador local del Programa de entrenamiento puede modificar el orden del entrenamiento.

Objetivos

Cuando haya completado este módulo, el alumno podrá hacer lo siguiente:

1. Seguir y ejecutar un plan de trabajo, incluida la documentación de todos los procesos.
2. Utilizar el control de procesos en los proyectos de revestimiento.
3. Calcular las razones y las áreas de estructuras sencillas.
4. Calcular los compuestos orgánicos volátiles (COV) ajustados con base en los agregados de solvente.
5. Describir de qué manera la presión, el volumen y la temperatura afectan las operaciones de preparación de superficies y de aplicación de revestimientos.
6. Preparar secciones de prueba demostrando los procesos.

Términos clave del oficio

Área
Circunferencia
Cilindro
Exponente
Perpendicular
Pi
Radio
Volumen

Materiales necesarios

1. Lápiz y papel
2. Calculadora de funciones avanzadas

Prerrequisitos

Antes de comenzar este módulo, se recomienda que complete correctamente *Especialista en aplicación de revestimientos industriales, nivel uno* y *Especialista en aplicación de revestimientos industriales, nivel dos,* Módulos ES69201-10 y ES69202-10.

Índice

Los temas que vamos a presentar en este módulo comprenden:

1.0.0 Introducción 3.1
2.0.0 El plan de trabajo 3.1
2.1.0 Control de procesos 3.2
2.2.0 Programación 3.2
2.3.0 Asignación de equipos 3.3
2.4.0 Planificación de seguridad 3.3
3.0.0 Control de calidad y garantía de calidad 3.3
3.1.0 El proceso de inspección 3.4
3.1.1 Documentación 3.4
3.2.0 Factores que pueden afectar la calidad del revestimiento 3.7
3.2.1 Temperatura del aire y de las superficies 3.7
3.2.2 Humedad relativa 3.7
3.2.3 Punto de rocío 3.7
3.2.4 Viento 3.7
3.2.5 Presión atmosférica 3.8
3.2.6 Relación entre presión, temperatura y volumen 3.8
4.0.0 Cálculos del proceso de planificación 3.8
4.1.0 Razones 3.9
4.2.0 Proporciones 3.10
4.2.1 Proporciones directas 3.10
4.2.2 Proporciones inversas 3.10
4.3.0 Expresión de reglas como fórmulas 3.11
4.4.0 Potencias 3.12
4.5.0 Raíces 3.12
4.6.0 Evaluación de fórmulas 3.13
5.0.0 Resolución de problemas de área 3.13
5.1.0 Encontrar el área de un rectángulo 3.14
5.2.0 Encontrar el área de un triángulo 3.14
5.3.0 Encontrar el área de un círculo 3.15
5.4.0 Encontrar el área de una esfera 3.16
5.5.0 Encontrar el área de un cilindro 3.16

Figuras y tablas

Figura 1 Método de la ruta crítica 3.3
Figura 2 Secuencia de inspección de un trabajo típico de aplicación de revestimientos industriales 3.4
Figura 3 Muestra de un informe diario 3.5
Figura 4 Muestra de solicitud de información 3.6
Figura 5 Calculadora de funciones avanzadas portátil típica 3.9
Figura 6 Cambio de una regla a fórmula 3.11
Figura 7 Teclas de la calculadora para operaciones de potencias y raíces 3.11
Figura 8 Rectángulo 3.14
Figura 9 Triángulo 3.14
Figura 10 Fórmulas para calcular áreas circulares y la tecla π de la calculadora 3.15
Figura 11 Esfera 3.16
Figura 12 Cilindro 3.16

1.0.0 INTRODUCCIÓN

El primer paso en todo trabajo de revestimiento industrial es el proceso de planificación. Esto incluye los procedimientos de planificación, la determinación de las especificaciones de materiales y la revisiones de calidad de la planificación.

Los cambios de calidad en la fabricación se basan en el hecho de que rehacer trabajo cuesta dinero que no se le reembolsa al fabricante o al contratista. Los cálculos de varios especialistas en calidad sugieren que del 20 al 40 % del trabajo consiste en reparar y repetir trabajos de mala calidad. Eso significa que el contratista debe cobrar entre 20 y 40 % más o perder una parte considerable de sus ganancias por el trabajo. Si el trabajo se realizara correctamente desde el principio, habría ganancia disponible y el contratista podría cobrar menos y obtener más trabajo al tener precios más competitivos.

El propósito de los planes de trabajo y de la documentación que los acompaña es lograr que todos los miembros del equipo hagan bien el trabajo desde la primera vez. Las revisiones del proceso se incorporan a la documentación. Esto significa que el cumplimiento diario con el plan de trabajo y con las especificaciones que rigen el plan de trabajo forma parte de las tareas diarias del técnico, quien debe documentar el cumplimiento.

2.0.0 EL PLAN DE TRABAJO

Un plan de trabajo típico incluye los requisitos de mano de obra, materiales, equipos y programación. Un ejemplo de plan de trabajo para un trabajo sencillo, tal como el revestimiento de un piso de concreto, puede ser el siguiente:

- *Límites del trabajo:* piso existente de bodega sin revestimiento, 50' (15,24 m) × 100' (30,48 m), según especificación.
- *Mano de obra asignada:* dos hombres.
- *Especificación de materiales:* epoxi de curado a temperatura baja.
- *Programación:* dos semanas.

Paso 1 Preparación de la superficie (según hoja de datos del producto):
  - Eliminar el aceite y la grasa con el uso de detergente.
  - Limpiar la superficie con chorro de arena.
  - Llenar todos los agujeros y resanar todo deterioro de la superficie con epoxi para rellenar/sellar.
  - Revisar que no haya humedad, con el método de la lámina plástica.
  - Enmascarar todas las paredes y los postes de apoyo a nivel del piso.
  - Barrer y aspirar la superficie.

Paso 2 Mezclar el epoxi con equipos de mezclado y el EPP adecuado.

Paso 3 Verificar que las condiciones de aplicación (temperatura y humedad) cumplan con los requisitos del revestimiento.

Paso 4 Mientras se controla el tiempo de aplicación, aplicar epoxi con el espesor de película húmeda (WFT, por sus siglas en inglés) recomendado con el uso de rodillos; se debe utilizar el EPP apropiado. Utilizar una brocha para el acabado en las esquinas y los bordes, según sea necesario.

Paso 5 Después de transcurrido el tiempo mínimo para aplicar una segunda mando, revisar si queda algún defecto en la superficie y corregir el espesor de película seca (DFT, por sus siglas en inglés). Reparar según sea necesario.

Paso 6 Solicitar la inspección y la aprobación del propietario.

Todo trabajo se puede planificar eficazmente si se lo divide en etapas y requisitos. Un trabajo más grande puede requerir más pasos y una revisión más detallada de los límites de tiempo. Se debe empezar con las especificaciones, que identifican los requisitos del trabajo y los materiales. Se deben definir los requisitos de preparación de la superficie, incluido el procedimiento de inspección necesario. Esto asegura la disponibilidad del perfil necesario para permitir que se adhiera el revestimiento.

Los pasos para realizar el trabajo deben quedar expuestos de manera que se puedan revisar fácil y rápidamente. Esta función en particular puede ser bastante específica para un trabajo de aplicación de revestimiento, como se muestra en este ejemplo.

Paso 1 Se aplica la mano en tiras y la inspecciona la persona responsable, que puede ser un inspector, el supervisor o el técnico superior del lugar de trabajo, o el representante del propietario.

Paso 2 Luego de haber satisfecho los requisitos, se debe recubrir el resto del área de acuerdo con las especificaciones.

El plan debe definir los requisitos de prueba de la capa, tales como las pruebas de espesor de película húmeda. Los planes de trabajo bien elaborados establecen la cantidad de tiempo que requiere la mano en tiras para secarse o curarse antes de que se superponga con la cobertura del área y el tiempo necesario para que se seque la primera capa antes de aplicar otra.

Una vez se haya cubierto el área, se debe inspeccionar el trabajo según los requisitos de las especificaciones. Los técnicos siempre deben inspeccionar el trabajo antes de que lo revise el inspector: deben revisar todas las características de las capas según el plan de trabajo o las especificaciones. Si hay algo que no está bien, se debe reparar. Si no se repara un defecto y lo encuentra el inspector, es posible que el contratista tenga que retirar el revestimiento y empezar de nuevo.

2.1.0 Control del proceso

El plan de trabajo debe definir las etapas en las que se debe informar sobre la situación del trabajo. Esto distribuye el control del proceso. Aunque es común en las empresas contratistas pequeñas que el supervisor del lugar de trabajo haga un informe verbal, no sirve como documentación si más adelante surgen problemas con el revestimiento. La cuestión de la responsabilidad podría llegar a los tribunales.

El control de procesos incluye la estandarización de la forma en que se realiza el trabajo. Esto no significa que todas las personas trabajen exactamente de la misma manera, sino que los resultados sean los mismos en cada etapa del proceso. Si las especificaciones indican que se debe utilizar un tipo de pulverizador en especial, el pulverizador debe estar en el lugar de trabajo y en uso. Las especificaciones rigen el plan de trabajo, el cual rige el proceso de trabajo. Esto es especialmente importante cuando la persona que elabora el plan de trabajo no supervisa directamente a los equipos de trabajo todos los días.

Los requisitos de calidad se escriben en el plan de trabajo en forma de especificaciones incorporadas. Las especificaciones se pueden tomar directamente de los textos de especificaciones del trabajo. El objetivo es establecer estándares exactos para el trabajo en particular. Con frecuencia, el plan de trabajo se envía al propietario como parte de la oferta y es parte del acuerdo jurídicamente vinculante; además, el contrato le da fuerza de ley.

2.2.0 Programación

Es importante que el contratista y el propietario, así como otros contratistas involucrados en un proyecto de gran escala, incluyan una programación con tiempos realistas en el plan de trabajo. No siempre es necesario resolver la programación con especialistas de otros oficios, pero ya sea que estén involucrados o no, la exactitud, la confiabilidad y la flexibilidad de la programación son vitales para la compleción y la rentabilidad del proyecto.

El proceso de determinación de la programación requiere comprender el tiempo, los equipos, el personal y las condiciones climáticas para cada etapa del trabajo. Considérese, por ejemplo, que a dos personas les tomará tres días preparar la contención para un trabajo. Debido a que no se puede preparar la superficie mientras se está erigiendo la contención y que el trabajo de preparación de la superficie se hace dentro de la contención, probablemente se deba completar la contención antes de iniciar el trabajo de preparación de la superficie. Si se utilizan dos equipos de limpieza abrasiva, se podría preparar la superficie en cuatro días. La siguiente es la programación resultante: iniciar la contención el lunes; iniciar la preparación de la superficie el miércoles y trabajar de corrido hasta el lunes siguiente.

Ahora surgen las complicaciones. Si una tormenta de viento retrasa dos días la operación de contención y la programación ha asignado a los equipos de limpieza abrasiva para estar en el sitio el miércoles, estarían dos días parados hasta que la contención esté terminada. El contratista estará perdiendo dinero, pagando la mano de obra de la contención y el equipo de preparación de la superficie. Estos retrasos también afectarán las fechas del trabajo de recubrimiento.

Una solución a estas complejidades de la programación es lo que se llama método de la ruta crítica (CPM, por sus siglas en inglés), que se muestra en la *Figura 1*. Por lo general, esto se hace con software en una computadora porque puede ser extremadamente difícil llevar el control mentalmente de todos los diferentes factores y operaciones. En el CPM, a cada actividad se le asigna una duración, con holgura por si surgen problemas. También se asignan antecesores y sucesores. Una vez que se ingresa la información inicial, la computadora puede hacer un seguimiento de los cambios, aunque se modifiquen las fechas de finalización de alguna actividad.

Los mismo se hace a menor escala en el caso de planes de trabajo para una sola tarea. Con frecuencia se establece la fecha límite para la compleción, con multas si no se completa el trabajo a tiempo. El plan de trabajo debe ser flexible para dar holgura por problemas inesperados y aun así permitir terminar el trabajo en la fecha de finalización establecida.

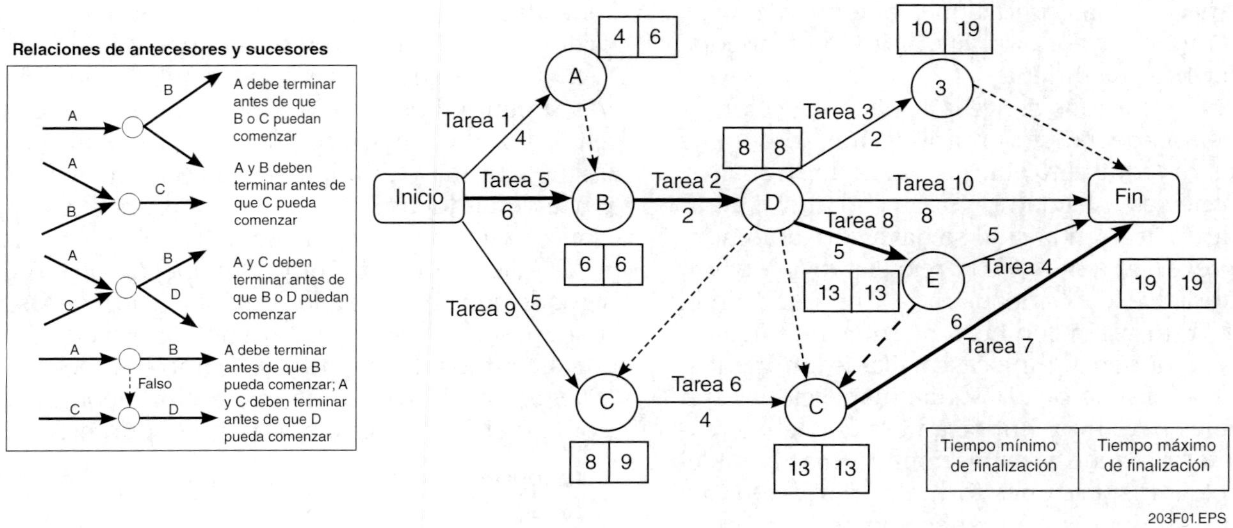

Figura 1 Método de la ruta crítica.

2.3.0 Asignación de equipos

Debido a que el contratista no puede permitirse duplicar todos los equipos necesarios para realizar todos los trabajos a la vez, con frecuencia es necesario programar el acceso a un equipo en particular según la disponibilidad. Por ejemplo, el contratista puede tener sólo una arenadora y cuatro equipos de personas trabajando en tareas de limpieza abrasiva. Los planes de trabajo deben asignar el equipo de acuerdo con los límites de programación de los diferentes trabajos. El uso de un equipo asignado clave sin consultar con el supervisor podría ocasionar que no se pueda completar un contrato o que se pierda un cliente.

2.4.0 Planificación de seguridad

El plan de trabajo debe tener una sección de seguridad que incluya la seguridad personal de los aplicadores de revestimientos y otras personas que estén en el área. Los trabajadores deben estar calificados para el trabajo que realizan y deben seguir todas las prácticas de seguridad recomendadas. Se debe prestar atención especial a los niveles de compuestos orgánicos volátiles (COV) en los solventes y los revestimientos que se utilicen.

3.0.0 Control de calidad y garantía de calidad

El plan de trabajo es la base del control y la planificación de procesos. Establece el nivel de calidad requerido y el proceso por el cual se debe alcanzar ese nivel, incluidos los estándares y los procedimientos de inspección aplicables. La calidad se puede definir como cumplir constantemente los requisitos y debe ser un compromiso de toda la empresa. Todas las personas de la empresa deben dar una alta prioridad a la calidad para que se haga realidad.

Los trabajos de aplicación de revestimientos industriales por lo general tienen requisitos formales en cuanto a los estándares de calidad según lo requieran las especificaciones o el contrato del trabajo. Es responsabilidad del contratista realizar todas las inspecciones y pruebas aplicables necesarias a lo largo de varias etapas del trabajo para poder asegurarse de que la calidad del trabajo, las condiciones ambientales de trabajo, la preparación de las superficies, la aplicación del revestimiento y los demás aspectos cumplan con las especificaciones del trabajo. Este proceso se llama control de calidad (QC). De manera similar, el propietario, una empresa de ingeniería u otro grupo de terceros también debe realizar inspecciones y pruebas a lo largo del proceso de un trabajo para asegurar que el contratista, de hecho, esté realizando el trabajo de acuerdo con las especificaciones. Este proceso se llama garantía de calidad (QA).

En el caso de los trabajos industriales grandes que involucran a muchas personas, es común que un inspector o un grupo de inspección de terceros realicen las tareas de garantía de calidad. Esto puede reducir los problemas y la tensión entre los propietarios, los contratistas y los proveedores de materiales.

La razón de las inspecciones es asegurar el control de calidad en las preparaciones del sustrato, los revestimientos y su aplicación. Para el trabajo del contrato, las inspecciones aseguran que se cumplan todos los requisitos de las especificaciones. Las inspecciones adecuadas pueden prevenir situaciones que podrían provocar fallas prematuras y muy costosas en los revestimientos. Durante una inspección, las condiciones que pueden afectar la calidad final del revestimiento se pueden ver y verificar fácilmente.

En su forma más sencilla, una inspección es cuando el especialista en aplicación se detiene después de completar cierta parte del trabajo y revisa que sea adecuada. ¿Se omitió algún área? ¿Hay algún área en la cual se haya corrido o hundido el revestimiento? ¿Es parejo el patrón de limpieza abrasiva y es adecuada la limpieza? En el caso de la limpieza con herramientas manuales y eléctricas, ¿quedó alguna cascarilla de laminado o algún depósito de óxido? Estas inspecciones son informales pero muy importantes y se deben realizar antes de que se inspeccione formalmente el trabajo. Las inspecciones formales requieren que los procedimientos de inspección se hagan por escrito y que la calidad del trabajo se presencie y documente regularmente. También significa que la persona o el grupo de personas que realicen las inspecciones estén entrenados especialmente y cuenten con los instrumentos necesarios para verificar la calidad del trabajo.

3.1.0 El proceso de inspección

Las inspecciones de revestimientos deben abarcar los siguientes aspectos:

- Inspección de los materiales
- Inspección de la preparación de la superficie
- Inspección de la aplicación de pintura
- Inspección final para la aceptación

Normalmente, el proceso de inspección empieza con una reunión previa a la tarea, en la cual se establecen las reglas de base para la inspección. Durante esta reunión, se deben aclarar todas las preguntas e identificar todos los problemas posibles. En muchos casos, antes de iniciar un trabajo, todas las partes preparan y aprueban paneles de prueba que demuestren los requisitos de preparación de las superficies y de la aplicación del revestimiento. Los paneles de prueba sirven como estándares de inspección para el trabajo, conforme avanza. También se pueden convertir en parte de la documentación al finalizar el trabajo. Conforme avanza el trabajo, tanto el especialista de QC del contratista como el inspector de QA designado son responsables de presenciar, verificar, inspeccionar y documentar sus observaciones en varios puntos de inspección. Como se muestra en la *Figura 2*, el proceso de inspección debe incluir por lo menos los siguientes pasos o puntos:

- Inspección previa a la preparación de la superficie
- Medición de las condiciones ambientales
- Evaluación del compresor, limpieza del aire y equipos de preparación de superficies
- Determinación de la preparación, la limpieza y el perfil de la superficie
- Presenciar la mezcla y la dilución de los materiales de revestimiento
- Evaluación del equipo de aplicación
- Inspección de las aplicaciones de revestimiento y la limpieza entre una capa y otra
- Determinación del espesor de película húmeda y el espesor de película seca
- Pruebas de orificios y discontinuidad
- Evaluación de adhesión/curado

3.1.1 Documentación

La clave para el control de calidad y la eficacia del plan de trabajo es la documentación. Los informes diarios sobre el trabajo completado, las pruebas y la inspección permiten a la empresa mantener los estándares de trabajo. La *Figura 3* es un ejemplo

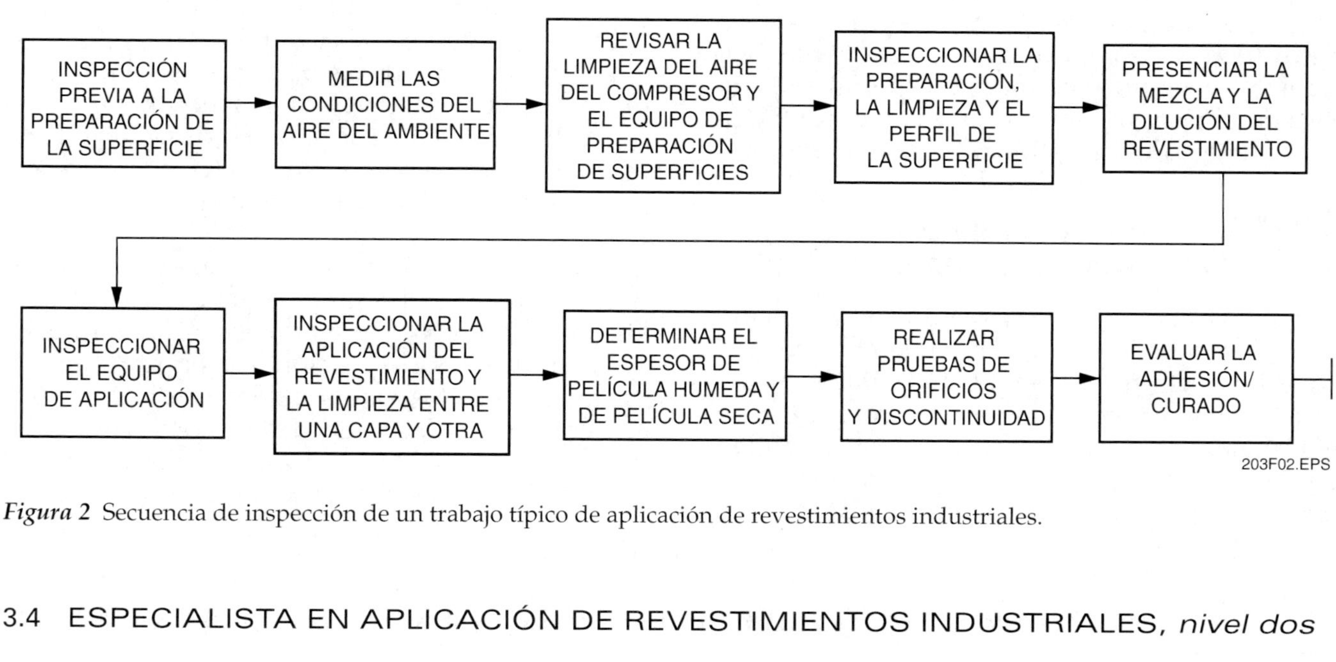

Figura 2 Secuencia de inspección de un trabajo típico de aplicación de revestimientos industriales.

de formulario de informe diario de un trabajo de revestimiento.

Se debe resolver todo conflicto que pueda surgir entre las especificaciones y el trabajo real que se está realizando. Las especificaciones son los requisitos del trabajo y tienen fuerza legal como parte del contrato. Toda desviación del contrato se debe acordar por escrito con el propietario. Dicho cambio se debe considerar un anexo del contrato. Cuando surja un problema y el contratista no pueda cumplir exactamente lo estipulado en el contrato, se debe enviar el problema como Solicitud de información (RFI) (*Figura 4*).

Otro formulario que se utiliza para trabajos de revestimiento es el informe de no conformidad (NCR). Este informe es enviado por un inspector que encuentra que algún aspecto del trabajo no es conforme a las especificaciones. El informe de no conformidad describe la no conformidad y debe resolverse antes de completar el trabajo.

Informe diario

___ Fecha ______ Informe n.° ______ Proyecto n.° ______ Página ______
___ Nombre del proyecto ______ Lugar ______
___ Persona que informa ______
___ Descripción de las áreas y el sustrato ______

___ Trabajo realizado ______

___ Condiciones ______ Preparación de la superficie ______
___ Tiempo ______ Procedimiento ______
___ Temp. del aire ______ Condición de la superficie ______
___ Hum. rel. ______ Perfil de la superficie ______
___ Temp. de la superficie ______
___ Viento ______
___ Aplicación de revestimiento ______
___ WTF del revestimiento en μm ______
___ Capa de imprimación ______ Intermedia ______ Capa superior ______
___ Producto ______ Fabricante ______
___ Lote n.° ______ Cant. ______
___ Diluyente ______ Cant. agregada ______
___ Método de aplicación ______
___ Comentarios ______

___ Firma ______

203F03.EPS

Figura 3 Muestra de un informe diario.

Solicitud de información

Fecha: Número de solic. inf.:

Solicitud de información

Proyecto ______________ Contratista ____________ Tipo de proyecto __________

Nombre del proyecto ____________ Orden de compra n.° ____________________

Solicitada por: ____

Información solicitada:

______________________ ______________ __________

Firma del representante Número de contacto Fecha

Fecha de respuesta necesaria ___________

RESPUESTA

Acción: Según conversación con Depto.

Sin cambio

Reparación

Rechazo

Otro

______________________ ______________ __________

Ingeniero Número de contacto Fecha

Resolución

______________________ __________

Firma del representante Fecha

203F04.EPS

Figura 4 Muestra de solicitud de información.

3.2.0 Factores que pueden afectar la calidad del revestimiento

Tanto la preparación de la superficie como la aplicación del revestimiento requieren de la consideración cuidadosa de las condiciones ambientales. Entre las condiciones ambientales que se consideran, está la temperatura del aire y de la superficie del sustrato, la humedad relativa (HR), el punto de rocío y el viento. La presión atmosférica también puede tener alguna influencia, según la elevación o la existencia de condiciones climáticas inusuales. Algunas veces, la combinación de factores que en otras situaciones son aceptables puede ocasionar fallas en el revestimiento.

Por lo general, las condiciones ambientales se determinan al inicio de las operaciones de preparación de superficies o de aplicación de revestimientos, así como durante estas operaciones, si el tiempo cambia significativamente. Se deben ingresar las condiciones ambientales en uno o más informes diarios, según lo ameriten los cambios en las condiciones.

3.2.1 Temperatura del aire y de las superficies

La temperatura del aire por lo general afecta más las operaciones de aplicación de revestimientos que las de limpieza. Es el factor que más influye en los índices de evaporación del solvente y de curado. Sin embargo, las temperaturas en diferentes lugares de la superficie que se necesita cubrir también pueden afectar los índices de evaporación del solvente y de curado. Las temperaturas altas del aire y/o la superficie pueden hacer que el solvente se evapore rápido y afectar el curado. La evaporación rápida durante el rociado, que se llama rociado seco, impide que el revestimiento humedezca la superficie y esto deriva en una mala adhesión. Las temperaturas altas también pueden ser causa de que la película no se forme bien. Por otra parte, las temperaturas bajas pueden impedir la evaporación adecuada del solvente, lo cual puede resultar en que quede atrapado en la película de revestimiento o que la película no se cure adecuadamente. Con el tiempo, esto puede provocar la formación de burbujas en la película.

3.2.2 Humedad relativa

La humedad relativa es una medida de la cantidad de humedad en el aire en comparación con el nivel de saturación. Muchas especificaciones de revestimientos restringen las operaciones de aplicación de revestimientos a límites determinados de humedad relativa. Cuando la humedad relativa es demasiado alta, la evaporación del solvente se hace más lenta y puede quedar atrapado. Además, el tiempo para repetir la aplicación se puede prolongar y provocar problemas de curado. La prolongación en el tiempo para repetir la aplicación también puede provocar que los solventes queden atrapados entre una capa y otra, y afectar la adhesión de las capas. Los revestimientos que se exponen a humedad alta después de la aplicación pueden presentar defectos, como transpiración, falta de brillo o, en el caso de los epoxis, transpiración amínica. Los revestimientos a base de agua tienen más tendencia a ser afectados por la humedad elevada que los demás tipos de revestimientos. Algunos revestimientos, tales como el silicato de cinc inorgánico, requieren de una humedad relativa mínima para curarse adecuadamente y pueden ser necesario rociarlos con agua si la humedad es especialmente baja.

3.2.3 Punto de rocío

El punto de rocío es la temperatura a la cual el agua se condensa, dejando humedad en la superficie. Es un factor importante durante las operaciones de limpieza abrasiva en seco y para aplicar nuevas capas de revestimiento. Después de la limpieza, el acero se oxida rápidamente, a menos que la temperatura de la superficie de acero sea por lo menos 5 °F (3 °C) superior a la temperatura de punto de rocío. Lo mismo ocurre con las aplicaciones de nuevas capas de revestimiento. La humedad atrapada entre las capas de revestimiento puede causar fallas prematuras en el revestimiento. La temperatura de la superficie se puede mantener dentro de algún recinto de contención, con equipos de calefacción por rayos infrarrojos. El punto de rocío se puede reducir a un nivel que impida la condensación mediante el uso de equipos deshumidificadores para reducir la humedad relativa.

3.2.4 Viento

Los contratistas deben consultar los pronósticos del tiempo del día y de varios días siguientes, para saber si existe la posibilidad de que haya vientos fuertes. El viento puede afectar las operaciones de preparación de superficies y de aplicación de revestimientos de las siguientes maneras:

- Los abrasivos de las operaciones de limpieza abrasiva se pueden volar y afectar las operaciones de aplicación de revestimiento.
- El viento puede causar una deriva excesiva o llevar el exceso de rociado a otras superficies durante las operaciones de rocío del revestimiento.

- El viento puede hacer que la evaporación del solvente sea excesiva después de la aplicación, y así afectar el curado; o durante las operaciones de rociado, y resultar en un rociado seco.
- Las operaciones de limpieza abrasiva o de recubrimiento de superficies pueden verse afectadas por la contaminación con polvo, tierra, arena, sal o el rocío de mar arrastrados por el viento.
- El viento puede ser un peligro para la seguridad en trabajos realizados a cierta altura cuando la velocidad del viento alcanza o supera las 40 mph (64 km/h). En algunos casos, se debe reducir la altura de la contención o desmantelarla. En el caso de las plataformas en alta mar, las olas pueden impedir trabajar cerca del nivel del mar o es posible que los botes de seguridad no puedan funcionar de manera confiable.

3.2.5 Presión atmosférica

Las variaciones en la presión atmosférica debido a la altitud o a cambios barométricos climatológicos pueden alterar el índice de evaporación de los solventes. Cuanto más baja es la presión, más alto es el índice de evaporación y viceversa. Esto puede afectar los tiempos de secado y de aplicación de nuevas capas de revestimiento, así como el tiempo de aplicación de algunos de revestimientos de varios componentes.

3.2.6 Relación entre presión, temperatura, y volumen

La ley universal de gases determina que presión x volumen/temperatura = constante. Esta fórmula tiene repercusiones importantes en la pintura y la limpieza abrasiva. Mayormente, la temperatura puede considerarse una constante. Lo importante para recordar respecto de la temperatura es que el incremento de la temperatura del aire aumenta su volumen y las temperaturas más frías lo disminuyen. A medida que la temperatura aumente durante el día, se necesita un mayor volumen de aire para mantener la misma presión. Como el aire cálido es menos denso, se requiere más aire para lograr la misma presión.

La relación que existe entre volumen y presión es aún más importante. Durante las operaciones de limpieza abrasiva, es importante mantener la presión en una boquilla. Conforme se desgasta el orificio de la boquilla, el área aumenta de acuerdo con la siguiente fórmula:

$$A = \pi r^2$$

Donde:

π (pi) = 3,14

r = **radio** del orificio de la boquilla

Esto incide en forma directa en la eficiencia de la limpieza abrasiva. Si el volumen del suministro de aire se mantiene constante y el área del orificio aumenta por el cuadrado del radio, el volumen de aire que pasa a través de la boquilla aumenta y, como consecuencia directa, la presión disminuye. Cada caída de 1 psi (7 kPa) en la presión de aire reduce la eficiencia alrededor del 1,5 %. Por lo tanto, una caída del 10 % en la presión equivale a un 15 % de pérdida de eficiencia.

Un aumento de 1/16" (0,16 cm)en el orificio de la boquilla puede aumentar en un 25 % el volumen de aire necesario para mantener la misma presión. Para mantener la presión en la boquilla, el compresor de aire utilizado para la limpieza a presión debe tener una clasificación de caudal adecuada para aumentar el volumen de aire a medida que los orificios se desgasten. Además, para garantizar que se suministre un mayor volumen de aire a la boquilla para mantener la presión, el diámetro de la manguera debe ser entre tres y cuatro veces el diámetro del orificio de la boquilla que se esté utilizando. Hay cuatro factores que pueden afectar negativamente la presión en la boquilla:

- La longitud de la manguera de aire
- La cantidad de dobleces de la manguera
- La elevación de la boquilla por sobre el compresor
- Índice inadecuado de caudal del compresor

4.0.0 Cálculos del proceso de planificación

Poseer conocimientos de matemática es uno de los requisitos indispensables para tener éxito en este oficio. La planificación requiere del uso de varios procedimientos matemáticos para calcular correctamente los materiales, planificar los tiempos de los equipos de trabajo y mezclar los materiales. Las razones y las proporciones son métodos para resolver problemas mediante comparaciones. Se pueden utilizar con el fin de hacer cálculos prácticos para determinar las respuestas a los problemas que involucran especificaciones, volúmenes de diluyente y COV. Los cálculos de **área** y **volumen** permiten al planificador determinar los tamaños y los materiales requeridos para las diferentes formas de objetos que se necesiten revestir. Se puede utilizar una calculadora de funciones avanzadas (*Figura 5*) para hacer los cálculos de las siguientes secciones.

203F05.EPS

Figura 5 Calculadora de funciones avanzadas portátil típica.

4.1.0 Razones

La razón de un término A respecto de un término B se puede escribir como A:B (o se puede plantear como A es a B), que también equivale a la fracción A/B. El primer término se convierte en el numerador (arriba) de la fracción y el segundo término en el denominador (abajo):

A:B = A/B

Los términos para las razones de cantidades específicas se deben expresar en las mismas unidades estadounidenses o métricas de medición, tales como pulgadas, metros, millas, kilómetros, libras, kilogramos, psi, Pa, galones, litros, etc. Debido a que las razones son fracciones, se pueden reducir a su mínima expresión si se divide el numerador y el denominador por un número en común:

20/25 ÷ 5 = 4/5

Supongamos que un técnico tiene 3 galones (11,36 l) de una pintura a base de solvente volátil que debe diluir con 1 galón (3,78 l) de solvente. Esta razón se puede expresar como 3 partes a 1 parte o como:

3:1 o 3/1

Donde el total de partes = 4

Debido a que los solventes por lo general son fuentes de COV, siempre que se realice una dilución significativa de un revestimiento, el nivel de COV aumenta o disminuye según el contenido de COV de cada componente del revestimiento. El nivel ajustado se calcula con una fórmula. La fórmula se basa en las partes de la razón, las partes totales y el contenido de COV de cada parte (componente) de la mezcla en libras por galón o gramos por litro (según se especifique en la hoja de datos del producto). En el siguiente ejemplo, se muestra el cálculo ajustado de COV:

> **NOTA**
>
> Recuerde que debe expresar todas las cantidades en las mismas unidades de medida (galones, pintas, litros, etc.).

Ejemplo:

Cuatro galones (partes) de revestimiento se mezclan con 1 galón (parte) de activador y 1 galón (parte) de reductor, dando como resultado una razón de mezcla de 4:1:1 y un total de partes igual a 6 (4 + 1 + 1).

El contenido de COV del revestimiento (pintura) es de 4 lb/galón (479,31 g/l) (= Vp).

El contenido de COV del activador es de 5 lb/galón (599,13 g/l) (= Va).

El contenido de COV del reductor es de 6 lb/galón (718,96 g/l) (= Vr).

Para calcular el contenido ajustado de COV del revestimiento mezclado utilice la siguiente fórmula:

$$\frac{(\text{partes de pintura} \times \text{Vp}) + (\text{partes de activador} \times \text{Va}) + (\text{partes de reductor} \times \text{Vr})}{\text{total de partes}}$$

Al sustituir los valores se obtiene lo siguiente:

$$\frac{(4\ \text{partes} \times 4\ \text{lb/gal}) + (1\ \text{parte} \times 5\ \text{lb/gal}) + (1\ \text{parte} \times 6\ \text{lb/gal})}{6}$$

o

$$\frac{16\ \text{lb/gal} + 5\ \text{lb/gal} + 6\ \text{lb/gal}}{6}$$

Resultado: el valor ajustado de COV es de 4,5 lb/gal (539,22 g/l) para el revestimiento mezclado reducido como se aplica.

4.2.0 Proporciones

Una proporción es un nombre que se asigna a un enunciado en el cual dos razones son equivalentes. Las dos razones se pueden expresar en la forma A es a B como C es a D o escribir como:

A:B = C:D o A/B = C/D

Cuando dos razones son equivalentes, el producto de la multiplicación cruzada de los numeradores y los denominadores de las proporciones son iguales:

A × D = B×C

Si se desconoce alguno de los términos de una proporción, se puede determinar como se indica en el siguiente ejemplo, en el cual se desconoce el numerador Y de una razón:

3/5 = Y/35

El producto de la multiplicación cruzada es:

3 × 35 = 5×Y

o

105 = 5Y

Al dividir ambos lados de la ecuación por 5, se obtiene el valor del término desconocido Y:

105 ÷ 5 = 5Y ÷ 5

o

21 = Y

Muchos problemas se pueden resolver estableciendo proporciones de cantidades relacionadas. Estas cantidades se deben analizar para determinar dónde colocar los términos en las razones. ¿Es el término desconocido de la razón mayor o menor que el término conocido? Esta razón se establece para que se corresponda con la razón que tiene dos términos conocidos. Los dos tipos de proporciones que se utilizan para resolver los diferentes tipos de problemas son las proporciones directas y las inversas.

$$\frac{\text{MENOR}}{\text{MAYOR}} = \frac{\text{MENOR}}{\text{MAYOR}}$$

O

$$\frac{\text{MAYOR}}{\text{MENOR}} = \frac{\text{MAYOR}}{\text{MENOR}}$$

4.2.1 Proporciones directas

Dos cantidades son directamente proporcionales cuando un aumento en una causa un aumento proporcional en la otra o cuando una reducción en una causa una reducción proporcional en la otra. Cuando se establece una proporción directa en forma de ecuación, el numerador de la primera razón debe corresponder con el numerador de la segunda. El denominador de la primera razón debe corresponder con el denominador de la segunda.

Por ejemplo, una tina de 3 galones (11,36 l) de un revestimiento epoxi en particular pesa 31 libras (14,06 kg). El problema consiste en encontrar el peso de un barril de 55 galones (208,20 l) del mismo revestimiento. La proporción se establece como sigue:

3/55 = 31/X

Ambos numeradores se corresponden debido a que la tina de 3 galones (11,36 l) de epoxi pesa 31 libras (14,06 kg) y los dos denominadores se corresponden, debido a que se desconoce el peso del barril de 55 galones (208,20 l).

Este ejemplo se resuelve de la siguiente manera:

55 × 31 = 1,705

1,705 ÷ 3 = 568.33

X = 568,33; por lo tanto, 3/55 = 31/568,33

4.2.2 Proporciones inversas

Dos cantidades son indirecta o inversamente proporcionales cuando un aumento en una cantidad causa una reducción en la otra cantidad. Por ejemplo, dos cantidades son inversamente proporcionales si cuando una cantidad aumenta a cuatro veces su valor original, la otra cantidad se reduce cuatro veces, o se convierte en un cuarto de su valor original.

Cuando se establece una proporción inversa en forma de fracción, la segunda razón se invierte (los términos se invierten). El numerador de la primera razón entonces se corresponde con el denominador de la segunda proporción y el denominador de la primera razón, con el numerador de la segunda razón. Una vez que se invierten o revierten los términos, los productos de la multiplicación cruzada se utilizan igual que en una proporción directa.

Por ejemplo, al agregar diluyente a determinada cantidad de revestimiento, si se desea saber cuál será el espesor de película húmeda (WFT), se debe calcular la cantidad que se debe agregar por porcentaje de sólidos. También se pueden utilizar los WFT relativos para calcular el monto permitido de diluyente. Si para el área B se agregó 1 cuarto (0,95 l) de diluyente a una tina de 3 galones (11,36 l) de material y se agrega otro cuarto (0,95 l) de diluyente al área A, para encontrar el resultado, se usa esa proporción. Debido a que la cantidad de diluyente utilizada es inversamente proporcional al WFT de las áreas revestidas, la proporción establecida es la siguiente:

$$\frac{\text{WFT del área B}}{\text{WFT del área A}} = \frac{\text{cantidad de diluyente agregado a A}}{\text{cantidad de diluyente agregado a B}}$$

$$\frac{20 \text{ mil}}{X} = \frac{2 \text{ qt}}{1 \text{ qt}}$$

$$20/X = 2/1$$

$$2X = 20$$

$$X = 10 \text{ mil}$$

4.3.0 Expresión de reglas como fórmulas

Una fórmula es un método abreviado para escribir una regla matemática. En las fórmulas, los valores de las reglas están representados por letras o símbolos. La letra que se utiliza para remplazar un valor es, con frecuencia, la primera letra de la palabra que lo representa. Si esa letra ya ha sido utilizada para representar un valor de la fórmula, no se la puede usar nuevamente para representar un valor diferente. Cuando se expresa una regla con una fórmula, los valores y las operaciones matemáticas se sustituyen por letras o símbolos y signos matemáticos (*Figura 6*).

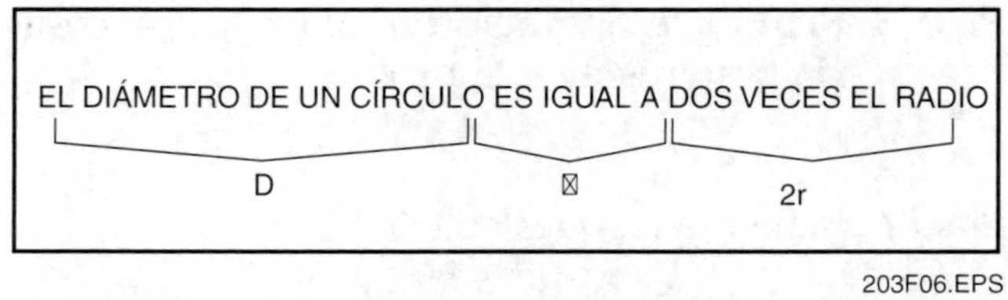

Figura 6 Cambio de una regla a fórmula.

Como las letras o los símbolos de una fórmula representan los números en problemas específicos, estos números se pueden insertar en la fórmula para remplazar las letras o los símbolos. Esto se denomina sustitución. Usualmente se conocen los valores de todas las letras, salvo una. Estos valores se pueden usar en la fórmula para encontrar el valor desconocido.

Siga estos pasos para resolver una fórmula por sustitución:

Paso 1 Determine la fórmula necesaria para resolver el problema. Por ejemplo, supongamos que el radio de un círculo es de 6 pulgadas (15,24 cm) y que no sabemos cuál es su diámetro. Para resolver el problema, se puede utilizar la fórmula que aparece en la *Figura 7.*

$$D = 2r$$

Paso 2 Remplace las letras o símbolos de la fórmula por las cantidades conocidas.

$$D = 2 \times 6$$

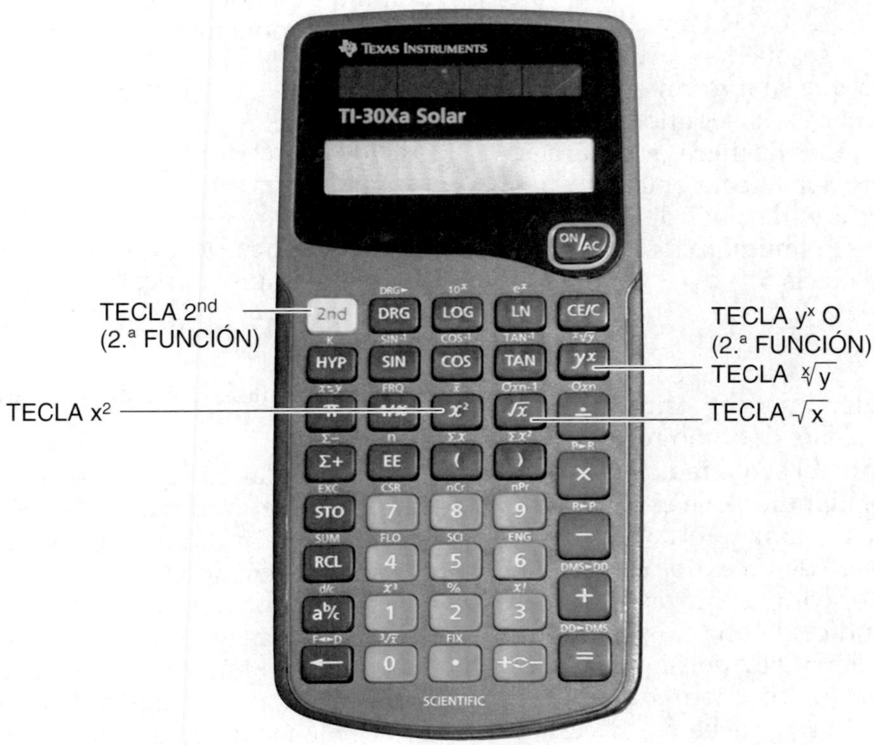

Figura 7 Teclas de la calculadora para operaciones de potencias y raíces.

Paso 3 Realice la operación matemática necesaria para resolver el problema.

$12 = 2 \times 6$

Paso 4 Revise la respuesta.

$12 \div 2 = 6$

Paso 5 Asigne a la respuesta la unidad de medida correcta.

D = 12 pulgadas (30,48 cm)

> **NOTA**
> Todas las medidas utilizadas en una fórmula deben pertenecer al mismo tipo de unidad.

Si el diámetro del ejemplo fuera un dato conocido y el radio fuera el valor que debemos averiguar, la fórmula se escribiría 12 = 2r. Podría resolverse dividiendo el diámetro por 2, de modo que 12 dividido 2 es equivalente a D/2:

$12/2 = D/2 = 6 = r$

4.4.0 Potencias

Una potencia es el producto de dos o más factores iguales. Por ejemplo, 4 × 4 es la segunda potencia de 4 y 4 × 4 × 4 es la tercera potencia de 4. Otro ejemplo: 3^2 es lo mismo que 3 × 3. El **exponente** 2 indica que el 3 se ha tomado como factor dos veces y se lee como tres a la segunda potencia o al cuadrado, por lo tanto, $3^2 = 9$. Para determinar potencias de números, se pueden utilizar las teclas de la calculadora que se indican en la *Figura 7*. Para elevar un número a la segunda potencia, presione la tecla x^2 después de ingresar el número. Para elevar un número a la tercera potencia o una mayor, presione la tecla y^x después de ingresar el número. Luego, ingrese el número de la potencia deseada, seguido de la tecla =.

4.5.0 Raíces

La raíz cuadrada de un número es el número que, multiplicado por sí mismo, da como resultado el número del cual es raíz. El signo radical √ indica la raíz de un número. El índice, que es el número que se ubica encima y a la izquierda del signo radical, indica el número de veces que se debe tomar la raíz como factor equivalente para obtener el número dado. El índice de una raíz cuadrada es 2. Usualmente, se omite el 2 del signo de raíz cuadrada. Por lo tanto, la raíz cuadrada de 16 se escribe $\sqrt{16}$. La pregunta que debemos hacernos es "¿qué número multiplicado por sí mismo es igual a 16?". Como 4x4 = 16, la raíz cuadrada de 16 es 4. De modo que $\sqrt{16} = 4$.

Cuando se necesita calcular la raíz cuadrada de una fracción, tanto el numerador como el denominador deben estar encerrados dentro del signo radical. Por ejemplo, $\sqrt{5/8}$ indica que debe tomarse la raíz cuadrada de toda la fracción. Para calcular la raíz cuadrada de una fracción, se debe encontrar la raíz cuadrada del numerador y del denominador. Para determinar las raíces cuadradas, cúbicas y otras, se pueden utilizar las teclas de la calculadora como se muestra en la *Figura 7*. Para obtener la raíz cuadrada de un número, presione la tecla √ después de ingresar el número. Para encontrar la raíz cúbica o una raíz mayor de un número, presione la tecla 2nd (segunda función) y luego la tecla después de ingresar el número. Luego, ingrese el número del que desee encontrar la raíz, seguido de la tecla =.

Ejemplo:

Calcule la raíz cuadrada de 16⁄36:

$\sqrt{16} = 4$

$\sqrt{36} = 6$

$\sqrt{16/36} = 4/6 = 2/3$ reducida

Las expresiones con raíces a veces se escriben con dos o más operaciones dentro del signo radical. Por ejemplo, la expresión $\sqrt{l+h}$ se lee como "la raíz cuadrada de l+h". Para calcularla, se suma primero l + h y después se resuelve la raíz cuadrada de la suma. Aplique el siguiente procedimiento para resolver problemas con operaciones dentro del signo radical:

Ejemplo:

Calcule la raíz de:

$\sqrt{8+17}$

Paso 1 Realice primero las operaciones dentro del signo radical.

$8 + 17 = 25$

Paso 2 Calcule: $\sqrt{25}$: 5×5 = 25, entonces $\sqrt{8+17} = 5$

Para calcular cualquier potencia de un número, multiplique el número por sí mismo la cantidad de veces que indique el exponente. Es decir, la cuarta potencia de un número, expresada como n a la cuarta potencia, es n × n × n × n. Por medio del mismo razonamiento, la raíz cuarta de un número es aquel número que, si se multiplica cuatro veces por sí mismo, equivale al número del cual desee obtener la raíz. El cubo de un número es ese número elevado a la tercera potencia (n × n × n).

La raíz cúbica de un número es aquel número que multiplicado por sí mismo tres veces da como resultado el primer número. Por ejemplo, 2^3, que se lee como dos al cubo, equivale a 8. La raíz cúbica de 27 es 3, pues 3 × 3 × 3 es igual a 27.

4.6.0 Evaluación de fórmulas

Normalmente, las fórmulas contienen dos o más operaciones aritméticas. Para resolver una fórmula, es fundamental realizar las operaciones en el orden adecuado. Realice las operaciones en el orden que se indica a continuación:

Paso 1 Realice primero las operaciones ubicadas dentro del paréntesis. Si hay paréntesis dentro de otros paréntesis, resuelva primero la operación que se encuentra en el paréntesis más interno.

Paso 2 Resuelva las operaciones de potencias y raíces a medida que vayan apareciendo.

Paso 3 Resuelva las operaciones de multiplicación y división de izquierda a derecha y en el orden en el que aparezcan.

Paso 4 Resuelva las operaciones de suma y resta de izquierda a derecha en el orden en el que aparezcan.

Una manera de recordar este orden es la regla mnemotécnica PEMDSR: paréntesis; exponente (potencias y raíces); multiplicar, dividir, sumar, restar.

> **NOTA**
>
> Una forma de memorizar una sucesión de letras es formar una oración con ellas; las oraciones ridículas son más fáciles de recordar. Una para el orden de las operaciones es: Puede Escoger Más De Seis Rosas.

Para determinar el valor numérico de una letra en una expresión cuando se conoce el valor numérico de la otra letra, utilice el siguiente procedimiento:

Paso 1 Escriba la expresión.

Paso 2 Remplace las letras de la expresión por sus valores numéricos y agregue un signo de multiplicación donde sea necesario.

Paso 3 Realice las operaciones en el orden apropiado.

Ejemplo:

Obtenga el perímetro de un rectángulo en el que h (altura) es igual a 6 pulgadas (15,24 cm) y w (ancho) es igual a 4 pulgadas (10,16 cm).

Paso 1 Escriba la fórmula p = 2h + 2w

Paso 2 Reemplace las letras de la expresión por sus valores numéricos y agregue un signo de multiplicación donde sea necesario.

p = (2 × 6) + (2 × 4)

Paso 3 Realice las operaciones en el orden apropiado.

Primero multiplique

2 × 6 = 12 y 2 × 4 = 8

luego sume

12 + 8 = 20

p = 20 pulgadas (50,8 cm)

Otra manera de trabajar con la fórmula del perímetro de un rectángulo sería determinar la longitud de uno de los lados si usted conoce el perímetro y la longitud del otro lado. Entonces, el perímetro y un lado se pueden sustituir en la fórmula p = 2h + 2w. Si el perímetro (p) es 20 y uno de los lados es 4, entonces se podría escribir la fórmula como 20 = 2h + 2(4) o 20 = 2h + 8. Debido a que la misma operación se puede hacer a ambos lados de la ecuación, reste 8 a ambos lados: 20 – 8 = 2h + 8 – 8. El resultado es 12 = 2h. Divida ambos lados de la ecuación por 2 y obtendrá que la longitud del lado desconocido es 6. Recuerde que puede hacer la misma operación a ambos lados de una ecuación sin que ello modifique la igualdad.

5.0.0 Resolución de problemas de área

El área es la cantidad de superficie plana (chata) en un espacio cerrado. Se puede calcular el área de una superficie dada para aplicaciones prácticas, como:

- la ubicación de una sala;
- cálculos aproximados de materiales;
- cálculos aproximados de costos;
- tamaños de inventarios o piezas.

Para medir un área se utilizan áreas estándar de unidades más pequeñas, como la pulgada cuadrada y el pie cuadrado. Una pulgada cuadrada es una superficie encerrada por un cuadrado cuyos lados miden una pulgada cada uno. Un pie cuadrado es una superficie encerrada por un cuadrado cuyos lados miden un pie cada uno. En 1 pie cuadrado (0,09 m^2) hay 144 pulgadas cuadradas (929,03 cm^2). Estas unidades se pueden utilizar para resolver el problema de calcular las áreas de rectángulos, triángulos y círculos.

5.1.0 Encontrar el área de un rectángulo

Un rectángulo es una figura que tiene cuatro lados. Sus lados opuestos son iguales y todos los lados forman ángulos rectos al unirse. Para calcular el área de un rectángulo, es necesario hallar el número de unidades de superficie que contiene. Por ejemplo, si un rectángulo tiene 3 filas de pulgadas cuadradas y en cada fila hay 4 pulgadas cuadradas (25,81 cm^2), el rectángulo contendrá 12 pulgadas cuadradas (77,42 cm^2) (*Figura 8*).

Para calcular el área de cualquier rectángulo se puede multiplicar la longitud de un lado por el ancho de un lado; es decir: A = lw. El área siempre se expresa en unidades cuadradas. Recuerde que la longitud o el ancho se pueden obtener si se conoce el área y la longitud o el ancho. En el caso de un rectángulo que mide 2 pies de largo (0,61 m) y su área es de 10 pies cuadrados (0,93 m^2), la ecuación A = lw se transforma en 10 = 2w. Si divide ambos lados de la ecuación por 2 (o, en el caso de las unidades métricas, 0,61), obtendrá 5 = w (en el caso de las unidades métricas, 1,52 = w).

En las fórmulas para calcular el área, todas las medidas se deben expresar o estar convertidas al mismo tipo de unidad. Por ejemplo, si una habitación mide 20 pies y 6 pulgadas (6,25 m) de largo y 15 pies y 9 pulgadas (4,8 m) de ancho, el área del piso se calcula de la siguiente forma:

A = lw

A = 20 pies y 6 pulgadas × 15 pies y 9 pulg.

A = 20,5 pies × 15,75 pies

A = 322,875 pies cuadrados (o 30 m^2)

Para encontrar el área de las paredes, se necesita saber la altura de una habitación, así como la longitud y el ancho. La fórmula para las paredes de la habitación es:

A = lw

A (la pared más larga) =
20 pies y 6 pulgadas × 8 pies

A (la pared más corta) = 1
5 pies y 9 pulgadas × 8 pies

A = 20,5 pies × 8 pies = 164 pies

B = 15,75 pies × 8 pies = 126 pies

Área de las paredes de la habitación = 2 A + 2 B = 2 (164 + 126) = 580 pies cuadrados (53,88 m^2).

Un cuadrado es un rectángulo que tiene cuatro lados iguales. Si cada lado de un cuadrado mide 6 pulgadas, este cuadrado se llama cuadrado de 6 pulgadas. Para hallar el área de un cuadrado se puede utilizar la fórmula que se usa para calcular el área de un rectángulo. Sin embargo, como todos los lados (a los que llamaremos S) tienen el mismo largo, la longitud de cualquiera de ellos puede también multiplicarse por sí misma, o A = S^2. Esta relación se lee como que el área es igual a uno de sus lados elevado al cuadrado. Por ejemplo, el área de un cuadrado de 6 pulgadas (15,24 cm) se calcula de la siguiente manera:

A = S^2

A = 6 × 6

A = 36 pulgadas cuadradas (232,26 cm^2)

5.2.0 Encontrar el área de un triángulo

El triángulo es una figura de tres lados y tres ángulos. Para calcular el área de un triángulo, se puede multiplicar la base por la altura y dividir el resultado por dos, o A = ½bh (*Figura 9*). La base de un triángulo puede ser cualquiera de sus lados. La altura es **perpendicular** a la base.

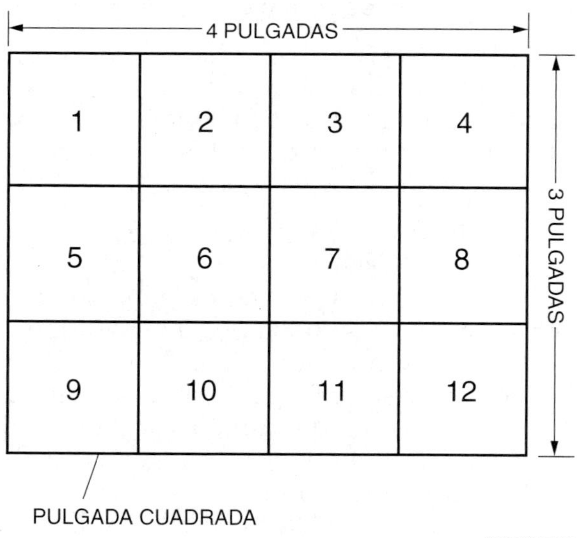

Figura 8 Rectángulo.

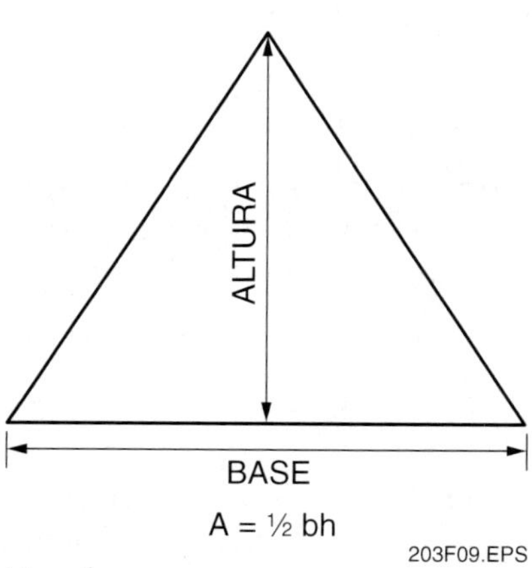

Figura 9 Triángulo.

Por ejemplo, si un triángulo tiene una base de 15 pies (4,57 m) y una altura de 12 pies (3,66 m), el área se calcula de la siguiente manera:

$A = \frac{1}{2} bh$

$A = 1/2 \times 15 \times 2$

$A = 90$ pies cuadrados ($8{,}36 m^2$)

Si se conocen la base y el área, incorpore entonces esos datos en la fórmula para obtener 90 = 15 h/2. Primero, multiplique ambos lados de la ecuación por 2, lo que da 180 = 15h. Divida ahora ambos lados por 15 y obtendrá 12 = h. La altura es de 12 pies (3,66 metros).

5.3.0 Encontrar el área de un círculo

Para calcular el área de un círculo, se puede multiplicar pi por el producto del radio multiplicado por sí mismo, o $A = \pi r^2$. Al presionar la tecla p en la calculadora que se muestra en la *Figura 10*, se ingresa el valor de p (3,14159xxx). Para los fines de este módulo, use el valor 3,1416 para pi. Por ejemplo, si un tubo tiene un radio interno de 12 pulgadas (30,48 cm), el área de la sección transversal del tubo se puede hallar de la siguiente manera:

$A = \pi r^2$

$A = 3{,}1416 \times 12 \times 12$

$A = 452{,}39$ o $452{,}4$ pulgadas cuadradas ($2918{,}7 cm^2$)

Para hallar el área de un círculo, también se puede multiplicar 0,7854 por el cuadrado del diámetro, como se muestra en la *Figura 10*. Como ejemplo, el tubo que se utilizó en el cálculo anterior tiene un diámetro de 24 pulgadas (2 × el radio de 12 pulgadas) y el área se puede calcular alternativamente como se muestra a continuación:

$A = 0{,}7854 \times d^2$

$A = 0{,}7854 \times 24^2$ (o 24 × 24)

$A = 0{,}7854 \times 576$

$A = 452{,}39$ o $452{,}4$ pulgadas cuadradas ($2918{,}7 cm^2$)

Esta fórmula también puede utilizarse para hallar la presión ejercida sobre una superficie, como la de un pistón. Si el pistón tiene un diámetro de 6 pulgadas (15,24 cm) y la presión ejercida sobre la cabeza del pistón es de 160 libras por pulgada cuadrada (1103,16 kPa), la presión total se calcula de la siguiente manera:

$A = \pi r^2$

$r = D \div 2 = 6 \div 2 = 3$

$A = 3{,}1416 \times 3 \times 3$

$A = 28{,}2744$ pulgadas cuadradas

Presión = 160 libras por pulgada cuadrada

Presión por pulgada cuadrada × área = presión total

$160 \times 28{,}2744 = 4523{,}904$ libras por pulgada cuadrada (31.191,22 kPa)

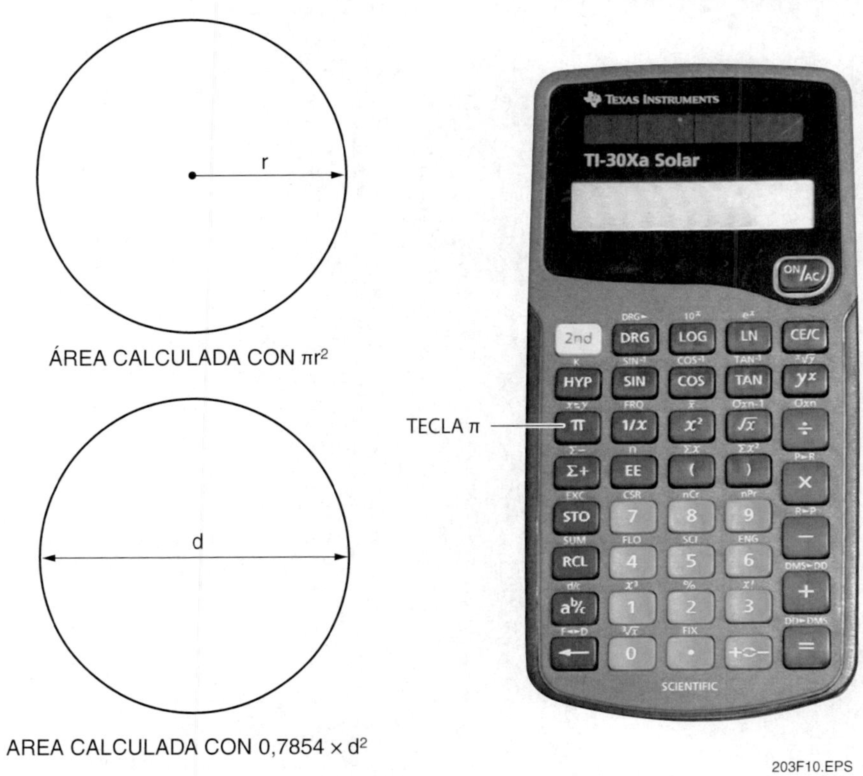

Figura 10 Fórmulas para calcular áreas circulares y la tecla π de la calculadora.

5.4.0 Encontrar el área de una esfera

Para hallar el área de una esfera (*Figura 11*), se puede multiplicar pi por el cuadrado del diámetro (πd^2) o el cuadrado del doble del radio ($\pi 2r^2$). Por ejemplo, si una esfera tiene un diámetro de 20 pies (6,1 m), el área se encuentra de la siguiente manera:

$A = \pi d^2$

$A = 3{,}1416 \times 20^2$ (o 20×20)

A = 1257 pies cuadrados (116,78 m^2)

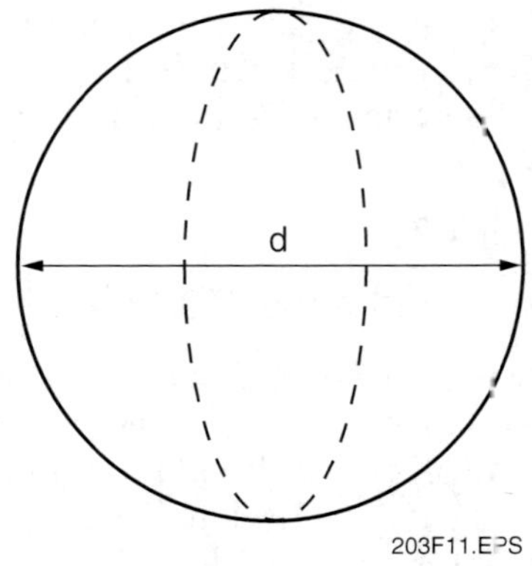

Figura 11 Esfera.

5.5.0 Encontrar el área de un cilindro

Para encontrar el área de un **cilindro** (como un tubo o un tanque), se puede determinar la **circunferencia** (c) y multiplicarla por la longitud o la altura (h) (*Figura 12*). La circunferencia es la distancia alrededor del cilindro y se determina por la fórmula πd (o $\pi d^2 r$). Si el cilindro tiene tapa de uno o de ambos lados, como un tanque, se suma al área del cilindro el área de uno o dos círculos con estos mismos valores de radio o diámetro. Por ejemplo, el área de un tanque que tiene 20 pies (6,1 m) de diámetro y 30 pies (9,14 m) de altura con tapa superior e inferior se determina como sigue:

$A = \pi d$ (o $\pi 2r$) $\times$ h para el cilindro + 2 veces πd^2 (o $0{,}7854 \times d^2$) para las tapas

$A = 3{,}1416 \times 20 \times 30 + 2\,(0{,}7854 \times 20 \times 20)$

$A = 1885 + 628$

A = 2513 pies cuadrados (233,47 m^2)

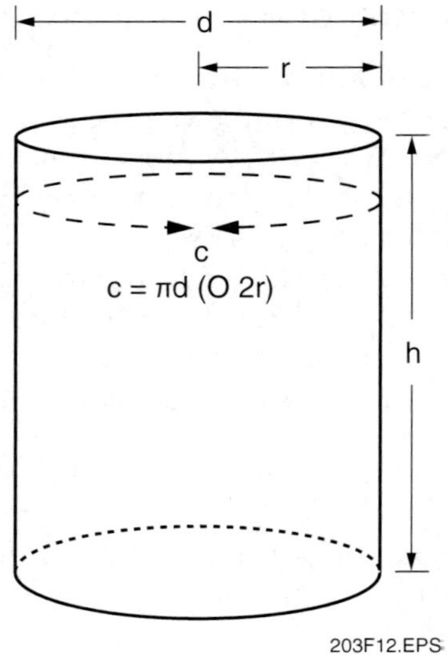

Figura 12 Cilindro.

Resumen

Todo trabajo de recubrimiento o revestimiento, sin importar cuán directo sea, se debe planificar antes de iniciar el trabajo de campo. El plan de trabajo es la herramienta principal para controlar el proceso. El objeto del control del proceso es establecer los procedimientos de trabajo estandarizados dentro de la empresa y, por lo tanto, garantizar que el trabajo se haga correctamente en cada ocasión.

La planificación requiere de habilidad para calcular razones y proporciones entre las cantidades y, por lo tanto, permitir que el trabajador determine las cantidades sin desperdiciar material por adivinarlas.

El control y la garantía de calidad son otros aspectos de vital importancia en el trabajo de revestimiento. Las inspecciones y las pruebas que se realizan son necesarias para asegurar el cumplimiento del nivel de calidad especificado en el plan de trabajo.

Tanto en el plan de trabajo como en el control de calidad, la documentación es clave. Los informes diarios sobre el trabajo completado, las pruebas y la inspección permiten a la empresa mantener los estándares de trabajo.

Preguntas de repaso

1. El objeto de un plan de trabajo es que cada miembro del equipo _____.
   a. sea responsable del tiempo perdido
   b. haga bien el trabajo desde la primera vez
   c. lea la hoja de datos del producto
   d. encuentre la manera de trabajar más rápido

2. Las especificaciones de los materiales están escritas en _____.
   a. el plan de trabajo
   b. la hoja de datos del producto
   c. la MSDS
   d. la solicitud de información

3. Las especificaciones _____.
   a. se rigen por el plan de trabajo
   b. son los requisitos del trabajo
   c. son el paquete de planos
   d. por lo general son las mismas para cada proyecto de revestimiento

4. A medida que se desgasta la boquilla de limpieza abrasiva, _____.
   a. disminuye el volumen de aire
   b. se calienta el aire de la boquilla
   c. disminuye el presión
   d. la presión no se ve afectada

5. La razón de 5 galones de revestimiento a 1 galón de diluyente es _____.
   a. 1:5
   b. 5:1
   c. 5:6
   d. 6:5

6. Si se agrega una pinta estadounidense (0,473 l) de diluyente a 1 galón de revestimiento (3,785 l), la razón de la mezcla es _____.
   a. 2:1
   b. 3:6
   c. 8:1
   d. 12:10

7. Después de diluir 20 galones de revestimiento con 2 galones de diluyente, la razón de la mezcla es _____.
   a. 2:20
   b. 10:1
   c. 11:10
   d. 22:2

8. El valor de 6 a la segunda potencia es _____.
   a. 2
   b. 18
   c. 36
   d. 216

9. El exponente 3 significa que el número debe multiplicarse por sí mismo tres veces.
   a. Verdadero
   b. Falso

10. El valor de 8 al cubo es _____.
    a. 16
    b. 64
    c. 512
    d. 640

11. La raíz cuadrada de 9 es _____.
    a. 2
    b. 3
    c. 4,5
    d. 81

12. El área del piso de una habitación de 20 pies de largo por 15 pies de ancho es _____.
    a. 250 pies cuadrados
    b. 300 pies cuadrados
    c. 600 pies cuadrados
    d. 750 pies cuadrados

13. La longitud de una plataforma rectangular que mide 12 pies de ancho y tiene un área de 180 pies cuadrados es _____.
    a. 15 pies
    b. 90 pies
    c. 190 pies
    d. 900 pies

14. Si uno de los lados de un cuadrado mide 4 pulgadas, su área es de _____.
    a. 8 pulgadas cuadradas
    b. 16 pulgadas cuadradas
    c. 64 pulgadas cuadradas
    d. 512 pulgadas cuadradas

15. Una plataforma de concreto que se debe sellar mide 4 ½ pies de ancho y 5 pies de largo. Su área es de _____.
    a. 22,5 pies cuadrados
    b. 25 pies cuadrados
    c. 27,5 pies cuadrados
    d. 29 pies cuadrados

16. El área de un triángulo con dos lados que forman un ángulo recto en su unión y miden 4 pies de longitud cada uno es de _____.
    a. 4 pies cuadrados
    b. 8 pies cuadrados
    c. 16 pies cuadrados
    d. 32 pies cuadrados

17. Si la altura de un triángulo es de 20 pies y la base es de 15 pies, el área es de _____.
    a. 5 pies cuadrados
    b. 150 pies cuadrados
    c. 300 pies cuadrados
    d. 400 pies cuadrados

18. El área que se cubrirá al sellar una plataforma triangular si los tres lados miden 10 pies y la distancia desde el medio de uno de los lados respecto del ángulo opuesto es de 8,8 pies es de _____. (Redondear al valor entero en pies cuadrados más próximo).
    a. 44 pies cuadrados
    b. 50 pies cuadrados
    c. 88 pies cuadrados
    d. 100 pies cuadrados

19. El gablete (sección triangular bajo el techo a dos aguas) de su casa tiene 50 pies de ancho por 10 pies de alto. Para cubrirlo con un revestimiento acrílico, necesita pedir suficiente cantidad como para cubrir _____.
    a. 60 pies cuadrados
    b. 100 pies cuadrados
    c. 250 pies cuadrados
    d. 500 pies cuadrados

Para las preguntas 20 a 25 utilice el valor 3,1416 para pi.

20. El área de un círculo que tiene 6 ½ pulgadas de diámetro es _____.
    a. 16,33 pulgadas cuadradas
    b. 28,27 pulgadas cuadradas
    c. 33,18 pulgadas cuadradas
    d. 113 pulgadas cuadradas

21. ¿Cuántas pulgadas cuadradas de madera contrachapada serán necesarias para fabricar una tapa circular para una abertura de 24 pulgadas de diámetro? (Suponga que el borde del agujero debe permanecer sin revestir, así que la madera se debe extender 1 pulgada sobre el borde).

    a. 60 pulgadas cuadradas
    b. 73,93 pulgadas cuadradas
    c. 169 pulgadas cuadradas
    d. 530,93 pulgadas cuadradas

22. Se debe limpiar a presión y resellar la base de un tanque circular. La base tiene un área de 11.310 pies cuadrados. ¿Cuál es el radio? (Redondear al valor entero en pies más próximo).

    a. 6 pies
    b. 60 pies
    c. 120 pies
    d. 3600 pies

23. Si en cada pasada con un rociador se cubren 2 pies cuadrados de la parte superior de un tanque, ¿cuántas pasadas se necesitan para cubrir un anillo de 50 pies de diámetro? (Redondear al valor entero más próximo).

    a. 25
    b. 100
    c. 205
    d. 982

24. El área de una esfera de 30 pies de diámetro es _____. (Redondear al valor entero en pies más próximo).

    a. 3346 pies cuadrados
    b. 4072 pies cuadrados
    c. 5063 pies cuadrados
    d. 6494 pies cuadrados

25. El área de la superficie de un tubo de 24 pulgadas de diámetro y 30 pies de largo es _____.

    a. 188,5 pies cuadrados
    b. 1230,3 pies cuadrados
    c. 340 pies cuadrados
    d. 2262 pies cuadrados

Términos clave del oficio introducidos en este módulo

Área: espacio que encierra una figura bidimensional.

Cilindro: forma creada por un círculo que se mueve en línea recta a través de un espacio perpendicular a la superficie del círculo.

Circunferencia: línea que encierra una figura bidimensional y cuyos puntos están todos a la misma distancia del centro.

Exponente: número o símbolo ubicado a la derecha y encima de otro número, símbolo o expresión, y que denota la potencia a la cual se debe elevar este último número, símbolo o expresión.

Perpendicular: que forma un ángulo recto con el plano de una línea o superficie.

Pi: constante que define la relación entre el diámetro y la circunferencia o el radio y el área de un círculo.

Radio: línea recta que une el centro de un círculo con un punto en el borde del círculo.

Volumen: espacio encerrado por una figura tridimensional.

Recursos adicionales

Este módulo pretende ser un recurso exhaustivo para el entrenamiento en las tareas. Las siguientes referencias se sugieren para continuar el estudio. Se trata más de material opcional para una educación continuada que para el entrenamiento en tareas.

ANSI/ISO/ASW Q9001-2008: Quality Managements Systems – Requirements (Sistemas de gestión de calidad. Requisitos). www.asq.org.

Coating Inspector Program Level 1 (Programa de inspector de revestimientos, nivel 1), © NACE International, 2010.

Coating Inspector Program Level 2 (Programa de inspector de revestimientos, nivel 2), © NACE International, 2010.

Corrosion Prevention by Protective Coatings (Prevención de la corrosión con revestimientos protectores). Charles Munger. Houston, Texas: NACE, 1999.

IMO MSC.215(82) Performance Standard for Protective Coatings (*PSPC*) (Norma de rendimiento de revestimientos protectores). www.imo.org.

SSPC-PA 1, Shop, Field, and Maintenance Painting of Steel (Pintura de acero en taller, en campo y para mantenimiento). www.sspc.org.

Créditos de las figuras

Graco Inc., Portada del módulo

Topaz Publications, Inc., 203F05, 203F07, 203F10 (foto)

CURRÍCULO DE NCCER - COMENTARIOS DEL USUARIO

NCCER hace el esfuerzo de mantener estos libros de texto actualizados y libres de errores técnicos. Apreciamos su ayuda en este proceso. Si encuentra algún error, ya sea tipográfico o de contenido, en el currículo de NCCER, haga el favor de completar este formulario (o una fotocopia de él) o el formulario en línea en **www.nccer.org/olf**. Asegúrese de incluir el número exacto del módulo, la página, una descripción detallada y la corrección recomendada. Su comentario será puesto en conocimiento del comité técnico de revisión. Gracias por su ayuda.

Instructores: si tiene una idea para mejorar este libro de texto o encontró que algún material adicional es necesario para enseñar este módulo con eficacia, por favor háganoslo saber para que podamos presentar sus sugerencias al comité técnico de revisión.

NCCER Product Development and Revision

13614 Progress Blvd., Alachua, FL 32615

Correo electrónico: curriculum@nccer.org

En internet: www.nccer.org/olf

❑ Guía del estudiante ❑ AIG ❑ Examen ❑ PowerPoints Otro ______________________________

Oficio / nivel Fecha de copyright :

Número/título del módulo:

Número(s) de sección:

Descripción:

Corrección recomendada:

Su nombre:

Dirección:

Correo electrónico: Teléfono:

Contención

ES69204-10

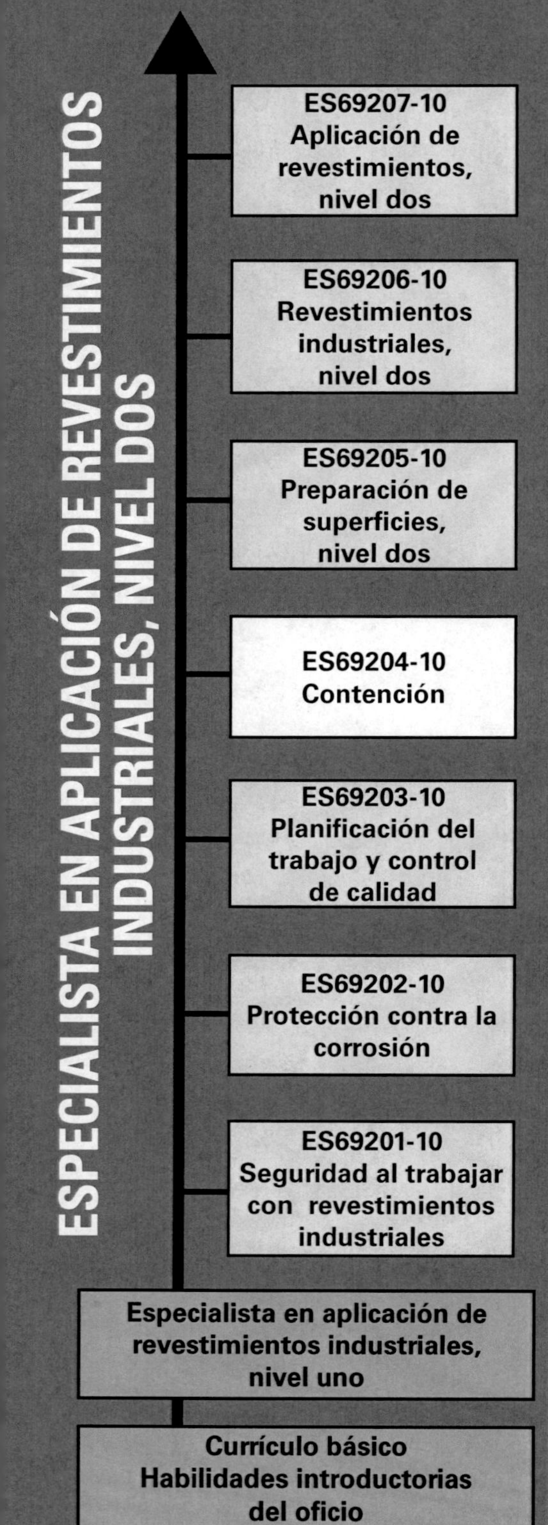

Este mapa del curso muestra todos los módulos de *Especialista en aplicación de revestimientos industriales, nivel dos.* El orden de entrenamiento sugerido comienza desde la parte inferior y avanza hacia la parte superior. Los niveles de habilidad se incrementan a medida que avanza en el mapa del curso. El Patrocinador local del Programa de entrenamiento puede modificar el orden del entrenamiento.

Objetivos

Cuando haya completado este módulo, el alumno podrá hacer lo siguiente:

1. Describir qué nivel de contención sería apropiado para una operación específica.
2. Describir los requisitos generales de los estándares de la industria para el montaje de la contención y la recolección de polvo.
3. Enumerar los distintos tipos de sistemas de contención y sus aplicaciones.
4. Construir un sistema de contención para una aplicación específica.
5. Mostrar cómo se instalan sistemas de ventilación y humidificación o deshumidificación.
6. Mostrar los métodos para verificar la efectividad de la contención.
7. Mostrar los métodos para tratar problemas de protuberancias.
8. Mostrar los procedimientos para mantener la integridad de la contención.

Términos clave del oficio

Aire de relleno
Desecante
Emisiones
Entrada
Estructura de soporte
Flujo de aire forzado
Impenetrable
Impermeable
Oxidación instantánea
Presión negativa
Resistentes a las llamas
Retardadores de llama

Prerrequisitos

Antes de comenzar este módulo, se recomienda que complete correctamente *Especialista en aplicación de revestimientos industriales, nivel uno* y *Especialista en aplicación de revestimientos industriales, nivel dos,* Módulos ES69201-10 a ES69203-10.

Índice

Los temas que vamos a presentar en este módulo comprenden:

1.0.0 Introducción 4.1
1.1.0 Desarrollo de sistemas de contención y ventilación 4.1
1.2.0 Consideraciones de salud y seguridad 4.2
2.0.0 Estándares de la industria 4.2
2.1.0 Estándares de NACE/SSPC 4.3
2.1.1 Guía 6 de la SSPC: guía para la contención de residuos de preparación de superficies generados durante las operaciones de remoción de pinturas 4.4
2.2.0 Estándares de seguridad para los trabajadores 4.4
3.0.0 Contención de residuos 4.7
3.1.0 Métodos de recolección de residuos 4.7
3.1.1 Recolección localizada en el punto de limpieza 4.7
3.1.2 Recolección del área general 4.10
4.0.0 Selección de sistemas de contención 4.10
4.1.0 Clases de contención 4.11
4.2.0 Subclases de técnicas de preparación de superficies 4.11
4.3.0 Selección de la contención establecida en la *Guía 6 de la SSPC* 4.15
5.0.0 Componentes del recinto de contención 4.16
5.1.0 Material de contención (Tipo A) 4.16
5.2.0 Penetrabilidad del material de contención (Tipo B) 4.18
5.3.0 Estructura de soporte (Tipo C) 4.19
5.4.0 Uniones (Tipo D) 4.20
5.5.0 Entrada (Tipo E) 4.21
6.0.0 Componentes del sistema de ventilación de la contención 4.21
6.1.0 Suministro de aire (Tipo F) 4.21
6.2.0 Flujo de aire de entrada (Tipo G) 4.22
6.3.0 Presión del aire dentro de la contención (Tipo H) 4.22
6.4.0 Movimiento de aire dentro de la contención (Tipo I) 4.23
6.5.0 Escape eléctrico y filtrado de polvo (Tipo J) 4.24
7.0.0 Efectividad de la contención 4.24
7.1.0 Método A: emisiones visibles 4.25
7.2.0 Método B: monitorización del aire del ambiente para PM-10 ..... 4.25
7.3.0 Método C: monitorización ocupacional de las emisiones del área para la detección de plomo 4.26
7.4.0 Método D: monitorización del aire del ambiente para la detección de metales tóxicos de la EPA 4.26
7.5.0 Método E: análisis del suelo para la detección de metales tóxicos 4.27
7.6.0 Método F: análisis de agua y sedimentos para la detección de metales tóxicos 4.28
7.7.0 Método G: evaluación visual de la limpieza del lugar 4.28
7.8.0 Integridad y protuberancias en la contención 4.28
8.0.0 Humedad ambiental y control de la temperatura 4.29
8.1.0 Deshumidificadores 4.30
8.2.0 Unidades de calefacción 4.31

Figuras y tablas

Figura 1 Sistema de contención 4.1
Figura 2 Hidrolavado a alta presión 4.1
Figura 3 Parte de una MSDS 4.3
Figura 4 Máscara para limpieza abrasiva 4.3
Figura 5 Pulidora aspiradora con carro. 4.8
Figura 6 Lijadora aspiradora 4.9
Figura 7 Decapador de agujas 4.9
Figura 8 Decapador giratorio o escarificador con bolsa de vacío 4.9
Figura 9 Pintura de puentes. 4.17
Figura 10 Recolección de residuos y medios gastados mediante embudos 4.17
Figura 11 Lonas de vinilo 4.18
Figura 12 Lonas de polietileno 4.18
Figura 13 Lonas de laminado reforzado 4.18
Figura 14 Materiales de urdimbre cerrada 4.19
Figura 15 Materiales de malla abierta 4.19
Figura 16 Estructura de soporte con armazón de madera 4.19
Figura 17 Contención de torre de agua 4.20
Figura 18 Tensores de anillo de anclaje inferior 4.20
Figura 19 Lona con correas 4.20
Figura 20 Soplador portátil 4.22
Figura 21 Manómetro 4.22
Figura 22 Colector de polvo portátil 4.24
Figura 23 Instrumentos de monitorización PM-10 .... 4.26
Figura 24 Equipo de monitorización de plomo personal 4.27
Figura 25 Ciclo de refrigeración/deshumidificación básico 4.31
Figura 26 Deshumidificador desecante 4.31

Tabla 1 Sistemas de contención para limpieza abrasiva 4.13
Tabla 2 Sistemas de ventilación para limpieza abrasiva 4.13
Tabla 3 Sistemas de contención para limpieza por chorro de agua 4.13
Tabla 4 Sistemas de ventilación para limpieza por chorro de agua 4.14
Tabla 5 Sistemas de contención para limpieza con herramientas eléctricas 4.14
Tabla 6 Sistemas de ventilación para limpieza con herramientas eléctricas 4.14
Tabla 7 Sistemas de contención para decapado químico 4.15
Tabla 8 Sistemas de ventilación para decapado químico 4.15
Tabla 9 Frecuencia de las emisiones 4.25

1.0.0 INTRODUCCIÓN

Los métodos de preparación de superficies y aplicación de revestimientos suelen producir sustancias no deseadas. Estas sustancias pueden ser polvo, residuos, astillas de pintura, abrasivos gastados, vapores químicos y exceso de rociado. En algunos casos, estos residuos son peligrosos. Incluso aunque fuesen no tóxicos, es importante evitar que contaminen las áreas próximas al lugar de trabajo. Se utiliza un sistema de contención (*Figura 1*) para restringir los residuos a un área limitada y ayudar a recolectarlos para su eliminación. Un sistema de contención incluye lonas, pantallas, cubiertas de tierra, barreras de agua y recubrimientos sostenidos mediante andamios y otros soportes. En algunos casos, el área de trabajo debe sellarse por completo para evitar que los residuos contaminen las zonas aledañas.

Al restringir el polvo y los residuos a un área limitada, la contención aumenta los riesgos para aquellos que trabajan dentro de dicha área. Por lo tanto, se emplean sistemas de ventilación con el objeto de controlar el movimiento de aire a través del área de trabajo y además reducir los riesgos originados por el polvo e incrementar la visibilidad. La ventilación puede hacerse tanto por métodos mecánicos como naturales. En la ventilación mecánica se emplean ventiladores, campanas y conductos. Se emplean filtros y colectores de polvo que limpian el aire antes de liberarlo.

1.1.0 Desarrollo de sistemas de contención y ventilación

Los estándares industriales brindan lineamientos para la selección de equipos y métodos de contención. Existen distintos niveles de control de **emisiones**. Se requiere el mayor nivel de control para aquellas actividades que generan la mayor cantidad de polvo y residuos.

La aplicación de revestimientos en un montante de caños y la limpieza abrasiva de un puente sobre el agua presentan casos a considerar muy distintos en cuanto a la contención. Los siguientes factores afectan el diseño del sistema y la selección de materiales y equipos:

- Especificaciones contractuales
- Leyes federales y estatales en materia ambiental, de salud y seguridad
- Técnicas de preparación de superficies
- Técnicas de aplicación de contención
- Productos químicos contenidos en los revestimientos que se quitan
- Productos químicos contenidos en los revestimientos que se aplican
- Entorno de trabajo
- Área circundante
- Proximidad a otros trabajadores y al público

Existen diversos estándares que brindan lineamientos para determinar cuáles son los materiales y los métodos adecuados. Varias organizaciones de la industria han identificado métodos para cumplir con los requisitos de contención y ventilación en distintas situaciones. Este módulo se centra en los requisitos de la *Guía 6 de la SSPC: guía para la contención de residuos de preparación de superficies generados durante las operaciones de remoción de pinturas*. La limpieza por chorros genera los mayores niveles de polvo y residuos y requiere los grados más altos de contención y ventilación. El hidrolavado a alta presión produce aguas residuales y productos químicos que deben contenerse (*Figura 2*). Comprender cómo se construyen estos sistemas permite instalar sistemas de contención y ventilación cuando se requieren niveles menores de protección.

204F01.EPS

Figura 1 Sistema de contención.

204F02.EPS

Figura 2 Hidrolavado a alta presión.

1.2.0 Consideraciones de salud y seguridad

En todo trabajo de revestimiento existen peligros para la salud y de seguridad. El polvo y los residuos no controlados pueden causar accidentes físicos, incendios, explosiones o problemas de salud. Los solventes que se utilizan en la limpieza y como vehículos para muchos revestimientos industriales representan riesgos de incendios, explosiones y para la salud. Es importante comprender estos peligros para que puedan reducirse mediante el uso de sistemas de contención y ventilación.

El peligro más común en el lugar de trabajo son los accidentes físicos. El polvo concentrado obstaculiza la visibilidad del trabajador, y por ende, podría ser causa de accidentes. Un buen sistema de ventilación extrae el polvo del aire y reduce este peligro. Las partículas suspendidas pueden provocar lesiones en los ojos, la piel y los pulmones. La exposición a peligros volátiles puede reducirse si se utiliza el equipo de protección personal (EPP) adecuado.

El fuego es otro peligro común. Se utilizan solventes inflamables en revestimientos, resinas, adhesivos y agentes de limpieza. Un sistema de contención puede evitar que las chispas entren en contacto con líquidos inflamables. Los solventes se evaporan con facilidad y pueden concentrarse en áreas de contención o en espacios cerrados. A mayores concentraciones, una chispa o una llama pueden provocar una explosión. Las explosiones pueden evitarse con ventilación y monitorización adecuadas.

Muchos solventes y otros productos químicos utilizados en los revestimientos industriales son tóxicos y pueden causar problemas de salud. Los solventes pueden irritar la piel y producir ampollas. También pueden destruir la piel y dejar úlceras abiertas. Los vapores de los solventes pueden ingresar en el cuerpo mediante la inhalación. La exposición a corto plazo a altas concentraciones puede causar náuseas, dolor de cabeza, pérdida del conocimiento, convulsiones y la muerte. La exposición a largo plazo a concentraciones bajas puede provocar lesiones en el sistema nervioso central, los pulmones, los riñones y podría, con el tiempo, ocasionar la muerte.

El plomo también es tóxico y puede provocar daños permanentes o temporales en la salud. Otro peligro es el polvo de sílice originado por el arenado. Podría causar una enfermedad pulmonar crónica (silicosis) e incrementar el riesgo de padecer cáncer de pulmón. Para reducir al mínimo la exposición a estos peligros, siempre use la protección respiratoria y la ventilación adecuadas.

Las hojas de datos de seguridad de materiales (MSDS) identifican las propiedades químicas y físicas de los productos químicos peligrosos (*Figura 3*). Los empleadores deben proporcionar una MSDS por cada producto presente en el lugar de trabajo. Familiarícese con las precauciones adecuadas para manejar y utilizar todos los productos empleados. También tenga presentes todos los procedimientos de emergencia y de primeros auxilios pertinentes. Siempre lea la MSDS antes de trabajar con un producto químico, para determinar qué tipo de equipo de protección personal (EPP) se requiere.

El EPP protege a los trabajadores de peligros químicos y físicos. Escoja el EPP según el trabajo que se realizará. Además de la MSDS, la OSHA y otros organismos regulatorios especifican los tipos de EPP que se necesitan para cada tarea. Por ejemplo, uno de los requisitos para la limpieza abrasiva es el uso de una máscara y una capa para limpieza abrasiva aprobadas por el NIOSH (*Figura 4*). Algunas empresas tienen requisitos en cuanto al EPP por cada tarea enumerada en su manual de seguridad.

El EPP protege a los trabajadores mientras realizan su trabajo. Después de haber finalizado, el personal debe descontaminarse para mantener todo material tóxico restringido al área de contención. Por lo general, se establece un área de descontaminación en la entrada del área de contención. Siempre quite el polvo y los residuos de las manos, la cara y la piel expuesta, al igual que del EPP.

¿Sabía usted?

Silicosis y arenado

Más de un millón de trabajadores estadounidenses corren el riesgo de desarrollar silicosis. De estos trabajadores, más de 100.000 se dedican al arenado. Aproximadamente 59.000 trabajadores del millón de trabajadores expuestos a sílice cristalina desarrollará silicosis con el tiempo. La OSHA calcula que la mayoría de los riesgos relacionados con el arenado pueden evitarse si se toman las precauciones de seguridad adecuadas en los lugares de trabajo.

2.0.0 ESTÁNDARES DE LA INDUSTRIA

Muchas leyes federales regulan los distintos aspectos de las operaciones de revestimiento de superficies, desde el control de las emisiones de la preparación de superficies hasta la eliminación de desechos. También existen leyes ambientales

Tabla 1 Sistemas de contención para limpieza abrasiva

Clasificación de la contención	Sistema de contención				
	5.3.1 Materiales de contención	5.3.2 Penetrabilidad	5.3.3 Estructura de soporte	5.3.4 Uniones	5.3.5 Entrada
Clase 1A	A1: rígidos A2: flexibles	B1: sin penetrabilidad de aire	C1: rígida C2: flexible	D1: sellado total	E1: esclusa de aire E2: resellable
Clase 2A	A1: rígidos A2: flexibles	B1: sin penetrabilidad de aire	C1: rígida C2: flexible	D1: sellado total	E2: resellable E3: superpuesta
Clase 3A	A1: rígidos A2: flexibles	B1: sin penetrabilidad de aire B2a: con penetrabilidad de aire (de urdimbre cerrada)	C1: rígida C2: flexible	D1: sellado total D2: sellado parcial	E3: superpuesta E4: juntura abierta
Clase 4A	A1: rígidos A2: flexibles	B2a y B2b: con penetrabilidad de aire	C3: mínima	D2: sellado parcial	E4: juntura abierta

204T01.EPS

Tabla 2 Sistemas de ventilación para limpieza abrasiva

Clasificación de la contención	Ventilación (5.4 de la Guía 6 de la SSPC)				
	5.4.1 Aire de relleno	5.4.2 Flujo de aire de entrada	5.4.3 Presión del aire	5.4.4 Movimiento de aire	5.4.5 Filtrado de polvo de escape
Clase 1A	F1: controlado	G1: forzado G2: natural	H1: verificación por instrumentos H2: verificación visual	I1: mínimo especificado	J1: filtrado del aire
Clase 2A	F1: controlado F2: abierto	G1: forzado G2: natural	H2: verificación visual	I1: mínimo especificado	J1: filtrado del aire
Clase 3A	F1: controlado F2: abierto	G1: forzado G2: natural	H3: no requerida	I2: no especificado	J1: filtrado del aire
Clase 4A	F2: abierto	G2: natural	H3: no requerida	I2: no especificado	J2: sin controles sobre el escape

204T02.EPS

Tabla 3 Sistemas de contención para limpieza con chorro de agua

Clasificación de la contención	Sistema de contención				
	5.3.1 Materiales de contención	5.3.2 Penetrabilidad	5.3.3 Estructura de soporte	5.3.4 Uniones	5.3.5 Entrada
Clase 1W	A1: rígidos A2: flexibles	B1: sin penetrabilidad de aire y B3a: impermeable al agua	C1: rígida C2: flexible	D1: sellado total	E2: resellable
Clase 2W	A1: rígidos A2: flexibles	B3a: impermeable al agua	C1: rígida C2: flexible	D1: sellado total	E3: superpuesta
Clase 3W	A1: rígidos A2: flexibles	B3a: impermeable al agua	C3: mínima	D2: sellado parcial	E4: juntura abierta
Clase 4W	A1: rígidos A2: flexibles	B3a: impermeable al agua	C2: flexible	D2: sellado parcial	E4: juntura abierta

204T03.EPS

Tabla 4 Sistemas de ventilación para limpieza con chorro de agua

Clasificación de la contención	Ventilación (5.4 de la Guía 6 de la SSPC)				
	5.4.1 Aire de relleno	5.4.2 Flujo de aire de entrada	5.4.3 Presión del aire	5.4.4 Movimiento de aire	5.4.5 Filtrado de polvo de escape
Clase 1W	F2: abierto	G1: forzado G2: natural	H2: verificación visual	I1: mínimo especificado	J1: filtrado del aire
Clase 2W	F2: abierto	G2: natural	H3: no requerida	I2: no especificado	J2: no requerido
Clase 3W	F2: abierto	G2: natural	H3: no requerida	I2: no especificado	J2: no requerido
Clase 4W	F2: abierto	G2: natural	H3: no requerida	I2: no especificado	J2: no requerido

204T04.EPS

Tabla 5 Sistemas de contención para limpieza con herramientas eléctricas

Clasificación de la contención	Sistema de contención				
	5.3.1 Materiales de contención	5.3.2 Penetrabilidad	5.3.3 Estructura de soporte	5.3.4 Uniones	5.3.5 Entrada
Clase 1P	A1: rígidos A2: flexibles	B1: sin penetrabilidad de aire	C1: rígida C2: flexible	D1: sellado total	E2: resellable
Clase 2P	A1: rígidos A2: flexibles	B1: sin penetrabilidad de aire B2a o B2b: con penetrabilidad de aire	C1: rígida C2: flexible	D1: sellado total	E3: superpuesta E4: juntura abierta
Clase 3P	A1: rígidos A2: flexibles	B2a o B2b: con penetrabilidad de aire	C3: mínima	D2: sellado parcial	E4: juntura abierta

204T05.EPS

Tabla 6 Sistemas de ventilación para limpieza con herramientas eléctricas

Clasificación de la contención	Ventilación (5.4 de la Guía 6 de la SSPC)				
	5.4.1 Aire de relleno	5.4.2 Flujo de aire de entrada	5.4.3 Presión del aire	5.4.4 Movimiento de aire	5.4.5 Filtrado de polvo de escape
Clase 1P	F1: controlado	G1: forzado G2: natural	H2: verificación visual	I1: mínimo especificado	J1: filtrado del aire
Clase 2P	F2: abierto	G2: natural	H3: no requerida	I2: no especificado	J2: sin controles sobre el escape
Clase 3P	F2: abierto	G2: natural	H3: no requerida	I2: no especificado	J2: sin controles sobre el escape

204T06.EPS

Tabla 7 Sistemas de contención para decapado químico

Clasificación de la contención	Sistema de contención				
	5.3.1 Materiales de contención	**5.3.2 Penetrabilidad**	**5.3.3 Estructura de soporte**	**5.3.4 Uniones**	**5.3.5 Entrada**
Clase 1C	A1: rígidos A2: flexibles	B1: sin penetrabilidad de aire y B3a: impermeable al agua y B4: resistente a los productos químicos	C1: rígida C2: flexible	D1: sellado total	E2: resellable
Clase 2C	A1: rígidos A2: flexibles	B3a: impermeable al agua y B4: resistente a los productos químicos	C1: rígida C2: flexible	D2: sellado parcial	E3: superpuesta
Clase 3C	A1: rígidos A2: flexibles	B3a: impermeable al agua y B4: resistente a los productos químicos	C3: mínima	D2: sellado parcial	E4: juntura abierta

204T07.EPS

Tabla 8 Sistemas de ventilación para decapado químico

Clasificación de la contención	Ventilación (5.4 de la Guía 6 de la SSPC)				
	5.4.1 Aire de relleno	**5.4.2 Flujo de aire de entrada**	**5.4.3 Presión del aire**	**5.4.4 Movimiento de aire**	**5.4.5 Filtrado de polvo de escape**
Clase 1C	F2: abierto	G1: forzado G2: natural	H3: no requerida	I2: no especificado	J1: filtrado del aire
Clase 2C	F2: abierto	G2: natural	H3: no requerida	I2: no especificado	J2: no requerido
Clase 3C	F2: abierto	G2: natural	H3: no requerida	I2: no especificado	J2: no requerido

204T08.EPS

4.3.0 Selección de la contención establecida en la *Guía 6 de la SSPC*

El nivel de control de emisiones requerido y la clase de contención correspondiente se identifican generalmente en el contrato o los documentos de licitación. Los gerentes de la planta deben considerar los problemas ambientales en su área. Si la clase de contención no ha sido determinada, trabaje con el gerente de planta para identificar inquietudes.

Además del nivel de control de emisiones y el método de preparación de la superficie, se deben tener en cuenta otros factores al diseñar un sistema de contención. Si los residuos contienen productos químicos peligrosos, deben tomarse precauciones adicionales. También se debe considerar la complejidad, el tamaño y la elevación de la estructura en sí misma. La contención para las viguetas y las armaduras en un puente sobre el agua es más compleja que la contención para un piso de acero. La ubicación de la estructura y su proximidad a otros edificios pueden afectar las consideraciones de contención. La construcción de la estructura y su capacidad de soporte de cargas pueden también limitar algunas opciones.

Por último, el clima local podría hacer que algunos sistemas de contención fuesen más efectivos que otros. El viento, la lluvia y el sol pueden destruir la estructura de contención o afectar la penetrabilidad. Esto es especialmente importante si el proyecto va a durar una cantidad de tiempo considerable. En proyectos largos, se debe reemplazar los sistemas de contención cuando se desgastan.

Utilice el siguiente procedimiento para identificar el nivel adecuado de contención para una operación en particular:

Paso 1 Identifique el nivel de control de emisiones requerido y seleccione la clase de contención correspondiente.

Paso 2 Identifique el método de preparación de superficies utilizado y seleccione la designación de letra correspondiente.

Paso 3 Busque los requisitos de contención para esa clase en las tablas a fin de determinar los componentes del sistema de contención y ventilación.

Paso 4 Identifique consideraciones adicionales que afecten la selección de la contención.

Paso 5 Seleccione los materiales de contención que cumplan con los requisitos establecidos en los lineamientos y que se encuentren dictaminados por las condiciones locales.

Paso 6 Seleccione un sistema de ventilación compatible con la contención y con los requisitos reglamentarios pertinentes.

5.0.0 COMPONENTES DEL RECINTO DE CONTENCIÓN

El recinto de contención rodea el área de trabajo. Para construirlo, se unen paneles sobre una estructura de soporte. Los paneles se adhieren a la estructura de soporte y entre sí en las junturas. El recinto debe tener una entrada para que los trabajadores y los equipos puedan ingresar y salir de la estructura.

Los requisitos de carga del viento varían según la estructura y pueden encontrarse en las especificaciones del trabajo. Siempre esté alerta a las posibles cargas del viento excesivas. Para garantizar la integridad de la contención, los sistemas de contención deben desmontarse antes de que se alcancen las velocidades de viento especificadas.

La estructura de contención debe estar diseñada específicamente para satisfacer las necesidades de un proyecto en particular. Los paneles y el marco de la estructura pueden ser hechos a medida o reutilizables. Los componentes reutilizables deben limpiarse antes de volverlos a usar. Todos los componentes están sujetos al desgaste y deben inspeccionarse antes de que se los reutilice. En proyectos de mayor duración, el sistema de contención podría tener que reemplazarse debido a las cargas del viento y el desgaste. A veces, la contención se monta para una sección del proyecto. Después de finalizar las operaciones de preparación y revestimiento, el área de contención se desmantela y se traslada a la sección siguiente. Después de la reubicación, se vuelven a instalar la estructura interior y los laterales antes de que vuelvan a comenzar las operaciones de limpieza y revestimiento.

Existe una amplia gama de materiales para la construcción de la contención: desde envoltorios plásticos hasta láminas plásticas. Se pueden utilizar andamios para la estructura, o pueden construirse estructuras interiores de madera adicionales. Es más sencillo diseñar una estructura de contención mediante la identificación de las propiedades necesarias en cada uno de los componentes de la estructura.

Los cinco componentes identificados en la *Guía 6 de la SSPC* forman la base de todos los recintos de contención. Estos componentes se identifican como Tipos y se les asignan letras únicas. A las subdivisiones dentro de cada Tipo se les asigna un número. Esto facilita la remisión entre las tablas y el cuerpo de la guía. Las tablas indican códigos alfanuméricos, que se explican en más detalle dentro del cuerpo de la guía. La guía utiliza los siguientes tipos:

- Material de contención (Tipo A)
- Penetrabilidad del material de contención (Tipo B)
- Estructura de soporte (Tipo C)
- Uniones (Tipo D)
- Entrada (Tipo E)

Los códigos hacen referencia a otras secciones de la guía en las que se identifican materiales diferentes. Por ejemplo, el Tipo B1 hace referencia a materiales que no dejan penetrar el aire y el Tipo B4 significa materiales químicamente resistentes. En la guía se describen los materiales aceptables. Una vez que los requisitos para la clase de contención deseada han sido ubicados en las tablas, utilice los códigos para encontrar descripciones de materiales aceptables.

5.1.0 Material de contención (Tipo A)

El uso de contención para revestimientos protectores se ha incrementado en gran medida en los últimos diez a quince años. Para satisfacer esa necesidad, varias empresas se especializan en la actualidad en la producción de estructuras y materiales de contención. Se utiliza una amplia gama de materiales para formar las paredes, el techo y el piso de un recinto de contención. La *Guía 6 de la SSPC* identifica dos tipos generales de materiales de contención, rígidos y flexibles, designados como Tipos A1 y A2.

Los materiales Tipo A1, materiales de contención rígidos, consisten en paneles simples, paneles encastrables o estructuras modulares. Estos paneles pueden estar hechos de madera, aluminio, metal rígido, plástico o materiales similares. Se pueden unir varios paneles para formar un área de contención de la forma y el tamaño necesarios.

Los paneles se encastran, formando un sello hermético. Sin embargo, el tamaño de la estructura de contención se limita al tamaño de los paneles o múltiplos de ese tamaño.

Los materiales rígidos son más duraderos y generalmente pueden reutilizarse. Estos paneles deben limpiarse entre proyectos, en especial si se ha quitado una sustancia peligrosa. Estos sistemas pueden ser costosos. Es por ello que el uso de paneles rígidos es limitado. Todas las clases de contención permiten el uso de materiales rígidos o flexibles. Sin embargo, el contrato puede especificar materiales Tipo A1.

Los paneles rígidos se utilizan para formar un piso debajo de estructuras para acceder a ellas. Por ejemplo, pueden utilizarse para acceder a puentes (*Figura 9*), plataformas petroleras marinas o buques. Un fabricante produce secciones de panel de 8,5 pies (2,59 m) por 20 pies (6,10 m) que se unen con pasadores de acero inoxidable. Estas secciones son especialmente útiles para construir contenciones Clase 1 para volver a revestir puentes. La plataforma modular forma una superficie de trabajo sólida. Los sistemas transversales pueden trasladarse a lo largo de la estructura del puente a medida que avanzan las operaciones de revestimiento. También pueden agregarse sistemas de sinfines transportadores para retirar abrasivos gastados. Esto reduce la carga de peso sobre la estructura.

Se permiten materiales flexibles para todas las clases de contención y es común que se los utilice. Los materiales tipo A2 son las pantallas, las lonas, las cortinas, las láminas plásticas y otros materiales similares. Muchas empresas fabrican lonas tejidas de polipropileno, polietileno, nilón, vinilo y otros materiales. La *Figura 10* es un ejemplo de embudos hechos a medida, que capturan los medios gastados y los residuos para reciclarlos o eliminarlos. La mayoría se fabrican a medida según las especificaciones del contratista y pueden llevar impreso su logo. Los factores a tener en cuenta al seleccionar un material flexible son la resistencia, el color o la opacidad y la resistencia a las llamas y a los rayos ultravioleta. Los materiales claros o transparentes permiten que la luz del día ingrese en el recinto, lo que podría proporcionar calor adicional en climas fríos.

El peso y el grosor de los materiales son un indicio de su resistencia. Los grosores oscilan entre 2 milésimas de pulgada (50 micrómetros) y 100 milésimas de pulgada (2,5 mm). Las lonas de menos de 6 milésimas de pulgada (0,15 mm) son adecuadas para el uso en interiores. En el exterior, cuando las cargas de viento son de moderadas a pesadas, se pueden utilizar lonas de 10 milésimas de pulgada (0,25 mm).

Las lonas de vinilo más pesadas se hacen de distintos pesos, desde 10 onzas hasta 19 onzas por yarda (310 a 589 g/m) (*Figura 11*). Las lonas de vinilo están fabricadas con polivinicloruro reforzado con hilos de nilón o poliéster. Este tipo de material es muy fuerte y es resistente a los desgarros. Por lo general, las lonas reciben un tratamiento para que sean resistentes a los rayos UV y las llamas. Son a prueba de agua y químicamente **impermeables** cuando se las sella con calor. Se las usa en cortinas de limpieza abrasiva, recintos de **presión negativa**, conductos y rampas de residuos para decapadores químicos, y cobertores de pisos para hidrolavado a alta presión.

Las lonas de polietileno tejido están recubiertas para que sean resistentes a las llamas y los rayos

204F09.EPS

Figura 9 Pintura de puentes.

204F10.EPS

Figura 10 Recolección de residuos y medios gastados mediante embudos.

UV (*Figura 12*). Suelen ser más livianas que el vinilo y su peso varía entre 5 y 10 onzas por yarda (155 y 310 g/m). No permiten la penetración del aire y son aptas para estructuras de reducción de plomo y recintos de presión negativa. En áreas sujetas a vientos fuertes, se debe utilizar polietileno tejido con una resistencia al reventamiento de más de 600 psi (4137 kPa). También puede utilizarse en rampas de residuos y recintos de invierno. La tela transparente y de color más claro permite que pase más luz, lo que incrementa la visibilidad dentro del recinto.

El laminado reforzado (*Figura 13*) es un material **retardador de llamas**. Las lonas retardadoras de llamas dejan de arder una vez que se ha retirado la fuente del incendio, mientras que las lonas **resistentes a las llamas** pueden resistir la ignición durante un tiempo, pero continuarán ardiendo una vez encendidas. Se deben usar lonas retardadoras de llamas cuando haya fuentes de ignición presentes. Este tipo de lona es útil en condiciones invernales, cuando se utilizan calentadores de propano.

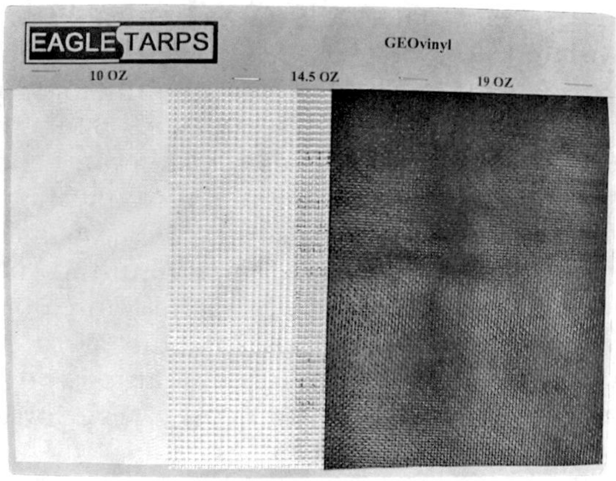

204F11.EPS

Figura 11 Lonas de vinilo.

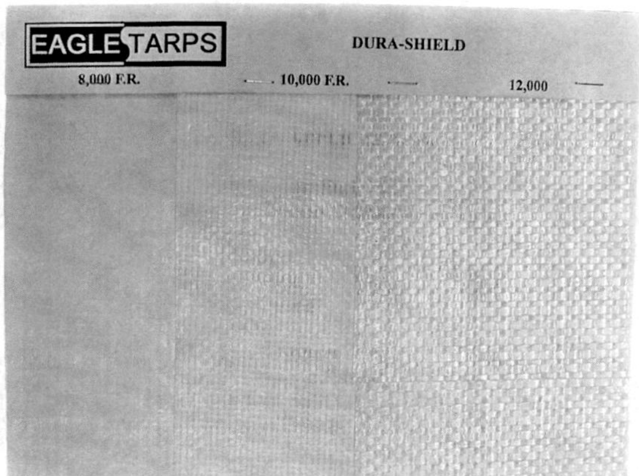

204F12.EPS

Figura 12 Lonas de polietileno.

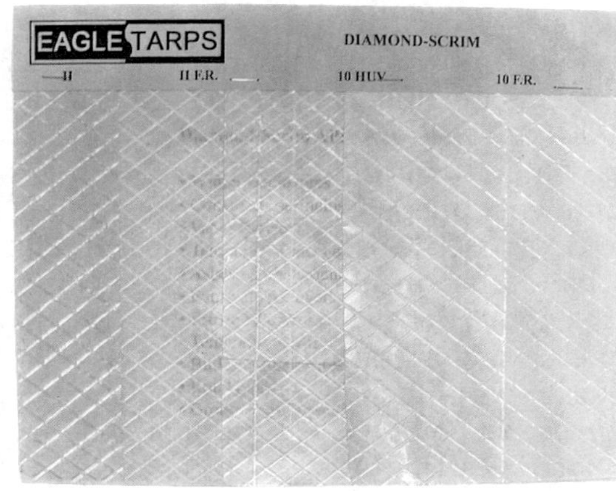

204F13.EPS

Figura 13 Lonas de laminado reforzado.

5.2.0 Penetrabilidad del material de contención (Tipo B)

La penetrabilidad del aire y la permeabilidad al agua son factores independientes al seleccionar materiales de contención. Algunos materiales de contención deben ser impenetrables al aire o impermeables al agua y los productos químicos. Estos factores se dividen en seis Tipos dentro de la *Guía 6 de la SSPC,* de la siguiente manera:

- *Tipo B1:* sin penetrabilidad de aire
- *Tipo B2a:* con penetrabilidad de aire, de urdimbre cerrada.
- *Tipo B2b:* con penetrabilidad de aire, de malla abierta
- *Tipo B3a:* impermeable al agua
- *Tipo B3b:* permeable al agua
- *Tipo B4:* resistente a los productos químicos (e impermeable al agua)

Cuando deben evitarse las emisiones de polvo o los vapores o se debe mantener la presión negativa, es necesario especificar un material que el aire no pueda penetrar, o Tipo B1. Entre los materiales aceptables se encuentran los materiales tejidos revestidos sin orificios o aberturas, las láminas plásticas y los paneles rígidos. Los orificios y las aberturas reducen la efectividad de la contención. Para crear una contención hermética, suelen utilizarse láminas plásticas de 9 y 12 milésimas de pulgada (0,23 mm y 0,30 mm). Las láminas se contraen con el calor y las junturas se sellan con una pistola de aire caliente.

Los materiales de urdimbre cerrada no revestidos se clasifican como Tipo B2a. Algunos tipos son resistentes a las llamas (*Figura 14*). Estos materiales son capaces de retener partículas suspendidas en el aire, pero como no están revestidos, dejan penetrar el aire. Las pantallas (*Figura 14*) están compuestas por cortinas que dejan pasar el aire y no son adecuadas para recintos de presión negativa. Se utilizan en recintos de arenado en los que no hay materiales peligrosos presentes, cortinas para evitar el exceso de rociado de pintura y recintos de andamiaje.

Los materiales que permiten la penetración del aire, de malla abierta (*Figura 15*), están formados o tejidos de un modo tal que permiten que el aire fluya, pero puede retener algunas partículas suspendidas. Estos materiales se identifican como Tipo B2b en la *Guía 6 de la SSPC*. Recolectan las partículas de tamaño mayor al de las aberturas de la malla, mientras que dejan pasar las partículas más pequeñas y el polvo. Estos materiales también se conocen como redes de residuos porque se utilizan principalmente para recolectar residuos relativamente grandes dentro del recinto de contención.

Cuando se utilizan métodos de revestimiento y preparación de superficies, la permeabilidad del material al agua es un factor a tener en cuenta. Los materiales que son impermeables al agua se clasifican como Tipo B3a. Los materiales permeables al agua se clasifican como Tipo B3b, en el cual se incluyen los materiales de malla abierta formados o tejidos con aberturas de menos de 25 milésimas de pulgada (0,64 mm). Estos materiales recolectan los residuos y, a la vez, permiten que penetre el agua. Los materiales permeables al agua sólo deben emplearse cuando las partículas de los residuos superan las 25 milésimas de pulgada (0,64 mm) o cuando el agua residual no contiene productos químicos.

La categoría final es la de materiales Tipo B4, o resistentes a los productos químicos. Estos materiales no se rompen cuando se los expone a soluciones de decapado químico y son impermeables al agua que se utiliza para enjuagar los agentes de decapado químico. Las lonas de vinilo más pesadas son impermeables al agua y los productos químicos cuando se las sella con calor. Estas lonas deben utilizarse en operaciones de decapado químico, hidrolavado a alta presión y limpieza con abrasivos húmedos.

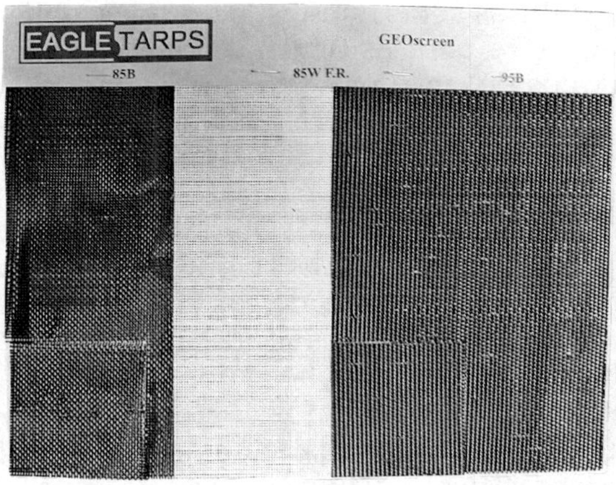

204F14.EPS

Figura 14 Materiales de urdimbre cerrada.

204F15.EPS

Figura 15 Materiales de malla abierta.

5.3.0 Estructura de soporte (Tipo C)

Los materiales de contención deben estar sostenidos de alguna manera. Las estructuras de soporte se clasifican de tres maneras en la *Guía 6 de la SSPC*. Las estructuras rígidas se clasifican como Tipo C1, las flexibles como Tipo C2 y las estructuras de soporte mínimo como Tipo C3.

Las estructuras rígidas (Tipo C1) no permiten que se muevan los materiales de contención. Suelen utilizarse andamiajes y estructuras interiores de madera para formar estructuras de soporte rígido. En la *Figura 16* se muestra un ejemplo de una estructura interior de madera.

En esta categoría también se incluyen los recintos rígidos móviles. Son unidades de armazón fijo que cubren un área pequeña. Una vez finalizadas la preparación de la superficie y las operaciones de revestimiento para el área pequeña, la contención se traslada a la sección siguiente.

Las estructuras de soporte flexible (Tipo C2) permiten un poco de movimiento. Consisten en cables, cadenas o sistemas similares a los

204F16.EPS

Figura 16 Estructura de soporte con armazón de madera.

que se fijan los materiales de contención. La estructura interior puede sujetarse a la estructura principal o estar sujetada por cables. Estos sistemas suelen utilizarse en torres de agua (*Figura 17*). Se fija una estructura metálica en la parte superior de la torre y se colocan bloques de anclaje de concreto en el suelo. Se tienden cables desde la parte superior hasta un anillo de anclaje inferior. El anillo se sujeta a los bloques de anclaje con tensores, como se muestra en la *Figura 18*.

Las estructuras de soporte mínimo (Tipo C3) implican poca o ninguna estructura de soporte. Los materiales de contención están sostenidos por cables o cadenas sujetos a la estructura en sí misma o al suelo.

204F17.EPS

Figura 17 Contención de torre de agua.

204F18.EPS

Figura 18 Tensores de anillo de anclaje inferior.

5.4.0 Uniones (Tipo D)

La mayoría de las estructuras de contención están formadas a partir de paneles separados, que deben unirse y sujetarse a la estructura de soporte. El método utilizado para sellar las uniones se clasifica como Tipo D. Las uniones completamente selladas son Tipo D1 y las uniones selladas parcialmente son Tipo D2.

El tipo D1 requiere que todas las uniones de acoplamiento entre los materiales de contención y el piso, el techo o el suelo de la estructura estén selladas. Para sellar las uniones, los materiales flexibles deben superponerse y sellarse mediante costura, encintado, enmasillado o sellado térmico. Si la estructura es impermeable al agua o resistente a los productos químicos, los materiales utilizados para sellar las uniones también deben serlo. La resistencia de una estructura de contención se determina por la resistencia de su punto más débil. Las uniones pueden ser el punto más débil en el recinto, por lo que deben sellarse con cuidado.

Para el Tipo D2, las uniones no tienen que estar necesariamente selladas por completo. Las lonas suelen estar fabricadas con anillos y se utilizan ataduras para acoplar dos paneles. Se recomienda usar junturas superpuestas, pero no es obligatorio. Algunos paneles tienen correas en la tela, a intervalos de cinco pies (1,52 m) (*Figura 19*). Tienen orificios en las correas cada cuatro pulgadas (10,16 cm) para permitir que los paneles se cosan con cable.

En algunos sistemas, los bordes de las lonas se deslizan en guías de la estructura. Una empresa proporciona un sistema de estructura de aluminio con canales. Las lonas se anclan a la estructura mediante dobladillos ribeteados de cuerda que se deslizan en canales en la estructura. Los lados se pueden levantar y bajar para permitir el movimiento hacia dentro y fuera del área de contención.

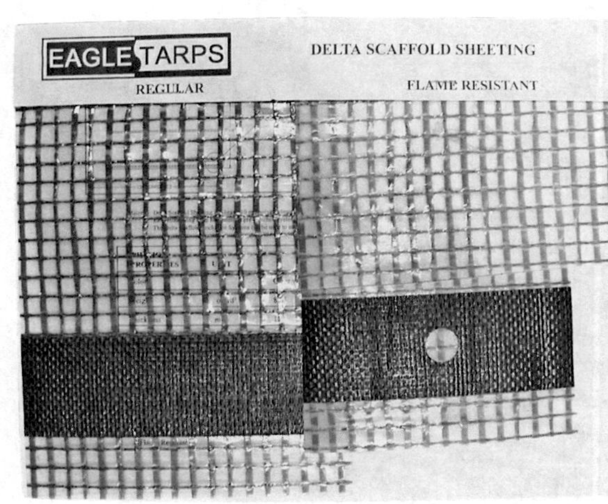

204F19.EPS

Figura 19 Lona con correas.

5.5.0 Entrada (Tipo E)

El otro eslabón débil en el recinto es la entrada. La entrada debe estar diseñada de tal manera que mantenga los residuos contenidos, pero debe permitir el movimiento de materiales, equipos y personal hacia dentro y fuera del recinto. Las entradas deben ser accesibles desde ambas direcciones. Se enumeran cuatro tipos de entradas en la *Guía 6 de la SSPC.*

El nivel más alto de contención se obtiene con el Tipo E1, una entrada a través de esclusas de aire con puertas resellables. Este sistema tiene puertas de acceso que pueden resellarse repetidamente. Una esclusa de aire es una cámara entre el área de contención y el ambiente exterior. Una puerta conduce desde el área de contención hacia la esclusa de aire. Otra puerta lleva desde la esclusa al exterior. Solo se puede abrir una puerta a la vez. Se puede utilizar esta área para descontaminar o se puede designar un área de descontaminación separada en la parte interna del recinto de contención.

Las entradas Tipo E2 tienen puertas resellables. Es necesario que se las pueda resellar repetidamente y deben ser accesibles en ambas direcciones. La puerta proporciona un buen medio para contener residuos. Sin embargo, el polvo y las partículas suspendidas en el aire pueden escapar cuando se abre la puerta. Asegúrese de no dejar la puerta abierta o de no abrirla cuando haya una gran cantidad de polvo en el aire.

Los niveles más bajos de contención permiten el uso de la entrada Tipo E3, una entrada a través de lonas de puertas superpuestas. Se utilizan lonas de puertas superpuestas múltiples para que se escape polvo por la entrada. Se cuelga una lona a cada lado de la abertura. Se levanta una lona por vez de manera que quede al menos una entre el área de contención y el ambiente abierto.

El Tipo E4 proporciona el menor nivel de contención. La entrada al área de trabajo se hace a través de una juntura sin sellar en los materiales de contención. La puerta debe colocarse de manera tal que no la abran el viento ni las operaciones de contención.

6.0.0 Componentes del sistema de ventilación de la contención

Las áreas de contención encierran los residuos y otras emisiones. Sin embargo, los residuos y el polvo permanecen atrapados dentro del área de trabajo, por lo que se incrementa la exposición del trabajador. A medida que se incrementa el nivel de contención, se restringe el flujo de aire. Los sistemas de ventilación proporcionan movimiento de aire mejorado a través del área de trabajo; esto protege la salud del trabajador y mejora la visibilidad. Los sistemas de ventilación también pueden incluir calefacción, deshumidificación y recolección de polvo. Son una parte clave de la estructura global de contención. Los sistemas mal diseñados descargan residuos fuera del área de contención. Si un sistema está bien diseñado, recolecta el polvo antes de descargar el aire.

Existen diversos factores a tener en cuenta al diseñar un sistema de ventilación, incluido el aire de entrada o el **aire de relleno;** el flujo de aire de entrada; la presión del aire en el recinto; el movimiento de aire dentro del recinto; y el sistema de escape. La *Guía 6 de la SSPC* especifica parámetros para cada uno de estos componentes. Cada componente se identifica como un tipo, tal y como sucede con los componentes de la contención. Los tipos hacen referencia a otras secciones de la guía en las cuales se explican los parámetros para dicho componente. La guía identifica componentes de ventilación según los siguientes tipos:

- *Tipo F:* suministro de aire
- *Tipo G:* flujo de aire de entrada
- *Tipo H:* presión del aire dentro de la contención
- *Tipo I:* movimiento de aire dentro de la contención
- *Tipo J:* escape eléctrico y filtrado de polvo

Una vez identificada la clase de contención, remítase a las tablas de la *Guía 6 de la SSPC* para identificar las recomendaciones para cada componente de ventilación. Las tablas enumeran códigos que hacen referencia al cuerpo de la guía para cada clase de contención. Por ejemplo, en la *Tabla 2* para la Clase 1A, Limpieza abrasiva, se enumera el Tipo J1 bajo la columna Escape y filtrado de polvo. La descripción de qué se requiere para satisfacer los estándares de la Clase 1A se incluye en la Sección 5.4.5 de la tabla bajo el Tipo J1.

6.1.0 Suministro de aire (Tipo F)

El aire que ingresa en un recinto de contención se denomina aire de entrada o de relleno. Este aire reemplaza o repone el aire que se liberó del recinto. Como fuente de suministro se suele utilizar el aire ambiente de fuera del área de contención.

En ciertas condiciones, pueden escaparse residuos del recinto de contención en los puntos de entrada. Por ejemplo, la limpieza abrasiva produce una cantidad considerable de polvo, que puede escapar del recinto a través de la entrada de aire. En los casos en los que esto constituya un problema, la *Guía 6 de la SSPC* especifica el uso del Tipo F1, que requiere usar desviaciones, rejillas, cierres de solapa, filtros y conductos en los puntos de suministro de aire. Con estas medidas, se previene la liberación de residuos. Podría utilizarse un ventilador junto con estos dispositivos.

Se recomienda el Tipo F2 cuando la liberación de residuos desde los puntos de entrada de aire no constituye un problema. El Tipo F2 permite que haya puntos de entrada de aire abiertos sin el uso de conductos, válvulas o desviadores. Todas las clases de limpieza por chorro de agua y decapado químico no requieren que haya puntos de entrada de aire controlados.

6.2.0 Flujo de aire de entrada (Tipo G)

Puede forzarse el ingreso de aire en el recinto de contención por medio de ventiladores o sopladores (*Figura 20*). Los sistemas que requieren un **flujo de aire forzado** se codifican como Tipo G1. Cuando se utiliza la entrada forzada, el aire de entrada debe estar adecuadamente equilibrado con la capacidad del escape. Si la entrada de aire excede el volumen de aire liberado, incrementa la presión de aire en el área del recinto. Esto se conoce como presión positiva y debe evitarse en los sistemas de contención. Con la presión positiva, el aire contaminado saldrá del sistema en cualquier punto disponible, incluidas las uniones y entradas mal cerradas. Debe mantenerse una presión levemente negativa, que se presenta cuando el volumen de aire de escape es superior al de aire de entrada.

Los sistemas de contención que no requieren entrada de aire forzado se codifican como Tipo G2. El aire fluye dentro del sistema naturalmente, sin intervención de dispositivos mecánicos. Para el ingreso de aire natural, se emplean métodos que utilizan sistemas de escape. En estos sistemas, el aire se extrae del recinto por medio de dispositivos mecánicos. El aire limpio fluye hacia la estructura de contención a medida que se libera el aire dentro del recinto.

6.3.0 Presión del aire dentro de la contención (Tipo H)

La presión del aire dentro el área de contención depende de la relación entre el volumen de aire que se libera y el volumen de aire que ingresa, o aire de relleno. Lo ideal sería que la cantidad de aire que se libere sea ligeramente mayor que la que ingrese en el sistema. Esto se conoce como presión de aire negativa, que ayuda a prevenir emisiones. Dentro de algunos sistemas de contención, debe mantenerse una presión de aire negativa. Esto puede medirse con instrumentos o mediante verificación visual.

Los sistemas de contención que requieren la verificación por instrumentos de la presión negativa se codifican como de Tipo H1. La *Guía 6 de la SSPC* exige que se mantenga una presión negativa promedio de 0,03" (7,5 Pa) de columna de agua relativa a las condiciones ambientales en todo el recinto durante las operaciones de preparación de superficie y limpieza. Puede utilizarse un manómetro (*Figura 21*) o un medidor magnehélico para medir la presión del aire. La verificación por instrumentos se limita a algunos sistemas de limpieza abrasiva Clase 1.

Por lo general, basta con la verificación visual de la presión negativa (Tipo H2). Para la verifi-

204F20.EPS

Figura 20 Soplador portátil.

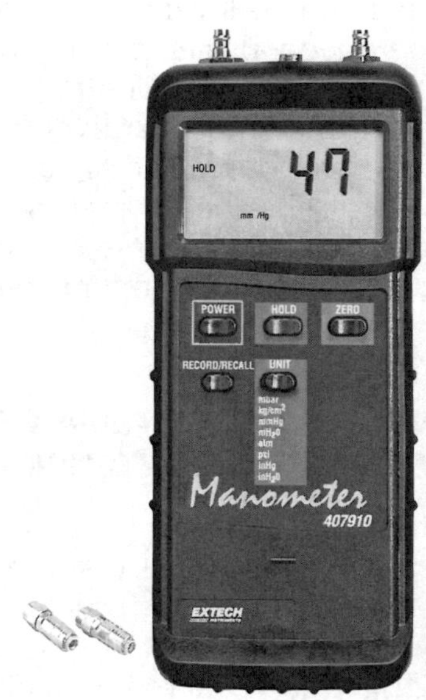

204F21.EPS

Figura 21 Manómetro.

cación visual de la presión negativa, observe las paredes, el techo y el piso del recinto de contención. Si son cóncavos o están curvados hacia dentro, existe presión negativa en la estructura. Si la estructura está construida con materiales rígidos, puede emplearse humo u otros medios visibles para observar los patrones del flujo de aire. Los sistemas que no requieren un grado específico de presión negativa se codifican como de Tipo H3.

6.4.0 Movimiento de aire dentro de la contención (Tipo I)

El movimiento de aire dentro del área de contención es en especial importante cuando se generan polvos peligrosos. La OSHA exige controles de ingeniería para limitar la exposición del trabajador al polvo de plomo. Los controles de ingeniería también mejoran la visibilidad, extraen el aire con polvo del área de trabajo y ayudan a evitar emisiones. Cuando se especifica un movimiento mínimo de aire, se codifica como de Tipo I1 en la *Guía 6 de la SSPC*. Cuando no se especifica un

Para pensar

Presión negativa

Los sistemas de escape pueden ajustarse para que se exceda el flujo de aire de entrada a fin de evitar que se cree presión positiva en un sistema de contención. ¿Qué sucede si la presión negativa en un recinto de contención es demasiado alta?

En el lugar

Patrones del flujo de aire de la contención y pruebas de velocidad

Se pueden utilizar anemómetros portátiles, como el que se muestra a continuación, para medir la velocidad del aire de ventilación. Se utilizan dentro de recintos de contención para medir la velocidad del aire en el área de trabajo, en las entradas de aire del recinto y en el lado de baja presión de las salidas de escape. También se los puede conseguir con capacidad de registro de datos con sello de fecha y hora, si se requiere un registro de mediciones periódicas.

Se utilizan tubos de humo para analizar los patrones del flujo y la velocidad del aire dentro de las áreas de contención. El conjunto de tubos de humo que se muestra aquí puede proporcionar hasta un día de suministro de humo para la realización de varios análisis desde un solo tubo. La versión de tubo de plástico actúa cuando se trituran dos ampollas de productos químicos contenidas en el tubo de plástico fijado a una pera de goma. Los vapores se mezclan y producen humo sólo cuando se aprieta la pera de goma y así se empuja el aire a través del tubo. A menos que se vayan a realizar otras pruebas, el tubo puede retirarse de la pera de goma y se pueden tapar ambos extremos con tapones de goma hasta que se requieran más análisis durante el día. También hay disponibles versiones con tubos de vidrio.

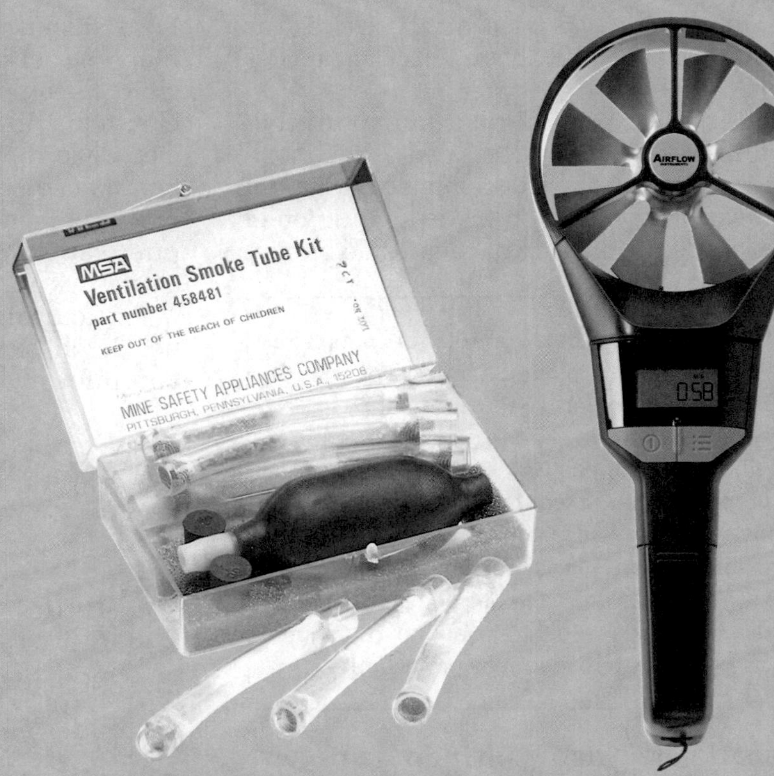

CONJUNTO DE TUBOS PLÁSTICOS ANEMÓMETRO

204SA01.EPS

movimiento de aire mínimo, se codifica como de Tipo I2.

La ventilación mecánica se utiliza para generar movimiento de aire dentro del recinto. El movimiento de aire se especifica mediante el establecimiento de una velocidad mínima para dicho movimiento. La velocidad puede medirse de distintas maneras, entre las que se incluyen:

- En corrientes transversales o descendentes
- Velocidad del aire a través del trabajador
- El volumen necesario para ventilar un determinado volumen de contención

Los sistemas de ventilación están especificados por el volumen de aire que se mueve a lo largo del tiempo; esto suele expresarse en pies cúbicos por minuto (CFM) o metros cúbicos por minuto (CMM). La tasa del flujo de aire de entrada depende del tamaño del área y la cantidad de residuos generados. Algunas consideraciones adicionales son la cantidad de operadores, el tipo de trabajo que se realiza, el tipo de materiales que se remueven o aplican, y el tipo de óxido y cascarilla presentes en la superficie que se limpia. La regla práctica general es cambiar todo el aire cada tres minutos. Este nivel brinda visibilidad suficiente durante las operaciones de limpieza a alta presión. Suele ser suficiente para reducir la concentración de productos químicos tóxicos a niveles seguros. Sin embargo, las concentraciones tóxicas deben monitorizarse y se deben hacer los ajustes necesarios.

Incluso si no se especifica ningún movimiento de aire mínimo, podría ser necesario usar controles de ingeniería, como ventilación mecánica, para reducir la exposición al plomo suspendido en el aire o prevenir emisiones de partículas de plomo.

¡ADVERTENCIA!

La OSHA exige el uso de controles de ingeniería factibles para quitar pintura a base de plomo. Se debe emplear ventilación como primer paso para reducir la exposición al plomo a niveles seguros. Los lineamientos de la **Guía 6 de la SSPC podrían no proporcionar una reducción adecuada de la exposición de los trabajadores a los materiales peligrosos en todas las situaciones.** Asegúrese de que se tomen las precauciones adecuadas para reducir la exposición del trabajador a los peligros de las partículas transportadas por el aire.

6.5.0 Escape eléctrico y filtrado de polvo (Tipo J)

El escape eléctrico y el filtrado de polvo se utilizan para controlar las emisiones de polvo. Los ventiladores de escape extraen el aire del área de contención. Los colectores de polvo portátiles filtran el aire antes de liberarlo (*Figura 22*). Hay varios tipos de filtros de polvo, cámaras de filtros de bolsas y colectores de polvo disponibles. Cuando se requiere de escape eléctrico y filtrado de polvo, esto se codifica como Tipo J1 en la *Guía 6 de la SSPC*. Cuando no se especifica, se codifica como de Tipo J2. Es necesario utilizar un sistema de escape eléctrico, en combinación con un área de contención totalmente cerrada, para crear la presión negativa requerida por los Tipos H1 y H2.

Los sistemas de escape eléctrico utilizan ventiladores y sopladores para desplazar el aire. Tienen mangueras flexibles que hacen circular el aire desde el área de contención hacia los colectores de polvo, las cámaras de filtros de bolsas o los filtros. Los filtros extraen el polvo y otras partículas, que luego son recolectados para su eliminación. El aire filtrado luego se expulsa al exterior del área de contención. Los colectores de polvo deben ser del tamaño apropiado para el tipo y la dimensión de la materia particulada y el volumen y la velocidad del aire que se mueve a través del sistema. Las máquinas que reciclan abrasivos suelen tener un sistema de recolección de polvo incorporado.

7.0.0 Efectividad de la contención

Los sistemas de contención están diseñados para mantener el polvo y los residuos dentro del recinto. Es importante medir qué tan bien funciona el sistema. Esto se logra mediante la monitorización de la cantidad de polvo y residuos que se liberan desde el recinto. Si el sistema no funciona bien, las mediciones ayudarán a identificar los puntos débiles para que puedan realizarse los ajustes necesarios.

Existen varios métodos para medir las emisiones de polvo y residuos. Algunos métodos brindan información inmediata sobre las emisiones

204F22.EPS

Figura 22 Colector de polvo portátil.

que se liberan. Otros informan resultados al día siguiente. En algunos métodos se monitoriza durante el transcurso de las operaciones, mientras que otros se aplican una vez que han finalizado. Para medir el efecto global del proyecto sobre el medio ambiente, se puede analizar el agua y el suelo antes y después del proyecto, y luego comparar los resultados.

La *Guía 6 de la SSPC* identifica seis métodos para evaluar la efectividad de las estructuras de contención. Los procedimientos de prueba detallados en el estándar son:

- *Método A:* emisiones visibles
- *Método B:* monitorización del aire del ambiente para PM-10
- *Método C:* monitorización ocupacional de las emisiones del área para la detección de plomo
- *Método D:* monitorización del aire del ambiente para la detección de metales tóxicos de la EPA
- *Método E:* análisis del suelo para la detección de metales tóxicos
- *Método F:* análisis de agua y sedimentos para la detección de metales tóxicos

Podría necesitarse uno o más de estos métodos en un proyecto dado. Algunos métodos no deben utilizarse en ciertos proyectos específicos. Por ejemplo, cuando se retiran materiales peligrosos, la monitorización de materia particulada o la monitorización de emisiones visibles brindan datos de valor limitado. La monitorización del material peligroso específico brinda datos más significativos. El contratista o el propietario de la planta deben consultar a las autoridades locales o estatales para determinar los métodos de prueba y los criterios de aceptación más apropiados.

7.1.0 Método A: emisiones visibles

La forma más sencilla de verificar la efectividad del área de contención es revisar la existencia de emisiones visibles. Este método brinda información inmediata y muestra en qué punto el sistema no funciona bien. Observadores entrenados revisan periódicamente las emisiones desde el recinto de contención. Las observaciones se clasifican como porcentaje o según una escala de opacidad. Las observaciones deben representar las operaciones con precisión.

Los dos métodos para clasificar las emisiones visibles son la vigilancia general y la opacidad. El método de vigilancia general promedia emisiones aleatorias a lo largo del período de observación. Las emisiones visibles se observan y registran con una frecuencia y una duración determinadas. Las emisiones registradas se promedian a lo largo del tiempo. Los límites aceptables se establecen como porcentaje del tiempo total o como cantidad de minutos en un turno de trabajo de ocho horas. La frecuencia de las emisiones se clasifica por nivel, como se muestra en la *Tabla 9*.

Las observaciones deben producirse dentro del límite establecido o la línea de propiedad. Se deben realizar durante las operaciones normales, como las de preparación de la superficie y de limpieza. La frecuencia y la duración de las observaciones debe establecerse con la orientación de las autoridades locales.

Las mediciones de opacidad las realiza un observador entrenado y certificado. Dicho observador compara la opacidad de las emisiones con una escala calibrada. La escala va de 0 a 100 % en incrementos del 5 %. Las mediciones se suelen realizar para un intervalo dado o durante un período de tiempo. Por ejemplo, es común especificar una observación cada 15 segundos durante 30 minutos. Los criterios de aceptación se establecen en el contrato. Las reglamentaciones locales pueden proporcionar lineamientos sobre los niveles de aceptación requeridos.

7.2.0 Método B: monitorización del aire del ambiente para PM-10

La emisión de partículas de 10 micrómetros (0,39 milésimas de pulgada) o menos (PM-10) está regulada por los *Estándares nacionales de calidad del aire del ambiente* de la EPA y varía de un lugar a otro. El tamaño de partícula monitorizado depende del filtro empleado en el monitor.

Por lo general, se utilizan colectores de muestras de aire de gran volumen equipados con monitores PM-10 (*Figura 23*) para medir las emisiones. La cantidad y la ubicación de los monitores depende de la dirección del viento y de la proximidad a casas, zonas de juegos para niños, masas de agua y otras áreas sensibles. Estos monitores funcionan de manera continua durante todo el proyecto. La monitorización debe comenzar unos días antes de que comience el trabajo, para establecer los niveles de fondo. Si los niveles de fondo varían significativamente, podría ser necesario

Tabla 9 Frecuencia de las emisiones

Nivel	Porcentaje	Minutos en día laboral de 8 horas
0	0	0
1	1	5
2	5	24
3	10	48
5	Ilimitado	Ilimitado

204T09.EPS

204F23.EPS

Figura 23 Instrumentos de monitorización PM-10.

realizar una monitorización de fondo continua. También existen monitores para el total de partículas sólidas (TSP) que pueden ser necesarios en algunas áreas.

7.3.0 Método C: monitorización ocupacional de las emisiones del área para la detección de plomo

Cuando se quitan revestimientos con contenido de plomo, se genera polvo de plomo, a menos que se los haya estabilizado antes de quitarlos. La inhalación de polvo de plomo es perjudicial para los trabajadores. La OSHA exige que haya un programa de monitorización para las emisiones de plomo suspendidas en el aire. La monitorización del plomo debe realizarse según los requisitos reglamentarios.

Existen varios métodos aceptables para monitorizar el plomo. Pueden emplearse equipos de muestreo de aire de gran volumen para monitorizar de manera continua las emisiones de plomo. También pueden utilizarse monitores personales ubicados fuera del área de contención (*Figura 24*).

Los niveles de acción para el plomo son de 30 microgramos por metro cúbico de aire, según los estándares de la OSHA. Deben seguirse requisitos adicionales de la OSHA, como aislar el área con carteles y barricadas cuando se hayan excedido los niveles de plomo. Las áreas adicionales que se deben monitorizar y aislar son el área de contención, el colector de polvo y los equipos de reciclado abrasivo.

7.4.0 Método D: monitorización del aire del ambiente para la detección de metales tóxicos de la EPA

La EPA regula el uso del plomo y otros metales tóxicos. Cuando se quitan o aplican revestimientos con contenido de metales tóxicos, se exige monitorizar el aire para detectar la presencia de estos metales. La ubicación y los métodos de prueba deben basarse en la dirección del viento y la proximidad a áreas sensibles, como casas, zonas de juegos para niños y masas de agua. También podría requerirse monitorización de fondo durante el proyecto.

Los equipos de muestreo de aire de gran volumen están preparados para la recolección de partículas suspendidas totales. Estas se analizan para determinar la presencia de plomo y otros metales tóxicos. El *Estándar nacional de calidad del aire del ambiente* para el plomo es de 0,15 microgramos por metro cúbico como promedio de 90 días. Dado que las operaciones de remoción de pintura y de revestimiento no suelen realizarse en períodos de 90 días, se deben establecer criterios diarios. La *Guía 6 de la SSPC* contiene fórmulas para calcular el promedio diario. Los métodos de prueba y los criterios de aceptación deben establecerse bajo la dirección de las autoridades con competencia y jurisdicción.

7.5.0 Método E: análisis del suelo para la detección de metales tóxicos

Cuando se quitan o aplican revestimientos que contienen metales tóxicos, se deben hacer pruebas al suelo bajo el área del proyecto. Dichas pruebas deben llevarse a cabo antes de que comience el proyecto, para establecer los niveles de fondo. También deben hacerse pruebas al suelo después de la finalización del proyecto, para determinar la

204F24.EPS

Figura 24 Equipo de monitorización de plomo personal.

En el lugar

Monitorización de la integridad de la contención

Para las emisiones peligrosas, las especificaciones del trabajo y/o las autoridades con jurisdicción podrían exigir monitorizar y registrar datos en forma periódica de la presión de aire negativa de la contención a fin de asegurar que se mantengan las presiones adecuadas para la ventilación y la captura de emisiones. Esto es especialmente cierto para las contenciones rígidas que no pueden inspeccionarse visualmente para detectar la presión negativa. El método preferido emplea un monitor de presión diferencial con registro de datos a fin de crear un registro permanente de la integridad de la contención. La unidad que se muestra aquí puede medir la presión diferencial entre las presiones de aire internas y externas de la contención hasta un nivel de apenas 0,001" de columna de agua (wc) (0,25 Pa) y mostrar los resultados en wc o en Pascales. Por lo general, se requieren diferencias de presión de 0,02" a 0,04" wc (5 a 10 Pa) para la contención de presión negativa. La función de registro de datos con fecha y hora puede variar entre una vez por segundo a una vez cada 12 horas, según se requiera. Para las emisiones no peligrosas, puede emplearse contención de presión positiva en algunos pocos casos. También pueden emplearse monitores de presión para monitorizar la presión positiva en forma periódica. Para la monitorización de contención positiva o negativa, si el diferencial de presión disminuye, es señal de que se están produciendo fugas adicionales o que los filtros de escape se están obstruyendo.

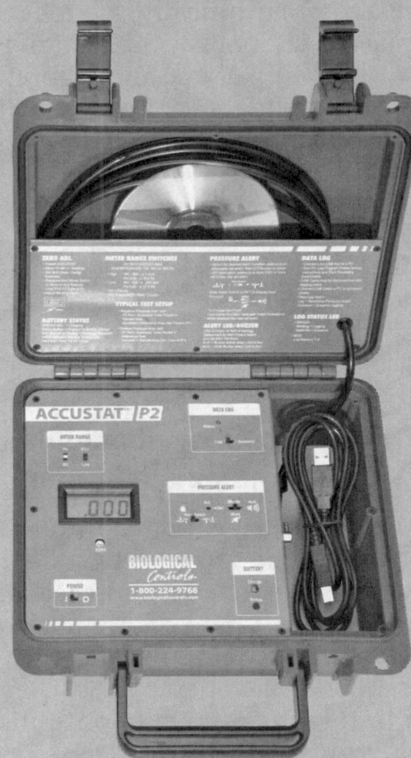

204FSA02.EPS

efectividad de la contención. Si está contaminado con metales tóxicos, puede ser necesario aplicar medidas reparadoras.

Antes de comenzar el proyecto, seleccione varios lugares de prueba debajo de la estructura y varios ubicados de 10 a 100 pies (3 a 30 m) de distancia de la estructura en cada una de las cuatro direcciones. Las estructuras largas, como los puentes, podrían requerir lugares de prueba adicionales. Registre la ubicación específica de cada lugar de prueba. Tome una muestra de los suelos y asegúrese de que se analicen en un laboratorio aprobado. Después de haber completado el proyecto, vuelva a tomar una muestra de las mismas áreas y analícelas. Se debe determinar todo incremento permisible bajo la dirección de las autoridades con jurisdicción.

7.6.0 Método F: análisis de agua y sedimentos para la detección de metales tóxicos

Cuando se quitan o aplican revestimientos que contienen metales tóxicos, es necesario hacer pruebas en las masas de agua cerca del área del proyecto. Este método de prueba también es una comparación del nivel de metales tóxicos antes y después del trabajo. Se deben tomar muestras de agua y sedimentos en masas de agua adyacentes antes de comenzar el trabajo. Registre cuidadosamente los lugares donde se tomaron las muestras. Vuelva a tomar muestras en los mismos lugares después de la finalización del proyecto. Las muestras deben enviarse a una laboratorio aprobado para que las analicen. Se debe determinar todo incremento permisible bajo la dirección de las autoridades con jurisdicción.

El muestreo del agua puede sólo ser beneficioso para masas de agua que no se renuevan o si existe una fuente de agua potable cercana. Si el agua se moviera rápido, el plomo y otros metales tóxicos serían desplazados y los resultados no serían concluyentes.

7.7.0 Método G: evaluación visual de la limpieza del lugar

La evaluación visual de la limpieza del lugar de trabajo es un método directo que debe realizarse a diario. Antes de que comience el proyecto, inspeccione el área para determinar la existencia de residuos y asegúrese de que sean retirados antes de iniciar las operaciones. Comenzar con un sitio limpio disminuye la posibilidad de que se produzcan accidentes y lesiones ocasionados por tropiezos. También facilita la identificación de nuevas emisiones. Todas las inquietudes sobre la responsabilidad de la limpieza deben resolverse por anticipado. Si fuese posible, tome fotografías del área para documentar las condiciones antes de que comience el trabajo.

El sitio debe ser inspeccionado a diario, generalmente después de finalizar las operaciones. Revise las áreas alrededor del recinto de contención para detectar emisiones. Preste especial atención a las uniones, las junturas, las entradas, las áreas de recolección de residuos y las áreas de escape de ventilación. Se deben detectar y limpiar las posibles emisiones. Modifique el sistema de contención para reducirlas o eliminarlas. Es importante realizar las inspecciones a diario para que puedan repararse todas las fugas o contenciones dañadas lo antes posible. Inspeccione el área al final del proyecto, después de que se haya retirado la estructura de contención. El área debería estar en mejores condiciones que antes del proyecto. La atención a la limpieza del sitio es importante para la reputación de la empresa.

7.8.0 Integridad y protuberancias en la contención

Hacer pruebas para determinar la efectividad de la contención no es productivo, a menos que se informen los resultados y se tomen medidas para rectificar los problemas. Revise con un supervisor los procedimientos para registrar e informar los resultados de las pruebas. Las acciones correctivas inmediatas reducen la necesidad de efectuar limpiezas costosas y que requieren mucho tiempo cuando se finalizan las operaciones de revestimiento. Una revisión simple para determinar si la contención tiene presión negativa o positiva es observar si las paredes, los pisos o los techos tienen un aspecto cóncavo o convexo. Esta revisión puede realizarse en cualquier momento y brinda un indicio visible de que hay ventilación.

Los materiales que se liberan accidentalmente de los recintos de contención se denominan emisiones. Las partes de la estructura que se extienden más allá de la contención, como las tuberías, se llaman protuberancias. Las protuberancias deben estar selladas adecuadamente cuando se arma la contención, para evitar emisiones. Los quiebres en la integridad de la contención pueden ocasionar la fuga de emisiones peligrosas (fugitivas). Las emisiones fugitivas deben limpiarse y se pueden castigar con sanciones contractuales. Asimismo, se aplican multas y sanciones considerables por exceder los límites de la EPA de emisiones de materiales peligrosos, incluidos metales tales como el plomo, el cadmio y el cromo. La liberación de una cantidad cualquiera de materiales peligrosos se considera un derrame y debe informarse a las autoridades federales. La limpieza del agua o la tierra contaminadas es costosa. Monitorice de cerca las emisiones y ajuste el sistema de contención para minimizarlas.

Las condiciones meteorológicas, los vientos y las operaciones de preparación de superficies pueden dañar la contención. Los bordes filosos y los objetos puntiagudos, como los pernos, pueden requerir una cobertura extra para evitar que se dañen los materiales de contención. Inspeccione cada componente con regularidad para mantener la integridad de la contención. Asegúrese de que cada uno funcione adecuadamente. Reemplace de inmediato los materiales de contención dañados o desgastados. Vuelva a sellar las uniones y las protuberancias si empiezan a tener fugas. Algunos contratistas utilizan espuma expandible o selladores de silicona para sellar las uniones. En proyectos más largos, podría tener que reemplazarse toda la estructura de contención. Informe los problemas al supervisor, quien decidirá si reparar o reemplazar el componente o el sistema.

Las emisiones fugitivas se producen con mayor frecuencia en las uniones, las entradas, los sistemas de manejo de aire y las áreas de acumulación de residuos. Estos son los puntos de los sistemas con mayor interacción entre el recinto de contención y el exterior. Asegúrese de que estas áreas se inspeccionen a diario.

Controlar las emisiones excesivas del sistema de filtrado de polvo puede ser tan simple como cambiar los filtros con mayor frecuencia. El equipo de manejo de aire puede ensuciarse y requerir limpieza o reparación. Revise el volumen de aire en los sistemas de escape y admisión. El incremento de la presión negativa debería controlar las emisiones desde el sistema de manejo de aire. Puede que sea necesario aumentar la capacidad del sistema de filtrado para manejar el volumen de aire tratado y la densidad del polvo.

El área de acumulación de residuos puede desbordarse fácilmente. Asegúrese de que sea lo suficientemente grande como para manejar el volumen de residuos generados. Siempre tenga contenedores disponibles con el fin de colocar los residuos para su eliminación. La limpieza diaria o regular de residuos, junto con las buenas prácticas de limpieza y mantenimiento, limitarán las emisiones desde esta área.

Las buenas prácticas de trabajo también pueden limitar las emisiones desde las entradas. Asegúrese de que se retiren el polvo y los escombros de las ropas antes de dejar la estructura de contención. Si fuese necesario, designe un área de descontaminación cerca de la puerta. Las herramientas y los equipos también deben limpiarse antes de retirarlos del área de contención.

La estructura de contención podría requerir modificaciones para reducir el exceso de emisiones o incrementar el nivel de contención. Por ejemplo, si la entrada es una juntura abierta, agregue lonas de puertas que la cubran. Podrían requerirse solapas o desviadores sobre los puntos de entrada de aire para reducir la emisión de polvo.

Al final del proyecto, repase los resultados de las pruebas. Evalúe la efectividad total de la estructura y los materiales de contención. En áreas en las que la contención fue menos efectiva, considere otros métodos y materiales para proyectos futuros. Los sistemas de contención son estructuras complejas con muchos componentes. Se requiere experiencia para construir y mantener sistemas de contención satisfactorios.

8.0.0 Humedad ambiental y control de la temperatura

Las condiciones ambientales pueden tener un efecto considerable en las operaciones de limpieza y revestimiento. Entre estos factores se encuentran la temperatura del aire, la humedad relativa, el punto de rocío, la velocidad del viento y los contaminantes transportados por el aire. La protección contra la corrosión, la aplicación de revestimientos, el aspecto y la tasa de curado se ven afectados por la humedad relativa y la temperatura, y por la temperatura de la superficie de la estructura. Si la temperatura es demasiado baja, por ejemplo, el revestimiento no se secará ni curará de manera adecuada. Si la temperatura es demasiado alta, el revestimiento no humedecerá la superficie, lo que resultará en una formación de película deficiente. La humedad también afecta la preparación de superficies y la aplicación de revestimientos. La humedad contenida en el aire se condensa si las temperaturas de la superficie caen por debajo del punto de rocío. Esto puede provocar que se oxide de nuevo el acero que fue limpiado mediante limpieza abrasiva seca. La humedad entre capas puede hacer que el revestimiento se arruine prematuramente.

La vida útil máxima de los revestimientos se basa en condiciones ideales de preparación de superficie y aplicación de revestimientos. En las hojas de datos técnicos del revestimiento, los fabricantes de revestimientos recomiendan límites de temperatura y de humedad relativa superiores e inferiores para la aplicación. Sin embargo, las condiciones ideales son difíciles de conseguir. Los proyectos en exteriores están sujetos a ciclos climáticos naturales y la posible formación de rocío por la noche. En los proyectos en interiores, generalmente las plantas deben continuar funcionando durante las operaciones de revestimiento. Las distintas áreas dentro de la planta pueden tener condiciones muy diferentes. Las temperaturas pueden ser extremadamente altas cerca del techo. Cerca de ciertas máquinas, como las máquinas de papel, la humedad relativa puede alcanzar casi el 100 %.

Las condiciones de la superficie no deben dejarse deteriorar entre la preparación y la aplicación del revestimiento. Lo óptimo sería que las superficies ferrosas se revistan cuando se indique la condición de la superficie en la especificación del trabajo, para evitar que vuelvan a oxidarse. En algunas áreas, la práctica estándar es preparar un área y revestirla el mismo día. Se prepara un área limitada y se aplica el revestimiento. La desventaja de este método es que el equipo debe pasar de una operación de preparación de la superficie a una operación de aplicación de revestimiento cada día. La configuración y la limpieza para ambas operaciones puede llevar mucho tiempo.

El tiempo entre la preparación de la superficie y la aplicación del revestimiento puede extenderse si el área se mantiene cálida y seca. Se incorporan equipos de control de temperatura y humedad como parte del sistema de contención a fin de mantener condiciones de superficie óptimas para la aplicación de revestimientos. Estos equipos también se necesitan en ambientes exigentes con temperaturas excesivamente bajas o altas o mucha humedad. Para la limpieza con abrasivos húmedos o hidrolavado, puede producirse **oxidación instantánea** entre media hora y dos o más horas después de la limpieza con agua, a menos que se emplee un inhibidor compatible con el revestimiento. Sin embargo, algunos estudios sugieren que la oxidación instantánea leve no afecta el revestimiento.

8.1.0 Deshumidificadores

Existen varias ventajas al usar equipos de deshumidificación. Los equipos de trabajo pueden desempeñarse en las condiciones más favorables y así optimizan la preparación de superficies y la aplicación de revestimientos. Esto extiende el tiempo con el que se cuenta para aplicar el revestimiento. La temporada de trabajo puede comenzar a principios de la primavera y continuar hasta avanzado el otoño. El proyecto no queda a merced de las condiciones climáticas y el tiempo de finalización puede calcularse con mayor precisión.

NOTA

La deshumidificación puede ocultar la presencia de cloruros sobre el acero. Se debe analizar el sustrato para detectar la presencia de cloruros después de la limpieza de la superficie. Los contaminantes no visibles pueden provocar la falla prematura del revestimiento.

Existen dos tipos de deshumidificadores, los refrigerantes y los **desecantes** tipo absorción. Los deshumidificadores refrigerantes enfrían el aire y recolectan la condensación resultante. Los deshumidificadores tipo absorción, o desecantes, utilizan un material con una alta afinidad por el agua para extraer la humedad del aire.

Los deshumidificadores refrigerantes trabajan bajo el principio de que el aire más frío contiene menos humedad. En la *Figura 25* se muestra un ciclo típico de refrigeración y deshumidificación. Se bombea un gas refrigerante a través de un sistema presurizado cerrado. El compresor presuriza el gas y así lo calienta. El gas caliente se enfría y se convierte en líquido dentro del condensador. A medida que el líquido pasa a través de una válvula, se expande y enfría justo sobre el punto de congelación. El aire húmedo circula sobre el evaporador y se enfría. La humedad contenida en el aire más frío se condensa en las aletas del evaporador y se drena hacia fuera del sistema.

En un deshumidificador desecante (*Figura 26*), el aire húmedo es conducido a través del material desecante. El desecante atrae y retiene parte del vapor de agua. Luego, se libera el aire más seco. El desecante circula hacia otra área donde se expone al aire calentado. El aire calentado extrae la humedad y así recarga el desecante. En general, un deshumidificador desecante tiene cuatro componentes principales: un portador de desecante, un ventilador de aire de proceso, un ventilador de aire de regeneración y un calentador.

Una de las limitaciones del deshumidificador refrigerante es que no funciona bien a temperaturas más frías. A temperaturas de aire de 45 °F (7 °C) o menos, la humedad puede congelarse en las aletas del evaporador, lo que hace que funcionen de manera menos eficiente, si es que logran funcionar. Además, los deshumidificadores refrigerantes reducen la temperatura del aire de escape. Extraen la humedad sin congelamiento y producen aire seco que es más cálido que el aire ambiente. Los deshumidificadores desecantes se utilizan con mayor frecuencia en primavera, otoño y invierno. Los deshumidificadores refrigerantes se utilizan con mayor frecuencia en verano.

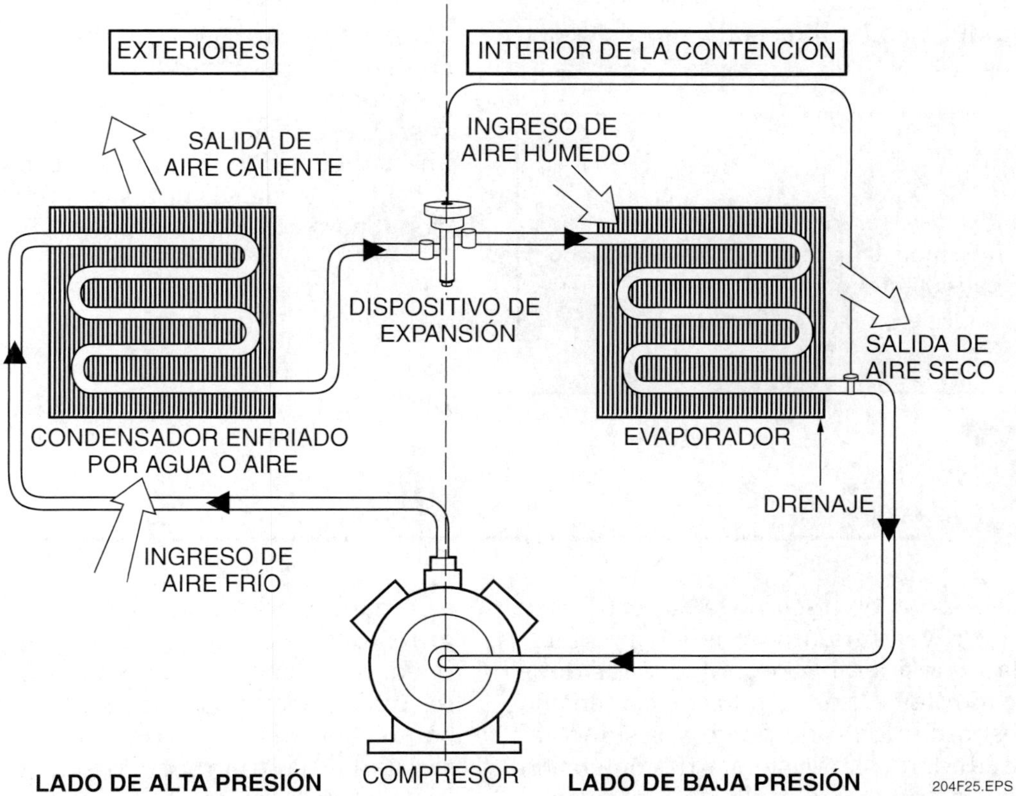

Figura 25 Ciclo de refrigeración/deshumidificación básico.

PRECAUCIÓN

Las grandes estructuras, como los puentes y las torres, son demasiado grandes como para calentarse de manera efectiva. No deben revestirse a temperaturas frías.

8.2.0 Unidades de calefacción

En algunos climas, se necesitan unidades de calefacción para mantener la temperatura del recinto a niveles óptimos para la aplicación de revestimientos. Pueden emplearse calentadores como parte del sistema de ventilación o deshumidificación. Es común que se usen calentadores ventilados portátiles. Normalmente, los calentadores utilizan electricidad, vapor o propano envasado. Generalmente se los utiliza en bancos para cubrir una superficie completa.

Siempre sea precavido con los calentadores que queman aceite combustible o propano, para evitar la acumulación de monóxido de carbono. Los gases de escape de estas unidades puede constituir un peligro para la salud e interferir con el curado adecuado de algunos revestimientos. Los calentadores pueden introducir humedad como sub-

Figura 26 Deshumidificador desecante.

producto de la combustión. Los gases de escape pueden introducir contaminación y la calefacción no será pareja.

¡ADVERTENCIA!

El monóxido de carbono es un gas producido por combustión. Inhalar monóxido de carbono puede causar enfermedades graves o la muerte.

Los colectores de polvo hacen circular un gran volumen de aire hacia dentro y fuera del área de contención. En invierno, esto puede enfriar rápidamente un área. Si los materiales no son peligrosos, el aire puede recircular. Esto permite que el aire caliente del recinto se reutilice después del filtrado. Podría ser necesario un calentador adicional para calentar el espacio.

Resumen

Los proyectos de preparación de superficies y aplicación de revestimientos pueden producir una cantidad considerable de polvo y residuos que deben controlarse. Los recintos de contención limitan el esparcimiento de polvo y residuos al ambiente circundante. Los sistemas de contención pueden ser estructuras complejas que incluyen el recinto de contención, equipos de recolección de residuos y ventilación, deshumidificadores y sistemas de filtrado de polvo y de monitorización.

El tipo de operaciones que se vayan a realizar y los materiales que se vayan a quitar o aplicar afectan la selección del tipo de sistema desarrollado y de los materiales empleados. Se requieren mayores niveles de contención y monitorización cuando se quitan o aplican materiales tóxicos, como el plomo. Construya sistemas de contención con los métodos descritos en la *Guía 6 de la SSPC*. Ciertos tipos de contenciones y materiales son inapropiados para algunas operaciones. Asegúrese de seleccionar materiales y equipos que puedan contener de manera adecuada los tipos de residuos generados. Los residuos contenidos deben recolectarse y envolverse para desecharlos o reciclarlos. Podrían requerirse equipos de manejo y acondicionamiento de aire para subir o bajar temperaturas, disminuir la humedad o eliminar el polvo.

Por último, debe medirse la efectividad del sistema de contención. Se deben limpiar todas las emisiones y se debe modificar el sistema para reducirlas o eliminarlas. Al seguir estos procedimientos, se pueden minimizar los problemas de seguridad y las violaciones de reglamentaciones ambientales. Asimismo, dejar el lugar de trabajo en mejores condiciones que las existentes antes del proyecto mejorará la reputación de la empresa y su propio estatus como aplicador profesional.

Preguntas de repaso

1. ¿Qué técnica de preparación de superficies produce la mayor cantidad de polvo y residuos?
   a. El decapado químico
   b. La limpieza con herramientas eléctricas
   c. La limpieza abrasiva
   d. El hidrolavado a alta presión

2. La exposición a largo plazo a solventes puede provocar _____.
   a. enfermedades pulmonares
   b. daños en los riñones
   c. pérdida del conocimiento
   d. convulsiones

3. Los lineamientos para realizar ciertas tareas que se detallan en los estándares de la industria son _____.
   a. exigidos por la ley
   b. impuestos por la OSHA
   c. prácticas opcionales
   d. plasmados en especificaciones contractuales

4. En los Estados Unidos, el *Estándar 29 CFR 1926.62 de la OSHA* establece requisitos específicos para la exposición del trabajador a _____.
   a. polvo en el aire
   b. metales tóxicos
   c. vapores de solventes
   d. plomo

5. El uso de una herramienta con bolsa de vacío para controlar el polvo de plomo es un ejemplo de _____ recomendadas/os.
   a. prácticas de mantenimiento y limpieza
   b. controles de ingeniería
   c. sistemas de ventilación
   d. buenas prácticas de trabajo

6. La recolección localizada en el punto de generación reduce la generación de polvo, pero también reduce _____.
   a. la cantidad de residuos recolectados
   b. la calidad de la preparación de la superficie
   c. el tamaño del área de limpieza
   d. la cantidad de tiempo necesario

7. Un ejemplo de recolección de residuos de área general es _____.
   a. un sistema de canalización
   b. la limpieza abrasiva húmeda
   c. un sistema de filtrado de polvo
   d. un decapador de agujas con bolsa de vacío

Empareje la clasificación de contención con el código correspondiente de la *Guía 6 de la SSPC*.

8. _____ Un nivel moderado de control de emisiones para el hidrolavado a alta presión

9. _____ El mayor nivel de control de emisiones para la limpieza abrasiva

10. _____ Un alto nivel de control de emisiones para la limpieza con herramientas eléctricas

11. _____ Un nivel mínimo de control de emisiones para la limpieza por chorro de agua

12. _____ El mayor nivel de control de emisiones para el decapado químico

13. _____ Un nivel moderado de control de emisiones para la limpieza con herramientas eléctricas

    a. Clase 1A
    b. Clase 1C
    c. Clase 2P
    d. Clase 3P
    e. Clase 3W
    f. Clase 4A
    g. Clase 4W

14. La *Guía 6 de la SSPC* incluye cuatro tablas que enumeran _____.
    a. los requisitos de contención y ventilación para cada clase
    b. los tipos de materiales de contención y sus aplicaciones
    c. los niveles de opacidad y las emisiones permisibles
    d. los requisitos de filtrado de polvo

Empareje los componentes del recinto de contención con el tipo correspondiente de la *Guía 6 de la SSPC*.

15. _____ Materiales de contención resistentes a productos químicos

16. _____ Estructuras de soporte flexibles

17. _____ Uniones parcialmente selladas

    a. Tipo A1
    b. Tipo B4
    c. Tipo C2
    d. Tipo D2

18. En un sistema de presión negativa, _____.

    a. se bombea más aire del sistema que el que se suministra
    b. ingresa más aire en el sistema que el que se bombea hacia fuera
    c. el aire ingresa a través del sistema de escape
    d. el suministro de aire está bien equilibrado

19. El aire bombeado dentro de un recinto de contención se denomina _____.

    a. aire fresco
    b. aire de escape
    c. aire de reabastecimiento
    d. aire de relleno

20. Los métodos de análisis más apropiados para la contención están determinados por _____.

    a. los resultados de pruebas diarias
    b. la observación visual de emisiones
    c. el análisis de muestras de suelo y agua
    d. los métodos establecidos por autoridades locales y estatales

Términos clave del oficio introducidos en este módulo

Aire de relleno: aire que reemplaza al aire que ha escapado del recinto de contención.

Desecante: material que atrae y retiene vapor de agua.

Emisiones: materiales que se escapan del área de contención, incluidas las columnas de partículas de materiales que se desplazan por el aire, los abrasivos, las astillas de pintura, los residuos, los derrames y las fugas de agua.

Entrada: área de una estructura de contención por la cual los trabajadores pueden entrar y salir de un sistema de contención y ventilación.

Estructura de soporte: estructura sobre la cual se monta el material de contención.

Flujo de aire forzado: aire que se suministra a un área de contención mediante el uso de ventiladores y sopladores.

Impenetrables: materiales que el polvo y el viento no pueden atravesar ni penetrar.

Impermeables: materiales que el agua no puede atravesar ni penetrar

Oxidación instantánea: oxidación que se produce desde el momento en que se inicia el proceso de hidrolavado hasta el momento en que se seca el agua utilizada en ese proceso.

Presión negativa: condición de un recinto en la cual sale más aire del que ingresa.

Resistentes a las llamas: materiales que tardan en arder, pero continúan haciéndolo una vez que se encienden.

Retardadores de llama: materiales que dejan de arder cuando se ha eliminado el fuego.

Recursos adicionales

Este módulo presenta recursos detallados para el entrenamiento en las tareas. Para ampliar los estudios, recomendamos el siguiente material de referencia.

Coating Inspector Program Level 1 (Programa de inspector de revestimientos, nivel 1). © NACE International, 2010.

Hoja de datos EPA-747-F-98-006 de la EPA, Generators' and Transporters' Responsibilities for Management and Disposal of Lead-Based Paint Debris (Responsabilidades de los generadores y transportistas para el manejo y la eliminación de residuos de pintura a base de plomo). Agencia de Protección Ambiental de los EE. UU. (7404), diciembre de 1998.

Industrial Lead Paint Removal Handbook (Manual de remoción de pintura industrial a base de plomo). Vol. 1. 2da ed. Kenneth A. Trimber. Pittsburgh, PA: The Society for Protective Coatings, 1993 [*SSPC 93-02*].

Estándar 1910.1025 de la OSHA: Sustancias tóxicas y peligrosas; Apéndice A: Hoja de datos de sustancias para la exposición ocupacional al plomo. Occupational Safety & Health Administration.

OSHA Technical Manual (Manual técnico de la OSHA). Controlling Lead Exposures in the Construction Industry: Engineering and Work Practice Controls. (Control de exposiciones al plomo en la industria de la construcción: controles de ingeniería de prácticas de trabajo). Occupational Safety & Health Administration, enero de 1999.

PaintSquare: Portal del *Journal of Protective Coatings and Linings* (Boletín de revestimientos protectores, JPCL) y del *Journal of Architectural Coatings* (Boletín de revestimientos arquitectónicos, JAC). www.paintsquare.org.

Prevención del envenenamiento por plomo entre los trabajadores de la construcción: NIOSH Alert. DHHS (NIOSH) Publicación nro. 91-116a, abril de 1992.

Centro de Recursos de Pinturas y Revestimientos (PCRC, Paints & Coatings Resource Center). www.paintcenter.org

Curso C-3 de la SSPC: Remoción de pintura a base de plomo. www.sspc.org.

Curso C-5 de la SSPC: Entrenamiento de actualización de remoción de pintura a base de plomo. www.sspc.org.

Guía 6 de la SSPC: Guía para la contención de residuos de preparación de superficies generados durante las operaciones de remoción de pinturas.. www.sspc.org.

Guía 7 de la SSPC: Guía para la eliminación de residuos de preparación de superficies contaminados con plomo. www.sspc.org.

Guía 18 de la SSPC: Guía del especificador para determinar la clase de contención y las estrategias de monitorización ambiental para los proyectos de remoción de pintura a base de plomo. www.sspc.org.

Guías de la SSPC sobre protección ambiental. www.sspc.org.

Créditos de las figuras

Fotografía por cortesía de Hippwrap Containment (portada del módulo)

Eagle Industries, 204F01, 204F10, 204F22

Topaz Publications, Inc., 204F02, 204F11–204F15, 204F17–204F19

Sherwin-Williams Co., 204F03

Fotografía cortesía de Bullard, 204F04

CS Unitec, Inc., 204F05

Nilfisk-Advance America, Inc., 204F06–204F08

SSPC: The Society for Protective Coatings, 204T01-204T08

Fotografía cortesía de Detroit Tarp Inc., 204F09

Cortesía de Reef Industries, Inc., 204F16

W.W. Grainger, Inc., 204F20, 204F21, 204SA01 (conjunto de tubos plásticos)

TSI Incorporated, 204SA01 (anemómetro)

Tisch Environmental Inc., 204F23

SKC Inc., 204F24

ACCUSTAT P2, monitor portátil de presión diferencial del ambiente fabricado por Biological Controls, 204SA02

ARID-Dry por CDIMS, 204F26

CURRÍCULO DE NCCER - COMENTARIOS DEL USUARIO

NCCER hace el esfuerzo de mantener estos libros de texto actualizados y libres de errores técnicos. Apreciamos su ayuda en este proceso. Si encuentra algún error, ya sea tipográfico o de contenido, en el currículo de NCCER, haga el favor de completar este formulario (o una fotocopia de él) o el formulario en línea en **www.nccer.org/olf**. Asegúrese de incluir el número exacto del módulo, la página, una descripción detallada y la corrección recomendada. Su comentario será puesto en conocimiento del comité técnico de revisión. Gracias por su ayuda.

Instructores: si tiene una idea para mejorar este libro de texto o encontró que algún material adicional es necesario para enseñar este módulo con eficacia, por favor háganoslo saber para que podamos presentar sus sugerencias al comité técnico de revisión.

NCCER Product Development and Revision

13614 Progress Blvd., Alachua, FL 32615

Correo electrónico: curriculum@nccer.org
En internet: www.nccer.org/olf

❑ Guía del estudiante ❑ AIG ❑ Examen ❑ PowerPoints Otro ____________________

Oficio / nivel Fecha de copyright:

Número/título del módulo:

Número(s) de sección:

Descripción:

Corrección recomendada:

Su nombre:

Dirección:

Correo electrónico: Teléfono:

Contención

ES69204-10

ESPECIALISTA EN APLICACIÓN DE REVESTIMIENTOS INDUSTRIALES, NIVEL DOS

ES69207-10
Aplicación de revestimientos, nivel dos

ES69206-10
Revestimientos industriales, nivel dos

ES69205-10
Preparación de superficies, nivel dos

ES69204-10
Contención

ES69203-10
Planificación del trabajo y control de calidad

ES69202-10
Protección contra la corrosión

ES69201-10
Seguridad al trabajar con revestimientos industriales

Especialista en aplicación de revestimientos industriales, nivel uno

Currículo básico
Habilidades introductorias del oficio

Este mapa del curso muestra todos los módulos de *Especialista en aplicación de revestimientos industriales, nivel dos*. El orden de entrenamiento sugerido comienza desde la parte inferior y avanza hacia la parte superior. Los niveles de habilidad se incrementan a medida que avanza en el mapa del curso. El Patrocinador local del Programa de entrenamiento puede modificar el orden del entrenamiento.

Objetivos

Cuando haya completado este módulo, el alumno podrá hacer lo siguiente:

1. Describir qué nivel de contención sería apropiado para una operación específica.
2. Describir los requisitos generales de los estándares de la industria para el montaje de la contención y la recolección de polvo.
3. Enumerar los distintos tipos de sistemas de contención y sus aplicaciones.
4. Construir un sistema de contención para una aplicación específica.
5. Mostrar cómo se instalan sistemas de ventilación y humidificación o deshumidificación.
6. Mostrar los métodos para verificar la efectividad de la contención.
7. Mostrar los métodos para tratar problemas de protuberancias.
8. Mostrar los procedimientos para mantener la integridad de la contención.

Términos clave del oficio

Aire de relleno
Desecante
Emisiones
Entrada
Estructura de soporte
Flujo de aire forzado
Impenetrable
Impermeable
Oxidación instantánea
Presión negativa
Resistentes a las llamas
Retardadores de llama

Prerrequisitos

Antes de comenzar este módulo, se recomienda que complete correctamente *Especialista en aplicación de revestimientos industriales, nivel uno* y *Especialista en aplicación de revestimientos industriales, nivel dos,* Módulos ES69201-10 a ES69203-10.

Índice

Los temas que vamos a presentar en este módulo comprenden:

1.0.0 Introducción 4.1
1.1.0 Desarrollo de sistemas de contención y ventilación 4.1
1.2.0 Consideraciones de salud y seguridad 4.2
2.0.0 Estándares de la industria 4.2
2.1.0 Estándares de NACE/SSPC 4.3
2.1.1 Guía 6 de la SSPC: guía para la contención de residuos de preparación de superficies generados durante las operaciones de remoción de pinturas 4.4
2.2.0 Estándares de seguridad para los trabajadores 4.4
3.0.0 Contención de residuos 4.7
3.1.0 Métodos de recolección de residuos 4.7
3.1.1 Recolección localizada en el punto de limpieza 4.7
3.1.2 Recolección del área general 4.10
4.0.0 Selección de sistemas de contención 4.10
4.1.0 Clases de contención 4.11
4.2.0 Subclases de técnicas de preparación de superficies 4.11
4.3.0 Selección de la contención establecida en la *Guía 6 de la SSPC* 4.15
5.0.0 Componentes del recinto de contención 4.16
5.1.0 Material de contención (Tipo A) 4.16
5.2.0 Penetrabilidad del material de contención (Tipo B) 4.18
5.3.0 Estructura de soporte (Tipo C) 4.19
5.4.0 Uniones (Tipo D) 4.20
5.5.0 Entrada (Tipo E) 4.21
6.0.0 Componentes del sistema de ventilación de la contención 4.21
6.1.0 Suministro de aire (Tipo F) 4.21
6.2.0 Flujo de aire de entrada (Tipo G) 4.22
6.3.0 Presión del aire dentro de la contención (Tipo H) 4.22
6.4.0 Movimiento de aire dentro de la contención (Tipo I) 4.23
6.5.0 Escape eléctrico y filtrado de polvo (Tipo J) 4.24
7.0.0 Efectividad de la contención 4.24
7.1.0 Método A: emisiones visibles 4.25
7.2.0 Método B: monitorización del aire del ambiente para PM-10 .... 4.25
7.3.0 Método C: monitorización ocupacional de las emisiones del área para la detección de plomo 4.26
7.4.0 Método D: monitorización del aire del ambiente para la detección de metales tóxicos de la EPA 4.26
7.5.0 Método E: análisis del suelo para la detección de metales tóxicos 4.27
7.6.0 Método F: análisis de agua y sedimentos para la detección de metales tóxicos 4.28
7.7.0 Método G: evaluación visual de la limpieza del lugar 4.28
7.8.0 Integridad y protuberancias en la contención 4.28
8.0.0 Humedad ambiental y control de la temperatura 4.29
8.1.0 Deshumidificadores 4.30
8.2.0 Unidades de calefacción 4.31

Figuras y tablas

Figura 1 Sistema de contención 4.1
Figura 2 Hidrolavado a alta presión 4.1
Figura 3 Parte de una MSDS 4.3
Figura 4 Máscara para limpieza abrasiva 4.3
Figura 5 Pulidora aspiradora con carro. 4.8
Figura 6 Lijadora aspiradora 4.9
Figura 7 Decapador de agujas 4.9
Figura 8 Decapador giratorio o escarificador con bolsa de vacío 4.9
Figura 9 Pintura de puentes. 4.17
Figura 10 Recolección de residuos y medios gastados mediante embudos 4.17
Figura 11 Lonas de vinilo 4.18
Figura 12 Lonas de polietileno 4.18
Figura 13 Lonas de laminado reforzado 4.18
Figura 14 Materiales de urdimbre cerrada 4.19
Figura 15 Materiales de malla abierta 4.19
Figura 16 Estructura de soporte con armazón de madera 4.19
Figura 17 Contención de torre de agua 4.20
Figura 18 Tensores de anillo de anclaje inferior 4.20
Figura 19 Lona con correas 4.20
Figura 20 Soplador portátil. 4.22
Figura 21 Manómetro 4.22
Figura 22 Colector de polvo portátil 4.24
Figura 23 Instrumentos de monitorización PM-10 .... 4.26
Figura 24 Equipo de monitorización de plomo personal 4.27
Figura 25 Ciclo de refrigeración/deshumidificación básico 4.31
Figura 26 Deshumidificador desecante 4.31

Tabla 1 Sistemas de contención para limpieza abrasiva 4.13
Tabla 2 Sistemas de ventilación para limpieza abrasiva 4.13
Tabla 3 Sistemas de contención para limpieza por chorro de agua 4.13
Tabla 4 Sistemas de ventilación para limpieza por chorro de agua 4.14
Tabla 5 Sistemas de contención para limpieza con herramientas eléctricas 4.14
Tabla 6 Sistemas de ventilación para limpieza con herramientas eléctricas 4.14
Tabla 7 Sistemas de contención para decapado químico 4.15
Tabla 8 Sistemas de ventilación para decapado químico 4.15
Tabla 9 Frecuencia de las emisiones 4.25

1.0.0 INTRODUCCIÓN

Los métodos de preparación de superficies y aplicación de revestimientos suelen producir sustancias no deseadas. Estas sustancias pueden ser polvo, residuos, astillas de pintura, abrasivos gastados, vapores químicos y exceso de rociado. En algunos casos, estos residuos son peligrosos. Incluso aunque fuesen no tóxicos, es importante evitar que contaminen las áreas próximas al lugar de trabajo. Se utiliza un sistema de contención (*Figura 1*) para restringir los residuos a un área limitada y ayudar a recolectarlos para su eliminación. Un sistema de contención incluye lonas, pantallas, cubiertas de tierra, barreras de agua y recubrimientos sostenidos mediante andamios y otros soportes. En algunos casos, el área de trabajo debe sellarse por completo para evitar que los residuos contaminen las zonas aledañas.

Al restringir el polvo y los residuos a un área limitada, la contención aumenta los riesgos para aquellos que trabajan dentro de dicha área. Por lo tanto, se emplean sistemas de ventilación con el objeto de controlar el movimiento de aire a través del área de trabajo y además reducir los riesgos originados por el polvo e incrementar la visibilidad. La ventilación puede hacerse tanto por métodos mecánicos como naturales. En la ventilación mecánica se emplean ventiladores, campanas y conductos. Se emplean filtros y colectores de polvo que limpian el aire antes de liberarlo.

1.1.0 Desarrollo de sistemas de contención y ventilación

Los estándares industriales brindan lineamientos para la selección de equipos y métodos de contención. Existen distintos niveles de control de **emisiones**. Se requiere el mayor nivel de control para aquellas actividades que generan la mayor cantidad de polvo y residuos.

La aplicación de revestimientos en un montante de caños y la limpieza abrasiva de un puente sobre el agua presentan casos a considerar muy distintos en cuanto a la contención. Los siguientes factores afectan el diseño del sistema y la selección de materiales y equipos:

- Especificaciones contractuales
- Leyes federales y estatales en materia ambiental, de salud y seguridad
- Técnicas de preparación de superficies
- Técnicas de aplicación de contención
- Productos químicos contenidos en los revestimientos que se quitan
- Productos químicos contenidos en los revestimientos que se aplican
- Entorno de trabajo
- Área circundante
- Proximidad a otros trabajadores y al público

Existen diversos estándares que brindan lineamientos para determinar cuáles son los materiales y los métodos adecuados. Varias organizaciones de la industria han identificado métodos para cumplir con los requisitos de contención y ventilación en distintas situaciones. Este módulo se centra en los requisitos de la *Guía 6 de la SSPC: guía para la contención de residuos de preparación de superficies generados durante las operaciones de remoción de pinturas.* La limpieza por chorros genera los mayores niveles de polvo y residuos y requiere los grados más altos de contención y ventilación. El hidrolavado a alta presión produce aguas residuales y productos químicos que deben contenerse (*Figura 2*). Comprender cómo se construyen estos sistemas permite instalar sistemas de contención y ventilación cuando se requieren niveles menores de protección.

204F01.EPS

Figura 1 Sistema de contención.

204F02.EPS

Figura 2 Hidrolavado a alta presión.

1.2.0 Consideraciones de salud y seguridad

En todo trabajo de revestimiento existen peligros para la salud y de seguridad. El polvo y los residuos no controlados pueden causar accidentes físicos, incendios, explosiones o problemas de salud. Los solventes que se utilizan en la limpieza y como vehículos para muchos revestimientos industriales representan riesgos de incendios, explosiones y para la salud. Es importante comprender estos peligros para que puedan reducirse mediante el uso de sistemas de contención y ventilación.

El peligro más común en el lugar de trabajo son los accidentes físicos. El polvo concentrado obstaculiza la visibilidad del trabajador, y por ende, podría ser causa de accidentes. Un buen sistema de ventilación extrae el polvo del aire y reduce este peligro. Las partículas suspendidas pueden provocar lesiones en los ojos, la piel y los pulmones. La exposición a peligros volátiles puede reducirse si se utiliza el equipo de protección personal (EPP) adecuado.

El fuego es otro peligro común. Se utilizan solventes inflamables en revestimientos, resinas, adhesivos y agentes de limpieza. Un sistema de contención puede evitar que las chispas entren en contacto con líquidos inflamables. Los solventes se evaporan con facilidad y pueden concentrarse en áreas de contención o en espacios cerrados. A mayores concentraciones, una chispa o una llama pueden provocar una explosión. Las explosiones pueden evitarse con ventilación y monitorización adecuadas.

Muchos solventes y otros productos químicos utilizados en los revestimientos industriales son tóxicos y pueden causar problemas de salud. Los solventes pueden irritar la piel y producir ampollas. También pueden destruir la piel y dejar úlceras abiertas. Los vapores de los solventes pueden ingresar en el cuerpo mediante la inhalación. La exposición a corto plazo a altas concentraciones puede causar náuseas, dolor de cabeza, pérdida del conocimiento, convulsiones y la muerte. La exposición a largo plazo a concentraciones bajas puede provocar lesiones en el sistema nervioso central, los pulmones, los riñones y podría, con el tiempo, ocasionar la muerte.

El plomo también es tóxico y puede provocar daños permanentes o temporales en la salud. Otro peligro es el polvo de sílice originado por el arenado. Podría causar una enfermedad pulmonar crónica (silicosis) e incrementar el riesgo de padecer cáncer de pulmón. Para reducir al mínimo la exposición a estos peligros, siempre use la protección respiratoria y la ventilación adecuadas.

Las hojas de datos de seguridad de materiales (MSDS) identifican las propiedades químicas y físicas de los productos químicos peligrosos (*Figura 3*). Los empleadores deben proporcionar una MSDS por cada producto presente en el lugar de trabajo. Familiarícese con las precauciones adecuadas para manejar y utilizar todos los productos empleados. También tenga presentes todos los procedimientos de emergencia y de primeros auxilios pertinentes. Siempre lea la MSDS antes de trabajar con un producto químico, para determinar qué tipo de equipo de protección personal (EPP) se requiere.

El EPP protege a los trabajadores de peligros químicos y físicos. Escoja el EPP según el trabajo que se realizará. Además de la MSDS, la OSHA y otros organismos regulatorios especifican los tipos de EPP que se necesitan para cada tarea. Por ejemplo, uno de los requisitos para la limpieza abrasiva es el uso de una máscara y una capa para limpieza abrasiva aprobadas por el NIOSH (*Figura 4*). Algunas empresas tienen requisitos en cuanto al EPP por cada tarea enumerada en su manual de seguridad.

El EPP protege a los trabajadores mientras realizan su trabajo. Después de haber finalizado, el personal debe descontaminarse para mantener todo material tóxico restringido al área de contención. Por lo general, se establece un área de descontaminación en la entrada del área de contención. Siempre quite el polvo y los residuos de las manos, la cara y la piel expuesta, al igual que del EPP.

> **¿Sabía usted?**
>
> **Silicosis y arenado**
>
> Más de un millón de trabajadores estadounidenses corren el riesgo de desarrollar silicosis. De estos trabajadores, más de 100.000 se dedican al arenado. Aproximadamente 59.000 trabajadores del millón de trabajadores expuestos a sílice cristalina desarrollará silicosis con el tiempo. La OSHA calcula que la mayoría de los riesgos relacionados con el arenado pueden evitarse si se toman las precauciones de seguridad adecuadas en los lugares de trabajo.

2.0.0 Estándares de la industria

Muchas leyes federales regulan los distintos aspectos de las operaciones de revestimiento de superficies, desde el control de las emisiones de la preparación de superficies hasta la eliminación de desechos. También existen leyes ambientales

```
                    HOJA DE DATOS DE SEGURIDAD DE MATERIALES
B65W511
04 00

================================================================================
          Sección 1 - IDENTIFICACIÓN DEL PRODUCTO Y LA EMPRESA
--------------------------------------------------------------------------------
NÚMERO DE PRODUCTO                                        CÓDIGOS HMIS
      B65W511                                       SALUD                  2
                                                    INFLAMABILIDAD         2
                                                    REACTIVIDAD            0
NOMBRE DEL PRODUCTO
POLY-LON* 1900 POLIURETANO DE POLIÉSTER (Parte A), extra blanco.
NOMBRE DEL FABRICANTE:
                                                 TELÉFONO DE EMERGENCIA:
                                                  (216) 566-2917

FECHA DE PREPARACIÓN                             TELÉFONO PARA INFORMACIONES:
01-ABR-07                                         (216) 566-2902
================================================================================
```

204F03.EPS

Figura 3 Parte de una MSDS.

específicas concernientes a sustancias químicas tóxicas como el plomo, por ejemplo, aquellas que implican el análisis de los niveles de plomo en sangre al comienzo y al final del trabajo. Para ayudar a los profesionales a cumplir con diversas reglamentaciones, las asociaciones comerciales han desarrollado lineamientos para realizar ciertas tareas. En algunas ocasiones, las organizaciones trabajan en conjunto para elaborar estos estándares.

Los estándares abarcan la mayoría de las situaciones e identifican diversos métodos para controlar residuos, a fin de minimizar la emisión de contaminantes al medio ambiente. También describen los sistemas de ventilación que reducen al mínimo la exposición del trabajador e incrementan la visibilidad dentro del área de contención. Se requieren precauciones adicionales cuando se trabaja con materiales peligrosos. Varias reglamentaciones de la OSHA que exigen mayores niveles de contención y control también tratan sobre la exposición del trabajador al plomo.

204F04.EPS

Figura 4 Máscara para limpieza abrasiva.

2.1.0 Estándares de NACE/SSPC

Las asociaciones comerciales están conformadas por profesionales calificados con muchos años de experiencia. Comprenden los desafíos y las limitaciones que enfrentan sus miembros en distintos entornos laborales. En algunas ocasiones, las asociaciones comerciales desarrollan estándares para mostrar a sus miembros cómo cumplir con las reglamentaciones nuevas en materia ambiental o de seguridad. Luego, estos estándares son adoptados por todos en el oficio y se plasman en especificaciones contractuales.

NACE International y la Sociedad de Revestimientos Protectores (SSPC, Society for Protective Coatings) han desarrollado varios estándares que describen los sistemas de contención y ventilación. Los estándares principalmente suministran lineamientos para sistemas que se utilizan durante las actividades de preparación de superficies.

Los contratos suelen exigir que se realicen ciertas tareas de acuerdo con un estándar de la industria. Es común que los requisitos de contención y ventilación en los contratos de revestimientos industriales indiquen el cumplimiento de lo especificado en la *Guía 6 de la SSPC: guía para la contención de residuos de preparación de superficies generados durante las operaciones de remoción de pinturas.* Esta es una razón por la cual el módulo se centra en los requisitos de la *Guía 6 de la SSPC*. Asimismo, las operaciones de limpieza abrasiva por chorro suelen requerir el más alto nivel de contención y ventilación. Una vez finalizada la preparación de la superficie, los métodos de contención y ventilación existentes suelen ser suficientes para las aplicaciones de revestimiento.

2.1.1 Guía 6 de la SSPC: guía para la contención de residuos de preparación de superficies generados durante las operaciones de remoción de pinturas

La *Guía 6 de la SSPC* brinda lineamientos detallados para el diseño y la implementación de sistemas de contención y ventilación. Los métodos y los materiales descritos en la guía están diseñados para ser utilizados con estructuras de acero. Sin embargo, también pueden aplicarse a otros materiales de construcción, como el concreto, el aluminio y la madera. Los propietarios de las plantas pueden usar estos métodos para preparar especificaciones para contratos. También los pueden emplear los contratistas para diseñar e instalar sistemas de contención y ventilación. Aunque los sistemas de ventilación de la guía incrementan la visibilidad y proporcionan cierto nivel de protección para los trabajadores dentro del área de contención, no reemplazan el cumplimiento de los estándares de la OSHA. Podría requerirse protección respiratoria adicional, en especial cuando se trabaja con pinturas a base de plomo u otros materiales tóxicos.

La *Guía 6 de la SSPC* define los términos utilizados comúnmente en la preparación de superficies. También identifica otros estándares de la industria y otras reglamentaciones federales que se pueden aplicar a las operaciones de revestimiento de superficies. Utilice la guía como una ayuda para comprender los requisitos contractuales y legales. Sin embargo, no se base exclusivamente en ella para la observancia general. Siempre verifique que su sistema cumpla con todos los requisitos federales, estatales, locales o contractuales pertinentes.

La *Guía 6 de la SSPC* describe los métodos más comunes para quitar revestimientos y recolectar residuos, como así también procedimientos para evaluar la efectividad del sistema de contención. También identifica los componentes de los recintos de contención y el equipo de ventilación. Describe diversos procedimientos para seleccionar, construir y evaluar sistemas de contención, incluidos los siguientes:

- selección de métodos de preparación de superficies y recolección de residuos;
- especificación de sistemas de contención;
- selección de métodos para evaluar la cantidad de las emisiones; e
- implementación de proyectos de contención.

El nivel de control de emisiones necesario varía para los distintos lugares de trabajo. Dado que existen muchas variables dentro de cada sistema de contención, hay varias combinaciones que pueden usarse para diseñar un sistema. Para simplificar este proceso, la *Guía 6 de la SSPC* establece cuatro niveles de control de contención. Los cuatro niveles, o clases, están subdivididos con el fin de identificar requisitos de contención para distintos métodos de preparación de superficies. Esto hace que sea más sencillo para todas las partes comunicar los parámetros para un trabajo determinado.

La guía también identifica diversos métodos para verificar la efectividad del sistema de contención. Algunos de estos métodos brindan información inmediata sobre las emisiones. Otros procedimientos de prueba brindan resultados después de los análisis de laboratorio o de la finalización del proyecto.

Utilice la guía como base para diseñar los sistemas de contención y ventilación. Sin embargo, basarse en un estándar no reemplaza la obligación de cumplir con todas las leyes pertinentes. Cada trabajo tiene consideraciones específicas que deben incluirse durante la planificación y la ejecución para impedir que los trabajadores, el medio ambiente y al público sufran exposiciones. Por ejemplo, la monitorización de emisiones para detectar plomo es adecuada cuando se retiran o aplican revestimientos a base de plomo. La identificación de los métodos apropiados de verificación de la efectividad de la contención debe coordinarse con funcionarios locales de seguridad y salud ambiental.

2.2.0 Estándares de seguridad para los trabajadores

La OSHA, la Comisión Reguladora Nuclear (NRC) y otros organismos gubernamentales, tanto a nivel estatal como local, establecen normas aplicables para proteger la salud de los trabajadores. Una de las inquietudes principales en las operaciones de revestimiento y preparación de superficies se relaciona con aquellas estructuras previamente revestidas con plomo. La pintura a base de plomo inhibe la oxidación y la corrosión del hierro y el acero. Es común que se utilice en puentes, ferrocarriles, barcos, faros y otras estructuras de acero. Remover pintura de superficies que fueron revestidas previamente con pintura a base de plomo puede derivar en una exposición significativa al plomo.

> **¡ADVERTENCIA!**
> El plomo puede dañar los sistemas cardiovascular, reproductor, hematológico y nervioso central, como así también los riñones. Puede ser tóxico si se absorbe en dosis más altas.

La sobreexposición al plomo es una de las causas principales de enfermedades en el lugar de trabajo. También es una de las formas más comunes de sobreexposición. La sobreexposición a corto plazo o aguda es poco común, pero puede derivar rápidamente en convulsiones, caída en estado de coma o la muerte. La sobreexposición a largo plazo o crónica al plomo es más común. No hay una línea divisoria clara entre los efectos agudos de desarrollo rápido de la exposición al plomo y los efectos crónicos que pueden tomar más tiempo en desarrollarse.

La inhalación es la forma más común en la que el plomo ingresa en el cuerpo. Se absorbe por los pulmones y el tracto respiratorio superior cuando los trabajadores inhalan polvo que contiene plomo. También puede absorberse a través del sistema digestivo si el polvo con contenido de plomo ingresa en la boca y es ingerido. La mayor parte del plomo inhalado o ingerido ingresa en el flujo sanguíneo y circula por el cuerpo. Queda depositado en diversos órganos y tejidos. El plomo depositado en los tejidos puede causar daños irreversibles lentamente: en primer lugar, a las células en forma individual, y luego a los órganos y los sistemas corporales completos.

Los empleadores tienen la responsabilidad general de proporcionar condiciones laborales libres de peligros reconocidos. Los peligros relacionados con el plomo se tratan en tres estándares específicos para la industria en general, la industria de los astilleros y la industria de la construcción. Según la industria, podrían aplicarse uno o más de estos estándares. El estándar de la industria de la construcción incluye específicamente operaciones de pintura. La OSHA define el trabajo de construcción como: "trabajo para construir, modificar y/o reparar, incluidas la pintura y la decoración".

De acuerdo con estas reglamentaciones, los empleadores deben desarrollar e implementar programas de protección al trabajador que minimicen el riesgo de exposición al plomo. Los programas deben incluir la contención de peligros relacionados con el polvo, la limitación de la propagación del polvo de plomo, el EPP, la monitorización médica y la supervisión en el lugar de trabajo. *El estándar 29 CFR 1926.62 de la OSHA, Controles ambientales y de salud ocupacional : plomo,* exige que los empleadores suministren lo siguiente:

- Áreas de trabajo controladas y carteles de advertencia
- Ropas de trabajo específicas
- Áreas de receso y de comida limpias
- Estaciones de lavado de manos y duchas
- Uso documentado del respirador y programas de mantenimiento
- Verificaciones periódicas de los niveles de plomo en sangre de los trabajadores
- Designación de una persona competente para tratar con los peligros del lugar de trabajo

La OSHA define el término *nivel de acción* como la exposición del empleado (sin respiradores) a una concentración de plomo en suspensión que excede cierta cantidad. El nivel de acción para el plomo es de 30 microgramos por metro cúbico de aire, calculado como tiempo promedio ponderado en un período de ocho horas. El nivel de acción indica que se deben iniciar esfuerzos de monitorización y mitigación para limitar la exposición máxima a cierto nivel. Además del plomo, otros estándares de la OSHA limitan la exposición de los empleados a metales pesados, como el cadmio, el arsénico inorgánico, el mercurio y el cromo hexavalente.

La OSHA establece un límite de exposición permisible (LEP) a fin de limitar la exposición de los trabajadores al plomo. Se requiere protección respiratoria y ventilación en áreas de trabajo que tengan una concentración superior al LEP. El estándar actual para el plomo en los sitios de construcción limita la exposición del trabajador a 50 microgramos de plomo por metro cúbico de aire, promediado en un día de trabajo de ocho horas. Sin embargo, los respiradores deben ser el último método de protección utilizado. En cambio, deberían emplearse en primer lugar prácticas de trabajo e ingeniería para reducir la exposición del empleado a un nivel inferior al LEP. Sólo pueden utilizarse respiradores en combinación con controles de ingeniería y prácticas de trabajo para controlar la exposición del empleado.

Los controles de ingeniería y las buenas prácticas de trabajo son la manera más eficaz de proteger a los empleados. Los controles de ingeniería consisten en equipos o procedimientos de mantenimiento modificados que reducen la exposición de los trabajadores a polvos peligrosos. Los controles de ingeniería incluyen la contención y la ventilación. Algunos métodos de ventilación, como los recubrimientos y los accesorios de aspiración de herramientas eléctricas, extraen el polvo y los residuos del área en la que se generan. Estos métodos envuelven la cabeza de trabajo de la herramienta con una bolsa mientras un sistema de vacío elimina los residuos. Los métodos de preparación de superficies alternativos, como la limpieza con abrasivos húmedos, la limpieza por chorro de agua de alta presión y el decapado químico, limitan la exposición al reducir la generación de polvo. Estos controles de ingeniería tienen ventajas en cuanto al costo, la productividad, la calidad de la preparación de la superficie y la durabilidad del revestimiento nuevo. Deben aplicarse siempre que resulte práctico, sin sacrificar la calidad del trabajo o incrementar los costos.

La contención protege a los trabajadores, los transeúntes y el medio ambiente al rodear el área de trabajo con plástico o lonas. Se requiere ventilación para reducir la exposición de los trabajadores dentro del recinto. Los sistemas de ventilación bombean el aire contaminado hacia un sistema de filtrado y lo reemplazan con aire fresco.

Un buen programa de prácticas de trabajo garantiza que se controlen los contaminantes a medida que se realiza el trabajo. El enfoque de tres fases incluye controles de buenas prácticas de limpieza y mantenimiento, higiene personal y administrativos. Las buenas prácticas de limpieza y mantenimiento pueden ser tan simples como retirar el polvo de plomo acumulado al final de cada turno laboral. El polvo de plomo sobre equipos, soportes superiores y otras superficies puede transportarse por el aire si es levantado por corrientes de aire o el tránsito. Recolecte el polvo de plomo regularmente con una bomba de vacío que tenga un filtro HEPA y colóquelo en bolsas cerradas e **impenetrables**, para reducir el peligro relacionado con el polvo.

Las buenas prácticas de higiene personal eliminan la inhalación y la ingesta de polvo por parte de los trabajadores en el lugar de trabajo. También evitan que los trabajadores transfieran el peligro del lugar de trabajo a sus vehículos personales u hogares, donde otros pueden quedar expuestos. No se permite comer ni fumar en áreas de contención, para evitar que el trabajador ingiera polvo de plomo. Los trabajadores deben descontaminar y lavarse las manos antes de comer o fumar. Algunos sistemas de contención incluyen una zona de descontaminación, en la cual los trabajadores pueden quitar el polvo de plomo de sus prendas y equipos antes de ingresar en áreas limpias. Esto confina el polvo peligroso en el área de contención. Entre los controles administrativos se encuentran el entrenamiento, la supervisión y la programación. La empresa debe contar con un programa que entrene a los trabajadores sobre procedimientos de control y que garantice que se sigan las políticas de contención. Al equilibrar las tareas de alta y de baja exposición, los empleadores pueden reducir la exposición general del trabajador durante la jornada laboral.

Las plantas nucleares presentan problemas especiales para la preparación de superficies. La NRC exige quitar el material radioactivo de los revestimientos superficiales. Este organismo trata el material radioactivo como un desecho peligroso por separado, además de los desechos peligrosos provenientes de la remoción de pintura a base de plomo. Las reglamentaciones de la NRC se basan en la presencia y el manejo seguro de materiales radioactivos de todo tipo de fuentes, incluida la preparación de superficies. Ciertos procedimientos de la NRC se utilizan para controlar cómo se extraen y separan desechos radioactivos de otros desechos para evitar flujos de desechos mixtos. Las pinturas decapables que se adhieren a las partículas radioactivas de las superficies se aplican con el objeto de recolectar esas partículas radioactivas. Este tipo de pinturas luego se retiran, antes de continuar con el resto de la preparación de la superficie.

Asimismo, el 100 % de los desechos de la remoción de pintura, incluido el polvo, deben mantenerse lejos del sistema de ventilación de la planta. Si los desechos penetran en el sistema de ventilación, provocarán fallas en los filtros de carbono de activación normal para las partículas radioactivas, por lo que serán inútiles para proteger normalmente al personal. También se debe evitar que los vapores del solvente metiletilcetona (MEK) ingresen en los filtros de carbono activado, porque pueden causar una explosión. Es normal que las plantas nucleares requieran una contención completamente cerrada con cero emisiones a la atmósfera de la planta. La contención debe ventilarse a la atmósfera, hacia fuera de las instalaciones de la planta, en especial fuera del edificio de contención, el edificio de control y de todas las áreas que alberguen al personal de la planta, los equipos de seguridad críticos y las instalaciones de almacenamiento de combustible.

En el área de Servicio de revestimiento nivel 1 de las plantas nucleares, toda la preparación de la superficie, incluso cuando se realiza con herramientas con bolsas de vacío, se lleva a cabo dentro de un sistema de contención Clase 1A con exigencia de cero emisiones, y frecuentemente con una condición de entrada E1. Para limpiar con herramientas eléctricas, el estándar es el uso de contención Clase 1P. No se permite el decapado químico en la mayoría de las áreas de las plantas nucleares, para evitar los desechos mixtos y la contaminación de los filtros de carbono activo del sistema de ventilación. Los desechos mixtos son la combinación de productos químicos peligrosos y desechos radioactivos. No hay disposiciones legales en cuanto a la eliminación de residuos mixtos en los Estados Unidos; normalmente, están prohibidos en todas las plantas nucleares.

NOTA

Las clases de contención y las entradas se describen en detalle en secciones posteriores de este módulo.

Cada planta tiene sus propias reglas para todas estas u otras operaciones, que forman parte de la base de concesión de licencias para la planta por parte de la NRC. Todo aquello que pudiera infringir esa base de concesión de licencias se encuentra prohibido, ya sea por la NRC o por reglamentaciones específicas de la planta.

3.0.0 Contención de residuos

La planificación de la contención y la recolección de residuos es un factor importante en la calidad del trabajo finalizado. La contención de residuos gestionada de manera deficiente agrega costos considerables a la limpieza del sitio. La eliminación de residuos también puede ser costosa, en especial si contienen materiales peligrosos. Con una planificación anticipada, los residuos pueden recolectarse de manera eficaz en el momento en que se generan. Los desechos peligrosos también pueden separarse para reducir los costos de eliminación.

La preparación de superficies genera la mayor cantidad de residuos. Entre estos residuos se encuentran el polvo, los fragmentos de revestimiento, el óxido, la escoria, el acero, el concreto y otras sustancias. Además, también se deben contener los residuos de actividades suplementarias. Se deben colocar lonas en las áreas de descontaminación para evitar que se contaminen las áreas exteriores a la contención. Las aguas residuales generadas por la limpieza de equipos de aplicación de revestimientos y otras herramientas debe recolectarse y desecharse de manera adecuada. El polvo recolectado por el equipo de filtrado de aire se debe embolsar. El polvo de plomo se debe recolectar en bolsas impenetrables.

El tipo y la cantidad de residuos dependen de la superficie que se prepare y de la técnica que se utilice para tal fin. Seleccione los métodos de recolección y los materiales según el tipo y la cantidad de residuos generados. El pulido produce un polvo fino. Los métodos de limpieza abrasiva producen partículas más grandes y sus residuos también contienen medios abrasivos gastados.

La mayoría de los residuos son secos y se pueden aspirar. Sin embargo, las técnicas de preparación de superficies, como el decapado químico y el hidrolavado a alta presión generan residuos húmedos. La aspiración también podría ser adecuada para los residuos húmedos, pero los contenedores de recolección deben ser a prueba de agua. El sistema de contención y recolección para abrasivos gastados podría tener que modificarse si se pretende volver a utilizar los abrasivos. Los sistemas de recolección para el decapado químico de residuos deben ser de materiales químicamente resistentes.

¿Sabía usted?

Pintura de puentes

Aproximadamente el 80 % de los más de 100.000 puentes de carreteras hechos de acero que existen en los Estados Unidos están revestidos con pinturas que contienen plomo. Cada año, se limpian y vuelven a pintar alrededor de 1200 puentes revestidos con pintura a base de plomo, lo que equivale a una superficie aproximada de 100 millones de pies cuadrados (9.290.304 m^2). La limpieza abrasiva es la que se utiliza con mayor frecuencia para limpiar.

3.1.0 Métodos de recolección de residuos

Ajuste los métodos de recolección de residuos al tipo y la cantidad de residuos producidos. Planifique con cuidado la recolección de residuos. Los métodos de recolección inadecuados hacen que los polvos vuelvan a quedar suspendidos en el aire. Los métodos de recolección deficientes propagan los desechos hacia las zonas circundantes y hacen fracasar los esfuerzos de contención. Los dos enfoques sobre la recolección de residuos son la recolección localizada y del área general. La recolección localizada utiliza un sistema de vacío y equipos especializados para recolectar los residuos en el lugar en el que se producen. Esto reduce el contenido de polvo en el aire, pero puede limitar la limpieza a áreas más pequeñas. En la recolección del área general, los residuos se retiran del área de contención. El sistema de contención está diseñado de manera tal que los residuos se puedan transferir con facilidad en contenedores para eliminarlos.

3.1.1 Recolección localizada en el punto de limpieza

La recolección localizada en el punto de limpieza utiliza herramientas especialmente equipadas.

Estas herramientas cuentan con una bolsa, o recubrimiento, alrededor de la cabeza de la herramienta que forma una cámara de contención pequeña. La bolsa generalmente es de caucho para que se ajuste a la superficie que se desee limpiar. En algunas herramientas, el borde externo está conformado por cepillos. Los residuos y el polvo se sellan contra la superficie y no escapan al aire ni a un área de contención mayor. Hay una aspiradora unida a la bolsa para retirar los residuos de la cámara de contención. Los residuos se recolectan en el sistema de vacío y el aire de escape se filtra.

Hay muchas herramientas con vacío portátiles disponibles, entre ellas las grallanadoras , las pulidoras, las lijadoras, los escarificadores y los decapadores portátiles. Muchas de estas herramientas están aprobadas por la OSHA para usarlas en la remoción de pinturas y revestimientos con plomo. Esto limita la exposición del trabajador al polvo de plomo volátil. La OSHA define este proceso como limpieza con agua a presión al vacío. Muchos dispositivos vienen en modelos eléctricos y neumáticos. Las herramientas neumáticas se suelen utilizar con un sistema de vacío centralizado.

Las grallanadoras portátiles son limpiadores abrasivos autónomos. El aire o una rueda impulsa el chorro abrasivo hacia la superficie. El chorro rebota con el polvo y los contaminantes hacia una cámara de separación. El abrasivo se recicla y el polvo y los contaminantes se recolectan para eliminarlos. Las grallanadoras portátiles se utilizan para quitar revestimientos peligrosos y no peligrosos de superficies de concreto y acero. Las unidades portátiles pequeñas tienen un patrón de limpieza de 2 pulgadas (5,08 cm). Pueden utilizarse en paredes, pisos, techos interiores y vigas superiores. Las unidades suelen estar conectadas a un sistema de vacío.

Las grallanadoras portátiles más grandes tienen caminos de limpieza de 10 a 36 pulgadas (25,4 a 91,44 cm). Están diseñadas para actuar sobre pisos de concreto o acero, plataformas de barcos, caminos y puentes. Las unidades más grandes, alimentadas a gasolina o propano, tienen una unidad de vacío incorporada. El operador camina detrás en el caso de las unidades más pequeñas y se sube a las más grandes.

Para operar las pulidoras, se presiona un disco abrasivo giratorio contra la superficie del objeto que se desea limpiar. La composición del disco abrasivo varía según la aplicación. Cuando los discos se gastan, se los reemplaza. Se utilizan para pulir y quitar revestimientos peligrosos y no peligrosos, pintura y óxido. Pueden utilizarse en concreto, ladrillos, acero y otras superficies duras. En áreas reducidas, se utilizan máquinas compactas. Las más grandes se venden en modelos de 3, 4,5 y 7 pulgadas (7,62 cm, 11,43 cm y 17,78 cm). Algunas tienen extremos redondeados o una cubierta flotante para tener mayor visibilidad mientras se trabaja. Algunas pulidoras más grandes pueden montarse en un carro para utilizarlas sobre pisos (*Figura 5*).

Las lijadoras son similares a las pulidoras, pero el movimiento abrasivo puede ser de vaivén en lugar de circular. En las lijadoras se sujetan láminas reemplazables de material abrasivo a una almohadilla móvil o conforman un cinturón continuo. Algunos modelos tienen succión a través de la almohadilla, lo cual permite tener un control excelente del polvo y ofrece mayor visibilidad mientras se trabaja. Las lijadoras neumáticas (*Figura 6*) se utilizan sobre aluminio y fibra de vidrio. Funcionan bien con sistemas de vacío central. Las lijadoras eléctricas se utilizan para el lijado fino o grueso de superficies medianas a pequeñas. Hay varios tamaños y configuraciones disponibles, incluidos modelos de lijadoras de órbita aleatoria, giratorias y triangulares para diversas aplicaciones. Para una operación eficaz, algunas tienen

204F05.EPS

Figura 5 Pulidora aspiradora con carro.

204F06.EPS

Figura 6 Lijadora aspiradora.

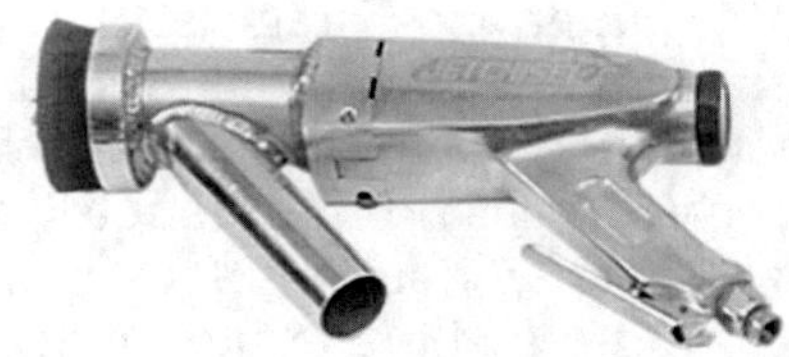

204F07.EPS

Figura 7 Decapador de agujas.

204F08.EPS

Figura 8 Decapador giratorio o escarificador con bolsa de vacío.

sujetadores de gancho y bucle de desenganche rápido para las láminas de lijado.

Los decapadores de agujas tienen un haz de varillas de acero reforzado que actúan con un movimiento de martillo (*Figura 7*). Se utilizan para retirar revestimientos peligrosos y no peligrosos, pintura, estuco y óxido. Su pequeño tamaño permite quitar revestimientos y corrosión en áreas de difícil acceso, incluidas esquinas, bridas, alféizares y jambas de puertas.

En los decapadores giratorios o escarificadores (*Figura 8*), los ejes utilizados para la preparación de superficies son el cortador de rueda estrellada, el martillo, la rueda abrasiva y el granallado. Estas herramientas portátiles se utilizan para perfilar y limpiar superficies. Permiten a los operadores retirar revestimientos a ¼ de pulgada (0,64 cm) de superficies verticales. Los ejes intercambiables permiten que se los utilice en distintas aplicaciones. El eje cortador de rueda estrellada quita revestimientos pesados como alquitrán de hulla, sólidos de epoxi, cascarilla de óxido y revestimientos cementosos, del acero y el concreto. El eje de cabeza de martillo quita revestimientos sueltos sobre acero y concreto, y puede utilizarse en superficies irregulares. Los ejes de ruedas abrasivas se utilizan para quitar el óxido y la pintura del acero y para achaflanar superficies pintadas. El eje de granalla retira hasta 20 milésimas de pulgada (508 micrómetros) de revestimientos de pintura y proporciona un perfil *SSPC-SP 11* sobre el acero. También equivale a proporcionar un acabado de lavado ácido o de escobilla al concreto. Algunos modelos pueden remover hasta 150 pies cuadrados (13,94 metros cuadrados) de pintura por hora mientras que logran altos niveles de limpieza.

Una herramienta más novedosa es la Bristle Blaster. Está disponible con accionamiento neumático o eléctrico y un accesorio de aspiración. El proceso de Bristle Blasting (limpieza con cerdas) quita revestimientos y corrosión, y genera un perfil de anclaje con una rueda de cerdas giratoria especialmente diseñada. La rueda contiene cerdas de alambre reforzado con las puntas dobladas levemente hacia adelante. Mientras giran a alrededor de 2500 rpm, las cerdas son dobladas levemente hacia atrás por la barra redonda situada en la parte delantera de la herramienta. Mientras las cerdas pasan sobre la barra, se imparte energía cinética de elevada intensidad a medida que se repliegan y las puntas angulares golpean enérgicamente la superficie en ángulo perpendicular. Después del impacto, las cerdas rebotan y así quitan la corrosión o los revestimientos y dejan un perfil que imita la limpieza abrasiva con grano.

Cuando se utilizan estas herramientas, el polvo y los residuos se recolectan de inmediato. Esto evita su liberación en el área circundante y reduce los peligros de polvo volátil. Se mejora la visibilidad y se reduce la necesidad de contención y de usar protección respiratoria. Esto es particularmente importante en entornos sensibles o cuando se trata de pinturas a base de plomo. Por ejemplo, este tipo de procedimiento sería efectivo para remover revestimientos a base de plomo en un centro para niños o en establecimientos donde se prepara comida.

Existen varias desventajas con respecto a la recolección localizada en el punto de limpieza. Por lo general, lleva más tiempo que la limpieza abrasiva abierta porque la cabeza de limpieza es más pequeña. La cámara de contención limita el tamaño del área que puede limpiarse. Este método es ineficaz en superficies irregulares, donde no se puede formar un buen sellado. El sistema de aspiración y bolsa puede tapar el área de limpieza por chorro. Algunas áreas podrían requerir varias pasadas para limpiarse por completo. La manguera de aspiración limita el área que puede trabajarse por vez. Por último, el peso agregado de la bolsa y del sistema de aspiración puede contribuir a la fatiga del operador.

3.1.2 Recolección del área general

En la recolección del área general, los residuos se contienen en la estructura que rodea las herramientas, los trabajadores y el área de trabajo, en lugar de solo la cabeza de la herramienta. La recolección en bloque y la canalización son los dos métodos de recolección del área general. En la recolección en bloque, se permite que los residuos caigan dentro de una cámara de contención sellada, de la cual se los retira periódicamente. En una disposición de canalización, el sistema de contención está diseñado para canalizar los residuos hacia áreas de contención.

PRECAUCIÓN

Si los residuos contienen materiales peligrosos, como plomo, la OSHA puede limitar el uso de ciertas técnicas de recolección. Una vez que el polvo se ha asentado fuera del aire, evite emplear técnicas de recolección que provoquen que se suspenda en el aire. Están prohibidos los métodos de recolección que provocan la suspensión de polvo en el aire, como el barrido.

Para la recolección en bloque, los residuos se dejan caer en un área de contención sellada. Deben retirarse del área de contención de manera regular. La recolección debe realizarse al menos una vez al día y más seguido si se acumulan los residuos.

El barrido y la aspiración son métodos que se usan con habitualidad con el fin de juntar residuos para la recolección en bloque. Se emplean escobillas, cubos, palas y cepillos para retirar manualmente residuos de las paredes y de los pisos de la estructura de contención. También pueden utilizarse aspiradoras, camiones cisterna aspirantes y cintas transportadoras. Los residuos recolectados luego se colocan en contenedores apropiados para su eliminación. En los Estados Unidos, deben utilizarse contenedores aprobados por el Departamento de Transporte (DOT) si los residuos contienen sustancias peligrosas.

En puentes o sobre otras estructuras elevadas suelen emplearse sistemas de canalización. Este método utiliza la gravedad para canalizar los residuos hacia el sistema de contención. El flujo de residuos se dirige a un lugar de eliminación central a través de distintas trampas, paneles, sinfines u otros equipos apropiados. Los abrasivos gastados y los residuos se canalizan hacia una unidad de reciclado si se reutilizarán los medios de limpieza abrasiva. Por lo general, el sistema de canalización forma parte de la estructura de contención principal. Sin embargo, existen aplicaciones para sistemas independientes.

Una vez que el residuo ha sido canalizado hacia el área de eliminación, puede cargarse en contenedores de inmediato, almacenarse o trasladarse a otro lugar. Se pueden usar equipos manuales o mecánicos con el fin de colocar el material en contenedores para desecharlo o reciclarlo.

El sistema de canalización tiene varias ventajas. Los residuos se retiran del área de trabajo de manera continua a medida que se producen. Esto disminuye los riesgos de tropiezos, resbalones y caídas en el área de trabajo. El sistema de canalización también elimina la producción de polvo resultante del barrido y otros métodos de recolección. La recolección de residuos en un área central facilita la limpieza y la eliminación.

Aunque la canalización tiene ventajas, es un método muy costoso de contención de residuos. También está sujeto a obstrucciones. La canalización suele depender de la gravedad, por lo que no será efectiva en todos los lugares de trabajo. Asimismo, las áreas abiertas debajo de las áreas de trabajo representan un peligro. Los objetos que caen accidentalmente dentro del sistema de canalización, como por ejemplo herramientas, pueden ser difíciles de recuperar. Siempre tome precauciones para evitar que caigan materiales no deseados en el sistema de canalización.

4.0.0 Selección de sistemas de contención

El tipo de sistema de contención necesario depende de muchos factores diferentes, entre los que se encuentran el área física próxima al sistema y el tipo de trabajo que se realiza. El dueño de las instalaciones o su representante suelen especificar el nivel de control de emisiones requerido. El control de emisiones incluye el control de columnas de polvo suspendido en el aire, residuos, derrames y fugas. Las plantas también pueden identificar el tipo de monitorización ambiental requerida para verificar la efectividad de la contención. Muchos contratos utilizan las clasificaciones de la *Guía 6 de la SSPC* para identificar los niveles requeridos de contención.

Se requiere mayor control de emisiones en las áreas sensibles. Volver a pintar un puente sobre el agua suele requerir un control de emisiones mayor que volver a pintar una tubería en un complejo industrial. Por lo general, se requiere mayor control cuando el área de trabajo se encuentra cerca de centros poblados, bombas y motores, zonas agrícolas o de producción de alimentos, masas de agua, parques o hábitats de vida silvestre. Asimismo, algunos sectores industriales, incluida la industria farmacéutica y de tecnología informática, requieren niveles altos de control de emisiones si sus productos son sensibles al polvo.

El trabajo que se realiza también es un factor importante al seleccionar un sistema de contención. La limpieza abrasiva crea una gran cantidad de residuos que se propagan sobre un área amplia. La limpieza con herramientas eléctricas de vacío produce menos residuos y los residuos se contienen a medida que se producen. La aplicación de revestimientos no genera residuos sólidos, pero podría ser necesario controlar el humo y los vapores químicos. Los métodos que no emplean abrasivos generalmente son los que menor cantidad de polvo y residuos producen.

La combustibilidad o toxicidad de los desechos son otros factores a tener en cuenta al seleccionar un sistema de contención. Tenga en cuenta que la toxicidad del desecho no depende de su cantidad. Un pequeño volumen de residuo contaminado con plomo requiere niveles de control mayores que una gran cantidad de residuos no tóxicos.

4.1.0 Clases de contención

La *Guía 6 de la SSPC* clasifica los sistemas de contención según el grado de control de emisiones requerido. La guía define cuatro clases de contención, clasificadas en orden decreciente de control de emisiones. Las cuatro clases se definen de la siguiente manera:

- *Clase 1:* proporciona el mayor nivel de control.
- *Clase 2*: proporciona un nivel alto de control.
- *Clase 3*: proporciona un nivel moderado de control.
- *Clase 4*: proporciona un nivel mínimo de control.

La *Guía 6 de la SSPC* enumera los requisitos generales para cada clase de contención. Describe los requisitos para los materiales de contención, la penetrabilidad, **las estructuras de soporte**, las uniones y las **entradas.** Los sistemas de contención para las Clases 1 y 2 requieren uniones completamente selladas y diversos tipos de entradas, según el método de preparación de superficies o de aplicación de revestimientos que se vaya a utilizar. Las Clases 3 y 4 permiten uniones parcialmente selladas y una entrada superpuesta o de juntura abierta.

La guía también identifica los requisitos del sistema de ventilación para cada clase de contención. En cada una de ellas se identifica el aire de relleno, el flujo de aire de entrada, la presión del aire, el movimiento del aire y el filtrado del polvo de escape.

Estos requisitos de contención y ventilación se describieron en el Nivel uno. Para determinar completamente los requisitos de contención, también se deben tener en cuenta las técnicas de preparación de superficies utilizadas.

4.2.0 Subclases de técnicas de preparación de superficies

Las técnicas de preparación de superficies varían mucho en lo que respecta al tipo y la cantidad de residuos generados. La limpieza abrasiva produce una cantidad significativa de polvo y partículas más grandes de óxido, revestimientos viejos, escamas de laminación y sustancias abrasivas gastadas. El hidrolavado a alta presión crea un flujo abundante de aguas residuales contaminadas con residuos de revestimientos y otros productos químicos. El decapado químico produce lodo a partir de revestimientos antiguos y solventes. La limpieza con herramientas eléctricas y manuales genera polvo y fragmentos de pintura volátiles.

La contención y la ventilación deben ajustarse al tipo y la cantidad de desechos generados. El polvo es un factor de inquietud durante la limpieza abrasiva y la limpieza con herramientas eléctricas. El control del polvo no es un punto principal a tener en cuenta en el hidrolavado a alta presión y el decapado químico, pero sí lo son la permeabilidad química y del agua. No es suficiente especificar el nivel de control de emisiones para un proyecto. Esto se debe a que los tipos de residuos generados difieren para cada método de preparación de superficies. Se deben tener en cuenta el método de preparación de superficies y el nivel de control de emisiones al desarrollar sistemas de contención.

¡ADVERTENCIA!

Siempre siga los requisitos del Departamento de Salud (DOH) local y de la Agencia de Protección Ambiental de los EE.UU (EPA) para el tratamiento y la eliminación de aguas residuales.

La clasificación de contención de la *Guía 6 de la SSPC* incluye un número para el nivel de control de emisiones y una letra para el método de preparación de superficies. Los métodos de preparación de superficies se agrupan en cuatro tipos. Cada tipo se identifica con una letra, de la siguiente manera:

- *Tipo A:* limpieza abrasiva
- *Tipo W:* limpieza por chorro de agua o hidrolavado a alta presión (con y sin abrasivos o bolsas de vacío)
- *Tipo C:* decapado químico
- *Tipo P:* limpieza con herramientas eléctricas (con y sin bolsas y limpieza con herramienta manual)

La *Guía 6 de la SSPC* incluye cuatro tablas que enumeran requisitos de contención y ventilación. Cada tabla indica los requisitos para un tipo de preparación de superficies. Por ejemplo, la Tabla A de la *Guía 6 de la SSPC* abarca los requisitos de contención y ventilación para la limpieza abrasiva. Dentro de cada tabla, las filas reflejan la clase de contención. Las *Tablas 1* y *2* muestran los requisitos de contención y ventilación para la limpieza abrasiva. Esto incluye la limpieza por chorros que utiliza aire comprimido para impulsar abrasivos a través de boquillas. Se incluye el uso de abrasivos desechables y reutilizables. Los abrasivos pueden ser minerales naturales, escoria mineral o materiales fabricados.

Para leer las tablas, primero seleccione la tabla correcta para el método de preparación de superficies que se emplee. Luego desplácese hacia abajo en la tabla para seleccionar el nivel de control de emisiones requerido. Lea la tabla para identificar los requisitos para una clasificación de contención específica. Las tablas especifican los tipos de materiales necesarios para los sistemas de contención y ventilación. Las consideraciones del sistema de contención son: materiales de contención, penetrabilidad, estructuras de soporte, uniones y entradas. Las consideraciones de ventilación son el aire de relleno, el flujo de aire de entrada, la presión del aire, el movimiento del aire y el filtrado del polvo de escape.

Las *Tablas 3* y *4* muestran los requisitos de contención y ventilación para la limpieza abrasiva con agua. Esto incluye todos los tipos de sistemas de hidrolavado a alta presión. Estos sistemas impulsan agua u otros materiales en una acción limpiadora. La corriente de agua puede contener productos químicos de limpieza, inhibidores de óxido o abrasivos. Los abrasivos pueden mezclarse en tanques separados o agregarse al chorro de agua en la boquilla.

Las *Tablas 5* y *6* muestran los requisitos de contención y ventilación para la limpieza con herramientas eléctricas. Esto incluye diversas herramientas eléctricas, como cepillos, lijadoras, espátulas, pulidoras, decapantes, pistolas de agujas y equipos de granallado giratorios. Las herramientas eléctricas pueden tener un sistema de vacío o escape localizado que contiene el escape. El nivel de control de emisiones puede reducirse si se emplean sistemas de vacío.

Las *Tablas 7* y *8* muestran los requisitos de contención y ventilación para el decapado químico. Esto incluye el uso de soluciones de decapado químico o lodos aplicados a la superficie de la pintura. La efectividad de estos productos químicos puede mejorarse con la aplicación de una cobertura de papel o paño después de su aplicación. La pintura ablandada se pela o raspa para quitarla y se le hace un lavado o enjuague adicional a la superficie, según sea necesario.

¿Sabía usted?

Estabilizadores de plomo

Existen varios productos que pueden estabilizar los revestimientos a base de plomo. Estos productos se unen con el plomo en los revestimientos y lo hacen no soluble. Estos procesos hacen que el residuo resultante no sea peligroso según la definición de la EPA de los EE.UU., lo que puede reducir considerablemente los costos de eliminación. **Sin embargo, todavía podrían aplicarse los requisitos de la OSHA para la remoción de pintura a base de plomo.**

Algunos revestimientos de estabilización se aplican sobre el revestimiento existente antes de quitarlo. Otros productos son sustancias químicas que se agregan a la mezcla de limpieza abrasiva antes de la limpieza con abrasivos húmedos. **Aunque los residuos se consideren no peligrosos, de todos modos se requiere contención para recolectarlos y contener las emisiones.**

Tabla 1 Sistemas de contención para limpieza abrasiva

Clasificación de la contención	Sistema de contención				
	5.3.1 Materiales de contención	**5.3.2 Penetrabilidad**	**5.3.3 Estructura de soporte**	**5.3.4 Uniones**	**5.3.5 Entrada**
Clase 1A	A1: rígidos A2: flexibles	B1: sin penetrabilidad de aire	C1: rígida C2: flexible	D1: sellado total	E1: esclusa de aire E2: resellable
Clase 2A	A1: rígidos A2: flexibles	B1: sin penetrabilidad de aire	C1: rígida C2: flexible	D1: sellado total	E2: resellable E3: superpuesta
Clase 3A	A1: rígidos A2: flexibles	B1: sin penetrabilidad de aire B2a: con penetrabilidad de aire (de urdimbre cerrada)	C1: rígida C2: flexible	D1: sellado total D2: sellado parcial	E3: superpuesta E4: juntura abierta
Clase 4A	A1: rígidos A2: flexibles	B2a y B2b: con penetrabilidad de aire	C3: mínima	D2: sellado parcial	E4: juntura abierta

204T01.EPS

Tabla 2 Sistemas de ventilación para limpieza abrasiva

Clasificación de la contención	Ventilación (5.4 de la Guía 6 de la SSPC)				
	5.4.1 Aire de relleno	**5.4.2 Flujo de aire de entrada**	**5.4.3 Presión del aire**	**5.4.4 Movimiento de aire**	**5.4.5 Filtrado de polvo de escape**
Clase 1A	F1: controlado	G1: forzado G2: natural	H1: verificación por instrumentos H2: verificación visual	I1: mínimo especificado	J1: filtrado del aire
Clase 2A	F1: controlado F2: abierto	G1: forzado G2: natural	H2: verificación visual	I1: mínimo especificado	J1: filtrado del aire
Clase 3A	F1: controlado F2: abierto	G1: forzado G2: natural	H3: no requerida	I2: no especificado	J1: filtrado del aire
Clase 4A	F2: abierto	G2: natural	H3: no requerida	I2: no especificado	J2: sin controles sobre el escape

204T02.EPS

Tabla 3 Sistemas de contención para limpieza con chorro de agua

Clasificación de la contención	Sistema de contención				
	5.3.1 Materiales de contención	**5.3.2 Penetrabilidad**	**5.3.3 Estructura de soporte**	**5.3.4 Uniones**	**5.3.5 Entrada**
Clase 1W	A1: rígidos A2: flexibles	B1: sin penetrabilidad de aire y B3a: impermeable al agua	C1: rígida C2: flexible	D1: sellado total	E2: resellable
Clase 2W	A1: rígidos A2: flexibles	B3a: impermeable al agua	C1: rígida C2: flexible	D1: sellado total	E3: superpuesta
Clase 3W	A1: rígidos A2: flexibles	B3a: impermeable al agua	C3: mínima	D2: sellado parcial	E4: juntura abierta
Clase 4W	A1: rígidos A2: flexibles	B3a: impermeable al agua	C2: flexible	D2: sellado parcial	E4: juntura abierta

204T03.EPS

Tabla 4 Sistemas de ventilación para limpieza con chorro de agua

Clasificación de la contención	Ventilación (5.4 de la Guía 6 de la SSPC)				
	5.4.1 Aire de relleno	5.4.2 Flujo de aire de entrada	5.4.3 Presión del aire	5.4.4 Movimiento de aire	5.4.5 Filtrado de polvo de escape
Clase 1W	F2: abierto	G1: forzado G2: natural	H2: verificación visual	I1: mínimo especificado	J1: filtrado del aire
Clase 2W	F2: abierto	G2: natural	H3: no requerida	I2: no especificado	J2: no requerido
Clase 3W	F2: abierto	G2: natural	H3: no requerida	I2: no especificado	J2: no requerido
Clase 4W	F2: abierto	G2: natural	H3: no requerida	I2: no especificado	J2: no requerido

204T04.EPS

Tabla 5 Sistemas de contención para limpieza con herramientas eléctricas

Clasificación de la contención	Sistema de contención				
	5.3.1 Materiales de contención	5.3.2 Penetrabilidad	5.3.3 Estructura de soporte	5.3.4 Uniones	5.3.5 Entrada
Clase 1P	A1: rígidos A2: flexibles	B1: sin penetrabilidad de aire	C1: rígida C2: flexible	D1: sellado total	E2: resellable
Clase 2P	A1: rígidos A2: flexibles	B1: sin penetrabilidad de aire B2a o B2b: con penetrabilidad de aire	C1: rígida C2: flexible	D1: sellado total	E3: superpuesta E4: juntura abierta
Clase 3P	A1: rígidos A2: flexibles	B2a o B2b: con penetrabilidad de aire	C3: mínima	D2: sellado parcial	E4: juntura abierta

204T05.EPS

Tabla 6 Sistemas de ventilación para limpieza con herramientas eléctricas

Clasificación de la contención	Ventilación (5.4 de la Guía 6 de la SSPC)				
	5.4.1 Aire de relleno	5.4.2 Flujo de aire de entrada	5.4.3 Presión del aire	5.4.4 Movimiento de aire	5.4.5 Filtrado de polvo de escape
Clase 1P	F1: controlado	G1: forzado G2: natural	H2: verificación visual	I1: mínimo especificado	J1: filtrado del aire
Clase 2P	F2: abierto	G2: natural	H3: no requerida	I2: no especificado	J2: sin controles sobre el escape
Clase 3P	F2: abierto	G2: natural	H3: no requerida	I2: no especificado	J2: sin controles sobre el escape

204T06.EPS

Tabla 7 Sistemas de contención para decapado químico

Clasificación de la contención	Sistema de contención				
	5.3.1 Materiales de contención	5.3.2 Penetrabilidad	5.3.3 Estructura de soporte	5.3.4 Uniones	5.3.5 Entrada
Clase 1C	A1: rígidos A2: flexibles	B1: sin penetrabilidad de aire y B3a: impermeable al agua y B4: resistente a los productos químicos	C1: rígida C2: flexible	D1: sellado total	E2: resellable
Clase 2C	A1: rígidos A2: flexibles	B3a: impermeable al agua y B4: resistente a los productos químicos	C1: rígida C2: flexible	D2: sellado parcial	E3: superpuesta
Clase 3C	A1: rígidos A2: flexibles	B3a: impermeable al agua y B4: resistente a los productos químicos	C3: mínima	D2: sellado parcial	E4: juntura abierta

204T07.EPS

Tabla 8 Sistemas de ventilación para decapado químico

Clasificación de la contención	Ventilación (5.4 de la Guía 6 de la SSPC)				
	5.4.1 Aire de relleno	5.4.2 Flujo de aire de entrada	5.4.3 Presión del aire	5.4.4 Movimiento de aire	5.4.5 Filtrado de polvo de escape
Clase 1C	F2: abierto	G1: forzado G2: natural	H3: no requerida	I2: no especificado	J1: filtrado del aire
Clase 2C	F2: abierto	G2: natural	H3: no requerida	I2: no especificado	J2: no requerido
Clase 3C	F2: abierto	G2: natural	H3: no requerida	I2: no especificado	J2: no requerido

204T08.EPS

4.3.0 Selección de la contención establecida en la *Guía 6 de la SSPC*

El nivel de control de emisiones requerido y la clase de contención correspondiente se identifican generalmente en el contrato o los documentos de licitación. Los gerentes de la planta deben considerar los problemas ambientales en su área. Si la clase de contención no ha sido determinada, trabaje con el gerente de planta para identificar inquietudes.

Además del nivel de control de emisiones y el método de preparación de la superficie, se deben tener en cuenta otros factores al diseñar un sistema de contención. Si los residuos contienen productos químicos peligrosos, deben tomarse precauciones adicionales. También se debe considerar la complejidad, el tamaño y la elevación de la estructura en sí misma. La contención para las viguetas y las armaduras en un puente sobre el agua es más compleja que la contención para un piso de acero. La ubicación de la estructura y su proximidad a otros edificios pueden afectar las consideraciones de contención. La construcción de la estructura y su capacidad de soporte de cargas pueden también limitar algunas opciones.

Por último, el clima local podría hacer que algunos sistemas de contención fuesen más efectivos que otros. El viento, la lluvia y el sol pueden destruir la estructura de contención o afectar la penetrabilidad. Esto es especialmente importante si el proyecto va a durar una cantidad de tiempo considerable. En proyectos largos, se debe reemplazar los sistemas de contención cuando se desgastan.

Utilice el siguiente procedimiento para identificar el nivel adecuado de contención para una operación en particular:

Paso 1 Identifique el nivel de control de emisiones requerido y seleccione la clase de contención correspondiente.

Paso 2 Identifique el método de preparación de superficies utilizado y seleccione la designación de letra correspondiente.

Paso 3 Busque los requisitos de contención para esa clase en las tablas a fin de determinar los componentes del sistema de contención y ventilación.

Paso 4 Identifique consideraciones adicionales que afecten la selección de la contención.

Paso 5 Seleccione los materiales de contención que cumplan con los requisitos establecidos en los lineamientos y que se encuentren dictaminados por las condiciones locales.

Paso 6 Seleccione un sistema de ventilación compatible con la contención y con los requisitos reglamentarios pertinentes.

5.0.0 COMPONENTES DEL RECINTO DE CONTENCIÓN

El recinto de contención rodea el área de trabajo. Para construirlo, se unen paneles sobre una estructura de soporte. Los paneles se adhieren a la estructura de soporte y entre sí en las junturas. El recinto debe tener una entrada para que los trabajadores y los equipos puedan ingresar y salir de la estructura.

Los requisitos de carga del viento varían según la estructura y pueden encontrarse en las especificaciones del trabajo. Siempre esté alerta a las posibles cargas del viento excesivas. Para garantizar la integridad de la contención, los sistemas de contención deben desmontarse antes de que se alcancen las velocidades de viento especificadas.

La estructura de contención debe estar diseñada específicamente para satisfacer las necesidades de un proyecto en particular. Los paneles y el marco de la estructura pueden ser hechos a medida o reutilizables. Los componentes reutilizables deben limpiarse antes de volverlos a usar. Todos los componentes están sujetos al desgaste y deben inspeccionarse antes de que se los reutilice. En proyectos de mayor duración, el sistema de contención podría tener que reemplazarse debido a las cargas del viento y el desgaste. A veces, la contención se monta para una sección del proyecto. Después de finalizar las operaciones de preparación y revestimiento, el área de contención se desmantela y se traslada a la sección siguiente. Después de la reubicación, se vuelven a instalar la estructura interior y los laterales antes de que vuelvan a comenzar las operaciones de limpieza y revestimiento.

Existe una amplia gama de materiales para la construcción de la contención: desde envoltorios plásticos hasta láminas plásticas. Se pueden utilizar andamios para la estructura, o pueden construirse estructuras interiores de madera adicionales. Es más sencillo diseñar una estructura de contención mediante la identificación de las propiedades necesarias en cada uno de los componentes de la estructura.

Los cinco componentes identificados en la *Guía 6 de la SSPC* forman la base de todos los recintos de contención. Estos componentes se identifican como Tipos y se les asignan letras únicas. A las subdivisiones dentro de cada Tipo se les asigna un número. Esto facilita la remisión entre las tablas y el cuerpo de la guía. Las tablas indican códigos alfanuméricos, que se explican en más detalle dentro del cuerpo de la guía. La guía utiliza los siguientes tipos:

- Material de contención (Tipo A)
- Penetrabilidad del material de contención (Tipo B)
- Estructura de soporte (Tipo C)
- Uniones (Tipo D)
- Entrada (Tipo E)

Los códigos hacen referencia a otras secciones de la guía en las que se identifican materiales diferentes. Por ejemplo, el Tipo B1 hace referencia a materiales que no dejan penetrar el aire y el Tipo B4 significa materiales químicamente resistentes. En la guía se describen los materiales aceptables. Una vez que los requisitos para la clase de contención deseada han sido ubicados en las tablas, utilice los códigos para encontrar descripciones de materiales aceptables.

5.1.0 Material de contención (Tipo A)

El uso de contención para revestimientos protectores se ha incrementado en gran medida en los últimos diez a quince años. Para satisfacer esa necesidad, varias empresas se especializan en la actualidad en la producción de estructuras y materiales de contención. Se utiliza una amplia gama de materiales para formar las paredes, el techo y el piso de un recinto de contención. La *Guía 6 de la SSPC* identifica dos tipos generales de materiales de contención, rígidos y flexibles, designados como Tipos A1 y A2.

Los materiales Tipo A1, materiales de contención rígidos, consisten en paneles simples, paneles encastrables o estructuras modulares. Estos paneles pueden estar hechos de madera, aluminio, metal rígido, plástico o materiales similares. Se pueden unir varios paneles para formar un área de contención de la forma y el tamaño necesarios.

Los paneles se encastran, formando un sello hermético. Sin embargo, el tamaño de la estructura de contención se limita al tamaño de los paneles o múltiplos de ese tamaño.

Los materiales rígidos son más duraderos y generalmente pueden reutilizarse. Estos paneles deben limpiarse entre proyectos, en especial si se ha quitado una sustancia peligrosa. Estos sistemas pueden ser costosos. Es por ello que el uso de paneles rígidos es limitado. Todas las clases de contención permiten el uso de materiales rígidos o flexibles. Sin embargo, el contrato puede especificar materiales Tipo A1.

Los paneles rígidos se utilizan para formar un piso debajo de estructuras para acceder a ellas. Por ejemplo, pueden utilizarse para acceder a puentes (*Figura 9*), plataformas petroleras marinas o buques. Un fabricante produce secciones de panel de 8,5 pies (2,59 m) por 20 pies (6,10 m) que se unen con pasadores de acero inoxidable. Estas secciones son especialmente útiles para construir contenciones Clase 1 para volver a revestir puentes. La plataforma modular forma una superficie de trabajo sólida. Los sistemas transversales pueden trasladarse a lo largo de la estructura del puente a medida que avanzan las operaciones de revestimiento. También pueden agregarse sistemas de sinfines transportadores para retirar abrasivos gastados. Esto reduce la carga de peso sobre la estructura.

Se permiten materiales flexibles para todas las clases de contención y es común que se los utilice. Los materiales tipo A2 son las pantallas, las lonas, las cortinas, las láminas plásticas y otros materiales similares. Muchas empresas fabrican lonas tejidas de polipropileno, polietileno, nilón, vinilo y otros materiales. La *Figura 10* es un ejemplo de embudos hechos a medida, que capturan los medios gastados y los residuos para reciclarlos o eliminarlos. La mayoría se fabrican a medida según las especificaciones del contratista y pueden llevar impreso su logo. Los factores a tener en cuenta al seleccionar un material flexible son la resistencia, el color o la opacidad y la resistencia a las llamas y a los rayos ultravioleta. Los materiales claros o transparentes permiten que la luz del día ingrese en el recinto, lo que podría proporcionar calor adicional en climas fríos.

204F09.EPS

Figura 9 Pintura de puentes.

El peso y el grosor de los materiales son un indicio de su resistencia. Los grosores oscilan entre 2 milésimas de pulgada (50 micrómetros) y 100 milésimas de pulgada (2,5 mm). Las lonas de menos de 6 milésimas de pulgada (0,15 mm) son adecuadas para el uso en interiores. En el exterior, cuando las cargas de viento son de moderadas a pesadas, se pueden utilizar lonas de 10 milésimas de pulgada (0,25 mm).

Las lonas de vinilo más pesadas se hacen de distintos pesos, desde 10 onzas hasta 19 onzas por yarda (310 a 589 g/m) (*Figura 11*). Las lonas de vinilo están fabricadas con polivinicloruro reforzado con hilos de nilón o poliéster. Este tipo de material es muy fuerte y es resistente a los desgarros. Por lo general, las lonas reciben un tratamiento para que sean resistentes a los rayos UV y las llamas. Son a prueba de agua y químicamente **impermeables** cuando se las sella con calor. Se las usa en cortinas de limpieza abrasiva, recintos de **presión negativa**, conductos y rampas de residuos para decapadores químicos, y cobertores de pisos para hidrolavado a alta presión.

Las lonas de polietileno tejido están recubiertas para que sean resistentes a las llamas y los rayos

204F10.EPS

Figura 10 Recolección de residuos y medios gastados mediante embudos.

UV (*Figura 12*). Suelen ser más livianas que el vinilo y su peso varía entre 5 y 10 onzas por yarda (155 y 310 g/m). No permiten la penetración del aire y son aptas para estructuras de reducción de plomo y recintos de presión negativa. En áreas sujetas a vientos fuertes, se debe utilizar polietileno tejido con una resistencia al reventamiento de más de 600 psi (4137 kPa). También puede utilizarse en rampas de residuos y recintos de invierno. La tela transparente y de color más claro permite que pase más luz, lo que incrementa la visibilidad dentro del recinto.

El laminado reforzado (*Figura 13*) es un material **retardador de llamas**. Las lonas retardadoras de llamas dejan de arder una vez que se ha retirado la fuente del incendio, mientras que las lonas **resistentes a las llamas** pueden resistir la ignición durante un tiempo, pero continuarán ardiendo una vez encendidas. Se deben usar lonas retardadoras de llamas cuando haya fuentes de ignición presentes. Este tipo de lona es útil en condiciones invernales, cuando se utilizan calentadores de propano.

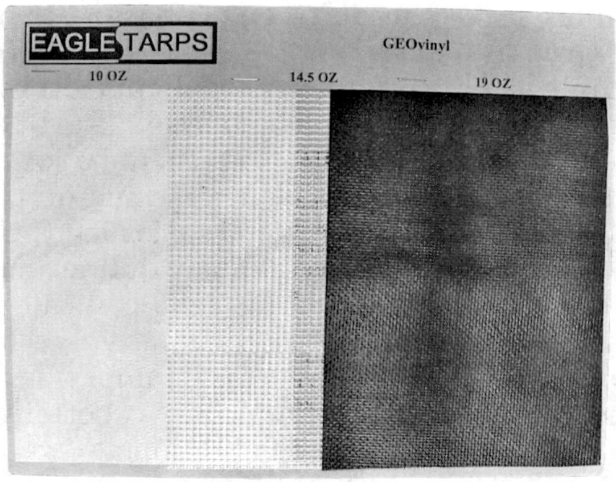

204F11.EPS

Figura 11 Lonas de vinilo.

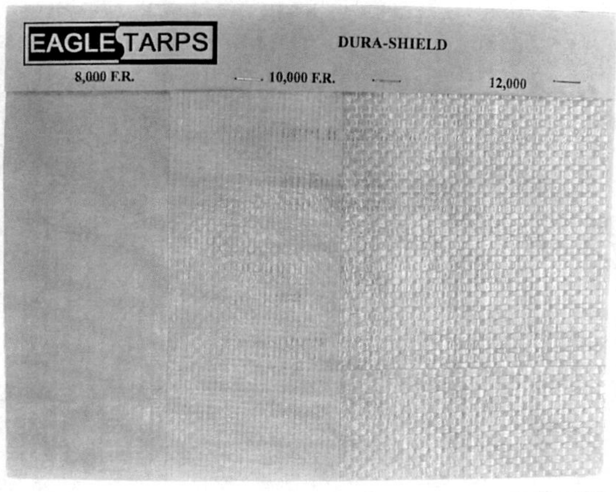

204F12.EPS

Figura 12 Lonas de polietileno.

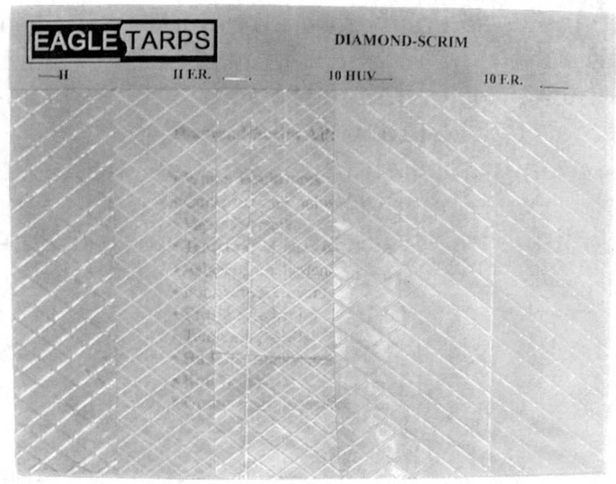

204F13.EPS

Figura 13 Lonas de laminado reforzado.

5.2.0 Penetrabilidad del material de contención (Tipo B)

La penetrabilidad del aire y la permeabilidad al agua son factores independientes al seleccionar materiales de contención. Algunos materiales de contención deben ser impenetrables al aire o impermeables al agua y los productos químicos. Estos factores se dividen en seis Tipos dentro de la *Guía 6 de la SSPC,* de la siguiente manera:

- *Tipo B1:* sin penetrabilidad de aire
- *Tipo B2a:* con penetrabilidad de aire, de urdimbre cerrada.
- *Tipo B2b:* con penetrabilidad de aire, de malla abierta
- *Tipo B3a:* impermeable al agua
- *Tipo B3b:* permeable al agua
- *Tipo B4:* resistente a los productos químicos (e impermeable al agua)

Cuando deben evitarse las emisiones de polvo o los vapores o se debe mantener la presión negativa, es necesario especificar un material que el aire no pueda penetrar, o Tipo B1. Entre los materiales aceptables se encuentran los materiales tejidos revestidos sin orificios o aberturas, las láminas plásticas y los paneles rígidos. Los orificios y las aberturas reducen la efectividad de la contención. Para crear una contención hermética, suelen utilizarse láminas plásticas de 9 y 12 milésimas de pulgada (0,23 mm y 0,30 mm). Las láminas se contraen con el calor y las junturas se sellan con una pistola de aire caliente.

Los materiales de urdimbre cerrada no revestidos se clasifican como Tipo B2a. Algunos tipos son resistentes a las llamas (*Figura 14*). Estos materiales son capaces de retener partículas suspendidas en el aire, pero como no están revestidos, dejan penetrar el aire. Las pantallas (*Figura 14*) están compuestas por cortinas que dejan pasar el aire y no son adecuadas para recintos de presión negativa. Se utilizan en recintos de arenado en los que no hay materiales peligrosos presentes, cortinas para evitar el exceso de rociado de pintura y recintos de andamiaje.

Los materiales que permiten la penetración del aire, de malla abierta (*Figura 15*), están formados o tejidos de un modo tal que permiten que el aire fluya, pero puede retener algunas partículas suspendidas. Estos materiales se identifican como Tipo B2b en la *Guía 6 de la SSPC*. Recolectan las partículas de tamaño mayor al de las aberturas de la malla, mientras que dejan pasar las partículas más pequeñas y el polvo. Estos materiales también se conocen como redes de residuos porque se utilizan principalmente para recolectar residuos relativamente grandes dentro del recinto de contención.

Cuando se utilizan métodos de revestimiento y preparación de superficies, la permeabilidad del material al agua es un factor a tener en cuenta. Los materiales que son impermeables al agua se clasifican como Tipo B3a. Los materiales permeables al agua se clasifican como Tipo B3b, en el cual se incluyen los materiales de malla abierta formados o tejidos con aberturas de menos de 25

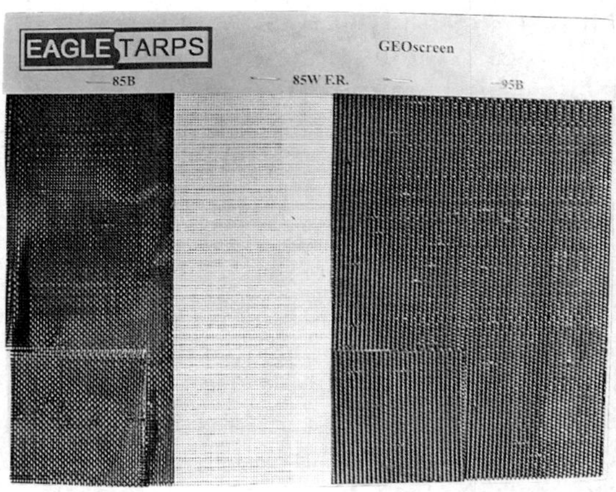

204F14.EPS

Figura 14 Materiales de urdimbre cerrada.

204F15.EPS

Figura 15 Materiales de malla abierta.

milésimas de pulgada (0,64 mm). Estos materiales recolectan los residuos y, a la vez, permiten que penetre el agua. Los materiales permeables al agua sólo deben emplearse cuando las partículas de los residuos superan las 25 milésimas de pulgada (0,64 mm) o cuando el agua residual no contiene productos químicos.

La categoría final es la de materiales Tipo B4, o resistentes a los productos químicos. Estos materiales no se rompen cuando se los expone a soluciones de decapado químico y son impermeables al agua que se utiliza para enjuagar los agentes de decapado químico. Las lonas de vinilo más pesadas son impermeables al agua y los productos químicos cuando se las sella con calor. Estas lonas deben utilizarse en operaciones de decapado químico, hidrolavado a alta presión y limpieza con abrasivos húmedos.

5.3.0 Estructura de soporte (Tipo C)

Los materiales de contención deben estar sostenidos de alguna manera. Las estructuras de soporte se clasifican de tres maneras en la *Guía 6 de la SSPC*. Las estructuras rígidas se clasifican como Tipo C1, las flexibles como Tipo C2 y las estructuras de soporte mínimo como Tipo C3.

Las estructuras rígidas (Tipo C1) no permiten que se muevan los materiales de contención. Suelen utilizarse andamiajes y estructuras interiores de madera para formar estructuras de soporte rígido. En la *Figura 16* se muestra un ejemplo de una estructura interior de madera.

En esta categoría también se incluyen los recintos rígidos móviles. Son unidades de armazón fijo que cubren un área pequeña. Una vez finalizadas la preparación de la superficie y las operaciones de revestimiento para el área pequeña, la contención se traslada a la sección siguiente.

Las estructuras de soporte flexible (Tipo C2) permiten un poco de movimiento. Consisten en cables, cadenas o sistemas similares a los

204F16.EPS

Figura 16 Estructura de soporte con armazón de madera.

que se fijan los materiales de contención. La estructura interior puede sujetarse a la estructura principal o estar sujetada por cables. Estos sistemas suelen utilizarse en torres de agua (*Figura 17*). Se fija una estructura metálica en la parte superior de la torre y se colocan bloques de anclaje de concreto en el suelo. Se tienden cables desde la parte superior hasta un anillo de anclaje inferior. El anillo se sujeta a los bloques de anclaje con tensores, como se muestra en la *Figura 18*.

Las estructuras de soporte mínimo (Tipo C3) implican poca o ninguna estructura de soporte. Los materiales de contención están sostenidos por cables o cadenas sujetos a la estructura en sí misma o al suelo.

204F17.EPS

Figura 17 Contención de torre de agua.

204F18.EPS

Figura 18 Tensores de anillo de anclaje inferior.

5.4.0 Uniones (Tipo D)

La mayoría de las estructuras de contención están formadas a partir de paneles separados, que deben unirse y sujetarse a la estructura de soporte. El método utilizado para sellar las uniones se clasifica como Tipo D. Las uniones completamente selladas son Tipo D1 y las uniones selladas parcialmente son Tipo D2.

El tipo D1 requiere que todas las uniones de acoplamiento entre los materiales de contención y el piso, el techo o el suelo de la estructura estén selladas. Para sellar las uniones, los materiales flexibles deben superponerse y sellarse mediante costura, encintado, enmasillado o sellado térmico. Si la estructura es impermeable al agua o resistente a los productos químicos, los materiales utilizados para sellar las uniones también deben serlo. La resistencia de una estructura de contención se determina por la resistencia de su punto más débil. Las uniones pueden ser el punto más débil en el recinto, por lo que deben sellarse con cuidado.

Para el Tipo D2, las uniones no tienen que estar necesariamente selladas por completo. Las lonas suelen estar fabricadas con anillos y se utilizan ataduras para acoplar dos paneles. Se recomienda usar junturas superpuestas, pero no es obligatorio. Algunos paneles tienen correas en la tela, a intervalos de cinco pies (1,52 m) (*Figura 19*). Tienen orificios en las correas cada cuatro pulgadas (10,16 cm) para permitir que los paneles se cosan con cable.

En algunos sistemas, los bordes de las lonas se deslizan en guías de la estructura. Una empresa proporciona un sistema de estructura de aluminio con canales. Las lonas se anclan a la estructura mediante dobladillos ribeteados de cuerda que se deslizan en canales en la estructura. Los lados se pueden levantar y bajar para permitir el movimiento hacia dentro y fuera del área de contención.

204F19.EPS

Figura 19 Lona con correas.

5.5.0 Entrada (Tipo E)

El otro eslabón débil en el recinto es la entrada. La entrada debe estar diseñada de tal manera que mantenga los residuos contenidos, pero debe permitir el movimiento de materiales, equipos y personal hacia dentro y fuera del recinto. Las entradas deben ser accesibles desde ambas direcciones. Se enumeran cuatro tipos de entradas en la *Guía 6 de la SSPC*.

El nivel más alto de contención se obtiene con el Tipo E1, una entrada a través de esclusas de aire con puertas resellables. Este sistema tiene puertas de acceso que pueden resellarse repetidamente. Una esclusa de aire es una cámara entre el área de contención y el ambiente exterior. Una puerta conduce desde el área de contención hacia la esclusa de aire. Otra puerta lleva desde la esclusa al exterior. Solo se puede abrir una puerta a la vez. Se puede utilizar esta área para descontaminar o se puede designar un área de descontaminación separada en la parte interna del recinto de contención.

Las entradas Tipo E2 tienen puertas resellables. Es necesario que se las pueda resellar repetidamente y deben ser accesibles en ambas direcciones. La puerta proporciona un buen medio para contener residuos. Sin embargo, el polvo y las partículas suspendidas en el aire pueden escapar cuando se abre la puerta. Asegúrese de no dejar la puerta abierta o de no abrirla cuando haya una gran cantidad de polvo en el aire.

Los niveles más bajos de contención permiten el uso de la entrada Tipo E3, una entrada a través de lonas de puertas superpuestas. Se utilizan lonas de puertas superpuestas múltiples para que se escape polvo por la entrada. Se cuelga una lona a cada lado de la abertura. Se levanta una lona por vez de manera que quede al menos una entre el área de contención y el ambiente abierto.

El Tipo E4 proporciona el menor nivel de contención. La entrada al área de trabajo se hace a través de una juntura sin sellar en los materiales de contención. La puerta debe colocarse de manera tal que no la abran el viento ni las operaciones de contención.

6.0.0 Componentes del sistema de ventilación de la contención

Las áreas de contención encierran los residuos y otras emisiones. Sin embargo, los residuos y el polvo permanecen atrapados dentro del área de trabajo, por lo que se incrementa la exposición del trabajador. A medida que se incrementa el nivel de contención, se restringe el flujo de aire. Los sistemas de ventilación proporcionan movimiento de aire mejorado a través del área de trabajo; esto protege la salud del trabajador y mejora la visibilidad. Los sistemas de ventilación también pueden incluir calefacción, deshumidificación y recolección de polvo. Son una parte clave de la estructura global de contención. Los sistemas mal diseñados descargan residuos fuera del área de contención. Si un sistema está bien diseñado, recolecta el polvo antes de descargar el aire.

Existen diversos factores a tener en cuenta al diseñar un sistema de ventilación, incluido el aire de entrada o el **aire de relleno;** el flujo de aire de entrada; la presión del aire en el recinto; el movimiento de aire dentro del recinto; y el sistema de escape. La *Guía 6 de la SSPC* especifica parámetros para cada uno de estos componentes. Cada componente se identifica como un tipo, tal y como sucede con los componentes de la contención. Los tipos hacen referencia a otras secciones de la guía en las cuales se explican los parámetros para dicho componente. La guía identifica componentes de ventilación según los siguientes tipos:

- *Tipo F:* suministro de aire
- *Tipo G:* flujo de aire de entrada
- *Tipo H:* presión del aire dentro de la contención
- *Tipo I:* movimiento de aire dentro de la contención
- *Tipo J:* escape eléctrico y filtrado de polvo

Una vez identificada la clase de contención, remítase a las tablas de la *Guía 6 de la SSPC* para identificar las recomendaciones para cada componente de ventilación. Las tablas enumeran códigos que hacen referencia al cuerpo de la guía para cada clase de contención. Por ejemplo, en la *Tabla 2* para la Clase 1A, Limpieza abrasiva, se enumera el Tipo J1 bajo la columna Escape y filtrado de polvo. La descripción de qué se requiere para satisfacer los estándares de la Clase 1A se incluye en la Sección 5.4.5 de la tabla bajo el Tipo J1.

6.1.0 Suministro de aire (Tipo F)

El aire que ingresa en un recinto de contención se denomina aire de entrada o de relleno. Este aire reemplaza o repone el aire que se liberó del recinto. Como fuente de suministro se suele utilizar el aire ambiente de fuera del área de contención.

En ciertas condiciones, pueden escaparse residuos del recinto de contención en los puntos de entrada. Por ejemplo, la limpieza abrasiva produce una cantidad considerable de polvo, que puede escapar del recinto a través de la entrada de aire. En los casos en los que esto constituya un problema, la *Guía 6 de la SSPC* especifica el uso del Tipo F1, que requiere usar desviaciones, rejillas, cierres de solapa, filtros y conductos en los puntos de suministro de aire. Con estas medidas, se previene la liberación de residuos. Podría utilizarse un ventilador junto con estos dispositivos.

Se recomienda el Tipo F2 cuando la liberación de residuos desde los puntos de entrada de aire no constituye un problema. El Tipo F2 permite que haya puntos de entrada de aire abiertos sin el uso de conductos, válvulas o desviadores. Todas las clases de limpieza por chorro de agua y decapado químico no requieren que haya puntos de entrada de aire controlados.

6.2.0 Flujo de aire de entrada (Tipo G)

Puede forzarse el ingreso de aire en el recinto de contención por medio de ventiladores o sopladores (*Figura 20*). Los sistemas que requieren un **flujo de aire forzado** se codifican como Tipo G1. Cuando se utiliza la entrada forzada, el aire de entrada debe estar adecuadamente equilibrado con la capacidad del escape. Si la entrada de aire excede el volumen de aire liberado, incrementa la presión de aire en el área del recinto. Esto se conoce como presión positiva y debe evitarse en los sistemas de contención. Con la presión positiva, el aire contaminado saldrá del sistema en cualquier punto disponible, incluidas las uniones y entradas mal cerradas. Debe mantenerse una presión levemente negativa, que se presenta cuando el volumen de aire de escape es superior al de aire de entrada.

Los sistemas de contención que no requieren entrada de aire forzado se codifican como Tipo G2. El aire fluye dentro del sistema naturalmente, sin intervención de dispositivos mecánicos. Para el ingreso de aire natural, se emplean métodos que utilizan sistemas de escape. En estos sistemas, el aire se extrae del recinto por medio de dispositivos mecánicos. El aire limpio fluye hacia la estructura de contención a medida que se libera el aire dentro del recinto.

6.3.0 Presión del aire dentro de la contención (Tipo H)

La presión del aire dentro el área de contención depende de la relación entre el volumen de aire que se libera y el volumen de aire que ingresa, o aire de relleno. Lo ideal sería que la cantidad de aire que se libere sea ligeramente mayor que la que ingrese en el sistema. Esto se conoce como presión de aire negativa, que ayuda a prevenir emisiones. Dentro de algunos sistemas de contención, debe mantenerse una presión de aire negativa. Esto puede medirse con instrumentos o mediante verificación visual.

Los sistemas de contención que requieren la verificación por instrumentos de la presión negativa se codifican como de Tipo H1. La *Guía 6 de la SSPC* exige que se mantenga una presión negativa promedio de 0,03" (7,5 Pa) de columna de agua relativa a las condiciones ambientales en todo el recinto durante las operaciones de preparación de superficie y limpieza. Puede utilizarse un manómetro (*Figura 21*) o un medidor magnehélico para medir la presión del aire. La verificación por instrumentos se limita a algunos sistemas de limpieza abrasiva Clase 1.

Por lo general, basta con la verificación visual de la presión negativa (Tipo H2). Para la verifi-

204F20.EPS

Figura 20 Soplador portátil.

204F21.EPS

Figura 21 Manómetro.

cación visual de la presión negativa, observe las paredes, el techo y el piso del recinto de contención. Si son cóncavos o están curvados hacia dentro, existe presión negativa en la estructura. Si la estructura está construida con materiales rígidos, puede emplearse humo u otros medios visibles para observar los patrones del flujo de aire. Los sistemas que no requieren un grado específico de presión negativa se codifican como de Tipo H3.

6.4.0 Movimiento de aire dentro de la contención (Tipo I)

El movimiento de aire dentro del área de contención es en especial importante cuando se generan polvos peligrosos. La OSHA exige controles de ingeniería para limitar la exposición del trabajador al polvo de plomo. Los controles de ingeniería también mejoran la visibilidad, extraen el aire con polvo del área de trabajo y ayudan a evitar emisiones. Cuando se especifica un movimiento mínimo de aire, se codifica como de Tipo I1 en la *Guía 6 de la SSPC*. Cuando no se especifica un

Para pensar

Presión negativa

Los sistemas de escape pueden ajustarse para que se exceda el flujo de aire de entrada a fin de evitar que se cree presión positiva en un sistema de contención. ¿Qué sucede si la presión negativa en un recinto de contención es demasiado alta?

En el lugar

Patrones del flujo de aire de la contención y pruebas de velocidad

Se pueden utilizar anemómetros portátiles, como el que se muestra a continuación, para medir la velocidad del aire de ventilación. Se utilizan dentro de recintos de contención para medir la velocidad del aire en el área de trabajo, en las entradas de aire del recinto y en el lado de baja presión de las salidas de escape. También se los puede conseguir con capacidad de registro de datos con sello de fecha y hora, si se requiere un registro de mediciones periódicas.

Se utilizan tubos de humo para analizar los patrones del flujo y la velocidad del aire dentro de las áreas de contención. El conjunto de tubos de humo que se muestra aquí puede proporcionar hasta un día de suministro de humo para la realización de varios análisis desde un solo tubo. La versión de tubo de plástico actúa cuando se trituran dos ampollas de productos químicos contenidas en el tubo de plástico fijado a una pera de goma. Los vapores se mezclan y producen humo sólo cuando se aprieta la pera de goma y así se empuja el aire a través del tubo. A menos que se vayan a realizar otras pruebas, el tubo puede retirarse de la pera de goma y se pueden tapar ambos extremos con tapones de goma hasta que se requieran más análisis durante el día. También hay disponibles versiones con tubos de vidrio.

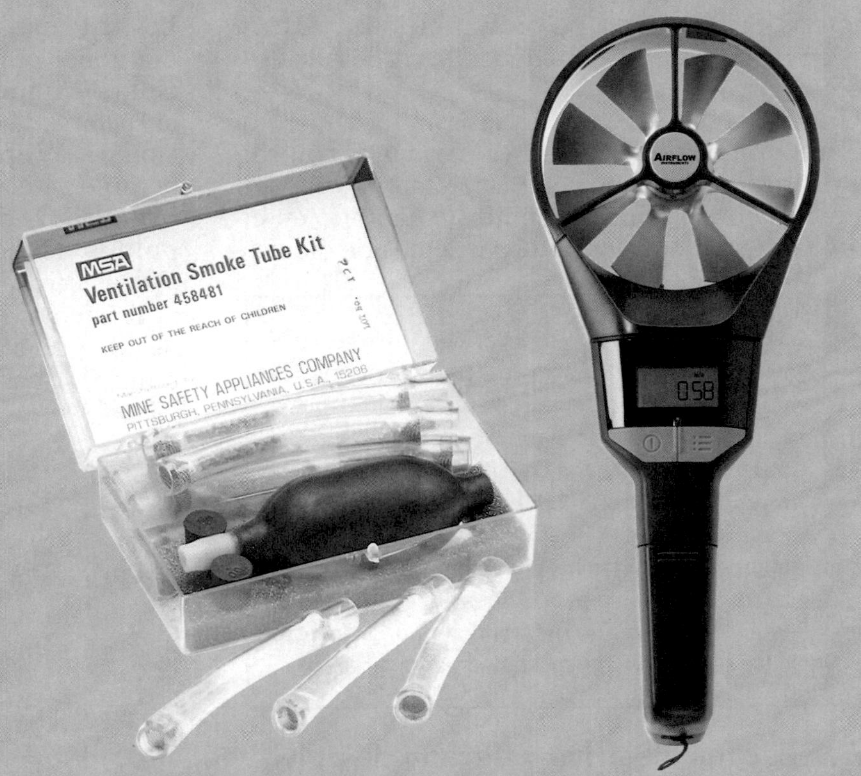

CONJUNTO DE TUBOS PLÁSTICOS ANEMÓMETRO

204SA01.EPS

movimiento de aire mínimo, se codifica como de Tipo I2.

La ventilación mecánica se utiliza para generar movimiento de aire dentro del recinto. El movimiento de aire se especifica mediante el establecimiento de una velocidad mínima para dicho movimiento. La velocidad puede medirse de distintas maneras, entre las que se incluyen:

- En corrientes transversales o descendentes
- Velocidad del aire a través del trabajador
- El volumen necesario para ventilar un determinado volumen de contención

Los sistemas de ventilación están especificados por el volumen de aire que se mueve a lo largo del tiempo; esto suele expresarse en pies cúbicos por minuto (CFM) o metros cúbicos por minuto (CMM). La tasa del flujo de aire de entrada depende del tamaño del área y la cantidad de residuos generados. Algunas consideraciones adicionales son la cantidad de operadores, el tipo de trabajo que se realiza, el tipo de materiales que se remueven o aplican, y el tipo de óxido y cascarilla presentes en la superficie que se limpia. La regla práctica general es cambiar todo el aire cada tres minutos. Este nivel brinda visibilidad suficiente durante las operaciones de limpieza a alta presión. Suele ser suficiente para reducir la concentración de productos químicos tóxicos a niveles seguros. Sin embargo, las concentraciones tóxicas deben monitorizarse y se deben hacer los ajustes necesarios.

Incluso si no se especifica ningún movimiento de aire mínimo, podría ser necesario usar controles de ingeniería, como ventilación mecánica, para reducir la exposición al plomo suspendido en el aire o prevenir emisiones de partículas de plomo.

¡ADVERTENCIA!

La OSHA exige el uso de controles de ingeniería factibles para quitar pintura a base de plomo. Se debe emplear ventilación como primer paso para reducir la exposición al plomo a niveles seguros. Los lineamientos de la **Guía 6 de la SSPC podrían no proporcionar una reducción adecuada de la exposición de los trabajadores a los materiales peligrosos en todas las situaciones.** Asegúrese de que se tomen las precauciones adecuadas para reducir la exposición del trabajador a los peligros de las partículas transportadas por el aire.

6.5.0 Escape eléctrico y filtrado de polvo (Tipo J)

El escape eléctrico y el filtrado de polvo se utilizan para controlar las emisiones de polvo. Los ventiladores de escape extraen el aire del área de contención. Los colectores de polvo portátiles filtran el aire antes de liberarlo (*Figura 22*). Hay varios tipos de filtros de polvo, cámaras de filtros de bolsas y colectores de polvo disponibles. Cuando se requiere de escape eléctrico y filtrado de polvo, esto se codifica como Tipo J1 en la *Guía 6 de la SSPC*. Cuando no se especifica, se codifica como de Tipo J2. Es necesario utilizar un sistema de escape eléctrico, en combinación con un área de contención totalmente cerrada, para crear la presión negativa requerida por los Tipos H1 y H2.

Los sistemas de escape eléctrico utilizan ventiladores y sopladores para desplazar el aire. Tienen mangueras flexibles que hacen circular el aire desde el área de contención hacia los colectores de polvo, las cámaras de filtros de bolsas o los filtros. Los filtros extraen el polvo y otras partículas, que luego son recolectados para su eliminación. El aire filtrado luego se expulsa al exterior del área de contención. Los colectores de polvo deben ser del tamaño apropiado para el tipo y la dimensión de la materia particulada y el volumen y la velocidad del aire que se mueve a través del sistema. Las máquinas que reciclan abrasivos suelen tener un sistema de recolección de polvo incorporado.

7.0.0 Efectividad de la contención

Los sistemas de contención están diseñados para mantener el polvo y los residuos dentro del recinto. Es importante medir qué tan bien funciona el sistema. Esto se logra mediante la monitorización de la cantidad de polvo y residuos que se liberan desde el recinto. Si el sistema no funciona bien, las mediciones ayudarán a identificar los puntos débiles para que puedan realizarse los ajustes necesarios.

Existen varios métodos para medir las emisiones de polvo y residuos. Algunos métodos brindan información inmediata sobre las emisiones

204F22.EPS

Figura 22 Colector de polvo portátil.

que se liberan. Otros informan resultados al día siguiente. En algunos métodos se monitoriza durante el transcurso de las operaciones, mientras que otros se aplican una vez que han finalizado. Para medir el efecto global del proyecto sobre el medio ambiente, se puede analizar el agua y el suelo antes y después del proyecto, y luego comparar los resultados.

La *Guía 6 de la SSPC* identifica seis métodos para evaluar la efectividad de las estructuras de contención. Los procedimientos de prueba detallados en el estándar son:

- *Método A:* emisiones visibles
- *Método B:* monitorización del aire del ambiente para PM-10
- *Método C:* monitorización ocupacional de las emisiones del área para la detección de plomo
- *Método D:* monitorización del aire del ambiente para la detección de metales tóxicos de la EPA
- *Método E:* análisis del suelo para la detección de metales tóxicos
- *Método F:* análisis de agua y sedimentos para la detección de metales tóxicos

Podría necesitarse uno o más de estos métodos en un proyecto dado. Algunos métodos no deben utilizarse en ciertos proyectos específicos. Por ejemplo, cuando se retiran materiales peligrosos, la monitorización de materia particulada o la monitorización de emisiones visibles brindan datos de valor limitado. La monitorización del material peligroso específico brinda datos más significativos. El contratista o el propietario de la planta deben consultar a las autoridades locales o estatales para determinar los métodos de prueba y los criterios de aceptación más apropiados.

7.1.0 Método A: emisiones visibles

La forma más sencilla de verificar la efectividad del área de contención es revisar la existencia de emisiones visibles. Este método brinda información inmediata y muestra en qué punto el sistema no funciona bien. Observadores entrenados revisan periódicamente las emisiones desde el recinto de contención. Las observaciones se clasifican como porcentaje o según una escala de opacidad. Las observaciones deben representar las operaciones con precisión.

Los dos métodos para clasificar las emisiones visibles son la vigilancia general y la opacidad. El método de vigilancia general promedia emisiones aleatorias a lo largo del período de observación. Las emisiones visibles se observan y registran con una frecuencia y una duración determinadas. Las emisiones registradas se promedian a lo largo del tiempo. Los límites aceptables se establecen como porcentaje del tiempo total o como cantidad de minutos en un turno de trabajo de ocho horas. La frecuencia de las emisiones se clasifica por nivel, como se muestra en la *Tabla 9*.

Las observaciones deben producirse dentro del límite establecido o la línea de propiedad. Se deben realizar durante las operaciones normales, como las de preparación de la superficie y de limpieza. La frecuencia y la duración de las observaciones debe establecerse con la orientación de las autoridades locales.

Las mediciones de opacidad las realiza un observador entrenado y certificado. Dicho observador compara la opacidad de las emisiones con una escala calibrada. La escala va de 0 a 100 % en incrementos del 5 %. Las mediciones se suelen realizar para un intervalo dado o durante un período de tiempo. Por ejemplo, es común especificar una observación cada 15 segundos durante 30 minutos. Los criterios de aceptación se establecen en el contrato. Las reglamentaciones locales pueden proporcionar lineamientos sobre los niveles de aceptación requeridos.

7.2.0 Método B: monitorización del aire del ambiente para PM-10

La emisión de partículas de 10 micrómetros (0,39 milésimas de pulgada) o menos (PM-10) está regulada por los *Estándares nacionales de calidad del aire del ambiente* de la EPA y varía de un lugar a otro. El tamaño de partícula monitorizado depende del filtro empleado en el monitor.

Por lo general, se utilizan colectores de muestras de aire de gran volumen equipados con monitores PM-10 (*Figura 23*) para medir las emisiones. La cantidad y la ubicación de los monitores depende de la dirección del viento y de la proximidad a casas, zonas de juegos para niños, masas de agua y otras áreas sensibles. Estos monitores funcionan de manera continua durante todo el proyecto. La monitorización debe comenzar unos días antes de que comience el trabajo, para establecer los niveles de fondo. Si los niveles de fondo varían significativamente, podría ser necesario

Tabla 9 Frecuencia de las emisiones

Nivel	Porcentaje	Minutos en día laboral de 8 horas
0	0	0
1	1	5
2	5	24
3	10	48
5	Ilimitado	Ilimitado

204T09.EPS

204F23.EPS

Figura 23 Instrumentos de monitorización PM-10.

realizar una monitorización de fondo continua. También existen monitores para el total de partículas sólidas (TSP) que pueden ser necesarios en algunas áreas.

7.3.0 Método C: monitorización ocupacional de las emisiones del área para la detección de plomo

Cuando se quitan revestimientos con contenido de plomo, se genera polvo de plomo, a menos que se los haya estabilizado antes de quitarlos. La inhalación de polvo de plomo es perjudicial para los trabajadores. La OSHA exige que haya un programa de monitorización para las emisiones de plomo suspendidas en el aire. La monitorización del plomo debe realizarse según los requisitos reglamentarios.

Existen varios métodos aceptables para monitorizar el plomo. Pueden emplearse equipos de muestreo de aire de gran volumen para monitorizar de manera continua las emisiones de plomo. También pueden utilizarse monitores personales ubicados fuera del área de contención (*Figura 24*).

Los niveles de acción para el plomo son de 30 microgramos por metro cúbico de aire, según los estándares de la OSHA. Deben seguirse requisitos adicionales de la OSHA, como aislar el área con carteles y barricadas cuando se hayan excedido los niveles de plomo. Las áreas adicionales que se deben monitorizar y aislar son el área de contención, el colector de polvo y los equipos de reciclado abrasivo.

7.4.0 Método D: monitorización del aire del ambiente para la detección de metales tóxicos de la EPA

La EPA regula el uso del plomo y otros metales tóxicos. Cuando se quitan o aplican revestimientos con contenido de metales tóxicos, se exige monitorizar el aire para detectar la presencia de estos metales. La ubicación y los métodos de prueba deben basarse en la dirección del viento y la proximidad a áreas sensibles, como casas, zonas de juegos para niños y masas de agua. También podría requerirse monitorización de fondo durante el proyecto.

Los equipos de muestreo de aire de gran volumen están preparados para la recolección de partículas suspendidas totales. Estas se analizan para determinar la presencia de plomo y otros metales tóxicos. El *Estándar nacional de calidad del aire del ambiente* para el plomo es de 0,15 microgramos por metro cúbico como promedio de 90 días. Dado que las operaciones de remoción de pintura y de revestimiento no suelen realizarse en períodos de 90 días, se deben establecer criterios diarios. La *Guía 6 de la SSPC* contiene fórmulas para calcular el promedio diario. Los métodos de prueba y los criterios de aceptación deben establecerse bajo la dirección de las autoridades con competencia y jurisdicción.

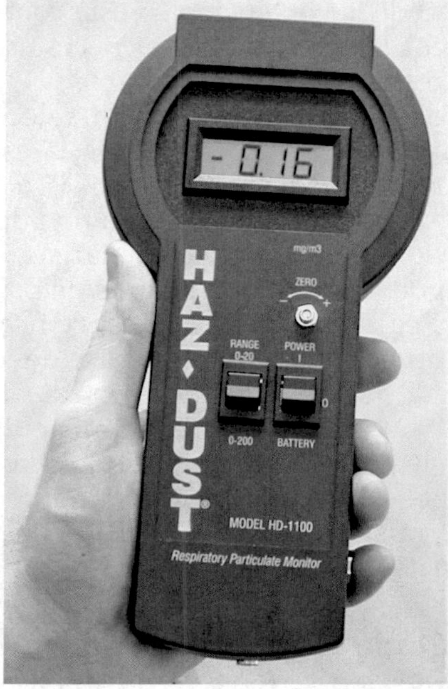

204F24.EPS

Figura 24 Equipo de monitorización de plomo personal.

7.5.0 Método E: análisis del suelo para la detección de metales tóxicos

Cuando se quitan o aplican revestimientos que contienen metales tóxicos, se deben hacer pruebas al suelo bajo el área del proyecto. Dichas pruebas deben llevarse a cabo antes de que comience el proyecto, para establecer los niveles de fondo. También deben hacerse pruebas al suelo después de la finalización del proyecto, para determinar la

En el lugar

Monitorización de la integridad de la contención

Para las emisiones peligrosas, las especificaciones del trabajo y/o las autoridades con jurisdicción podrían exigir monitorizar y registrar datos en forma periódica de la presión de aire negativa de la contención a fin de asegurar que se mantengan las presiones adecuadas para la ventilación y la captura de emisiones. Esto es especialmente cierto para las contenciones rígidas que no pueden inspeccionarse visualmente para detectar la presión negativa. El método preferido emplea un monitor de presión diferencial con registro de datos a fin de crear un registro permanente de la integridad de la contención. La unidad que se muestra aquí puede medir la presión diferencial entre las presiones de aire internas y externas de la contención hasta un nivel de apenas 0,001" de columna de agua (wc) (0,25 Pa) y mostrar los resultados en wc o en Pascales. Por lo general, se requieren diferencias de presión de 0,02" a 0,04" wc (5 a 10 Pa) para la contención de presión negativa. La función de registro de datos con fecha y hora puede variar entre una vez por segundo a una vez cada 12 horas, según se requiera. Para las emisiones no peligrosas, puede emplearse contención de presión positiva en algunos pocos casos. También pueden emplearse monitores de presión para monitorizar la presión positiva en forma periódica. Para la monitorización de contención positiva o negativa, si el diferencial de presión disminuye, es señal de que se están produciendo fugas adicionales o que los filtros de escape se están obstruyendo.

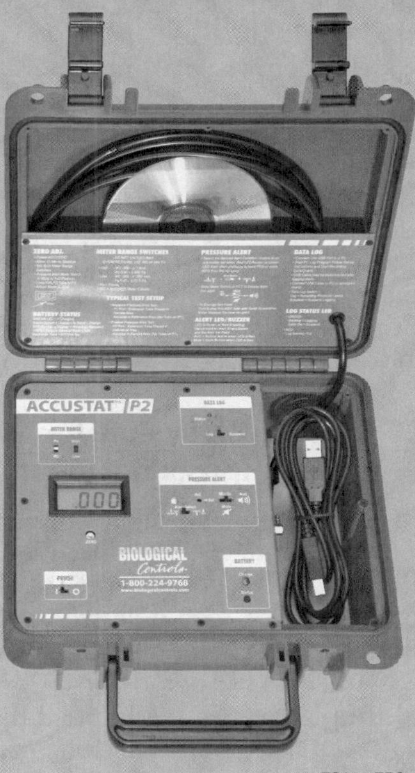

204FSA02.EPS

efectividad de la contención. Si está contaminado con metales tóxicos, puede ser necesario aplicar medidas reparadoras.

Antes de comenzar el proyecto, seleccione varios lugares de prueba debajo de la estructura y varios ubicados de 10 a 100 pies (3 a 30 m) de distancia de la estructura en cada una de las cuatro direcciones. Las estructuras largas, como los puentes, podrían requerir lugares de prueba adicionales. Registre la ubicación específica de cada lugar de prueba. Tome una muestra de los suelos y asegúrese de que se analicen en un laboratorio aprobado. Después de haber completado el proyecto, vuelva a tomar una muestra de las mismas áreas y analícelas. Se debe determinar todo incremento permisible bajo la dirección de las autoridades con jurisdicción.

7.6.0 Método F: análisis de agua y sedimentos para la detección de metales tóxicos

Cuando se quitan o aplican revestimientos que contienen metales tóxicos, es necesario hacer pruebas en las masas de agua cerca del área del proyecto. Este método de prueba también es una comparación del nivel de metales tóxicos antes y después del trabajo. Se deben tomar muestras de agua y sedimentos en masas de agua adyacentes antes de comenzar el trabajo. Registre cuidadosamente los lugares donde se tomaron las muestras. Vuelva a tomar muestras en los mismos lugares después de la finalización del proyecto. Las muestras deben enviarse a una laboratorio aprobado para que las analicen. Se debe determinar todo incremento permisible bajo la dirección de las autoridades con jurisdicción.

El muestreo del agua puede sólo ser beneficioso para masas de agua que no se renuevan o si existe una fuente de agua potable cercana. Si el agua se moviera rápido, el plomo y otros metales tóxicos serían desplazados y los resultados no serían concluyentes.

7.7.0 Método G: evaluación visual de la limpieza del lugar

La evaluación visual de la limpieza del lugar de trabajo es un método directo que debe realizarse a diario. Antes de que comience el proyecto, inspeccione el área para determinar la existencia de residuos y asegúrese de que sean retirados antes de iniciar las operaciones. Comenzar con un sitio limpio disminuye la posibilidad de que se produzcan accidentes y lesiones ocasionados por tropiezos. También facilita la identificación de nuevas emisiones. Todas las inquietudes sobre la responsabilidad de la limpieza deben resolverse por anticipado. Si fuese posible, tome fotografías del área para documentar las condiciones antes de que comience el trabajo.

El sitio debe ser inspeccionado a diario, generalmente después de finalizar las operaciones. Revise las áreas alrededor del recinto de contención para detectar emisiones. Preste especial atención a las uniones, las junturas, las entradas, las áreas de recolección de residuos y las áreas de escape de ventilación. Se deben detectar y limpiar las posibles emisiones. Modifique el sistema de contención para reducirlas o eliminarlas. Es importante realizar las inspecciones a diario para que puedan repararse todas las fugas o contenciones dañadas lo antes posible. Inspeccione el área al final del proyecto, después de que se haya retirado la estructura de contención. El área debería estar en mejores condiciones que antes del proyecto. La atención a la limpieza del sitio es importante para la reputación de la empresa.

7.8.0 Integridad y protuberancias en la contención

Hacer pruebas para determinar la efectividad de la contención no es productivo, a menos que se informen los resultados y se tomen medidas para rectificar los problemas. Revise con un supervisor los procedimientos para registrar e informar los resultados de las pruebas. Las acciones correctivas inmediatas reducen la necesidad de efectuar limpiezas costosas y que requieren mucho tiempo cuando se finalizan las operaciones de revestimiento. Una revisión simple para determinar si la contención tiene presión negativa o positiva es observar si las paredes, los pisos o los techos tienen un aspecto cóncavo o convexo. Esta revisión puede realizarse en cualquier momento y brinda un indicio visible de que hay ventilación.

Los materiales que se liberan accidentalmente de los recintos de contención se denominan emisiones. Las partes de la estructura que se extienden más allá de la contención, como las tuberías, se llaman protuberancias. Las protuberancias deben estar selladas adecuadamente cuando se arma la contención, para evitar emisiones. Los quiebres en la integridad de la contención pueden ocasionar la fuga de emisiones peligrosas (fugitivas). Las emisiones fugitivas deben limpiarse y se pueden castigar con sanciones contractuales. Asimismo, se aplican multas y sanciones considerables por exceder los límites de la EPA de emisiones de materiales peligrosos, incluidos metales tales como el plomo, el cadmio y el cromo. La liberación de una cantidad cualquiera de materiales peligrosos se considera un derrame y debe informarse a las autoridades federales. La limpieza del agua o la tierra contaminadas es costosa. Monitorice de cerca las emisiones y ajuste el sistema de contención para minimizarlas.

Las condiciones meteorológicas, los vientos y las operaciones de preparación de superficies pueden dañar la contención. Los bordes filosos y los objetos puntiagudos, como los pernos, pueden requerir una cobertura extra para evitar que se dañen los materiales de contención. Inspeccione cada componente con regularidad para mantener la integridad de la contención. Asegúrese de que cada uno funcione adecuadamente. Reemplace de inmediato los materiales de contención dañados o desgastados. Vuelva a sellar las uniones y las protuberancias si empiezan a tener fugas. Algunos contratistas utilizan espuma expandible o selladores de silicona para sellar las uniones. En proyectos más largos, podría tener que reemplazarse toda la estructura de contención. Informe los problemas al supervisor, quien decidirá si reparar o reemplazar el componente o el sistema.

Las emisiones fugitivas se producen con mayor frecuencia en las uniones, las entradas, los sistemas de manejo de aire y las áreas de acumulación de residuos. Estos son los puntos de los sistemas con mayor interacción entre el recinto de contención y el exterior. Asegúrese de que estas áreas se inspeccionen a diario.

Controlar las emisiones excesivas del sistema de filtrado de polvo puede ser tan simple como cambiar los filtros con mayor frecuencia. El equipo de manejo de aire puede ensuciarse y requerir limpieza o reparación. Revise el volumen de aire en los sistemas de escape y admisión. El incremento de la presión negativa debería controlar las emisiones desde el sistema de manejo de aire. Puede que sea necesario aumentar la capacidad del sistema de filtrado para manejar el volumen de aire tratado y la densidad del polvo.

El área de acumulación de residuos puede desbordarse fácilmente. Asegúrese de que sea lo suficientemente grande como para manejar el volumen de residuos generados. Siempre tenga contenedores disponibles con el fin de colocar los residuos para su eliminación. La limpieza diaria o regular de residuos, junto con las buenas prácticas de limpieza y mantenimiento, limitarán las emisiones desde esta área.

Las buenas prácticas de trabajo también pueden limitar las emisiones desde las entradas. Asegúrese de que se retiren el polvo y los escombros de las ropas antes de dejar la estructura de contención. Si fuese necesario, designe un área de descontaminación cerca de la puerta. Las herramientas y los equipos también deben limpiarse antes de retirarlos del área de contención.

La estructura de contención podría requerir modificaciones para reducir el exceso de emisiones o incrementar el nivel de contención. Por ejemplo, si la entrada es una juntura abierta, agregue lonas de puertas que la cubran. Podrían requerirse solapas o desviadores sobre los puntos de entrada de aire para reducir la emisión de polvo.

Al final del proyecto, repase los resultados de las pruebas. Evalúe la efectividad total de la estructura y los materiales de contención. En áreas en las que la contención fue menos efectiva, considere otros métodos y materiales para proyectos futuros. Los sistemas de contención son estructuras complejas con muchos componentes. Se requiere experiencia para construir y mantener sistemas de contención satisfactorios.

8.0.0 Humedad ambiental y control de la temperatura

Las condiciones ambientales pueden tener un efecto considerable en las operaciones de limpieza y revestimiento. Entre estos factores se encuentran la temperatura del aire, la humedad relativa, el punto de rocío, la velocidad del viento y los contaminantes transportados por el aire. La protección contra la corrosión, la aplicación de revestimientos, el aspecto y la tasa de curado se ven afectados por la humedad relativa y la temperatura, y por la temperatura de la superficie de la estructura. Si la temperatura es demasiado baja, por ejemplo, el revestimiento no se secará ni curará de manera adecuada. Si la temperatura es demasiado alta, el revestimiento no humedecerá la superficie, lo que resultará en una formación de película deficiente. La humedad también afecta la preparación de superficies y la aplicación de revestimientos. La humedad contenida en el aire se condensa si las temperaturas de la superficie caen por debajo del punto de rocío. Esto puede provocar que se oxide de nuevo el acero que fue limpiado mediante limpieza abrasiva seca. La humedad entre capas puede hacer que el revestimiento se arruine prematuramente.

La vida útil máxima de los revestimientos se basa en condiciones ideales de preparación de superficie y aplicación de revestimientos. En las hojas de datos técnicos del revestimiento, los fabricantes de revestimientos recomiendan límites de temperatura y de humedad relativa superiores e inferiores para la aplicación. Sin embargo, las condiciones ideales son difíciles de conseguir. Los proyectos en exteriores están sujetos a ciclos climáticos naturales y la posible formación de rocío por la noche. En los proyectos en interiores, generalmente las plantas deben continuar funcionando durante las operaciones de revestimiento. Las distintas áreas dentro de la planta pueden tener condiciones muy diferentes. Las temperaturas pueden ser extremadamente altas cerca del techo. Cerca de ciertas máquinas, como las máquinas de papel, la humedad relativa puede alcanzar casi el 100 %.

Las condiciones de la superficie no deben dejarse deteriorar entre la preparación y la aplicación del revestimiento. Lo óptimo sería que las superficies ferrosas se revistan cuando se indique la condición de la superficie en la especificación del trabajo, para evitar que vuelvan a oxidarse. En algunas áreas, la práctica estándar es preparar un área y revestirla el mismo día. Se prepara un área limitada y se aplica el revestimiento. La desventaja de este método es que el equipo debe pasar de una operación de preparación de la superficie a una operación de aplicación de revestimiento cada día. La configuración y la limpieza para ambas operaciones puede llevar mucho tiempo.

El tiempo entre la preparación de la superficie y la aplicación del revestimiento puede extenderse si el área se mantiene cálida y seca. Se incorporan equipos de control de temperatura y humedad como parte del sistema de contención a fin de mantener condiciones de superficie óptimas para la aplicación de revestimientos. Estos equipos también se necesitan en ambientes exigentes con temperaturas excesivamente bajas o altas o mucha humedad. Para la limpieza con abrasivos húmedos o hidrolavado, puede producirse **oxidación instantánea** entre media hora y dos o más horas después de la limpieza con agua, a menos que se emplee un inhibidor compatible con el revestimiento. Sin embargo, algunos estudios sugieren que la oxidación instantánea leve no afecta el revestimiento.

8.1.0 Deshumidificadores

Existen varias ventajas al usar equipos de deshumidificación. Los equipos de trabajo pueden desempeñarse en las condiciones más favorables y así optimizan la preparación de superficies y la aplicación de revestimientos. Esto extiende el tiempo con el que se cuenta para aplicar el revestimiento. La temporada de trabajo puede comenzar a principios de la primavera y continuar hasta avanzado el otoño. El proyecto no queda a merced de las condiciones climáticas y el tiempo de finalización puede calcularse con mayor precisión.

NOTA

La deshumidificación puede ocultar la presencia de cloruros sobre el acero. Se debe analizar el sustrato para detectar la presencia de cloruros después de la limpieza de la superficie. Los contaminantes no visibles pueden provocar la falla prematura del revestimiento.

Existen dos tipos de deshumidificadores, los refrigerantes y los **desecantes** tipo absorción. Los deshumidificadores refrigerantes enfrían el aire y recolectan la condensación resultante. Los deshumidificadores tipo absorción, o desecantes, utilizan un material con una alta afinidad por el agua para extraer la humedad del aire.

Los deshumidificadores refrigerantes trabajan bajo el principio de que el aire más frío contiene menos humedad. En la *Figura 25* se muestra un ciclo típico de refrigeración y deshumidificación. Se bombea un gas refrigerante a través de un sistema presurizado cerrado. El compresor presuriza el gas y así lo calienta. El gas caliente se enfría y se convierte en líquido dentro del condensador. A medida que el líquido pasa a través de una válvula, se expande y enfría justo sobre el punto de congelación. El aire húmedo circula sobre el evaporador y se enfría. La humedad contenida en el aire más frío se condensa en las aletas del evaporador y se drena hacia fuera del sistema.

En un deshumidificador desecante (*Figura 26*), el aire húmedo es conducido a través del material desecante. El desecante atrae y retiene parte del vapor de agua. Luego, se libera el aire más seco. El desecante circula hacia otra área donde se expone al aire calentado. El aire calentado extrae la humedad y así recarga el desecante. En general, un deshumidificador desecante tiene cuatro componentes principales: un portador de desecante, un ventilador de aire de proceso, un ventilador de aire de regeneración y un calentador.

Una de las limitaciones del deshumidificador refrigerante es que no funciona bien a temperaturas más frías. A temperaturas de aire de 45 °F (7 °C) o menos, la humedad puede congelarse en las aletas del evaporador, lo que hace que funcionen de manera menos eficiente, si es que logran funcionar. Además, los deshumidificadores refrigerantes reducen la temperatura del aire de escape. Extraen la humedad sin congelamiento y producen aire seco que es más cálido que el aire ambiente. Los deshumidificadores desecantes se utilizan con mayor frecuencia en primavera, otoño y invierno. Los deshumidificadores refrigerantes se utilizan con mayor frecuencia en verano.

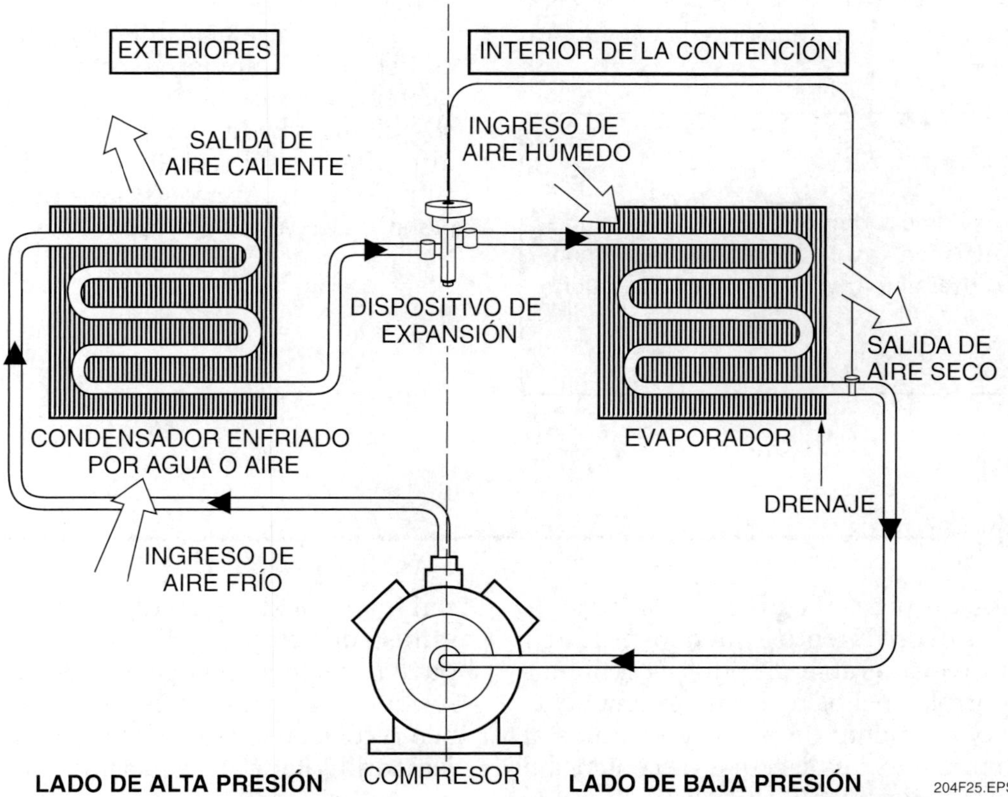

Figura 25 Ciclo de refrigeración/deshumidificación básico.

PRECAUCIÓN

Las grandes estructuras, como los puentes y las torres, son demasiado grandes como para calentarse de manera efectiva. No deben revestirse a temperaturas frías.

8.2.0 Unidades de calefacción

En algunos climas, se necesitan unidades de calefacción para mantener la temperatura del recinto a niveles óptimos para la aplicación de revestimientos. Pueden emplearse calentadores como parte del sistema de ventilación o deshumidificación. Es común que se usen calentadores ventilados portátiles. Normalmente, los calentadores utilizan electricidad, vapor o propano envasado. Generalmente se los utiliza en bancos para cubrir una superficie completa.

Siempre sea precavido con los calentadores que queman aceite combustible o propano, para evitar la acumulación de monóxido de carbono. Los gases de escape de estas unidades puede constituir un peligro para la salud e interferir con el curado adecuado de algunos revestimientos. Los calentadores pueden introducir humedad como sub-

204F26.EPS

Figura 26 Deshumidificador desecante.

producto de la combustión. Los gases de escape pueden introducir contaminación y la calefacción no será pareja.

¡ADVERTENCIA!

El monóxido de carbono es un gas producido por combustión. Inhalar monóxido de carbono puede causar enfermedades graves o la muerte.

Los colectores de polvo hacen circular un gran volumen de aire hacia dentro y fuera del área de contención. En invierno, esto puede enfriar rápidamente un área. Si los materiales no son peligrosos, el aire puede recircular. Esto permite que el aire caliente del recinto se reutilice después del filtrado. Podría ser necesario un calentador adicional para calentar el espacio.

RESUMEN

Los proyectos de preparación de superficies y aplicación de revestimientos pueden producir una cantidad considerable de polvo y residuos que deben controlarse. Los recintos de contención limitan el esparcimiento de polvo y residuos al ambiente circundante. Los sistemas de contención pueden ser estructuras complejas que incluyen el recinto de contención, equipos de recolección de residuos y ventilación, deshumidificadores y sistemas de filtrado de polvo y de monitorización.

El tipo de operaciones que se vayan a realizar y los materiales que se vayan a quitar o aplicar afectan la selección del tipo de sistema desarrollado y de los materiales empleados. Se requieren mayores niveles de contención y monitorización cuando se quitan o aplican materiales tóxicos, como el plomo. Construya sistemas de contención con los métodos descritos en la *Guía 6 de la SSPC*. Ciertos tipos de contenciones y materiales son inapropiados para algunas operaciones. Asegúrese de seleccionar materiales y equipos que puedan contener de manera adecuada los tipos de residuos generados. Los residuos contenidos deben recolectarse y envolverse para desecharlos o reciclarlos. Podrían requerirse equipos de manejo y acondicionamiento de aire para subir o bajar temperaturas, disminuir la humedad o eliminar el polvo.

Por último, debe medirse la efectividad del sistema de contención. Se deben limpiar todas las emisiones y se debe modificar el sistema para reducirlas o eliminarlas. Al seguir estos procedimientos, se pueden minimizar los problemas de seguridad y las violaciones de reglamentaciones ambientales. Asimismo, dejar el lugar de trabajo en mejores condiciones que las existentes antes del proyecto mejorará la reputación de la empresa y su propio estatus como aplicador profesional.

Preguntas de repaso

1. ¿Qué técnica de preparación de superficies produce la mayor cantidad de polvo y residuos?
   a. El decapado químico
   b. La limpieza con herramientas eléctricas
   c. La limpieza abrasiva
   d. El hidrolavado a alta presión

2. La exposición a largo plazo a solventes puede provocar _____.
   a. enfermedades pulmonares
   b. daños en los riñones
   c. pérdida del conocimiento
   d. convulsiones

3. Los lineamientos para realizar ciertas tareas que se detallan en los estándares de la industria son _____.
   a. exigidos por la ley
   b. impuestos por la OSHA
   c. prácticas opcionales
   d. plasmados en especificaciones contractuales

4. En los Estados Unidos, el *Estándar 29 CFR 1926.62 de la OSHA* establece requisitos específicos para la exposición del trabajador a _____.
   a. polvo en el aire
   b. metales tóxicos
   c. vapores de solventes
   d. plomo

5. El uso de una herramienta con bolsa de vacío para controlar el polvo de plomo es un ejemplo de _____ recomendadas/os.
   a. prácticas de mantenimiento y limpieza
   b. controles de ingeniería
   c. sistemas de ventilación
   d. buenas prácticas de trabajo

6. La recolección localizada en el punto de generación reduce la generación de polvo, pero también reduce _____.
   a. la cantidad de residuos recolectados
   b. la calidad de la preparación de la superficie
   c. el tamaño del área de limpieza
   d. la cantidad de tiempo necesario

7. Un ejemplo de recolección de residuos de área general es _____.
   a. un sistema de canalización
   b. la limpieza abrasiva húmeda
   c. un sistema de filtrado de polvo
   d. un decapador de agujas con bolsa de vacío

Empareje la clasificación de contención con el código correspondiente de la *Guía 6 de la SSPC.*

8. _____ Un nivel moderado de control de emisiones para el hidrolavado a alta presión

9. _____ El mayor nivel de control de emisiones para la limpieza abrasiva

10. _____ Un alto nivel de control de emisiones para la limpieza con herramientas eléctricas

11. _____ Un nivel mínimo de control de emisiones para la limpieza por chorro de agua

12. _____ El mayor nivel de control de emisiones para el decapado químico

13. _____ Un nivel moderado de control de emisiones para la limpieza con herramientas eléctricas

    a. Clase 1A
    b. Clase 1C
    c. Clase 2P
    d. Clase 3P
    e. Clase 3W
    f. Clase 4A
    g. Clase 4W

14. La *Guía 6 de la SSPC* incluye cuatro tablas que enumeran _____.
    a. los requisitos de contención y ventilación para cada clase
    b. los tipos de materiales de contención y sus aplicaciones
    c. los niveles de opacidad y las emisiones permisibles
    d. los requisitos de filtrado de polvo

Empareje los componentes del recinto de contención con el tipo correspondiente de la *Guía 6 de la SSPC*.

15. _____ Materiales de contención resistentes a productos químicos

16. _____ Estructuras de soporte flexibles

17. _____ Uniones parcialmente selladas

a. Tipo A1
b. Tipo B4
c. Tipo C2
d. Tipo D2

18. En un sistema de presión negativa, _____.

a. se bombea más aire del sistema que el que se suministra
b. ingresa más aire en el sistema que el que se bombea hacia fuera
c. el aire ingresa a través del sistema de escape
d. el suministro de aire está bien equilibrado

19. El aire bombeado dentro de un recinto de contención se denomina _____.

a. aire fresco
b. aire de escape
c. aire de reabastecimiento
d. aire de relleno

20. Los métodos de análisis más apropiados para la contención están determinados por _____.

a. los resultados de pruebas diarias
b. la observación visual de emisiones
c. el análisis de muestras de suelo y agua
d. los métodos establecidos por autoridades locales y estatales

Términos clave del oficio introducidos en este módulo

Aire de relleno: aire que reemplaza al aire que ha escapado del recinto de contención.

Desecante: material que atrae y retiene vapor de agua.

Emisiones: materiales que se escapan del área de contención, incluidas las columnas de partículas de materiales que se desplazan por el aire, los abrasivos, las astillas de pintura, los residuos, los derrames y las fugas de agua.

Entrada: área de una estructura de contención por la cual los trabajadores pueden entrar y salir de un sistema de contención y ventilación.

Estructura de soporte: estructura sobre la cual se monta el material de contención.

Flujo de aire forzado: aire que se suministra a un área de contención mediante el uso de ventiladores y sopladores.

Impenetrables: materiales que el polvo y el viento no pueden atravesar ni penetrar.

Impermeables: materiales que el agua no puede atravesar ni penetrar

Oxidación instantánea: oxidación que se produce desde el momento en que se inicia el proceso de hidrolavado hasta el momento en que se seca el agua utilizada en ese proceso.

Presión negativa: condición de un recinto en la cual sale más aire del que ingresa.

Resistentes a las llamas: materiales que tardan en arder, pero continúan haciéndolo una vez que se encienden.

Retardadores de llama: materiales que dejan de arder cuando se ha eliminado el fuego.

Recursos adicionales

Este módulo presenta recursos detallados para el entrenamiento en las tareas. Para ampliar los estudios, recomendamos el siguiente material de referencia.

Coating Inspector Program Level 1 (Programa de inspector de revestimientos, nivel 1). © NACE International, 2010.

Hoja de datos EPA-747-F-98-006 de la EPA, Generators' and Transporters' Responsibilities for Management and Disposal of Lead-Based Paint Debris (Responsabilidades de los generadores y transportistas para el manejo y la eliminación de residuos de pintura a base de plomo). Agencia de Protección Ambiental de los EE. UU. (7404), diciembre de 1998.

Industrial Lead Paint Removal Handbook (Manual de remoción de pintura industrial a base de plomo). Vol. 1. 2da ed. Kenneth A. Trimber. Pittsburgh, PA: The Society for Protective Coatings, 1993 [*SSPC 93-02*].

Estándar 1910.1025 de la OSHA: Sustancias tóxicas y peligrosas; Apéndice A: Hoja de datos de sustancias para la exposición ocupacional al plomo. Occupational Safety & Health Administration.

OSHA Technical Manual (Manual técnico de la OSHA). Controlling Lead Exposures in the Construction Industry: Engineering and Work Practice Controls. (Control de exposiciones al plomo en la industria de la construcción: controles de ingeniería de prácticas de trabajo). Occupational Safety & Health Administration, enero de 1999.

PaintSquare: Portal del *Journal of Protective Coatings and Linings* (Boletín de revestimientos protectores, JPCL) y del *Journal of Architectural Coatings* (Boletín de revestimientos arquitectónicos, JAC). www.paintsquare.org.

Prevención del envenenamiento por plomo entre los trabajadores de la construcción: NIOSH Alert. DHHS (NIOSH) Publicación nro. 91-116a, abril de 1992.

Centro de Recursos de Pinturas y Revestimientos (PCRC, Paints & Coatings Resource Center). www.paintcenter.org

Curso C-3 de la SSPC: Remoción de pintura a base de plomo. www.sspc.org.

Curso C-5 de la SSPC: Entrenamiento de actualización de remoción de pintura a base de plomo. www.sspc.org.

Guía 6 de la SSPC: Guía para la contención de residuos de preparación de superficies generados durante las operaciones de remoción de pinturas.. www.sspc.org.

Guía 7 de la SSPC: Guía para la eliminación de residuos de preparación de superficies contaminados con plomo. www.sspc.org.

Guía 18 de la SSPC: Guía del especificador para determinar la clase de contención y las estrategias de monitorización ambiental para los proyectos de remoción de pintura a base de plomo. www.sspc.org.

Guías de la SSPC sobre protección ambiental. www.sspc.org.

Créditos de las figuras

Fotografía por cortesía de Hippwrap Containment (portada del módulo)

Eagle Industries, 204F01, 204F10, 204F22

Topaz Publications, Inc., 204F02, 204F11–204F15, 204F17–204F19

Sherwin-Williams Co., 204F03

Fotografía cortesía de Bullard, 204F04

CS Unitec, Inc., 204F05

Nilfisk-Advance America, Inc., 204F06–204F08

SSPC: The Society for Protective Coatings, 204T01-204T08

Fotografía cortesía de Detroit Tarp Inc., 204F09

Cortesía de Reef Industries, Inc., 204F16

W.W. Grainger, Inc., 204F20, 204F21, 204SA01 (conjunto de tubos plásticos)

TSI Incorporated, 204SA01 (anemómetro)

Tisch Environmental Inc., 204F23

SKC Inc., 204F24

ACCUSTAT P2, monitor portátil de presión diferencial del ambiente fabricado por Biological Controls, 204SA02

ARID-Dry por CDIMS, 204F26

CURRÍCULO DE NCCER - COMENTARIOS DEL USUARIO

NCCER hace el esfuerzo de mantener estos libros de texto actualizados y libres de errores técnicos. Apreciamos su ayuda en este proceso. Si encuentra algún error, ya sea tipográfico o de contenido, en el currículo de NCCER, haga el favor de completar este formulario (o una fotocopia de él) o el formulario en línea en **www.nccer.org/olf**. Asegúrese de incluir el número exacto del módulo, la página, una descripción detallada y la corrección recomendada. Su comentario será puesto en conocimiento del comité técnico de revisión. Gracias por su ayuda.

Instructores: si tiene una idea para mejorar este libro de texto o encontró que algún material adicional es necesario para enseñar este módulo con eficacia, por favor háganoslo saber para que podamos presentar sus sugerencias al comité técnico de revisión.

NCCER Product Development and Revision

13614 Progress Blvd., Alachua, FL 32615

Correo electrónico: curriculum@nccer.org

En internet: www.nccer.org/olf

❑ Guía del estudiante ❑ AIG ❑ Examen ❑ PowerPoints Otro ______________________

Oficio / nivel Fecha de copyright:

Número/título del módulo:

Número(s) de sección:

Descripción:

Corrección recomendada:

Su nombre:

Dirección:

Correo electrónico: Teléfono:

Preparación de superficies, nivel dos

ES69205-10

ESPECIALISTA EN APLICACIÓN DE REVESTIMIENTOS INDUSTRIALES, NIVEL DOS

ES69207-10
Aplicación de revestimientos, nivel dos

ES69206-10
Revestimientos industriales, nivel dos

ES69205-10
Preparación de superficies, nivel dos

ES69204-10
Contención

ES69203-10
Planificación del trabajo y control de calidad

ES69202-10
Protección contra la corrosión

ES69201-10
Seguridad al trabajar con revestimientos industriales

Especialista en aplicación de revestimientos industriales, nivel uno

Currículo básico
Habilidades introductorias del oficio

Este mapa del curso muestra todos los módulos de *Especialista en aplicación de revestimientos industriales, nivel dos.* El orden de entrenamiento sugerido comienza desde la parte inferior y avanza hacia la parte superior. Los niveles de habilidad se incrementan a medida que avanza en el mapa del curso. El Patrocinador local del Programa de entrenamiento puede modificar el orden del entrenamiento.

Objetivos

Cuando haya completado este módulo, el alumno podrá hacer lo siguiente:

1. Identificar y documentar las condiciones de la superficie de sustratos de acero, como se representan en las guías visuales de SSPC/NACE/ISO.
2. Examinar y documentar los requisitos de preparación para el acero, los metales no ferrosos, las superficies no metálicas, los revestimientos sintéticos y los revestimientos existentes.
3. Demostrar el uso de una espátula roma para confirmar el cumplimiento de los estándares *SSPC-SP 2, SSPC-SP 3, NACE N.º 4/SSPC-SP 7* y *NACE N.º 8/SSPC-SP 14.*
4. Demostrar los procedimientos adecuados para seleccionar, almacenar y verificar la limpieza de abrasivos, incluidos los aditivos para abrasivos.
5. Explicar cómo mantener y solucionar problemas de equipos de campo de limpieza abrasiva y demostrar procedimientos de campo para verificar la limpieza de los abrasivos y demás procedimientos de documentación afines.
6. Demostrar procedimientos para medir y documentar la abertura y la presión de aire de la boquilla y la limpieza del aire comprimido.
7. Demostrar los procedimientos para determinar el perfil de superficie y la limpieza de la superficie, además de la documentación relacionada, mediante el uso de un comparador visual, una guía visual, un medidor de perfil de superficie con dial, cinta réplica, una prueba de cinta transparente según el estándar *ISO 8502-3*, luz ultravioleta para la detección de la contaminación con hidrocarburos y equipos comercialmente disponibles para analizar sales solubles.
8. Utilizar el estándar escrito y las guías visuales que lo acompañan (*NACE VIS 9/SSPC-VIS 5/* y *NACE VIS 7/SSPC-VIS 4*) para clasificar diversos ejemplos de perfiles de superficie.
9. Demostrar el uso y la documentación de los procedimientos de inspección para el trabajo de revestimiento de concreto con el uso de medidores de humedad, sondas de humedad relativa, CaCl anhidro *ASTM F1869*, método de la lámina plástica *ASTM D4263*, comparadores de aspereza de superficie ICRI y masilla de perfilado de concreto.
10. Describir y demostrar la manera correcta de usar y documentar procedimientos de monitorización ambiental con psicrómetros, termómetros y gráficos psicrométricos.

Términos clave del oficio

Capa de enlace
Difuminar
Hidrocarburo
Higrómetro
Microsiemens
Prueba de tamiz
Prueba en área reducida

Prerrequisitos

Antes de comenzar este módulo, se recomienda que complete correctamente *Especialista en aplicación de revestimientos industriales, nivel uno* y *Especialista en aplicación de revestimientos industriales, nivel dos*, Módulos ES69201-10 a ES69204-10.

Índice

Los temas que vamos a presentar en este módulo comprenden:

1.0.0 Introducción 5.1
2.0.0 Pruebas de preparación de superficies 5.1
2.1.0 Prueba de la espátula roma 5.1
2.2.0 Limpieza 5.2
2.3.0 Pruebas de detección de sales solubles 5.3
2.4.0 Pruebas y controles de humedad 5.4
2.5.0 Pruebas de discontinuidad de superficies no porosas 5.5
2.6.0 Pruebas del perfil de superficie 5.5
2.7.0 Condiciones ambientales 5.7
3.0.0 Evaluación de superficies 5.9
3.1.0 Acero 5.11
3.1.1 Acero galvanizado 5.12
3.1.2 Acero corten 5.12
3.1.3 Acero inoxidable 5.13
3.2.0 Cobre y aluminio 5.13
3.3.0 Mampostería y concreto 5.13
3.4.0 Sustratos sintéticos 5.15
3.5.0 Revestimientos existentes 5.15
4.0.0 Limpieza abrasiva seca 5.15
4.1.0 Medios abrasivos secos 5.16
4.2.0 Mantenimiento de equipos de limpieza abrasiva seca 5.21
4.2.1 Revisión del orificio de la boquilla 5.24
4.2.2 Verificación de la presión operativa de la boquilla 5.24
4.3.0 Limpieza abrasiva con bajo volumen de agua 5.25
5.0.0 Hidrolavado 5.26
5.1.0 Pautas de seguridad 5.27
5.2.0 Problemas ambientales 5.29
5.3.0 Equipo de hidrolavado 5.29
5.4.0 Preparación para el hidrolavado 5.31
5.5.0 Válvula de descarga 5.32
5.6.0 Procedimiento de hidrolavado 5.32
5.7.0 Hidrolavado con pistola 5.32
5.8.0 Tanques 5.33
5.9.0 Limpieza 5.33
5.10.0 Otros equipos de hidrolavado 5.33

Figuras y tablas

Figura 1 Adherencia del revestimiento 5.1
Figura 2 Cinta de prueba transparente ISO 8502 .... 5.2
Figura 3 Medidor de humedad 5.4
Figura 4 Medidor de humedad relativa 5.4
Figura 5 Comparadores de perfil de superficie 5.6
Figura 6 Cinta réplica 5.6
Figura 7 Medidores de perfil de superficie digitales y con dial 5.6
Figura 8 Equipo de perfilado de concreto 5.6
Figura 9 Unidad de deshumidificación 5.8
Figura 10 Higrómetro y termómetro electrónicos 5.9
Figura 11 Psicrómetro analógico 5.9
Figura 12 Gráfico psicrométrico 5.10
Figura 13 Psicrómetro digital 5.11
Figura 14 Concreto en proceso de deterioro 5.13
Figura 15 Separador ciclónico 5.19
Figura 16 Unidad de reciclado 5.20
Figure 17 Sistemas de limpieza abrasiva seca 5.21
Figura 18 Sistemas de control neumático de la máquina de limpieza a presión 5.22
Figura 19 Medidor analizador de limpieza a presión 5.24
Figura 20 Inserción del medidor en la parte trasera de la boquilla 5.24
Figura 21 Medidor de presión de aguja 5.24
Figura 22 Accesorio de anillo de agua 5.25
Figura 23 Hidrolavado 5.26
Figura 24 Unidad diésel de hidrolavado montada en ruedas 5.27
Figura 25 Pistola 5.30
Figura 26 Revisión de extremos flexibles 5.30
Figura 27 Punta de hidrolavado típica 5.30
Figura 28 Chorro directo 5.30
Figura 29 Chorro en abanico 5.30
Figura 30 Reforzado para contrapresión 5.31
Figura 31 Válvula de descarga 5.32
Figura 32 Cabeza enT rotatoria con dos boquillas giratorias 5.33
Figura 33 Limpiadores para hidrolavado de pisos 5.33

Tabla 1 Elección de abrasivos para un perfil de superficie especificado 5.17
Tabla 2 Resumen de diversos medios abrasivos 5.18
Tabla 3 Resolución de problemas en la limpieza abrasiva seca 5.23
Tabla 4 Relación entre el tamaño de la boquilla y el área 5.23
Tabla 5 Requisitos de aire para distintos tamaños de boquilla (medida inglesa) 5.23
Tabla 6 Requisitos de aire para distintos tamaños de boquilla (sistema métrico) 5.23
Tabla 7 Definiciones de limpieza con agua e hidrolavado 5.26
Tabla 8 Definiciones de superficie visual 5.28
Tabla 9 Definiciones de oxidación instantánea 5.28

1.0.0 INTRODUCCIÓN

El objetivo de la preparación de superficies es proporcionar al revestimiento una superficie a la cual adherirse. Aunque la aplicación de revestimientos sobre superficies es la parte más visible del trabajo, la preparación de la superficie es la etapa más importante del proceso de revestimiento industrial. El 80 % de todas las fallas prematuras de revestimientos se relacionan con incorrecciones en la preparación de las superficies. Es necesario comprender cómo se adhieren los revestimientos a las superficies para determinar el método de preparación adecuado.

Los revestimientos se adhieren mejor a las superficies sin ningún contaminante, como tierra, polvo, grasa, aceite o humedad. Asimismo, los revestimientos se unen mejor a las superficies con cierto grado de aspereza. Esta aspereza se denomina perfil de superficie o grano. Con frecuencia, la profundidad deseada para el perfil de superficie se indica en la especificación del proyecto. Esta aspereza ayuda a mantener el revestimiento adherido a la superficie, de manera muy similar a la manera en que se mantiene unido un rompecabezas. En las superficies de acero, el perfil de superficie suele denominarse perfil de anclaje (*Figura 1*).

El aspecto más importante para lograr una buena adherencia del revestimiento es la preparación de la superficie. En *Especialista en aplicación de revestimientos industriales, nivel uno*, se trataron diversos métodos de preparación de superficies, como el uso de herramientas manuales y eléctricas, la limpieza abrasiva, el hidrolavado y el decapado químico. Este módulo trata acerca de cómo elegir correctamente entre estos métodos de preparación de superficies.

Antes de comenzar con los trabajos de preparación de superficies, inspeccione la superficie que se desee preparar. El objetivo es prepararla al nivel establecido en alguna de las especificaciones de la industria. A lo largo de este módulo se emplearán varias guías visuales de la industria, basadas en los estándares escritos relacionados para preparar superficies de acero para revestirlas. Estos estándares escritos tienen prioridad sobre las guías visuales:

- *SSPC-VIS 1, Guía y fotografías de referencia para superficies de acero preparadas mediante limpieza abrasiva seca*
- *SPC-VIS 2, Método estándar para evaluar el grado de oxidación en superficies de acero pintadas*
- *SSPC-VIS 3, Guía y fotografías de referencia para superficies de acero preparadas mediante limpieza con herramientas manuales y eléctricas*

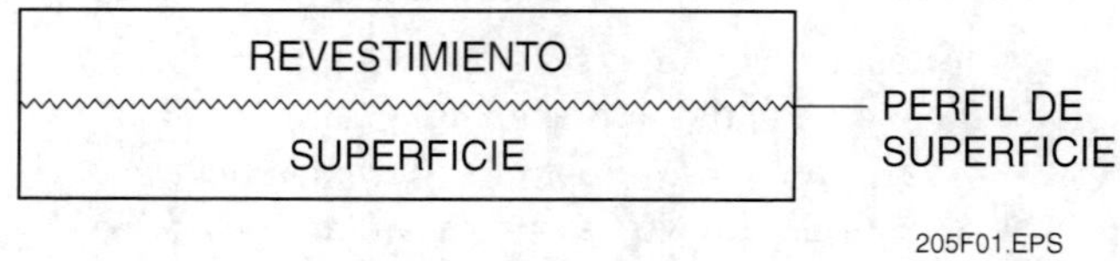

Figura 1 Adherencia del revestimiento.

- *NACE VIS 7/SSPC-VIS 4, Guía y fotografías de referencia para superficies de acero preparadas mediante hidrolavado*
- *NACE VIS 9/SSPC-VIS 5, Guía y fotografías de referencia para superficies de acero preparadas mediante limpieza abrasiva húmeda*
- *ISO 8501-1 a ISO 8501-4, Preparación de sustratos de acero previa a la aplicación de pinturas y productos relacionados - Evaluación visual de la limpieza de la superficie*

Estas guías, según se describe en el estándar *ASTM D2200*, son representaciones visuales de los requisitos de preparación establecidos en los estándares y estarán disponibles en los centros de entrenamiento y en el lugar de trabajo. Los alumnos deberán consultar estas especificaciones a menudo. Pida a los instructores que señalen los pequeños detalles de las imágenes y que las comparen con una superficie real, haciendo hincapié en las similitudes y las diferencias.

2.0.0 PRUEBAS DE PREPARACIÓN DE SUPERFICIES

El objetivo de la preparación de superficies es proporcionar al revestimiento una superficie limpia y levemente áspera a la cual adherirse. Con frecuencia, es difícil determinar visualmente si una superficie está preparada de manera correcta para un revestimiento, por lo que podría ser necesario realizar diversas pruebas. Siempre registre en la documentación del proyecto qué prueba se realizó, cuándo, dónde y quién la realizó y qué resultados tuvo.

2.1.0 Prueba de la espátula roma

En algunas ocasiones, la especificación del proyecto requerirá que se quiten todos los revestimientos antiguos de una superficie. En otros casos, indicará que se mantengan los revestimientos antiguos que estén firmemente adheridos a la superficie una vez realizada una prueba de adherencia con una espátula roma. Raspe enérgicamente el revestimiento con la hoja de una espátula roma, con cuidado de no escoplear la superficie ni doblar la hoja. Si el revestimiento no se puede quitar, se considera que está firmemente adherido a la superficie.

> **NOTA**
>
> Todos los estándares de la industria establecen que se debe usar una espátula roma, no una filosa, para determinar la adherencia del revestimiento. No hay un estándar que defina qué es una espátula roma; sin embargo, el comentario de "Preparación de superficies" de SSPC establece que una espátula roma es una cuchilla nueva sin afilar.

2.2.0 Limpieza

Para que los revestimientos se adhieran con firmeza, las superficies no deben contener suciedad, polvo, grasa, aceite ni otros contaminantes. La contaminación excesiva es visualmente notoria, pero la contaminación leve sí suele ser difícil de detectar. Podría ser necesario realizar pruebas para detectar la presencia de contaminantes tales como polvo e **hidrocarburos**. El término hidrocarburos hace referencia a los productos derivados del petróleo.

Para determinar si hay polvo sobre metales o materiales sintéticos, realice la prueba de la cinta transparente *ISO 8502-3* (*Figura 2*). Aplique a la superficie la longitud de cinta indicada y frótela (sin moverla sobre la superficie) para para asegurarse de que se adhiera con firmeza. Retírela y colóquela sobre una tarjeta de observación (por ejemplo, una ficha o tarjeta de índice blanca sin renglones). Utilice una lupa para visualizar la cantidad de partículas de polvo que quedaron en la cinta y compare la cinta con la muestra suministrada (*Figura 2*). Repita esta prueba en distintas áreas de la superficie, según se establezca en las especificaciones del proyecto. El exceso de polvo puede limpiarse con un paño de adherencia o con agua.

Para determinar si los sustratos metálicos o sintéticos no tienen grasa o aceite, coloque una gota de agua en distintos puntos. Si el agua se acumula en pequeños círculos sobre la superficie, como sucedería en un auto recién encerado, la superficie está probablemente contaminada con grasa o aceite. Para quitar la grasa y el aceite, lave la superficie con detergentes, desengrasantes o con un solvente permitido.

Para analizar la presencia de grasa o aceite sobre el concreto, aplique unas pocas gotas de solución de ácido clorhídrico, también conocido como ácido muriático. Si la solución burbujea, la superficie está limpia. El ácido clorhídrico es ácido, como lo indica su nombre, y el concreto es alcalino o base. Las burbujas son una reacción química entre el ácido y la base. La contaminación leve con aceite o grasa sobre el concreto puede limpiarse con detergentes, solventes o desengrasantes, y luego enjuagarse con agua limpia. El ácido clorhídrico no es desengrasante. La contaminación excesiva puede quitarse con una traílla o mediante limpieza con llama. La limpieza con llama puede derretir la grasa o el aceite y permitir que se absorba profundamente en el concreto. Podría ser necesario reemplazar el concreto cuando tiene un alto grado de contaminación. Para determinar la presencia de aceite o grasa debajo de la superficie del concreto, se puede encender una lámpara de calor sobre su superficie. Ubique la lámpara 2 pies (0,61 metros) sobre la superficie y déjela 8 horas. A medida que el concreto se caliente, el aceite o la grasa subirán a la superficie.

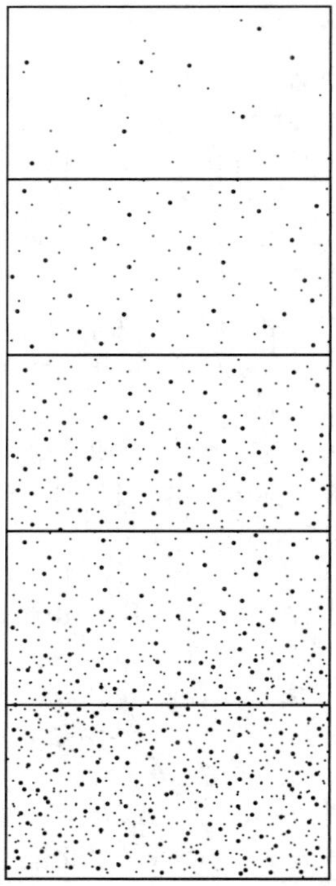

MUESTRAS SUMINISTRADAS

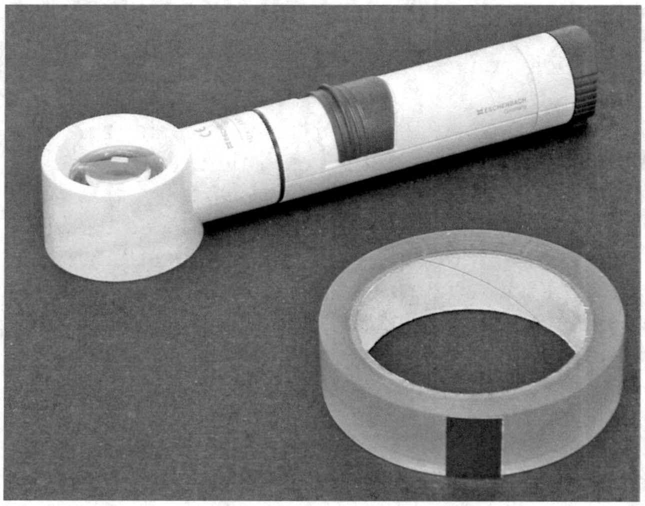

CINTA TRANSPARENTE

205F02.EPS

Figura 2 Cinta de prueba transparente ISO 8502.

La contaminación por aceite o grasa también puede detectarse con luz ultravioleta (UV). La luz UV debe utilizarse en un área oscurecida. Ilumine la superficie que se esté analizando. Las áreas contaminadas con aceite o grasa se tornarán fluorescentes bajo la luz y parecerá que titilan. Asegúrese de que la luz UV no se proyecte sobre los ojos de nadie. Un destello momentáneo de la luz ultravioleta puede provocar ceguera temporaria. Mirar directamente hacia la luz ultravioleta puede provocar daños oculares graves.

¡ADVERTENCIA!

Mirar directamente hacia lámparas ultravioletas que no tengan protección puede provocar daños oculares graves. Si está pensando usar una lámpara ultravioleta, consulte al ingeniero de seguridad o a otra persona con conocimiento.

2.3.0 Pruebas de detección de sales solubles

Las sales solubles constituyen un problema importante en el proceso de revestimiento. Cuando los niveles de sales solubles en una superficie son inaceptables, pueden causar la falla prematura del revestimiento. Las sales solubles corroen el metal, incluidas las varillas de refuerzo del concreto. Existe una amplia variedad de equipos comerciales disponibles para analizar la presencia de sales solubles. Siempre siga las instrucciones del equipo que utiliza pero, por lo general, los pasos para verificar manualmente la presencia de sales son los siguientes:

Paso 1 Determine las áreas que se analizarán. Por lo general, cada área de prueba será aproximadamente un cuadrado de 4 pulgadas (10 centímetros).

Paso 2 Coloque la cantidad indicada de agua desionizada o destilada en un tubo de ensayo limpio o un vaso de precipitados. Asegúrese de utilizar sólo agua desionizada o destilada durante la prueba, porque el agua de grifo puede contener pequeñas cantidades de sales.

Paso 3 Humedezca el parche o la bola de algodón del equipo con agua desionizada o destilada.

Paso 4 Mientras sostiene el parche o la bola de algodón con pinzas, frote enérgicamente el área de prueba. No sostenga el parche o la bola de algodón con los dedos al descubierto porque podrían transferirse las sales de la piel al material.

Paso 5 Coloque el parche o la bola de algodón dentro del tubo de ensayo o el vaso de precipitados con agua desionizada o destilada, para enjuagar las sales solubles del material.

Paso 6 Sumerja la tira de prueba dentro del agua de enjuague y utilice la escala suministrada para determinar si hay sales solubles.

Algunos equipos de prueba reemplazan las tiras de prueba por electrodos y un medidor. En este caso, se colocan los electrodos en el agua de enjuague y se enciende el dispositivo de prueba. Dicho dispositivo mide la circulación de corriente a través de la solución. A mayor contenido de sal en la solución, mayor será la circulación de corriente. La manera de manejar los equipos con medidor varía, así que siempre siga las instrucciones del fabricante.

En el concreto, verifique la presencia de sales con papel indicador universal. El papel indicador universal mide el pH de una solución entre los valores de 0 a 14, sobre la base de un rango de cambios de color. El pH indica si la superficie es alcalina o ácida. Si el nivel de pH es inferior a 10, podría indicar contaminación con sal. Esta prueba no es tan precisa como las anteriores, porque un nivel de pH inferior a 10 también podría significar que la superficie de concreto ha estado expuesta a una solución ácida durante el proceso de limpieza. Sin embargo, sigue siendo valiosa para las superficies de concreto porque algunos

¿Sabía usted?

El agua

Aunque el agua no es una buena conductora de la electricidad, no se pare sobre un charco de agua cuando utilice una herramienta eléctrica. El agua pura es mala conductora, pero en la mayoría de los casos, no se encuentra en estado puro. Incluso el agua de grifo limpia está repleta de impurezas inofensivas que permiten que circule la corriente. A mayor cantidad de impurezas en el agua, mayor circulación de corriente. Recuérdelo la próxima vez que se vea tentado de pararse en un charco lodoso para amolar tan solo un poco más.

¿Sabía usted?

pH

La escala de pH mide el nivel de alcalinidad o acidez de las soluciones. A los álcalis a veces se los denomina base. Un ácido fuerte tendrá un pH muy inferior a 7. El agua desionizada o destilada tiene un pH de 7,0 y se la considera neutra, lo que significa que no es ácida ni es una base. Una base fuerte tiene un pH muy superior a 7. Toda solución con un pH inferior a 7 es ácida, y por arriba de 7 es una base.

revestimientos se adhieren mejor según el pH del concreto, lo que debería analizarse como se describe en *ASTM D4262*. Los resultados de esta prueba determinarán si la superficie necesita recibir un tratamiento para conseguir el pH deseado.

Cuando se detectan sales solubles, deben quitarse según las especificaciones. Los solventes no disuelven las sales. Un lavado enérgico con detergente y un enjuague profundo con agua limpia podrían quitarlas, pero es más probable que la superficie tenga que lavarse con un producto comercial especialmente elaborado para disolver sales.

2.4.0 Pruebas y controles de humedad

La humedad puede hacer que los revestimientos fallen en cualquier tipo de superficie. Tanto el metal como el concreto se ven afectados por la humedad, por lo que deben tomarse las medidas necesarias para mantener la humedad al nivel deseado. Una manera común de controlar la humedad en los metales y el concreto es el uso de unidades de deshumidificación (DH). Estas unidades deben utilizarse en un área cerrada. Controlan la humedad del aire y también pueden secar superficies de concreto saturadas.

La humedad sobre el metal descubierto puede provocar oxidación instantánea o eflorescencia en tan solo 30 minutos. Esto suele ser un problema al realizar operaciones de hidrolavado o de limpieza abrasiva húmeda sobre metal descubierto. Por este motivo, cuando se lava con agua suelen utilizarse inhibidores de óxido. Algunos productos inhibidores de óxido también quitan sales y otros contaminantes. El desarrollo irregular de óxido instantáneo sobre una superficie indica que todavía está contaminada. Los inhibidores de óxido pasarán a formar parte del sistema de revestimiento y podrían no ser compatibles con algunos de los revestimientos que se aplicarán. Siempre consulte la hoja de datos del producto o al fabricante del revestimiento para determinar si se puede emplear un inhibidor en particular.

La humedad en el concreto es problemática. Si es muy poca, puede impedir que el revestimiento se adhiera firmemente a la superficie. Si es demasiada, podría hacer que el revestimiento falle y favorecer la corrosión de la varilla de refuerzo metálica del concreto. El tipo de revestimiento que se ha de aplicar determinará el contenido deseado de humedad. Existen varias maneras de medir la humedad en el concreto. El primer método es utilizar un medidor de humedad (*Figura 3*) o un medidor de humedad relativa (HR) (*Figura 4*). Los medidores de humedad miden la cantidad de humedad que hay en la superficie de concreto, mientras que los medidores de humedad relativa miden la humedad con relación a la temperatura

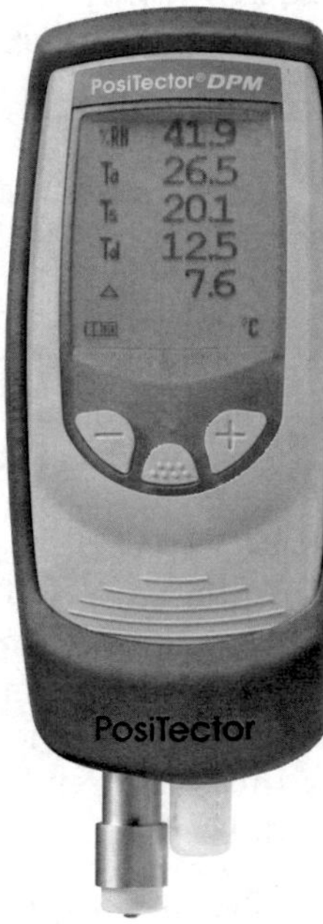

205F03.EPS

Figura 3 Medidor de humedad.

205F04.EPS

Figura 4 Medidor de humedad relativa.

del aire. Algunos de estos dispositivos son pequeños (*Figura 4*) y pueden dejarse en la losa de manera permanente o semipermanente (*ASTM F2170*).

Otra manera de medir la humedad en superficies de concreto que ha sido utilizada anteriormente, pero que no se recomienda en la actualidad, es el método de la lámina plástica (*ASTM D4263*). En este método, se pega con cinta una lámina plástica con un grosor mínimo de 4 milésimas de pulgada (0,1 mm) a la superficie de concreto. La lámina se deja reposar durante al menos 16 horas. Cuando se retira, se inspecciona la parte inferior del plástico y la superficie de concreto para detectar la presencia de humedad.

Otro método para evaluar la cantidad de humedad en el concreto es la prueba de cloruro de calcio (*ASTM F1869*). El cloruro de calcio absorbe fácilmente la humedad, por lo que se coloca sobre la superficie del concreto una cantidad de cloruro de calcio que ha sido previamente pesado y luego se la cubre con una bóveda de plástico. Esto separa el cloruro de calcio de la humedad del aire. Se le permite reposar durante el tiempo establecido en la especificación del proyecto. Transcurrido este tiempo, se retira el cloruro de calcio y se lo vuelve a pesar. La diferencia entre los pesos secos y húmedos determina la humedad. Esto se aplica a escala para determinar el contenido de humedad del concreto.

2.5.0 Pruebas de discontinuidad de superficies no porosas

La especificación del trabajo podría requerir que se inspeccionen las superficies de materiales no porosos, tales como metales ferrosos, metales no ferrosos, cerámica vidriada y ciertos materiales plásticos, para determinar la existencia de discontinuidades. La especificación podría requerir que esta inspección no destructiva se realice de acuerdo con el estándar *ASTM E165*. Las discontinuidades son defectos de rotura de superficies debido a grietas, junturas, traslapos, cierres en frío, contracción, laminación, filtraciones o falta de fusión. La inspección por líquido penetrante (LPI), también denominada inspección por tinte penetrante (DPI), utiliza dos tipos de penetrantes según la sensibilidad. Un penetrante es de tipo visible, generalmente de color rojo, que se emplea para inspecciones de baja sensibilidad con una fuente de luz visible. El otro es de tipo fluorescente que, cuando se excita con una fuente de luz ultravioleta (UV), hace que el tinte produzca una luz verde amarillenta brillante contra un fondo oscuro. Los tintes fluorescentes son más sensibles a los defectos pequeños y suelen requerir que se oscurezca el ambiente, a menos que se use una fuente de luz UV de mucha potencia.

Los procedimientos de aplicación y observación para tintes visibles o fluorescentes son prácticamente iguales. En primer lugar, debe limpiarse la superficie para retirar los contaminantes y las cascarillas o revestimientos sueltos que pudiesen ser causa de indicaciones irrelevantes o falsas. Todos los métodos o materiales de limpieza utilizados deben ser compatibles con el penetrante. Luego, se aplica el penetrante con cepillo o rociador y se lo deja impregnar los defectos (de 5 a 30 minutos). El tiempo depende del penetrante, el material que se someta a prueba y del tamaño de los defectos que se intenten detectar. Después de alcanzar el tiempo de impregnación, se retira el penetrante de la superficie con un material de limpieza compatible (a base de agua o de solvente). Después de quitar el penetrante, se aplica a la superficie un revelador compatible seco o húmedo. El revelador extrae el tinte desde las discontinuidades hasta la superficie del material para realizar la inspección. Con el uso de la fuente de luz apropiada, se debe realizar la inspección de la superficie después de un tiempo de revelado de 10 minutos. Si se deja pasar demasiado tiempo, las muestras podrían correrse y dificultar la inspección. Si se tiene la intención de aplicar un revestimiento después de la inspección, la superficie debe limpiarse y prepararse nuevamente mediante métodos compatibles con el revestimiento.

¡ADVERTENCIA!

No mire directamente a una lámpara ultravioleta que no tenga protección ni la apunte a otra persona. Esto puede causar graves daños oculares. Consulte con el ingeniero de seguridad o con otra persona con conocimientos sobre las consideraciones de seguridad para cualquier lámpara ultravioleta que se vaya a usar.

2.6.0 Pruebas del perfil de superficie

El perfil de superficie y la limpieza de la superficie son los dos aspectos más importantes de la preparación de superficies. El perfil de superficie se logra sobre metales y materiales sintéticos por medios mecánicos o mediante limpieza abrasiva. El perfil de superficie en concreto se logra mediante limpieza abrasiva o mediante decapado con un producto químico como el ácido clorhídrico. Los métodos de prueba estándar para la medición en campo del perfil de superficie del acero limpiado mediante limpieza abrasiva se describen en los estándares *ASTM D4417* y *NACE SP 0287*. Las pruebas deben realizarse en áreas ordenadas a lo largo de toda el área de limpieza y se promedian los resultados.

El perfil de superficie puede medirse con alguno de los siguientes métodos:

- Comparadores del perfil de superficie (*Figura 5*) y lupa iluminada
- Cinta réplica (*Figura 6*) y medidor de espesor accionado a resorte
- Medidores de perfil de superficie digitales y con dial (*Figura 7*)
- Masilla de perfil (*Figura 8*)

Cada comparador tiene 5 grados de perfil que van de 0,5 a 5,5 milésimas de pulgada (13 a 140 micrómetros) para el perfil abrasivo aplicable. El uso de comparadores de perfil de superficie requiere pericia. Los comparadores proporcionan distintos perfiles de superficie de muestra. Después de seleccionar un comparador compatible con el método de limpieza abrasiva utilizado para la superficie que se desee inspeccionar, examine la superficie a través del orificio central con una lupa iluminada (por lo general, se usa una que amplifique de cinco a siete veces). A fin de determinar el grado del perfil de superficie, compare la superficie con el comparador y seleccione el perfil del comparador más cercano al perfil de la superficie sometida a limpieza abrasiva.

El perfil de superficie también puede medirse con cinta réplica. Un lado de la cinta réplica consiste en una película de mylar gruesa, mientras que el otro lado contiene una superficie de espuma fácilmente moldeable que se presiona contra la superficie del sustrato para formar una impresión del perfil de superficie. Hay dos tipos

205F05.EPS

Figura 5 Comparadores de perfil de superficie.

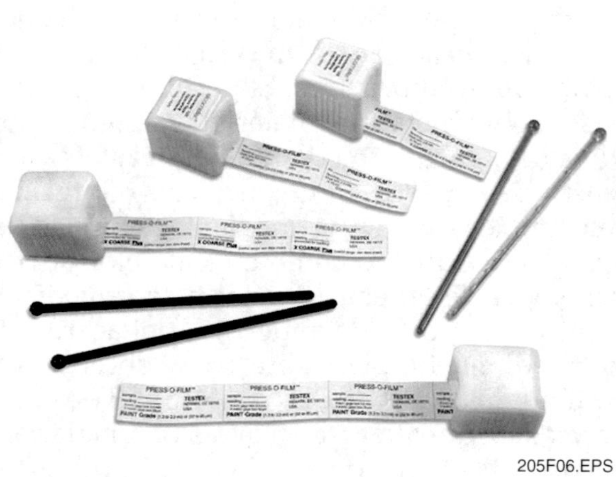

205F06.EPS

Figura 6 Cinta réplica.

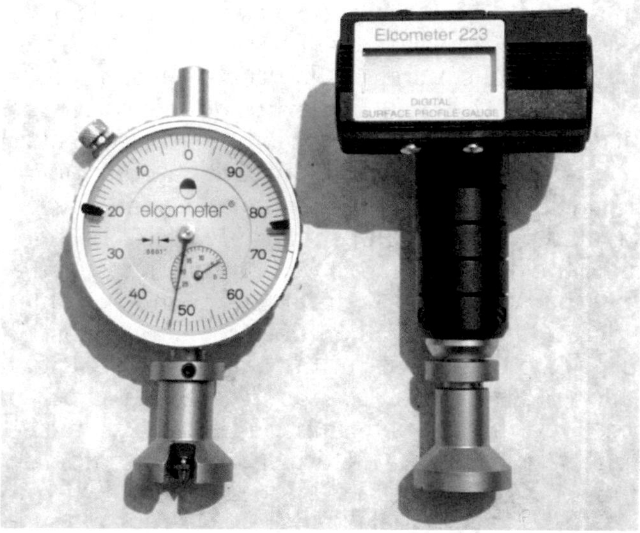

205F07.EPS

Figura 7 Medidores de perfil de superficie digitales y con dial.

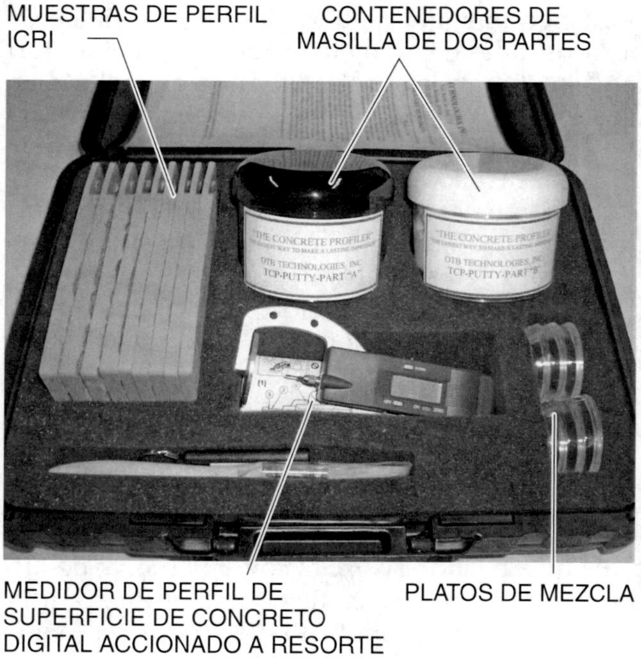

205F08.EPS

Figura 8 Equipo de perfilado de concreto.

de cintas que se utilizan comúnmente. Una es gruesa, para perfiles de superficie de 0,8 a 2,0 milésimas de pulgada (20 a 50 micrómetros). La otra es extragruesa, para perfiles de superficie de 1,5 a 4,5 milésimas de pulgada (40 a 115 micrómetros).

Se aplica un trozo de cinta a la superficie, con el lado de la espuma hacia abajo. Se utiliza un objeto duro y redondeado, como un pulidor o agitador limpio, para presionar la espuma sobre la superficie limpiada; de esta forma, la espuma forma una impresión del perfil de superficie real.

La cinta se retira de la superficie y se emplea un medidor de espesor accionado a resorte del diámetro correcto para medir el espesor de la espuma y el plástico. El espesor de la película de mylar (2,0 milésimas de pulgada o 50 micrómetros) se resta de la indicación del micrómetro y el resultado es la profundidad del perfil de superficie.

También se puede usar un medidor de perfil de superficie digital o con dial para medir el perfil de superficie. La base del instrumento se apoya sobre las partes superiores de los picos del perfil de superficie, mientras que la punta accionada a resorte se proyecta hacia los puntos más bajos. Para que las mediciones resulten precisas, se deben revisar los medidores de perfil de superficie antes de usarlos; para ello, se los debe presionar sobre una superficie plana, como el vidrio, y verificar que la indicación sea cero. Cuando se haya terminado de hacer un conjunto de mediciones, debe revisarse nuevamente que la lectura del medidor sea cero. No deslice el medidor sobre una superficie perfilada cuando tome las mediciones porque desafilará la punta delgada del émbolo y se arrojarán indicaciones erróneas. Una ventaja del medidor digital es que puede almacenar una gran cantidad de indicaciones y realizar un promedio automático. También tiene comunicación inalámbrica, que permite que se descarguen los datos a computadoras para almacenarlos.

Como se muestra en la *Figura 8*, un fabricante proporciona un equipo para determinar perfiles de superficie de concreto. El equipo de perfilado de concreto (TCP) consta de nueve muestras de perfiles de superficie del International Concrete Repair Institute (ICRI), un medidor de perfil de concreto digital especial accionado a resorte, y masilla de dos partes. Las muestras abarcan un rango de alrededor de 27 milésimas de pulgada (0,7 mm) a 241 milésimas de pulgada (6,1 mm) y se enumeran de la siguiente manera:

- Número 1:
  para perfiles de superficie de alrededor de 27 milésimas de pulgada (0,7 mm)
- Número 2:
  para perfiles de superficie de alrededor de 32 milésimas de pulgada (0,8 mm)
- Número 3:
  para perfiles de superficie de alrededor de 38 milésimas de pulgada (1 mm)
- Número 4:
  para perfiles de superficie de alrededor de 50 milésimas de pulgada (1,3 mm)
- Número 5:
  para perfiles de superficie de 66 milésimas de pulgada (1,7 mm)
- Número 6:
  para perfiles de superficie de 124 milésimas de pulgada (3,1 mm)
- Número 7:
  para perfiles de superficie de 175 milésimas de pulgada (4,4 mm)
- Número 8: para perfiles de superficie de 210 milésimas de pulgada (5,3 mm)
- Número 9: para perfiles de superficie de 241 milésimas de pulgada (6,1 mm)

La masilla se mezcla, se aplica a la superficie y se deja reposar (por lo general, unos diez minutos). Cuando se retira esta réplica, proporciona una impresión del perfil de superficie. A diferencia de la cinta de réplica que puede presionarse, el perfilador de concreto se cura totalmente en 24 horas y de esta manera brinda un registro permanente del perfil de superficie. La réplica puede compararse visualmente con las muestras del ICRI o el perfil de la réplica se puede medir en diez lugares distintos con el medidor para determinar la medición más baja y la más alta; la diferencia representa el rango del perfil.

Si el perfil de la superficie mide menos de lo especificado, se puede conseguir un perfil más profundo por medio de una limpieza con un abrasivo más duro o grande, o con una mayor presión de aire. Si el perfil de la superficie es mayor que el especificado, podría ser imposible repararlo. En este caso, será necesario usar más revestimiento para cubrirlo de manera adecuada.

2.7.0 Condiciones ambientales

Durante las operaciones de preparación de superficies, podría ser necesario controlar el entorno del área de trabajo. Para proteger el ambiente de residuos peligrosos o antiestéticos y proteger a los trabajadores de los efectos del polvo y los residuos, se utilizan sistemas de contención y ventilación.

Aunque estas son razones válidas para controlar las condiciones ambientales, hay dos condiciones ambientales que afectan directamente los resultados de la preparación de superficies. Estas condiciones son la temperatura y la humedad.

Cuando hay humedad sobre una superficie, la mayoría de los revestimientos no se adhieren a ella. Para evitar que se acumule humedad en una superficie, es necesario controlar la temperatura y la humedad relativa del área en la que se encuentra la superficie. La humedad relativa es el porcentaje de humedad que contiene el aire a la temperatura actual en comparación con la cantidad máxima que puede contener. La humedad relativa se relaciona con la temperatura; el aire cálido tiene la capacidad de contener más humedad que el aire frío.

La humedad contenida en el aire puede condensarse sobre la superficie de cualquier sustrato dadas las condiciones correctas. Cuando se vierte una bebida fría en un vaso en un día cálido, la humedad se condensa en la parte exterior del vaso. Eso se debe a que la temperatura del vaso es inferior a la del aire, por lo que a medida que el aire caliente golpea el vidrio frío, se libera humedad del aire húmedo. Cuando se vierte agua caliente en un vaso un día cálido, la humedad no se condensa en la parte exterior del vaso. La temperatura del vaso es superior a la del aire.

Estos mismos principios se aplican al control de la humedad durante las operaciones de preparación y revestimiento de superficies. La superficie que se desea revestir puede mantenerse a una temperatura superior a la de la atmósfera mediante el uso de unidades de calefacción, o se puede eliminar la humedad de la atmósfera con unidades de deshumidificación (*Figura 9*).

205F09.EPS

Figura 9 Unidad de deshumidificación.

La temperatura del aire puede medirse con un termómetro electrónico o analógico. Para medir la humedad relativa, se puede utilizar un **higrómetro** electrónico o mecánico. Algunos dispositivos electrónicos miden la temperatura y la humedad relativa. La *Figura 10* muestra un higrómetro y un termómetro electrónicos. La humedad relativa también puede medirse con un psicrómetro de eslinga (*Figura 11*). Un psicrómetro de eslinga analógico consta de dos termómetros; el bulbo de uno de ellos está cubierto con una mecha humedecida con agua y el otro se deja al descubierto. Los termómetros se montan en una estructura liviana conectada a una manija. El psicrómetro se retuerce por su manija por alrededor de 20 segundos y luego se leen las temperaturas de los bulbos húmedo y seco. La prueba se repite hasta que se logran los mismos resultados dos veces o más. Con estas mediciones y un gráfico psicrométrico (*Figura 12*) o una calculadora psicométrica, se puede determinar la humedad relativa del aire. Hay tablas y gráficos psicométricos con temperaturas en grados Celsius o Fahrenheit. Con cualquiera de los dos tipos, la humedad relativa se lee en la intersección de la línea vertical de temperatura del bulbo seco con la línea diagonal de temperatura del bulbo húmedo. En el gráfico, por ejemplo, la intersección de la línea vertical de una temperatura de bulbo seco de 78 °F con la línea diagonal de una temperatura de bulbo húmedo de 65 °F coincide exactamente con la curva de humedad relativa del 50 %. Otras combinaciones de temperatura pueden caer entre las curvas de humedad relativa y, entonces, los valores de humedad se tienen que aproximar visualmente. El psicrómetro digital (*Figura 13*) hace todo el proceso electrónicamente y no requiere eslingado. La unidad muestra la humedad, la temperatura de bulbo húmedo/seco y el punto de rocío. Sin embargo, los psicrómetros electrónicos pueden requerir eslingado al igual que la versión analógica, pero la humedad relativa y demás información se determina y despliega electrónicamente.

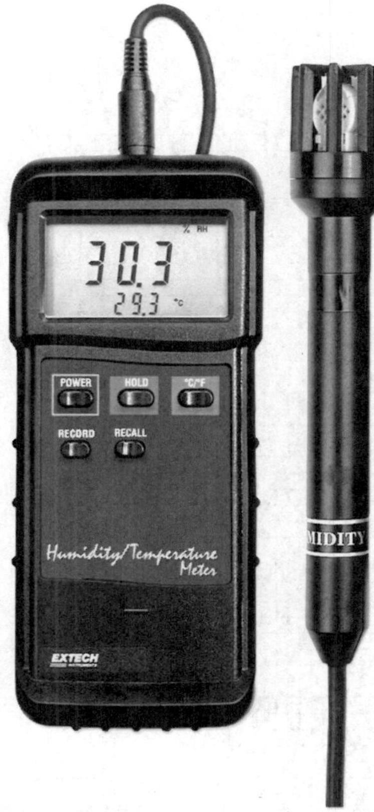

HIGRÓMETRO ELECTRÓNICO

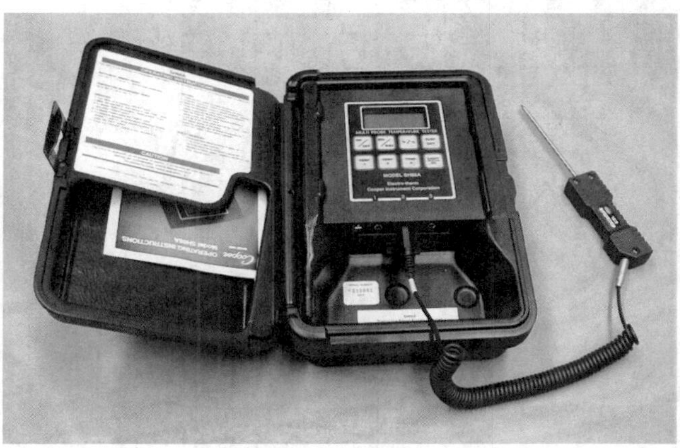

TERMÓMETRO ELECTRÓNICO

205F10.EPS

Figura 10 Higrómetro y termómetro electrónicos.

3.0.0 EVALUACIÓN DE SUPERFICIES

El primer paso en toda operación de preparación de superficies es estudiar la especificación del proyecto a fin de determinar el grado de limpieza y el perfil de superficie que se necesita antes de aplicar un revestimiento. Luego, se debe inspeccionar con detenimiento la superficie existente. Por último, es necesario determinar qué métodos de preparación de superficies se deben aplicar para lograr los resultados deseados y qué tipo de

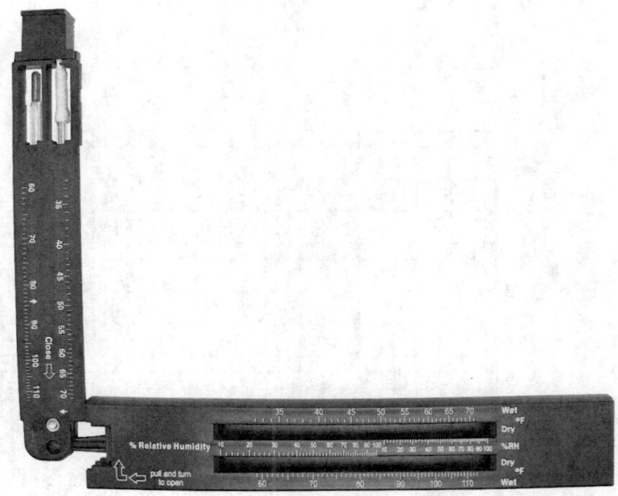

205F11.EPS

Figura 11 Psicrómetro análogo.

reparaciones es necesario hacer antes de revestir la superficie.

Durante esta fase, es importante documentar los hallazgos, al igual que todas las pruebas que los respalden. Algunos ejemplos de pruebas son:

- Fotografías de alta calidad que indiquen claramente el lugar donde fueron tomadas y que muestren la condición de la superficie.
- Clips de video de las pruebas mientras se llevan a cabo y sus resultados.
- Muestras de revestimiento.
- Muestras de contaminación.

Es muy importante que todos los hallazgos se documenten de manera completa y clara. En algunos casos, estos documentos podrían tener que presentarse ante un tribunal si surgieran problemas más adelante. Asegúrese de especificar el lugar exacto donde se realizaron las pruebas y cómo se efectuaron. Cuando utilice fotografías, asegúrese de documentar el lugar donde fueron tomadas. Si se usan clips de video, recorra toda el área y luego enfoque de cerca la superficie para que la persona que observe pueda determinar el lugar de la prueba. Utilice las siguientes pautas al documentar las condiciones de la superficie:

- Si las notas están escritas a mano, asegúrese de que sean legibles.
- Cuando utilice fotos o videos, verifique que las notas comenten cada imagen.
- No cometa errores ortográficos. Si no sabe cómo se escribe una palabra, búsquela.
- Utilice un lenguaje claro y conciso. Por ejemplo, la frase: “Contaminación visible con aceite y grasa de más del 80 % de la superficie” es más clara que la frase: "La mayor parte de la superficie está sucia".

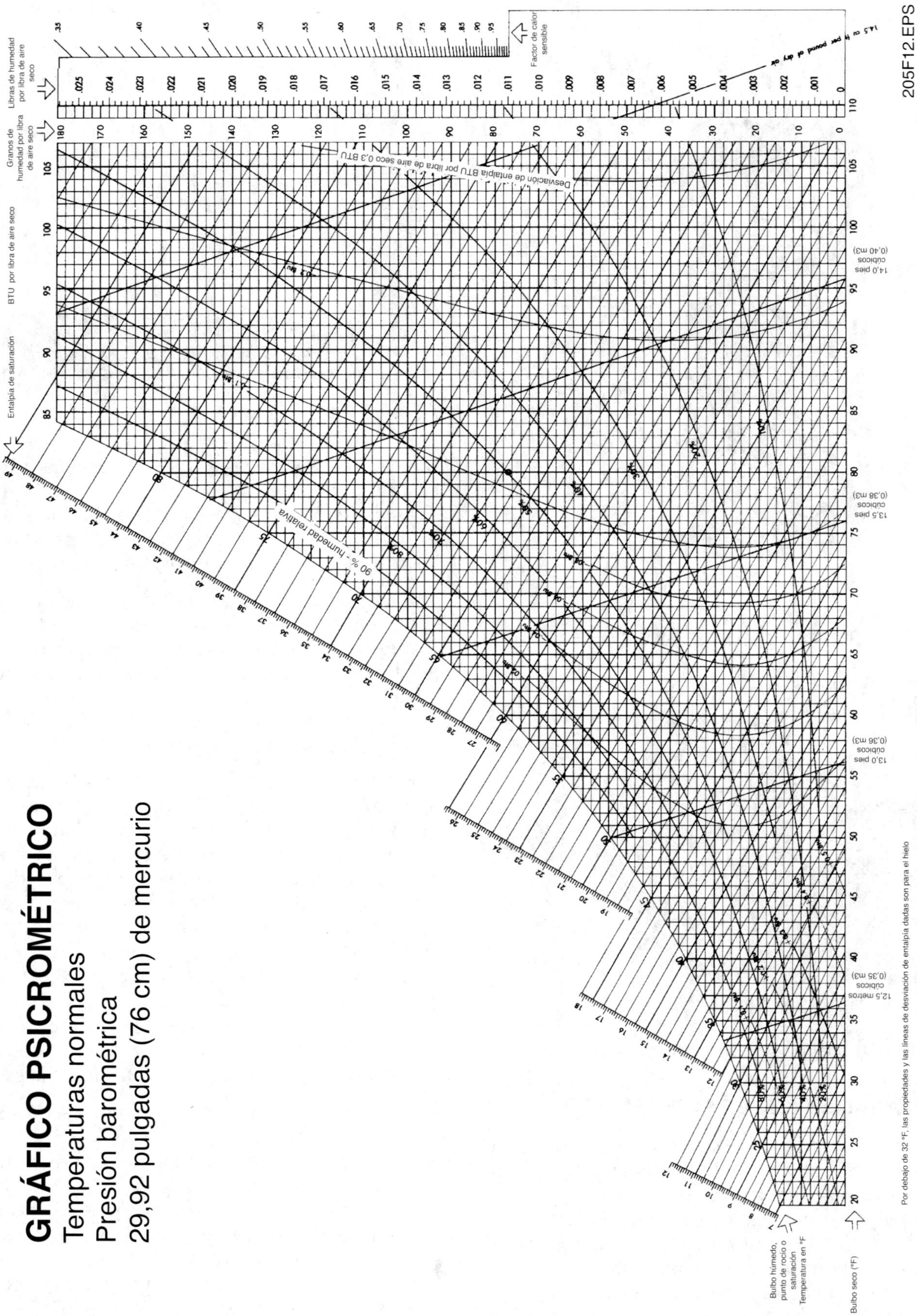

Figura 12 Gráfico psicrométrico.

205F13.EPS

Figura 13 Psicrómetro digital.

- Siempre documente quién realizó una prueba, cómo lo hizo y cuáles fueron los resultados. Por ejemplo: "Se detectó con luz ultravioleta contaminación con hidrocarburos en el 50 % de la superficie del Compartimiento A. La prueba fue llevada a cabo por Violet Ultra (Coatings We Do, Inc.) y Harry Jones (representante del propietario)". Documente cuatro veces al día.
- A veces es necesario documentar el motivo por el cual se realizó una operación, como por ejemplo: "No se pudo evaluar la superficie debido a que estaba cubierta por una capa uniforme de lodo. La evaluaremos después de la limpieza con herramientas eléctricas". Sea objetivo.

El propósito de la preparación de superficies es quitar todo el aceite, la grasa, el polvo y la suciedad visibles, así como cualquier otro tipo de cuerpo extraño, para cumplir con las especificaciones. En este módulo se tratarán los métodos de preparación de superficies para los siguientes materiales:

- Acero
- Acero galvanizado
- Acero corten
- Acero inoxidable
- Cobre y aluminio
- Concreto y mampostería
- Sustratos sintéticos
- Revestimientos existentes

Aunque cada una de estas superficies tiene características exclusivas y se prepara con distintos métodos, utilice la siguiente lista de operaciones aconsejadas y desaconsejadas durante la inspección previa a la preparación de cualquier superficie:

- Comprenda los requisitos de las especificaciones del proyecto.
- Documente todos los hallazgos, incluidas las mediciones que se requieran.
- Tome fotos nítidas y de alta calidad si se permite.
- No limite las pruebas a sólo las mejores o peores áreas de la superficie. Determine los grados de oxidación según los estándares *SSPC-VIS 1* o *ISO 8501-1* para el acero sin pintar, *SSPC-VIS 2* o *ISO 8501-2* para el acero previamente pintado, *SSPC-VIS 4* o *ISO 8501-4* para el hidrolavado y *SSPC-VIS 5/NACE VIS 9* para la limpieza abrasiva húmeda.

3.1.0 Acero

El acero y sus aleaciones son los metales que se usan con más frecuencia, al ser económicos y fáciles de conseguir. Para fabricar el acero, se derrite hierro junto con otros elementos, luego se lo vierte en lingoteras y se lo deja enfriar. Los lingotes se pueden laminar en caliente en una fresadora para darles distintas formas y tamaños. A medida que el acero laminado en caliente se enfría, reacciona con el oxígeno del aire; esta reacción hace que se formen cascarillas de laminado sobre la superficie del acero. En el acero laminado en frío se forma poca cascarilla de laminado sobre la superficie o directamente no se forma.

Los defectos sobre la superficie del acero pueden afectar la calidad del sistema de revestimiento. Algunos defectos de la superficie se producen como resultado del proceso de fabricación del acero y otros son causa del proceso de montaje. Entre los defectos de fabricación se encuentran las costras, las irregularidades en los bordes de orificios, las marcas de cerdas y las laminaciones. Los defectos de montaje son, entre otros: salpicaduras de soldadura, soldaduras discontinuas (no necesariamente un defecto, excepto con respecto a la preparación de superficies y revestimientos), soldaduras irregulares, esquinas, ángulos, dobladuras y bordes filosos (del mismo modo, no es necesariamente un defecto, sino un problema para los revestimientos).

Este tipo de defectos en estructuras existentes pueden haberse solucionado antes de aplicar el revestimiento inicial como lo requieren las especificaciones, pero inspeccione con cuidado la superficie en caso de que las reparaciones o las modificaciones se hayan realizado después de la operación de revestimiento inicial.

Las estrías deben documentarse e informarse. Los orificios y las grietas grandes o inusuales en las estructuras de acero existentes podrían ser un indicio de fatiga del metal; los especialistas en revestimientos no están capacitados para diagnosticar ni reparar este problema. Cuando observe defectos inusuales, pida ayuda al ingeniero del proyecto o al supervisor antes de realizar reparaciones.

Los revestimientos de aplicación líquida se alejan de los bordes y los ángulos filosos cuando se secan, por lo que el revestimiento, a menos que cuente con certificación de espesor de película seca final (DFT), es más delgado en estas áreas.

La especificación del proyecto podría requerir que todas las soldaduras, pernos, bordes, ángulos, remaches y reparaciones se apliquen con una brocha con imprimador para garantizar que el revestimiento se aplique con el grosor especificado. Incluso cuando la especificación no requiera la aplicación de una mano en tiras, sería recomendable que la considerara alrededor de bordes y ángulos.

Cuando la estructura existente ya está revestida, examine con cuidado el revestimiento para detectar si hay defectos en la superficie. Las manchas que se filtran a través del revestimiento, los globos de aire y el descascarillado en el revestimiento y las prominencias debajo del revestimiento son todos indicios de posible corrosión. En algunas superficies revestidas, los defectos superficiales podrían no ser identificables. En este caso, será necesario volver a inspeccionar la superficie de acero después de haber quitado el revestimiento anterior. Las tuberías, en particular cuando están cerca del mar, podrían estar contaminadas con cloruros y presentar óxido negro. Si no se eliminan los cloruros, podrían provocar la formación de ampollas osmóticas. Se trata de burbujas que se forman debajo de la película de pintura. Dos métodos de eliminación son el hidrolavado a presión ultraalta y la aplicación de agentes de remoción especiales.

3.1.1 Acero galvanizado

El acero galvanizado ha sido revestido con zinc. La capa de zinc para el acero nuevo se aplica durante el proceso de fabricación como zinc fundido (inmersión en caliente) o mediante revestimiento electrolítico. El zinc es una capa de sacrificio que se corroe para proteger el sustrato de acero, por lo que el revestimiento de zinc requiere de mantenimiento periódico.

Cuando se deba limpiar a presión un revestimiento de zinc, primero debe verificarse la presencia de cromato, también conocido como cromo hexavalente. El cromato deriva del cromo del metal, que se emplea habitualmente en el proceso de galvanizado, al igual que en pinturas de zinc e imprimadores. El cromato es una sal tóxica que provoca cáncer y por ello los trabajadores deben tomar las medidas necesarias para evitar exponerse al polvo o liberar polvo y residuos al ambiente. Se pueden encontrar altos niveles de cromatos en productos recientemente galvanizados, por lo que las piezas nuevas que se agreguen a una estructura existente, incluso piezas pequeñas como tuercas y pernos, deben someterse a pruebas de detección de cromo. Para determinar si una superficie tiene cromatos, realice el siguiente procedimiento:

Paso 1 Aplique solución de acetato de plomo en la superficie.

Paso 2 Espere 5 segundos.

Paso 3 Examine la superficie. Si aparece un punto negro, la superficie está libre de cromatos.

¡ADVERTENCIA!

El cromo hexavalente es cancerígeno. Hexavalente significa que el cromo puede formar seis enlaces químicos. Trivalente significa que el cromo puede formar tres enlaces químicos. La industria del revestimiento ha trabajado para eliminar el cromo de los revestimientos, con poco éxito. Los revestimientos sin cromo hexavalente no duran tanto como los que sí lo poseen.

3.1.2 Acero corten

El acero corten, Cor-Ten® o A-588, presenta complicaciones para la inspección porque las especificaciones a menudo hacen referencia a guías visuales, de las cuales no hay imágenes. En el acero corten sin revestir, la corrosión superficial se convierte en una barrera protectora que evita que se produzca más corrosión. La corrosión adherente y no adherente tienen el mismo aspecto en cuanto al color y la textura.

Durante las preparaciones de superficies sobre el acero corten sin revestir, evite quitar la corrosión adherente. Durante la inspección previa, someta a prueba la adherencia de la corrosión; para ello, frótela con un cepillo de alambre o golpetéela con un martillo. La corrosión que se sale fácilmente de esta manera es no adherente y se debe quitar.

El acero corten revestido se inspecciona de manera similar al acero revestido. Trate de detectar manchas que se filtran a través del revestimiento, globos de aire o descascarillado y prominencias debajo del revestimiento.

3.1.3 Acero inoxidable

La superficie del acero inoxidable se oxida cuando se la expone al aire, y forma una película delgada e invisible de óxido con contenido de cromo que constituye su barrera protectora. Si la superficie está rayada, se forma más óxido rápidamente. El acero inoxidable se inspecciona y repara igual que el acero.

NOTA

En entornos marítimos, el acero inoxidable se debe revestir porque las sales de cloruro atacan y destruyen la película de óxido más rápido de lo que toma reemplazarla.

Cuando se suelda el acero inoxidable, puede producir cromo hexavalente. Antes de realizar trabajos de preparación de superficies, asegúrese de analizar las soldaduras en el acero inoxidable para detectar cromo. Cuando se detecte cromo, asegúrese de que se tomen las medidas necesarias para proteger a los trabajadores y el entorno del polvo de cromo.

3.2.0 Cobre y aluminio

No es necesario revestir el cobre y el aluminio para protegerlos de la corrosión atmosférica. Las superficies de ambos elementos se oxidan con el tiempo cuando están expuestas al aire y forman películas protectoras de óxido visible. La película blanquecina que se forma sobre el aluminio no es muy atractiva, por lo que suele aplicarse una capa transparente o de color sobre el metal. El aluminio sin revestir es muy reactivo. Se corroe cuando entra en contacto con cobre o aleaciones de cobre, concreto, ciertos ácidos y bases fuertes. Este es otro motivo por el cual se lo suele revestir.

¡ADVERTENCIA!

El polvo de aluminio debe manejarse con cuidado y mantenerse alejado de fuentes de ignición. Si se enciende, puede arder violentamente o explotar.

Con el tiempo, el cobre forma una capa de óxido marrón o negro y finalmente forma una capa de carbonato de cobre verde denominado verdigrís que es muy resistente a la corrosión. Muchos techos y otras estructuras pueden permanecer sin revestir porque el verdigrís se considera atractivo. Sin embargo, el cobre en contacto con hierro y acero los corroe. El sulfuro de hidrógeno y otras soluciones de sulfuro corroen el cobre, y éste reacciona con el ácido clorhídrico y forma cloruros de cobre.

En el lugar

Cobre

La piel de la Estatua de la Libertad está hecha con cobre. El verdigrís en el cobre la da ese color verde azulado. Cuando la estatua se restauró en 1980, la mayor parte de la piel de cobre estaba intacta, eso fue tras casi 100 años de estar a la intemperie en una isla del puerto de Nueva York.

3.3.0 Mampostería y concreto

El concreto es un material muy utilizado en la construcción. En función de su aplicación, puede requerir revestimiento o no; por lo general, sí lo requiere. Es un material muy poroso. El concreto sin revestir deja pasar fácilmente sales y ácidos, que pueden corroer los materiales de refuerzo metálicos de su interior (*Figura 14*). En climas fríos, la humedad contenida en el concreto se puede expandir a medida que se congela. Esto desintegra el concreto por presión interna. Revestir el concreto expuesto a la humedad extiende su vida útil.

Al concreto recién vaciado por lo general se lo deja atravesar una etapa de curado de 28 días antes de ser revestido; sin embargo, estudios recientes han indicado que el concreto puede revestirse con seguridad después de 14 días si así lo permiten las especificaciones. Después de que se haya colocado el concreto, inspeccione la superficie

205F14.EPS

Figura 14 Concreto en proceso de deterioro.

para detectar vacíos y repárelos lo antes posible para permitir que se curen las áreas reparadas mientras aún se cura el concreto vaciado. Las proyecciones y los puntos irregulares de la superficie del concreto pueden amolarse antes o después del curado, pero siempre es mejor hacerlo antes, porque podría ser necesario dejar curar las reparaciones.

Las pequeñas imperfecciones del concreto pueden repararse mediante frotado o rectificado con piedra abrasiva, que implica frotar mortero sobre la superficie de concreto con un bloque abrasivo o una bolsa arpillera. Esto llenará los vacíos y las grietas con mortero. Las reparaciones con mortero también podrían requerir curado antes de revestirse, por lo que es recomendable realizar las reparaciones sobre el concreto nuevo lo antes posible después del vaciado. Asegúrese de retirar los agentes de desmoldado o endurecedores.

Un método para reparar vacíos y grietas en el concreto es inyectarles epoxis o resinas. Estos productos generalmente requieren que la superficie en reparación esté seca. Siga las instrucciones del fabricante cuando utilice estos productos.

Una vez curado el concreto, se lo debe decapar para retirar la lechada y hacer que la superficie se vuelva más áspera. Para realizar el decapado, se aplica una solución diluida de ácido clorhídrico a la superficie y se la deja reposar sobre la superficie hasta que deje de burbujear, generalmente entre 5 y 10 minutos. Luego, se lava la superficie cuidadosamente para quitar la solución ácida. A veces se requieren varias aplicaciones de solución de decapado para lograr la limpieza y el perfil de superficie deseados. El decapado ácido se trata en los estándares *NACE N.º 6/SSPC-SP 13* y *ASTM D4260*.

¡ADVERTENCIA!

Al mezclar ácido y agua, siempre agregue el ácido al agua, nunca a la inversa. Use siempre un equipo de protección personal adecuado.

Evaluar el concreto revestido existente puede ser difícil. Podría parecer que está en buen estado, pero en realidad estar deteriorándose bajo la superficie. El concreto en deterioro se puede quitar con herramientas de impacto manuales o eléctricas. Desafortunadamente, las herramientas de impacto pueden aflojar la superficie de concreto restante, de modo que podría parecer intacta, pero estar realmente separada del sustrato de concreto. Para quitar la capa aflojada, utilice limpieza abrasiva húmeda o hidrolavado a alta presión. Los estándares *NACE N.º 6/SSPC-SP 13* y *ASTM D4259* incluyen la abrasión del concreto. Cuando queda expuesto el concreto en buen estado, la superficie puede repararse con el material de reparación especificado.

Durante la inspección previa a la preparación, trate de detectar las siguientes condiciones:

- Picaduras, grietas, orificios y espacios vacíos.
- Sedimento blanco esponjoso en la superficie, denominado eflorescencia, provocado por la reacción del agua y la sal en el concreto y que emerge a la superficie. Debe retirarse con un método seco (limpieza abrasiva seca o mecánica) antes de limpiar la superficie con agua.
- Aceites o grasa.
- Suciedad visible u otros cuerpos extraños.
- Agua, hielo o cristales de hielo sobre la superficie, que pueden indicar un contenido de humedad excesivo.

NOTA

Existen estándares para la calidad del agua cuando realiza hidrolavado y limpieza, a fin de evitar la contaminación con cloruros o de otro tipo. Consulte www.advisorycouncil.org para obtener información adicional.

Generalmente, los contaminantes químicos, el aceite y la grasa se pueden quitar ya sea con limpieza al vapor o con productos químicos o detergentes. Cuando la contaminación es excesiva, podría ser necesario extraer el concreto del área y reparar ese punto. Observe que los solventes, los detergentes y la limpieza al vapor, como se describen en *ASTM D4258*, pueden disolver los contaminantes y dejarlos drenar profundamente dentro del concreto. La superficie parecería estar limpia, pero cuando aumente la temperatura y el concreto respire, el contaminante puede burbujear y aflorar a la superficie, y provocar la falla del revestimiento.

La limpieza abrasiva deja la superficie áspera e irregular (perfil) y quita el aceite y la grasa. También quita la lechada. Este método abre orificios y espacios vacíos para que se puedan sellar. Las superficies de concreto que se lavan de esta manera son más ásperas que la superficie del acero sometido a limpieza abrasiva, por lo que se requiere de más revestimiento para cubrir la misma área.

La limpieza con agua a menor presión, a presiones de 3.000 a 4.500 psi (246 a 316 kg/cm^2), se usa con frecuencia en superficies de concreto vaciado. Por lo general, con estos límites de presión, no se abren espacios vacíos ni bolsas; por otro lado, la limpieza con agua no logra un perfil de superficie tan bueno en el concreto como lo haría la limpieza abrasiva. El hidrolavado a alta presión puede abrir vacíos y bolsas y también quitar concreto en deterioro. También se puede usar la limpieza abrasiva húmeda.

Antes de revestir el concreto, se lo debe barrer, aspirar o soplar cuidadosamente con aire comprimido para retirar el polvo, en especial después de la limpieza abrasiva. Las superficies de concreto pueden lavarse con agua para quitar la contaminación excesiva con polvo, pero de todos modos deberán aspirarse o soplarse cuando estén secas.

3.4.0 Sustratos sintéticos

Los materiales sintéticos (artificiales) como el cloruro de polivinilo (PVC) o el plástico reforzado con fibra (FRP) se emplean con mucha frecuencia en proyectos comerciales e industriales. Por lo general, las superficies sintéticas se preparan para el revestimiento mediante lavado con detergentes suaves o desengrasantes, seguido por un arenado o una limpieza abrasiva ligeros para lograr el perfil de superficie deseado. Las imperfecciones y los vacíos pueden repararse con el uso de un material similar o compatible o con un relleno. Asegúrese de que no haya fibras visibles en el plástico reforzado con fibra antes de aplicar el revestimiento.

3.5.0 Revestimientos existentes

Uno de los desafíos de las operaciones de revestimiento adicional es determinar la naturaleza del revestimiento existente. La importancia de esto reside en que el nuevo revestimiento debe adherirse de manera segura al ya existente. Algunos revestimientos son incompatibles, lo que significa que no se adherirán correctamente. Si no se puede identificar el revestimiento existente, será necesario llevar a cabo una **prueba en área reducida** para determinar si los dos revestimientos se unirán. Se pueden emplear dos revestimientos incompatibles, pero se deberá aplicar una **capa de enlace** (que consiste en un revestimiento compatible con el existente y el nuevo) a la superficie preparada antes de poder aplicar la capa superior.

La condición del revestimiento en una superficie puede variar, desde intacto hasta la falla completa. La superficie podría estar incluso muy deteriorada. Las buenas prácticas en las operaciones de revestimiento adicional siguen los mismos pasos generales que se emplean para el revestimiento de superficies nuevas:

- Inspección previa de la estructura que se revestirá
- Preparación de la superficie
- Selección del revestimiento

Si el revestimiento existente está intacto y toda el área se revestirá nuevamente sin retirarlo, la superficie deberá tratarse para lograr un perfil de superficie. Se puede utilizar un solvente para suavizar la superficie o se puede emplear papel revestido en abrasivos para que la superficie sea más áspera. También se puede realizar una limpieza abrasiva suave para crear el perfil de superficie deseado. Cuando se hayan completado las operaciones de preparación de la superficie, haga una prueba en área reducida para determinar si los revestimientos son compatibles entre sí.

Una vez que se analizaron la superficie y el revestimiento adicional, se debe inspeccionar toda la superficie para ubicar y marcar las áreas con fallas. Un ejemplo de áreas con fallas serían aquellas con globos de aire, pérdida de adhesión, corrosión debajo del revestimiento y aparición de polvo. Algunas áreas podrían estar contaminadas con grasa, sales químicas, tierra u otras sustancias.

Una vez que se han ubicado y marcado las áreas que se desea reparar, pueden comenzar las operaciones de preparación de la superficie. En las operaciones de aplicación de un revestimiento adicional, se pueden emplear las mismas herramientas, equipos y técnicas que se emplean en las operaciones de preparación de superficies de construcciones nuevas. Se puede llevar a cabo una limpieza con solventes o hidrolavado, o una limpieza por chorro de agua para quitar los revestimientos granulados o en los que se formó polvo, la grasa, la tierra, las sales químicas y otros contaminantes severos. Se puede utilizar la limpieza con herramientas manuales o eléctricas o la limpieza abrasiva para abrir globos de aire, quitar pintura descascarillada o agrietada, retirar cascarillas de laminado firmemente adheridas y brindar un perfil de superficie aceptable.

Una técnica singular que se utiliza durante las operaciones de revestimiento adicional es el **achaflanado**. El achaflanado requiere de sensibilidad. El área reparada se trabaja normalmente, pero los bordes deben trabajarse con suavidad para que haya una transición suave desde el área de reparación al revestimiento en buen estado.

4.0.0 Limpieza abrasiva seca

La limpieza abrasiva seca es el método más común para preparar superficies. Suele denominarse arenado, aunque en la actualidad rara vez se utiliza arena como medio abrasivo. La limpieza abrasiva seca suele utilizarse en metales, pero también puede emplearse sobre otras superficies. En este método, se aplica a la superficie una corriente de medios abrasivos pequeños a presión. Puede utilizarse para quitar revestimientos anteriores, cascarillas de laminado y concreto en mal estado.

Además de extraer revestimientos anteriores y contaminantes, produce un buen perfil de superficie en todos los sustratos, lo que permite una buena adhesión del revestimiento. Existen varios estándares de la industria para la limpieza abrasiva. Son los siguientes, enumerados desde el más riguroso al más flexible:

- *NACE N.º 1/SSPC-SP 5,* Limpieza abrasiva a metal blanco: este estándar requiere que, luego de limpiar, la superficie (cuando se la mire sin aumento) no exhiba aceite, grasa, polvo, suciedad, cascarilla de laminado, herrumbre, revestimiento, óxidos, productos de la corrosión ni otros materiales extraños visibles.
- *NACE N.º 2/SSPC-SP 10,* Limpieza abrasiva a metal casi blanco: este estándar requiere que, luego de la limpieza, la superficie (cuando se la mire sin aumento) no exhiba aceite, grasa, polvo, suciedad, cascarilla de laminado, herrumbre, revestimiento, óxidos, productos de la corrosión ni otros materiales extraños visibles; aunque puede haber manchas aleatorias en no más del 5 % de cualquier área unitaria de la superficie. Las manchas puede consistir en sombras claras, estrías leves o decoloraciones menores causadas por manchas de óxido, de cascarilla de laminado o del revestimiento previamente aplicado.
- *NACE N.º 3/SSPC-SP 6,* Limpieza abrasiva comercial: este estándar requiere que, luego de limpiar, la superficie (cuando se la mire sin aumento) no contenga aceite, grasa, polvo, suciedad, cascarilla de laminado, herrumbre, revestimiento, óxidos, productos de la corrosión ni otros materiales extraños visibles; aunque puede haber manchas aleatorias en no más del 33 % de la superficie. Las manchas pueden consistir en sombras claras, estrías leves o decoloraciones menores causadas por manchas de óxido, de cascarilla de laminado o del revestimiento previamente aplicado.
- *NACE N.º 4/SSPC-SP 7,* Limpieza abrasiva tipo cepillado: este estándar requiere que, luego de la limpieza abrasiva, la superficie (cuando se la mire sin aumento) no exhiba aceite, grasa, suciedad, polvo, cascarilla de laminado suelto, herrumbre suelto ni revestimiento suelto. La cascarilla de laminado, el óxido y los revestimientos firmemente adheridos que pasen la prueba de la espátula roma pueden permanecer en la superficie.
- *NACE N.º 8/SSPC-SP 14,* Limpieza abrasiva industrial: este estándar requiere que, luego de la limpieza, la superficie (cuando se la mire sin aumento) no exhiba aceite, grasa, polvo ni suciedad. Se permite que queden restos pequeños de cascarilla de laminado firmemente adherida, herrumbre y residuos de revestimientos distribuidos de manera uniforme si no exceden el 10 % del área.

La limpieza abrasiva seca es una manera rápida y sencilla de preparar una superficie para revestirla. Desafortunadamente, también es una manera sencilla de preparar una superficie de manera excesiva. El operador debe poder identificar los niveles de preparación. La clave para ser eficiente en la limpieza a presión es comprender el resultado esperado. Cuando la especificación del proyecto requiere que la superficie se prepare según el estándar *NACE N.º 3/SSPC-SP 6, Limpieza abrasiva comercial* y se prepara según el estándar *NACE N.º 1/SSPC-SP 5, Limpieza abrasiva de metal blanco,* se desperdicia tiempo y recursos.

La elección del abrasivo generalmente se indica en la especificación del proyecto y podría verse influida por las especificaciones del fabricante del revestimiento. La *Tabla 1* muestra algunos abrasivos que podrían emplearse para lograr un perfil de superficie especificado.

NOTA

La *Tabla 1* sirve solo como guía. Se debe obtener información específica sobre abrasivos del fabricante.

¿Sabía usted?

Uso de mazorcas de maíz

A veces se utilizan mazorcas de maíz para la limpieza abrasiva. Las partes fibrosas de la mazorca se muelen hasta formar un grano que puede utilizarse para quitar contaminantes sin afectar la superficie que se está limpiando. El grano de mazorca de maíz es útil para limpiar madera y elementos frágiles.

4.1.0 Medios abrasivos secos

Se pueden emplear distintos materiales como medios abrasivos, como la escoria de cobre, mineral o acero. Algunos de ellos, como las escorias, son subproductos de otros procesos de manufactura, por lo que son muy económicos. Otros se fabrican especialmente por sus propiedades únicas, como la dureza o la angulosidad. Los medios fabricados suelen ser costosos y pueden reciclarse. Los medios de limpieza abrasiva grandes, duros o angulares producen un perfil de superficie más profundo que los pequeños, suaves o redondos.

Los medios que tienen una forma redonda y suave producen una superficie granallada, mientras que los medios angulares producen un perfil de superficie agudo. Siempre consulte la especificación del proyecto para determinar el perfil de superficie requerido. Si el perfil de superficie es demasiado profundo, no se lo podrá rectificar y requerirá más revestimiento para lograr la cobertura adecuada. Asimismo, los medios duros y angulares también desgastan el equipo de limpieza más que los suaves y redondos.

Son varias las variables que afectan el perfil de superficie que se produce mediante la limpieza abrasiva. Entre esas variables, se encuentran:

- El tipo de medios (tamaño, dureza y forma)
- La presión con la que se envía el medio
- La distancia y el ángulo de la boquilla de limpieza con respecto a la superficie
- El tiempo de permanencia
- El tamaño de abertura de la boquilla

La *Tabla 2* es un resumen de distintos medios abrasivos, que incluye el uso, el tamaño, la dureza, la forma, el tiempo de permanencia (velocidad de la limpieza) y las presiones de limpieza.

Aunque el tipo de medio empleado se puede seleccionar durante la preparación de la superficie, la decisión podría estar determinada en la especificación del proyecto. Las otras variables que afectan la limpieza de la superficie (sobre las que sí tiene control) son la presión con la que se envía el medio a la superficie, la distancia a la que se sostiene la boquilla con respecto a la superficie, el ángulo de la boquilla con respecto a la superficie y el tiempo de permanencia del barrido.

Si la presión de envío es elevada, la abertura es pequeña, la boquilla se sostiene cerca de la superficie y el barrido es lento, la superficie se limpia más. Otro resultado posible es que el perfil de superficie quede más profundo de lo esperado, se produzcan quemaduras por permanencia excesiva y se dañen las estructuras metálicas delgadas. La boquilla debe sostenerse a un ángulo de aproximadamente entre 45 y 80 ° con respecto a la superficie para obtener una potencia de corte óptima.

Cuando el operario realiza una limpieza abrasiva, debe asegurarse de lo siguiente:

- Que el tipo y el tamaño del abrasivo sean los determinados en la especificación del proyecto.
- Que los abrasivos no tengan contaminantes, incluidas partículas, polvo, pintura y cascarilla de laminado, y además no contengan humedad ni aceite.
- Se siga el procedimiento de reciclado especificado.

El tamaño de los abrasivos se determina con un tamiz. El número del tamiz indica la cantidad de orificios por pulgada de rejilla. Un tamiz n.º 10 tiene diez orificios por pulgada lineal (2,54 cm), de modo que las partículas inferiores a un décimo de pulgada (0,254 cm) pueden atravesarlo. Un tamiz n.º 200 tiene doscientos orificios por pulgada (2,54 cm), de modo que solamente las partículas muy pequeñas pueden atravesarlo. Cuanto mayor es el número del tamiz, más pequeñas son las partículas que lo atraviesan. Con frecuencia se hace re-

Tabla 1 Elección de abrasivos para un perfil de superficie especificado

Perfil de superficie		Medios abrasivos enviados a presiones de entre 90 psi (0,62 MPa) y 100 psi (0,69 MPa)
Mil. de Pulg.	Micrómetros (µm)	
0,5	12,7	Arena de sílice malla 80/120, granate malla 100, óxido de aluminio grano 120 o grano de acero o hierro G-200
1	25,4	Arena de sílice malla 30/60, granate malla 100, óxido de aluminio grano 120 o grano de acero o hierro G-80, granalla de acero S-110
1,5	38	Arena de sílice malla 20/50, granate malla 36, óxido de aluminio grano 50 o grano de acero o hierro enfriado G-50, granalla de acero S-170
2	50,8	Arena de sílice malla 16/40, granate malla 30, óxido de aluminio grano 36 o grano de acero o hierro enfriado G-40, granalla de acero S-280
2,5	63,5	Arena de sílice malla 12/30, granate malla 20, óxido de aluminio grano 24 o grano de acero o hierro G-25, granalla de acero S-280
3	76,2	Arena de sílice malla 8/20, granate malla 16, óxido de aluminio grano 16 o grano de acero o hierro enfriado G-16, granalla de acero S-330

205T01.EPS

Tabla 2 Resumen de diversos medios abrasivos

	Beneficios				Propiedades de uso					Propiedades físicas			
	Acabado	Limpieza y remoción	Granallado	Decapado	Velocidad de limpieza promedio	Reutilizabilidad	Niveles de polvo	Posibilidad de quitar metal	Presiones de limpieza típicas (PSI-MPa)	Escala MOH de dureza (Rockwell C)	Densidad aparente (pies³ - m³)	Tamaños de malla	Angular (^) Esférico (o)
Cuentas de vidrio					Media	Alta - baja	Bajos - altos	Muy baja	20–55 (0,13 - 0,37)	5,5	100 - 2,83	30 – 440	o
Granalla de cerámica					Media	Alta	Bajos	Muy baja	20–90 (0,13 - 0,62)	7 (57– 63)	150 - 4,24	6 – 46	o
Alambre cortado de acero inoxidable					Media	Alta	Bajos	Media - alta	20–90 (0,13 - 0,62)	6 – 7,5 (35 – 55)	280 - 7,92	20 – 62	^
Granalla de acero					Media	Muy alta	Bajos	Muy baja	20–90 (0,13 - 0,62)	6 – 7,5 (20– 66)	280 - 7,92	8 – 200	o
Limadura de acero					Media - alta	Muy alta	Bajos	Medias	20–90 (0,13 - 0,62)	6 – 7,5 (40 – 66)	230 - 6,51	10 – 325	^
Óxido de aluminio					Alta	Media - alta	Bajos - medios	Media - alta	20–90 (0,13 - 0,62)	8 – 9	125 - 3,53	12 – 325	^
Carburo de silicio					Muy alta	Baja - media	Medios - altos	Media - alta	20–90 (0,13 - 0,62)	9	95 - 2,69	36 – 220	^
Vidrio molido					Alta	Baja - media	Medios - altos	Baja - media	20–50 (0,13 - 0,34)	5,5	100 - 2,83	30 – 400	^
Medios plásticos					Media - alta	Media	Medios	Muy baja	20–60 (0,13 - 0,41)	3 – 4	45–60 / 1,27 - 1,69	12 – 80	o
Almidón de trigo					Media	Media	Medios	Muy baja	20–35 (0,13 - 0,24)	3	40 - 1,13	12 – 100	^
Cáscara de nuez					Baja - alta	Baja	Medios - altos	Muy baja	10–40 (0,06 - 0,27)	3	40–80 / 1,13 - 2,26	Muchos	^
Mazorca de maíz					Baja - media	Baja	Medios - altos	Muy baja	20–60 (0,13 - 0,41)	1	30 - 0,84	8 – 40	^
Bicarb. sodio 1					Media - alta	NR 3	Altos	Muy baja	20–90 (0,13 - 0,62)	3	62 - 1,75	54 – 150	^
Arena de sílice 2					Alta	NR 3	Altos	Alta	30–90 (0,20 - 0,62)	7,5	100 - 2,83	12 – 100	^

NOTAS:

- La información anterior pretende ser una guía de referencia general.

1 El bicarbonato de sodio debe tratarse con un agente de fluidez.

2 No use arena de sílice en armarios de mano.

3 No se recomienda.

205T02.EPS

ferencia a los abrasivos según la dimensión, por lo tanto, "malla de 30/60" significa que todas las partículas deben poder pasar a través de un tamiz n.° 30 pero no por uno n.° 60. Los nuevos envíos de abrasivos se someten a una **prueba de tamiz** para determinar si cumplen con las especificaciones.

A algunos abrasivos se los recicla para volver a emplearlos. Hay diferentes variantes de unidades de recuperación de medios abrasivos. Las unidades simples pueden estar compuestas únicamente por un separador ciclónico (*Figura 15*) que quita el polvo y las partículas finas, pero deja pasar el abrasivo y los residuos pesados, como revestimientos, herrumbre y cascarillas de laminado. Otras unidades son mucho más sofisticadas y dejan pasar la descarga del separador ciclónico a través de un cilindro separador preliminar y un separador de cilindro magnético para quitar granalla o limadura de acero del material no ferroso. Esto puede seguir con el pasaje de los medios a través de tamices vibratorios, a veces llamados clasificadores, que separan los medios y los residuos de tamaño superior o inferior a la medida. Los medios finalmente pasan a través de cortinas de limpieza con aire tipo cascada creadas mediante desviaciones de canal para separar los residuos muy finos.

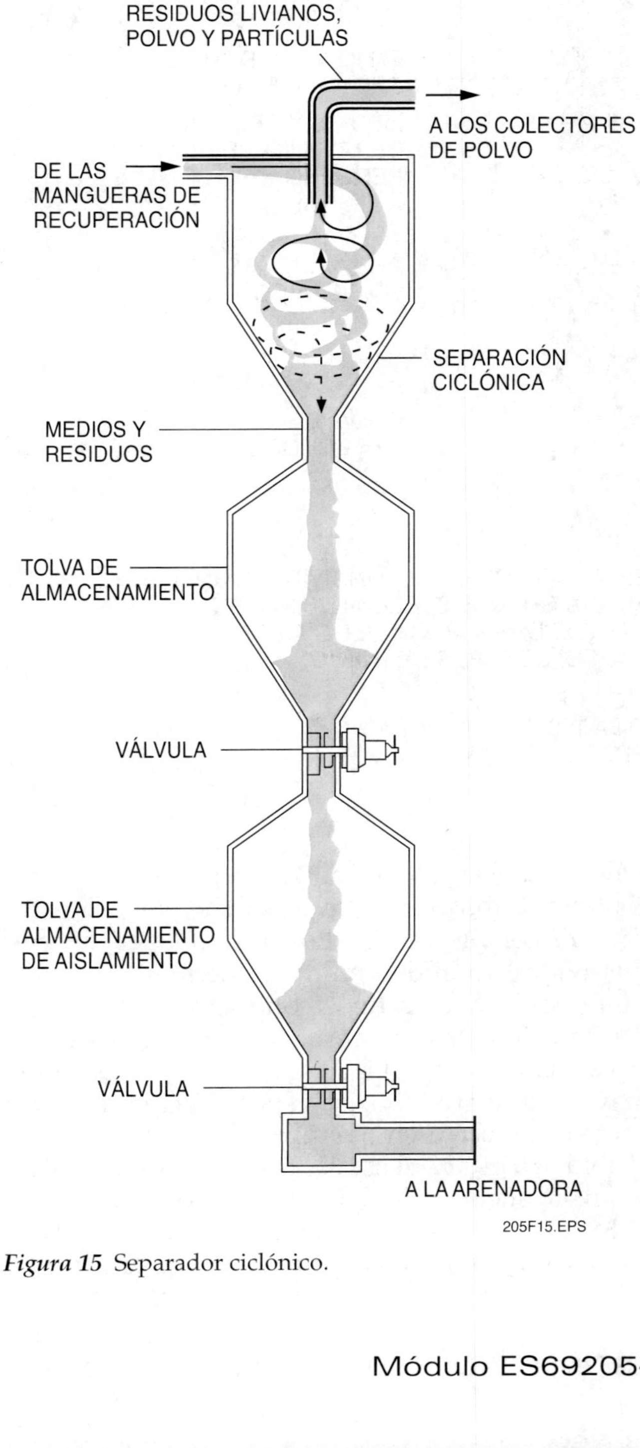

Figura 15 Separador ciclónico.

En la *Figura 16* se muestran todas estas técnicas. Sin embargo, sólo uno o dos de ellos se utilizan en cada unidad de reciclado en particular, según el tipo de medios que se reciclen.

A medida que los abrasivos se utilizan, se descomponen, por lo que los abrasivos reciclados suelen ser de menor tamaño que los nuevos. Revise los abrasivos reciclados a diario para estar seguro de que su tamaño sea adecuado para el trabajo.

Cuando se usan los abrasivos, se pueden contaminar con material de revestimiento, suciedad, sales, aceites o grasa. Los abrasivos contaminados pueden servir para quitar revestimientos, pero incrustan sales, aceite, grasa y otros contaminantes en la superficie.

> **NOTA**
> El estándar *SSPC-AB2, Limpieza de abrasivos metálicos ferrosos reciclados* cubre los requisitos de limpieza de los abrasivos metálicos ferrosos reciclados que se utilizan para quitar revestimientos, pinturas, cascarilla, óxido y otros materiales extraños del acero o de otras superficies.

Según los requisitos del plan de trabajo, se puede usar una prueba de vial para determinar la limpieza de los abrasivos de escoria y minerales. Podría requerirse también una muestra global.

Durante la prueba de vial, se deja caer una cantidad de abrasivos dentro de un vial de agua destilada o desionizada de pH conocido (el agua destilada o desionizada tiene un pH de 7) y se lo agita. Por lo general, la relación debería ser una parte de abrasivos por cada dos partes de agua. Se deja que el vial repose sin perturbaciones hasta que los abrasivos se asienten en la parte inferior y luego se inspecciona la parte superior del agua para detectar si hay una película de grasa o aceite. Se debe verificar visualmente si el agua está turbia (opaca debido a sedimentos), lo cual generalmente es indicio de que hay un exceso de suciedad, polvo o arcilla en el abrasivo.

A fin de evaluar los contaminantes solubles en agua, como las sales, utilice papel tornasol o para pH y analice el agua dentro del vial. El papel

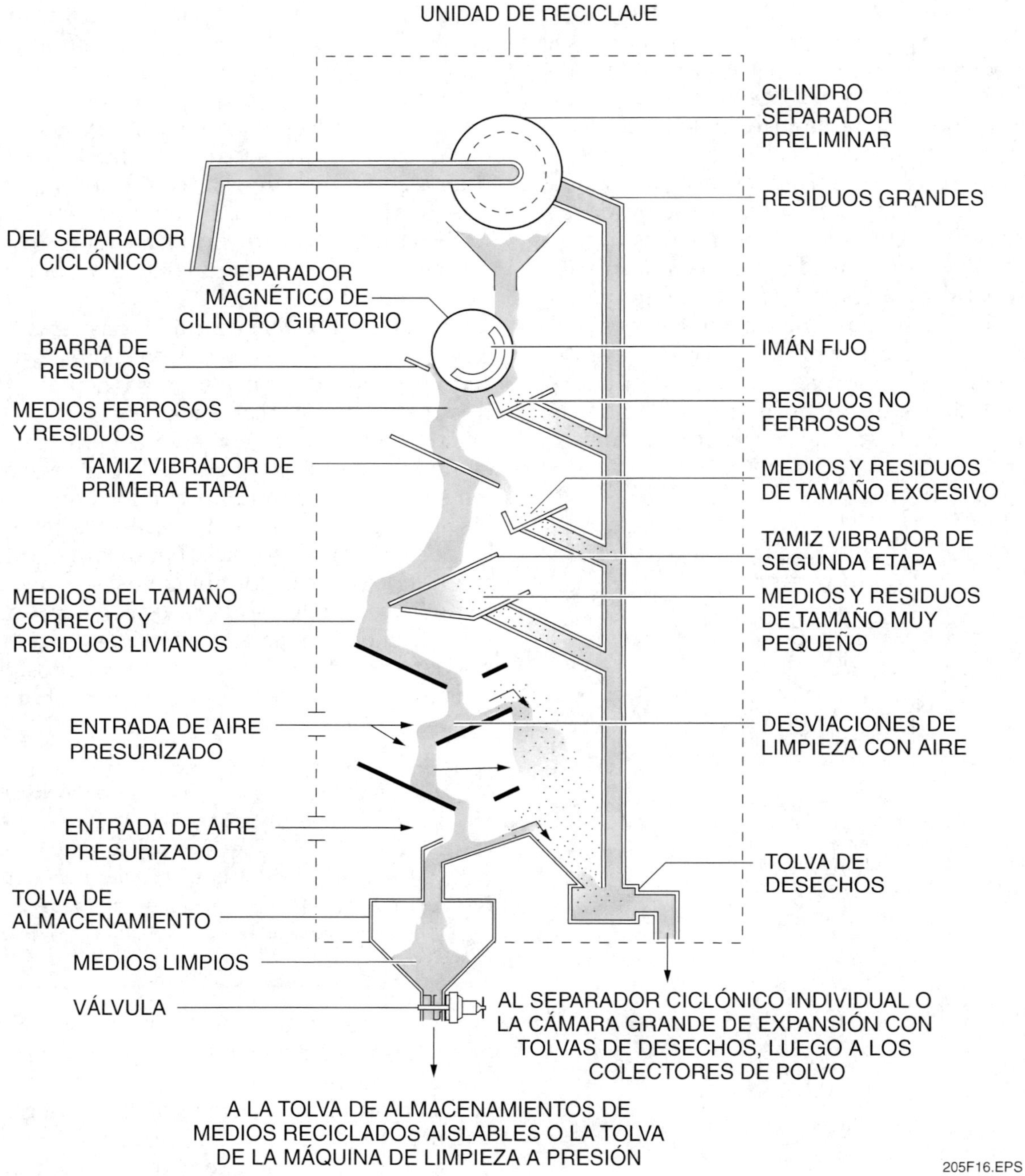

Figura 16 Unidad de reciclado.

tornasol no puede identificar los contaminantes, pero puede indicar si el abrasivo es ácido o alcalino. Si el resultado es neutro (pH 7,0), agregue al agua una gota de solución de nitrato de plata al 5 %. Si se forma un sólido blanco, el abrasivo está contaminado con cloruros. Si el abrasivo está contaminado o sucio, o es ácido o alcalino, se lo debe reemplazar.

Los contaminantes solubles en agua también pueden analizarse de acuerdo con la conductividad eléctrica del agua, según el estándar *ASTM 4940, Método de prueba estándar para el análisis conductimétrico de contaminación iónica soluble al agua de abrasivos de limpieza*. Esta prueba mide el nivel de contaminación del abrasivo, pero no puede identificar los contaminantes. Los resultados de la conductividad se miden en **microsiemens**. El agua limpia desionizada tiene conductividad baja, de 0,012 a 5,5 microsiemens, según cuánto oxígeno haya disuelto en ella. A mayor contaminación, mayor conductividad. La especificación del proyecto establecerá en qué nivel de conductividad el abrasivo estará demasiado sucio para usarlo. El requisito suele ser de 250 a 1.000 microsiemens.

Existen muchos productos que pueden agregarse a los abrasivos para mejorar las características de abrasión si es que así lo requirieren las especificaciones. Por ejemplo, los aditivos supresores de polvo ayudan a reducir la cantidad de polvo generado, y los aditivos antiestática ayudan a evitar que los plásticos se adhieran a superficies metálicas o de fibra de vidrio. Hay otros productos, como BlastTox® y LeadX®, que se agregan a los abrasivos cuando se quita pintura a base de plomo, para que los residuos se puedan eliminar con carácter de no peligrosos.

El aire comprimido podría estar contaminado con agua o aceite desde el compresor. Deje el compresor en funcionamiento durante 15 minutos. Siempre drene las trampas de agua y aceite del compresor de aire al comienzo del turno laboral. Para detectar si hay agua o aceite en el flujo de aire, realice la prueba de papel secante según el estándar *ASTM D4285* al menos una vez al día después de configurar el equipo para una operación de limpieza abrasiva real, o cuando note que los abrasivos se aglomeran o brillan. Esta prueba se realiza de la siguiente manera:

Paso 1 Configure el equipo de limpieza abrasiva, asegurándose de drenar las trampas de agua y aceite.

Paso 2 Permita que el sistema de aire comprimido alcance las condiciones operativas.

Paso 3 Descargue el aire comprimido a condiciones operativas para retirar la condensación acumulada en el sistema.

Paso 4 Con un papel absorbente blanco como colector, sujete el material colector a un refuerzo rígido y céntrelo a alrededor de 24 pulgadas (61 cm) del punto de descarga de la boquilla. Evite el contacto con la corriente de aire.

Paso 5 Descargue el aire hacia el colector durante un minuto.

Paso 6 Inspeccione visualmente el colector para determinar la presencia de humedad o aceite.

Si se detecta algún indicio de contaminación con aceite o agua en el colector, podría ser necesario hacer un mantenimiento del compresor. Consulte los documentos del fabricante para obtener información.

4.2.0 Mantenimiento de equipos de limpieza abrasiva seca

Existen varios diseños para la limpieza abrasiva seca, pero los dos que más se utilizan son el sistema de succión y el presurizado (*Figura 17*). En el sistema abrasivo seco por succión, se envía aire comprimido a la boquilla de limpieza a través de una manguera. Se extiende una segunda manguera desde la arenadora a la boquilla. A medida que se libera el aire comprimido de la boquilla, se crea succión, que tira del medio abrasivo y lo hace pasar por la boquilla. En el sistema abrasivo seco presurizado, se introduce el aire comprimido dentro de la arenadora, de modo que el medio abrasivo y el aire comprimido son empujados juntos por la manguera. Se utilizan dos tipos de sistemas de control (*Figura 18*) en las máquinas de limpieza a presión. Se conocen como control de tanque bajo presión y liberación de presión de tanque o control de despresurización de tanque. Las válvulas del sistema de control pueden ser operadas neumáticamente por sistemas de doble cable, como se muestra, o para áreas no explosivas, por sistemas de control de 12 V o 24 V. También existen sistemas de control de cable único, pero no están

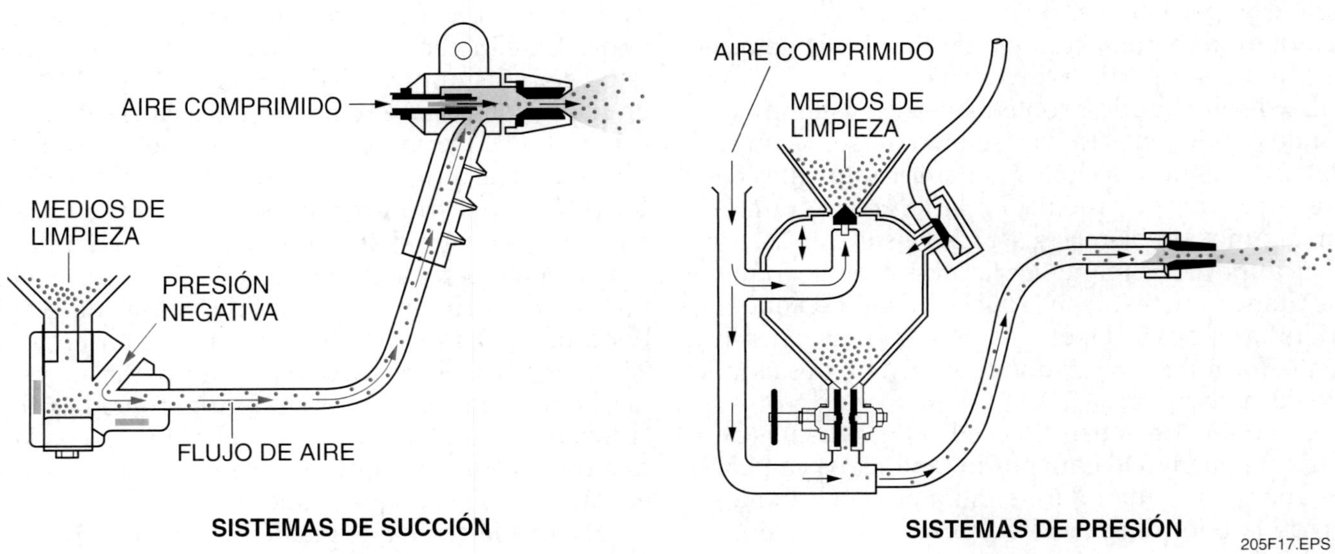

Figura 17 Sistemas de limpieza abrasiva seca.

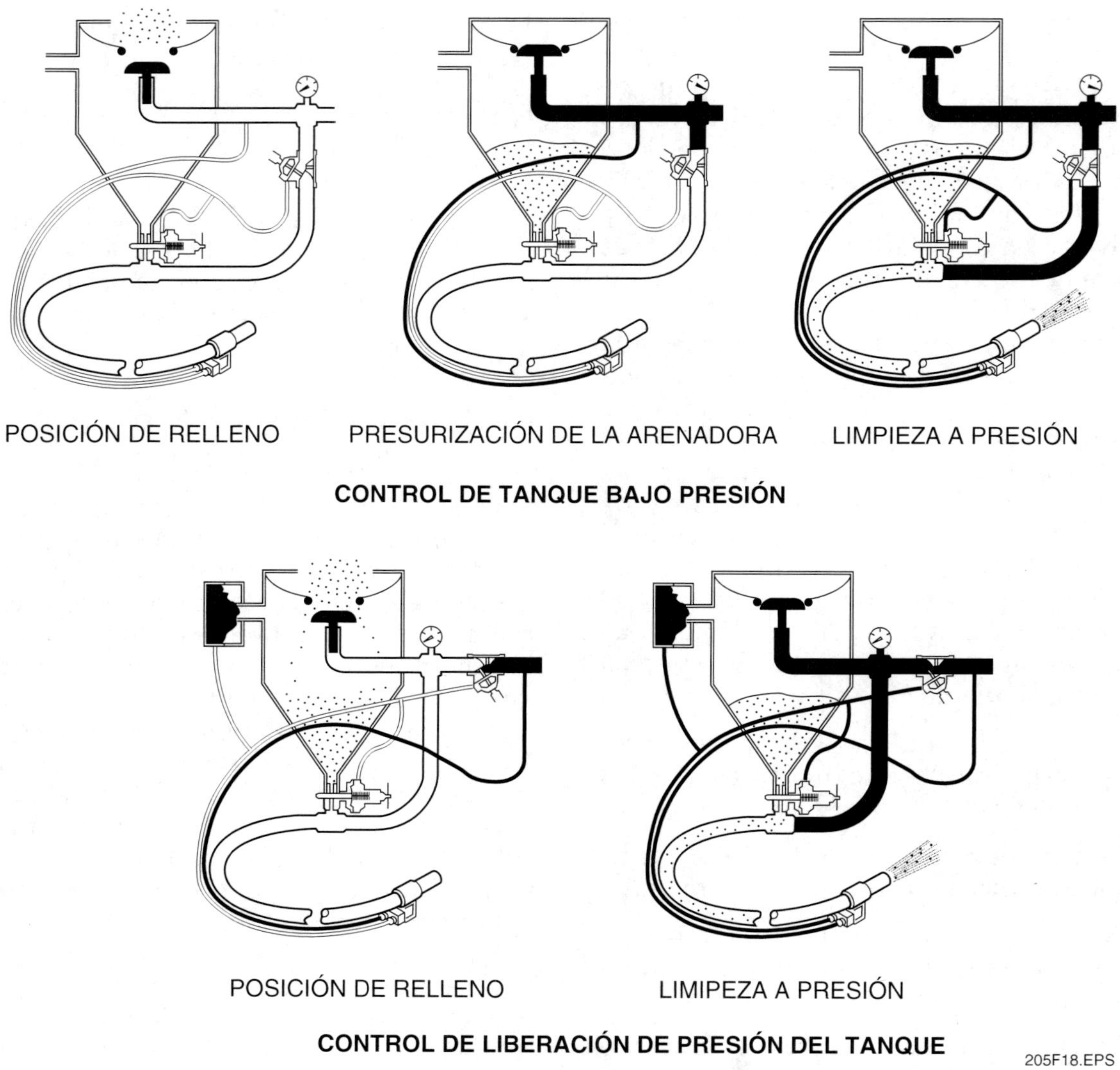

Figura 18 Sistemas de control neumático de la máquina de limpieza a presión.

aprobados por la OSHA. Algunos sistemas tienen un control aparte en la manija de la boquilla para regular o cerrar el flujo abrasivo de la máquina de limpieza, pero deje el flujo de aire activado. Esto brinda una manera cómoda de limpiar las mangueras y las superficies de trabajo.

La resolución de problemas en el sistema depende del tipo exacto de sistema en uso. Siempre consulte las instrucciones del fabricante antes de usar o reparar un sistema. En la *Tabla 3* se enumeran algunos problemas generales y sus causas.

Es importante mantener la presión en la boquilla. Como se muestra en la *Tabla 4*, a medida que la boquilla se desgasta, el área aumenta de acuerdo con la fórmula $A = \pi r^2$ donde $\pi = 3{,}14$ y r es el radio de la boquilla.

El tamaño de la boquilla sede en gradientes de $\frac{1}{16}$ de pulgada (0,16 cm); por lo tanto, si se cambia de una n.º 4 a una n.º 6, se incrementa el diámetro de la boquilla por $\frac{1}{8}$ de pulgada (0,32 cm) y se duplica el volumen del caudal de aire que pasa por la boquilla (*Tabla 5*). Esto repercute en forma directa en la eficacia de la limpieza a presión. A medida que el área aumenta por el cuadrado del radio, el volumen de aire que pasa a través de la boquilla se incrementa y, como resultado directo, la presión disminuye. Cada caída de 1 psi (7 kPa) en la presión de aire reduce la eficacia en alrededor de 1,5 %. Por lo tanto, una caída del 10 psi (70 kPa) equivale a una pérdida de eficacia del 15 %. La *Tabla 6* muestra los requisitos de aire en sistema métrico para distintos tamaños de boquilla.

Un incremento de $\frac{1}{16}$ de pulgada (1,6 mm) en el tamaño del orificio de la boquilla (pasar de una boquilla n.º 3 a una n.º 4) puede aumentar en un 25 % el volumen de aire requerido para mantener la misma presión. Para garantizar que llegue suficiente caudal a la boquilla, el diámetro de la manguera debería ser de entre tres y cuatro veces el diámetro de la boquilla que se está utilizando.

Hay tres factores que pueden tener un impacto negativo en la presión de la boquilla:

Tabla 3 Resolución de problemas en la limpieza abrasiva seca

Síntoma	Sistema de succión	Sistema presurizado
Flujo de aire menor al esperado.	Revise el funcionamiento del compresor de aire. Verifique las conexiones de manguera.	Revise el funcionamiento del compresor de aire. Verifique las conexiones de manguera. Fíjese si hay una válvula de salida obstruida en la arenadora.
No hay flujo de aire.	Revise el funcionamiento del compresor de aire. Verifique las conexiones de manguera.	Revise el funcionamiento del compresor de aire. Verifique las conexiones de manguera. Fíjese si hay una válvula de salida obstruida en la arenadora.
Flujo abrasivo menor al esperado.	Verifique la conexión de la manguera de abrasivos. Fíjese si hay una válvula de salida obstruida en la arenadora.	Si el flujo de aire es bueno, seguramente la arenadora está vacía o su presión es demasiado baja. Si el flujo de aire es deficiente, es probable que la válvula de salida o la boquilla de la arenadora estén obstruidas.
No hay flujo abrasivo.	Fíjese si hay una válvula de salida obstruida en la arenadora. Verifique la conexión de la manguera de abrasivos. Fíjese si la arenadora está vacía.	Si el flujo de aire es bueno, es probable que la arenadora esté vacía. Si el flujo de aire es deficiente, es probable que la válvula de salida o la boquilla de la arenadora estén obstruidas.
El abrasivo fluye de manera pulsante.	No corresponde.	La presión en la arenadora es demasiado alta.
El medio abrasivo se libera engrumos.	Fíjese si el aire comprimido tiene humedad o aceite.	Fíjese si el aire comprimido o la arenadora tienen humedad o aceite.

205T03.EPS

Tabla 4 Relación entre el tamaño de la boquilla y el área

Tamaño de la boquilla	Diámetro (in-cm)	Radio (in-cm)	Área (in^2-m^2)
#4	0,25 - 0,64	0,125 - 0,32	0,05 - 0,32
#5	0,31 - 0,79	0,155 - 0,39	0,075 - 0,48
#6	0,38 - 0,97	0,19 - 0,48	0,113 - 0,73
#7	0,44 - 1,12	0,22 - 0,56	0,15 - 0,97
#8	0,5 - 1,27	0,25 - 0,64	0,2 - 1,29

205T04.EPS

Tabla 5 Requisitos de airepara distintos tamaños de boquilla (medida inglesa)

Orificio de la boquilla de limpieza		Volumen de aire requerido (pies^3/min)				
Tamaño	Diámetro (in-cm)	60 psi (0,41 MPa)	70 psi (0,48 MPa)	80 psi (0,55 MPa)	90 psi (0,62 MPa)	100 psi (0,68 MPa)
#4	1/4 - 0,64	67- 1,89	76 - 2,15	85 - 2,4	94 - 2,66	103 - 2,92
#6	3/8 - 0,95	151 - 4,27	171 - 4,84	191 - 5,40	211 - 5,97	232 - 6,56
#8	1/2- 1,27	268 - 7,59	304 - 8,60	340 - 9,62	376 - 10,64	413 - 11,69

205T05.EPS

Tabla 6 Requisitos de aire para distintos tamaños de boquilla (sistema métrico)

Orificio de la boquilla de limpieza		Volumen de aire requerido (L/min)				
Tamaño	Diámetro (mm)	4,1 bar	4,8 bar	5,5 bar	6,2 bar	6,9 bar
#4	6,3	1.900	2.150	2.400	2.600	2.920
#6	9,45	4.280	4.840	5.410	5.980	6.570
#8	12,6	7.900	8.610	9.630	10.650	11.700

205T06.EPS

- La longitud de la manguera de aire
- La cantidad de dobleces de la manguera de aire
- La elevación de la boquilla sobre el compresor

Para mantener la eficacia de las operaciones de limpieza a presión, el orificio de la boquilla y su presión deberían revisarse con regularidad.

4.2.1 Revisión del orificio de la boquilla

Los orificios de la boquilla se miden en incrementos de 1/16 de pulgada (1,6 mm), por lo que una boquilla n.º 3 tiene un orificio de 3/16 de pulgada (4,8 mm). Se deben revisar los orificios de la boquilla con regularidad con un medidor analizador de chorro a presión (*Figura 19*), comúnmente denominado calibrador de boquilla, de la siguiente manera:

Paso 1 Haga una marca en el lado redondeado del medidor con un lápiz de cera, de alrededor de 5/8" de pulgada (1,59 cm), centrada en el tamaño aproximado de la boquilla.

Paso 2 Inserte el medidor en la parte trasera de la boquilla (*Figura 20*) y gírelo una vuelta completa (360 grados).

Paso 3 Retire el medidor y examine la marca negra. El diámetro interno de la boquilla se indica donde la marca del lápiz de cera está frotada.

Reemplace las boquillas desgastadas según las políticas de la empresa o las prácticas recomendadas del fabricante, las que sean más estrictas. En algunos lugares de trabajo, se reemplazan las boquillas cuando son un tamaño más grande (1/16 de pulgada o 1,7 mm) que su tamaño original, pero otros podrían requerir que se reemplacen cuando el desgaste alcance el 50 % del tamaño original. Por ejemplo, una boquilla n.º 3 tiene una abertura de 3/16 de pulgada (4,8 mm) y el 50 % de 3/16 pulgadas es 3/32 de pulgada (3/16 = 6/32, y el 50 % de 6/32 = 3/32). Cuando la abertura de la boquilla es de 9/32 de pulgada de diámetro (6/32 + 3/32 = 9/32), lo que equivale a 7,1 mm, reemplácela.

4.2.2 Verificación de la presión operativa de la boquilla

La presión de la boquilla debe evaluarse cuando todas las boquillas están en funcionamiento, al igual que todo el sistema. Esto se hace con un medidor de presión de aguja hipodérmica (*Figura 21*) durante la operación de limpieza a presión. La aguja del medidor se inserta dentro de la manguera en la dirección del flujo abrasivo, lo más cerca posible detrás de la boquilla cuando la man-

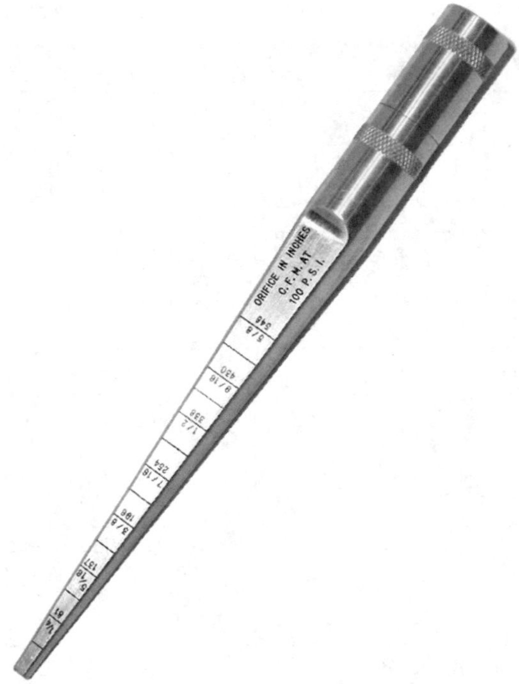

205F19.EPS

Figura 19 Medidor analizador de limpieza a presión.

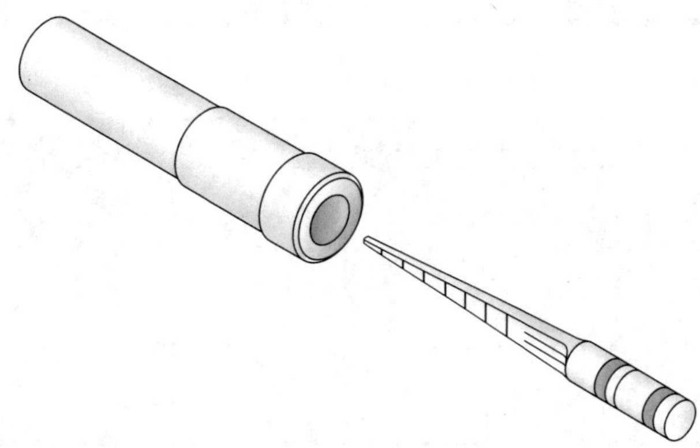

205F20.EPS

Figura 20 Inserción del medidor en la parte trasera de la boquilla.

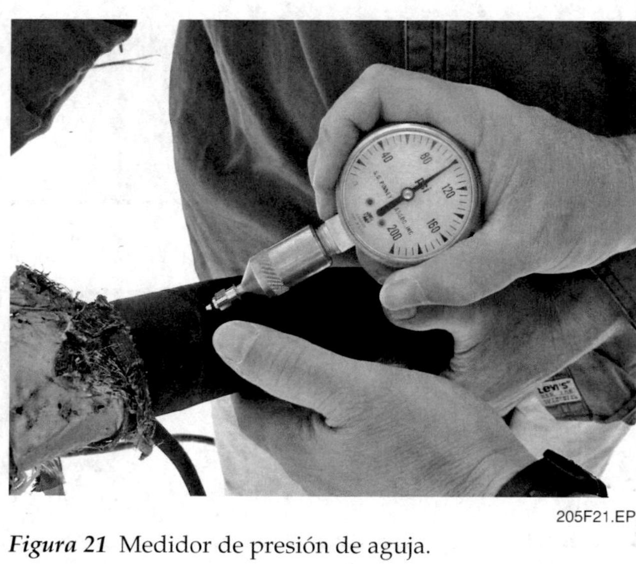

205F21.EPS

Figura 21 Medidor de presión de aguja.

guera está limpiando a presión con un abrasivo. La presión esperada es de 90 a 100 psi (6,33 kg/cm^2 a 7,03 kg/cm^2). Al insertar la aguja, debe colocarse en un ángulo de alrededor de 30 grados. Las mangueras son autorregenerantes.

Los medios abrasivos, en especial los medios de acero, deben guardarse en bolsas en lugares limpios y con poca humedad. Si se guardan provisoriamente al aire libre por períodos de tiempo muy cortos antes de usarlos, las bolsas deben levantarse del suelo y se las debe cubrir.

4.3.0 Limpieza abrasiva con bajo volumen de agua

La limpieza abrasiva con bajo volumen de agua es un método de limpieza en el cual se inyecta una pequeña cantidad de agua dentro de la corriente abrasiva en la boquilla de una máquina de limpieza a presión convencional. Este tipo de limpieza a presión también puede denominarse limpieza abrasiva/con aire/con agua y comprende la limpieza con cubierta de agua, la limpieza con cabeza húmeda, la limpieza abrasiva húmeda, la limpieza con boquilla de inducción de agua (WIN) y la limpieza con pasta abrasiva. La ventaja principal de la limpieza abrasiva con agua es que el agua ayuda a extraer contaminantes del sustrato y reduce considerablemente el polvo que se genera normalmente con la limpieza seca. Después de la limpieza, se debe enjuagar el sustrato con métodos de limpieza con agua a baja presión para quitar los abrasivos residuales y contaminantes. La desventaja es que la recolección y la eliminación o el reciclado del agua podrían constituir un problema, junto con la oxidación inmediata de las superficies de acero. Debe utilizarse agua potable limpia para evitar que se contamine el sustrato durante la limpieza a presión y el enjuague posterior. Se puede utilizar un inhibidor, si fuese compatible con el revestimiento de base, para reducir la oxidación instantánea.

Se utilizan diversos tipos de equipos para la limpieza abrasiva con agua. El anillo de agua, también denominado inyector de agua radial, es un accesorio que se sujeta en el extremo de una boquilla de limpieza abrasiva seca (*Figura 22*). El anillo tiene varios chorros de salida en el borde que forman una cubierta de agua alrededor de la corriente de limpieza abrasiva. Una válvula de aguja colocada en la línea de agua cerca de la boquilla permite ajustar la cantidad de agua de la cubierta para la corriente de limpieza abrasiva. El inyector de limpieza húmeda es un accesorio que se coloca entre la manguera y la boquilla. Se inyecta agua a través de chorros dentro del adaptador y se mezcla con el abrasivo dentro de la boquilla. Al igual que con el anillo de agua, una válvula de aguja permite ajustar el agua para la corriente de limpieza abrasiva. Si la máquina de limpieza a presión está equipada con capacidad de corte abrasivo en la boquilla, el aire y el agua pueden utilizarse para limpiar el abrasivo y enjuagar el sustrato.

La máquina de limpieza con pasta abrasiva funciona de manera distinta. En esta máquina, el agua a presión, el abrasivo y el aire se mezclan de forma muy precisa para formar una pasta, generalmente en la máquina. Esta pasta se suministra a través de una manguera hacia la boquilla. La presión de la boquilla varía entre 20 y 80 psi (138 y 551 kPa). Este tipo de unidades también pueden emplearse para la limpieza abrasiva submarina hasta profundidades de 490 pies (149 metros).

Como con la limpieza abrasiva seca, los perfiles que se obtienen con estos tipos de equipos cumplen con los requisitos de limpieza a presión de metal blanco, casi blanco, comercial y de tipo cepillado. Sin embargo, las superficies se ven distintas de aquellas limpiadas con abrasivos secos. Suelen tener un aspecto más oscuro y opaco que los mismos sustratos limpiados con el mismo abrasivo seco. Asimismo, podrían producirse variaciones causadas por el tipo de acero, la condición de la

205F22.EPS

Figura 22 Accesorio de anillo de agua.

superficie original, las marcas de fabricación y las técnicas de limpieza. Cuando las superficies están húmedas o mojadas, se hacen más notorios los defectos, las variaciones y las tonalidades. Después del secado, se forman estrías que podrían no verse en fotografías de comparación pequeñas, pero que son visibles en áreas más grandes. En el estándar *NACE VIS 9/SSPC-VIS 5* se suministran fotografías de comparación para superficies de acero limpiadas con abrasivos húmedos.

5.0.0 Hidrolavado

La limpieza de superficies con agua a presión sin abrasivos se denomina generalmente hidrolavado (*Figura 23*). Las presiones (baja, alta y ultraalta) que se emplean para distinguir la limpieza con agua y el hidrolavado se definen en *NACE N.º 5/ SSPC-SP 12, Preparación de superficies y limpieza de metales mediante hidrolavado antes del revestimiento.* Estas definiciones se muestran en la *Tabla 7*; sin embargo, otros oficios u organizaciones podrían utilizar otros límites para definir estas presiones. Un ejemplo es el estándar *ASTM 1575*, que define la presión alta como aquella superior a 1.000 psi (6,9 MPa).

La limpieza con agua y el hidrolavado a diferentes presiones pueden limpiar, pero no erosionar la superficie para proporcionar un perfil que permita la adherencia del revestimiento. Si sólo se utiliza la limpieza con agua o el hidrolavado, los revestimientos aplicados deben basarse en el perfil de superficie existente para su adhesión. Sin embargo, cuando se agrega un abrasivo a un proceso de hidrolavado de presión alta o ultraalta, se puede limpiar, perfilar o cortar superficies. Este proceso suele denominarse en el oficio limpieza abrasiva o con agua presurizada, o hidrolimpieza abrasiva. El corte que también utiliza abrasivos se denomina corte con agua o hidrocorte.

Para fines de fabricación, las aplicaciones de hidrolavado comercial altamente controladas y contenidas utilizan presiones de agua de hasta 100.000 psi (700 MPa), con o sin abrasivos, para el maquinizado de metales y otros materiales. Sin embargo, los equipos de hidrolavado fabricados para el uso en campo están limitados en la actualidad a una presión máxima de 50.000 psi (340 MPa). En la *Figura 24* se muestra una unidad de campo diésel montada sobre ruedas para hidrolavado. Este tipo de equipo también puede montarse sobre patines y estar alimentado por motores a gasolina o eléctricos. Además de la fuente de energía, el equipo está generalmente compuesto por bombas, mangueras y diferentes herramientas como pistolas, boquillas, lanzas y, en algunos casos, máquinas guiadas a mano o unidades de oruga robóticas controladas en forma remota. Puede utilizarse un proceso denominado hidrodemolición, que utiliza un tipo de unidad de oruga robótica con presiones de hasta 50.000 psi (340 MPa), con o sin abrasivos, para quitar y escarificar concreto dañado. También pueden quitarse capas de concreto en pisos y estructuras hasta diferentes niveles de varillas de refuerzo, sin dañar las varillas de refuerzo. También se utiliza para quitar plataformas de puentes de concreto completas sin dañar la varilla de refuerzo.

205F23.EPS

Figura 23 Hidrolavado.

Para ser eficaz, el agua que se utilice para el hidrolavado debe ser limpia, de modo que no contamine la superficie que se desea preparar. El agua no debe contener partículas sólidas ni otros contaminantes. Así también se evita que se dañen los equipos. El agua se debe analizar para cerciorarse de que cumpla con los requisitos especificados.

El hidrolavado a presión ultraalta puede quitar cascarillas de laminado firmemente adheridas y revestimientos, pero esto no es siempre necesario. La prueba de la espátula roma sigue siendo vá-

Tabla 7 Definiciones de limpieza con agua e hidrolavado

Definiciones de limpieza con agua e hidrolavado	
Limpieza con agua a baja presión (LP WC)	Menos de 5.000 psi (34 MPa)
Limpieza con agua a alta presión (HP WC)	5.000 a 10.000 psi (34 a 70 MPa)
Hidrolavado a alta presión (HP WJ)	10.000 a 30.000 psi (70 a 210 MPa)
Hidrolavado a ulta alta presión (UHP WJ)	Más de 30.000 psi (210 MPA)

205T07.EPS

Figura 24 Unidad diésel de hidrolavado montada en ruedas.

lida. Si la cascarilla de laminado, el óxido y los revestimientos existentes no se salen cuando se los intenta levantar con un espátula roma, tal vez no sea necesario quitarlos. La especificación del proyecto indicará qué grado de limpieza se necesita.

Con el hidrolavado también se puede quitar lo siguiente:

- Aceite y grasa superficial
- Óxido
- Sales
- Salpicaduras de concreto
- Contaminantes solubles en agua

Las especificaciones podrían exigir que se analice la superficie preparada para detectar varios contaminantes que pueden impedir que los revestimientos se le adhieran. Entre ellos se encuentran sales tales como cloruros, nitratos y contaminantes de sulfato. La limpieza de la superficie después del hidrolavado se define de la siguiente manera:

- *Contaminación no visible (NV):* presencia de materia orgánica invisible, como aceite y grasa, y/o sales en la superficie después de la limpieza.
- *Limpieza superficial visible (VC):* cuando se la mira sin aumento, la superficie se ve libre de contaminantes después de la limpieza.

La especificación del proyecto debe establecer el método que se debe utilizar para determinar la cantidad de contaminantes no visibles permitidos en la superficie después de la limpieza. El estándar conjunto de NACE-SSPC para la preparación de superficies con hidrolavado es el *NACE N.º 5/ SSPC-SP 12, Preparación de superficies y limpieza de metales mediante hidrolavado antes del revestimiento adicional*. Especifica la limpieza de la superficie en términos de WJ-1 a WJ-4 para la limpieza visual. Estos términos se definen en la *Tabla 8*, la cual está tomada del estándar conjunto *NACE N.º 5/SSPC-SP 12*. La *Tabla 9* del estándar proporciona definiciones de oxidación instantánea.

5.1.0 Pautas de seguridad

Se deben respetar las siguientes normas de seguridad siempre que se realicen operaciones de hidrolavado:

¡ADVERTENCIA!

Las pistolas de hidrolavado sólo pueden ser utilizadas por personal muy entrenado. Este equipo puede traspasar maderas pesadas y bloques de concreto. El contacto accidental con el chorro siempre constituye una emergencia médica. A 100 psi (0,69 MPa), es posible que el chorro penetre la piel. Incluso los sistemas de baja presión que funcionan a menos de 1.000 psi (6,89 MPa) pueden lesionar gravemente a la persona golpeada por el chorro.

- Nunca apunte la boquilla de hidrolavado hacia usted u otra persona
- Recuerde que el agua que sale de la boquilla es capaz de arrancar la piel. Si está lo suficientemente cerca, puede cortar la carne. Hasta con ropa de protección personal, el chorro puede cortar la protección más rápido de lo esperado.
- Incluso la mejor protección está diseñada para resistir solamente un impacto corto. No puede soportar una corriente constante de agua a alta presión.

Tabla 8 Definiciones de superficie visual

Término	Descripción de la superficie
WJ-1	*Limpieza hasta descubrir el sustrato:* una superficie WJ-1 debería limpiarse hasta obtener una terminación que, cuando se la mire sin aumento, esté libre de óxido, suciedad, revestimientos anteriores, cascarillas de laminado y materiales extraños visibles. Puede haber decoloración de la superficie.
WJ-2	*Limpieza meticulosa o muy a fondo:* una superficie WJ-2 debería limpiarse hasta obtener una terminación mate (apagada, moteada) que, cuando se la mire sin aumento, esté libre de aceite, grasa, suciedad y óxido visibles, a excepción de manchas de óxido dispersas de manera aleatoria, revestimientos delgados firmemente adheridos y otros materiales extraños bien adheridos. La mancha o el material firmemente adheridos se limitan a un máximo del 5 % de la superficie.
WJ-3	*Limpieza a fondo:* una superficie WJ-3 debería limpiarse hasta obtener una terminación mate (apagada, moteada) que, cuando se la mire sin aumento, esté libre de aceite, grasa, suciedad y óxido visibles, a excepción de manchas de óxido dispersas de manera aleatoria, revestimientos delgados firmemente adheridos y otros materiales extraños bien adheridos. La mancha o material firmemente adheridos se limitan a un 33 % de la superficie, como máximo.
WJ-4	*Limpieza superficial:* una superficie WJ-4 debería limpiarse hasta obtener una terminación que, cuando se la mire sin aumento, esté libre de aceite, grasa, suciedad y polvo visible, así como de cascarilla de laminado, óxido y revestimiento suelto. Todo material residual deberá estar firmemente adherido.

205T08.EPS

Tabla 9 Definiciones de oxidación instantánea

Término	Descripción de la superficie
Sin oxidación instantánea	Superficie de acero que, cuando se la mira sin aumento, no exhibe oxidación instantánea visible.
Ligera (L)	Superficie que, cuando se la mira sin aumento, exhibe cantidades reducidas de una capa de óxido color amarillo amarronado a través de la cual se puede observar el sustrato de acero. El óxido o la decoloración pueden estar distribuidos de forma pareja o presentarse en áreas determinadas, pero están firmemente adheridos y no se los quita fácilmente si se los raspa suavemente con un trapo.
Moderada (M)	Superficie que, cuando se la mira sin aumento, exhibe una capa de óxido amarillo amarronado que oscurece la superficie de acero original. La capa de óxido puede estar distribuida en forma pareja o presentarse en áreas determinadas, pero está razonablemente bien adherida y deja marcas leves en un trapo que es frotado suavemente contra la superficie.
Abundante (H)	Superficie que, cuando se la mira sin aumento, exhibe una capa de óxido rojo amarronado pesado que oculta por completo la condición de la superficie inicial. El óxido puede estar distribuido de forma pareja o presentarse en áreas determinadas, pero está poco adherido, se desprende fácilmente y deja marcas considerables en un trapo que es frotado suavemente contra la superficie.

205T09.EPS

- Si el agua no deja de salir cuando se libera la válvula de descarga, deje inmediatamente de trabajar. Cierre la presión en la bomba, drene el sistema y haga reparar o cambiar la válvula.
- Nunca intente arreglar el sistema cuando esté presurizado. Siempre detenga la operación, cierre la bomba y libere la presión antes de arreglar pérdidas o fallas.
- Nunca deje la bomba en funcionamiento si no hay nadie para vigilarla.
- Además del equipo estándar, todos los trabajadores que se encuentren en el área de una operación de hidrolavado a alta presión deben usar trajes impermeables, protección para la cabeza y gogles de protección o un protector de cara completa. Los operadores de pistolas deben usar protectores de dedos y canilleras, guantes y protección facial completa. Como se rocía agua junto con residuos superficiales del área, se recomienda que los operadores hagan pausas a intervalos y limpien con un paño la

máscara facial. De esta manera podrán notar los riesgos, al igual que el trabajo en sí. Los operadores de lanzas no necesitan utilizar canilleras y punteras, solamente botas de goma. La ropa impermeable que se usa para este trabajo no es suficiente para detener el impacto directo de un chorro. Resguarda a la persona sólo de un contacto muy breve con el chorro. El chorro tendrá una gran impacto físico, incluso a través de la protección.

- Asegúrese de estar bien apoyado. La contrapresión de la lanza puede hacerlo caer si no pisa bien.
- El nivel de sonido de las operaciones de hidrolavado supera los 90 decibeles. Es necesario usar protectores auditivos o tapones para los oídos. Asimismo, si un operador está quitando sustancias posiblemente tóxicas de las superficies, podría ser necesario el uso de equipo de respiración o máscaras.

Todos los accidentes relacionados con chorros de limpieza a presión se deben informar de manera inmediata. Incluso cuando el chorro, a simple vista, no haya penetrado la piel, todo contacto es capaz de introducir agua, burbujas de aire y toxinas bajo de la piel. Esto es posible que ocurra aunque no haya sangre visible. El riesgo de que se produzca una infección y daños permanentes puede ser alto. Lleve de inmediato a la persona herida a un doctor, el hospital o la sala de emergencias. La Water Jet Technology Association establece en sus "Prácticas recomendadas para el uso de equipos de hidrolavado a alta presión de operación manual" que todos los operarios deben llevar una tarjeta resistente al agua para mostrar a los médicos que indique:

> Esta persona ha estado realizando tareas de hidrolavado a alta presión a presiones de hasta 14.500 lb/in^2 (1.019,5 kg/cm^2) con una velocidad de chorro de 900 millas por hora (1.448 km/h). Tenga esto en cuenta cuando haga su diagnóstico. Ha habido casos de infecciones inusuales con organismos microaerofílicos a temperaturas menores. Podrían ser patógenos Gram negativos como los que se encuentran en aguas residuales. Por lo tanto, sería recomendable realizar un análisis bacteriano y hemocultivos.

Si el incidente ocurre en una zona remota, se deberá cubrir la herida. El trabajador debe permanecer quieto hasta que se le pueda proporcionar asistencia médica.

Una de las heridas que provocan los chorros de agua se denomina canalización. En esta lesión, el chorro ingresa en el cuerpo a través de una pequeña herida de entrada, circula a lo largo de algún canal interno y produce traumatismos o infecciones en algún otro lugar. No corra riesgos con las lesiones. Repase las normas de la empresa sobre informe de accidentes y, en el caso de que se produzca alguno, siga los procedimientos establecidos. Informe todos los accidentes, sin importar cuán pequeños sean, al supervisor correspondiente.

5.2.0 Problemas ambientales

Aunque el hidrolavado a alta presión es una tecnología relativamente limpia y usa el agua de manera eficiente, puede producir gran cantidad de agua residual. En muchos lugares de trabajo, el agua limpia puede canalizarse a los sistemas de drenaje pluviales. En algunos lugares, el agua se recupera y recicla mediante sistemas de filtrado o con una serie de tanques de decantación, o ambos. Asegúrese de controlar los códigos locales y los requisitos de la empresa que afectan la evacuación del agua de limpieza antes de configurar el equipo para un proyecto.

Es muy importante saber qué es lo que se va a limpiar porque podría ser tóxico. De ser así, el proyecto debe capturar el agua residual. Muchas veces, el operario de hidrolavado trabajará para quitar materiales potencialmente tóxicos de la superficie. Estos materiales pueden aflojarse con la limpieza a presión e incorporarse al aire bajo la forma de partículas pequeñas o como vapores mezclados con agua. Si existiese la posibilidad de que se liberen contaminantes tóxicos volátiles, use una máscara para respirar capaz de protegerlo de estos peligros.

5.3.0 Equipo de hidrolavado

Además de la unidad de hidrolavado, se utilizan varias herramientas como pistolas, boquillas y lanzas. La manguera de alta presión, las conexiones de la manguera y todos los demás equipos, incluidas la válvula de control (válvula de des carga), la lanza y la boquilla, deberán tener una fuerza de estallido mínima de 2½ veces la capacidad de su presión operativa nominal máxima. La *Figura 25* muestra una pistola donde se identifican los distintos componentes.

Los conectores de manguera cuentan con un dispositivo de seguridad conocido como *whiplock* o control de manguera. Un whiplock es un cable o alambre corto enroscado sobre cada extremo de dos mangueras conectadas por un acoplamiento. El control de manguera (*Figura 26*) evita que los extremos de la manguera latigueen si se rompe el acoplamiento.

El tramo de manguera del lado de la pistola tiene una cubierta (ver la *Figura 25*). La cubierta es una sección corta de manguera resistente que se coloca sobre la manguera de alta presión. Proporciona protección si la manguera estalla. La cubierta de manguera también puede utilizarse sobre las conexiones de manguera. Está diseñada para proteger al operario de la corriente de agua de alta presión. No tiene el objetivo de permitirle al usuario seguir operando con la manguera dañada o con una conexión rota.

Los chorros de agua son producidos por orificios o puntas que vienen en formas diferentes (*Figura 27*). Los chorros rectos son los que se utilizan con más frecuencia, pero los hay de otras formas. Este tipo de chorros (*Figura 28*) se encargan de remover en áreas puntuales. Los chorros en forma de abanico (*Figura 29*) se encargan de raspar, barrer y/o empujar. Normalmente, se utilizan puntas de boquilla intercambiables para producir las corrientes deseadas.

205F25.EPS

Figura 25 Pistola.

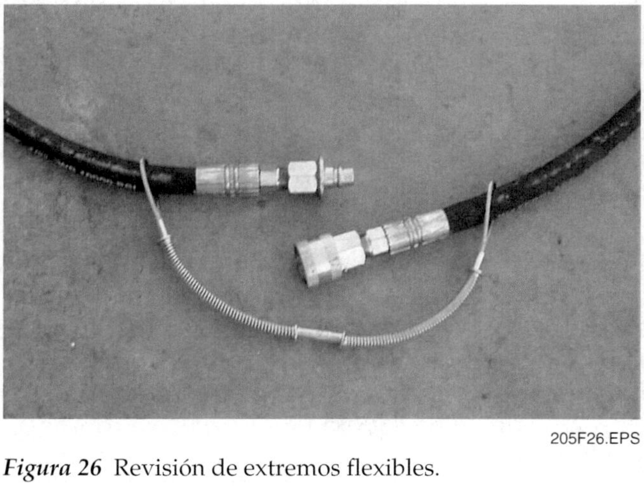
205F26.EPS

Figura 26 Revisión de extremos flexibles.

Las tasas de flujo de agua típicas son de 1 a 14 galones por minuto (3,8 a 53 l/m). El agua puede ser impulsada a través de un solo chorro, de un chorro en forma de abanico o de múltiples chorros giratorios. Los chorros giratorios se rotan me-

205F27.EPS

Figura 27 Punta de hidrolavado típica.

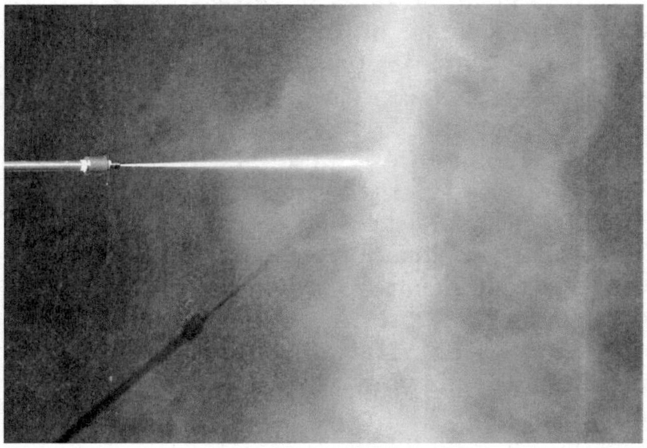
205F28.EPS

Figura 28 Chorro recto.

205F29.EPS

Figura 29 Chorro tipo abanico.

diante pequeños motores hidráulicos, eléctricos o neumáticos. También pueden rotar por la presión del agua cuando el orificio se inclina levemente en una boquilla de orificios múltiples. Las puntas pueden estar diseñadas para producir chorros de agua múltiples que generalmente se rotan para lograr tasas de remoción mayores.

Las herramientas pueden ser de mano o ir montadas en un robot. Cuando se trabaja con presiones de 10.000 psi (69 MPa) o superiores, el equipo de limpieza está compuesto por un operario de pistola, un operario de bomba y otros trabajadores, según sea necesario. El operario de la pistola controla la operación de limpieza al sostener la pistola y la manguera de envío y controlar el movimiento y la dirección de los chorros. El operario de la bomba monitoriza y controla la bomba de presurización durante la operación de limpieza por chorro. Además, observa al operario de la pistola y debe poder reaccionar si surgen dificultades, o si el operador comienza a mostrar signos de fatiga. El operario de la bomba también monitoriza el área de trabajo y sus alrededores, en caso de que alguien intente ingresar en el área, o si se genera una condición posiblemente peligrosa. Si la bomba está ubicada a cierta distancia y fuera del campo visual del operario de la boquilla, podría requerirse que un miembro del equipo monitorice la operación de limpieza por chorros y que se comunique con el operario de la pistola y el operario de la bomba.

Un elemento que provoca la fatiga del operario es la fuerza de retroceso del agua a alta presión (*Figura 30*). No se debe solicitar al operario que luche contra una fuerza de retroceso de más de un tercio de su peso corporal por un período prolongado. La contrapresión puede calcularse con la siguiente fórmula:

La contrapresión (en libras) equivale a 0,052 veces el flujo en galones por minuto (gpm) por la raíz cuadrada de la presión en libras por pulgada cuadrada.

Para los kilos, la fórmula es 0,02364 veces el flujo en litros por minuto, por la raíz cuadrada de la presión en kilos por centímetro cuadrado.

Con esta fórmula, es fácil calcular la contrapresión desde una pistola. Por ejemplo, si usa 10.000 psi (703,07 kg/cm2) y un flujo de 12 gpm, el cálculo es el siguiente:

$$B = 0{,}052 \times F \times P$$
$$B = 0{,}052 \times 12 \times \sqrt{10{,}000}$$
$$B = 0{,}052 \times 12 \times 100 = 62{,}4 \text{ libras}$$

Un operario que trabaja con un chorro que fluye a 10.000 psi (703,07 kg/cm^2) y 12 gpm (45,4

205F30.EPS

Figura 30 Reforzado para contrapresión.

l/m) experimentará una fuerza de contrapresión de 62,4 libras (28,4 kg). El operario debe pesar al menos 187 libras (85 kilos) para operar la boquilla. Las unidades de fabricación más reciente operan con menos contrapresión que algunas unidades anteriores.

Cuando el operario de la bomba necesita reducir la presión en la manguera de suministro por alguna razón, debe actuar lentamente. De lo contrario, podría hacer que el operario de la pistola pierda el equilibrio debido al cambio repentino de contrapresión.

En función del tamaño y el alcance del proyecto, puede ser necesario que otros operarios o trabajadores ayuden con el manejo de la pistola a chorro. Esto es así especialmente si tiene más de una extensión de chorro o si la manguera debe alimentar la pieza de trabajo. Para disminuir la fatiga del operario y garantizar que el manejo sea seguro, los trabajadores pueden alternar el puesto de operario de pistola a intervalos designados.

5.4.0 Preparación del hidrolavado

Antes de comenzar el trabajo, el equipo de preparación de la superficie debe asegurarse de lo siguiente:

- Que el área cuente con las barricadas y las señales de advertencia apropiadas.
- Que los equipos eléctricos estén cubiertos y protegidos del agua de manera apropiada.
- Que no se permita que las conexiones eléctricas se apoyen en el agua.
- Que se designe a un miembro como responsable de controlar que se cuente con todos los permisos necesarios. Esto incluye todos los permisos de acceso a espacios cerrados, al igual que aquellos que puedan solicitar los organismos locales, estatales y federales.

- Que todos los accesorios y las mangueras estén en buenas condiciones (no desgastados ni dañados). Deben tener la clasificación de presión apropiada para la presión de funcionamiento que se usará.
- Que las boquillas estén abiertas y sin obstrucciones.
- Que se haya drenado el sistema completo y se haya expulsado el aire antes de instalar la boquilla.
- Que el sistema de descarga y todos los sistemas de control funcionen.
- Que todos los equipos móviles pertinentes, tales como transportadores, mezcladores, etc., estén anulados mecánica o eléctricamente. De contarse con los dispositivos de bloqueo apropiados.

5.5.0 Válvula de descarga

Los dispositivos de hidrolavado están equipados con una válvula de descarga (*Figura 31*). Al activar la válvula de descarga, se permite que el agua salga del sistema a una presión segura. Nunca opere un sistema si esta válvula no funciona. Siempre deje de realizar la tarea, apague la bomba y repare o reemplace la válvula. No repare ni ajuste los componentes con la presión activada. Siempre córtela primero.

5.6.0 Procedimiento de hidrolavado

Cuando el ajuste y las pruebas han finalizado, comienza la etapa operativa. En este texto no describiremos la operación específica del equipo. Sin embargo, podrían ser útiles algunas observaciones generales.

205F31.EPS

Figura 31 Válvula de descarga.

Antes de que la bomba alcance una presión alta para la limpieza, comience con una presión baja sin una boquilla en la lanza. Enjuague el sistema para eliminar burbujas de aire y partículas. Luego, revise el funcionamiento del sistema de volcado y trate de detectar fugas en el sistema.

Si algún componente tiene fallas o fugas, no intente reparar la conexión bajo presión. Apague la bomba y busque la causa. No ignore las fugas ni otros problemas. La falla catastrófica de los componentes podría dar lugar a consecuencias graves. Si la manguera comienza a pulsar cuando está funcionando, la bomba podría no recibir suficiente agua en el punto de succión. Apáguela y revísela para ver si tiene problemas. Otro indicio de suministro de agua insuficiente podría ser un sonido de golpe fuerte proveniente de la bomba. Esto se denomina cavitación.

Después de enjuagar el sistema, apáguelo y coloque las boquillas. Ahora pruebe el sistema a una presión baja y llévelo gradualmente a la presión de trabajo. Suba lentamente la presión a entre una y una y media veces la presión de trabajo para ver si aparecen fugas.

En caso positivo, apague el equipo y repárelas. Nunca intente reparar o ajustar conexiones bajo presión.

Se produce una sacudida distintiva cuando se opera la válvula de descarga o la válvula de apagado en seco. Esto se denomina pulso de línea y toda contrapresión en la pistola desaparecerá de inmediato. Esté preparado para esta situación.

5.7.0 Hidrolavado con pistola

La técnica más común de hidrolavado es con pistola. Cuando use una pistola para limpiar superficies grandes, tenga en cuenta permanentemente hacia dónde está dirigida la punta. La efectividad de la limpieza dependerá de cuán cerca esté la punta de la superficie que se esté limpiando. Con un chorro en forma de abanico, mientras mayor sea el área cubierta en el barrido, menor será la fuerza que se podrá ejercer. Cuanto menor sea la distancia de la punta con respecto a la superficie, más abundantes serán las salpicaduras. Asegúrese de acostumbrarse en forma gradual a la contrapresión. La pérdida de control de la pistola o las caídas pueden ser causa de la exposición repentina al golpe. Recuerde verificar su apoyo constantemente, dado que la combinación de agua y aceite puede hacer que la superficie se torne resbaladiza. Si siente que la pérdida de control es inminente, active la válvula de descarga de inmediato.

5.8.0 Tanques

Los tanques de hidrolavado, las calderas, las torres de enfriamiento y otros recintos requieren de técnicas específicas. El uso de una lanza telescópica y una cabeza tipo T rotatoria con dos boquillas giratorias (*Figura 32*) permite al operario trabajar dentro sin estar en el interior. Sigue siendo fundamental impedir que las boquillas se salgan de la abertura mientras están con presión.

Marque la lanza a al menos 24 pulgadas (61 cm) de la cabeza para evitar sacar la cabeza del tanque de manera accidental. Es mejor bajar las boquillas al tanque desde arriba para evitar que el material de lavado interfiera con el control.

5.9.0 Limpieza

La limpieza después de la preparación de la superficie es una parte importante del trabajo. Siempre cumpla o supere los requisitos de limpieza. Enrolle y guarde todas las mangueras y, mientras tanto, revíselas. También revise las válvulas y los accesorios. Examine la bomba y el impulsor para que no haya demoras cuando quiera utilizarlos en el siguiente trabajo.

5.10.0 Otros equipos de hidrolavado

Además de las pistolas de hidrolavado, existen limpiadores de superficies montados en carros, que se utilizan para limpiar grandes superficies de pisos (*Figura 33*). Se operan como un fregador de pisos y dejan un camino limpio en cada pasada, con el operario caminando por detrás. Se utilizan presiones de hasta 40.000 psi (276 MPa). Las boquillas giratorias debajo de la carcasa están completamente protegidas por ella y esto reduce los peligros para el operario.

Para la parte exterior de tuberías grandes, hay aparejos automáticos sobre carriles. Para grandes áreas de pared, incluido los exteriores de tanques, existen orugas robóticas. La hidrodemolición del concreto deteriorado se logra a 20.000 psi (138 MPa) con equipos controlados a distancia. Estas y muchas otras máquinas de hidrolavado están equipadas con cubiertas de vacío para recolectar y retirar el agua abrasiva gastada, los abrasivos y los residuos. Para que las superficies de hidrolimpieza se limpien y perfilen, hay sistemas de hidrolavado de inyección abrasiva que operan a hasta 40.000 psi (276 MPa), para usar con distintas pistolas.

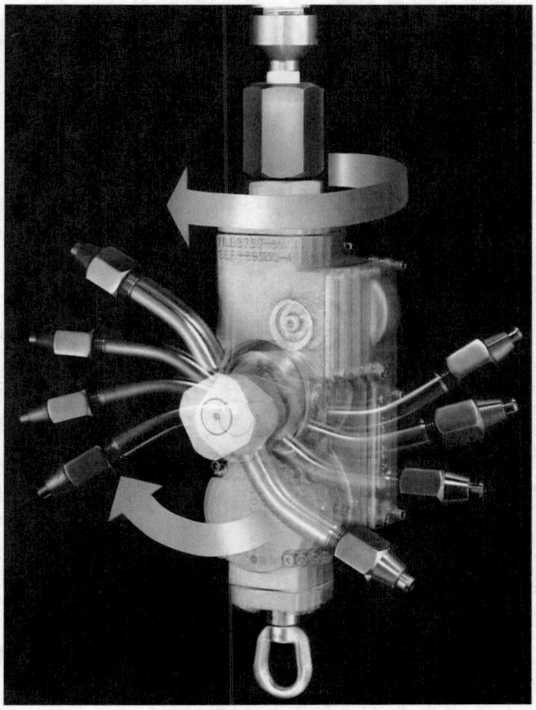

205F32.EPS

Figura 32 Cabeza en T rotatoria con dos boquillas giratorias.

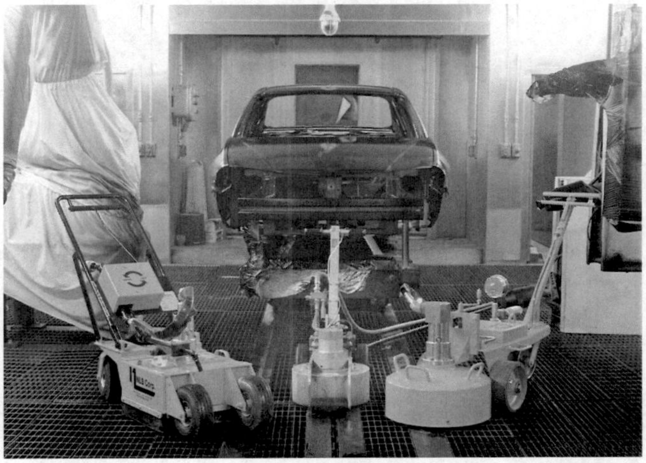

205F33.EPS

Figura 33 Limpiadores para hidrolavado de pisos.

RESUMEN

La preparación de la superficie puede ser la parte más costosa y que más tiempo requiere de una operación de revestimiento. El objetivo de la preparación es siempre el mismo: quitar la grasa, los aceites, las sales y otros contaminantes que impiden que los revestimientos se adhieran a la superficie. Se requiere experiencia y conocimientos a fin de preparar la superficie para el revestimiento de manera adecuada.

Durante la preparación de la superficie, documente todos los aspectos de la operación. Realice pruebas para determinar la limpieza de la superficie; utilice papel indicador para determinar el pH, equipos comerciales para determinar la contaminación con sales solubles, lámparas de calor y lámparas ultravioleta para identificar la contaminación con hidrocarburos, y soluciones que identifiquen la contaminación con sales e hidrocarburos, al igual que la presencia de cromo hexavalente.

También se discutieron los materiales especializados y el equipo que se utilizan para la limpieza abrasiva seca y húmeda, al igual que las precauciones de seguridad y las consideraciones ambientales.

Preguntas de repaso

1. El estándar para evaluar el grado de oxidación sobre superficies de acero pintadas se incluye en _____.
   a. *SSPC-VIS 1*
   b. *SSPC-VIS 2*
   c. *SSPC-VIS 3*
   d. *NACE VIS 7/SSPC-VIS 4*

2. Se utiliza una espátula roma para _____.
   a. determinar si los revestimientos antiguos están adheridos firmemente a una superficie
   b. quitar el óxido y la cascarilla de laminado de superficies de acero erosionadas
   c. reparar vacíos y grietas en la superficie del concreto
   d. restaurar el perfil de la superficie después del amolado

3. Cuando se acumula agua sobre una superficie de acero, esto se debe muy probablemente a _____.
   a. la presencia de grasa o aceite
   b. la presencia de sal
   c. la tierra
   d. la presencia de ácido

4. Para determinar si una superficie de concreto contiene aceite o grasa, utilice _____.
   a. cloruro
   b. ácido clorhídrico
   c. cromatos
   d. acetato de plomo

5. Para analizar la presencia de sales sobre metales, comience con _____.
   a. un área oscurecida
   b. acetato de plomo
   c. una lupa
   d. agua desionizada

6. Las pruebas de cloruro de calcio determinan _____.
   a. la contaminación de sal sobre el acero
   b. el nivel de humedad del concreto
   c. el contenido de hidrocarburos del concreto
   d. la presencia de cromatos en el acero

7. La oxidación instantánea puede ser provocada por _____.
   a. la deshumidificación excesiva
   b. la falta de sales en la superficie
   c. el uso de un inhibidor
   d. la contaminación de la superficie

8. Los medidores de humedad relativa miden la humedad relativa con respecto a _____.
   a. la temperatura del aire
   b. la humedad
   c. una variable
   d. una constante

9. La limpieza abrasiva puede lograr un perfil de superficie _____.
   a. en el acero
   b. en el concreto
   c. en el acero y el concreto
   d. ni en el acero ni en el concreto

10. El acido clorhídrico puede lograr un perfil de superficie _____.
    a. en el acero
    b. en el concreto
    c. en el acero y el concreto
    d. ni en el acero ni en el concreto

11. El perfil de superficie obtenido con la cinta réplica se mide con un _____.
    a. medidor de espesor
    b. hidrómetro
    c. psicrómetro de eslinga
    d. medidor de HR

12. Las condiciones ambientales que afectan directamente las operaciones de preparación de superficies son _____.
    a. la temperatura y la humedad
    b. el polvo y la temperatura
    c. la visibilidad y la humedad
    d. la ventilación y la temperatura

13. Para evitar la condensación en una superficie, ésta debe mantenerse a una temperatura que sea _____ a la del aire.
    a. superior
    b. inferior
    c. equivalente
    d. equivalente o inferior

14. Para medir la temperatura del aire, utilice un _____.
    a. manómetro
    b. higrómetro
    c. micrómetro
    d. termómetro

15. De las siguientes declaraciones registradas en la documentación del proyecto, ¿cuál describe de mejor manera el motivo por el cual se realizó o no una acción?
    a. Realicé una prueba por lámpara de calor en la superficie de concreto el 18 de septiembre de 2008 con Dan Smith y Tom Jones.
    b. Una onza de solución de ácido clorhídrico burbujeó durante 10 minutos cuando se la aplicó a la superficie de concreto.
    c. No se pudo evaluar la superficie por la presencia de una capa uniforme de lodo sobre ella. La evaluaremos después de una limpieza con herramientas eléctricas.
    d. Ver las fotografías adjuntas.

16. Los revestimientos de aplicación líquida tienden a ser más delgados en los _____ a medida que se secan.
    a. orificios
    b. poros
    c. ángulos
    d. remaches

17. Cuando se realiza una prueba para detectar cromatos con acetato de plomo, el metal está libre de cromatos cuando el área sometida a prueba _____.
    a. se oscurece
    b. se aclara
    c. se torna roja
    d. se torna verde

18. En el acero corten, la corrosión adherente y la no adherente _____.
    a. se distinguen fácilmente por su textura
    b. tienen el mismo color y textura
    c. se deben quitar
    d. se deben dejar

19. Para determinar si la corrosión es no adherente en el acero corten, utilice ____.
    a. un cepillo de alambre
    b. una amoladora eléctrica
    c. una espátula filosa
    d. una máquina de limpieza abrasiva seca

20. Las superficies de cobre ______.
    a. se oxidan, por lo que no necesitan revestimiento
    b. se corroen rápidamente, por lo que deben revestirse
    c. nunca se corroen
    d. son de sacrificio, por lo que se espera que se corroan

21. Las reparaciones con resinas deben realizarse ______.
    a. antes de que se cure el concreto
    b. mientras el concreto se cura
    c. en superficies húmedas
    d. en superficies secas

22. El concreto se decapa con ácido _____.
    a clorhídrico
    b. nítrico
    c. hidrocarbónico
    d. de peróxido de hidrógeno

23. El decapado ácido se trata en _____.
    a. *ASTM D4360*
    b. *ASTM D4250*
    c. *NACE N.° 6/SSPC-SP 13*
    d. *NACE N.° 3/SSPC-SP 6*

24. La eflorescencia se produce en _____.
    a. el concreto
    b. el acero
    c. el cobre
    d. los plásticos

25. Las pruebas de área reducida se realizan para determinar _____.
    a. si hay nuevos abrasivos en las especificaciones
    b. si dos revestimientos son compatibles
    c. que el aire comprimido esté libre de aceite
    d. el perfil de la superficie

26. Una capa de enlace es compatible con ______.
    a. los revestimientos nuevos y existentes
    b. ni los revestimientos nuevos ni los existentes
    c. el revestimiento nuevo, pero no con el existente
    d. el revestimiento existente, pero no con el nuevo

27. Para detectar el aceite en el aire comprimido, debe ______.
    a. descargar aire hacia papel secante por un minuto
    b. drenar la trampa de aceite del compresor
    c. utilizar una luz ultravioleta
    d. utilizar Blastox®

28. Un sistema de limpieza abrasiva seca tipo succión requiere dos mangueras hacia la boquilla, una para los medios y otra para el aire comprimido.
    a. Verdadero
    b. Falso

29. La abertura de la boquilla de limpieza se determina mediante _____.
    a. un medidor de boquilla interno cargado a resorte
    b. un medidor de aguja hipodérmica
    c. una escala simple insertada internamente
    d. un medidor analizador de limpieza a presión

30. Las presiones que distinguen la limpieza con agua y el hidrolavado se definen en _____.
    a. *NACE N.º 6/SSPC-SP 13*
    b. *NACE No. 3/SSPC-SP 6*
    c. *NACE No. 5/SSPC-SP 12*
    d. *NACE No. 2/SSPC-SP 10*

Términos clave del oficio introducidos en este módulo

Capa de enlace: revestimiento que es compatible tanto con el existente como con el nuevo.

Difuminar: trabajar los bordes de un área reparada de manera que haya una transición suave entre la zona de reparación y el revestimiento aislante de sonido.

Hidrocarburos: productos derivados del petróleo, tales como el aceite y la grasa.

Higrómetro: dispositivo para medir la humedad.

Microsiemens: unidades de conductividad eléctrica.

Prueba de tamiz: prueba que se realiza en los abrasivos cuando se los recibe, para ver si su tamaño coincide con la especificación.

Prueba en área reducida: prueba utilizada en operaciones de revestimiento en la cual el revestimiento seleccionado se aplica en un área pequeña del revestimiento existente para ver si son compatibles.

Recursos adicionales

Este módulo presenta recursos detallados para el entrenamiento en las tareas. Para ampliar los estudios, recomendamos el siguiente material de referencia.

Coating Inspector Program Level 1 (Programa de inspector de revestimientos, nivel 2) © NACE International, 2010.

Coating Inspector Program Level 2 (Programa de inspector de revestimientos, nivel 2) © NACE International, 2010.

"In Pursuit of Precision Blasting" (En busca de una limpieza a presión precisa). J.C. Carson. *Products Finishing Magazine,* agosto de 2007. Cincinnati, OH: Gardner Publications, Inc. www.pfonline.com

ISO 8501-1 a ISO 8501-4, Preparación de sustratos de acero previa a la aplicación de pinturas y productos relacionados - Evaluación visual de la limpieza de la superficie.

ISO 8502-3, Preparación de sustratos de acero previa a la aplicación de pinturas y productos relacionados - Pruebas para la evaluación visual de la limpieza de la superficie.

"Monitoring Environmental Conditions" (Monitorización de las condiciones ambientales). David Beamish, DeFelsko Corporation. Sitio web de NACE Resource Center. Series de Instrumentos de Revestimiento de *Desempeño de materiales 2003.* http://events.nace.org

NACE VIS 7/SSPC-VIS 4, Guía y fotografías de referencia visual para el acero limpiado mediante hidrolavado.

NACE VIS 9/SSPC-VIS 5, Guía y fotografías de referencia para las superficies de acero preparadas mediante limpieza abrasiva húmeda.

Pintura: Nueva construcción y mantenimiento. EM 1110-2-3400. Departamento del Ejército, 30 de abril de 1995.

Reclothing the First Lady of Metals – Repair Concerns. Copper Development Association. www.copper.org

SSPC-VIS 1, Guía y fotografías de referencia para superficies de acero preparadas mediante limpieza abrasiva seca.

SSPC-VIS 2, Método estándar de evaluación del grado de oxidación en superficies de acero pintadas.

SSPC-VIS 3, Guía y fotografías de referencia para superficies de acero preparadas mediante limpieza con herramientas manuales y eléctricas.

Surface Preparation of the Concrete Substrate (Preparación de superficie del sustrato de concreto). N. P. Mailvaganam, G. B. Pye y M. R. Arnott. Actualización de tecnología de la construcción n.° 24, diciembre de 1998.

Revestimientos de zinc. Centennial, CO: American Galvanizers Association, 2006. www.galvanizeit.org

Créditos de las figuras

Rogers & Associates Consulting Services, portada del módulo

Fotografías cortesía de Paul N. Gardner Company Inc., 205F02, 205F04

DeFelsko Corporation, 205F03

Elcometer, Inc., 800-521-0635, www.elcometer.com, 205F05–205F07

O.T.B. Technology, 205F08

ARID-Dry by CDIMS, 205F09

Extech Instruments, 205F10 (higrómetro electrónico), 205F13

Topaz Publications, Inc., 205F10 (termómetro electrónico), 205F23, 205F26, 205F30

General Tools & Instrument Co., 205F11

Carrier Corporation, 205F12

Rogers & Associates Consulting Services, 205F14

NACE International, 205T01, 205T03-205T09

Clemtex, Inc., 205F19, 205F20

Mike O'Brien, 205F21

Empire Abrasive Equipment Company, 205F22

Fotografía cortesía de NLB Corp., 205F24, 205F32, 205F33

Ancon Marine, 205F25, 205F27–205F29, 205F31

CURRÍCULO DE NCCER - COMENTARIOS DEL USUARIO

NCCER hace el esfuerzo de mantener estos libros de texto actualizados y libres de errores técnicos. Apreciamos su ayuda en este proceso. Si encuentra algún error, ya sea tipográfico o de contenido, en el currículo de NCCER, haga el favor de completar este formulario (o una fotocopia de él) o el formulario en línea en **www.nccer.org/olf**. Asegúrese de incluir el número exacto del módulo, la página, una descripción detallada y la corrección recomendada. Su comentario será puesto en conocimiento del comité técnico de revisión. Gracias por su ayuda.

Instructores: si tiene una idea para mejorar este libro de texto o encontró que algún material adicional es necesario para enseñar este módulo con eficacia, por favor háganoslo saber para que podamos presentar sus sugerencias al comité técnico de revisión.

NCCER Product Development and Revision
13614 Progress Blvd., Alachua, FL 32615

Correo electrónico: curriculum@nccer.org
En internet: www.nccer.org/olf

❑ Guía del estudiante ❑ AIG ❑ Examen ❑ PowerPoints Otro ______________________________

Oficio / nivel Fecha de copyright :

Número/título del módulo:

Número(s) de sección:

Descripción:

Corrección recomendada:

Su nombre:

Dirección:

Correo electrónico: Teléfono:

Revestimientos industriales, nivel dos

ES69206-10

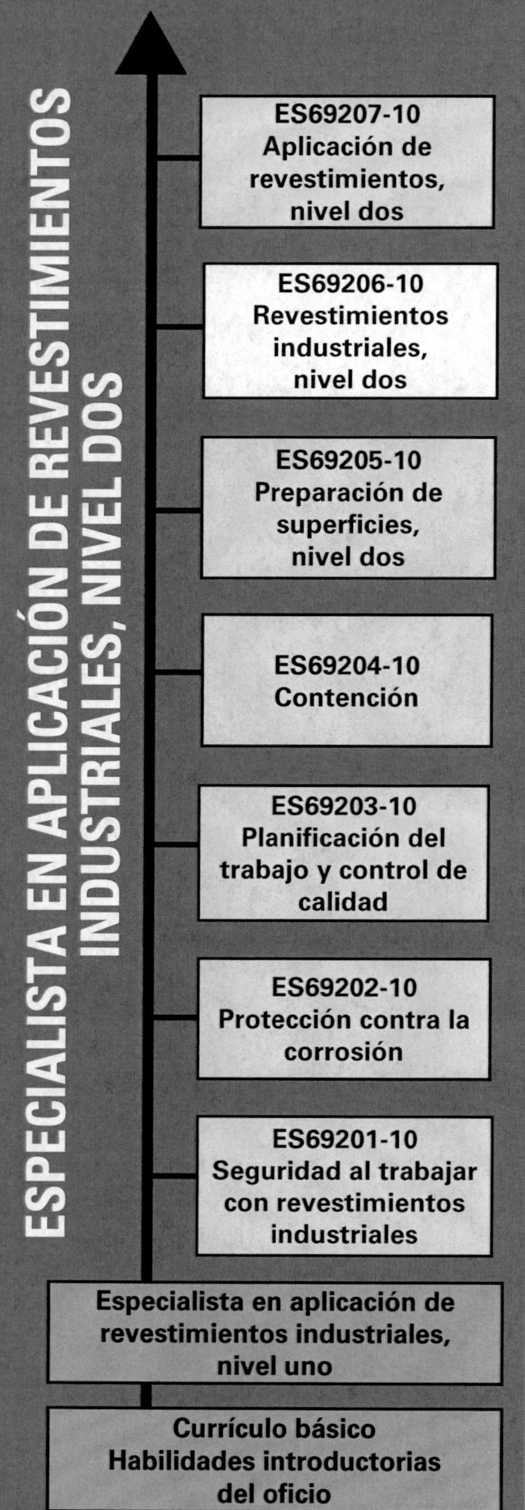

Este mapa del curso muestra todos los módulos de *Especialista en aplicación de revestimientos industriales, nivel dos.* El orden de entrenamiento sugerido comienza desde la parte inferior y avanza hacia la parte superior. Los niveles de habilidad se incrementan a medida que avanza en el mapa del curso. El Patrocinador local del Programa de entrenamiento puede modificar el orden del entrenamiento.

Objetivos

Cuando haya completado este módulo, el alumno podrá hacer lo siguiente:

1. Describir las propiedades físicas de los revestimientos.
2. Describir las características de los revestimientos básicos no convertibles y convertibles.
3. Describir los mecanismos básicos de curado y los métodos de formación de película.
4. Describir los revestimientos básicos para tuberías con sus ventajas, desventajas y métodos de aplicación.

Términos clave del oficio

Opacidad
Revestimiento de barrera
Revestimiento de curado por condensación
Revestimiento de curado por correacción
Revestimiento de curado por hidratación
Revestimiento de curado por oxidación
Revestimiento inhibidor
Surfactantes

Prerrequisitos

Antes de comenzar este módulo, se recomienda que complete correctamente *Especialista en aplicación de revestimientos industriales, nivel uno* y *Especialista en aplicación de revestimientos industriales, nivel dos,* Módulos ES69201-10 a ES69205-10.

Índice

Los temas que vamos a presentar en este módulo comprenden:

1.0.0 Introducción ... 6.1
1.1.0 Usos de los revestimientos protectores industriales ... 6.1
1.2.0 Mecanismos de protección de los revestimientos protectores industriales ... 6.2
1.2.1 Revestimientos de barrera ... 6.2
1.2.2 Revestimientos inhibidores ... 6.2
1.2.3 Revestimientos de sacrificio ... 6.2
2.0.0 Propiedades deseables de los revestimientos protectores industriales ... 6.3
2.1.0 Tipos de revestimientos ... 6.5
2.2.0 Composición de los revestimientos líquidos/licuables ... 6.5
2.2.1 Pigmento ... 6.5
2.2.2 Solventes ... 6.7
2.2.3 Aditivos ... 6.8
2.2.4 Resinas ... 6.10
2.3.0 Mecanismos de curado de los revestimientos ... 6.10
2.3.1 Revestimientos convertibles ... 6.10
2.3.2 Revestimientos de curado por hidratación ... 6.14
2.3.3 Revestimientos no convertibles ... 6.15
3.0.0 Métodos de revestimiento para algunos sustratos que no son de acero ... 6.16
3.1.0 Sustratos cementosos ... 6.16
3.1.1 Imprimadores penetrantes ... 6.16
3.1.2 Revestimientos de película fina ... 6.16
3.1.3 Revestimientos líquidos de barrera rígida con película gruesa ... 6.17
3.1.4 Membranas elastoméricas ... 6.17
3.1.5 Revestimientos protectores termoplásticos fusionados y laminados de barrera ... 6.17
3.2.0 Sustratos de aluminio ... 6.17
3.2.1 Revestimientos orgánicos ... 6.18
3.2.2 Revestimientos anódicos y convertibles ... 6.18
3.2.3 Esmaltes de porcelana y galvanoplastia ... 6.18
3.3.0 Acero inoxidable ... 6.18
4.0.0 Revestimientos para tuberías ... 6.19
4.1.0 Revestimientos epóxicos de adherencia por fusión ... 6.21
4.1.1 Ventajas de los revestimientos FBE ... 6.21
4.1.2 Desventajas de los revestimientos FBE ... 6.22
4.1.3 Revestimientos FBE aplicados en planta ... 6.22
4.1.4 Aplicación de revestimiento FBE de uniones de campo ... 6.24
4.2.0 Revestimientos de alquitrán de hulla para tuberías ... 6.24
4.2.1 Ventajas de los revestimientos CTE ... 6.25
4.2.2 Desventajas de los revestimientos CTE ... 6.25
4.2.3 Revestimientos CTE aplicados en planta ... 6.26
4.2.4 Aplicación de revestimiento CTE de unión de campo ... 6.26
4.3.0 Revestimientos de poliolefinas extruidas para tuberías ... 6.27
4.3.1 Ventajas de los revestimientos PO ... 6.27
4.3.2 Desventajas de los revestimientos PO ... 6.27
4.3.3 Revestimientos PO extruidos aplicados en planta ... 6.27

Contenido (continuación)

4.3.4 Revestimiento de uniones y reparación en el campo de Revestimientos PO 6.29
4.4.0 Revestimientos de superposición resistentes a la abrasión (ARO) para tuberías 6.32
4.5.0 Cintas de aplicación en frío para tuberías 6.34
4.5.1 Ventajas de los revestimientos de cinta de aplicación en frío 6.34
4.5.2 Desventajas de los revestimientos de cinta de aplicación en frío ... 6.34
4.5.3 Aplicación de cinta de petrolato en frío 6.34
4.5.4 Aplicación de cinta de poliuretano en frío 6.34
4.6.0 Mangas para uniones de tuberías de ajuste por contracción 6.36
4.6.1 Ventajas de la manga de ajuste por contracción 6.36
4.6.2 Desventajas de la manga de ajuste por contracción 6.36
4.6.3 Aplicación de mangas de ajuste por contracción 6.36
4.7.0 Revestimientos de peso para tuberías 6.36
4.8.0 Revestimientos líquidos para tuberías 6.37
5.0.0 Revestimientos resistentes a incendio/ignífugos 6.38
5.1.0 Materiales de base cementosa 6.39
5.2.0 Materiales no cementosos 6.40
5.3.0 Materiales de base aislante 6.41
6.0.0 Revestimientos en polvo 6.41
7.0.0 Estándares de los revestimientos especializados y para tuberías 6.42

Figuras y tablas

Figura 1 Revestimiento de un edificio 6.1
Figura 2 Aplicación de materiales resistentes a incendio 6.2
Figura 3 Aplicación de revestimiento de barrera a un tubo 6.3
Figura 4 Componentes básicos de los revestimientos líquidos convencionales 6.5
Figura 5 Categorías de los pigmentos utilizados en los revestimientos 6.6
Figura 6 Clases de solventes utilizados en los revestimientos 6.7
Figura 7 Categorías funcionales de los aditivos utilizados en los revestimientos convencionales 6.9
Figura 8 Resinas de uso común en revestimientos 6.10
Figura 9 Tubo en un horno infrarrojo de precalentamiento 6.21
Figura 10 Inspección de discontinuidades/orificios con un detector curvo de alto voltaje. 6.22
Figura 11 Proceso de aplicación de FBE en una planta 6.23
Figura 12 Tubo que emerge de una cámara de polvo 6.24
Figura 13 Amolado de la reducción de un tubo 6.24
Figura 14 Estarcido de tubo 6.25
Figura 15 Calentador de inducción para uniones de campo y rociador de polvo 6.25
Figura 16 Extrusión de cruceta 2LPO 6.28
Figura 17 Extrusión de cruceta y lateral 3LPO 6.30-6.31
Figura 18 Máquina automatizada de envoltura de cinta 6.32
Figura 19 Unión de campo moldeada a inyección y pulverización a la llama 6.32
Figura 20 Proceso de revestimiento de extrusión/compresión de peso 6.38

Tabla 1 Tipos de revestimientos por mecanismo de curado 6.11
Tabla 2 Métodos de aplicación de diferentes revestimientos para tuberías 6.21

1.0.0 Introducción

Un método fundamental para el control de la corrosión implica la colocación de un revestimiento o forro entre un ambiente corrosivo y el sustrato que se desea proteger. Es el método más utilizado para proteger metales y otros sustratos. Un revestimiento protector es cualquier material que se aplica a una superficie, que resiste los efectos del ambiente e impide que el sustrato quede seriamente afectado (*Figura 1*). Este módulo proporciona detalles adicionales sobre los revestimientos protectores industriales que se trataron en el módulo *Revestimientos industriales* del nivel uno. También cubre en forma detallada los revestimientos para tuberías, resistentes a incendio/ignífugos y en polvo.

En general, los revestimientos protectores se definen como una película de material que se coloca en el exterior de las estructuras para protegerlas de los efectos del medio ambiente, pero no necesariamente de la inmersión. Los forros y las barreras son materiales que se colocan en el interior de tubos, tanques, contenedores, equipos de proceso y estructuras sujetas a inmersión. El propósito principal de un forro es proteger los productos del sustrato.

1.1.0 Usos de los revestimientos protectores industriales

Los revestimientos y forros protectores industriales se pueden utilizar por diversos motivos. Estos usos se describen en la siguiente lista:

- *Control de la corrosión:* se usan revestimientos protectores para retrasar o eliminar la corrosión de un sustrato.
- *Impermeabilización:* los revestimientos o forros pueden prevenir o reducir la transmisión de fluidos, tales como el vapor de agua.
- *Protección contra la intemperie:* aparte de impermeabilizar, algunos revestimientos también proporcionan resistencia a los rayos ultravioletas del sol o a la corrosión que puede causar el viento.
- *Biocidas:* en la industria marítima se utilizan revestimientos antiincrustantes sin estaño para reducir la adhesión de organismos marinos a los cascos de los barcos por debajo de la línea de flotación y a otras estructuras sumergidas cuando se requiere tal protección.
- *Resistentes a incendios/ignífugos:* hay revestimientos resistentes al fuego e ignífugos. La *Figura 2* muestra material resistente a incendio proyectado (lechada) aplicado a materiales para estructuras metálicas de construcción comercial.
- *Aspecto:* los revestimientos se utilizan para mejorar y mantener el aspecto, tanto de instalaciones industriales y comerciales como de productos fabricados.
- *Codificación de color:* los sustratos que podrían no estar revestidos por razones de control de la corrosión, como podrían ser tuberías de acero inoxidable o de plástico, es posible que sean revestidos como parte de un esquema de codificación de color.

206F01.EPS

Figura 1 Revestimiento de un edificio.

206F02.EPS

Figura 2 Aplicación de materiales resistentes a incendio.

- *Desinfección/descontaminación:* los revestimientos se pueden aplicar a sustratos porosos, tales como concreto, madera y yeso, para facilitar la limpieza. La desinfección es importante en las plantas de procesamiento de alimentos. La descontaminación es importante en las plantas de energía nuclear, en donde hay millones de metros cuadrados de superficie que deben revestirse para contar con superficies que se puedan descontaminar con facilidad en caso de accidente (este es un requisito legal que se encuentra en *10 CFR 50*).
- *Seguridad:* los revestimientos se pueden aplicar para hacer más visibles los peligros; para denotar la presencia de determinados tipos de sustancias, procesos o equipos peligrosos; y de conformidad con los requisitos de marcado de seguridad y codificación de colores que estipula el derecho público y administra OSHA en virtud del programa ANSI, y organismos reguladores similares en otros países.
- *Prevención de la contaminación de productos:* los forros se pueden aplicar en el interior de contenedores, tubos o recipientes para prevenir su deterioro y la contaminación del producto que contienen.
- *Reducción de la fricción:* un sustrato puede tener un revestimiento para reducir la fricción; por ejemplo, el forro del interior de las tuberías para reducir la resistencia del flujo.
- *Resistencia al desgaste:* los sustratos de gran desgaste, tales como el interior de las tuberías de lechada o las tolvas que se someten a materiales abrasivos, se pueden cubrir con revestimientos o forros resistentes a la abrasión para reducir el desgaste del sustrato.
- *Transferencia de calor:* se pueden utilizar revestimientos para aumentar la transferencia de calor (pinturas negras en aplicaciones de calentamiento solar) o para reducirla (pinturas blancas o reflectantes en los edificios y otras estructuras).
- *Aislamiento eléctrico:* algunos revestimientos se pueden utilizar para proporcionar aislamiento eléctrico a los cables que se utilizan en, por ejemplo, transformadores o bobinas de motores.
- *Insonorización:* el aislamiento de espuma y la protección contra incendio son ejemplos de materiales de revestimiento que se pueden utilizar para la insonorización.

1.2.0 Mecanismos de protección de los revestimientos protectores industriales

Un revestimiento puede ofrecer protección contra la corrosión mediante un mecanismo individual o la combinación de tres mecanismos básicos. Entre estos revestimientos están los de barrera, los de inhibición y los de sacrificio.

1.2.1 Revestimientos de barrera

Este tipo de revestimiento funciona como barrera física entre un sustrato y el ambiente. Los **revestimientos de barrera** impiden que la humedad y el oxígeno lleguen al sustrato (*Figura 3*). A menudo se usan como revestimientos de inmersión. Como ejemplos de revestimientos de barrera se pueden nombrar algunos epóxicos, esmaltes de alquitrán de hulla y muchos revestimientos vinílicos inertes.

1.2.2 Revestimientos inhibidores

Un **revestimiento inhibidor** contiene pigmentos que reaccionan con la humedad absorbida dentro del revestimiento y luego reaccionan con la superficie de acero, vuelven pasivo el metal e interfieren con el proceso de corrosión. Los revestimientos inhibidores por lo general se usan para estructuras expuestas a las condiciones atmosféricas, pero no a la inmersión porque muchos pigmentos atraen el agua hacia el revestimiento y forman ampollas.

1.2.3 Revestimientos de sacrificio

Los revestimientos de sacrificio usan un metal (por lo general zinc) que proporciona protección galvánica al acero. En presencia de un electrolito, se corroe el zinc en lugar del acero. En la mayoría de los casos, los productos de la reacción del zinc rellenan las áreas rayadas o dañadas para protegerlas más de las condiciones atmosféricas.

206F03.EPS

Figura 3 Aplicación de revestimiento de barrera a un tubo.

Existen varios tipos de revestimientos de sacrificio, incluidos los revestimientos ricos en zinc, los galvanizados por inmersión en caliente y los metalizados por pulverización.

Hay cuatro tipos de revestimientos ricos en zinc:

- *Revestimientos a base de agua, de poscurado, inorgánicos:* estos revestimientos son solubles en agua y necesitan una capa separada de lavado para completar el proceso de curado.
- *Revestimientos a base de agua, de autocurado, inorgánicos:* estos revestimientos se pueden diluir con agua y se curan como resultado de una reacción química que se produce cuando se evapora el agua del revestimiento.
- *Revestimientos a base de solvente, de autocurado, inorgánicos:* este tipo de revestimientos ricos en zinc se pueden diluir con un solvente. El proceso de curado depende de las reacciones químicas que se ven afectadas por la humedad de la atmósfera.
- *Revestimientos orgánicos:* los revestimientos orgánicos ricos en zinc son compatibles con las superficies orgánicas y con las de acero. Se adhieren al acero sin revestir así como a diversos imprimadores y capas de acabado; sin embargo, solo funcionan como revestimiento de sacrificio cuando están en contacto directo con el sustrato de acero. Los uretanos, el caucho clorado, el vinilo y los epóxicos catalizados son buenos vehículos para los revestimientos ricos en zinc.

Para los revestimientos de sacrificio galvanizados por inmersión en caliente, se aplican metales (por lo general zinc) al acero mediante la inmersión del acero en un metal fundido. Los revestimientos galvanizados por inmersión en caliente proporcionan una barrera duradera contra la mayoría de los procesos de corrosión atmosférica.

Los revestimientos metalizados por rociado en caliente también suponen la aplicación de metales a un sustrato. Se funden zinc u otros metales con el uso de equipos especiales de pulverización y se rocían al sustrato de acero después de que la superficie se ha limpiado con abrasivos a presión. El metal se rocía tan pronto como sea posible después de que el sustrato esté preparado, para reducir la oxidación del acero. Los sustratos que no son acero también se pueden revestir con el uso de técnicas de metalizado por pulverización.

2.0.0 Propiedades deseables de los revestimientos y forros protectores industriales

Algunos revestimientos tienen propiedades que se consideran deseables. Las propiedades importantes de los revestimientos de alto rendimiento se describen a continuación:

- *Resistencia al agua:* la resistencia al agua es una propiedad muy importante para un revestimiento porque la mayoría de revestimientos durante su vida útil entran en contacto con el agua en diferentes grados. Los tipos de agua que se pueden encontrar son:
  - Agua de pantano, que por lo general es ácida y puede corroer tanto el acero como el concreto.
  - Agua con contenido de azufre, que prevalece en muchas áreas y reacciona rápidamente con la mayoría de los metales, como el hierro, el acero, el bronce y el cobre.
  - Agua altamente conductora o de mar, que puede favorecer la formación rápida de áreas ánodo-cátodo en el acero, lo que a su vez causa picaduras severas.
  - Agua pura de nieve, que disuelve el calcio del concreto a gran velocidad y deja expuesto el agregado.
  - Agua pura de intercambiadores de iones o desmineralizadores, que puede permearse al sistema de revestimiento y ser causa de ampollas o ataque de pigmentos.
  - Agua con alto contenido de oxígeno, que puede crear áreas de corrosión de tipo ánodo-cátodo.

  Para que un revestimiento tenga una excelente resistencia al agua, debe poder soportar la inmersión continua o casi continua en agua sin perder adhesión, sin que se formen ampollas o grietas, y sin que se suavice o hinche. También debe soportar los ciclos de húmedo a seco, que son una condición normal de los revestimientos expuestos a la atmósfera, ya que se condensa rocío en el revestimiento durante la tarde y la noche, y se evapora durante el día. No todos los revestimientos de alto rendimiento tienen excelente resistencia al agua. Los dos aspectos principales de la resistencia al agua son la resistencia a la absorción de humedad y la resistencia a la transmisión de vapor de humedad. La resistencia al agua de un revestimiento también se llama baja permeabilidad a la humedad. La absorción de humedad y la transmisión de vapor de humedad son dos procesos completamente diferentes.

La absorción de humedad es la cantidad de agua que se retiene dentro del revestimiento. Un revestimiento resistente a la corrosión debe tener baja absorción de agua, que es la cantidad de agua que se junta y retiene dentro de los espacios moleculares del revestimiento. Una vez que el revestimiento se ha formado y está en uso, el contenido de agua alcanza un estado de equilibrio con la atmósfera, y así desabsorbe o evapora agua en la etapa seca y absorbe más agua cuando se somete a alta humedad o inmersión. Por lo general, entre menor sea la absorción de agua, mejor será el revestimiento.

La transmisión de vapor de humedad es el índice de transferencia del vapor de humedad a través del revestimiento. Cuando hay una diferencia de vapor de humedad de un lado del revestimiento con respecto al otro, el vapor de humedad por lo general se transfiere a través del revestimiento. Cada revestimiento en particular tiene su propio índice de transferencia de vapor de humedad; por lo general, entre más bajo sea el índice de transferencia de vapor de humedad, mejor será la protección que proporcione el revestimiento resistente a la corrosión.

- *Resistencia química:* es la capacidad de un revestimiento de resistir el deterioro de sus propiedades causado por sustancias químicas que entran en contacto con el revestimiento y el ambiente al que está destinado. Algunos tipos de revestimientos de alto rendimiento están formulados para resistir ciertos tipos específicos de ataque químico.
- *Facilidad de aplicación:* es una propiedad importante para un revestimiento, especialmente para las exposiciones críticas en las que la estructura sea intrincada, con muchos rincones, bordes, depresiones y áreas similares. La mayoría de las estructuras industriales son difíciles de revestir.
- *Adhesión al sustrato:* la adhesión se crea por la interacción de fuerzas físicas y químicas en la interfaz del revestimiento y el sustrato. Se logra una buena adhesión al sustrato cuando se prepara bien la superficie, se formula bien el revestimiento y se lo aplica correctamente. La adhesión es la capacidad de la pintura seca de adherirse y permanecer fija en la superficie sin que se formen grietas, ampollas o escamas, y que no se pueda eliminar con cinta. El valor de adhesión de los revestimientos orgánicos varía desde aproximadamente 100 psi (7,03 kg/cm^2) para algunos epoxis hasta más de 1.000 psi (70,3 kg/cm^2). Los revestimientos de rociado térmico pueden presentar valores aproximados de más de 2.000 psi (140,6 kg/cm^2).
- *Fuerza de cohesión:* es la capacidad de un revestimiento de resistir la tensión interna debida al curado, la expansión o la contracción térmica, y el trabajo en frío (formado). Es una medida de la resistencia interna de un revestimiento y por lo general es un buen indicador de dureza.
- *Resistencia a la tensión:* es la capacidad de resistencia de un revestimiento contra la ruptura o la formación de grietas bajo tensión lineal.
- *Flexibilidad/elongación:* un revestimiento debe poder soportar la deformación del sustrato.
- *Resistencia a golpes:* se refiere a la capacidad de un revestimiento de soportar golpes mecánicos súbitos. La resistencia a golpes tiene una relación estrecha con la resistencia a la abrasión.
- *Retención en los bordes:* es la capacidad de un revestimiento de mantener el espesor del revestimiento en los bordes agudos.
- *Resistencia a la abrasión:* los revestimientos que se aplican en las cubiertas o en los cascos de barcos, barcazas, plataformas de alta mar y áreas similares son ejemplos de revestimientos que deben ser resistentes a la abrasión. Otras áreas que necesitan la protección de los revestimientos resistentes a la abrasión son los pisos que se someten al movimiento de equipos pesados, tránsito de peatones, posible tránsito de vehículos y daños causados por herramientas y equipos. La resistencia a la abrasión también puede ser necesaria en aplicaciones industriales para superficies internas de equipos en las cuales se produzca agitación de soluciones que contengan partículas; áreas de superficie en contacto directo con soluciones de alta velocidad; o tolvas internas para el manejo de partículas abrasivas secas. Para soportar este tipo de exigencias, el revestimiento debe ser fuerte, extremadamente adhesivo y resistente a los golpes. A menos que el revestimiento tenga estas propiedades, pronto dejará de resistir eficazmente la corrosión.
- *Resistencia a la temperatura:* es la capacidad de un revestimiento de resistir el deterioro de sus propiedades dentro de límites de temperatura esperados para el sustrato.

- *Resistencia al flujo frío:* es una propiedad importante que deben tener los revestimientos termoplásticos de alta duración. El flujo frío es la tendencia a fluir hacia abajo o hundirse con el tiempo. El vidrio es un material termoplástico que desarrolla flujo frío. Los esmaltes de alquitrán de hulla y las composiciones de resina también pueden afectarse con el flujo frío.
- *Resistencia dieléctrica:* es una reflexión de la capacidad de un revestimiento para romper el circuito eléctrico establecido durante una reacción de corrosión. Un revestimiento debe resistir el paso de los electrones e impedir que el metal forme una solución en el ánodo. Si los electrones no se pueden desplazar al cátodo, se detiene el mecanismo de la corrosión. Cuando se utiliza con protección catódica, el revestimiento que es suficientemente dieléctrico impide que la corriente catódica circule en las áreas protegidas por el revestimiento y reduce así la cantidad de corriente necesaria para proteger el sustrato.
- *Otras propiedades:* todo revestimiento resistente a la corrosión debe contar con la mayoría de las propiedades descritas. Otras propiedades generales son la resistencia a los agentes atmosféricos; resistencia a bacterias y hongos; longevidad; y la capacidad de conservar su aspecto.

2.1.0 Tipos de revestimientos

Los revestimientos se pueden clasificar de diferentes maneras. Una de las maneras de clasificarlos es en orgánicos o inorgánicos. La mayoría de los revestimientos son orgánicos. Los revestimientos orgánicos contienen uniones carbono-carbono. Se fabrican de materiales orgánicos tales como aceite vegetal, ceras y grasas animales, petróleo y carbón. Los alquidos, los epoxis, el aceite y los alquitranes son revestimientos orgánicos.

Los revestimientos inorgánicos no contienen uniones carbono-carbono. Por lo general están formados por sales de sodio, litio, potasio y sílice. Los revestimientos inorgánicos tienen propiedades muy específicas y principalmente se utilizan para áreas especializadas. Se pueden nombrar como ejemplo los revestimientos fosfatados, los metálicos, los silicatos, el cemento y el vidrio.

El silicato de etilo es un compuesto orgánico. Sin embargo, con frecuencia se lo incluye en la lista de revestimientos inorgánicos porque durante el proceso de curado del silicato de etilo de zinc, se libera alcohol etílico y la matriz restante de zinc silicato ferroso es un compuesto inorgánico.

2.2.0 Composición de los revestimientos líquidos/licuables

Los revestimientos convencionales tienen tres componentes principales: el pigmento, la resina y el solvente o agua (*Figura 4*). La combinación de resina y solvente o agua se denomina vehículo. En el revestimiento, también se pueden incluir aditivos, tales como los desecantes y los agentes de suspensión, anticurvatura, control de flujo y control de brillo. La resina y el pigmento conforman el contenido sólido del revestimiento y se describen en los materiales escritos como sólidos por volumen o peso. Los sólidos de volumen son un mejor indicador de la cobertura del revestimiento que los sólidos de peso.

2.2.1 Pigmento

Un pigmento es un elemento sólido con partículas discretas que se utiliza para brindar cualidades protectoras o decorativas específicas al

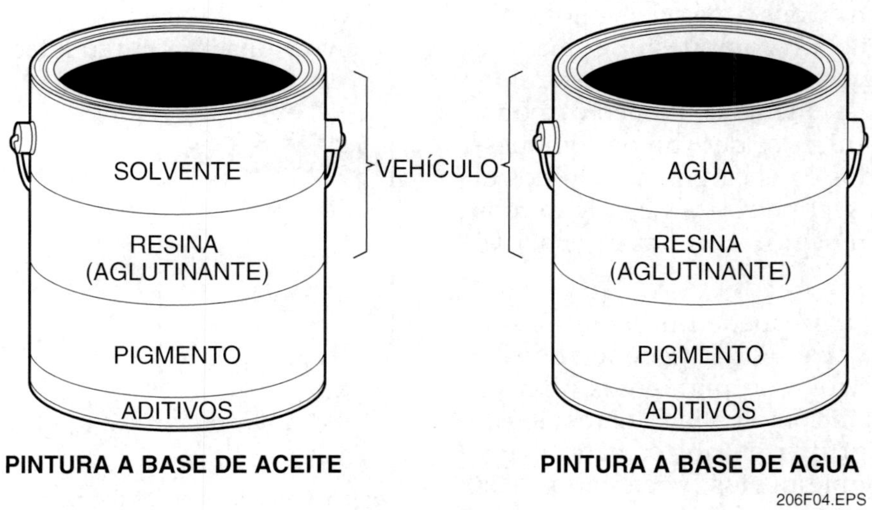

Figura 4 Componentes básicos de los revestimientos líquidos convencionales.

revestimiento. El pigmento permanece en forma de partículas sólidas individuales tanto en el revestimiento líquido como en la película sólida. El término *pigmento* también se puede usar para describir los materiales inertes de relleno, tales como el yeso, el talco o la mica que se utilizan para agregar volumen a la película. Se agregan diversos pigmentos a los revestimientos por los siguientes motivos:

- Inhibir la oxidación
- Reducir la permeabilidad de la película
- Ocultar la superficie
- Proporcionar color
- Proteger la película de los efectos de los agentes atmosféricos y la luz ultravioleta
- Reducir la flexibilidad de la película
- Proporcionar resistencia
- Proporcionar autolimpieza y control de la formación de polvo
- Aumentar la resistencia a la abrasión
- Mejorar el control del brillo (reducir el brillo y aumentar la adhesión de las siguientes capas)
- Asistir en el secado del aglutinante del revestimiento
- Proporcionar ciertos acabados deseados, tales como un brillo metálico o diferentes brillos.
- Mejorar las propiedades de almacenamiento de la pintura

Los pigmentos pueden ser blancos o de color, opacos o translúcidos. El pigmento proporciona el color del revestimiento, el nivel de brillo y la **opacidad**. La opacidad es la capacidad del revestimiento para cubrir u ocultar el sustrato. La capacidad de ocultamiento de un revestimiento y la lisura de la película por lo general dependen de qué tan finas sean las partículas del pigmento. Los diámetros de las partículas de la mayoría de los pigmentos de revestimientos comerciales oscilan entre 0,0001 mm y 0,006 mm. En general, los pigmentos consisten en dos o más elementos combinados para formar un compuesto orgánico o inorgánico. Los pigmentos inorgánicos están formados por minerales que no contienen carbono. Los pigmentos orgánicos se derivan de compuestos químicos basados en el carbono, incluidos el alquitrán de hulla y el petróleo. Los pigmentos se pueden clasificar según su función principal (*Figura 5*):

- *Pigmentos de color:* se pueden utilizar solos o combinados con otro. Por lo general se utilizan en combinación con pigmentos blancos con fines de coloración. Los pigmentos de color se pueden agrupar en dos categorías generales: tierras y pigmentos precipitados. Las tierras son pigmentos naturales o minerales, tales como los ocres, los óxidos de hierro rojos, los sienas y los ámbares. Los pigmentos precipitados se forman mediante un proceso que los separa (precipita) de una solución química. Pueden ser orgánicos o inorgánicos. Los pigmentos amarillo cromo y azul hierro son ejemplos de pigmentos inorgánicos precipitados. Entre los pigmentos orgánicos precipitados se encuentran los pigmentos de ftalocianina azul y verde.

  Los pigmentos de color dan la apariencia de color porque absorben una porción del espectro de luz visible que cae sobre ellos y reflejan solo la luz que representa el color. Al blanco, el negro y el gris se los llama colores; sin embargo, el negro se produce por la absorción total de la luz sin reflexión, el blanco por la reflexión total de toda la luz y el gris es una mezcla de blanco y negro que resulta en una reflexión imperfecta de toda la luz.
- *Pigmentos de ocultamiento:* estos pigmentos tienen un alto índice de refracción de la luz, por lo general de 1,94 a 2,7 (entre más alto es el índice, mayor es la opacidad). El dióxido de titanio inorgánico es un pigmento común de ocultamiento que es blanco y se utiliza como pigmento base en muchos revestimientos. El dióxido de titanio rutilo tiene el índice de refracción más alto y la mejor capacidad de ocultamiento y coloración de todos los pigmentos. El rutilo es una de las formas de cristales de dióxido de titanio que se producen naturalmente.
- *Pigmentos extensores:* estos pigmentos refuerzan la película de revestimiento y espesan el revestimiento húmedo (más viscoso). Entre otras cosas, estabilizan la suspensión del pigmento, mejoran la nivelación, controlan el flujo y reducen el brillo. También tienden a tener índices de refracción bajos y a reducir la opacidad. El uso excesivo de pigmento extensor en algunos revestimientos baratos provoca la formación de polvo y una baja durabilidad.

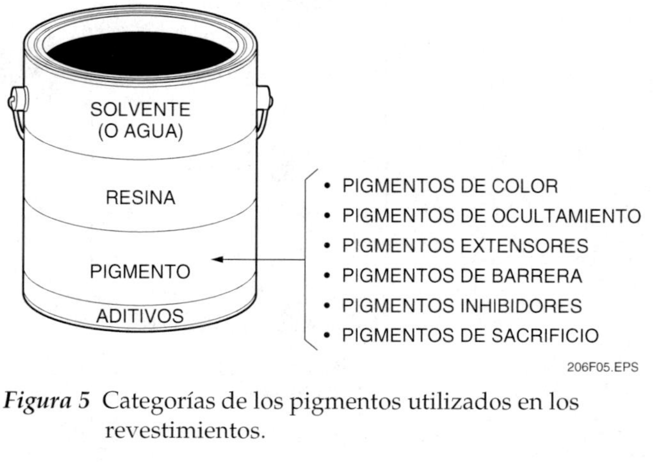

Figura 5 Categorías de los pigmentos utilizados en los revestimientos.

- *Pigmentos de barrera, inhibidores y de sacrificio:* estos pigmentos ayudan a proteger el sustrato. Los pigmentos de barrera, tales como la mica o las escamas de aluminio, tienen forma de placa y actúan para retrasar la transmisión de vapor de humedad al sustrato. Para lograr esto, se fuerza al vapor de humedad que se introduce en la capa de pintura a que se desplace alrededor y entre las partículas grandes de barrera, lo que aumenta la distancia que debe recorrer la humedad para llegar al sustrato.

  Los pigmentos de cromato, molibdato y borato son inhibidores que proporcionan protección contra la corrosión de los sustratos metálicos, por lo general acero o aluminio. Estos pigmentos son ligeramente solubles en agua y cuando el vapor de humedad se introduce en la película, los pigmentos se disuelven y son transportados a la superficie del sustrato. El pigmento disuelto reacciona con el metal para formar una película que ayuda a que la superficie del metal sea químicamente inerte y resistente a la corrosión. En los Estados Unidos se ha limitado severamente el uso de pigmentos de cromato en los revestimientos porque se ha determinado que son peligrosos para la salud.

  Los pigmentos de sacrifico proporcionan protección contra la corrosión a los sustratos de acero. Los pigmentos de polvo de zinc se utilizan como capa metálica de sacrificio que debe estar en contacto directo con un sustrato de acero. El zinc es más activo que el acero y la exposición a sustancias químicas o agentes corrosivos hace que el zinc se corroa (se sacrifique) por acción galvánica para proteger el sustrato de acero. Esto ocurre en otros tipos de revestimientos de zinc, incluidos los que se depositan por galvanizado por inmersión en caliente o rociado térmico.

Hay cientos de pigmentos disponibles y sus propiedades varían según el fabricante. La Asociación Nacional de Fabricantes de Pinturas, Barnices y Lacas clasifica los pigmentos de venta comercial y los incluye en su "Índice de pigmentos".

Se deben tomar las precauciones de seguridad adecuadas para evitar la ingestión o inhalación de pigmentos. Por ejemplo, se deben utilizar respiradores adecuados al mezclar el polvo de zinc con el vehículo de un revestimiento orgánico rico en zinc.

La forma del pigmento puede influir en las propiedades físicas del revestimiento. Los pigmentos se clasifican según su forma en los siguientes tipos:

- *Pigmentos nodulares (con forma de grumo):* por lo general agregan color, como el dióxido de titanio, o son de sacrificio, como el zinc metálico. Los pigmentos más usados son nodulares.
- *Pigmentos aciculares (con forma de aguja):* se utilizan tanto para reforzar y fortalecer la película de revestimiento como para proporcionar color. El óxido de zinc y las fibras de vidrio son ejemplos de pigmentos aciculares. En el pasado, a menudo se agregaban fibras de asbesto a los revestimientos para reforzarlos (darles más cohesión); estas fibras se pueden descubrir cuando se quitan revestimientos antiguos durante los trabajos de mantenimiento de pintura.

PRECAUCIÓN

Se debe proceder con precaución al quitar los revestimientos que tienen refuerzo de fibras de asbesto. Si se daña el asbesto, pueden quedar fibras en el aire y ser inhaladas. La exposición al asbesto presente en el aire puede causar cáncer de pulmón u otros daños a la salud.

- *Pigmentos laminares (con forma de placa):* estos pigmentos quedan superpuestos cuando se seca el revestimiento, lo que aumenta el grado de impermeabilidad a la humedad del pigmento. La mica, las escamas de aluminio, las escamas de vidrio y el óxido de hierro micáceo son ejemplos de pigmentos laminares.

2.2.2 Solventes

La mayoría de los revestimientos convencionales contienen solventes. Algunas veces se los llama portadores o vehículos volátiles porque no permanecen como parte de la película de revestimiento seca. Los solventes se pueden agrupar en cinco clases generales, como se muestra en la *Figura 6.*

A los revestimientos se les agregan solventes por varios motivos. Un motivo es disolver la resina de base. Se necesita un solvente para formar

Figura 6 Clases de solventes utilizados en los revestimientos.

una solución de resina con el fin de utilizarla como vehículo del revestimiento. Muchas resinas sintéticas, tales como las alquídicas y las epóxicas son sólidas. Los solventes también se usan para facilitar la aplicación del revestimiento. En esos casos, por lo general al solvente se lo denomina diluyente. El solvente también controla el índice de evaporación y mejora la calidad de la película final.

En la siguiente lista se describen los tipos de solventes para revestimientos:

- *Solventes hidrocarburos alifáticos:* los solventes de este grupo también se llaman parafinas. Químicamente, son compuestos de cadena abierta (también llamados de cadena lineal). El alcohol mineral y la nafta VMP (de fabricantes de barnices y pintores) son solventes hidrocarburos alifáticos comunes. Los alcoholes minerales, también llamados nafta para pintura, son un producto de petróleo con un alto punto de ebullición que se utilizan para disolver aceites, asfaltos y alquidos.
- *Solventes hidrocarburos aromáticos:* estos solventes tienen un grupo de seis carbonos en cadena cerrada (a menudo llamada estructura de anillo de benceno) como parte principal de la molécula. El compuesto químico más sencillo de esta familia es el benceno. El tolueno (toluol) y el xileno (xilol) son otros miembros de esta *familia.* Los solventes hidrocarburos aromáticos son solventes activos para caucho clorado, alquitrán de hulla y algunos alquidos, y se utilizan como diluyentes en combinación con otros solventes para epoxis, vinilos y materiales de poliuretano.

¡ADVERTENCIA!

La OSHA ha determinado que el benceno es un material peligroso. La inhalación de benceno puede causar somnolencia, mareos y pérdida del conocimiento. Debido a los riesgos para la salud, la OSHA ha impuesto límites de exposición al benceno en el lugar de trabajo.

- *Solventes de cetonas:* estos solventes son hidrocarburos oxigenados de la familia de la acetona e incluyen la metiletilcetona (MEK). Son los solventes más eficaces para vinilos y con frecuencias se usan en resinas epóxicas y de otras formulaciones.
- *Éteres de glicol:* la forma de éter que se utiliza usualmente en los revestimientos protectores es el éter de glicol (éter de alcohol), como el éter monoetílico de glicol, comúnmente conocido como Cellosolve® (un nombre comercial de Union Carbide). Se venden varios éteres de glicol bajo esta designación. Cellosolve® es un buen solvente para muchos aceites, gomas, resinas naturales y sintéticas, tales como alquidos, celulosa de etilo, nitrocelulosa, acetato de polivinilo (PVA), butiral de polivinilo y compuestos fenólicos. Es un solvente lento y se utiliza en muchas lacas para mejorar el flujo de salida y el brillo. Estos materiales se combinan con otros solventes para ayudar a lograr formulaciones de solvente con punto de inflamación más alto.
- *Ésteres:* estos solventes son acetatos alquídicos y acetatos de éter de glicol. Se evaporan lentamente y se pueden utilizar como solventes retardantes para hacer más lento el proceso de curado. Los ésteres son solventes excelentes, pero no son tan fuertes como las cetonas. Tienen un olor agradable.
- *Los* **surfactantes** no iónicos de alcohol son componentes importantes en muchas aplicaciones, incluidas las pinturas de uso industrial y para arquitectura. Los etoxilatos de alcohol constituyen una gran parte de los surfactantes no iónicos que se utilizan en estas aplicaciones, junto con los etoxilatos de alquilfenol. Existen revestimientos industriales alquídicos de cadena interrumpida dispersables en agua que usan Propasol y diluyente de alcohol butílico; estos se secan rápidamente al aire y ofrecen buena resistencia contra la corrosión.
- *Agua:* a medida que las reglamentaciones respecto del medio ambiente se vuelven más estrictas, los compuestos de látex con vehículo de agua y capacidad de autorreticulación han ganado popularidad en el mercado de los revestimientos industriales debido a su gran rendimiento. Se pueden aplicar a una amplia gama de productos, incluidos los imprimadores de mantenimiento industrial, las capas de acabado transparentes y los selladores para madera y cemento, los revestimientos que soportan altas temperaturas aplicados en fábrica para tableros de fibra de cemento, y como revestimientos para pisos de concreto, tanto interiores como exteriores, que proporcionan resistencia a incendios y a la abrasión.

2.2.3 Aditivos

Los aditivos son ingredientes que se agregan a los revestimientos en pequeñas cantidades y con el propósito especial de mejorar el rendimiento. Los aditivos se clasifican según su función. Estas funciones se muestran en la *Figura 7* y se explican a continuación:

- *Secantes:* se agregan a los revestimientos con base de aceite para acelerar el tiempo de secado, ya que mejoran la capacidad de absorción de oxígeno del revestimiento. Los secantes son compuestos de aceite y ciertos metales. Hay dos tipos de secantes: secantes de superficie y secantes totales. Por lo general se usan juntos. Los secantes de superficie son compuestos que hacen que la superficie de un revestimiento de aceite que se está secando se asiente rápidamente y se vuelva casi sólida mientras la capa subyacente permanece más suave. Los secantes de superficie normalmente están hechos de cobalto y manganeso. Los secantes totales son más activos que los de superficie. Cuando se usan en conjunto con los de superficie, actúan para lograr el secado completo en toda la película del revestimiento. Los secantes completos son compuestos que normalmente están hechos de cadmio, zinc o naftenato de zirconio.
- *Agentes antidespellejantes:* son compuestos que se utilizan para prevenir la formación de una capa dura o piel en la superficie de los revestimientos que están en recipientes. Esta piel se forma como resultado de la exposición de los revestimientos al aire.
- *Fungicidas:* son agentes químicos que se agregan a los revestimientos para prevenir o retrasar el crecimiento de hongos, tales como moho y mildiú. Los fungicidas a menudo se usan en los revestimientos a base de agua que son especialmente susceptibles a la formación de moho y mildiú en condiciones de humedad.
- *Tixotropos:* son aditivos que hacen que los revestimientos se hagan líquidos o fluidos cuando se los revuelve o agita de alguna otra manera, pero que se vuelvan rápidamente a endurecer cuando se los deja en reposo. Esta propiedad permite que el revestimiento fluya libremente durante la aplicación, pero se convierta en gel después de su aplicación. La ventaja de esto es que el revestimiento tiene menos probabilidad de escurrirse de la brocha y salpica menos al aplicarlo con rodillo. Otra ventaja es que se puede aplicar en capas más gruesas sin que se corra o caiga.
- *Agentes de flujo:* mejoran el flujo del revestimiento después de la aplicación. Esto ayuda a eliminar las marcas de la brocha o del rodillo, el aspecto de piel de naranja posterior al rociado y otras irregularidades y defectos de la película.
- *Emulsionantes:* una emulsión es una preparación líquida en la cual partículas minúsculas inmiscibles (no solubles) de un líquido se suspenden en otro líquido, tal como aceite en agua y viceversa. Los emulsionantes algunas veces se llaman surfactantes y son aditivos que se utilizan en las emulsiones de agua y aceite que rompen la tensión superficial del líquido. Esto permite que materiales que normalmente son distintos e inmiscibles, como el aceite y el agua, se mezclen fácilmente y se dispersen para producir una emulsión estable. También permiten que una emulsión con base de agua permanezca en suspensión para ayudar a evitar que los ingredientes de la emulsión se asienten y se aglutinen en el fondo del recipiente durante el almacenamiento.
- *Absorbentes de UV:* los absorbentes de luz ultravioleta (UV) se agregan a los revestimientos de exterior para prevenir el deterioro que causan los rayos UV del sol. Los rayos UV son rayos de luz invisibles, de longitud corta, que tienen un efecto químico activo sobre las pinturas y otros materiales. El exceso de exposición a la luz UV por lo general hace que se forme polvo en el revestimiento o que se vuelva quebradizo.

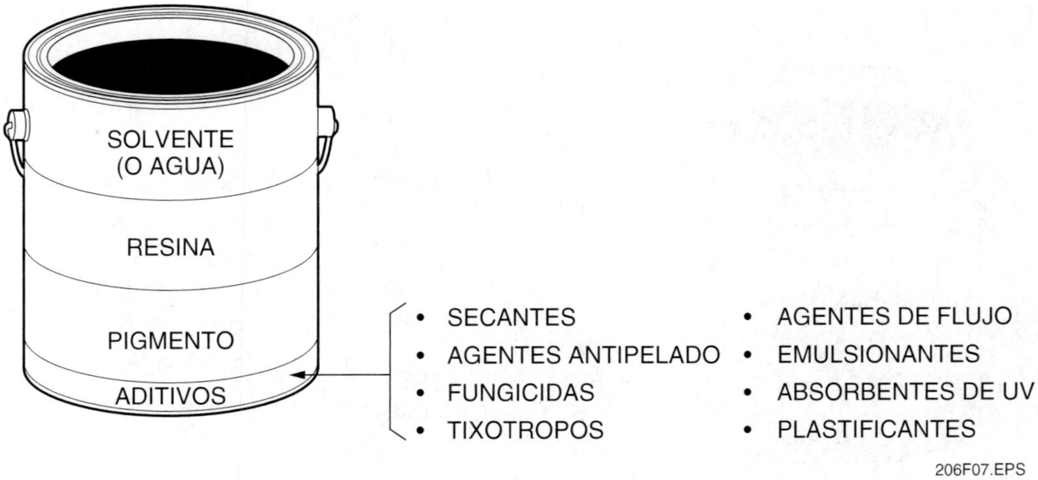

Figura 7 Categorías funcionales de los aditivos utilizados en los revestimientos convencionales.

- *Plastificantes:* son aditivos que se utilizan en algunos revestimientos protectores para que sean flexibles y mejoren su adhesión. También actúan para reducir la tendencia a quebrarse, la dureza y la temperatura de transición vítrea del material. La temperatura de transición es la temperatura a la cual el material cambia de ser flexible, similar al caucho, a ser duro y quebradizo.

2.2.4 Resinas

A las resinas o las mezclas de resinas (*Figura 8*) a menudo se las llama aglutinantes o vehículos no volátiles de un revestimiento. Junto con los pigmentos, constituyen el componente principal en la formación de la película de revestimiento.

Para formar una película protectora de revestimiento en un sustrato, las resinas se deben convertir de una forma líquida flexible (que permite la aplicación) a una forma sólida cohesiva que se adhiera a la superficie y la proteja. Es esta capacidad de cambiar de una forma a la otra la que identifica cuáles son las resinas adecuadas para usar en revestimientos.

Por lo general, al material de revestimiento se le da el nombre de su resina principal. Las resinas pueden ser materiales orgánicos naturales o materiales sintéticos. Algunas resinas comunes que se describen en las siguientes secciones son:

- acrílico
- alquido
- asfalto
- caucho clorado
- alquitrán de hulla
- aceite secante
- epoxi
- compuestos fenólicos
- cloruro de polivinilo (PVC)
- silicona
- uretano
- vinilo
- siloxirano

2.3.0 Mecanismos de curado de los revestimientos

El mecanismo de curado es el método por el cual un revestimiento pasa de un estado líquido a un estado sólido. Es la reacción más importante que se produce en la formación de un revestimiento. Como se muestra en la *Tabla 1*, los revestimientos pueden ser convertibles y no convertibles según el tipo de mecanismo de curado.

2.3.1 Revestimientos convertibles

Los revestimientos convertibles se curan por uno de varios tipos de reacciones de polimerización. La polimerización es la aglutinación de pequeñas moléculas para formar moléculas más grandes. Los revestimientos convertibles también se llaman materiales termoestables. Los materiales termoestables se someten a una reacción química por varios mecanismos. Algunos ejemplos de los mecanismos de termoestabilidad son el curado por oxidación, por reacción conjunta, por condensación y por hidratación.

Los **revestimientos de curado por oxidación** se curan por reticulación oxidativa o polimerización. En este proceso utilizan el oxígeno de la atmósfera. Algunas veces se aplica calor para acelerar el proceso de curado. El ingrediente principal de los revestimientos de curado por oxidación es el aceite vegetal. Algunas veces se agrega aceite de pescado como modificador en los revestimientos alquídicos porque son de semisecado. El aceite reacciona con el oxígeno de la atmósfera para formar la película. Se pueden agregar secantes, como los compuestos de cobalto, estaño y manganeso, para acelerar la reacción entre el aceite y el oxígeno. El espesor de película húmeda (WFT) por capa debe ser limitado porque el oxígeno sólo puede ingresar en la película en la superficie. Si el WFT es mayor de lo recomendado, es posible que el oxígeno no logre penetrar completamente

Figura 8 Resinas de uso común en revestimientos.

en la película completa. Si esto ocurre, la película forma una piel y no se cura por completo, y luego se forman pliegues y arrugas.

Los revestimientos de curado por oxidación pueden tomar un tiempo considerable para el curado, que puede variar desde dos horas hasta varios días. Para acelerar la velocidad de la reacción, se puede aumentar el oxígeno. Un cambio lento en el aire, que aumenta el oxígeno disponible sobre la superficie, acelera la reacción.

Estos tipos de revestimientos se pueden saponificar en contacto con superficies alcalinas como las de concreto o zinc. La saponificación es el proceso que se produce cuando los aceites de los revestimientos de oxidación reaccionan con álcalis y humedad para formar jabón.

Una vez secos, los revestimientos de curado por oxidación no se deben recubrir con otros revestimientos que contengan solventes fuertes como los vinilos o los epóxicos, a menos que se utilicen capas de enlace específicas. Los solventes fuertes hacen que la película se hinche y arrugue.

Existen los siguientes tipos de revestimientos de curado por oxidación:

- Alquidos
- Aceites secantes
- Ésteres de epoxi
- Fenólicos (modificados con aceite)
- Alquido de silicona
- Uretano (modificado con aceite)

La correacción, o polimerización inducida por sustancias químicas, se logra cuando se agrega un agente de curado al material de base de manera que haya un agregado de extremo a extremo de monómeros para formar moléculas de cadena larga. Los **revestimientos de curado por correacción**, también llamados revestimientos multicomponentes, requieren el agregado de un activador o catalizador al material de base. Una vez mezclados, muchos tienen un tiempo específico de espera, llamado tiempo de exudación o de inducción, para permitir que tenga lugar una reacción química. Todos tienen un tiempo de aplicación (que se inicia tan pronto como se mezcla el revestimiento) limitado. Los revestimientos multicomponentes o pluricomponentes son los siguientes:

- *Epoxis:* los revestimientos epóxicos (de dos componentes) se producen mediante el agregado de un agente de curado a una resina epóxica. Por lo general se usan dos tipos comunes de agentes de curado. El primero es la poliamina. Los convertidores de poliamina tienen buena resistencia química. Sin embargo, cuando se aplican revestimientos epóxicos de poliamina en condiciones de frío y humedad, puede producirse transpiración amínica. El segundo agente de curado es la poliamida. Por lo general, los convertidores de poliamida tienen mejores características de humectación. Tienen menos tendencia a la eflorescencia y la transpiración amínica que los convertidores de poliamina. Los revestimientos epóxicos son resistentes a las sustancias químicas, los solventes y el agua, ofrecen películas de mucho espesor por capa y demuestran buena durabilidad en el exterior, pero con el tiempo se forma polvo en su superficie.

Tabla 1 Tipos de revestimientos por mecanismo de curado

Convertibles Curado por oxidación	**Convertibles Curado por correacción**
Alquido	Epoxi
Aceite secante	Epoxi de alquitrán de hulla
Éster epóxico	Epoxi rico en zinc
Fenólico (modificado con aceite)	Emulsión epóxica
Alquido de silicona	Forro de hoja de caucho
Uretano (modificado con aceite)	Fenólico (modificado con epoxi)
	Uretano (dos componentes) xinc inorgánico, después del curado tipo 1-A (a base de agua)
Convertibles Curado por condensación	**Convertibles Curado por hidratación**
Imprimador de lavado de vinilo	Materiales cementosos
Furano	Zinc inorgánico, autocurado tipo 1-C (reducible con solvente)
Fenólico (horno alto)	Uretano (curado por humedad)
Zinc inorgánico, autocurado tipo 1-B (reducible con agua)	
No convertibles Evaporación (Secado de laca)	**No convertibles Coalescencia (Secado de látex)**
Asfalto/alquitrán de hulla	Emulsión acrílico/látex
Caucho clorado	
Polietileno	
Vinilo	
Acetato de vinilo	
Enfriado y enchapado Vítreos	**Enfriado y enchapado Metálicos**
Esmaltes de porcelana/vidrio	Cementación
Cerámicos	Revestimientos/galvanoplastia
	Condensación de vapor de metal
	Rocío de metal
	Inmersion en caliente

206T01.EPS

Algunas veces se agregan pigmentos inertes como sílice, mica, talco y óxido de titanio a los

En el lugar

Revestimientos elastoméricos de varios componentes rociados en caliente

El uso de los revestimientos elastoméricos de varios componentes rociados en caliente para concreto y acero se vuelve cada vez más común porque no contienen compuestos orgánicos volátiles (COV). Son sistemas de revestimiento de poliuretano aromático o poliurea alifática con 100 % de sólidos con un endurecedor de isocianato. Se aplican en una relación de 1:1 a una temperatura de 160 °F (71,1 °C) y un espesor de 30 a 250 milésimas de pulgada (0,78 mm a 8,35 mm) o mayor en varias pasadas. La mezcla se prepara en la pistola o en un colector de alimentación de la pistola y en ambos casos se calientan los barriles de los componentes y las líneas. El tiempo de gelificación varía desde algunos segundos hasta 45 segundos y los tiempos para repetir la aplicación varían desde segundos hasta horas, según el producto. El revestimiento presenta una dureza extraordinaria, con resistencia a los golpes y a la abrasión, y tiende un puente sobre brechas de hasta ⅛ de pulgada (0,32 cm). Por lo general estos revestimientos se utilizan para aplicaciones sobre la tierra que no son sujetas a inmersión, entre las que se encuentran los revestimientos en instalaciones de alimentos y bebidas, y revestimientos para puentes, así como las paredes, los pisos y los techos, tanto interiores como exteriores, de estructuras comerciales e industriales. También se pueden utilizar en tanques de almacenamiento, tubos, maquinaria industrial y cubiertas o áreas de rieles de alto impacto en buques o plataformas en alta mar.

revestimientos epóxicos para producir revestimientos de alto rendimiento. Estos revestimientos epóxicos modificados de alto rendimiento por lo general se usan en condiciones de corrosión severa. Los selladores penetrantes se usan como capas de enlace y normalmente se aplican a entre 1 y 2 milésimas de pulgada (0,025 a 0,051 mm). Un sellador penetrante es un material de poco espesor y viscosidad con propiedades que permiten que humecte el sustrato.

- *Epoxi Novolac:* es más resistente al calor y a las sustancias químicas que otros epoxis. A menudo se usa para recubrir tanques. Algunas variedades tienen tendencia a la transpiración amínica.
- *Epoxi siloxano:* la combinación de epoxi con siloxano produce un revestimiento resistente a los ácidos, las bases y los solventes. El revestimiento también es flexible y mantiene el brillo durante largo tiempo. En general, los epoxis forman un revestimiento rígido. Las combinaciones de epoxi con siloxano también dan como resultado una buena resistencia a la acción de los agentes atmosféricos sin la presencia de isocianatos tóxicos.
- *Epoxi de alquitrán de hulla:* está hecho con subproductos de la coquización. Se combina alquitrán de hulla seleccionado con algunos epoxis y así se reduce la permeabilidad de las películas de epoxi. Las ventajas del epoxi de alquitrán de hulla son una gran protección con alta resistencia al agua, las sustancias químicas y los solventes; sin embargo, es difícil repararlo o aplicar nuevas capas y por lo general tiene un tiempo de aplicación corto después de preparado. Se usa en una amplia gama de aplicaciones, entre ellas: tanques de aceite, tuberías, muelles de río y marítimos, plantas de tratamiento de agua, refinerías de petróleo y en la industria marítima.
- *Epoxi rico en zinc:* contiene grandes proporciones de zinc en la película curada. Está disponible en presentación de dos o tres paquetes. El producto de dos paquetes consiste en la resina epóxica premezclada con zinc y un agente de curado (endurecedor). El paquete de tres partes consiste en la resina epóxica, el agente de curado y el polvo de zinc con pigmentos de color o de relleno.
- *Emulsión epóxica:* a los sistemas de emulsión epóxica algunas veces se los llama epoxi acrílico. Son a base de agua en lugar de solvente. Los revestimientos de emulsión epóxica casi igualan el rendimiento de los epoxis a base de solvente en lo que respecta a la durabilidad. Como ventaja adicional tienen poco olor a solvente.
- *Epoxi de poliéster:* se forma por la combinación de una resina de poliéster y una resina epóxica. Por lo general son revestimientos reactivos de dos partes. Estos revestimientos se pueden formular para producir superficies muy brillantes, similares a los azulejos, de limpieza fácil. Tienen mejor resistencia a la acción de los agentes atmosféricos que las resinas de poliéster, pero son menos resistentes a las sustancias químicas y los solventes que las resinas epóxicas puras.
- *Epóxicos fenólicos modificados:* se debe agregar un convertidor a la base antes de la aplicación. Por

lo general, el convertidor es una amina primaria o una amina primaria modificada y es más sensible a las temperaturas bajas durante la aplicación y el curado que otros convertidores de epoxi. Los revestimientos epóxicos fenólicos modificados a menudo se usan como material para recubrir el interior de tanques y tuberías. Estos revestimientos contienen una gran cantidad de resina fenólica, que contribuye con la resistencia al agua y los solventes, pero reduce la resistencia a la luz solar.

- *Uretano catalizado (activado):* existen dos tipos de uretanos activados, también llamados poliuretanos. Son materiales alifáticos y aromáticos activados. Los uretanos alifáticos activados son sistemas de dos componentes que tienen un tiempo de aplicación limitado. Son extremadamente resistentes a la abrasión y flexibles con excelente retención del color y el brillo. Los revestimientos de uretano alifático activado se utilizan en la mayoría de las aplicaciones y los ambientes de trabajo industrial pesado. Los uretanos aromáticos activados tienen algunas propiedades de los materiales alifáticos, pero también se pueden usar en algunas situaciones que impliquen inmersión. También son sistemas de dos componentes con un tiempo de aplicación limitado. Ambos sistemas de dos componentes usan un endurecedor de isocianato como activador.

¡ADVERTENCIA!

Los vapores que despiden algunos revestimientos de uretano activado son peligrosos. Se requiere un respirador, además de la ventilación adecuada. Revise las MSDS para conocer los procedimientos de seguridad específicos para el revestimiento.Los revestimientos de poliurea o poliuretano activado aplicados mediante rociado en caliente son peligrosos; cuando se trabaje con estos revestimientos se debe usar un traje de cuerpo completo, guantes resistentes al calor y una máscara completa con suministro de aire.

- *Zinc inorgánico:* los revestimientos de zinc inorgánico están compuestos de polvo de zinc metálico mezclado en una solución de silicato reactiva. Cuando se curan lo revestimientos inorgánicos de zinc, la mezcla de silicato de zinc se concentra conforme se evapora el solvente. El solvente puede ser agua o un solvente orgánico. Cuando ya se ha realizado el secado inicial, se producen las reacciones ambientales y empieza el curado químico del revestimiento. Durante el proceso de curado se produce poca contracción. Los revestimientos inorgánicos de zinc proporcionan protección catódica al sustrato, resisten los efectos del ambiente y son resistentes a los solventes y la abrasión, pero tienen resistencia química limitada.
- *Poliéster:* los revestimientos de poliéster utilizan resinas de poliéster para producir revestimientos con espesor de película seca (DFT, por sus siglas en inglés) relativamente alto por aplicación, de hasta 80 milésimas de pulgada (2 mm). Estos revestimientos tienen excelente resistencia a sustancias químicas, solventes, agua y abrasión. Presentan una estabilidad de color ligeramente mayor en exposición al aire libre que los revestimientos epóxicos y transcurre más tiempo hasta que se forma polvo.
- *Éster de vinilo:* los ésteres de vinilo usan vinilo y resinas epoxi fenólicas para producir revestimientos que son resistentes a las temperaturas elevadas (superiores a 200 °F o 93 °C) y son efectivos en condiciones de inmersión continua en ácidos fuertes. Los revestimientos de éster de vinilo se pueden aplicar a superficies alcalinas como el concreto.
- *Siloxirano epóxico modificado:* estos revestimientos son composiciones epóxicas que proporcionan en una capa las propiedades de un epoxi de alto rendimiento y un poliuretano. Ofrecen un alto grado de control de la corrosión acompañado de resistencia de largo plazo a la acción de los agentes atmosféricos, con aplicaciones de una sola capa. Además, pueden aplicarse directamente sobre imprimadores inorgánicos y curan a temperaturas bajas o a temperatura ambiente. Tienen mucho brillo y son resistentes a los ácidos y seguros para el medio ambiente. Los siloxiranos epóxicos modificados normalmente se usan para estructuras de acero, tanques, tuberías, plantas industriales y paredes y pisos de concreto. Este tipo de revestimiento no necesita dilución y se puede aplicar con brocha, rodillo o pulverizador.
- *Siloxirano:* son revestimientos de curado a temperatura ambiente que pueden soportar temperaturas continuas de hasta 2.000 °F (1.093 °C). Los siloxiranos se utilizan para proteger tanto el acero de carbón como el acero inoxidable aislados. Son muy resistentes a la humedad y a una amplia gama de sustancias químicas, entre ellas los ácidos, los álcalis, los solventes y los agentes oxidantes. Los siloxiranos ofrecen buena impermeabilidad y flexibilidad. Estos revestimientos son seguros para el medio ambiente y se utilizan en plantas de energía, refinerías, instalaciones químicas, en los exteriores de reactores y bajo el aislamiento exterior de equipos y tubos. Los revestimientos de siloxirano también se pueden reparar.

En los **revestimientos de curado por condensación**, se produce una reacción de condensación cuando dos o más moléculas orgánicas reaccionan para formar un nuevo enlace y ceden una molécula de agua. Los tipos de revestimientos de curado por condensación son:

- *Imprimador de lavado de vinilo:* tiene un vehículo de vinilo modificado con un pigmento inhibidor del óxido, tal como el cromato de zinc. Estos revestimientos se utilizan para proporcionar adhesión entre el sustrato y la capa superior. Los imprimadores de lavado de vinilo se secan rápidamente y se curan en poco tiempo. Se debe aplicar la capa superior rápidamente o bien aplicar otra capa de imprimador de lavado y luego aplicar la capa superior. El espesor de la capa aplicada es muy importante. Al aplicarlo, el espesor de película húmeda debe ser aproximadamente de 2 a 3 milésimas de pulgada (0,051 a 0,076 mm) para lograr un espesor de película seca de un máximo de 0,5 milésimas de pulgada (0,013 mm), pero preferiblemente de 0,3 milésimas de pulgada (0,008 mm).
- *Furano:* los revestimientos de furano se hacen de resina formada por la reacción de alcohol furfural, que es un derivado de subproductos agrícolas como la cáscara de avena. Se utilizan mucho en la fabricación de equipos de procesamiento resistentes a la corrosión y en cementos resinosos. Estos revestimientos tienen buenas propiedades humectantes o de penetración y buena resistencia a las sustancias químicas, pero son quebradizos, se pueden contraer y tienen mala adhesión a superficies no porosas.
- *Fenólicos:* los revestimientos fenólicos (conversión al calor/resol) deben hornearse para el curado. Son extremadamente frágiles, tienen poca resistencia a la luz del sol y poca flexibilidad, lo que limita su espesor total de la película. Sin embargo, son resistentes a una amplia gama de sustancias químicas y solventes. Los revestimientos fenólicos se usan principalmente en interiores de taques y recipientes, tuberías de pozo y ciertos tipos de tubos de perforación.
- *Zinc inorgánico (tipo 1-B):* los revestimientos SSPC Paint 20 tipo 1-B se reducen con el agua. Estos revestimientos se curan por cristalización después de la evaporación del agua del revestimiento. Cuando se evapora el agua, queda un revestimiento metálico duro en la superficie y la película continúa el curado mediante la reacción con el dióxido de carbono y la humedad del aire. Los revestimientos inorgánicos de zinc tipo 1-B se utilizan en el interior de tanques y tanques petroleros en climas cálidos. Estos revestimientos no funcionan bien en ambientes fríos muy húmedos, que impiden la evaporación del agua de la película.

2.3.2 Revestimientos de curado por hidratación

Los **revestimientos de curado por hidratación** se curan por un proceso en el cual el agua se combina químicamente con el revestimiento y sus componentes. Los tipos de revestimientos de curado por hidratación son los siguientes:

- *Concreto:* se utiliza mucho como material de construcción y puede proporcionar un área de superficie más grande para los revestimientos que el acero. Aunque hay varias superficies de concreto que no requieren un revestimiento, algunas sí pueden requerir un revestimiento protector. Además, el concreto se considera un revestimiento en sí. Se aplica sobre el acero para prevenir la corrosión. Constituye una barrera contra la corrosión gruesa, densa y resistente al agua. La cal presente en el cemento Portland eleva la alcalinidad, lo cual puede volver pasivo el acero, siempre que no estén presentes ciertas sales químicas (cloruros) que favorecen la corrosión. Esta condición de alta alcalinidad también puede causar problemas a los revestimientos aplicados sobre superficies de concreto.
- *Zinc inorgánico (tipo 1-C):* los revestimientos SSPC Paint 20 tipo 1-C se curan por una reacción con la humedad del aire, que es necesaria para completar la reacción de hidrólisis. La velocidad de curado depende de la humedad del ambiente. Por lo general se necesita una humedad relativa del 50 al 90 % para que se complete el curado. La velocidad de curado también depende de la composición del vehículo, el catalizador y la temperatura. El índice de curado se hace más lento en condiciones de temperatura y humedad bajas. Los revestimientos tipo 1-C se reducen con el solvente. Los revestimientos inorgánicos ricos en zinc a base de solvente se vuelven resistentes al agua más rápidamente que los revestimientos inorgánicos ricos en zinc a base de agua. El primer paso en la formación de la película es la evaporación del solvente orgánico. La principal forma de este tipo de revestimiento es la de silicatos orgánicos, tal como el silicato de etilo. Los revestimientos de tipo 1-C se usan mucho en toda la industria. Estos productos a menudo se utilizan como imprimadores para la capa superior de revestimientos orgánicos.
- *Uretano (curado por humedad):* estos revestimientos requieren un ambiente con humedad relativa alta (de 30 a 80 %) para el curado. Tienen una vida útil limitada y no se deben usar los

restos del día anterior. El uretano curado por humedad es fuerte, flexible y resistente al astillado, la abrasión, la retención de tierra, los solventes, los ácidos y los álcalis. A menudo se usa para puentes, tanques, estructuras de acero y sobre concreto.

2.3.3 Revestimientos no convertibles

Los revestimientos no convertibles son los revestimientos de evaporación (secado de laca) y de coalescencia (látex y acrílico a base de agua). Se curan solo con la evaporación de un solvente o diluyente. A algunos revestimientos no convertibles también se los llama revestimientos termoplásticos o termoestables. Los materiales termoplásticos se suavizan o se vuelven fluidos cuando se calientan. Al enfriarse, recuperan sus propiedades físicas y químicas originales. Los revestimientos termoplásticos y termoestables que se aplican en forma de polvo se abordan con más detalle en otras secciones, más adelante en este módulo.

Los revestimientos de evaporación con secado de laca se curan sencillamente por la evaporación del solvente. La resina de base, como por ejemplo el caucho clorado, permanece intacta. La resina de base se disuelve fácilmente en cualquier solvente de hidrocarburo aromático, sin importar cuánto tiempo se haya curado la película. Por este motivo, no se debe aplicar encima de un revestimiento de evaporación un revestimiento superior que contenga un solvente fuerte. Por ejemplo, una capa superior de epoxi no se debe aplicar a una capa a base de caucho clorado. Los revestimientos del tipo de evaporación no se deben aplicar en capas muy gruesas, para que el solvente se pueda evaporar bien y completar el curado. Se puede aplicar calor para acelerar la evaporación del solvente o para ayudar a fusionar las partículas de la resina. Entre los revestimientos de curado por evaporación se incluyen los siguientes tipos:

- *Revestimientos de asfalto:* el asfalto es un material termoplástico de color oscuro a base de petróleo. Los revestimientos están disponibles como esmaltes que deben calentarse para aplicarlos, como una emulsión en un vehículo a base de agua y como solución de dilución con el uso de un solvente volátil. El asfalto fundido al calor se puede aplicar a los revestimientos del fondo de tanques o a pisos de ladrillo, por vertido y nivelación. Los revestimientos líquidos de asfalto diluido y de emulsión se pueden aplicar con brocha, trapeador o pulverizador. Para aplicar varias capas, se lo debe hacer en ángulo recto entre ellas para reducir al mínimo los orificios y las discontinuidades.
- *Revestimientos de alquitrán de hulla (termoplásticos):* el principal ingrediente de los materiales termoplásticos de alquitrán de hulla es la brea de alquitrán de hulla. La brea se produce a partir del alquitrán de hulla que se obtiene de la fabricación de coque. A los materiales aplicados en caliente con frecuencia se los llama esmaltes de alquitrán de hulla y consisten en brea y relleno. El material se calienta antes del uso y se lo aplica fundido. Estos revestimientos se usan con frecuencia en las superficies exteriores e interiores de tubos. Se puede usar el método de centrifugación para aplicar el alquitrán de hulla caliente en el interior de los tubos. Se puede utilizar una plataforma de laminación, una máquina de alimentación final o una máquina de desplazamiento en línea para la aplicación en las partes exteriores de los tubos. Los materiales de alquitrán de hulla aplicados en frío se elaboran mediante la reducción de la brea con un solvente adecuado. Si se utiliza un relleno, se agrega después de terminada la reducción con solvente. Estos materiales varían desde líquidos muy diluidos hasta pastas espesas y se pueden aplicar con brocha, pulverizador o rodillo. El tiempo de curado puede variar según el espesor del revestimiento.
- *Revestimientos de caucho clorado:* el caucho clorado es una resina que se forma por la reacción del caucho natural con el cloro. Las capas superiores de caucho clorado, aplicadas con un vehículo de solvente, constituyen un buen revestimiento de mantenimiento porque son duras, fuertes y resistentes a las sustancias químicas y a la acción de los agentes atmosféricos. Se pueden reparar y volver a aplicar fácilmente y son resistentes a los álcalis/ácidos, los productos químicos y el agua. Sin embargo, tienen poca resistencia a los solventes, los aceites animales y vegetales, y el calor.
- *Revestimientos de polietileno (PE):* los revestimientos de polietileno licuados satisfactoriamente han demostrado hasta ahora que son poco prácticos. Los métodos actuales de aplicación de polietileno de baja densidad son la inmersión de una pieza en un baño de resina fundida, la inmersión de una pieza caliente en un lecho fluidizado de resina en polvo y la pulverización a la llama de la resina directamente en la pieza de trabajo.
- *Revestimientos de vinilo:* se utilizan diferentes copolímeros de vinilo en los revestimientos, incluidos acetato de vinilo, cloruro de vinilo/acetato de vinilo, alcohol de vinilo y cloruro de vinilo modificado con carboxilo/acetato de vinilo. Los revestimientos usan un alto porcentaje de vehículo de solvente. Debido a su

durabilidad, dureza y resistencia al agua/las sustancias químicas, estos revestimientos se han usado en muchas aplicaciones, incluida la industria marítima, plantas papeleras, plantas petroquímicas, refinerías, plantas de alimentos y estructuras de alta mar.

> **NOTA**
>
> Debido a que algunos revestimientos, como los de laca, el vinilo o el caucho clorado, utilizan normalmente un alto porcentaje de COV, como es el caso de los solventes de hidrocarburos aromáticos o de cetonas, en los Estados Unidos se ha reducido su uso.

- *Revestimientos de coalescencia (látex y acrílico a base de agua):* estos tipos de revestimientos emplean un secado especial por evaporación. Tienen pequeñas partículas de resina dispersas en agua (una emulsión). Cuando se evapora el agua, las partículas de resina se funden y forman moléculas reticuladas que son insolubles en agua después del curado. Estos tipos de revestimientos por lo general son revestimientos de emulsión de acrílico/látex y entre ellos se encuentran el acrílico (acetato) de vinilo, el acetato de polivinilo, el estireno butadieno y el acrílico de estireno. Estos revestimientos son de fácil aplicación, cumplen con las normas de COV, su peligro de incendio es mínimo y tienen un tiempo rápido de secado/repetición de la aplicación.

3.0.0 Métodos de revestimiento para algunos sustratos que no son de acero

Las siguientes secciones describen los métodos de revestimiento que se utilizan para sustratos cementosos, de aluminio y de acero inoxidable.

3.1.0 Sustratos cementosos

Aunque el concreto y otros sustratos cementosos pueden ser un revestimiento en sí, muchos todavía se revisten para impermeabilizarlos y darles resistencia contra la humedad, con fines decorativos o para utilizarlos como barreras de protección. Los revestimientos de impermeabilización pueden ser decorativos o de protección, e impedir el flujo de agua a presión hacia dentro o hacia fuera del concreto. Por lo general son películas gruesas de asfalto, uretano alquitrán de hulla, o epoxi. Estos revestimientos normalmente se aplican por rociado o en hojas al lado de la estructura de concreto que tiene presión positiva de agua. La mayoría de los revestimientos de barrera de protección también son sistemas eficaces de impermeabilización.

Los revestimientos que proporcionan resistencia contra la humedad sellan la superficie e impiden la absorción de agua, pero no son eficaces contra la presión hidrostática. Por lo general son emulsiones de asfalto de película delgada, diluciones asfálticas o de alquitrán de hulla, tintes de concreto o selladores penetrantes. Un uso común de los revestimientos contra la humedad es proteger el concreto contra el daño de los ciclos de congelamiento y descongelamiento. Normalmente se utilizan de un lado de la estructura de concreto y del otro lado se aplica un revestimiento decorativo o protector.

Los revestimientos de barrera de protección se usan para proteger el concreto de la exposición a sustancias químicas tales como ácidos, álcalis y sulfatos, y de la penetración de soluciones de sales u otras sustancias químicas corrosivas. También se usan para proteger productos, como alimentos o agua purificada, de la contaminación por contacto directo con el concreto. Se debe limpiar adecuadamente las superficies de concreto antes de aplicar el revestimiento. Se deben eliminar todas las trazas de agentes de desmoldado, de curado y de endurecimiento, las sales y la eflorescencia antes de aplicar los revestimientos.

3.1.1 Imprimadores penetrantes

Debido a la naturaleza porosa del concreto, se utilizan imprimadores penetrantes para producir una superficie no porosa y proporcionar una unión fuerte con el concreto. También proporcionan una superficie que se unirá químicamente con las capas posteriores de revestimiento. Los imprimadores penetrantes producen una superficie que se ve menos afectada por los cambios de temperatura, el contenido de humedad del concreto y las condiciones ambientales que otros tipos de imprimadores. También aumentan la resistencia en las superficies de concreto. Los imprimadores penetrantes de uso común son: epoxi, acrílico, silano, silicona, siloxano, silicatos, metacrilato de metilo, emulsión de asfalto y poliuretano. Los imprimadores con el cien por ciento de sólidos son más eficaces para resistir la inmersión frecuente. No se debe usar solventes para diluir revestimientos convencionales que se utilicen como imprimadores penetrantes.

3.1.2 Revestimientos de película fina

Los revestimientos de película fina (menos de 20 milésimas de pulgada o 508 micrómetros) se utilizan principalmente para decoración, facilidad de limpieza, resistencia a la humedad, protección contra la corrosión y protección de barrera en ambientes con sustancias químicas suaves. Estos revestimientos no forman una película continua sobre las superficies irregulares de concreto y no se deben usar cuando las superficies de concreto deban aislarse completamente. Los siguientes son algunos revestimientos de película fina de uso común:

- *Látex acrílico:* forma una película que permite respirar.
- *Poliuretano y epoxi:* ofrecen buena resistencia a las sustancias químicas y al agua.
- *Emulsiones de asfalto:* con frecuencia se usan como revestimiento para proteger de la humedad del lado positivo.
- *Butiral de polivinilo:* se usa como imprimador o capa de enlace.

3.1.3 Revestimientos líquidos de barrera rígida con película gruesa

Por lo general, los revestimientos de película gruesa y barrera rígida tienen un espesor de 20 a 80 milésimas de pulgada (508 a 2.032 micrómetros) y se pueden usar para formar películas continuas sobre superficies de concreto preparadas adecuadamente. Se utilizan cuando la exposición a sustancias químicas es de leve a moderada, para impermeabilizar superficies de concreto o forrar depósitos de concreto para almacenamiento. Debido a que la mayoría de estos revestimientos son rígidos, son susceptibles a agrietarse por el movimiento del concreto. Las grietas que se forman en el concreto se pueden extender a través del revestimiento y exponer el concreto. Los revestimientos líquidos tipo barrera comunes son los epóxicos con cien por ciento de sólidos, los epóxicos reforzados con relleno, las masillas bituminosas y el éster/poliéster de vinilo reforzado con relleno.

3.1.4 Membranas elastoméricas

Los revestimientos de membrana elastomérica son materiales similares al caucho, de gran elasticidad, que se utilizan para impermeabilizar y como barrera de protección. En algunas aplicaciones se utiliza malla de tela o algún material similar al cañamazo para reforzar el sistema de revestimiento elastomérico, proporcionando una película estructural fuerte independiente del sustrato. Los revestimientos elastoméricos se extienden y forman un puente sobre las grietas pequeñas que pueden desarrollarse en las superficies de concreto debido a los cambios de temperatura o por asentamiento. Algunas veces también se utilizan como capa intermedia para lograr sistemas de revestimiento más rígidos y absorben el movimiento entre el concreto y el revestimiento rígido. Los materiales elastoméricos por lo general se utilizan sobre un imprimador para mejorar la adherencia. También son menos resistentes a las sustancias químicas y tienen más tendencia a perforarse que muchos de los revestimientos rígidos, lo cual los hace indeseables para algunas aplicaciones de revestimiento de concreto. Los revestimientos elastoméricos genéricos más comunes son el poliuretano, el caucho butílico, el caucho sintético y el polisulfuro.

3.1.5 Forros protectores de barrera laminados y forros termoplásticos fusionados

Los forros laminados son sistemas que se colocan manualmente. También se los llama sistemas laminados de plástico reforzado con fibras (FRP, por sus siglas en inglés) y son una resina polimérica aplicada a mano con tela de fibra de vidrio o algún material de malla similar. Se pueden aplicar como una sola capa gruesa para formar una barrera de gran espesor o en varias capas para formar una nueva superficie dentro de una estructura existente. Los sistemas comunes de laminados son los materiales epóxicos, de poliéster y de éster de vinilo. Para superficies de acero, también se pueden utilizar sistemas de FRP que usan fibra picada y de FRP laminado.

Los forros termoplásticos fusionados se pueden fusionar mecánicamente con extensiones de aislante en la parte posterior. El forro se coloca sobre las formas de concreto y las extensiones se incrustan en el concreto al colocarlo. Otros forros termoplásticos fusionados son las hojas plásticas que se fijan con adhesivo a las estructuras de concreto existentes. Los forros termoplásticos fusionados de bolsa se prefabrican para interiores de tanques y se adhieren al interior en puntos seleccionados, talles como bocas de inspección o áreas de relleno.

3.2.0 Sustratos de aluminio

El aluminio y sus aleaciones se pueden revestir con varios tipos de acabados para mejorar su aspecto o mejorar las propiedades funcionales de la superficie. Se puede usar revestimientos orgánicos, anodizantes, de conversión, esmaltes de porcelana o galvanoplastia. En todos los casos, se debe limpiar y preparar por completo las superficies de aluminio de acuerdo con las especificaciones antes de aplicar los revestimientos.

3.2.1 Revestimientos orgánicos

El aluminio es un excelente sustrato para los revestimientos orgánicos. La superficie de aluminio debe estar adecuadamente limpia y preparada. Si se forma una película considerable de óxido, la película puede ser demasiado gruesa para permitir que los revestimientos orgánicos posteriores penetren la superficie de aluminio. Para aplicaciones en interiores, se puede aplicar un revestimiento orgánico directamente a la superficie limpia, pero en general el uso de una capa de imprimador mejora el rendimiento del revestimiento orgánico. Comúnmente se utilizan imprimadores de lavado y de cromato de zinc. Las aplicaciones en exteriores e interiores sujetas a golpes o a la abrasión pueden beneficiarse con un tratamiento de la superficie, tal como el anodizado o el revestimiento de conversión química antes de aplicar el imprimador y la capa de acabado. Los revestimientos de conversión proporcionan una buena base para los revestimientos orgánicos y alargan la vida útil del revestimiento al retardar la corrosión del sustrato de aluminio.

3.2.2 Revestimientos anódicos y de conversión

Estos son revestimientos de taller que se aplican a los revestimientos de materiales en bruto a granel o de proceso de fabricación, y se aplican a los productos fabricados. El anodizado convierte la superficie de aluminio en óxido de aluminio por acción electrolítica. Los revestimientos de conversión química son capas de superficie adherente de óxido, fosfato o compuestos de cromato de baja solubilidad que se producen mediante la reacción de varios reactivos con la superficie de aluminio.

3.2.3 Esmaltes de porcelana y galvanoplastia

Al igual que con los revestimientos anódicos y de conversión, la aplicación del esmalte de porcelana y la galvanoplastia son revestimientos de taller que se aplican a los revestimientos de materiales en bruto a granel o de proceso de fabricación, y se aplican como acabado final a los productos fabricados. Los esmaltes de porcelana por lo general están compuestos de bases de silicato de plomo o silicato de cadmio, pero también se pueden utilizar bases de fosfato o bario. Se utilizan para mejorar el aspecto, la resistencia a las sustancias químicas y la resistencia a la acción de los agentes atmosféricos de las aleaciones de aluminio. La galvanoplastia también se usa para fines decorativos o funcionales. El cromo, el níquel, el cadmio, el cobre, el estaño, el oro, el zinc y la plata son metales a los cuales se les puede hacer galvanoplastia sobre aluminio. Por lo general se aplica un enchapado de zinc o estaño, con sobreenchapado de cobre, al aluminio antes de enchapar el metal deseado.

3.3.0 Acero inoxidable

A pesar de que las superficies de acero inoxidable a menudo se dejan sin revestimiento, pueden revestirse para protegerlas de la corrosión (es decir, protegerlas del ataque de cloruros o sulfuros), con fines decorativos, para hacer marcas en el sitio de trabajo y por seguridad. De manera similar al aluminio, antes de aplicar un revestimiento, se debe limpiar completamente y preparar las superficies de acero inoxidable de conformidad con las especificaciones.

Se recomiendan los siguientes sistemas de revestimiento para el acero inoxidable:

- *Marcado de metal para identificación durante la construcción:* limpiar con SSPC-SP 1. Aplique una capa de acrílico a base de agua de uso industrial al metal que no se vaya a exponer a temperaturas superiores a 300 °F (149 °C). Aplique una capa de acrílico con silicona al metal que pueda exponerse a temperaturas de 301 °F (149 °C) o superiores. Estos revestimientos se pueden usar para pintura con estarcido, en bandas o completa. No todos los colores son estables a los límites de temperatura del acrílico con silicona.
- *Códigos de color, colores de seguridad y plantillas permanentes:* limpiar con NACE n.° 2, SSPC-SP 1 o SSPC-SP2 según se permita. Aplique revestimiento según el Marcado de metal para identificación durante la construcción, para una exposición normal a la atmósfera. Aplique poliamina o revestimiento epóxico de poliamida en ambientes corrosivos. Aplique la capa superior de epoxi con poliuretano para obtener una mejor retención del color y el brillo, tanto en interiores como en exteriores. Los colores pueden variar a temperaturas superiores a 200 °F (93 °C) tanto con epoxi como con poliuretano.
- *Protección de alta resistencia contra la corrosión:* limpiar con SSPC-SP 10 según se permita. Se deben eliminar por completo los revestimientos existentes. Para exposiciones a temperaturas de -50 °F a 300 °F (-45,5 °C a 149 °C), aplique dos capas de epóxico fenólico con DFT de 10 a 14 milésimas de pulgada (254 a 355 micrómetros). Si no se puede obtener un perfil de anclaje de más de 1 milésima de pulgada (25 micrómetros), aplique un DFT de solo 5 a 8 milésimas de pulgada (127 a 203 micrómetros) para uso a temperaturas inferiores a 40 °F (4 °C) o superio-

res a 120 °F (49 °C). El recubrimiento más grueso necesita un perfil de anclaje más profundo para resistir la expansión térmica diferencial entre el revestimiento y el metal a temperaturas extremas.

- *Revestimientos para temperaturas altas (301 °F a 1.500 °F):* limpiar con NACE n.° 1/SSPC-SP 5 según se permita. Se deben eliminar por completo los revestimientos existentes. El perfil de anclaje puede ser de 1 a 2 milésimas de pulgada (25 a 51 micrómetros). Los perfiles de anclaje mayores o menores pueden provocar fallos prematuros.

También se usa la galvanoplastia de taller o de proceso de fabricación para revestir las superficies de acero inoxidable. Las superficies de acero inoxidable se pueden enchapar con cobre, cromo, níquel, cadmio o metales preciosos. La galvanoplastia proporciona lubricación durante el procesamiento en frío, el enrollado de resortes o el trefilado de alambre. También reduce el descascaramiento a altas temperaturas, mejora la conductancia e impide la formación de óxido.

4.0.0 Revestimientos para tuberías

Los sistemas de revestimiento y protección catódica son los métodos que se utilizan para proteger las tuberías de la corrosión externa. El éxito de un revestimiento depende de su capacidad de formar una barrera que separe el sustrato del ambiente y que funcione con cualquier sistema de protección catódica. Las tuberías pueden estar enterradas en varios tipos de suelo, sumergidas en agua o instaladas sobre soportes o directamente sobre el suelo. La selección de un revestimiento para tuberías y su aplicación depende del material de los tubos y de su ubicación. NACE International tiene varias normas relacionadas con los revestimientos para tuberías. La enseñanza del contenido de estas normas va más allá del alcance de este curso. Sin embargo, se debe hacer énfasis en el seguimiento de las especificaciones del proyecto, especialmente en los trabajos relacionados con tuberías.

Por lo general, el material que se usa para las tuberías depende de las condiciones de servicio u operativas de la tubería. A continuación se describen brevemente algunos de estos materiales:

- El acero de carbono se utiliza mucho para la construcción de tubos, con petróleo crudo, gas natural y productos refinados del petróleo. Por lo general se utiliza acero de carbono para las tuberías de lodo o agua sin tratar y para las tuberías de recirculación de agua en las plantas de energía.
- El plástico reforzado con fibras (FRP) es un plástico que tiene fibras de vidrio como refuerzo y se utiliza para tuberías que transportan sustancias químicas, ácidos, álcalis y desechos químicos. Se usa principalmente en los complejos petroquímicos y sus alrededores.
- El hierro dúctil es menos quebradizo que el hierro fundido y es más resistente a la tensión. Es muy difícil de soldar y las uniones se deben hacer con acopladores o uniones de tipo mecánico.
- Los tubos de cemento de asbesto (AC) se fabrican con cemento Portland de alto grado reforzado con fibras de amianto. Estos tubos son muy densos y tienen una superficie interior lisa que permite que los fluidos circulen bien a través de la tubería. Independientemente de otras reglamentaciones sobre el asbesto, está aprobado el uso de tubos de cemento de asbesto con agua potable en los Estados Unidos.
- En la industria de las tuberías, se usan mucho los plásticos para transportar gas natural, aguas residuales y sustancias químicas. Según las condiciones operativas y de servicio, se pueden utilizar tubos de polietileno (PE), polipropileno (PP) o cloruro de polivinilo (PVC).
- El tensado previo les brinda mucha resistencia a los tubos de concreto. Se fabrican mediante la aplicación de concreto a un tubo de acero de paredes delgadas y, bajo tensión controlada, se incrusta en espiral un alambre de acero en el concreto; luego se cubre con más concreto. Entonces, se utiliza un horno de vapor para curar el tubo.
- Se forra y recubre el tubo de acero con concreto para formar un tubo cilíndrico de concreto con acero; luego se cura al aire o en un horno de vapor. Tanto los tubos de tensado previo como los cilíndricos de acero se utilizan para transportar agua (tratada o sin tratar), desechos domésticos e industriales y aguas residuales tratadas. A menudo se recubren para proporcionarles resistencia a las sustancias químicas y la corrosión derivada de los desechos.
- En la industria petroquímica se utilizan tubos de aleación de acero para el transporte de líquidos corrosivos o fluidos especiales. Los tipos de aleaciones de acero que más se utilizan son el acero inoxidable, el titanio y las aleaciones de acero Monel™ y Carpenter 2™.

El objetivo principal de revestir el exterior de un tubo es separarlo de su ambiente y ayudar a los sistemas de protección catódica. Lo ideal sería que el revestimiento brindara una barrera contra la humedad y la circulación de electrones. Sin embargo, aunque muchos revestimientos son muy resistentes a la circulación de corriente, conforme se desgastan, permiten que circule la corriente y así se acelera el proceso de corrosión. Un buen revestimiento para tubos debe tener las siguientes propiedades:

- *Adhesión duradera al tubo:* un revestimiento bien adherido ayuda a prevenir el deslizamiento de la película del revestimiento y la separación catódica. El epoxi de alquitrán de hulla, los esmaltes de alquitrán de hulla de aplicación en caliente, los revestimientos epóxicos de adherencia por fusión (FBE) y las poliolefinas de tres capas tienen una adherencia fuerte y duradera al tubo.
- *Resistencia a la humedad:* para aislar el tubo del agua, el revestimiento debe ser resistente a la absorción y la migración del agua a través de él. El epoxi de alquitrán de hulla y algunas cintas de polietileno son muy resistentes a la humedad.
- *Fuerza mecánica:* debido a que la mayoría de los revestimientos para tuberías se aplican en plantas fijas y se trabaja con ellos al menos dos veces antes de la instalación, el revestimiento debe ser capaz de resistir los daños mecánicos. Una vez aplicado, el revestimiento debe resistir las cargas de esfuerzo que resultan del movimiento del suelo causado por el asentamiento y los ciclos de humedecimiento y secado de éste. En las áreas de suelo de tierra que se sabe que tienen alta carga de tensión, se puede aplicar una capa adicional de envoltura externa para suministrar fuerza adicional al revestimiento.
- *Fuerza dieléctrica:* los revestimientos para tubos deben ser resistentes al paso de los electrones para evitar la pérdida de potencial eléctrico de los sistemas de protección catódica. Los revestimientos inicialmente proporcionan el 99 % de la protección de la tubería; el 1 % restante proviene de la protección catódica. Con el tiempo, los revestimiento se pueden deteriorar y originar la necesidad de aumentar la protección catódica.
- *Separación catódica:* los sistemas de protección catódica son un respaldo para los revestimientos que puede prevenir la corrosión de las tuberías. La selección del revestimiento es muy importante cuando se utiliza en conjunto con la protección catódica.
- *Resistencia a las bacterias y las sustancias químicas:* los suelos ácidos o alcalinos, las sustancias químicas de los lugares de eliminación de residuos tóxicos, los productos de plantas industriales o refinerías de las proximidades y la corrosión de origen microbiológico (MIC) pueden determinar el tipo de revestimiento que se debe aplicar a los tubos. En estos tipos de ambientes se deben usar revestimientos resistentes a las bacterias y las sustancias químicas.
- *Durabilidad y longevidad:* el revestimiento debe ser capaz de resistir los cambios físicos y químicos que se producen a lo largo de la vida útil de la tubería. La vida de diseño de algunas tuberías puede ser de hasta 75 años.

Algunos revestimientos para tuberías solo se aplican en plantas fijas o en el campo. Otros pueden aplicarse en una planta y en el campo. La *Tabla 2* es un resumen de varios revestimientos y sus métodos de aplicación. Los extremos de las tuberías no se sueldan hasta que están ensambladas en el campo, por lo cual los revestimientos de los extremos no se aplican en la planta. La parte del revestimiento que se coloca en la planta se llama revestimiento de línea principal. La parte que se recubre en el campo es solo la unión de campo. Algunos revestimientos se pueden aplicar en el campo como línea principal y en el campo como unión de campo.

Algunos de los revestimientos incluidos en la *Tabla 2*, como los revestimientos en polvo, se describen brevemente en las secciones siguientes. Estos revestimientos, que se pueden aplicar a tubos de hasta 60 pulgadas (1,52 m) de diámetro en una planta fija, por lo general se aplican en el siguiente orden:

Paso 1 Llegan los tubos sin revestir. Se registran las secciones de tubo para su almacenamiento y se inspeccionan para detectar daños.

Paso 2 Se envían los tubos al sitio de revestimiento de la planta fija y se inspeccionan nuevamente para detectar todo daño ocurrido durante el envío.

Paso 3 El tubo se somete a una limpieza previa y se precalienta según sea necesario (*Figura 9*).

Paso 4 Se somete el tubo a limpieza abrasiva a presión hasta dejar una superficie de metal blanco o casi blanco, según las indicaciones del fabricante o las especificaciones del revestimiento.

Paso 5 Finalmente, se limpia el tubo con aire por dentro y por fuera; luego se lo inspecciona y, si fuera necesario, se lo repara.

Paso 6 Si es necesario, se aplica imprimador al tubo de acuerdo con las especificaciones del fabricante del revestimiento.

Paso 7 El revestimiento de la tubería se aplica y cura según sea necesario.

Tabla 2 Métodos de aplicación de diferentes revestimientos para tuberías

Revestimiento de tubos	Aplicación en planta	Aplicación en el campo
FBE	Sí	Sí (solo uniones de campo)
Polietileno extruido extrusión de cruceta	Sí	No
Extrusion lateral	Sí	No
Unión con adhesivo rígido	Sí	No
Masilla asfáltica caliente	Sí	Sí (solo uniones de campo)
Esmalte de alquitrán de hulla	Sí	Sí (línea principal/ uniones o reparación)
Epoxi de alquitrán de hulla	Sí	Sí (línea principal/ uniones o reparación)
Epoxi	Sí	Sí (línea principal/ uniones o reparación)
Uretano de alquitrán de hulla	Sí	Sí (línea principal/ uniones o reparación)
Envoltura de cinta de Polietileno	Sí	Sí (línea principal/ uniones o reparación)
Revestimiento de peso de concreto	Sí	Sí
Cintas con brea de alquitrán de hulla	No	Sí (uniones de campo/reparación)
Cintas de petrolato	No	Sí (uniones de campo/reparación)
Mangas de ajuste por contracción	No	

206T02.EPS

Paso 8 Se inspecciona el revestimiento de la tubería. Los métodos de inspección son la inspección visual, la inspección para detección de discontinuidades (*Figura 10*) y las mediciones de espesor de película seca. El tubo se envuelve con un amortiguador de protección, que suele ser de cuerda, para prevenir daños.

Paso 9 Se reparan las discontinuidades. Se carga el tubo para almacenarlo o enviarlo al sitio de instalación de la tubería.

4.1.0 Revestimientos epóxicos de adherencia por fusión para tuberías

Los revestimientos epóxicos de adherencia por fusión (FBE) son los revestimientos que más se usan en tuberías en los Estados Unidos. Por lo general, se aplican con espesores de 12 a 16 milésimas de pulgada (305 a 406 micrómetros). El revestimiento es un polvo termoestable de una sola parte que se cura con calor y normalmente consiste en resinas epóxicas, agentes de curado, pigmentos, agentes de control de flujo y estabilidad, y otros ingredientes. Durante la fabricación del polvo, se lo calienta para que reaccione parcialmente y luego se lo enfría para detener la reacción. El polvo de FBE se muele muy finamente y se lo empaca en recipientes a prueba de intemperie.

4.1.1 Ventajas de los revestimientos FBE

Los revestimientos FBE tienen la ventaja de que ofrecen una mejor adherencia al acero que cualquier otro revestimiento. También se curan casi por completo antes de enfriarse, por lo que se

206F09.EPS

Figura 9 Tubo en un horno infrarrojo de precalentamiento.

206F10.EPS

Figura 10 Inspección de discontinuidades/orificios con un detector curvo de alto voltaje.

los puede manejar inmediatamente después de la aplicación del revestimiento. Además, se pueden reparar fácilmente con epoxis de dos partes o con barras para emparchar. Debido a que una pequeña cantidad de humedad dentro del revestimiento permite que circule algo de corriente a través de la película, raras veces se encuentra corrosión y picaduras debajo de los revestimientos FBE separados, siempre que se cuente con la protección catódica adecuada. Los revestimientos se pueden sobreenvolver, pero el uso de cualquier material de sobreenvoltura que bloquee la protección catódica puede ocasionar una situación de blindaje y la pérdida de la protección.

4.1.2 Desventajas de los revestimientos FBE

Los revestimientos FBE requieren una preparación cuidadosa de la superficie y los métodos de aplicación. Las imperfecciones del acero y la contaminación pueden causar discontinuidades, proporcionar mala resistencia a la penetración de humedad y dañar fácilmente el revestimiento durante la construcción. Un desventaja del FBE es el exceso de espesor de película seca, que puede ocasionar la formación de grietas.

4.1.3 Revestimientos FBE aplicados en planta

La aplicación en planta de los revestimientos FBE (*Figura 11*) es similar a la de otros tipos de revestimientos para tubos, pero es más estricta en cuanto a las fases de limpieza, curado e inspección que con otros tipos de revestimientos. Los revestimientos se deben aplicar a tubos muy limpios calentados por inducción a entre 450 °F y 500 °F (232 °C a 260 °C) mediante cabezas de pistola electrostática de producción ubicadas en una cámara de polvo cerrada o semicerrada (*Figura 12*) conforme rotan los tubos y pasan a través de la cámara. En algunos casos, el tubo se puede revestir con polvo a medida que pasa a través de una cámara de niebla. Una vez aplicado el polvo al tubo caliente, el polvo pasa por las siguientes cuatro fases:

1. *Fusión:* durante la fase de fusión, las partículas de polvo empiezan a absorber el calor y a licuarse.
2. *Flujo:* la fase de flujo corresponde a cuando las partículas de polvo empiezan a fluir, licuándose completamente y humedeciendo la superficie del tubo.
3. *Gel:* la fase de gel se produce cuando las partículas del material licuado forman un gel y se convierten en sólido.
4. *Curado:* durante la fase de curado, se producen otros cambios que permiten el curado completo del polvo FBE.

El proceso completo tiene lugar a medida que el tubo gira a lo largo de la cinta transportadora y por lo general toma menos de dos o tres minutos, por lo que se considera que éste es el proceso ideal de aplicación en línea de producción. Algunos polvos de FBE pueden requerir una etapa de calentamiento posterior, que se llama calentamiento de reducción, para garantizar que el curado sea adecuado y reducir el choque térmico del enfriamiento súbito. Para la mayoría de las resinas FBE que no requieren de calentamiento posterior, el tiempo de curado varía según el polvo. Cuando el FBE está curado o casi curado, se puede templar el tubo con agua para permitir el manejo inmediato. Luego se procede al amolado de las reducciones de los extremos del tubo (*Figura 13*) y se inspecciona el tubo, se lo repara si es necesario y se lo estarce (*Figura 14*).

El proceso de aplicación de FBE es crucial. La operación de aplicación del revestimiento se puede supervisar para garantizar lo siguiente:

- Se utiliza el polvo especificado y se registran los números de lote.
- El polvo está seco y no ha absorbido humedad durante el tránsito o el almacenamiento.
- Se mantiene adecuadamente la mezcla de polvo (proporción de polvo original a reciclado).
- Las configuraciones de voltaje se mantienen correctamente.
- La cantidad de cabezas de pistola para polvo coincide con el diámetro del tubo y se mantiene la relación adecuada de suministro de polvo.

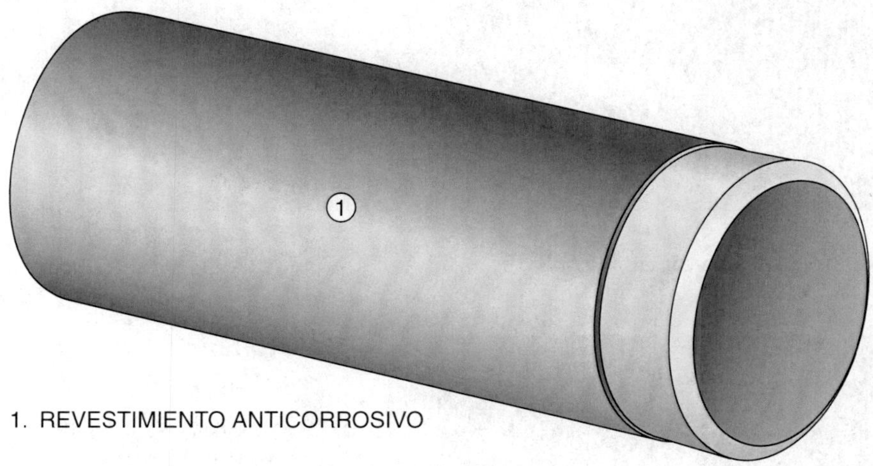

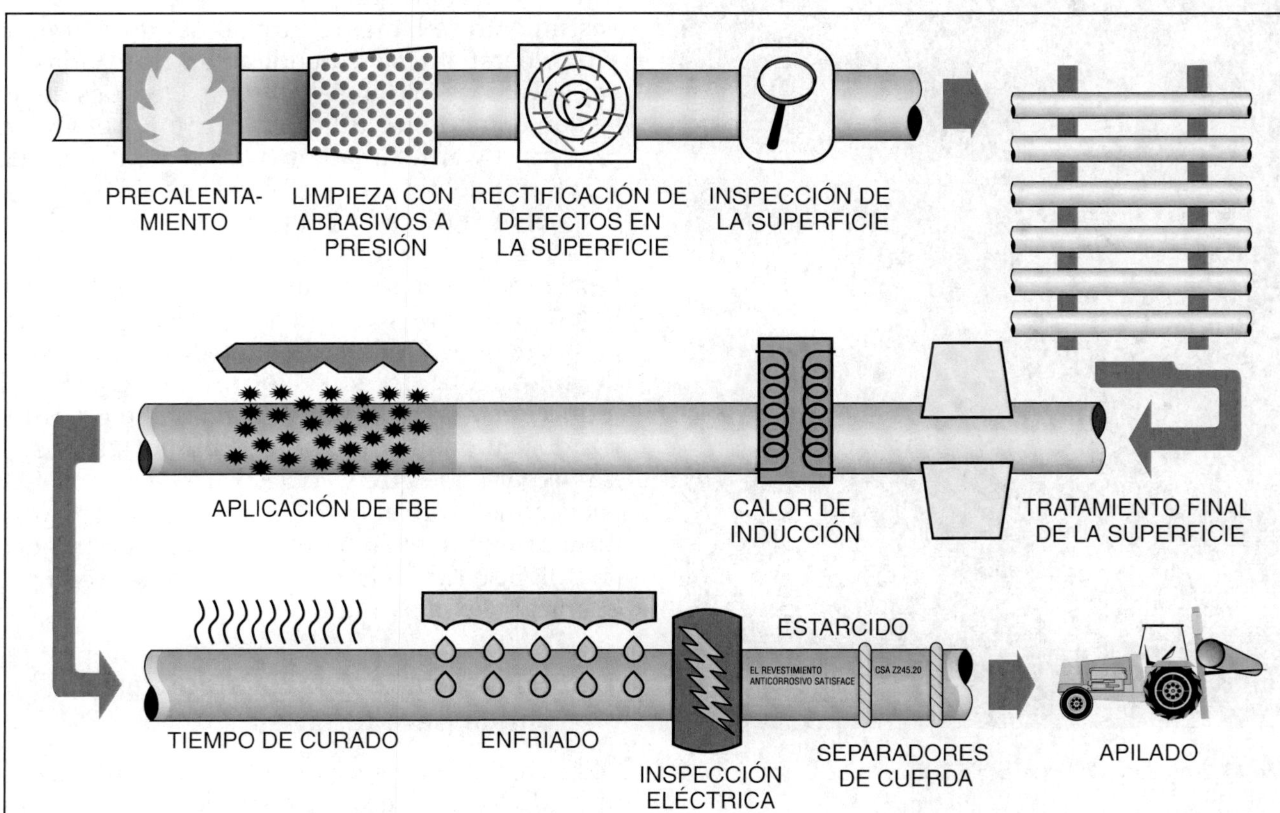

206F11.EPS

Figura 11 Proceso de aplicación de FBE en una planta.

206F12.EPS

Figura 12 Tubo que emerge de una cámara de polvo.

206F13.EPS

Figura 13 Amolado de la reducción de un tubo.

4.1.4 Aplicación de revestimiento FBE de unión de campo

Los tubos revestidos en una planta tienen los extremos biselados y sin revestir para permitir unirlos con soldadura en el campo. El área sin revestimiento se llama reducción del revestimiento y por lo general se extiende unas 2 pulgadas (5,1 cm) desde los extremos del tubo. Después de que se han soldado los tubos en el campo, el área de reducción y aproximadamente 1 a 2 pulgadas (2,4 a 5,08 cm) del revestimiento existente a ambos lados del área de reducción se someten a limpieza abrasiva a presión hasta dejar la superficie de metal blanco. Como se muestra en la *Figura 15*, se utiliza un calentador de inducción eléctrico portátil para calentar el tubo a la temperatura adecuada de aplicación. Luego se retira el calentador de inducción y se coloca inmediatamente un pulverizador automático de polvo FBE portátil y se lo activa para que gire y se desplace hacia delante y hacia atrás sobre el tubo para recubrir de manera uniforme toda el área de unión. El revestimiento en polvo se funde igual que cuando se realiza la operación en la planta.

4.2.0 Revestimientos de alquitrán de hulla para tuberías

Los revestimientos de alquitrán de hulla fueron unos de los primeros revestimientos para tuberías que se utilizaron con éxito en aplicaciones en planta. Están formulados con brea de alquitrán de

Figura 14 Estarcido de tubo. 206F14.EPS

206F15.EPS

Figura 15 Calentador de inducción para uniones de campo y rociador de polvo.

hulla mezclada con combinaciones de ingredientes de relleno y extensores, entre otros, en diferentes revestimientos, incluidos los esmaltes, los epoxis y las cintas de alquitrán de hulla.

El esmalte de alquitrán de hulla (CTE) de aplicación en caliente es el revestimiento para tuberías más antiguo y tiene el registro de rendimiento contra la corrosión más prolongado de todos los revestimientos en uso; es el parámetro que se utiliza para medir y evaluar otros revestimientos para tuberías. Los sistemas actuales de revestimiento CTE han evolucionado a sofisticadas aplicaciones de imprimadores, varios grados de esmalte, y cintas de fibra de vidrio con resina fundida de alta resistencia. Hay cinco grados de esmalte y varios tipos de imprimadores disponibles para usar en diferentes ambientes. De manera similar a lo que ocurre con otros revestimientos termoplásticos, las temperaturas elevadas provocan que el esmalte se suavice y se corra. Esto puede llegar a causar que se separe del tubo. Las temperaturas bajas pueden hacer que el esmalte se vuelva frágil, se agriete y se separe. Por lo tanto, la selección del grado correcto depende de la temperatura operativa continua más alta prevista durante la vida útil de la tubería, la temperatura ambiente prevista durante la instalación del revestimiento de la tubería, la carga de tensión esperada del suelo y la condición del relleno.

4.2.1 Ventajas de los revestimientos CTE

La estructura molecular de la brea de alquitrán de hulla a partir de la cual se formulan los esmaltes de alquitrán de hulla proporciona una excelente adherencia a tubos de acero revestidos con imprimador y previene la absorción y la penetración de la humedad. También proporciona al CTE la capacidad de resistir el ataque de hidrógeno, agua, sustancias químicas del suelo y microorganismos del suelo que pueden causar corrosión. Los revestimientos CTE también son resistentes a la separación catódica y son fáciles de reparar en el campo con esmalte de alquitrán de hulla, epoxi de alquitrán de hulla y revestimientos de cinta.

4.2.2 Desventajas de los revestimientos CTE

Si bien muchas tuberías con revestimiento CTE de largo plazo siguen en servicio, se han producido fallas de revestimiento. Por lo general, las fallas se producen por el uso de técnicas inadecuadas de aplicación en el campo o en la planta, una preparación inadecuada de la superficie, la aplicación en condiciones ambientales inadecuadas o el manejo brusco durante el almacenamiento, el transporte o la instalación. La carga de tensión del suelo es uno de los principales factores de muchas fallas del revestimiento CTE y puede ser causa de que el revestimiento se arrugue, agriete y separe. A medida que envejecen los revestimientos CTE, por lo general aumentan los requerimientos de protección catódica. Si penetra agua bajo un revestimiento que se ha separado, es posible que la corriente no llegue a la superficie del tubo y se blinde la protección catódica. En algunos casos, los revestimientos CTE de las tuberías de alta temperatura pueden fluir en frío y dejar la parte superior del tubo sin el revestimiento adecuado. Además, no se recomienda usar estos tipos de revestimientos en suelos que se puedan contaminar con productos de hidrocarburos de plantas petroquímicas, refinerías o instalaciones de almacenamiento de dichos productos.

4.2.3 Revestimientos CTE aplicados en planta

Después de someter a una limpieza previa el tubo inspeccionado que se desea revestir, se lo limpia a presión con abrasivos hasta un grado de limpieza y un perfil específicos, normalmente de 2 a 4 milésimas de pulgada (51 a 102 micrómetros). Inmediatamente después de la limpieza con abrasivos a presión, se rocía con un imprimador de alquitrán de hulla, un imprimador sintético de secado rápido o un imprimador epóxico de varios componentes que se aplica al tubo precalentado. Si se usan imprimadores de alquitrán de hulla o sintéticos, se debe esperar a que sequen o secarlos con calor antes de aplicar el revestimiento CTE. Si se utiliza un imprimador epóxico, se aplica el revestimiento CTE caliente directamente sobre el imprimador húmedo y el calor latente del revestimiento CTE cura el imprimador epóxico.

El CTE que se desea aplicar se funde en calderas a una temperatura de 450 °F a 490 °F (232 °C a 254 °C) y luego se bombea a la estación de revestimiento. Conforme pasa por la estación el tubo giratorio con imprimador, el esmalte caliente se rocía o se vierte sobre el tubo para lograr un espesor de aproximadamente 100 milésimas de pulgada (2.540 micrómetros). Mientras se reviste el tubo, simultáneamente se presiona contra el revestimiento alrededor del tubo una banda de malla interna porosa de fibra de vidrio de 20 milésimas de pulgada (508 micrómetros). Esta banda que se aplica en forma continua se coloca en el centro del revestimiento con una superposición de aproximadamente ½ pulgada (1,3 cm); se la debe cubrir completamente con el esmalte caliente. La malla le proporciona fuerza al revestimiento al enfriarse. En otra estación, se envuelve la superficie exterior del tubo revestido en caliente con una banda superpuesta de fibra de vidrio más densa y pesada que la que se aplica por inmersión con el esmalte caliente. Esta sobreenvoltura hace más fuerte el revestimiento y ofrece resistencia adicional a la carga de tensión del suelo después de la instalación del tubo. Se aplica una envoltura final de papel Kraft (o lechada de cal) al tubo para permitir la inspección visual con el fin de detectar daños posteriores durante el manejo, reflejar el calor y proteger contra los rayos UV durante el almacenamiento. Después de que se enfría el revestimiento, algunas veces con agua, se lo reduce en los extremos del tubo para unirlo mediante soldadura en el campo.

4.2.4 Aplicación de revestimiento CTE de unión de campo

El esmalte de alquitrán de hulla fundido se vierte sobre la unión de campo a la cual se aplicó imprimador y se lo atrapa manualmente con una envoltura no porosa. El esmalte caliente se aplica en la parte inferior y los lados del tubo y luego se mueve la envoltura hacia arriba con un movimiento de vaivén. Para completar la unión, se dobla la envoltura sobre la parte superior del tubo con el extremo hacia abajo para prevenir la penetración de agua.

Los epoxis de alquitrán de hulla se han utilizado durante muchos años, tanto en aplicaciones en planta como en el campo. Tienen como ventajas su alta fuerza de adhesión y resistencia a la humedad, así como una mejor resistencia química, y resisten temperaturas más altas que los revestimientos de reducción con solventes. A diferencia del esmalte de alquitrán de hulla, que requiere un imprimador para desarrollar una adhesión confiable, los epoxis de alquitrán de hulla son autoimprimantes. Los revestimientos epóxicos de alquitrán de hulla ofrecen un excelente rendimiento durante muchos años y se utilizan mucho para reacondicionar tuberías. Se aplican como rocío de varios componentes.

Las cintas de brea de alquitrán de hulla reforzadas con tela consisten en una tela de algodón saturada con brea de alquitrán de hulla, cuyo punto de fusión es de 250 °F (121 °C) y no tiene material inerte de relleno. Como separador se utiliza una película fina de poliéster de uno de los lados entre cada rollo de cinta y se quita conforme se aplica la cinta. Las cintas se aplican en el campo como revestimientos de unión de campo y también se pueden usar en todo el tubo.

Durante la aplicación, primero se limpia el tubo o la unión soldada en el campo, a menudo con cepillo de alambre, y luego se aplica el imprimador. Por lo general se utiliza imprimador de dilución de alquitrán de hulla o de caucho clorado especial. Finalmente, se envuelve el tubo o la unión de campo con cinta suavizada que ha sido calentada con un soplete portátil de gas (por lo general, propano) de baja presión. Una vez adherida al tubo, se calienta nuevamente la cinta para suavizar el alquitrán y volverlo lo suficientemente líquido como para envolverlo en espiral alrededor del tubo. La cinta se calienta y se envuelve alrededor del tubo en forma alternativa. Solo se calienta una sección corta de cinta por vez y no se la debe sobrecalentar. El calentamiento excesivo provoca que la brea se desplace de la tela y se pueda quemar la brea. Se debe aplicar suficiente calor para fundir el alquitrán, pero manteniéndolo en la tela conforme se aplica la cinta. Cuando se la calienta adecuadamente, la cinta se ajusta con firmeza a la superficie del tubo. El alquitrán suavizado se desliza a todas las irregularidades de la superficie del tubo y hacia la depresión originada por la su-

FBE también se puede utilizar como escudo protector contra rocas en zanjas.

El concreto polimérico a base de epoxi se puede aplicar en una planta fija o en el campo. Hay varias formulaciones diferentes que se ajustan a la preparación más o menos estricta del tubo, a los diferentes revestimientos de base y que se pueden utilizar como revestimientos independientes contra la corrosión. Las diferentes formulaciones se pueden aplicar a tubos de acero sin revestir o a tubos revestidos con FBE o esmaltes de alquitrán de hulla. El concreto polimérico se adhiere químicamente al FBE.

Cuando un FBE es nuevo, se necesita una preparación de superficie mínima o nula antes de aplicar el concreto polimérico. Si se ha envejecido, se lo debe quitar o limpiar con abrasivos y luego lavarlo, según la formulación del polímero que se vaya a utilizar. Debido a que la separación de un recubrimiento aislante podría blindar la protección catódica, las superficies a las que se aplique el concreto polimérico se deben preparar según las indicaciones de la formulación específica que se vaya a utilizar. El concreto polimérico por lo general se aplica por pulverización, aunque algunas versiones también se pueden aplicar a mano.

En el lugar

Revestimientos FBE de doble capa resistentes a la abrasión

También hay revestimientos resistentes a la abrasión de aplicación en la planta. La siguiente figura muestra el revestimiento FBE de doble capa de aplicación en la planta. El revestimiento brinda protección a temperaturas operativas de hasta de 221 °F (105 °C) y permite una plegabilidad de 1,5 grados/longitud de diámetro del tubo.

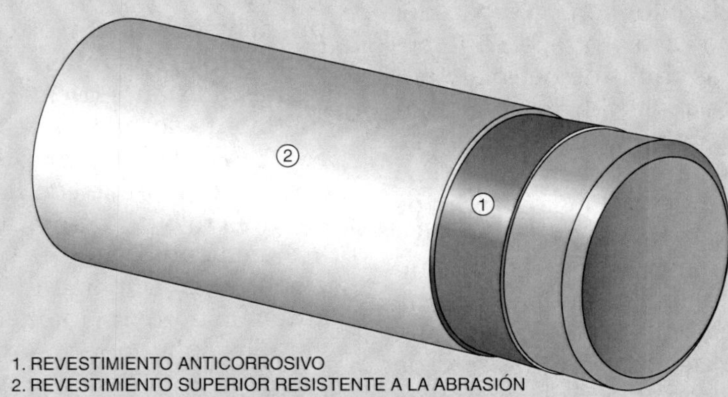

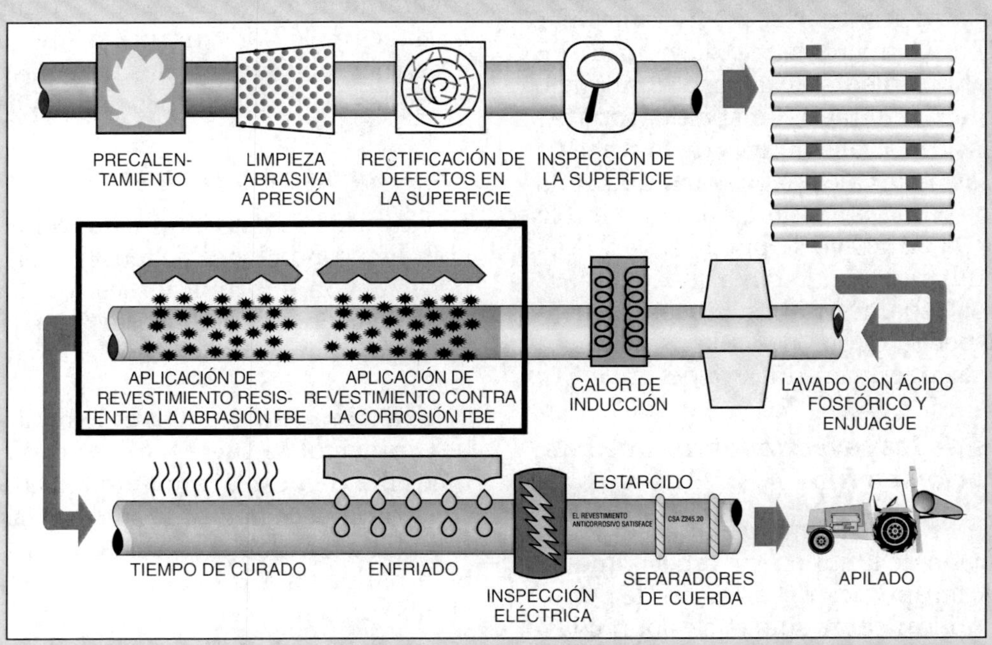

206SA01.EPS

Cada pasada de pulverizador produce un espesor de aproximadamente 0,030 pulgadas (0,76 mm). Según el diámetro y el uso previsto del tubo, es posible que se necesiten varias pasadas para lograr el espesor deseado. Por lo general el espesor máximo es de aproximadamente 0,125 pulgadas (3,175 mm). Para reparar los daños, se puede limpiar y secar la superficie para luego aplicar la misma formulación de concreto polimérico. A una temperatura de 90 °F (32 °C), el concreto fragua en 30 minutos y se obtiene una superficie lisa sin imperfecciones. Se endurece a las cuatro horas y se cura después de siete días.

4.5.0 Cintas de aplicación en frío para tuberías

Las cintas de PE y petrolato se aplican en frío; no es necesario utilizar calor durante el proceso de aplicación. Ambos tipos se utilizan como revestimientos en la construcción de tubos de línea principal y uniones de campo, y ambos deben aplicarse a los tubos con un imprimador compatible. Las cintas vienen en rollos con un separador de plástico fino entre una capa y otra, en diferentes medidas de ancho. Las cintas de petrolato por lo general son cintas de tela no tejida impregnadas con un compuesto neutro de petrolato, que es un residuo de hidrocarburos a base de parafina con rellenos agregados. Las cintas de PE se fabrican de materiales laminados o coextruidos. Las cintas laminadas se fabrican mediante la aplicación de un adhesivo compatible calentado a un lado de una película plástica (PE) prefabricada. El espesor total de la cinta puede variar de 15 a 50 milésimas de pulgada (381 a 1.270 micrómetros). El espesor de la parte adhesiva suele variar de 5 a 20 milésimas de pulgada (127 a 508 micrómetros). La cinta de PE coextruida se fabrica mediante el paso simultáneo de tres materiales separados (respaldo, capa de enlace y resinas adhesivas) a través de un cabezal de extrusión. Los materiales salen como una cinta homogénea, no como una cinta laminada. Con la cinta laminada, el adhesivo se puede separar del respaldo; sin embargo, con la cinta coextruida es casi imposible la separación. Las cintas coextruidas tienen el aspecto de una película lisa y densa de un lado y una superficie adhesiva del otro.

4.5.1 Ventajas de los revestimientos de cinta de aplicación en frío

Ni las cintas de PE ni las de petrolato requieren de una preparación de la superficie especialmente estricta antes de su aplicación. Las cintas de petrolato se pueden aplicar sobre superficies húmedas. Ambos tipos vienen en una amplia variedad de formulaciones para satisfacer las diferentes condiciones de servicio. Ambos se pueden aplicar a mano y las cintas de PE normalmente se aplican a máquina en el campo utilizando sistemas de desplazamiento en línea.

4.5.2 Desventajas de los revestimientos de cinta de aplicación en frío

Ambos tipos de cintas han presentado separación debido al sistema de protección catódica. Han presentado corrosión en la espiral debido a la mala calidad de sellado en el traslape en espiral de la cinta. La carga de tensión del suelo puede desplazar partes de las cintas y provocar una separación, especialmente en las cintas de petrolato. Algunos de los adhesivos de las cintas se pueden degradar por ataques bacterianos y causar corrosión en la interfaz tubo/revestimiento.

4.5.3 Aplicación de cinta con petrolato en frío

Las cintas de petrolato se aplican manualmente y, para obtener protección mecánica adicional, se pueden sobreenvolver con una cinta protectora compatible, como las de fibra de vidrio o poliolefinas. Las superficies de tubo sin revestir normalmente se preparan para lograr un acabado *SSPC-SP 2* o *SSPC-SP 3* y se les aplica un imprimador compatible con la cinta. La cinta se aplica en una envoltura en espiral con el uso de secciones de menos de 6 pies (1,83 m) de largo. Las secciones se traslapan en los extremos y el traslape equivale aproximadamente al ancho de la cinta. Para las aplicaciones normales, el traslape en espiral suele ser de 1 pulgada (2,5 cm). En entornos severamente corrosivos, se recomienda utilizar traslapes del 55 %. Durante la envoltura, se deben presionar y eliminar todas las bolsas de aire y alisar todas las uniones de los traslapes.

4.5.4 Aplicación de cinta PE en frío

La cinta de PE tanto laminada como coextruida se aplica en condiciones de tensión controlada en superficies con imprimación especial. La aplicación de la cinta en una planta estacionaria se realiza de la misma manera que la aplicación de poliolefinas con el proceso de extrusión lateral. La aplicación de revestimientos nuevos o de reparación de la línea principal se suele realizar con el uso de una máquina de desplazamiento en línea. Cuando la construcción es nueva, se sueldan las secciones de tubo para unirlas por arriba de la zanja y se doblan para ajustarlas al contorno de la zanja. Con el tubo por encima de la zanja, la máquina de desplazamiento en línea, sostenida por un tractor de carga lateral, se desplaza a lo largo del tubo para realizar un proceso continuo de limpieza, imprimación y envoltura del tubo. La superficie del tubo se limpia para lograr un acabado *SSPC-SP 2* o *SSPC-SP 3* y se le aplica un imprimador para permitir inmediatamente que la máquina haga la envoltura. El tamaño del traslape de la cinta depende de las condiciones de servicio previstas.

Los revestimientos de reparación se realizan en el tubo que se expone y sigue en servicio dentro de la zanja. Como resultado, se debe quitar y volver a instalar la máquina para evitar los soportes necesarios del tubo. Para la cinta aplicada en frío en fábrica o para otros tipos de revestimientos, las uniones de campo se pueden envolver a mano con aplicación en espiral o longitudinal.

En el lugar

Revestimientos aislados para tuberías

Las tuberías de una planta fija se pueden revestir con un aislamiento de espuma de poliuretano y cubrir con un adhesivo extruido y una camisa de polietileno. Estas tuberías aisladas se pueden enterrar o colocar sobre el suelo. Se utilizan para reducir la pérdida de calor y prevenir la formación de hidratos en tuberías de gas, mantener la viscosidad en las tuberías de aceite caliente o proporcionar protección contra el congelamiento en las tuberías de agua y de aguas residuales. Se puede revestir una variedad de sistemas con base anticorrosiva con el aislamiento de espuma y la camisa de polietileno. El proceso se muestra en esta figura.

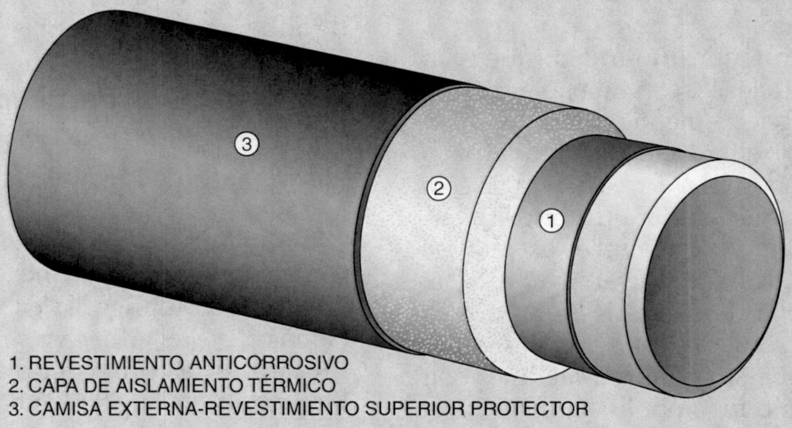

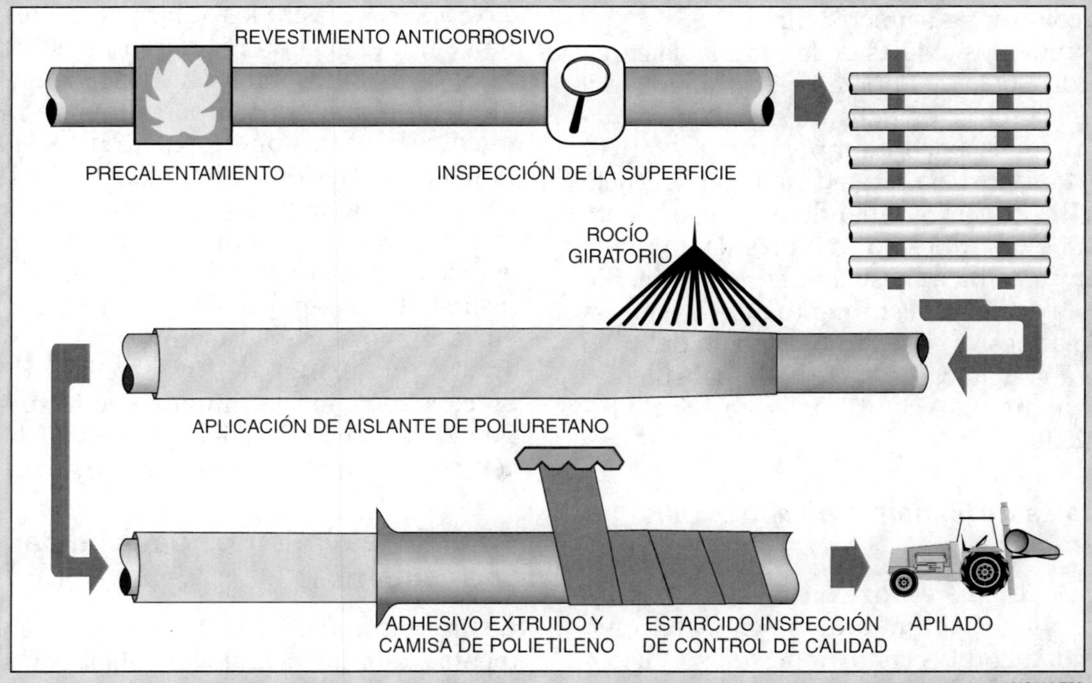

206SA02.EPS

4.6.0 Mangas para uniones de ajuste por contracción para tubería

Las mangas de ajuste por contracción son uno de los métodos de uso más frecuente para proteger contra la corrosión las uniones de campo de los tubos. Las mangas se fabrican de hojas de la misma composición que las cintas de poliolefinas. La hoja plástica (respaldo) se trata químicamente o se irradia para que se expanda. Al calentarlo, el material se contrae y la película se ajusta y se hace más densa a medida que intenta regresar a sus dimensiones normales. Algunas mangas son tubulares y deben deslizarse por un extremo del tubo. La mayoría de las mangas son tiras de respaldo de poliolefina que se envuelven alrededor y están recubiertas con un adhesivo especial. El adhesivo impide que la humedad y el aire entren en contacto con la superficie del tubo y sostiene el respaldo alrededor de la unión. El respaldo de poliolefinas también ofrece protección mecánica al adhesivo y a la unión.

Las mangas deben tener un tamaño que coincida con el diámetro del tubo con una holgura para traslape y son lo suficientemente anchas para cubrir la unión de campo sin revestir y extenderse sobre el revestimiento en el área de reducción de cada extremo. Se pueden aplicar sobre un imprimador adhesivo especial que por lo general es un epóxico. Los adhesivos especiales que se usan para recubrir las mangas son masillas o materiales fundidos calientes. Las masillas son adhesivos pegajosos sensibles a la presión que se adhieren fácilmente al sustrato por contacto o presión. Los adhesivos de fusión en caliente son rígidos no pegajosos y están fabricados con resinas semicristalinas.

Los movimientos axiales de la tubería, la carga de tensión del suelo y el tipo de revestimiento del tubo afectan la selección del adhesivo. Para la mayoría de las tuberías con temperaturas relativamente constantes y baja carga de tensión del suelo se usa masilla adhesiva. Cuando el revestimiento del tubo tiene un adhesivo tipo masilla, también se debe usar masilla adhesiva para la manga. Sin embargo, si para el revestimiento del tubo no se usa masilla adhesiva, y si el movimiento del tubo es considerable y la carga de tensión del suelo es grande, normalmente se utiliza adhesivo de fusión en caliente.

4.6.1 Ventajas de la manga de ajuste por contracción

Las mangas de ajuste por contracción ofrecen flexibilidad y confiabilidad de diseño, así como compatibilidad con las condiciones de servicio y el revestimiento. Las mangas de masilla adhesiva son más fáciles de aplicar y requieren condiciones de limpieza menos estrictas y temperaturas más bajas que las mangas adhesivas de fusión en caliente. Además, se autorreparan si el respaldo se perfora, debido a que el orificio se sella con la masilla. Los adhesivos de fusión en caliente funcionan bien en condiciones de servicio a temperaturas elevadas y cuentan con una resistencia al desgarro y una fuerza de adherencia muy altas, lo cual es necesario para tolerar el movimiento del tubo y la carga de tensión del suelo.

4.6.2 Desventajas de la manga de ajuste por contracción

Las mangas de adhesivo de fusión en caliente necesitan temperatura altas para su aplicación, así como el precalentamiento del tubo. También requieren condiciones de limpieza más estrictas que las mangas de masilla adhesiva. Si embargo, las mangas de masilla adhesiva tienen una fuerza de adherencia mucho más baja.

4.6.3 Aplicación de mangas de ajuste por contracción

Las mangas de envolver se colocan alrededor de la unión de campo, con el traslape orientado hacia el fondo de la zanja. La manga se calienta con un soplete de propano grande que funde el adhesivo y contrae la manga, la cual se ajusta a la unión. Al enfriarse, el adhesivo se solidifica y forma una unión fuerte con el tubo y el revestimiento. La limpieza de la superficie de los tubos para aplicación de masilla puede tener un acabado *SSPC-SP 2* o *SSPC-SP 3*, pero los adhesivos de fusión en caliente por lo general requieren un acabado *NACE 3/SSPC-SP 6*. Los adhesivos de fusión en caliente también requieren temperaturas de precalentamiento del tubo superiores a 220 °F (104 °C) durante la instalación. Algunos adhesivos de fusión en caliente toleran temperaturas de precalentamiento más bajas cuando se usa un imprimador epóxico. La aplicación de tres capas con una capa de imprimador epóxico ofrece protección máxima en la mayoría de situaciones. Sin embargo, al aplicar una manga de tres capas, se debe tomar en consideración la limpieza de la superficie, el tiempo de aplicación del epoxi, la contaminación con polvo y la temperatura de curado.

4.7.0 Revestimientos de peso para tuberías

Los revestimientos de peso se utilizan para aumentar la resistencia de las tuberías y proporcionar fuerza ascensional negativa al sumergir las grado la mitad del espesor necesario para el revestimiento. El espesor final se calcula como el mínimo permitido en cualquier punto de medición o como un promedio de varias mediciones; ningún espesor debe ser menor que el 90 % del valor especificado. La superficie final del revestimiento puede tener un aspecto mate o de piel de naranja, que puede alisarse si se lo desea, mediante laminación, con un solvente recomendado por el fabricante. Lo más común es que se desee aplicar un revestimiento superior decorativo en la superficie, especialmente en ambientes húmedos. Estos revestimientos pueden ser epóxicos, acrílicos o de poliuretano.

5.3.0 Materiales de base aislante

Existen varios materiales comerciales de base aislante para la protección contra incendio. Por lo general consisten en productos no combustibles de placas de fibra mineral hechos con cal, sílice y fibras de refuerzo sin asbesto. Estos productos se usan para envolver el acero estructural y proteger columnas, paredes, ejes y tuberías, así como también muros refractarios. Pueden requerir una camisa protectora contra los agentes atmosféricos, para el uso en el exterior. Los fabricantes normalmente recomiendan un revestimiento superior y un imprimador adecuados para su producto; sin embargo, lo más común es que se use un imprimador epóxico. La placa de fibra mineral se instala en seco y presenta muy buena estabilidad, resistencia a los choques térmicos, baja conductividad térmica/almacenamiento de calor y buena resistencia a la compresión. Es resistente al ataque de sustancias químicas, excepto los álcalis fuertes, el ácido fluorhídrico y el ácido fosfórico.

6.0.0 Revestimientos en polvo

Los revestimientos en polvo no son líquidos y no contienen solventes. Se pueden aplicar manualmente con pistolas de pulverización a la llama de propano o con pistolas de pulverización electrostáticas. También se aplican en sistemas de plantas fijas que usan lechos fluidizados y cámaras de niebla, así como pistolas de pulverización. Si se aplican electrostáticamente, los polvos se cargan eléctricamente y luego se pulverizan sobre una superficie con puesta a tierra. La diferencia de carga eléctrica hace que las partículas de polvo se adhieran a la superficie. Esto permite que el espesor de los revestimientos en polvo sea mucho mayor que el de muchos revestimientos líquidos convencionales. Con mucha frecuencia, la superficie se calienta antes de la aplicación del revestimiento. Por lo general, justo antes de revestir la superficie, se la calienta a una temperatura elevada para que el revestimiento se funda, lo cual crea un acabado duradero al enfriarse.

Los usos más comunes de los revestimientos en polvo son en tuberías, varillas de refuerzo, electrodomésticos y el exterior de vehículos automotrices. Además, algunos revestimientos en polvo son resistentes a las sustancias químicas y se pueden usar en impulsores de bombas, paletas de agitación y otros aparatos que se utilizan con sustancias químicas.

La composición de los revestimientos en polvo es similar a la de los revestimientos líquidos. Generalmente los polvos contienen algunos de los siguientes elementos:

- pigmento
- agentes de curado (resinas sólidas con reacción parcial)
- agentes humectantes
- agentes de control de flujo
- rellenos y extensores
- interruptores de espuma y otros aditivos

Todos los revestimientos en polvo son partículas secas que tienen aspecto de polvo fino (como la harina o el talco), pero se les puede dar color con pigmentos. Los polvos se dividen en dos grandes categorías: termoplásticos y termoestables. Los materiales termoplásticos se suavizan al calentarse y se endurecen al enfriarse. Los materiales termoestables se endurecen al calentarse y permanecen duros al enfriarse.

Entre los materiales de revestimiento termoplásticos se encuentran los siguientes:

- cloruro de polivinilo (PVC)
- polipropileno
- Kynar®
- Halar®
- polietileno
- Teflon® (politetrafluoroetileno o PTFE)

Entre los materiales de revestimiento termoestables se encuentran los siguientes:

- epoxi
- uretano
- poliéster
- acrílico
- alquido

Anteriormente en este módulo de revestimientos de tuberías se describieron varios de estos revestimientos, junto con su secuencia de aplicación. La aplicación de revestimientos en polvo en otros objetos de acero sigue la misma secuencia general dada para la aplicación de revestimientos para tuberías. Al manejar o aplicar revestimientos en polvo, siempre use la protección respiratoria adecuada a fin de evitar la inhalación de polvos muy finos.

7.0.0 Estándares de los revestimientos especializados y para tuberías

Existen varias normas para los revestimientos especializados y para tuberías. Además de las normas que se mencionan en las secciones anteriores, NACE International publica normas para revestimientos y forros. La siguiente es una lista de las normas que se relacionan directamente con los revestimientos y forros:

> **NOTA** Cuando se revisan las normas, las prácticas recomendadas (RP) se pasan a identificar como prácticas estándar (SP) con el mismo número de base.

- *NACE n.º 10/SSPC-PA 6, Fiberglass-Reinforced Plastic (FRP) Linings Applied to Bottoms of Carbon Steel Aboveground Storage Tanks (Revestimientos plásticos reforzados con fibra de vidrio (FRP) aplicados a los fondos de tanques de almacenamiento en superficies de acero de carbono)*
- *NACE n.º 11/SSPC-PA 8, Thin-Film Organic Linings Applied in New Carbon Steel Process Vessels (Forros orgánicos de película fina aplicados a depósitos de proceso de acero de carbono nuevos)*
- *NACE n.º 12/AWS C2.23M/SSPC-CS 23.00, Specification for the Application of Thermal Spray Coatings (Metallizing) of Aluminum, Zinc, and Their Alloys and Composites for the Corrosion Protection of Steel (Especificación para la aplicación de revestimientos mediante rociado térmico (metalización) de aluminio, zinc y sus aleaciones y compuestos para la protección contra la corrosión del acero)*
- *RP0105-2005, Liquid-Epoxy Coatings for External Repair, Rehabilitation, and Weld Joints on Buried Steel Pipelines (Revestimientos líquidos de epoxi para reparación externa, rehabilitación y uniones de soldadura de tuberías de acero enterradas)*
- *RP0191-2002, The Application of Internal Plastic Coatings for Oilfield Tubular Goods and Accessories (La aplicación de revestimientos plásticos internos para artículos y accesorios tubulares en campos petrolíferos)*
- *RP0198-2004, The Control of Corrosion Under Thermal Insulation and Fireproofing Materials—A Systems Approach (El control de la corrosión bajo aislamiento térmico y materiales de protección contra incendios: un enfoque con base en los sistemas)*
- *RP0303-2003, Field-Applied Heat-Shrinkable Sleeves for Pipelines: Application, Performance, and Quality Control (Sistemas de revestimiento de tuberías con esmalte de alquitrán de hulla aplicado en el campo)*
- *RP0375-2006, Field-Applied Underground Wax Coating Systems for Underground Pipelines: Application, Performance, and Quality Control (Sistemas de revestimiento de tuberías con esmalte de alquitrán de hulla aplicado en el campo)*
- *RP0394-2002, Application, Performance, and Quality Control of Plant-Applied, Fusion-Bonded Epoxy External Pipe Coating (Aplicación, rendimiento y control de calidad de revestimientos externos de epoxi de adherencia por fusión para tuberías aplicados en planta)*
- *RP0399-2004, Plant-Applied, External Coal-Tar Enamel Pipe Coating Systems: Application, Performance, and Quality Control (Sistemas de revestimiento de tuberías con esmalte de alquitrán de hulla aplicado en el campo)*
- *RP0402-2002, Field-Applied Fusion-Bonded Epoxy (FBE) Pipe Coating Systems for Girth Weld Joints: Application, Performance, and Quality Control (Sistemas de revestimiento de tuberías con esmalte de alquitrán de hulla aplicado en el campo)*
- *RP0602-2002, Field-Applied Coal-Tar Enamel Pipe Coating Systems: Application, Performance, and Quality Control (Sistemas de revestimiento de tuberías con esmalte de alquitrán de hulla aplicado en el campo)*
- *SP0108-2008, Corrosion Control of Offshore Structures by Protective Coatings (Control de la corrosión con revestimientos protectores en estructuras de alta mar)*
- *SP0176-2007 (anteriormente RP0176), Corrosion Control of Submerged Areas of Permanently Installed Steel Offshore Structures Associated with Petroleum Production (Control de la corrosión en áreas sumergidas con estructuras de acero relacionadas con la producción de petróleo instaladas permanentemente en el mar)*
- *SP0181-2006 (anteriormente RP0181), Liquid-Applied Internal Protective Coatings for Oilfield Production Equipment (Revestimientos protectores internos de aplicación líquida en equipos utilizados en la producción petrolífera)*
- *SP0185-2007 (anteriormente RP0185), Extruded Polyolefin Resin Coating Systems with Soft Adhesives for Underground or Submerged Pipe (Sistemas de revestimiento con resinas de poliolefinas extruidas con adhesivos suaves para tuberías subterráneas o sumergidas)*
- *SP0298-2007 (anteriormente RP0298), Sheet Rubber Linings for Abrasion and Corrosion Service (Forros de láminas de caucho para servicio abrasivo y corrosivo)*

- *SP0302-2007 (anteriormente RP0302), Selection and Application of a Coating System to Interior Surfaces of New and Used Rail Tank Cars in Molten Sulfur Service (Selección y aplicación de un sistema de revestimiento para superficies interiores de vagones cisterna nuevos y usados en contacto con azufre fundido)*
- *SP0386-2007, Application of a Coating System to Interior Surfaces of Covered Steel Hopper Railcars in Plastic, Food, and Chemical Industries (Aplicación de un sistema de revestimiento de superficies interiores de vagones tolva de acero recubierto en la industria de plásticos, alimentos y sustancias químicas)*
- *SP0487-2007 (anteriormente RP0487), Considerations in the Selection and Evaluation of Rust Preventives and Vapor Corrosion Inhibitors for Interim (Temporary) Corrosion Protection (Consideraciones en la selección y la evaluación de antioxidantes e inhibidores de la corrosión por vapor para protección provisional (temporal) contra la corrosión)*
- *SP0892-2007 (anteriormente RP0892), Coatings and Linings over Concrete for Chemical Immersion and Containment Service (Revestimientos y forros sobre concreto para inmersión y para contención de sustancias químicas)*

Resumen

La colocación de un revestimiento protector entre un ambiente corrosivo y un material que es el sustrato que se desea proteger es un método fundamental para controlar la corrosión. Es el método más utilizado para proteger metales y otros sustratos. Este módulo proporciona detalles adicionales sobre los revestimientos de protección industrial. También proporciona los detalles de los revestimientos para tuberías, resistentes a incendio/ignífugos y en polvo.

Preguntas de repaso

1. Los forros se utilizan principalmente para _____.
   a. decoración
   b. inmersión
   c. protección de incendio
   d. aislamiento

2. Los revestimientos que proporcionan protección galvánica al acero se conocen como revestimientos _____.
   a. de inmersión
   b. de barrera
   c. inhibidores
   d. de sacrificio

3. La permeabilidad es la capacidad del revestimiento de resistir _____.
   a. la absorción/transmisión de la humedad
   b. la decoloración
   c. el deterioro de la superficie debido a los rayos UV
   d. la refracción de la superficie

4. El alcohol mineral y la nafta VMP son solventes _____ comunes.
   a. hidrocarburos aromáticos
   b. de cetonas
   c. hidrocarburos alifáticos
   d. de éteres de glicol

5. Un revestimiento que usa polimerización química para el curado se llama _____.
   a. revestimiento de curado por correacción
   b. revestimiento de curado por condensación
   c. revestimiento de curado por oxidación
   d. revestimiento de curado por hidratación

6. Un tipo de revestimiento de curado por hidratación es el revestimiento _____.
   a. fenólico
   b. de éster de vinilo
   c. de concreto
   d. de furano

7. Un tipo de revestimiento de curado por evaporación es el revestimiento _____.
   a. de acetato de vinilo
   b. de uretano
   c. de poliéster
   d. epóxico

8. El material que por lo general se usa para sellar el concreto se llama imprimador _____.
   a. de película fina
   b. penetrante
   c. de película gruesa
   d. elastomérico

9. Por lo general, los revestimientos de línea principal se aplican en la planta.
   a. Verdadero
   b. Falso

10. Una ventaja de los revestimientos FBE para tuberías es que proporcionan la mejor _____.
    a. adherencia al acero
    b. resistencia a la humedad
    c. resistencia a los daños
    d. protección para tuberías de vida útil de diseño corta

11. Una ventaja de las cintas de petrolato para tuberías es su _____.
    a. excepcional resistencia a la separación catódica
    b. excelente sello en las uniones en espiral
    c. requerimiento mínimo de preparación de la superficie
    d. alta resistencia a la separación por la carga de tensión del suelo

12. Las mangas de ajuste por contracción que se usan en las uniones de campo de los revestimientos que no son masilla para tubos en suelos en que el movimiento del tubo es significativo o la carga tensión del suelo es un problema se deben usar con un adhesivo _____.
    a. acrílico
    b. de masilla (mastic)
    c. de fusión en caliente
    d. de poliolefinas

13. Un revestimiento resistente a incendio/ignífugo que se puede reparar después de un incendio es un material con base _____.
    a. cementosa
    b. no cementosa
    c. de aislamiento
    d. ablativa

14. Un material para proteger del fuego que absorbe grandes cantidades de calor y las transforma directamente en vapor se llama material _____.
    a. cementoso
    b. intumescente
    c. sublimador
    d. aislante

15. Los revestimientos en polvo se pueden aplicar con pistolas de pulverización a la llama o pistolas de pulverización _____.
    a. convencionales
    b. sin aire
    c. electrostáticas
    d. de múltiples componentes

Términos clave del oficio introducidos en este módulo

Opacidad: capacidad de un revestimiento de cubrir u ocultar un sustrato.

Revestimiento de barrera: revestimiento que protege a un sustrato de la humedad y el oxígeno.

Revestimientos de curado por condensación: revestimiento en el cual reaccionan una o más moléculas orgánicas, que así forman una nueva unión y desprenden una molécula de agua.

Revestimiento de curado por correacción: revestimiento que requiere agregar un activador o catalizador al material base. También se llama revestimiento de componentes múltiples, multicomponentes o pluricomponentes.

Revestimiento de curado por hidratación: revestimiento que se cura mediante un proceso denominado hidratación, en el cual se combina agua químicamente con el revestimiento y sus componentes.

Revestimiento de curado por oxidación: revestimiento que contiene aceite vegetal que cura mediante un proceso denominado oxidación, en el cual los ingredientes del revestimiento reaccionan con el oxígeno contenido en el aire.

Revestimiento inhibidor: revestimiento que contiene pigmentos que reaccionan con la humedad absorbida dentro del revestimiento y luego con la superficie de acero, y así logran la pasivación del metal e interfieren con el proceso de corrosión.

Surfactantes: aditivos que se utilizan en las emulsiones de agua y aceite, que rompen la tensión superficial del líquido.

Recursos adicionales

Este módulo presenta recursos detallados para el entrenamiento en las tareas. Para ampliar los estudios, recomendamos el siguiente material de referencia.

NACE International para recursos e información sobre control de la corrosión. www.nace.org.

The Protective Coating User's Handbook, Dr. Louis D. Vincent, 2004. Houston, Texas: NACE International.

Créditos de las figuras

Praxair Surface Technologies, portada del módulo

Graco Inc., 206F01

Topaz Publications, Inc., 206F02

Rogers & Associates Consulting Services, 206F03

CRC-Evans Pipeline International, Inc., 206F15

NACE International, 206T01, 206T02

Shaw Pipe, una empresa ShawCor, 206F09–206F14, 206F16A, 206F16B, 206F17A, 206F17B, 206SA01, 206SA02, 206F20

CURRÍCULO DE NCCER - COMENTARIOS DEL USUARIO

NCCER hace el esfuerzo de mantener estos libros de texto actualizados y libres de errores técnicos. Apreciamos su ayuda en este proceso. Si encuentra algún error, ya sea tipográfico o de contenido, en el currículo de NCCER, haga el favor de completar este formulario (o una fotocopia de él) o el formulario en línea en **www.nccer.org/olf**. Asegúrese de incluir el número exacto del módulo, la página, una descripción detallada y la corrección recomendada. Su comentario será puesto en conocimiento del comité técnico de revisión. Gracias por su ayuda.

Instructores: si tiene una idea para mejorar este libro de texto o encontró que algún material adicional es necesario para enseñar este módulo con eficacia, por favor háganoslo saber para que podamos presentar sus sugerencias al comité técnico de revisión.

NCCER Product Development and Revision

13614 Progress Blvd., Alachua, FL 32615

Correo electrónico: curriculum@nccer.org
En internet: www.nccer.org/olf

❑ Guía del estudiante ❑ AIG ❑ Examen ❑ PowerPoints Otro ____________________

Oficio / nivel Fecha de copyright :

Número/título del módulo:

Número(s) de sección:

Descripción:

Corrección recomendada:

Su nombre:

Dirección:

Correo electrónico: Teléfono:

Aplicación de revestimientos, nivel dos

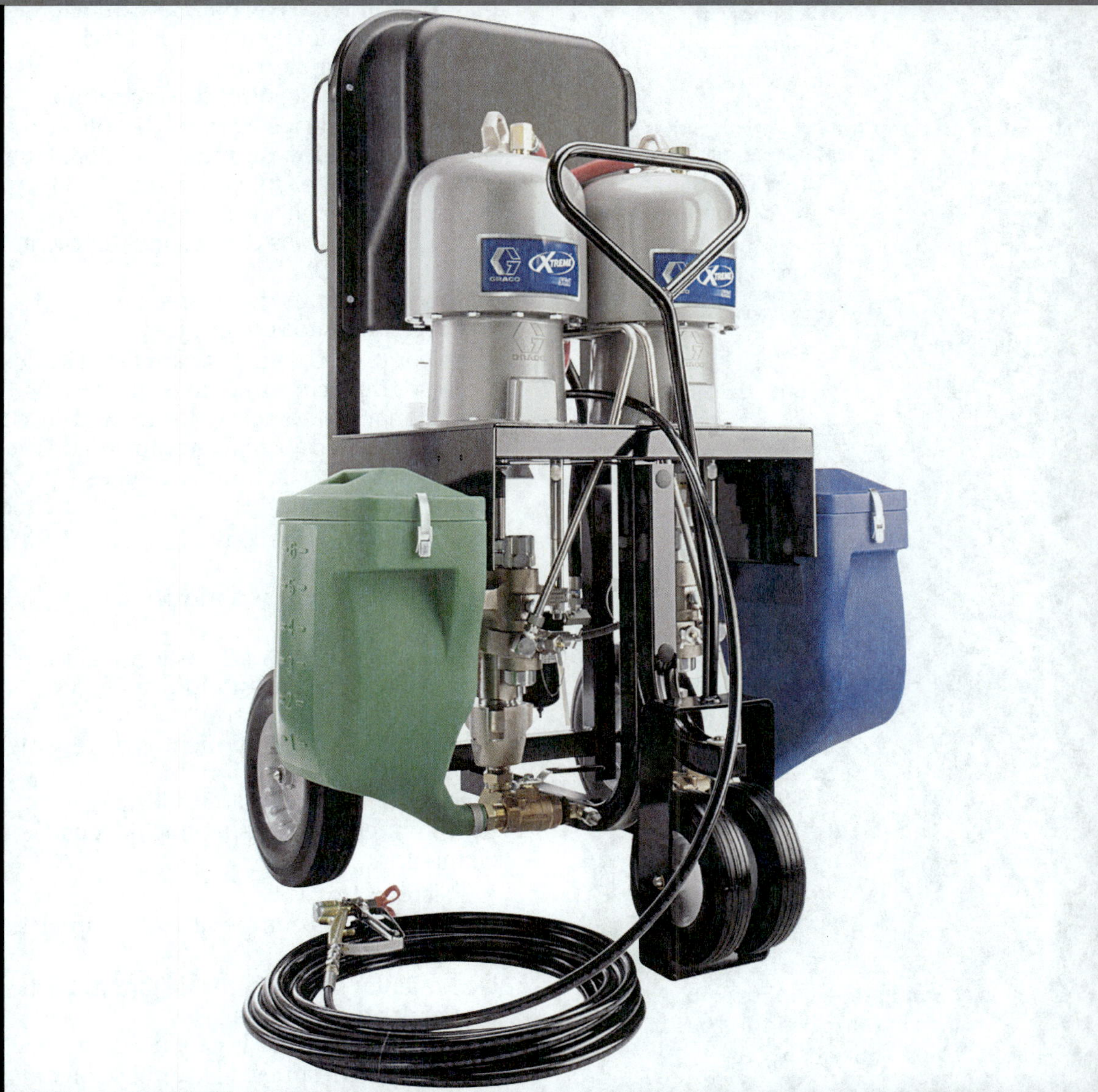

ES69207-10

ESPECIALISTA EN APLICACIÓN DE REVESTIMIENTOS INDUSTRIALES, NIVEL DOS

- **ES69207-10** Aplicación de revestimientos, nivel dos
- **ES69206-10** Revestimientos industriales, nivel dos
- **ES69205-10** Preparación de superficies, nivel dos
- **ES69204-10** Contención
- **ES69203-10** Planificación del trabajo y control de calidad
- **ES69202-10** Protección contra la corrosión
- **ES69201-10** Seguridad al trabajar con revestimientos industriales
- Especialista en aplicación de revestimientos industriales, nivel uno
- Currículo básico Habilidades introductorias del oficio

Este mapa del curso muestra todos los módulos de *Especialista en aplicación de revestimientos industriales, nivel dos*. El orden de entrenamiento sugerido comienza desde la parte inferior y avanza hacia la parte superior. Los niveles de habilidad se incrementan a medida que avanza en el mapa del curso. El Patrocinador local del Programa de entrenamiento puede modificar el orden del entrenamiento.

Objetivos

Cuando haya completado este módulo, el alumno podrá hacer lo siguiente:

1. Demostrar el uso de una PDS (suministrada por el instructor) para extraer la siguiente información:
   - Requisitos de almacenamiento
   - Procedimientos de mezcla y dilución
   - Requisitos del tiempo de inducción
   - Tiempo de aplicación
   - Requisitos de control de viscosidad
   - Requisitos de los equipos de aplicación
   - Tiempos de revestimiento adicional/curado
   - Espesor de película húmeda (WFT)
   - Espesor de película seca (DFT)
   - Requisitos de las condiciones ambientales
   - Datos de COV
   - Procedimientos de reparación
   - Procedimientos de limpieza
2. Emplear procedimientos para la verificación visual de los procesos de recubrimiento en tiras.
3. Seleccionar, demostrar y documentar la configuración, la operación, el ajuste, la resolución de problemas, el mantenimiento y la limpieza de los equipos de rociado básicos en estructuras simples y complejas, incluidos:
   - Rociado con aire convencional
   - Rociado sin aire
   - Rociado sin aire asistido por aire
   - HVLP
4. Analizar la necesidad de usar calefacción auxiliar, humidificación/deshumidificación y/o ventilación para ayudar al secado/curado.
5. Seleccionar los procedimientos de reparación adecuados para los defectos de aplicación.
6. Medir y documentar, antes de aplicar un revestimiento, los procedimientos de inspección adecuados con los siguientes elementos:
   - Psicrómetro
   - Termómetros (temperaturas de aire y de revestimiento)
   - Anemómetro
7. Documentar los números de tanda/bache e identificar los materiales defectuosos.
8. Medir y documentar la calidad de la película del revestimiento, durante y/o después de la aplicación del revestimiento, con los medidores de WFT y DFT.
   - Medidor de espesor de película húmeda
   - Medidor de espesor de película seca
   - Detectores de espacios pasados por alto de bajo y alto voltaje
   - Instrumento de prueba de dureza
   - Prueba de sensibilidad a solventes
9. Demostrar los procedimientos adecuados para aplicar un revestimiento adicional en los sistemas de revestimiento existentes.
10. Identificar métodos comunes de campo y de laboratorio que se utilizan para evaluar los revestimientos y realizar investigaciones sobre fallas de revestimientos.
11. Demostrar los métodos adecuados de mezcla y dilución.
12. Demostrar los cálculos de cobertura del revestimiento con una calculadora.

Términos clave del oficio

Atomización
Ciclo de limpieza abrasiva y revestimiento
Cuerno de descarga
Límite de exposición a corto plazo (LECP)
Límite explosivo superior (LES)
Plasma
Promedio ponderado de tiempo (PPT)
Valor umbral límite (VUL)

Prerrequisitos

Antes de comenzar este módulo, se recomienda que complete correctamente *Especialista en aplicación de revestimientos industriales, nivel uno* y *Especialista en aplicación de revestimientos industriales, nivel dos,* Módulos ES69201-10 a ES69206-10.

Índice

Los temas que vamos a presentar en este módulo comprenden:

1.0.0 Introducción ... 7.1
2.0.0 Seguridad al trabajar con revestimientos ... 7.1
3.0.0 Mezcla y dilución ... 7.2
3.1.0 Equipos de mezcla ... 7.3
3.2.0 Lineamientos de mezcla ... 7.4
3.2.1 Revestimientos líquidos con un único componente ... 7.4
3.2.2 Revestimientos líquidos de múltiples componentes ... 7.6
3.2.3 Revestimientos líquidos con un componente en polvo ... 7.7
3.3.0 Dilución de revestimientos ... 7.7
4.0.0 Cálculo de la cobertura del revestimiento ... 7.8
5.0.0 Selección del equipo de aplicación ... 7.10
5.1.0 Hojas de datos del producto ... 7.12
5.2.0 Restricciones y monitorización ambiental y de la planta ... 7.13
5.3.0 Tamaño y configuración de superficies ... 7.14
5.4.0 Consideraciones de producción ... 7.15
6.0.0 Preparaciones previas a la aplicación ... 7.15
6.1.0 Preparación de la superficie ... 7.15
6.1.1 Superficies de concreto y mampostería (SSPC-SP13/NACE 6) ... 7.15
6.1.2 Superficies de acero ... 7.16
6.1.3 Revestimientos existentes ... 7.16
6.2.0 Preparación de los materiales de revestimiento ... 7.16
6.2.1 Mezclas de revestimiento ... 7.16
6.2.2 Viscosidad del revestimiento ... 7.17
6.3.0 Preparación del equipo de aplicación ... 7.18
6.3.1 Brochas ... 7.18
6.3.2 Rodillos ... 7.18
6.3.3 Equipo de rociado ... 7.18
6.3.4 Sistemas de rociado convencionales ... 7.19
6.3.5 Rociadores sin aire ... 7.19
6.4.0 Requisitos de documentación ... 7.19
7.0.0 Procedimientos de aplicación ... 7.20
7.1.0 Técnicas de aplicación con pistola rociadora ... 7.20
7.2.0 Configuración y funcionamiento de equipos de rociado en general ... 7.23

Índice (continuación)

7.3.0 Configuración, funcionamiento y apagado de sistemas de rociado convencionales....7.23
7.3.1 Configuración inicial....7.23
7.3.2 Encendido y uso....7.26
7.3.3 Apagado y limpieza....7.27
7.4.0 Configuración, funcionamiento y apagado de sistemas de rociado sin aire....7.28
7.4.1 Configuración inicial....7.29
7.4.2 Encendido y uso....7.30
7.4.3 Apagado y limpieza del sistema....7.31
7.5.0 Configuración, funcionamiento y apagado de sistemas de rociado sin aire asistidos por aire....7.32
7.5.1 Configuración inicial....7.33
7.5.2 Encendido y uso....7.34
7.5.3 Apagado y limpieza del sistema....7.36
7.6.0 Configuración, funcionamiento y apagado de sistemas de rociado de alto volumen y baja presión (HVLP)....7.37
7.7.0 Resolución de problemas....7.38
7.7.1 Resolución de problemas en sistemas de rociado convencionales y de HVLP....7.38
7.7.2 Resolución de problemas en los sistemas de rociado sin aire y sin aire asistidos por aire....7.40
8.0.0 Revestimientos especiales....7.40
8.1.0 Rociado electrostático y revestimientos en polvo....7.41
8.1.1 Revestimiento con pistola rociadora electrostática....7.42
8.1.2 Revestimiento con lecho fluidizado....7.43
8.2.0 Sistemas de rociado de múltiples componentes....7.43
8.3.0 Rociado térmico....7.45
9.0.0 Equipos auxiliares....7.45
9.1.0 Humedad y superficies/sustratos ferrosos....7.47
9.1.1 Control de humedad para superficies/sustratos ferrosos....7.47
9.1.2 Determinación y selección de equipos de deshumidificación para superficies/sustratos ferrosos....7.47
9.2.0 Equipos de acondicionamiento y deshumidificación ambiental....7.48
9.2.1 Deshumidificadores desecantes....7.48
9.2.2 Deshumidificadores refrigerantes....7.49
9.2.3 Enfriadores y bobinas de enfriamiento....7.49
9.2.4 Calentadores de agua caliente/vapor de combustión directa e indirecta....7.49
9.2.5 Calentadores eléctricos....7.50
9.2.6 Calentadores infrarrojos....7.51
10.0.0 Control y evaluación de la calidad del revestimiento....7.51
10.1.0 Medidores, instrumentos y pruebas de inspección....7.51
10.1.1 Medidor de espesor de película húmeda....7.52
10.1.2 Medidor de espesor de película seca....7.52
10.1.3 Detectores de espacios pasados por alto y poros de alto y bajo voltaje....7.52
10.1.4 Medidores de dureza....7.55

10.1.5 Prueba de resistencia a los solventes....7.56
10.2.0 Revestimiento adicional y reparación del revestimiento....7.56
10.3.0 Fallas y soluciones de la aplicación de revestimientos....7.57
11.0.0 Manejo de residuos....7.57
11.1.0 Eliminación de residuos no peligrosos....7.59
11.2.0 Eliminación de residuos peligrosos....7.59

Figuras y tablas

Figura 1 Gogles químicamente seguros....7.1
Figura 2 Guantes resistentes a productos químicos y al calor....7.2
Figura 3 Respirador purificador de aire de media máscara y de máscara completa reutilizable....7.2
Figura 4 Respirador purificador de aire eléctrico....7.2
Figura 5 Aparato de respiración autónomo con traje completo resistente a productos químicos/fuego y respirador purificador de aire....7.3
Figura 6 Herramientas de mezcla....7.3
Figura 7 Agitadores mecánicos....7.5
Figura 8 Mezcladores de tambor accionados a motor neumático con bombas....7.5
Figura 9 Aplicación en campo con equipo de rociado de múltiples componentes....7.7
Figura 10 Viscosímetro de copa Shell....7.8
Figura 11 Calculadora manual de funciones avanzadas típica....7.9
Figura 12 Sistemas y equipos de rociado sin aire montados en carro utilizados para aplicaciones de rociado....7.11
Figura 13 Recomendaciones de aplicación de la PDS de muestra....7.12
Figura 14 Dispositivos de medición de temperatura, humedad y viento....7.14
Figura 15 Copas de viscosidad....7.17
Figura 16 Rociado de bordes y esquinas....7.21
Figura 17 Rociado de superficies verticales planas....7.21
Figura 18 Rociado de superficies o paneles largos y nivelados....7.22
Figura 19 Rociado de cilindros y superficies angostas....7.22
Figura 20 Configuración del sistema para el aire de pistola regulado desde un extractor....7.24
Figura 21 Configuración del sistema para el aire de pistola regulado desde un recipiente....7.25
Figura 22 Configuración del sistema para una bomba de transferencia de baja presión neumática....7.25
Figura 23 Pistola rociadora de aire convencional típica....7.26
Figura 24 Rociador sin aire mecánico con motor a gasolina y montado en carro....7.28
Figura 25 Componentes de pistola industrial típica de rociado sin aire....7.29
Figura 26 Componentes de rociador industrial sin aire asistido por aire accionado con motor neumático montado en carro....7.33
Figura 27 Componentes de pistola industrial típica de rociado sin aire asistida por aire....7.34
Figura 28 Pistola rociadora HVLP típica....7.37
Figura 29 Medidor de prueba de casquillo de aire de equipos HVLP....7.38

Figuras y tablas (continuación)

Figura 30 Sistema de rociado sin aire con pistola electrostática 7.42
Figura 31 Pistolas rociadoras de fluido electrostático 7.43
Figura 32 Pistola de rociado sin aire de múltiples componentes de mezcla interna y purga mecánica 7.44
Figura 33 Sistema de rociado sin aire de múltiples componentes de asentamiento rápido. 7.45
Figura 34 Sistema de rociado sin aire de múltiples componentes de asentamiento rápido 7.46
Figura 35 Deshumidificador desecante 7.49
Figura 36 Calentador de combustión directa de propano o gas natural 7.49
Figura 37 Calentador de combustión indirecta de aceite o propano. 7.50
Figura 38 Caldera de vapor de combustión de gas natural o aceite. 7.50
Figura 39 Calentador eléctrico 7.51
Figura 40 Verificación del espesor de película húmeda con un medidor 7.53
Figura 41 Medidores de DFT tipo 1 y 2 .... 7.54
Figura 42 Detectores de espacios pasados por alto y poros de alto y bajo voltaje 7.55
Tabla 1 Diagnóstico de sistemas de rociado convencionales y HVLP 7.39
Tabla 2 Diagnóstico de sistemas de rociado sin aire y sin aire asistidos por aire 7.40–41
Tabla 3 Fallas comunes en la aplicación de revestimientos 7.58

1.0.0 INTRODUCCIÓN

La aplicación de revestimientos depende del conocimiento y las habilidades del especialista. La calidad del revestimiento depende de la selección del equipo, las habilidades empleadas en la aplicación propiamente dicha, la calidad de los materiales de revestimiento, la preparación de la superficie y las condiciones en las que se aplican los revestimientos. Es necesario resolver de forma correcta y eficaz los problemas que surgen durante el proceso, para lograr un revestimiento fiable.

2.0.0 SEGURIDAD AL TRABAJAR CON REVESTIMIENTOS

Los técnicos que trabajan con revestimientos pueden verse expuestos a diversos peligros. Se puede encontrar información sobre peligros específicos relacionados con un revestimiento en la hoja de datos de seguridad de materiales (MSDS). En el *Apéndice A* se proporciona una MSDS de muestra para un revestimiento de múltiples componentes. Los problemas de seguridad relacionados con los revestimientos suelen encuadrarse dentro de dos categorías:

- *Peligros de incendio:* punto de inflamación de un líquido inflamable es la temperatura más baja a la cual puede encenderse cuando se lo expone a una fuente de ignición. Las fuentes de ignición pueden ser llamas directas, electricidad estática, calor proveniente de las operaciones de soldadura o amolado, cigarrillos encendidos, chispas generadas por herramientas y fuentes de ignición químicas. Por ejemplo, el uso de MEK (metiletilcetona) y sus vapores en presencia de filtros de carbón activado, como aquellos que suelen emplearse en sistemas de calefacción, ventilación y aire acondicionado (HVAC), representa un peligro de incendios y explosiones.
- *Peligros para la salud*: todos los revestimientos y solventes deben manejarse con cuidado. La *Sección 8, Controles de exposición/Protección personal* de las MSDS brinda información de seguridad crítica sobre la ventilación y el equipo de protección personal (EPP) recomendado por el fabricante para el manejo o la aplicación de un material de revestimiento en particular. El Instituto Nacional para la Salud y Seguridad Laboral (NIOSH) aprueba los equipos de protección personal para trabajar con revestimientos industriales. En las *Figuras 1* a *5* se muestran equipos de protección personal típicos.

En ciertos casos, se podría exigir el uso de cascos, zapatos con puntera de acero de canillera alta, protección auditiva, cobertura del cuerpo cerrada en el cuello y las muñecas, o crema protectora resistente a solventes. Asimismo, en ciertos entornos podría requerirse el uso de prendas protectoras contra la radiación y de dispositivos de protección personal en caso de exposición a la radiación. En áreas cerradas, la OSHA exige la monitorización de los niveles de solventes peligrosos y/o inflamables a fin de evitar peligros de explosiones e incendios o el desplazamiento excesivo de oxígeno. Además, la OSHA exige que todos los respiradores se limpien, higienicen, desinfecten y prueben con regularidad.

Se emplea terminología específica al describir las cuestiones de seguridad relacionadas con trabajar con o cerca de revestimientos y solventes. Comprender los siguientes términos y definiciones lo ayudará a mantener condiciones de trabajo seguras:

- El límite explosivo de un gas o vapor es la concentración límite que se requiere para que el gas se encienda y explote. Existen dos límites explosivos para todos los gases y vapores: el límite explosivo inferior (LEI) y el **límite explosivo superior (LES)**. En las concentraciones en el aire inferiores al LEI, no existe combustible suficiente para arder; en las concentraciones superiores al LES, el vapor ha desplazado tanto aire que no existe suficiente oxígeno para permitir que arda. Entre el LEI y el LES existen riesgos de explosión.
- **El valor umbral límite (VUL)** es la cantidad y concentración de un vapor en suspensión que puede ser inhalado sin riesgos por los trabajadores durante un período especificado.
- **El límite de exposición a corto plazo (LECP)** es la concentración más alta a la que pueden exponerse los trabajadores en un período de tiempo establecido.
- **El promedio ponderado de tiempo (PPT)** es el límite umbral al que los trabajadores pueden exponerse durante un período de tiempo específico, que suele expresarse en cantidad de horas de trabajo permitidas por día o por semana.

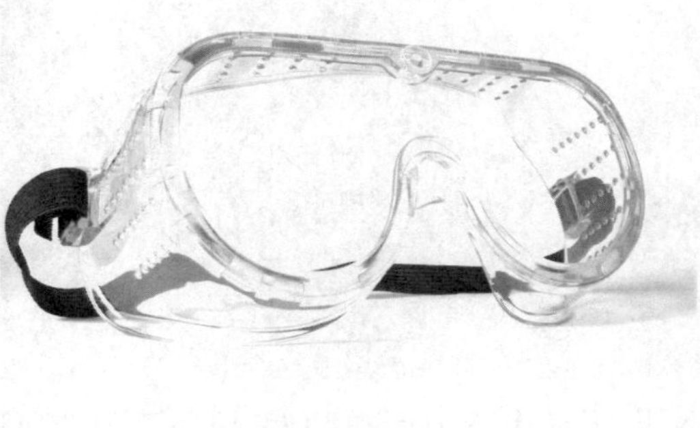

207F01.EPS

Figura 1 Gogles químicamente seguros.

- Un compuesto orgánico volátil (COV) es un compuesto químico orgánico que se evapora bajo condiciones normales e ingresa en la atmósfera como contaminación. El término suele utilizarse en contextos normativos, como los que se incluyen en los lineamientos de la Agencia de Protección Ambiental (EPA).

3.0.0 MEZCLA Y DILUCIÓN

Antes de mezclar revestimientos, inspeccione el producto de revestimiento para detectar indicios de daños por el paso del tiempo o por el almacenamiento y el manejo inadecuados. Los productos en latas que parezcan haber sido abiertas deben examinarse con cuidado. El pigmento en los revestimientos puede asentarse con el tiempo; es por eso que los revestimientos propensos a asentarse pueden requerir que se los mezcle reiteradas veces. Los revestimientos que se han separado o ge-

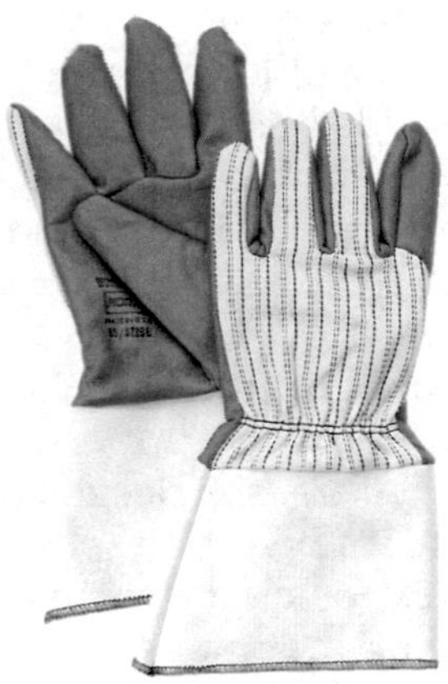

GUANTES RESISTENTES AL CALOR

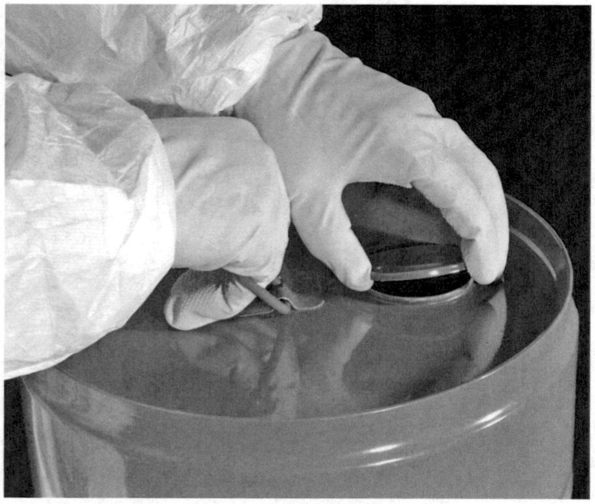

GUANTES RESISTENTES A PRODUCTOS QUÍMICOS

207F02.EPS

Figura 2 Guantes resistentes a productos químicos y al calor.

RESPIRADOR DE MEDIA MÁSCARA REUTILIZABLE

RESPIRADOR DE MÁSCARA COMPLETA REUTILIZABLE

207F03.EPS

Figura 3 Respirador purificador de aire de media máscara y de máscara completa reutilizable.

207F04.EPS

Figura 4 Respirador purificador de aire eléctrico.

APARATO DE RESPIRACIÓN AUTÓNOMO

RESPIRADOR CON SUMINISTRO DE AIRE

207F05.EPS

Figura 5 Aparato de respiración autónomo con traje completo resistente a productos químicos/fuego y respirador purificador de aire.

lificado también deben examinarse con cuidado. En caso de dudas, no los utilice. Déjelos a un lado y solicite información al fabricante. Mezcle los revestimientos según las especificaciones del fabricante. Los resultados específicos de la falta de mezcla cuidadosa varían entre los distintos tipos de revestimientos, pero, por lo general, un revestimiento mal mezclado no brindará la protección deseada. Si no se mezclan los componentes en las proporciones correctas, puede no producirse un buen curado o pueden separarse los componentes después de la aplicación.

¡ADVERTENCIA!

Dos aditivos que se usan con ésteres y poliésteres son el peróxido de metiletilcetona (MEKP) y el hidroperóxido de cumeno, que es un catalizador para iniciar el proceso de polimerización. El MEKP y el hidroperóxido de cumeno deben almacenarse y manejarse con cuidado porque son extremadamente reactivos e irritan la piel. Siempre consulte la MSDS para el uso y los requisitos de equipo de protección personal. Cuando mezcle MEKP e hidroperóxido de cumeno con resinas, comience mezclando la resina y luego vierta con cuidado el MEKP o el hidroperóxido de cumeno en el vórtice. Siga mezclando, asegurándose de raspar el material desde los lados del contenedor, hasta que los componentes se hayan mezclado por completo.

3.1.0 Equipos de mezcla

Se pueden emplear diferentes herramientas para mezclar de manera adecuada los materiales de revestimiento, según el tipo de revestimiento y la cantidad de material. Para proyectos grandes u otras aplicaciones que impliquen grandes cantidades de revestimiento, se suelen utilizar mezcladores eléctricos. La *Figura 6* muestra ejemplos de herramientas de mezcla que pueden emplearse

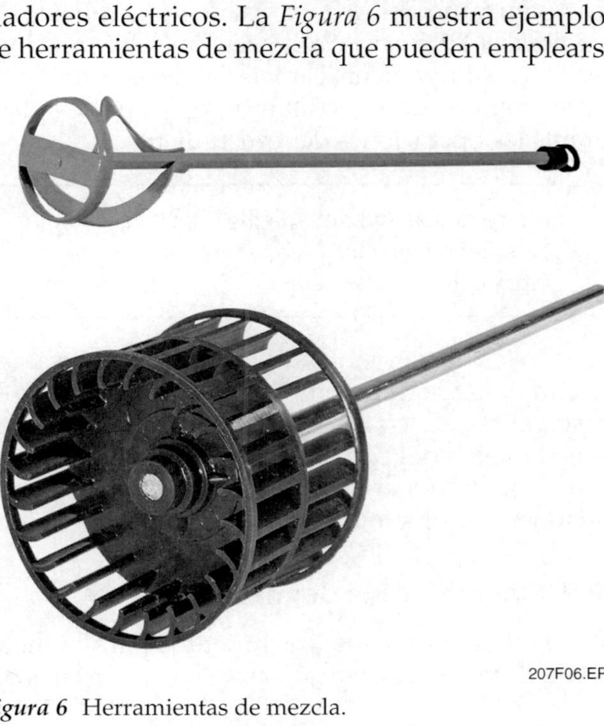

207F06.EPS

Figura 6 Herramientas de mezcla.

con motores neumáticos portátiles o motores eléctricos a prueba de explosiones para la mezcla manual de envases de entre 1 y 5 galones (4 a 19 litros). En otros casos, existen agitadores mecánicos portátiles o semiportátiles para usar con envases metálicos o plásticos, como se muestra en la *Figura 7*. Permiten llevar a cabo la mezcla sin abrir los envases. La unidad eléctrica de un galón es útil para departamentos de mantenimiento y proyectos más pequeños. También hay unidades de dimensiones similares accionadas con un motor neumático. La unidad de 1 a 5 galones (4 a 19 litros) es eléctrica y puede montarse en el suelo o sobre un remolque, un carro pesado o una camioneta. Ambas unidades están equipadas con un interruptor temporizador ajustable para configurar la duración de la mezcla.

¡ADVERTENCIA!

Siempre use motores de mezcla sin chispas para evitar la ignición de vapores de solventes inflamables o explosivos.

La *Figura 8* muestra ejemplos de mezcladores de tambor con paletas revolvedoras o espirales accionados con motores neumáticos de velocidad variable, junto con bombas neumáticas de material de revestimiento. Los mezcladores de tambor no se utilizan para la mezcla inicial de los revestimientos; dicha mezcla debe realizarse por otros medios. Se emplean para tambores de material de revestimiento de 55 galones (208 litros). Para prevenir la separación, mezclan continuamente el material de revestimiento que se bombea desde los tambores y que se aplica durante las operaciones de revestimiento.

NOTA

Siempre use una hoja de mezclado del estilo, el tamaño y la velocidad recomendados por el fabricante.

Todas las herramientas y equipos de mezcla deben limpiarse rápidamente después de usarlos con los solventes adecuados que se especifican en las hojas de datos del producto (PDS) del fabricante o en la etiqueta del envase. En el *Apéndice B* se proporciona un ejemplo de una PDS.

3.2.0 Lineamientos de mezcla

Esta sección abarca los lineamientos para la mezcla y la dilución de distintos tipos de materiales de revestimiento, incluidos los revestimientos con un único componente, los revestimientos líquidos de componentes múltiples y los revestimientos líquidos con un componente en polvo.

3.2.1 Revestimientos líquidos con un único componente

Los revestimientos líquidos con un único componente pueden mezclarse con uno o más de los equipos o herramientas mencionados anteriormente. Siga las instrucciones del fabricante para la mezcla. Se debe esperar a que desaparezcan las burbujas de aire antes de utilizar el revestimiento. Para los revestimientos con un único componente pigmentados, la cantidad de mezcla requerida depende de cuánto se haya asentado el pigmento (cuánto se haya separado de la resina líquida y el solvente). Esto depende del tipo de revestimiento, la fórmula y el tiempo y la temperatura de almacenamiento. Siempre emplee revestimientos recientemente almacenados o componentes de revestimiento que hayan sido almacenados de manera adecuada. Las especificaciones pueden prohibir el uso de envases empleados parcialmente si se ha formado una película sobre el líquido.

Cuando utilice un mezclador eléctrico manual, mezcle a baja velocidad para ayudar a evitar que ingrese aire y se forme espuma en el revestimiento. Algunos revestimientos pueden producir espuma después de agitarse y se vuelven inutilizables. La velocidad de mezcla adecuada queda indicada por la formación de un pequeño remolino alrededor del eje del mezclador. Después de la mezcla, el revestimiento debería tener un aspecto regular, de color uniforme. Asegúrese de que no se observen pigmentos asentados en el fondo del envase. Deje reposar el revestimiento por un período corto para que las burbujas de aire puedan elevarse a la superficie.

NOTA

Al utilizar una mezcladora eléctrica manual para un revestimiento, siempre inserte la herramienta de mezcla en el envase del revestimiento antes de encender el motor. Cuando la mezcla esté completa, detenga el motor antes de retirar la herramienta mezcladora. Para limpiar la herramienta mezcladora, puede hacerla funcionar en una lata con el solvente del revestimiento durante un tiempo corto.

El color de un revestimiento pigmentado puede variar levemente de un envase a otro, en especial si los recipientes pertenecen a lotes de producción distintos. Suele ser una práctica adecuada entremezclar el material de revestimiento si se va a utilizar más de un envase. Esto se denomina mez-

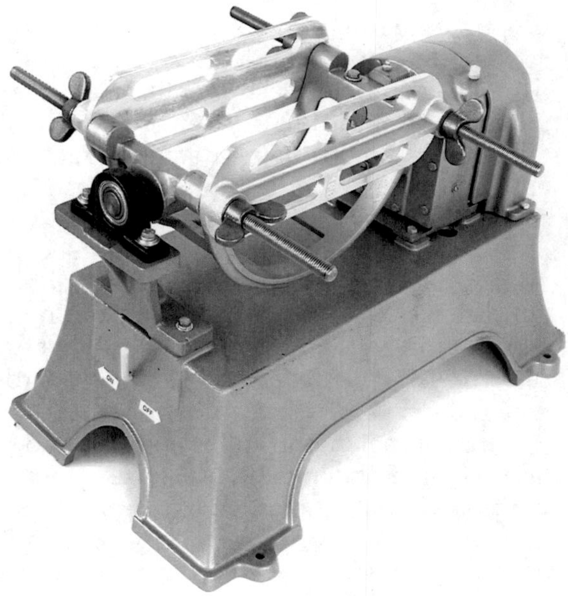

UNIDAD DE CINCO GALONES

UNIDAD DE UN GALÓN

207F07.EPS

Figura 7 Agitadores mecánicos.

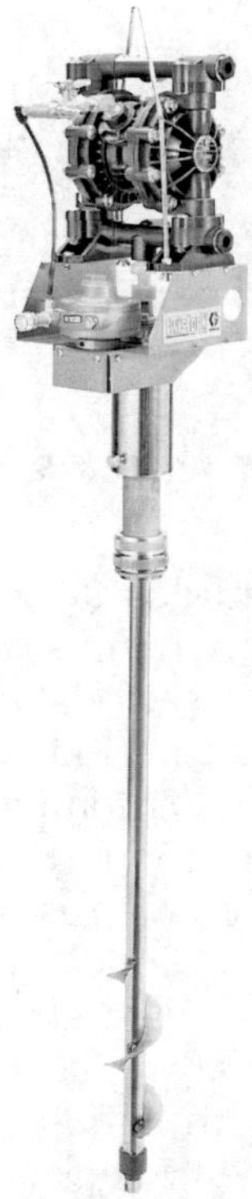

MEZCLADOR CON PALETAS DE TAMBOR ABIERTO MONTADO SOBRE SOPORTE CON BOMBA Y ELEVADOR DE TAPA DE TAMBOR NEUMÁTICOS

MEZCLADOR ESPIRAL MONTADO EN TAMBOR PARA TAMBORES CERRADOS CON MOTOR NEUMÁTICO PARA ESPIRAL Y BOMBA

207F08.EPS

Figura 8 Mezcladores de tambor accionados a motor neumático con bombas.

clado en recipientes y se logra después de mezclar inicialmente dos o más envases de un mismo revestimiento. Para realizar este proceso después de mezclar inicialmente todos los envases, vierta alrededor de la mitad del primer envase en uno limpio. Luego, vierta alrededor de la mitad del segundo envase en el primero y vuelva a mezclar el primer envase. Este proceso se repite la cantidad de veces que sean necesarias para los envases siguientes. Por último, llene el último envase con el revestimiento vertido del primero y vuelva a mezclar el último recipiente.

El revestimiento debe filtrarse después de la mezcla para eliminar grumos u otros contaminantes. Si se planea rociar el revestimiento, se lo debe diluir, en caso de ser necesario. La dilución y el filtrado se explican en una sección posterior.

Los revestimientos con un único componente que no se encuentren en su envase original después de mezclarse deben etiquetarse. El empleador probablemente tenga una política para este procedimiento, así que asegúrese de seguirla. Cuando tenga dudas, etiquete el revestimiento con toda la información relevante para que todos los que lean la etiqueta sepan exactamente de qué revestimiento se trata y cómo se mezcló. Incluya toda la información exigida por las normas federales, estatales y locales, como por ejemplo:

- Nombre del revestimiento
- Nombre del fabricante
- Número de lote
- Fecha de mezcla
- Proporción y nombres de los diluyentes o aditivos
- Nombre de la persona encargada de etiquetar
- Código de identidad para rastrear la muestra, si fuese necesario

3.2.2 Revestimientos líquidos de múltiples componentes

Los revestimientos líquidos de múltiples componentes tienen dos componentes o más que deben mezclarse antes de la aplicación. Los revestimientos comienzan a curar en un período de tiempo determinado, cuando uno de los componentes, denominado agente de curado, convertidor, endurecedor o activador, se mezcla con la resina. Estos agentes provocan una reacción química que da inicio a un proceso de curado irreversible; el tiempo disponible para diluir (si se requiere) y aplicar el revestimiento es limitado. El tiempo limitado disponible para la aplicación del revestimiento se denomina tiempo de aplicación. Mezcle sólo la cantidad de revestimiento que puede diluirse y/o aplicarse dentro del tiempo de aplicación. Cuando se llegue al final del tiempo de aplicación, deseche el revestimiento mezclado y limpie todas las herramientas y equipos.

Después de la mezcla, algunos revestimientos de múltiples componentes también necesitan un tiempo de inducción, generalmente denominado tiempo de exudación, para permitir que el agente de curado, convertidor, endurecedor o activador en la resina experimente una reacción química y alcance un punto de inflexión antes de la dilución y/o aplicación. El tiempo de inducción es parte del tiempo de aplicación del revestimiento. Y, al igual que el tiempo de aplicación, puede verse afectado por la temperatura ambiente al momento de la mezcla y, en menor grado, por la humedad. Las temperaturas altas acortan el tiempo de inducción y las bajas lo extienden. La PDS del fabricante especificará el tiempo de inducción (si se requiere) y el tiempo de aplicación a distintas temperaturas. El no cumplir con el tiempo de aplicación puede resultar en la aplicación defectuosa del revestimiento, desperdicios de material y daños en los equipos de aplicación.

Para aplicaciones grandes en el lugar o en plantas de fabricación, muchos de los revestimientos de múltiples componentes, en especial los que tienen un tiempo de aplicación muy corto, se mantienen en envases separados y se mezclan en un colector justo antes del rociado, o se mezclan en la pistola de múltiples componentes. Esto elimina los desperdicios y permite enjuagar rápidamente el colector de mezcla, las mangueras y/o la pistola rociadora. Si los componentes deben rociarse en caliente, se deben calentar los envases y las líneas de suministro. La *Figura 9* muestra una aplicación en el lugar con dos barriles de 55 galones (208 litros) con calentadores de barril, que contienen los componentes individuales de un revestimiento de múltiples componentes. Cada barril está equipado con una bomba o agitador. A la izquierda se muestran las bombas gemelas de alta presión y el mezclador colector. Note las mangueras calentadas para las pistolas rociadoras.

Se pueden mezclar cantidades menores de revestimientos de múltiples componentes a mano, siempre y cuando se mezcle la cantidad total de cada envase de componentes. Para evitar desperdicios, es necesario conseguir uno o más conjuntos de los envases más pequeños de componentes de revestimiento para lograr la cobertura de revestimiento deseada. Según el tiempo de aplicación del revestimiento, se debe mezclar sólo un conjunto de envases, o posiblemente dos, al mismo tiempo.

Siempre siga las instrucciones en la etiqueta del fabricante o las PDS en cuanto al tiempo de mezcla adecuado, los datos de aplicación, el tiempo de aplicación y, si correspondiese, el tiempo de dilución e inducción. Preste mucha atención al orden de mezcla de los componentes, porque los distintos fabricantes especifican y etiquetan los componentes de manera diferente. Siempre utilice un recipiente de metal limpio por separado para la mezcla, si es que no emplea el envase original de la resina. No use plástico y no use envases de agentes de curado, convertidores, endurecedores o activadores como recipientes de mezcla. Por lo general, se mezclan

207F09.EPS

Figura 9 Aplicación en campo con equipo de rociado de múltiples componentes.

primero los componentes individuales, sacudiéndolos o mezclándolos eléctricamente por separado. Luego, los componentes se mezclan eléctricamente entre sí para dar inicio a una reacción química de curado. Suelen mezclarse únicamente hasta conseguir uniformidad de color y consistencia. Esto se debe a que el tiempo de inducción, al igual que el tiempo de aplicación general, ya comenzó a disminuir. Se recomienda no mezclar grandes cantidades de un revestimiento de múltiples componentes en un recipiente grande. Las reacciones químicas entre los componentes pueden generar grandes cantidades de calor, y a mayor cantidad de revestimiento, mayor generación de calor. Esto podría provocar temperaturas potencialmente peligrosas.

3.2.3 Revestimientos líquidos con un componente en polvo

Los revestimientos líquidos con un componente en polvo son revestimientos de múltiples componentes en los cuales uno de los componentes es un polvo metálico, como el zinc. Por lo general, el polvo se agrega lentamente al componente líquido a través de un tamiz o cedazo, y se lo mezcla con el líquido a baja velocidad con equipos eléctricos. Cuando todo el polvo ha sido agregado y mezclado por un corto período de tiempo, se debe filtrar el revestimiento para retirar los grumos. Al manejar o mezclar el componente de polvo en el líquido, se deben usar respiradores apropiados para evitar la inhalación del polvo, dado que se considera peligrosa. Se deben seguir con cuidado la PDS del fabricante (o las instrucciones de la etiqueta) y las MSDS para la mezcla de los componentes y la dilución que se requiera para el rociado. Por lo general, los revestimientos ricos en zinc deben mezclarse de manera lenta y constante durante el proceso de aplicación para evitar asentamientos.

¡ADVERTENCIA!

Nunca agite mecánicamente un revestimiento con polvo metálico. Esto puede hacer que el envase explote.

3.3.0 Dilución de revestimientos

Los revestimientos suelen proporcionarse con la consistencia adecuada para la mayoría de los métodos de aplicación. Sin embargo, podrían requerirse diluyentes o solventes reductores con el objeto de reducir su viscosidad para aplicarlos mediante rociado. La viscosidad es una medida de la resistencia de un material para fluir. La viscosidad de los revestimientos puede medirse manualmente mediante el uso de diversos viscosímetros, como el de copa Shell (*Figura 10*). La copa del viscosímetro se sumerge en el revestimiento y se sostiene por un corto período hasta que alcanza la temperatura del revestimiento. Luego se la retira por completo y se registra el tiempo en segundos que le toma al revestimiento drenarse por un orificio calibrado en el fondo de la copa, desde que ésta asoma a la superficie hasta que se detiene la corriente por primera vez. El tiempo transcurrido, junto con los gráficos de temperatura, determinan la viscosidad del revestimiento en segundos de copa Shell. Se pueden utilizar cuadros de conversión para convertir la viscosidad de la copa Shell a segundos de copa Zahn, centipoises y otras unidades de viscosidad según se desee. Los viscosímetros de copa Shell son similares a los de copa Zahn, pero son más precisos porque no gotean cuando drena de la copa lo último del revestimiento. Esto hace que la medición de la duración del tiempo de flujo sea más precisa. Hay copas

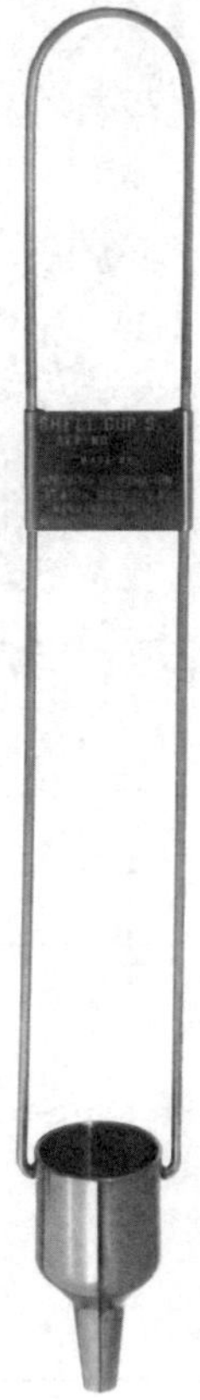

207F10.EPS

Figura 10 Viscosímetro de copa Shell.

con orificios de distintos tamaños disponibles para cubrir una amplia gama de viscosidades.

Dado que el equipo de rociado utilizado para la aplicación de revestimiento podría requerir viscosidades específicas para lograr características de rociado adecuadas, podría ser necesario verificar la viscosidad del revestimiento. Si el revestimiento no es lo suficientemente fino para ser rociado, se debe reducir la viscosidad mediante calentamiento o dilución. Algunos revestimientos de múltiples componentes deben calentarse para reducir la viscosidad. Otros revestimientos de múltiples componentes o con un único componente pueden diluirse de ser necesario. En ambos casos, se utiliza un viscosímetro para medir la viscosidad. Es necesario consultar la PDS del fabricante para determinar los métodos recomendados para controlar la viscosidad. Si se permite la dilución, la PDS especificará la cantidad máxima de diluyente o reductor que puede agregarse como porcentaje del volumen. Nunca deberá excederse la cantidad máxima. Cuando se diluya un revestimiento, se lo debe volver a mezclar y verificar en cada ocasión hasta que se obtenga la viscosidad adecuada. Para los revestimientos con un tiempo de aplicación corto, esto debe realizarse rápidamente.

Agregar diluyente o reductor para el rociado aumentará el espesor de película húmeda (WTF) requerida para un espesor de película seca (DFT) específico. Por ejemplo, si el volumen de sólidos sin reducir de un revestimiento es un determinado porcentaje, el DFT que resulta de la dilución/reducción puede calcularse como se muestra en la Ecuación 1. Si se conoce el DFT específico deseado, entonces el WFT necesario para un revestimiento reducido puede calcularse como se muestra en la Ecuación 2. En ambos casos, se debe aplicar una dilución mínima; de lo contrario, la calidad del revestimiento puede verse afectada. Asimismo, la dilución con solventes debe realizarse de acuerdo con las reglamentaciones para los compuestos orgánicos volátiles.

Ecuación 1

Espesor de WFT a DFT:

(Sin agregado de diluyente)

$$\text{WFT} \times (1 + \%\text{ de diluyente por volumen})$$

(Diluyente agregado)

$$\frac{\text{WFT } 3\ (\%\text{ de sólidos por volumen})}{1 + \%\text{ de diluyente por volumen}} = \text{DFT}$$

Ecuación 2

Espesor de DFT a WFT:

(Sin agregado de diluyente)

$$\frac{\text{DFT}}{\%\text{ de sólidos por volumen}} = \text{WFT}$$

(Diluyente agregado)

$$\frac{\text{DFT} \times (1 + \%\text{ de diluyente por volumen})}{\%\text{ de sólidos por volumen}} = \text{WFT}$$

4.0.0 Cálculo de la cobertura del revestimiento

Para calcular la cantidad de revestimiento necesario para un trabajo, se debe comprender la relación entre el WFT y el DFT. El DFT es el criterio de especificación usual. Las mediciones de WFT ayudan a determinar cuánto revestimiento debe aplicarse para alcanzar el DFT especificado. Se realizan al momento de aplicar cada capa para que los errores de espesor puedan rectificarse rápidamente. Sin embargo, el WFT es únicamente una guía. La medición definitoria es la del DFT.

La relación entre la película seca y la película húmeda se basa en el porcentaje de sólidos por volumen del revestimiento que se utiliza. Las hojas de datos de los fabricantes a veces enumeran tanto los sólidos por peso como los sólidos por volumen, pero se deben utilizar las mediciones por volumen para calcular el WFT. En los ejemplos que siguen, se puede utilizar una calculadora portátil como la que se muestra en la *Figura 11* que cuente, como mínimo, con funciones de suma, resta, multiplicación, división, porcentaje y almacenamiento de memoria. El usuario también puede programar algunas calculadoras de funciones avanzadas para las fórmulas o ecuaciones deseadas que se usan con frecuencia. La fórmula de WFT es:

$$\frac{\text{DFT} = \text{WFT}}{\text{\% de sólidos por volumen}}$$

NOTA

En los siguientes cálculos, las respuestas se redondean al número entero más cercano. Esto se debe a que los resultados fraccionarios son insignificantes en la práctica.

Por ejemplo, la especificación del revestimiento requiere que cada aplicación tenga un DFT de 4 a 6 milésimas de pulgada (102 a 152 micrómetros). El revestimiento tiene un volumen de sólidos del 30 %. En primer lugar, convierta el 30 % a decimales de la siguiente manera:

$$30\ \% = \frac{30}{100} = 0{,}30$$

Luego, ingrese la información en la fórmula:

$$\text{WFT} = \frac{4 \text{ mil. de pulg.} (102\ \mu\text{m})}{0{,}30 \text{ sólidos por volumen.}} = 13 \text{ mil. de pulg } (330\ \mu\text{m})$$

207F11.EPS

Figura 11 Calculadora manual de funciones avanzadas típica.

$$\text{WFT} = \frac{6 \text{ mil. de pulg } (152\ \mu\text{m})}{0{,}30 \text{ sólidos por volumen.}} = 20 \text{ mil. de pulg. } (508\ \mu\text{m})$$

Un galón del revestimiento del ejemplo cubrirá 1.604 pies cuadrados (149 metros cuadrados) con un espesor de 1 milésima de pulgada (25,4 µm) en estado húmedo. Para determinar cuánto revestimiento se requiere, divida 1.604 por el WFT deseado. Por ejemplo, con el WFT anterior de 20 milésimas de pulgada (508 µm), calcule cuánta superficie cubre un galón del revestimiento del ejemplo, de la siguiente manera:

$$\frac{1.604}{20} = 80\ \text{ft}^2 \text{ por galón } (7{,}45\ \text{m}^2)$$

o

$$\frac{149\ \text{m}^2}{20} = 7\ \text{m}^2 \text{ por galón}$$

Para determinar cuántos galones del revestimiento se requieren para revestir una superficie de 1.200 pies cuadrados (111 m^2), use la siguiente fórmula:

$$\frac{1.200\ \text{ft}^2}{80\ \text{ft}^2 \text{ por galón}} = 15 \text{ galones } (57 \text{ litros})$$

Las siguientes ecuaciones proporcionan un método más simple y rápido de calcular el requerimiento de cobertura:

Ecuación 1

Cantidad de galones estadounidenses =

$$\frac{\text{Área } (\text{ft}^2) \times \text{DFT (milésimas de pulgada)}}{1{,}604 \times \text{\% de sólidos por volumen (en decimales)}}$$

Ecuación 2

Cantidad de litros =

$$\frac{\text{Área } (\text{m}^2) \times \text{DFT } (\mu\text{m})}{1{,}000 \times \text{\% de sólidos por volumen (en decimales)}}$$

Sustituir el ejemplo anterior de 1.200 ft^2 (111 m^2) con un DFT de 6 milésimas de pulgada (152 µm) y un revestimiento con 30 % de sólidos por volumen en las ecuaciones arroja un total de aproximadamente 15 galones o 56 litros de revestimiento necesarios para la cobertura. La leve diferencia en la cantidad de litros requeridos se debe a diferencias de redondeo acumuladas en el ejemplo anterior.

Sin importar con cuánto cuidado se realice un cálculo, siempre queda una pequeña cantidad de desperdicios. Esta cantidad depende del método de aplicación y de la configuración de la estructura.

También debe tenerse en cuenta si se diluye el revestimiento. El diluyente incrementa el volumen total del revestimiento sin incrementar la cantidad de sólidos. Esto introduce una nueva variable denominada porcentaje de diluyente por volumen (% TBV). La fórmula utilizada cuando se ha agregado diluyente es:

$$\frac{\text{DFT}\ (1 + \%\text{TBV})}{\%\ \text{de sólidos por volumen}} = \text{WFT}$$

Si un revestimiento debe diluirse por un porcentaje de volumen, ingrese el porcentaje en la fórmula. Por ejemplo, con el WFT de 4 milésimas de pulgada con un sólido del 30 % diluido en un 25 % (0,25), el WFT se calcula de la siguiente manera:

$$\text{WFT} = \frac{4\ \text{mil. de pulg.}\ (1 + 0{,}25)}{0{,}30\ \text{sólidos por volumen.}} = 17\ \text{mil. de pulg.}\ (432\ \mu\text{m})$$

Si el revestimiento debe diluirse mediante el agregado de un volumen específico de diluyente a cada galón de revestimiento, calcule el porcentaje de diluyente antes de calcular el WFT. Por ejemplo, si debe agregarse 1 pinta (0,5 litros) de diluyente a cada galón de revestimiento, calcule el porcentaje de la siguiente manera:

$$1\ \text{galón} = 8\ \text{pintas, entonces}\ \frac{1\ \text{pinta}}{8\ \text{pintas}} = \frac{1}{8} = 0{,}125\ \%$$

5.0.0 SELECCIÓN DEL EQUIPO DE APLICACIÓN

La aplicación del revestimiento es uno de los factores que determina el desempeño de cualquier sistema de revestimiento. La calidad y las características físicas de un material de revestimiento están determinadas por el fabricante, pero el desempeño óptimo sólo puede lograrse si el revestimiento se aplica de manera adecuada. La capa del revestimiento debe ser densa, resistente al paso de la humedad y otros materiales potencialmente corrosivos o dañinos, y debe secarse o curar hasta llegar a su estado sólido. Existen muchos métodos para aplicar revestimientos protectores, entre los que se incluyen el uso de brochas, guantes, rodillos y rociadores. De estos métodos, la aplicación por rociado es probablemente la más usada para los revestimientos protectores industriales. La *Figura 12* muestra distintos tipos de sistemas de rociado sin aire montados en carro y equipos utilizados para las aplicaciones de rociado.

Uno o más de los siguientes factores podrían influir en la elección del método de aplicación utilizado:

- *El tamaño y tipo del trabajo:* para ser competitivo, el equipo debe ajustarse a la escala del trabajo, al igual que al tipo de aplicación. En los trabajos más grandes probablemente se utilicen más equipos y esos equipos probablemente sean más sofisticados. El tipo de trabajo determinará qué método de aplicación se requiere o es más adecuado.
- *El acceso a las superficies que se desea proteger:* muchas veces, la ubicación del proyecto limita el tipo de equipo que puede utilizarse, por cuestiones prácticas. Por ejemplo, un tanque de agua elevado podría ser difícil de pintar con equipos de rociado debido a la altura del trabajo.
- *La configuración de la superficie:* las superficies más complejas podrían ser difíciles de cubrir con equipos de rociado. Las aplicaciones de rociado son más apropiadas para superficies planas y grandes.
- *La presencia de áreas críticas o un entorno circundante que puede dañarse con el exceso de rociado proveniente del equipo de rociado:* si un área de trabajo no puede contenerse por completo para evitar que el rociado excesivo se desvíe del sitio de trabajo, los equipos de rociado podrían no ser la mejor opción. Muchas veces, el uso de brochas y rodillos brinda una solución más económica que incurrir en el gasto de contener el proyecto por completo.
- *El tipo de revestimiento:* algunos revestimientos están diseñados para ser aplicados únicamente con técnicas de rociado. La aplicación con brocha o rodillo podría no ser recomendable y sólo debe utilizarse cuando la PDS especifica que estos métodos son aceptables.
- *La disponibilidad de trabajadores cualificados:* los revestimientos y equipos más sofisticados requieren de un alto grado de pericia por parte de los aplicadores individuales. En muchos lugares, tal vez no se cuente con la cantidad de trabajadores calificados requerida.
- *Las limitaciones de presupuesto:* si no hay dinero disponible para pagar por los revestimientos más costosos, los equipos de aplicación o los trabajadores calificados necesarios, entonces deben emplearse métodos más simples y menos costosos.

Las siguientes secciones describen cuatro factores importantes para determinar el tipo de equipo de aplicación de revestimientos que conviene emplear, y se incluyen:

- Las recomendaciones del fabricante y las especificaciones de la PDS
- Las restricciones ambientales/de la planta

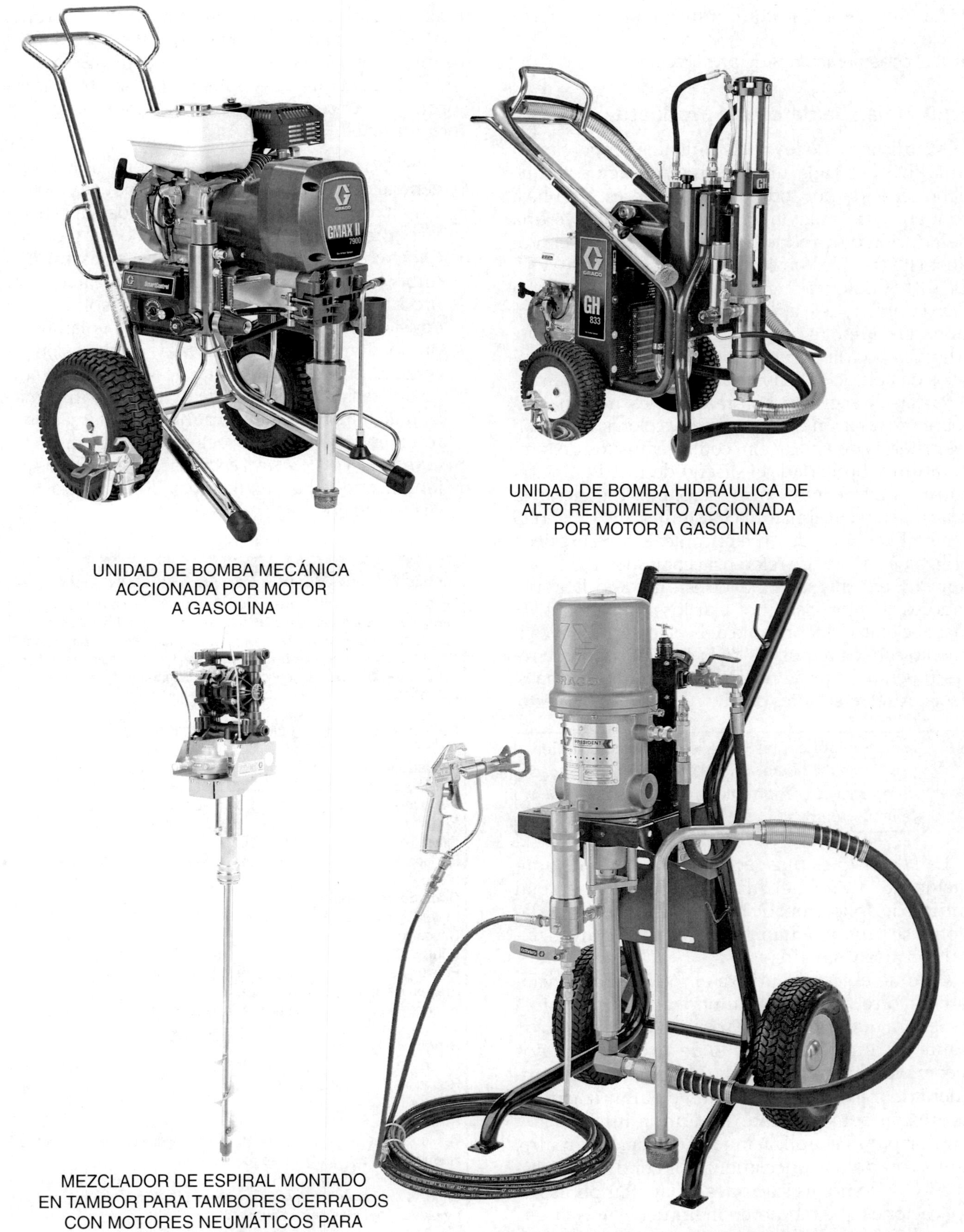

Figura 12 Sistemas y equipos de rociado sin aire montados en carro utilizados para aplicaciones de rociado.

- La dimensión y la configuración de las superficies
- Las consideraciones de producción

5.1.0 Hojas de datos del producto

Los fabricantes de los revestimientos proporcionan una PDS por cada uno de sus productos, la que debe ser leída por todos los aplicadores. Esta hoja contiene información específica que incluye una descripción del producto, las características del producto (tasas de extensión, tiempos de secado, WFT, DFT, etc.), datos técnicos y usos recomendados. La PDS también suele enumerar los métodos de aplicación y el equipo recomendado para el revestimiento. Algunas podrían proporcionar lineamientos y consejos de aplicación. Las hojas también contienen referencias de seguridad o precauciones, información sobre preparación de superficies y colores, junto con los criterios de aplicación, como requisitos de temperatura y humedad. El diseño de una PDS varía entre un fabricante y otro, pero, por lo general, la información suministrada es similar. El *Apéndice B* es una PDS típica de un fabricante. Esta PDS puede utilizarse a modo de referencia cuando se menciona una PDS en otras secciones de este módulo. Los aplicadores siempre deben cotejar los datos de la PDS más reciente del fabricante del solvente y el revestimiento con los requisitos de la especificación de revestimiento del proyecto. De existir contradicciones, deben resolverse antes de que comience el proyecto.

> **NOTA**
> Algunos fabricantes de revestimientos también podrían suministrar una PDS individual por cada componente e imprimador utilizados para un revestimiento.

La *Figura 13* es una sección del boletín de aplicación de la PDS del *Apéndice B* concerniente al equipo de aplicación. Observe que las recomendaciones se proporcionan para el rociado convencional con aire y sin aire.

Cuando el técnico utiliza el rociado convencional con aire, esta PDS enumera el tipo de pistola rociadora que debe emplearse, junto con el tipo de punta de fluido, el casquillo de aire, los tamaños recomendados para la manguera de aire y la manguera de materiales, la presión de **atomización** y la presión del recipiente. Se brinda información similar para las aplicaciones de rociado sin aire, junto con notas concernientes a condiciones específicas, como aplicaciones a baja temperatura, aplicaciones que requieren mangueras más largas y condiciones climáticas cambiantes.

La PDS proporciona información sobre aplicaciones específicas, junto con los imprimadores recomendados. Observe que este producto en particular también puede aplicarse con una brocha o rodillo, y la PDS brinda instrucciones específicas y los tipos de dispositivos específicos que pueden emplearse.

La siguiente lista describe dónde se ubica la información concerniente a los aplicadores de la PDS incluida en el *Apéndice B*:

- *Descripción del producto:* proporciona una visión general de las características del producto.
- *Usos recomendados:* abarca los tipos de superficies y aplicaciones para las que se diseñó el producto.
- *Características del producto:* abarca los puntos importantes necesarios para la aplicación del producto, incluidos el volumen de sólidos, las emisiones de compuestos orgánicos volátiles, la proporción de la mezcla, las tasas de extensión recomendadas, el cronograma de secado, el tiempo de aplicación, el tiempo de exudación, información de almacenamiento, punto de inflamación y recomendaciones de reductores y limpieza.
- *Características de desempeño:* abarca las pruebas estándar que se han realizado sobre el producto y sus resultados.

EQUIPO DE APLICACIÓN

La siguiente es una guía. Podrían requerirse cambios en las presiones y los tamaños de las puntas para lograr las características de rociado adecuadas. Siempre purgue el equipo de rociado antes de usarlo con el reductor indicado. Las reducciones deben ser compatibles con las condiciones ambientales y de aplicación existentes.

Reductor/limpieza .... Reductor n.° 132, R7K132

Rociado sin aire
Presión.......................... 2400-3000 psi (16,55 -20,68 MPa)
Manguera................... 3/8" (0,95 cm) de DI
Punta.......................... 0,013" - 0,017" (0,033 - 0,043 cm)
Filtro .... Malla 60
Reducción .... según sea necesario, hasta 10 % por volumen

Rociado convencional
Pistola .... Binks 95
Casquillo .... 63 P
Punta........................... 66
Presión de atomización.50 - 60 psi (0,34 - 0,41 MPA)
Presión de fluido .... 20-30 psi (0,14 - 0,21)
Reducción .... según sea necesario, hasta 10 % por volumen

Brocha
Brocha .... cerdas naturales
Reducción .... no se recomienda

Rodillo
Cubierta .... de 1/4" (0,64 cm) tejida con núcleo fenólico
Reducción .... no se recomienda

Si no se indica arriba un equipo específico de aplicación, pueden emplearse equipos equivalentes.

207F13.EPS

Figura 13 Recomendaciones de aplicación de la PDS de muestra.

- *Sistemas recomendados:* abarca las combinaciones de imprimador y producto para diversos sustratos.
- *Preparación de la superficie:* abarca brevemente especificaciones de preparación de la superficie para diversos sustratos. En este ejemplo, hay que remitirse al boletín de aplicación para obtener información detallada sobre la preparación.
- *Tinte:* para este producto, proporciona instrucciones de mezcla para colorear la base Parte A antes de agregar el endurecedor.
- *Condiciones de aplicación:* abarca las temperaturas máximas y/o mínimas y la humedad para la aplicación del producto. Para este producto, es necesario remitirse al boletín de aplicación para obtener información detallada sobre la aplicación.
- *Información de pedidos:* proporciona los tamaños de empaques disponibles para este producto.
- *Información de seguridad:* para este producto, remítase a la MSDS que se muestra en el Apéndice A.

Las hojas del boletín de aplicación (*Apéndice B*) proporcionan la siguiente información:

- *Preparación de la superficie:* brinda lineamientos detallados de preparación de la superficie para diversos sustratos, incluidas referencias a los estándares aplicables.
- *Condiciones de aplicación:* para este producto, se repite la información establecida en las hojas de información del producto.
- *Equipos de aplicación:* enumera diversos tipos de equipos de aplicación recomendados y sus características requeridas.
- *Procedimientos de aplicación:* brinda procedimientos de mezcla detallados y, para este producto, repite las tasas de extensión recomendadas, el cronograma de secado, el tiempo de aplicación y el tiempo de exudación establecidos en las hojas de información del producto.
- *Consejos de desempeño:* para este producto, abarca información de aplicación importante para cuando se revisten superficies, junto con información de aditivos.
- *Instrucciones de limpieza:* proporciona instrucciones de limpieza aplicables con solventes recomendados.
- *Precauciones de seguridad:* para este producto, se hace una referencia a las MSDS.

5.2.0 Restricciones y monitorización ambiental y de la planta

Antes de aplicar un revestimiento industrial a una superficie, ésta debe estar limpia, seca y preparada adecuadamente. Para conocer lineamientos sobre la preparación de distintos tipos de superficies, consulte las recomendaciones del fabricante del revestimiento para el tipo de revestimiento que se emplea y el tipo de superficie a la que se aplicará. Si ha pasado mucho tiempo desde el momento de la preparación de la superficie y la aplicación del revestimiento, la superficie deberá revisarse nuevamente para detectar signos de suciedad, contaminación, oxidación instantánea (en acero) y daños por rayos ultravioletas. Para los revestimientos mezclados en los envases con tiempos de aplicación cortos, se suele preparar sólo la superficie que puede revestirse dentro del tiempo de aplicación, justo antes de la aplicación del revestimiento.

Antes de aplicar el revestimiento, es importante verificar las condiciones ambientales actuales, entre las que se incluyen la temperatura de la superficie del sustrato y del aire, la humedad, el punto de rocío (temperatura a la cual se condensa el vapor de agua que hay en el aire) y la velocidad del viento. El sol, la lluvia, la niebla y el viento pueden provocar diversos problemas en la aplicación de revestimientos en exteriores. El viento puede soplar polvo y suciedad sobre la superficie húmeda; incluso un viento suave de 3 a 5 mph (5 a 8 km/h), medido con un anemómetro (*Figura 14C*), puede soplar el exceso de rociado hacia los alrededores y provocar daños. La luz solar puede elevar demasiado las temperaturas del sustrato, a menos que éste esté bajo la sombra. La lluvia y la niebla pueden humedecer el sustrato o incrementar demasiado el punto de rocío para las operaciones de revestimiento.

Por ejemplo, la PDS para un revestimiento en particular puede establecer que la temperatura de la superficie sea de 65 °F a 85 °F (18 °C a 29,5 °C), la temperatura ambiente de 60 °F a 85 °F (15,5 °C a 29,5 °C) y la humedad relativa (HR) del 35 al 85 %. La aplicación de revestimientos fuera de los rangos recomendados podría provocar la falla del sistema de revestimiento. El revestimiento del acero suele requerir una temperatura de la superficie de al menos 5 °F (15 °C) sobre el punto de rocío. La condensación o la humedad superficial pueden interferir con la adhesión o el curado adecuado del revestimiento.

La temperatura superficial de un sustrato puede medirse con un termómetro (*Figura 14A*) en contacto directo con el sustrato. Las condiciones del aire pueden verificarse con un psicrómetro de eslinga (*Figura 14B*) que contiene dos termómetros, uno para medir la temperatura del aire seco (bulbo seco) y el otro para medir la temperatura del aire húmedo (bulbo húmedo). Las temperaturas medidas del bulbo seco y el húmedo pueden emplearse para determinar el porcentaje de humedad relativa y el punto de rocío del aire medido. Esto se hace con un gráfico incorporado en el psicrómetro o con una tabla o gráfico psicrométrico por separado. La

Figura 14D muestra un psicrómetro digital. Proporciona la temperatura, el punto de rocío y las lecturas de humedad directamente. También puede emplearse un higrómetro eléctrico (*Figura 14E*) para medir las temperaturas del aire y brindar una lectura directa de la humedad relativa. Algunos también son capaces de arrojar una lectura directa del punto de rocío.

5.3.0 Tamaño y configuración de superficies

El tamaño y la configuración de la superficie a la que se aplicará el revestimiento es un factor importante al determinar qué equipo de aplicación debe utilizarse. Las brochas pueden utilizarse para aplicar una mano por tiras en áreas difíciles, como bordes, alrededor de pernos, esquinas y hendidu-

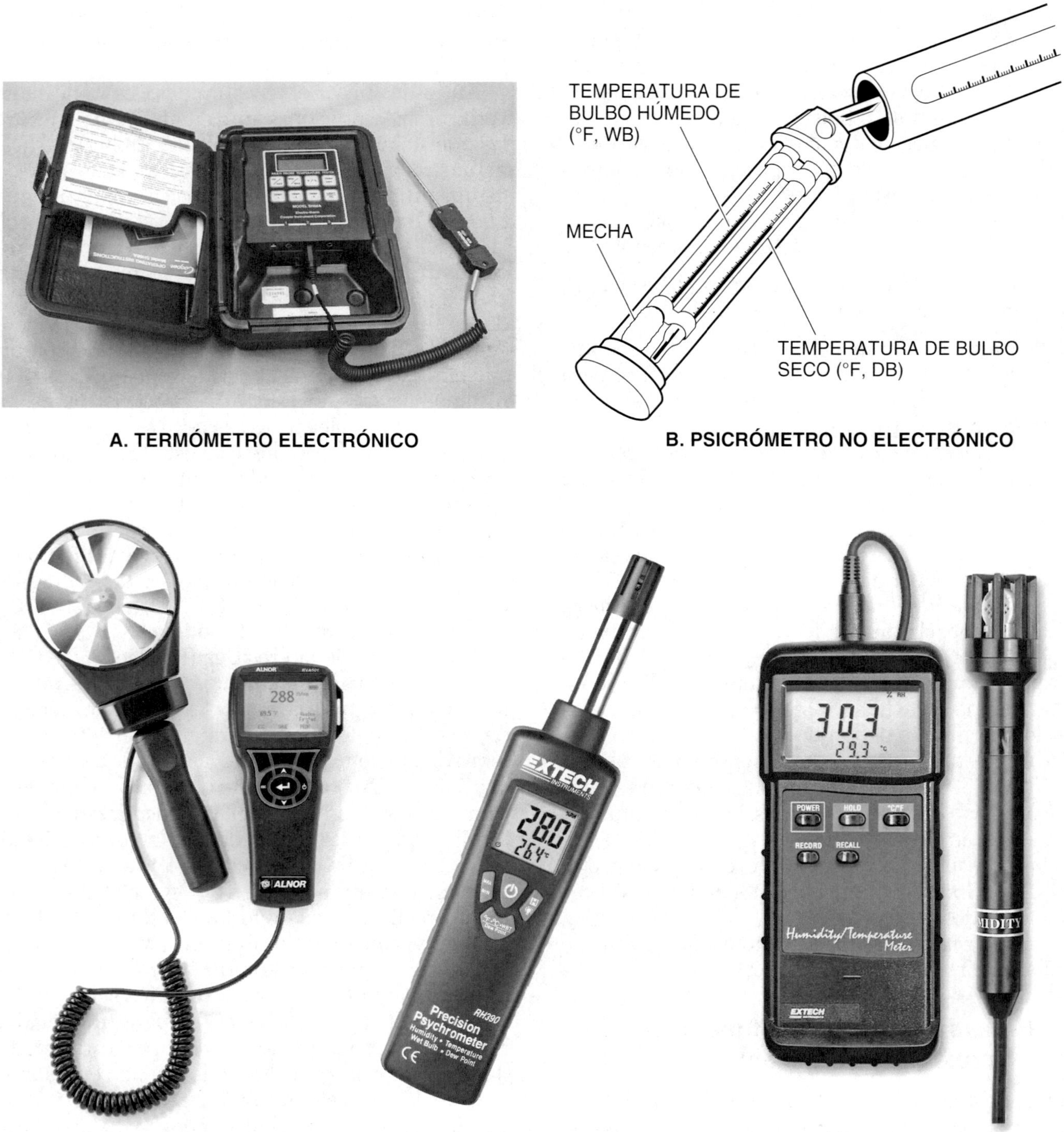

A. TERMÓMETRO ELECTRÓNICO

B. PSICRÓMETRO NO ELECTRÓNICO

C. ANEMÓMETRO

D. PSICRÓMETRO DIGITAL

E. HIGRÓMETRO ELECTRÓNICO

207F14.EPS

Figura 14 Dispositivos de medición de temperatura, humedad y viento.

ras. También pueden utilizarse para reparar espacios pasados por alto y revestir áreas pequeñas y dispersas. Emplee brochas en áreas críticas que no puedan cubrirse adecuadamente con láminas o donde el rociado pueda causar daños, como en maquinarias sensibles a revestimientos, motores, instrumentos y medidores. Sin embargo, el trabajo con brocha es lento y la calidad de la superficie podría no ser tan estéticamente agradable como con la aplicación con rodillo o el rociado. Pueden usarse guantes para proyectos pequeños, como barandas, tuberías y objetos con formas extrañas cuyo revestimiento con rodillo o rociador no resulta práctico. Los rodillos se emplean para cubrir áreas grandes y planas, o casi planas, como cubiertas de tanques, techos, pisos, techos interiores y paredes, porque pueden sostener más material de revestimiento que una brocha, y la aplicación es dos o tres veces más rápida. Son ideales para revestir alambrados eslabonados. Se emplean escurridores y cucharas para extender revestimientos como los 100 % sólidos sobre pisos. Nuevamente, se utilizan cuando se puede o permite emplear el rociado, o no es práctico. Por lo general, la aplicación por rociado es el mejor método para aplicar rápidamente revestimientos a superficies grandes y a estructuras complejas, como puentes. Con los equipos adecuados, es posible efectuar una aplicación muy uniforme de revestimiento en prácticamente cualquier situación.

5.4.0 Consideraciones de producción

Las consideraciones de producción también deben tenerse en cuenta al determinar el tipo de equipo que conviene utilizar. Si la aplicación del revestimiento es para un trabajo menor en el que deben minimizarse los desperdicios, el uso de una brocha, un rodillo o guantes puede ser más práctico que el sistema de rociado. Si la aplicación es en un entorno grande y con varios trabajos, se debe emplear un método más rápido y eficiente. Elija en todo momento el equipo de aplicación que optimice la eficiencia de transferencia y construcción, siempre y cuando los requisitos de desempeño del sistema de revestimiento se mantengan.

6.0.0 Preparaciones previas a la aplicación

El tipo de preparaciones previas a la aplicación varía de trabajo en trabajo. Los puntos específicos de las preparaciones se rigen por los requisitos particulares del trabajo de revestimiento. Algunas empresas y clientes requieren que se lleven a cabo inspecciones por parte de miembros de su propio personal, mientras que otros requieren empresas externas especializadas en inspecciones. Los puntos generales que se incluyen en el examen previo a la aplicación abarcan inspecciones a la superficie, preparación de los materiales de revestimiento, inspecciones al equipo de aplicación y requisitos de documentación.

6.1.0 Preparación de la superficie

La calidad de la preparación de la superficie tiene un efecto directo sobre el desempeño del revestimiento y su resistencia. La mayoría de las fallas de revestimiento se deben a fallas en la aplicación o la preparación de la superficie. Por lo tanto, es necesario examinar de manera adecuada la superficie a fin de determinar qué tan bien se ha preparado para recibir el revestimiento y rectificar las deficiencias en la preparación de la superficie antes de revestirla. Los puntos generales incluidos en el examen previo a la aplicación son: inspecciones de la superficie para detectar defectos de fabricación, inspecciones de limpieza previa y preparaciones de la superficie para que acepte el revestimiento.

Se han establecido estándares y técnicas de examen para la preparación de la superficie con el objeto de ayudar a evitar fallas prematuras del revestimiento. A continuación se presenta una visión general breve sobre algunos estándares generalizados para la preparación de superficies de diversos sustratos.

6.1.1 Superficies de concreto y mampostería (SSPC-SP13/NACE 6)

Los siguientes, son algunos estándares generalizados para la preparación de superficies de mampostería y concreto:

- El concreto debe curar por un período de tiempo específico antes de revestirlo, a menos que se emplee un compuesto de curado o un acelerador.
- La superficie debe lavarse con agua, detergente o vapor para remover aceite, grasa y suciedad (*ASTM D4258, Práctica estándar para la limpieza del concreto*).
- Las grietas, los orificios y los vacíos en la superficie deben llenarse y sellarse.
- Se debe retirar por completo de la superficie todo tipo de agente de desmoldado y compuestos de curado.
- Se le debe dar aspereza a la superficie, si fuese necesario, mediante abrasión mecánica, limpieza abrasiva (*ASTM D4259*) o decapado ácido (*ASTM D4260*).
- La superficie debe estar seca y barrerse o aspirarse antes del revestimiento.

La inspección visual es suficiente para verificar la conformidad con algunos de estos estándares. Para otros, se deben emplear métodos diferentes, como la observación con aumento. Una prueba de tornasol (*ASTM D4262*) verificará el pH de la superficie para determinar si ha sido decapada con ácido. Se puede emplear un medidor de humedad, la prueba de cloruro de calcio (*ASTM F1869*) o el método de la lámina plástica (*ASTM D4263*) para verificar la humedad.

6.1.2 Superficies de acero

La preparación adecuada de las superficies de acero para el granallado incluye:

- la eliminación de escoria, fundente, salpicaduras de soldadura y bordes ásperos mediante los métodos especificados; y
- la eliminación de grasa, suciedad, aceite, residuos y otros contaminantes sueltos mediante los métodos especificados.

> **NOTA**
> Para determinar la presencia de aceite o grasa, se puede aplicar agua en la superficie. Si forma gotas, indica la presencia de aceite u otro contaminante que evita que el agua moje la superficie.

Las dos áreas principales de inquietud en cuanto a la preparación de superficies de acero son la limpieza y el perfil. La SSPC y NACE han desarrollado estándares conjuntos para evaluar cinco grados de limpieza abrasiva. Se presentan a continuación, comenzando desde el grado más bajo:

- Limpieza abrasiva tipo cepillado (*SSPC-SP7/NACE 4*)
- Limpieza abrasiva industrial (*SSPC-SP14/NACE 8)*
- Limpieza abrasiva comercial *(SSPC-SP6/NACE 3*)
- Limpieza abrasiva a metal casi blanco (*SSPC-SP10/NACE 2*)
- Limpieza abrasiva a metal blanco (*SSPC-SP5/NACE 1*)

Como guía para comparar la limpieza de la superficie con respecto a estos estándares, la SSPC ha desarrollado fotografías de referencia para ilustrar cada grado (*SSPC-VIS1*). Estos estándares visuales son para el acero que no ha sido pintado previamente.

6.1.3 Revestimientos existentes

Para evaluar los revestimientos existentes, verifique la calidad de la adhesión del revestimiento, el espesor de la película y la condición del sustrato. La adhesión puede ser evaluada visualmente o mediante el uso de equipos de evaluación de adhesión, la prueba de la cuchilla (*ASTM D6677*), medidores de adhesión portátiles (*ASTM D4541*), o una prueba de cinta (*ASTM D3359*). La condición del sustrato puede verificarse mediante la extracción de un poco el revestimiento para luego inspeccionarlo visualmente a fin de detectar indicios de cascarilla de laminado u óxido en el acero, y eflorescencia en el concreto. Existe una amplia variedad de medidores disponibles para medir el espesor de la película, que indica la cantidad de revestimiento y cuán bien se aplicó.

6.2.0 Preparación de los materiales de revestimiento

Los revestimientos deben mezclarse como se indica en la sección de instrucciones de mezcla de la PDS del fabricante del revestimiento o en el boletín de aplicación para garantizar la uniformidad del color y la textura del material de revestimiento. Si se mezclan revestimientos de múltiples componentes, asegúrese de seguir las instrucciones del fabricante para mezclar los componentes en las proporciones correctas y consultar qué componente debe agregarse al otro. A veces es necesario diluir o calentar (preferentemente) un revestimiento para obtener el WFT deseado o la viscosidad para el equipo de aplicación que se utiliza. La dilución debe realizarse siempre de acuerdo con la PDS del fabricante y dentro de las restricciones actuales de la EPA para los compuestos orgánicos volátiles.

6.2.1 Mezclas de revestimiento

Al mezclar revestimientos, observe los siguientes lineamientos generales:

- Use el equipo de protección personal adecuado y siga la prevención contra incendios y explosiones especificada en la PDS del fabricante del revestimiento o en la MSDS.
- Para revestimientos de múltiples componentes, siempre revuelva los componentes de manera separada primero y luego mézclelos en las proporciones correctas. Deje reposar el revestimiento mezclado por el tiempo de inducción requerido antes de aplicarlo. Asegúrese de que el revestimiento se aplique dentro del tiempo de aplicación recomendado.
- Cuando use un revestimiento que conste de dos o tres paquetes, todo el paquete, o un juego de paquetes, debe mezclarse al mismo tiempo. No mezcle partes de juegos de paquetes.
- Siga la PDS del fabricante con mucha atención. Algunas mezclas deben agitarse de manera continua y lenta una vez realizadas. En el caso de los revestimientos con tiempos de aplicación cortos, los componentes individuales suelen

agitarse lentamente antes de mezclarse en el equipo o la pistola de rociado.

- Verifique que la distribución del pigmento sea pareja durante el proceso de mezcla.

Una vez mezcladas, algunos tipos de mezclas de revestimiento tienen un tiempo de aplicación corto. Planifique por anticipado para que no se mezclen demasiado pronto y comiencen a curar demasiado temprano. La secuencia de mezcla y el tiempo de aplicación varían de un producto a otro. La mezcla de revestimientos de múltiples componentes con tiempo de aplicación largo puede realizarse en recipientes grandes, siempre que las temperaturas de la reacción química no alcancen niveles peligrosos. Los revestimientos de múltiples componentes calentados con tiempos de inducción y/o de aplicación muy cortos deben mezclarse en equipos de rociado especiales o pistolas rociadoras a medida que se aplican.

Los epoxis tienen algunos de los requisitos de preparación de revestimiento más complejos, incluidos los procedimientos y tiempos de inducción o exudación. El tiempo de inducción o exudación es el tiempo que debe permitirse desde el comienzo del proceso de mezcla de componentes, y después de que el proceso de mezcla ha finalizado, hasta que el revestimiento pueda aplicarse. Este período de tiempo es necesario para permitir que los componentes inicien la reacción química que tendrá como resultado una película seca y curada de revestimientos tras su aplicación. La mayoría de los tiempos de inducción dependen de la temperatura del revestimiento al momento de su mezcla. Algunos también se ven afectados por la humedad relativa.

6.2.2 Viscosidad del revestimiento

La viscosidad del material de revestimiento puede verse afectada por dos factores principales: la cantidad de solvente que contiene el material y la temperatura del material. El material de revestimiento que se mantiene a temperaturas más altas es menos viscoso. Los revestimientos almacenados a temperaturas frías deben dejarse calentar antes de probarlos y utilizarlos. Esto puede hacerse con baños de agua caliente o por medios eléctricos.

Para reducir la viscosidad, caliente o diluya el material. El calentamiento es el método preferido para muchas aplicaciones. Un método común para verificar la viscosidad de un revestimiento debidamente mezclado es tomar el tiempo que tarda una cantidad conocida de material en fluir a través de un orificio en una copa de viscosidad (*Figura 15*). Las copas de viscosidad comunes son la Shell, la Zahn, la DIN y la Ford. El tiempo de flujo a través del orificio de la copa suele medirse con un cronómetro, mientras que la temperatura del material se mide con un termómetro. Con la tasa de flujo y la temperatura medidas, se puede determinar la viscosidad del material. Por ejemplo, a una temperatura de 75 °F (24 °C), un material de 15 segundos hace referencia a una cantidad medida de pintura que fluyó a través de la copa de viscosidad durante 15 segundos a 75 °F (24 °C). La prueba y la determinación de la viscosidad deben realizarse según las instrucciones proporcionadas con la copa de viscosidad que se utilice.

Si se requiere dilución, siga estas pautas:

- Evalúe la necesidad de controlar la viscosidad. Documente la necesidad en el informe o registro del trabajo.
- Sólo utilice diluyentes especificados por el fabricante del revestimiento. Nunca use sustitutos.
- Nunca exceda la cantidad de diluyente especificada por el fabricante del revestimiento.
- Agregue diluyentes al revestimiento muy despacio, revolviendo constantemente. Vuelva a medir la viscosidad con frecuencia para evitar que el material se diluya demasiado.

207F15.EPS

Figura 15 Copas de viscosidad.

6.3.0 Preparación del equipo de aplicación

Los inspectores de calidad deben estar familiarizados con el equipo y los métodos requeridos para usar en un trabajo específico. Deben consultarse las hojas del producto del fabricante y los boletines de aplicación, y se deben seguir las recomendaciones del fabricante al seleccionar un equipo de aplicación. Los tipos de equipos recomendados comúnmente son la brocha, el rodillo y el rociador. No todos los revestimientos pueden aplicarse con éxito con los tres. En el caso del equipo de rociado, los manuales del fabricante recomendarán el tipo de equipo, como por ejemplo, convencional o sin aire, los tamaños de las puntas y la presión.

6.3.1 Brochas

La calidad de una brocha puede ser desde mala hasta excelente, según sus materiales y construcción. Sólo use brochas de buena calidad, porque cargan más pintura, dejan un acabado mejor y no pierden sus cerdas. También duran más y generalmente hacen que pintar sea más rápido y sencillo. El precio y la comodidad de uso son factores a tener en cuenta al seleccionar una brocha de calidad. Normalmente, a mayor precio, mayor calidad de brocha. Para inspeccionar una brocha, siga estos lineamientos:

- Tire con suavidad de las cerdas. Una buena brocha sólo perderá una o dos cuando se tire de ellas. Si se desprenden varias cerdas, no debería usarse.
- Haga rebotar las cerdas en la palma de su mano. Una buena brocha tiene cerdas que se sienten suaves y mullidas, y recuperan su forma rápidamente.
- Asegúrese de que las cerdas sean gruesas y abundantes.
- Asegúrese de que la brocha tenga un mango sustancial equilibrado, cómodo y en buen estado.
- Asegúrese de que el refuerzo metálico que sostiene las cerdas esté libre de óxido y se ajuste firmemente al mango. Asegúrese de que no se mueva cuando las cerdas se inclinen hacia delante y hacia atrás.

6.3.2 Rodillos

Se utiliza una gran variedad de rodillos para las aplicaciones de revestimiento. Al igual que con las brochas, normalmente la calidad de un rodillo se relaciona directamente con su precio. Siga estos lineamientos para asegurarse de que un rodillo esté en buenas condiciones y sea adecuado para la aplicación del revestimiento:

- Asegúrese de que la cubierta del rodillo no contenga vellos sueltos, polvo, suciedad y otras partículas que podrían aparecer en la superficie revestida.
- Asegúrese de que el rodillo gire libremente y no rechine ni vibre, lo que es un indicio de mala calidad.
- Siempre frote las cubiertas de rodillos nuevos, apretándolas firmemente con las manos descubiertas para retirar todo el vello suelto.
- Antes del uso, asegúrese de que la bandeja o la rejilla del rodillo esté limpia y no contenga suciedad, arena, solvente sucio o residuos de revestimientos ya usados.

6.3.3 Equipo de rociado

El equipo de rociado y las líneas de suministro deben revisarse antes del uso. Siempre consulte los manuales de operación del fabricante para ver los puntos específicos que debe inspeccionar. La OSHA exige que haya un manual de instrucciones para el operario en el sitio de trabajo siempre que se utilicen equipos de rociado. Los siguientes puntos generales son lineamientos para revisar el equipo de aplicación por rociado:

- Revise que las mangueras sean de conexión a tierra o conductoras.
- Siempre apague y libere los fluidos y/o la presión de aire antes de revisar la pistola. Aplique el bloqueo de gatillo, si lo hubiera. Siempre esté muy atento a hacia dónde apunta la boquilla de la pistola.
- Asegúrese de que haya ventilación adecuada antes de comenzar. Se debe proporcionar ventilación mecánica al rociar en áreas cerradas. El equipo de ventilación debe ubicarse en un lugar donde no haga circular el aire contaminado nuevamente hacia el área de trabajo u otras áreas dentro del edificio.
- Conozca los peligros específicos del revestimiento que usa. Asegúrese de que el rociador sea compatible con los productos químicos que contiene el revestimiento.
- Asegúrese de que se coloquen carteles de advertencia adecuados en todas las zonas peligrosas.
- Asegúrese de que el área de rociado esté libre de llamas directas, chispas y otras fuentes de ignición.
- Asegúrese de que el área de rociado esté libre de residuos y materiales combustibles.
- Revise el equipo con cuidado antes de usarlo. Deje fuera de servicio los equipos dañados.
- Revise la válvula de cierre de seguridad del equipo de rociado y los medidores de presión para asegurarse de que estén en buen estado antes de cada uso.
- Cierre la válvula de cierre de seguridad y libere la presión cuando no se realicen operaciones de rociado.

- Asegúrese de que el sistema haya sido enjuagado adecuadamente según las instrucciones del fabricante para el revestimiento utilizado.
- Revise el filtro y las trampas de aceite.
- Drene las trampas de aceite y de agua.

6.3.4 Sistemas de rociado convencionales

Los sistemas de rociado convencionales requieren revisiones tanto del suministro de aire como del equipo. Los puntos que deben revisarse antes de usar sistemas de rociado convencionales son los siguientes:

- Asegúrese de que las líneas estén conectadas de manera adecuada y que el suministro de fluido sea apropiado.
- Asegúrese de que el aire comprimido que se suministra esté limpio, seco y libre de aceite (utilice la prueba del papel secante). La mayoría de los sistemas de rociado utilizan algún tipo de extractor para quitar el agua y el aceite del suministro de aire. El extractor usualmente está entre el compresor y la pistola, porque el compresor puede introducir humedad o aceite en el aire. Asegúrese de que los filtros estén limpios y no tengan obstrucciones.
- Revise la limpieza y el estado de funcionamiento de los tanques rociadores y otros componentes antes del uso. Si hay suciedad que obstruye el equipo de pintura, el material de revestimiento podría perderse por vencerse el tiempo de aplicación o por la presencia de contaminación.
- Inspeccione las líneas de rociado, las puntas y las boquillas para detectar la presencia de humedad. La contaminación con humedad puede provocar problemas tales como regurgitación de la pistola rociadora, salpicaduras, burbujas, poros y otros defectos en la capa.
- Inspeccione las líneas de rociado, las puntas y las boquillas para detectar la presencia de aceite. La contaminación con aceite puede provocar problemas de adhesión y de secado, películas blandas y pegajosas y otros defectos.
- Asegúrese de que se haya seleccionado la combinación de boquilla adecuada según el tipo de pistola rociadora que se utilice, la tasa de flujo esperada y el tipo de material que se rocíe. Esta información suele estar disponible en las instrucciones del fabricante.

6.3.5 Rociadores sin aire

Los sistemas de rociado sin aire también deben revisarse completamente antes de usarlos. Los puntos que deben revisarse antes de usar rociadores sin aire son:

- Revise en qué condición están todas las mangueras. Asegúrese de que todas las conexiones de manguera y accesorios estén bien ajustados y no tengan fugas, y que los protectores de manguera estén sujetos. Solo use equipos aprobados para el rociado sin aire y que estén en condiciones adecuadas para soportar las altas presiones del rociado sin aire.
- Examine el filtro de la pistola para asegurarse de que no esté obstruido ni afectado.
- Asegúrese de que la bomba, la pistola rociadora y el objeto que se rocíe estén adecuadamente puestos a tierra para evitar chispas provenientes de la estática y posibles explosiones.
- Asegúrese de que se aplique el voltaje correcto al rociador y que el circuito de suministro eléctrico esté adecuadamente puesto a tierra (cuando utilice un rociador sin aire eléctrico).
- Revise el nivel de aceite hidráulico, si correspondiese.
- Revise el nivel de aceite del motor, si correspondiese.
- Inspeccione el filtro de la línea de retorno para verificar que no esté obstruido.

6.4.0 Requisitos de documentación

En el plan de trabajo se detalla específicamente cómo debe realizarse el trabajo contratado y probablemente se lo requerirá antes de comenzar cualquier parte del trabajo de revestimiento. El plan de trabajo también debe explicar los requisitos de documentación relacionados con el trabajo. La documentación, comenzando con el plan de trabajo, brinda un registro claro en papel para la realización del trabajo.

Los requisitos de documentación varían de un trabajo a otro. La documentación hace referencia a todos los registros requeridos y los informes del proceso de inspección. El inspector del revestimiento casi siempre debe brindarle al cliente algún tipo de documentación de la inspección. Incluso si la documentación no se exige de manera específica, las buenas prácticas indican que se mantengan registros detallados y precisos.

También se deben llevar registros detallados y precisos de cada paso del proceso de preparación y aplicación. Estos registros deben mostrar todos los puntos, actividades y materiales relacionados con la limpieza de superficies, el tratamiento previo y la aplicación del revestimiento. Estos registros deben también incluir los motivos de las interrupciones del trabajo. Una buena documentación puede brindar información valiosa sobre la durabilidad de los revestimientos y la protección económica que brindan. Los requisitos de documentación deben enumerarse en la especificación del trabajo.

Asegúrese de documentar y registrar los números de lote de los envases de los revestimientos. Los números de lote del manifiesto de embarque y de los envases deben coincidir. Se puede contactar al fabricante del revestimiento para decodificar el número de lote a partir del número de identificación del envase o del manifiesto de embarque. Po lo general, el número de identificación se decodifica de la siguiente manera: el primer carácter es el mes, seguido del año, la planta y luego el número de lote. Asegúrese de que todos los envases del mismo revestimiento tengan el mismo número de lote.

7.0.0 Procedimientos de aplicación

Antes de revestir un área o superficie exterior o interior, siempre asegúrese de que todas las superficies adyacentes hayan sido protegidas de manera adecuada contra revestimientos o salpicaduras no deseados. Los revestimientos que se emplean deben ser los recomendados por la especificación y/o el fabricante para usar en las superficies a revestir. Si se requiere, asegúrese de que los números de lote de todos los envases de un revestimiento coincidan. Si aplica varias capas tales como un imprimador, revestimientos industriales intermedios y un acabado final a una superficie, todos los revestimientos deben ser compatibles.

7.1.0 Técnicas de aplicación con pistola rociadora

El orden general para el revestimiento de superficies con pistola rociadora es revestir primero los bordes, las esquinas exteriores y las interiores (*Figura 16*). Esto se denomina revestimiento por tiras o, en algunos casos, por bandas. El objetivo principal del revestimiento por tiras es garantizar la cobertura en formas complicadas, como áreas de soldadura, esquinas, hendiduras y zonas difíciles de rociar. Este proceso reduce el polvo de rociado excesivo cuando se revisten las superficies planas restantes, en especial en los bordes, porque el patrón de la pistola rociadora puede detenerse antes de que pase más allá de ellos. Las juntas de soldadura, las superficies irregulares y las formas sobresalientes, como las cabezas de pernos, deben pintarse con una brocha para prevenir la corrosión y garantizar la cobertura del revestimiento.

Algunas especificaciones requieren que todo el revestimiento por tiras se realice con una brocha, para romper la tensión superficial. También pueden exigir el uso de un color distinto para este proceso. El revestimiento por tiras debe inspeccionarse visualmente con cuidado antes de aplicar más revestimientos. Tenga presente que el revestimiento puede desprenderse en los bordes y que la parte interna de una esquina puede despegarse. Por lo tanto, es importante examinar todas estas áreas para detectar problemas, en especial porque las áreas donde se requiere el revestimiento por tiras con brocha son por lo general las áreas donde más probabilidad hay de que se formen celdas de corrosión. Si la capa en tiras es del mismo color que la capa de terminación, no se requiere tiempo de secado del revestimiento adicional.

Después de que los bordes y las esquinas estén revestidos, comience con las superficies planas y verticales, desde la parte superior hacia la parte inferior, con pasadas suaves horizontales. Vea las *Figuras 16* y *17*. Para las superficies angostas y verticales, utilice pasadas verticales. Revista las superficies o los paneles largos y nivelados con pasadas horizontales, comenzando por el borde más cercano y procediendo hacia el borde más alejado (*Figura 18*). Se requiere una leve inclinación de la pistola para que el exceso de rociado caiga sobre la parte sin revestir de la superficie. Para superficies o paneles largos, trate de trabajar desde un punto de interrupción natural hasta el siguiente. Si una superficie o panel largo es vertical, trabaje desde la parte superior hacia la inferior. Si no hay interrupciones naturales, trabaje a lo ancho de la superficie, revistiendo solamente los tramos que permitan integrar el revestimiento antes de que se seque. La *Figura 19* muestra las técnicas para revestir cilindros y superficies angostas.

Lo ideal sería que las zonas de trabajo interiores o exteriores se protejan con contención y equipos de control de humedad y temperatura. A continuación se presentan lineamientos generales para las aplicaciones de revestimiento con pistola rociadora, independientemente de los requisitos específicos establecidos en las recomendaciones del fabricante o en la especificación del trabajo:

- Esté alerta ante posibles cambios de temperatura. Aplique los revestimientos sólo cuando las condiciones climáticas se regulen a una temperatura bastante pareja.
- Deje que las superficies húmedas o mojadas se sequen y alcancen temperaturas adecuadas para la aplicación del revestimiento.
- Evite trabajar en condiciones ventosas porque los revestimientos frescos pueden juntar hojas, suciedad, partículas de polvo e insectos. Asimismo, la corriente del viento puede provocar que los revestimientos dañen superficies adyacentes.
- No trabaje bajo los rayos directos del sol en verano porque los revestimientos podrían no distribuirse correctamente sobre una superficie caliente y podrían secarse demasiado rápido.

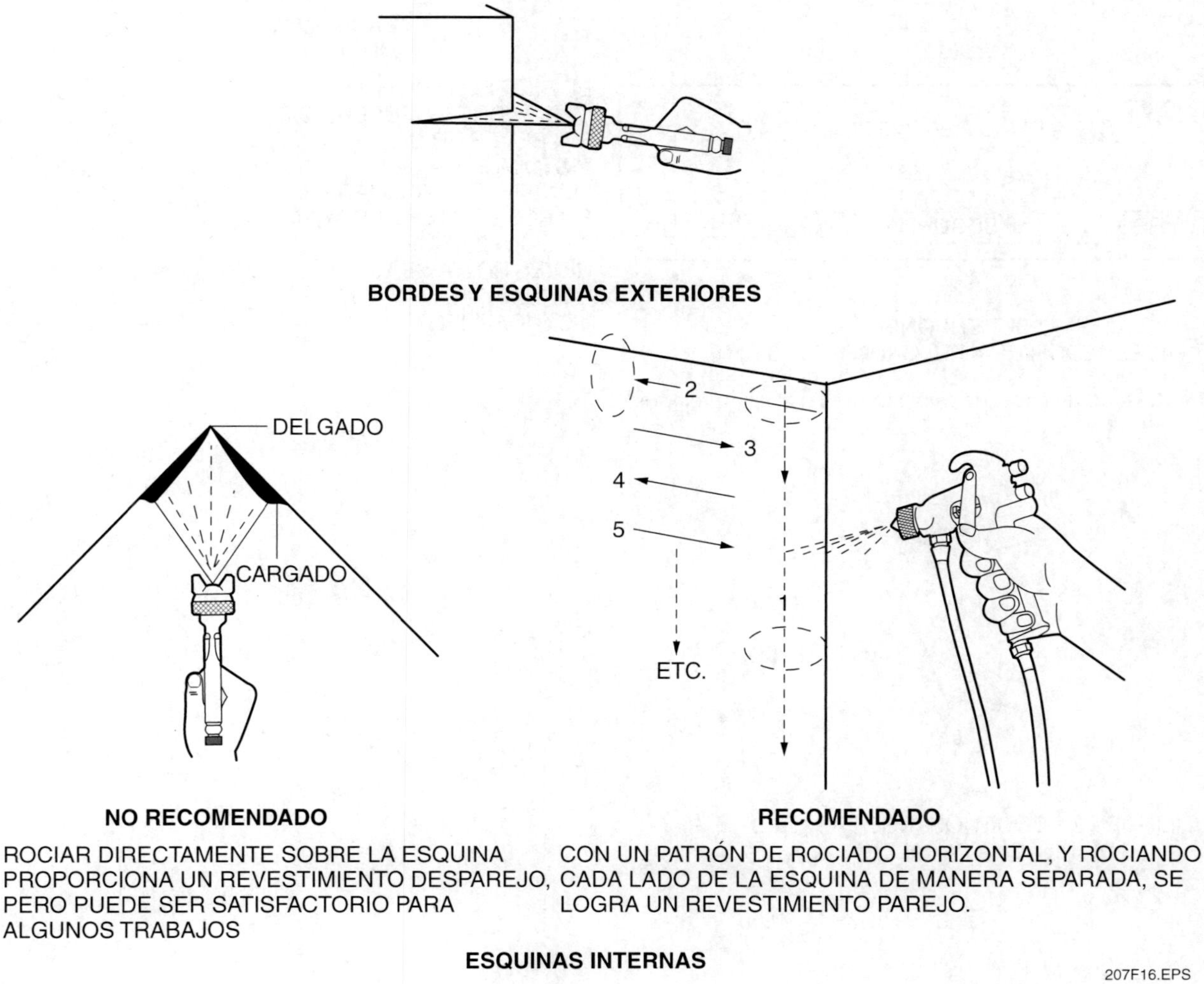

Figura 16 Rociado de bordes y esquinas.

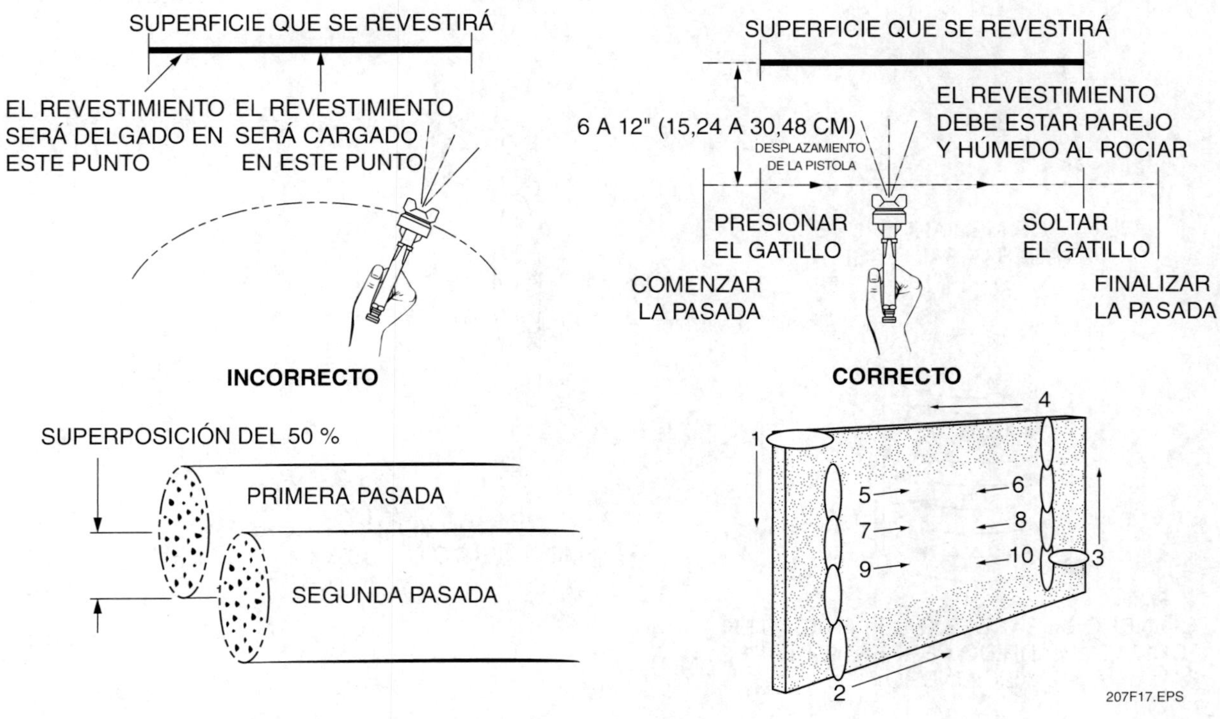

Figura 17 Rociado de superficies verticales planas.

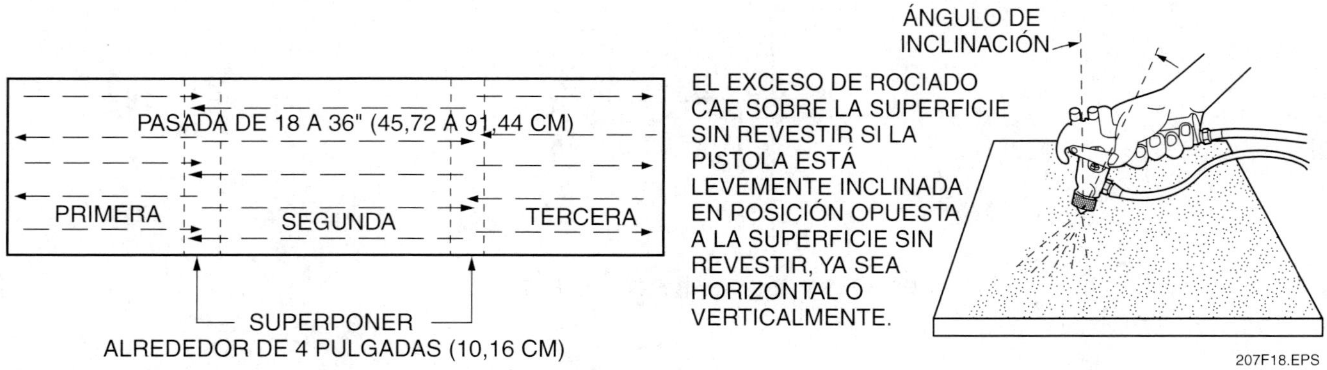

Figura 18 Rociado de superficies o paneles largos y nivelados.

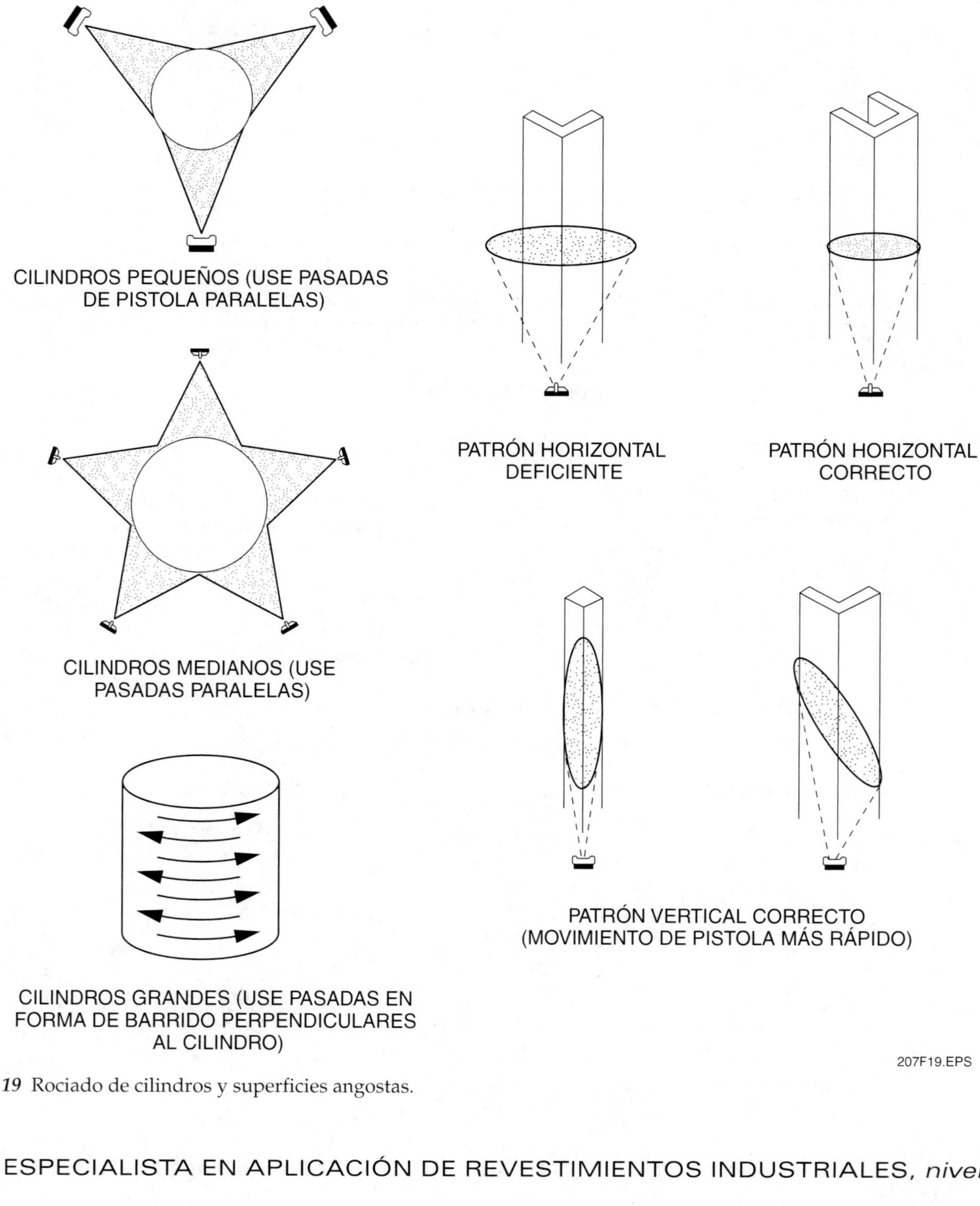

Figura 19 Rociado de cilindros y superficies angostas.

7.2.0 Configuración y funcionamiento de equipos de rociado en general

La configuración adecuada de los equipos es una combinación de inspección, resolución de problemas y mantenimiento. El primer paso es examinar el equipo del sistema de rociado y las conexiones. Las condiciones obvias, como mangueras o tuberías dañadas, o daños visibles en la pistola, son el primer indicio de un problema que debe corregirse. Si no hay defectos visibles, el sistema debe armarse y probarse en un lugar seguro para determinar si funciona correctamente. También es una buena práctica lavar el sistema y la pistola con un solvente adecuado antes del uso.

Es muy importante utilizar las mangueras correctas para cada sistema. Por lo general, las mangueras de fluidos son más largas que las de aire, por lo que sería muy difícil conectar las mangueras en la toma incorrecta, pero los distintos sistemas utilizan mangueras distintas, con distintas presiones nominales. Asegúrese de que se utilicen las correctas para cada conexión y propósito. Las mangueras de fluidos son generalmente de 5⁄16 de pulgada o 3⁄8 de pulgada (7,9 a 9,5 mm), mientras que las mangueras de aire son generalmente de 1⁄4 de pulgada a 5⁄16 de pulgada (6,35 a 7,9 mm).

¡ADVERTENCIA!

Muchas pistolas de rociado están hechas de aluminio o tienen piezas recubiertas de aluminio. No use estas pistolas con solventes halogenados. Los solventes halogenados comunes, como el tetracloruro de carbono, el dicloroetano, el clorobenceno, el etilbromuro y el etilcloruro pueden reaccionar con el aluminio y causar explosiones en ciertas circunstancias. Lea la MSDS y las instrucciones del fabricante con mucho cuidado.

NOTA

Todas las pistolas rociadoras se deben primero ensamblar y ajustar a mano para evitar que las roscas se coloquen mal y se dañen. Las pistolas de rociado son herramientas frágiles y precisas, y nunca deben forzarse.

7.3.0 Configuración, funcionamiento y apagado de sistemas de rociado convencionales

Los sistemas de rociado convencionales para aplicaciones industriales generalmente emplean pistolas rociadoras alimentadas a presión, junto con tanques de presión de acero inoxidable que cumplen con los estándares de ASME como recipientes de fluidos para las bombas de transferencia de baja presión neumáticas ubicadas en un recipiente de fluidos sin presión o cerca de uno. Los recipientes utilizados para el rociado convencional deben estar clasificados para usarlos a alta presión. Las bombas o recipientes también podrían estar equipados con agitadores opcionales neumáticos. Por lo general, las pistolas rociadoras convencionales alimentadas a presión utilizan atomización y presión del fluido entre 20 y 70 psi (entre 0,1 y 0,5 megapascales [MPa]) y la mayoría de los equipos están clasificados para usarse con hasta 100 psi (0,69 MPa). Estas son pistolas de dos etapas (arranque y retardo), porque cuando se aprieta o suelta totalmente el gatillo, el flujo de aire de abanico se produce antes y después del flujo de fluido para evitar que el patrón sea inadecuado cuando se comienzan y detienen las operaciones de rociado.

¡ADVERTENCIA!

Asegúrese de que todos los equipos y las mangueras que se usen estén aprobados para la atomización del material de revestimiento y la presión del fluido que se requerirá, según se determine a partir de la PDS del fabricante del material de revestimiento.

7.3.1 Configuración inicial

Por lo general, se emplean dos métodos para los sistemas de recipientes. Un método utiliza la regulación y medición de la presión del aire para la pistola donde la línea de aire ingresa desde un filtro de aceite y agua (extractor), como se muestra en la *Figura 20*. El otro método utiliza un regulador montado en el recipiente para la pistola, como se muestra en la *Figura 21*. En la *Figura 22* se muestra la configuración para un sistema de bomba de transferencia de baja presión neumático. En esta aplicación en particular, se utiliza una bomba montada en un envase. Al igual que los sistemas con recipiente de presión, se pueden usar reguladores opcionales en la bomba de transferencia para el aire de la pistola junto con un agitador opcional.

Paso 1 Corte el aire de la fuente de aire comprimido.

¡ADVERTENCIA!

Asegúrese de que la bomba de presión o el recipiente estén conectados a tierra y que se utilice un cable de fluidos conductor y/o una línea de aire desde el recipiente o la bomba hasta la pistola de rociado. Esto evita que la electricidad estática se acumule y provoque la ignición de los vapores volátiles en el área.

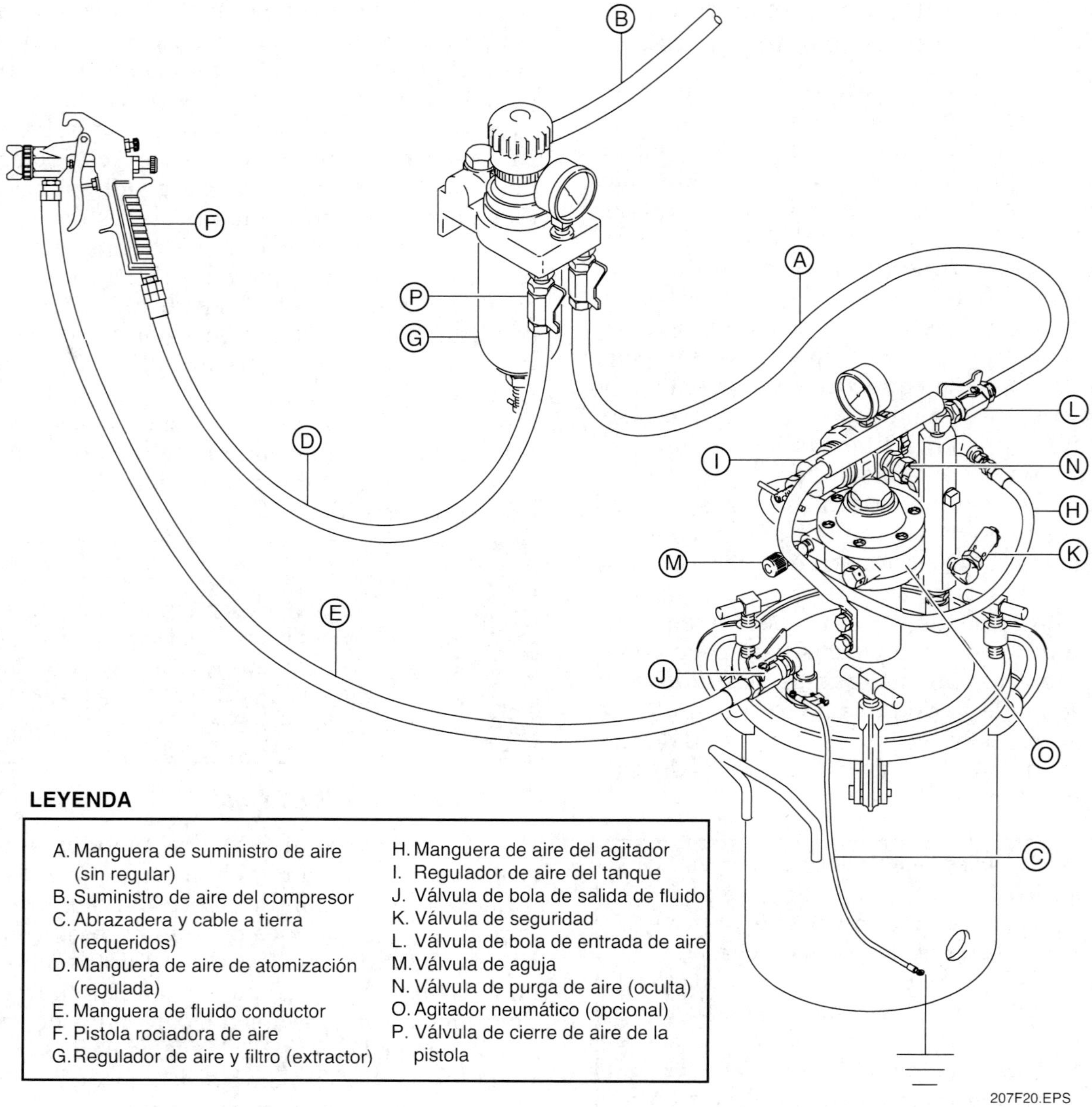

Figura 20 Configuración del sistema para el aire de pistola regulado desde un extractor.

> **NOTA**
>
> Asegúrese de que la fuente de aire comprimido suministre el flujo de aire requerido en pies cúbicos por minuto (CFM) para el sistema de rociado que se use. Consulte los datos técnicos del fabricante del equipo para conocer los requisitos de CFM de todos los equipos, incluidos los CFM requeridos para la tapa de la pistola de aire y la boquilla de fluidos que debe usarse.

Paso 2 Conecte las líneas de aire y fluido conductor al equipo como se muestra para el sistema correspondiente que se utilice.

Paso 3 Conecte el cable de puesta a tierra desde el recipiente o la bomba de presión a una toma a tierra (tubería de agua fría metálica o varilla de puesta a tierra).

Paso 4 Cierre la pistola rociadora y los reguladores de manguera o recipiente; para ello, gire las perillas del regulador en el sentido contrario al de las agujas del reloj, hasta que se afloje. Si está equipada con un agitador, gire la válvula de aguja del motor neumático en el sentido de las agujas del reloj hasta que se asiente.

Paso 5 Abra la válvula de purga de aire que se encuentra en la bomba o el recipiente, cie-

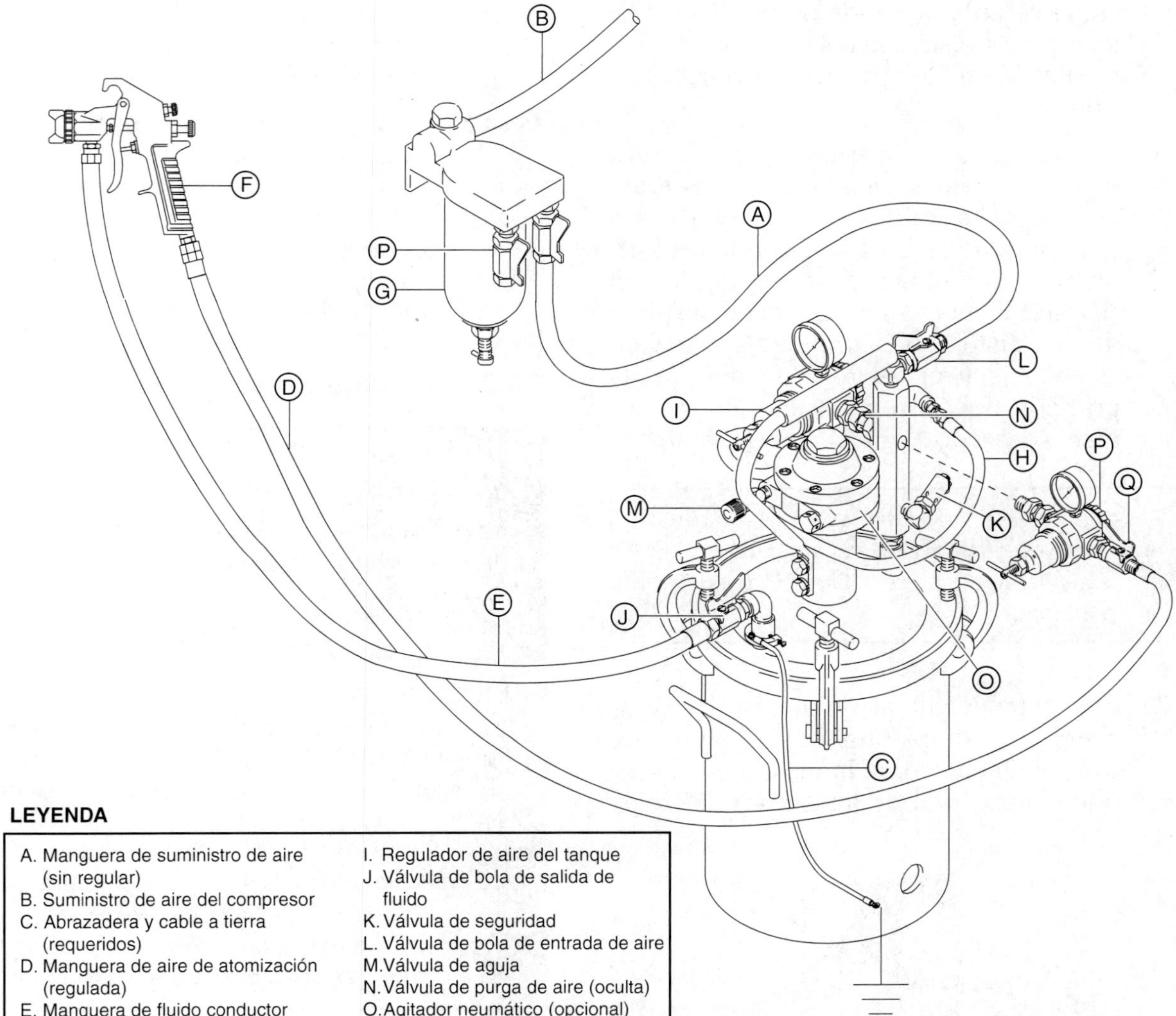

LEYENDA

A. Manguera de suministro de aire (sin regular)
B. Suministro de aire del compresor
C. Abrazadera y cable a tierra (requeridos)
D. Manguera de aire de atomización (regulada)
E. Manguera de fluido conductor
F. Pistola rociadora de aire
G. Filtro (extractor)
H. Manguera de aire del agitador
I. Regulador de aire del tanque
J. Válvula de bola de salida de fluido
K. Válvula de seguridad
L. Válvula de bola de entrada de aire
M. Válvula de aguja
N. Válvula de purga de aire (oculta)
O. Agitador neumático (opcional)
P. Regulador de aire de la pistola
Q. Válvula de cierre de aire de la pistola

207F21.EPS

Figura 21 Configuración del sistema para el aire de pistola regulado desde un recipiente.

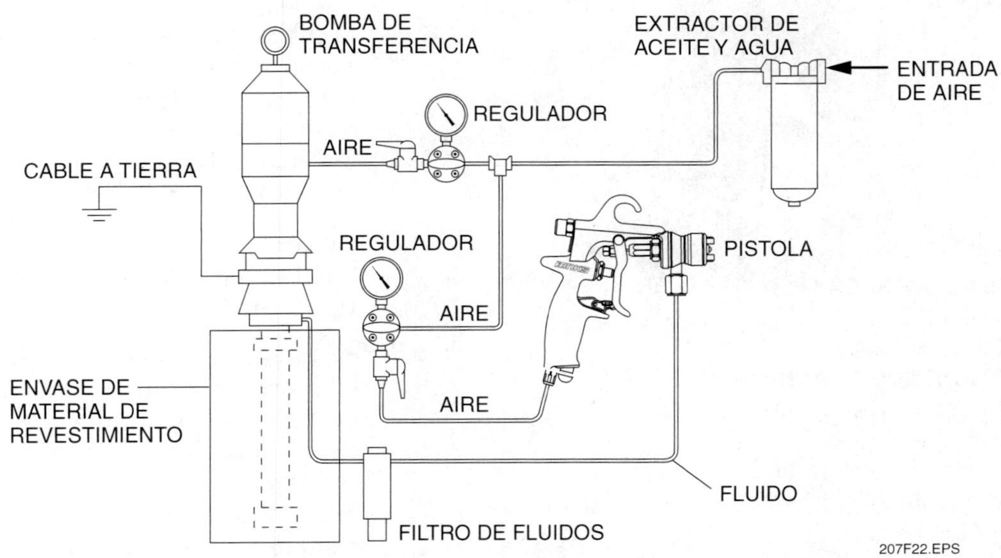

207F22.EPS

Figura 22 Configuración del sistema para una bomba de transferencia de baja presión neumática.

rre la válvula de salida de fluidos y deje purgar la presión. En el caso de los recipientes, retire la tapa una vez purgada la presión.

Paso 6 Verifique que la pistola rociadora (*Figura 23*) esté equipada con el casquillo de aire, la boquilla y la aguja de fluidos recomendados en la PDS del revestimiento o por el fabricante del equipo. El *Apéndice C* muestra una vista en despiece de una pistola rociadora de aire convencional. Ajuste el casquillo de aire para la posición del patrón de abanico inicialmente deseado (vertical u horizontal).

NOTA

Si se debe cambiar la orientación del patrón durante la operación, afloje el anillo de traba del casquillo de aire, gire la tapa 90° y ajuste el anillo de traba.

Paso 7 Para obtener un patrón de abanico completo, gire completamente la válvula de control de patrón de la pistola en el sentido contrario al de las agujas del reloj.

LEYENDA DE LA ILUSTRACIÓN
1. CASQUILLO DE AIRE
2. CUERPO DE LA PISTOLA
3. PERILLA DE CONTROL DE PATRÓN
4. PERILLA DE CONTROL DE FLUIDO
5. CONEXIÓN DE AIRE
6. GATILLO
7. ENTRADA DE FLUIDO
8. BOQUILLA Y AGUJA DE FLUIDO

207F23.EPS

Figura 23 Pistola rociadora de aire convencional típica.

Para obtener un patrón redondo, gire la perilla de control de patrón completamente en el sentido de las agujas del reloj.

Paso 8 Establezca el flujo de fluidos correcto para la boquilla y aguja de fluidos instaladas en la pistola; para ello, gire la perilla de control de fluidos en el sentido contrario al de las agujas del reloj hasta que no se sienta más limitación en el movimiento del gatillo y luego gire media vuelta más.

7.3.2 Encendido y uso

¡ADVERTENCIA!

Consulte la MSDS del fabricante del revestimiento y asegúrese de utilizar el EPP recomendado cuando realice los siguientes procedimientos.

PRECAUCIÓN

Si se rociará un revestimiento de múltiples componentes previamente mezclado, asegúrese de que se mezcle según las especificaciones de la PDS del fabricante del revestimiento. También asegúrese de que se completen todos los procedimientos de encendido y operación del sistema de rociado, y que se inicie el apagado y la limpieza del equipo antes de que se termine el tiempo de aplicación del revestimiento.

Paso 1 Para los recipientes, inserte una bolsa de polietileno antiestática compatible dentro del recipiente. Según sea necesario, mezcle, filtre y mezcle en el envase el material de revestimiento de forma adecuada. Luego llene el recipiente. Para las bombas de presión, retire la tapa del envase del revestimiento. Según sea necesario, mezcle, filtre y mezcle en el envase el material de revestimiento de forma adecuada. Luego inserte la bomba en el envase del material de revestimiento.

Paso 2 Cierre la válvula de purga del recipiente o la bomba. Luego encienda el suministro de aire del compresor.

Paso 3 Abra la válvula de entrada de aire al recipiente o la bomba. Para los recipientes equipados con agitador, abra la válvula de aguja del motor neumático del agitador y ajuste la velocidad del agitador a alrededor de entre 40 y 60 r. p. m., en caso de que se deba mezclar el revestimiento de manera constante. Ajuste el regulador a la presión de recipiente recomendada por el fabricante del revestimiento o del equipo. Para las bombas, ajuste el regulador del fluido según la presión recomendada por el fabricante del revestimiento o el equipo. Si la bomba está equipada con un agitador neumático, ajuste la válvula de aguja del motor neumático del agitador a una velocidad de entre 40 y 60 r. p. m., si es que el revestimiento debe mezclarse de manera constante.

Paso 4 Abra la válvula de cierre del aire de atomización del regulador. Con el gatillo de la pistola oprimido, ajuste el regulador de aire de la pistola a la presión de atomización recomendada por el fabricante del equipo o del material de revestimiento, y luego suelte el gatillo.

Paso 5 Abra la válvula de salida del fluido del recipiente o la bomba.

Paso 6 Gatille la pistola y rocíe patrones de prueba a una distancia de entre 6 pulgadas (15 cm) y 12 pulgadas (30 cm), según el material de revestimiento y la presión de atomización. Ajuste la perilla de control de patrón (a veces denominado aire de abanico) según se desee. Si el rociado es demasiado fino y se produce demasiado polvo, reduzca levemente la presión del aire de la pistola en el regulador; si es demasiado grueso, incremente la presión levemente. Si fuese necesario, se puede reducir levemente el flujo del fluido girando un poco la perilla de control de fluido en el sentido de las agujas del reloj; sin embargo, si no puede lograrse el flujo de fluido correcto con ajustes menores de la presión de atomización y el flujo de fluido, podría ser necesario emplear una aguja y una boquilla de fluidos de distinto tamaño.

Paso 7 Después de lograr un patrón de prueba correcto, comience a rociar las superficies deseadas.

NOTA

Siempre y cuando el revestimiento que se rocíe no tenga un tiempo de aplicación relativamente corto, se pueden realizar algunas interrupciones breves en el rociado, mediante la colocación de la boquilla de fluido de la pistola rociadora en un contenedor con el solvente apropiado para el revestimiento, con el fin de evitar que el revestimiento se seque en la boquilla.

7.3.3 Apagado y limpieza

Paso 1 Apague el suministro de aire al recipiente o la bomba y abra la válvula de purga.

Paso 2 Afloje el casquillo de aire de la pistola rociadora y presione un trapo sobre los orificios del casquillo. Gatille la pistola durante un tiempo para hacer que el fluido del interior de la manguera de fluidos regrese al recipiente o salga de la bomba.

NOTA

Se debe hacer la siguiente limpieza cuando se cambien colores, se cambie de un revestimiento a base de agua a uno a base de solvente y viceversa, y antes del almacenamiento.

Paso 3 Para los recipientes, retire la tapa. Luego retire el recubrimiento antiestático que contiene el material de revestimiento restante y vierta un solvente adecuado en el recipiente. Vuelva a colocar la tapa del recipiente y ajústela. Elimine de manera adecuada el recubrimiento y el material de revestimiento restante.

Paso 4 Para las bombas, retire la bomba del envase del revestimiento e instálela en un contenedor de metal puesto a tierra con un solvente adecuado. Deseche de manera adecuada el material de revestimiento restante y su envase.

Paso 5 Apague las válvulas de purga y encienda el suministro de aire al recipiente o la bomba.

¡ADVERTENCIA!

Debido a las restricciones relacionadas con los COV y/o los peligros de explosión relacionados con ciertos solventes, podría requerirse que se sigan los siguientes pasos en un área cerrada con un contenedor puesto a tierra.

Paso 6 Sostenga la parte metálica de la pistola contra un contenedor puesto a tierra, si se requiere, y gatille la pistola hasta que salga de ella solvente limpio.

Paso 7 Apague el suministro de aire al recipiente o la bomba y abra la válvula de purga. Luego repita el Paso 2 anterior para enjuagar el solvente de la manguera y la bomba de fluidos.

Paso 8 Retire la bomba del contenedor de solventes o retire la tapa del recipiente. Deseche de manera adecuada los solventes.

Paso 9 Desmonte y limpie el casquillo de aire y la boquilla de fluidos de la pistola con un trapo y solvente. Limpie la bomba o el recipiente y la tapa del recipiente con un trapo y solvente. Limpie el eje y las paletas del agitador, si lo hubiese, con un trapo y solvente.

Paso 10 Gatille la pistola varias veces y vuelva a montar la boquilla de fluidos y el casquillo de aire.

Paso 11 Apague el suministro de aire principal a la pistola y el recipiente o la bomba.

Paso 12 Desmonte la configuración del sistema según sea necesario.

Paso 13 Lubrique la pistola y la bomba neumática y/o el agitador según lo especifique el fabricante.

Paso 14 Para los recipientes, vuelva a colocar la tapa, luego almacene los equipos desmontados de la configuración del sistema.

7.4.0 Configuración, funcionamiento y apagado de sistemas de rociado sin aire

La característica distintiva de los sistemas de rociado sin aire es la presión de suministro del fluido. El fluido es atomizado por la presión alta a medida que sale de la punta de la pistola rociadora. En el sistema sin aire, el fluido se suministra a la pistola a una presión generalmente de 1.000 a 5.000 psi (7 a 34 MPa) o más. La manguera de suministro de fluido es un tipo de manguera conductora especial de alta presión, utilizada para manejar las presiones de fluido que se utilizan y evitar la acumulación de electricidad estática en la pistola. La protección de la punta de la pistola está diseñada para mantener el rocío alejado de la carne y evitar inyecciones accidentales.

¡ADVERTENCIA!

No coloque las manos descubiertas o con guantes, ni ninguna otra parte del cuerpo, en la corriente de fluido de la punta de una pistola de rociado sin aire. No apunte la pistola a otra persona. No trate de verificar la presencia de fugas en la manguera de fluidos con la mano descubierta o enguantada. Las fugas en las mangueras pueden ser prácticamente invisibles. Si se sospecha o se detecta una fuga en una manguera, cierre y despresurice de inmediato el sistema de rociador según los procedimientos de alivio de presión recomendados por el fabricante. Si la corriente de fluido de la punta de una pistola o una fuga de manguera entra en contacto con la piel, incluso a través del guante, debe consultar a un médico de inmediato. Aunque la piel no parezca estar lesionada o rasgada, podría haberse producido una lesión por inyección. La inyección puede producirse a presiones tan bajas como 100 psi (0,7 MPa). Si se inyecta fluido en alguna parte del cuerpo, ello podría causar lesiones graves.

En las siguientes secciones se brinda un ejemplo de configuración inicial, encendido, uso, apagado y limpieza de un modelo de rociador sin aire mecánico con motor a gasolina montado en carro (*Figura 24*) con una pistola rociadora sin aire industrial típica (*Figura 25*).

207F24.EPS

Figura 24 Rociador sin aire mecánico con motor a gasolina y montado en carro.

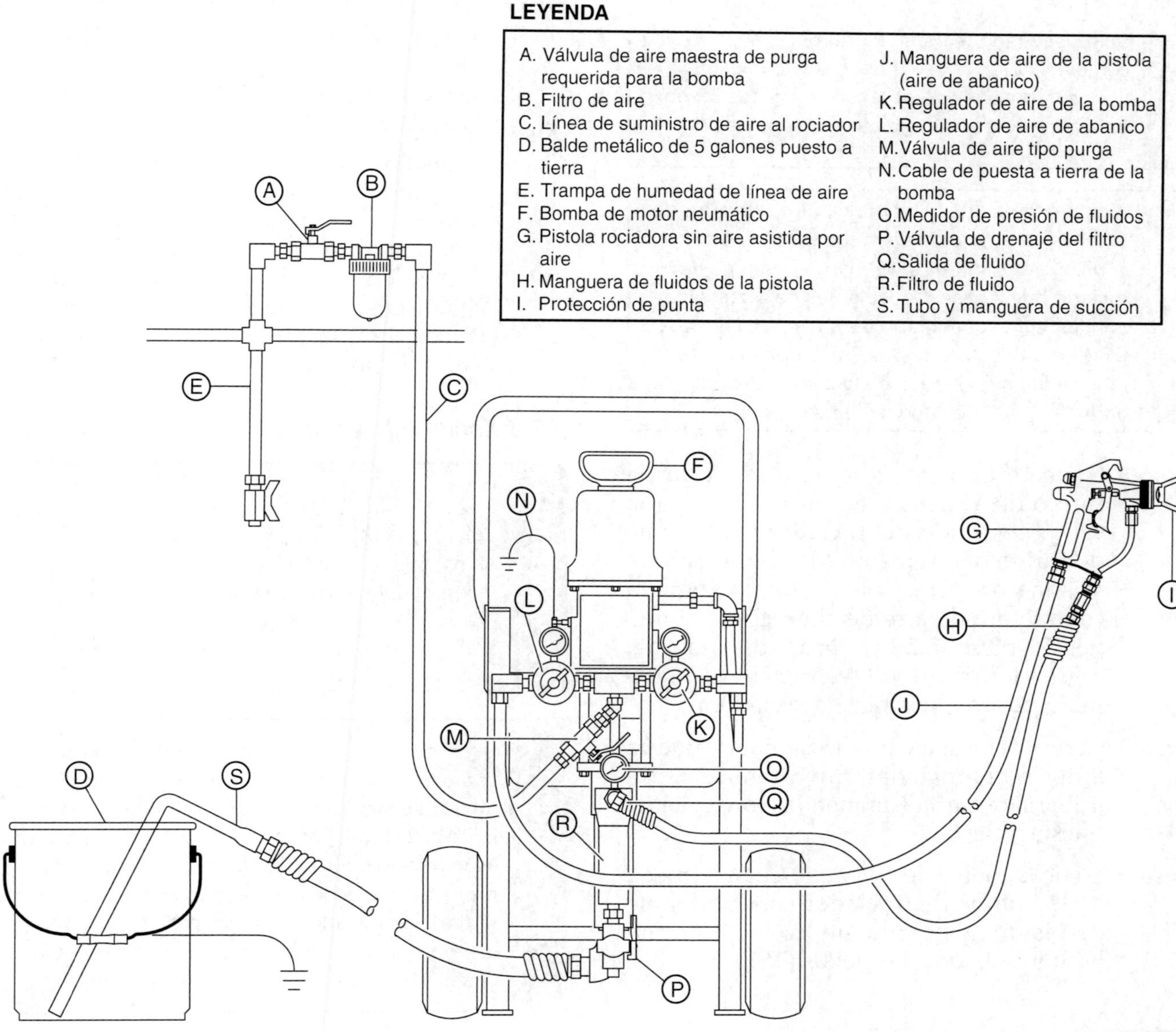

Figura 26 Componentes de rociador industrial sin aire asistido por aire accionado con motor neumático montado en carro.

se gira en el sentido contrario al de las agujas del reloj (abierta) e incrementa el ancho del abanico si se gira en el sentido de las agujas del reloj (cerrada). Al igual que las pistolas rociadoras con aire convencionales, éstas son pistolas de dos etapas (arranque y retardo) porque el flujo de aire de abanico se produce antes y después del flujo del fluido para evitar que se forme un patrón incorrecto cuando se comienzan o detienen las operaciones de rociado. En este ejemplo, se utiliza un regulador de presión adicional en el rociador para ajustar la velocidad de la bomba de motor neumático del rociador para controlar la presión del fluido suministrada a la pistola.

7.5.1 Configuración inicial

Paso 1 Conecte una manguera de aire desde una fuente de aire filtrado con una válvula de aire maestra tipo purga cerrada (aire de compresor o de taller) a una válvula de aire tipo purga cerrada en el rociador.

¡ADVERTENCIA!

Si la orientación del patrón o la punta de rociado se cambiará durante la operación, antes de intentar cambiar su orientación, asegúrese de trabar el gatillo de la pistola y liberar la presión de rociado, como se indica en los siguientes procedimientos de inicio y operación para instalar la punta y la protección de la punta.

PRECAUCIÓN

Sólo use mangueras de fluido reforzadas con nylon. Nunca use mangueras con cable trenzado porque son demasiado rígidas como para actuar de amortiguadores de pulsación.

NOTA

Asegúrese de que la fuente de aire comprimido suministre el flujo de aire requerido en pies cúbicos por minuto (CFM) para el sistema de rociado que se use. Consulte los datos técnicos del fabricante del equipo para los requisitos de CFM de todos los equipos, incluidos los CFM requeridos para la tapa de la pistola de aire y la boquilla de fluidos que debe usarse.

Paso 2 Conecte una manguera conductora de fluido de al menos 50 pies (15,2 m) a la salida de fluido del rociador y a la toma de fluido de la pistola rociadora sin aire asistida por aire. Conecte una manguera conductora de aire de abanico de al menos 50 pies (15,2 m) desde la salida del regulador de aire de ventilación a la entrada de aire de la pistola rociadora.

Paso 3 Conecte el cable y la abrazadera de puesta a tierra del rociador a una toma a tierra (tubería de agua fría metálica o varilla de puesta a tierra).

Paso 4 Llene la tuerca de empaque/copa húmeda de la bomba del rociador con lubricante de pistón, generalmente conocido como líquido sellador de cuellos (TSL).

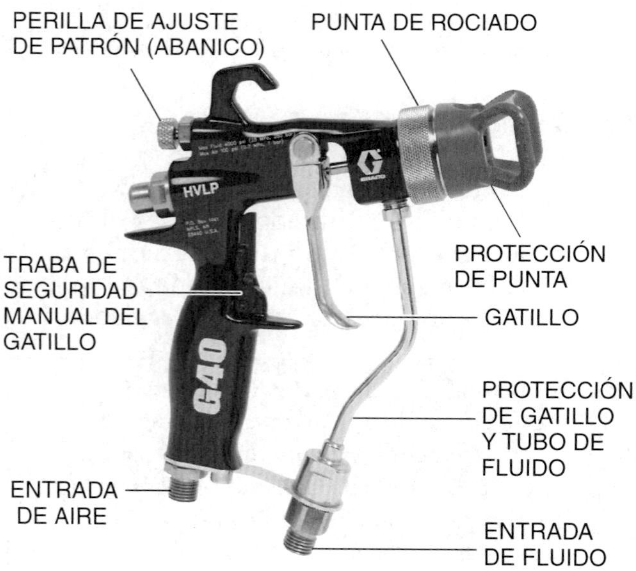

Figura 27 Componentes de pistola industrial típica de rociado sin aire asistida por aire.

Paso 5 Trabe el gatillo de la pistola de rociado con la traba de seguridad y gire la perilla de ajuste de abanico por completo, en el sentido de las agujas del reloj (cerrado).

Paso 6 Afloje la tuerca de retención de la protección de la punta y retírela junto con la punta del rociador. Asegúrese de que el tamaño del orificio de la punta coincida con las recomendaciones del fabricante del equipo o de la PDS del revestimiento. El *Apéndice E* muestra una vista en despiece de una pistola rociadora sin aire asistida por aire.

7.5.2 Encendido y uso

¡ADVERTENCIA!

Consulte la MSDS del fabricante del revestimiento y asegúrese de utilizar el EPP recomendado cuando realice los siguientes procedimientos.

PRECAUCIÓN

Si se va a rociar un revestimiento de múltiples componentes previamente mezclado, asegúrese de que se mezcle según las especificaciones de la PDS del fabricante del revestimiento. También asegúrese de que se completen todos los procedimientos de encendido y operación del sistema de rociado, y que se inicie el apagado y la limpieza del equipo antes de que se termine el tiempo de aplicación del revestimiento.

Paso 1 Afloje los vástagos de ajuste y cierre la válvula de drenaje del filtro del rociador para cerrar ambos reguladores. Luego, abra las válvulas maestras y tipo purga del rociador para suministrar aire al rociador.

Paso 2 Coloque el tubo de succión en un contenedor de metal puesto a tierra relleno de material de revestimiento que haya sido mezclado correctamente según la PDS del fabricante del revestimiento.

Paso 3 Coloque un contenedor vacío debajo de la válvula de drenaje.

Paso 4 Abra lentamente el regulador de la bomba de motor neumático hasta que la bomba realice ciclos lentamente.

NOTA

La bomba puede cumplir ciclos rápidamente hasta que se purgue el aire del filtro y de la manguera de fluidos en los siguientes pasos.

Paso 5 Para cebar la bomba, hágala funcionar hasta que el material de revestimiento fluya sin problemas desde la válvula de drenaje del filtro. Luego cierre la válvula.

¡ADVERTENCIA!

Si rocía solventes o revestimientos inflamables, use un contenedor metálico puesto a tierra y sostenga la pistola contra el lado del contenedor durante el siguiente paso.

Paso 6 Retire la traba de seguridad y gatille la pistola en un contenedor hasta que el revestimiento fluya desde ella.

Paso 7 Suelte el gatillo de la pistola y coloque la traba de seguridad del gatillo.

Paso 8 Cierre la válvula tipo purga del rociador y abra la válvula de drenaje del filtro para liberar la presión. Luego cierre la válvula.

Paso 9 Instale la protección de la punta con una punta de rociado apropiada y ajuste ligeramente la tuerca de retención de la protección de la punta. Oriente la punta del rociador y la protección según el patrón de rociado vertical u horizontal deseado. Luego ajuste a mano la tuerca de retención de la protección de la punta.

NOTA

La protección de la punta y la punta de rociado de la pistola que se muestra en la *Figura 27* está orientada para un abanico vertical.

Paso 10 Abra la válvula tipo purgado del rociador.

PRECAUCIÓN

Para prolongar la vida del rociador, siempre use la menor presión de fluido requerida. Los valores más altos desgastan prematuramente la bomba y la punta de rociado.

Paso 11 Abra el regulador de la bomba y configure la indicación del medidor de presión del fluido según la presión recomendada por el fabricante del revestimiento como punto de inicio. Retire la traba de seguridad del gatillo y gatille la pistola para rociar un patrón de prueba a una distancia de 10" a 12" (30 a 36 cm) Verifique que la atomización de rociado sea adecuada. En este punto deben producirse colas o franjas en los extremos del patrón. De lo contrario, baje la presión del fluido hasta que esto suceda.

PRECAUCIÓN

No supere los valores nominales de presión de aire o de fluidos del rociador o la pistola en el siguiente paso.

Paso 12 Abra parcialmente la perilla de ajuste de abanico de la pistola (en el sentido contrario al de las agujas del reloj) y gatille parcialmente la pistola para que sólo emita aire. Configure el regulador de aire de abanico a 20 psi (0,1 MPa). Gatille completamente la pistola y use la perilla de ajuste del aire de abanico para eliminar solo las colas, las franjas y los puntos. Si no pueden eliminarse, vuelva a probar el patrón en la medida necesaria; para ello, aumente la presión del fluido en incrementos de 100 psi (0,7 MPa) y ajuste el aire de abanico hasta obtener un patrón limpio y completo.

NOTA

Siempre use la menor presión de aire y de fluido requeridas para lograr una buena atomización y un buen patrón de rociado a fin de lograr la máxima eficiencia de transferencia de fluidos. Las presiones de aire de abanico superiores a 30 psi (0,2 MPa) provocan turbulencia en el patrón del abanico, ensucian las puntas de rociado y hacen más lenta la capacidad de producción.

Paso 13 Rocíe la superficie que desee revestir.

Las técnicas de rociado que se describieron para el rociado convencional también se aplican al rociado sin aire asistido por aire, con las siguientes excepciones:

- El flujo de fluido de una pistola de rociado sin aire asistida por aire opera sólo en dos modos: encendido y apagado. Siempre gatille rápidamente la pistola hasta el encendido completo y libere rápidamente el gatillo a la posición de apagado completo para evitar salpicaduras.
- La velocidad de desplazamiento de la pistola sólo puede regirse por el tamaño del orificio de la punta y la presión de rociado. Si la pistola debe moverse demasiado despacio para obte-

ner una cobertura adecuada del revestimiento, aumente la presión de rociado levemente, si fuese posible, o use una punta con un tamaño de orificio más grande. Si la pistola debe moverse demasiado rápido para lograr una cobertura de revestimiento adecuada, baje la presión levemente, si fuese posible, o utilice un tamaño de orificio menor.

- A diferencia del caso de las pistolas de rociado convencionales, el achaflanado no es una opción. Podría no ser necesario superponer las pasadas paralelas tanto como con las pistolas convencionales debido a la mayor carga de los bordes.
- Siempre y cuando que el revestimiento que se rocíe no tenga un tiempo de aplicación relativamente corto, se pueden realizar algunas interrupciones breves en el rociado mediante el apagado de la bomba y la colocación de la punta de rociado de la pistola rociadora en un contenedor con el solvente apropiado para el revestimiento, con el fin de evitar que el revestimiento se seque en la punta de rociado.

7.5.3 Apagado y limpieza del sistema

Paso 1 Coloque la traba del gatillo de la pistola rociadora.

Paso 2 Cierre la válvula tipo purga del rociador y deje que se purgue la presión de aire del rociador.

Paso 3 Cierre el regulador de aire de ventilación y abra la válvula de drenaje del filtro para liberar la presión residual después de asegurarse de que haya un contenedor debajo de la válvula de drenaje.

Paso 4 Retire el recipiente y la pantalla del filtro. Retire el filtro de la manija de la pistola, en caso de contar con uno. Vuelva a colocar el soporte de la pantalla y el recipiente, y vuelva a montar la manija de la pistola, según sea necesario. Limpie la pantalla y/o el filtro por separado.

Paso 5 Coloque el tubo de succión en un contenedor puesto a tierra con un solvente apropiado. Retire y deseche adecuadamente el envase del revestimiento.

¡ADVERTENCIA!

Debido a las restricciones relacionadas con los COV y/o los riesgos de explosión relacionados con ciertos revestimientos o solventes, podría requerirse que se sigan los siguientes pasos de limpieza en un área cerrada con un contenedor puesto a tierra.

NOTA

Se debe seguir el siguiente procedimientos de limpieza cuando se hagan cambios de color, de revestimiento a base de agua a revestimiento a base de solventes, de revestimiento a base de solvente a revestimiento a base de agua, y antes del almacenamiento.

Paso 6 Coloque la traba del gatillo de la pistola y retire la punta de rociado y la protección de la punta de la pistola. Limpie la punta de rociado y la protección de la punta por separado.

Paso 7 Abra el regulador de aire de la bomba hasta que la bomba realice ciclos lentamente. Haga funcionar la bomba hasta que salga solvente de la válvula de drenaje del filtro. Luego cierre la válvula de drenaje.

Paso 8 Retire la traba del gatillo de la pistola y gatille la pistola en un contenedor metálico para liberar la presión.

Paso 9 Gatille la pistola en el contenedor, descargándola contra un contenedor puesto a tierra según sea necesario, hasta que el solvente salga claramente.

PRECAUCIÓN

No deje que la bomba funcione en seco por más de 30 segundos durante el paso siguiente.

Paso 10 Retire el tubo de succión del solvente y gatille la pistola en el contenedor para quitar el solvente de la manguera de succión y la bomba.

Paso 11 Apague el sistema como se describió anteriormente y coloque la traba del gatillo de la pistola. Abra la válvula de drenaje del filtro para liberar la presión y luego ciérrela.

PRECAUCIÓN

Si el solvente de revestimiento utilizado fue agua, no deje restos de agua en la bomba. Vuelva a enjuagar el rociador con solvente a base de aceite (alcoholes minerales o diluyente de pintura) para desplazar el agua. Luego, deje la bomba llena con el solvente a base de aceite.

Paso 12 Retire la manguera de fluido y la manguera de aire de abanico de la pistola y el rociador. Deje que la manguera de fluido drene en el contenedor bajo la válvula de drenaje del filtro.

Paso 13 Limpie el exterior del tubo de succión y la manguera y el filtro de la punta del tubo de succión.

Paso 14 Vuelva a montar la pistola, incluidos los filtros de manija, la pantalla del filtro del rociador, la manguera y el tubo de succión, e instale la punta del tubo en el tubo de succión.

Paso 15 Lubrique la pistola según lo especifique el fabricante. Guarde el sistema de forma adecuada, al igual que los equipos que se hayan dejado desarmados desde la configuración.

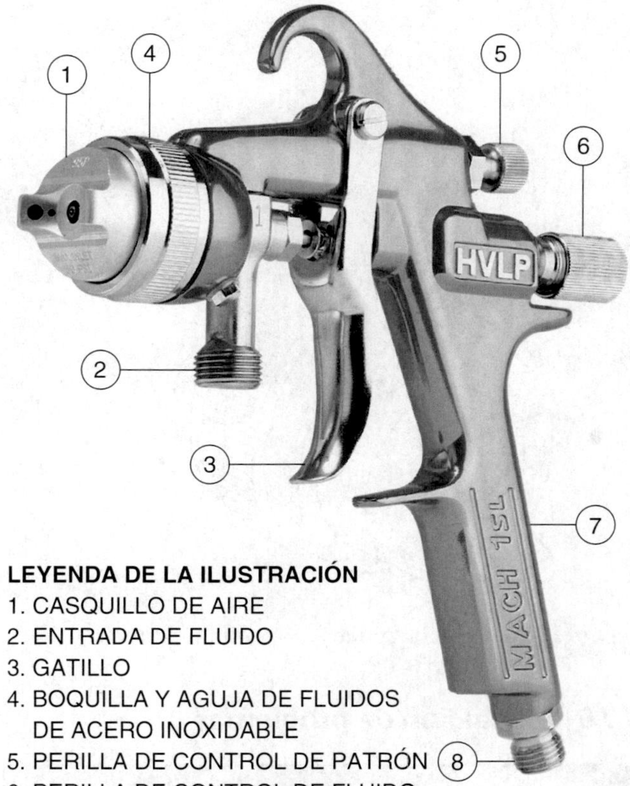

LEYENDA DE LA ILUSTRACIÓN
1. CASQUILLO DE AIRE
2. ENTRADA DE FLUIDO
3. GATILLO
4. BOQUILLA Y AGUJA DE FLUIDOS DE ACERO INOXIDABLE
5. PERILLA DE CONTROL DE PATRÓN
6. PERILLA DE CONTROL DE FLUIDO
7. CUERPO DE LA PISTOLA
8. ENTRADA DE AIRE

207F28.EPS

Figura 28 Pistola rociadora HVLP típica.

7.6.0 Configuración, funcionamiento y apagado de sistemas de rociado de alto volumen y baja presión (HVLP)

Los sistemas de rociado de alto volumen y baja presión (HVLP) se han hecho cada vez más predominantes con los años, en gran parte por las normas ambientales que exigen la limitación de emisiones de compuestos orgánicos volátiles. Los revestimientos con alto contenido de sólidos empleados en los sistemas de rociado de HVLP limitan el uso de solventes o agentes diluyentes. Para aplicaciones industriales de grandes superficies o volúmenes, se utilizan pistolas rociadoras de HVLP alimentadas a presión (*Figura 28*) en el mismo tipo de configuraciones de sistema descritas anteriormente para los sistemas de rociado de aire convencional industrial. La diferencia radica en que la presión de aire suministrada a la toma de aire de la pistola varía de 5 a 50 psi (0,03 a 0,3 MPa) según el tamaño del casquillo de aire y de la boquilla/aguja de fluidos que se use. Los tamaños del casquillo de aire y de la boquilla/aguja de fluidos dependen de la viscosidad del material de revestimiento. La presión del fluido y la presión de aire de rociado final para todos los tamaños de boquillas de fluido y casquillos de aire varían de 1 a 10 psi (0,006 a 0,07 MPa) según la viscosidad del material de revestimiento. Por lo general, las presiones de aire y del fluido se mantienen lo más bajas posible, y aun así producen un buen patrón. En algunos lugares, las normas prohíben que la presión de atomización del casquillo de aire supere las 10 psi (0,07 MPa) o que la presión de entrada de aire de la pistola alcance las 50 psi (0,3 MPa). En estos casos, se debe utilizar un medidor de prueba (*Figura 29*) para confirmar la presión operativa real del casquillo de aire. Las instrucciones del fabricante ayudarán a seleccionar el tamaño adecuado del casquillo de aire y las boquillas/agujas de fluido. El *Apéndice F* muestra una vista en despiece de una pistola rociadora de HVLP típica. Las pistolas rociadoras de HVLP, al igual que las pistolas convencionales de rociado, son de tipo arranque/retardo. Para los sistemas de HVLP, use los mismos procedimientos de configuración, encendido, uso, apagado y limpieza descritos anteriormente para los sistemas de rociado con aire convencionales.

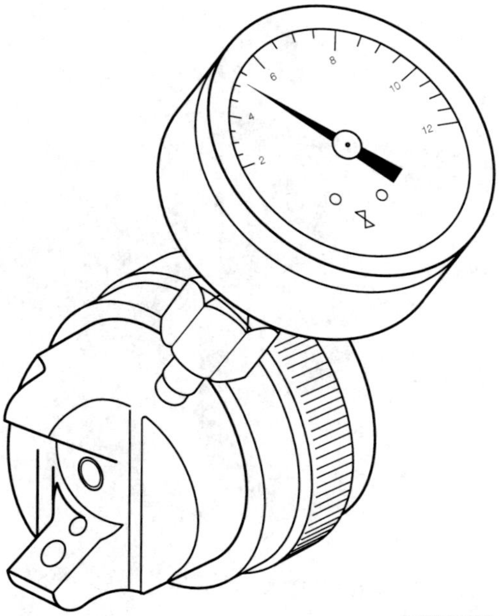

Figura 29 Medidor de prueba de casquillo de aire de equipos HVLP.

7.7.0 Resolución de problemas

> **¡ADVERTENCIA!**
>
> No coloque las manos descubiertas o con guantes, ni ninguna otra parte del cuerpo, en la corriente de fluido de la punta de una pistola de rociado sin aire o sin aire asistida por aire. No apunte la pistola a otra persona. Para los sistemas de rociado sin aire asistidos por aire y sin aire, no intente verificar la presencia de fugas en la manguera de fluidos con la mano descubierta o enguantada. Las fugas en las mangueras pueden ser prácticamente invisibles. Si se sospecha o se detecta una fuga en una manguera, cierre y despresurice de inmediato el sistema de rociador según los procedimientos de alivio de presión recomendados por el fabricante. Si la corriente de fluido de la punta de una pistola o una fuga de manguera de fluido entra en contacto con la piel, incluso a través del guante, debe consultar a un médico de inmediato. Aunque la piel no parezca estar lesionada o rasgada, podría haberse producido una lesión por inyección. La inyección puede producirse a presiones tan bajas como 100 psi (0.69 MPa). Si se inyecta fluido en alguna parte del cuerpo, ello podría causar lesiones graves.

En caso de existir fugas en la pistola, se debe cortar la presión antes de intentar repararla. Si hay fugas de fluido desde la parte posterior del conjunto de sellado, observe la condición del sellado y el cuerpo de la aguja. Si hay fugas en la parte delantera de la pistola, revise el asiento de la válvula y la punta de la aguja. Si el fluido proviene de los conductos de aire, verifique el sellado de la punta de rociado y el sellado del fluido.

Si existe material que bloquee la punta o se acumule en ella, corte la presión de inmediato. Para pistolas sin aire o pistolas sin aire asistidas por aire, no limpie la punta ni la protección mientras la presión esté activada. Si se gatilla la pistola, el rociado saldrá por la abertura y provocará una lesión por inyección. Si la punta no está limpia, colóquela en un contenedor con un solvente o diluyente aprobado, y déjela remojar durante unos minutos. No sumerja toda la pistola en el solvente, dado que algunas partes (como las agarraderas) podrían ser solubles. Si existieran obstrucciones, como revestimiento seco en la punta, apague la bomba y limpie la punta con un cepillo no metálico. No se recomienda utilizar objetos metálicos para tratar de despejar obstrucciones en una pistola. El metal de la pistola suele ser aluminio o bronce, y la punta de carburo puede rayarse con facilidad y producir patrones de rociado desviados.

Las pistolas convencionales, de HVLP y sin aire pueden diagnosticarse mediante el examen de su patrón de rociado. Es preferible resolver los problemas del patrón en una muestra de rociado al momento de la configuración, sobre una superficie que no sea la del proyecto. Sin embargo, es importante observar el patrón a medida que avanza el trabajo, para evitar tener que rehacerlo innecesariamente.

7.7.1 *Resolución de problemas en sistemas de rociado convencionales y de HVLP*

Los sistemas de rociado convencionales funcionan por presión de aire, ya sea mediante el empuje de un fluido a través de una línea desde un tanque o una lata, o la extracción por sifón de fluido desde una lata. Las latas, que se emplean para áreas pequeñas, pueden ser latas de sifón debajo de la pistola o latas de alimentación por gravedad sobre la pistola. El fluido se atomiza y mezcla con aire, y se sopla básicamente sobre una superficie. El casquillo de aire tiene dos protuberancias, denominadas alas o **cuernos de descarga**, que soplan aire y material en un patrón de propagación.

Como se muestra en la *Tabla 1*, se puede emplear el patrón de rociado junto con otros síntomas para diagnosticar problemas. En la tabla también se proporcionan soluciones sugeridas para estos problemas de rociado.

Ambos tipos de pistola son prácticamente iguales en lo que respecta al cambio de las puntas o la extracción de los mecanismos de las válvulas. Las perillas para el control de fluido y rociado se sostienen mediante un tornillo en el conjunto de la

Tabla 1 Diagnóstico de sistemas de rociado convencionales y HVLP

Problema	Causa	Solución
Patrón en forma de media luna.	Un cuerno de descarga está bloqueado, probablemente por pintura seca.	Lave los puertos con diluyente y sople la pistola para limpiarla.
Patrón dividido, o cargado en los extremos y débil en el medio.	La presión del aire podría ser demasiado elevada o el patrón podría ser demasiado amplio con un revestimiento fino.	Reduzca la presión del aire o abra la válvula desuministro, disminuya el ancho de rociado.
Rociado intermitente o con salpicaduras.	La tuerca giratoria podría estar floja, el empaque de la válvula de aguja podría estar demasiado seco o podría existir suciedad en el asiento de la boquilla.	Ajuste o reemplace la tuerca giratoria, agregue unas gotas de aceite al empaque, limpie el asiento y el cuerpo de la boquilla.
Patrón cargado en un extremo y débil en el otro.	Obstrucción de la punta de la boquilla.	Limpie la punta de la boquilla.
Patrón demasiado cargado en el medio.	Demasiada presión del fluido, aire insuficiente, fluido demasiado espeso.	Ajuste la presión del aire y los fluidos, incremente el ancho del patrón de rociado. Diluya la mezcla de fluidos.
Demasiado exceso derociado.	Presión de aire demasiado alta, manejo inadecuado de la pistola(demasiado alejada, demasiado rápido).	Ajuste la presión de aire y el manejo de la pistola.
Corrimientos y marcas.	Material demasiado diluido, tasa de flujo de material demasiado alta, pasada de la pistola demasiado lenta.	Ajuste la presión de fluido o la pistola, vuelva a mezclar, corrija el manejo de la pistola.
Falta de rociado.	Pérdida de suministro de aire, punta y casquillo de aire incorrectas, presión de fluido demasiado baja, válvula de aguja demasiado ajustada, fluido demasiado pesado (alimentación por succión).	Revise los componentes, ajuste lapresión, diluya el material.
Piel de naranja.	Suciedad o aceite superficial, pistola demasiado cerca, problemas de mezcla, presión de aire baja.	Limpie la superficie, corrija el manejo de la pistola, la mezcla y/o la presión de aire.
Salpicadura de la pistola.	Ingreso de aire en la corriente de pintura.	Revise si la fuente de fluido está vacía. Ajuste la boquilla de fluido. Verifique y ajuste la tuerca de empaque de la aguja. Revise la boquilla de fluido para detectar daños.
La presión del fluido de la pistola es demasiado alta con la pistola gatillada (no se puede conseguir la tasa de flujo deseada).	Uso de un juego deaguja/boquilla con orificios demasiado pequeños	Use un juego de aguja/boquilla con orificios más grandes.
Con un ajuste de presión de fluido baja, el flujo de fluido es demasiado alto, lo que hace necesario restringir el desplazamiento de la aguja para reducir el flujo de fluido.	Uso de un juego de aguja/boquilla con orificios demasiado grandes	Use un juego de aguja/boquilla con orificios más pequeños.
El sistema de fluido no funciona a presiones suficientemente bajas (debajo de 10 psi [70 kPa, 0,7 bar]).	No hay regulador de fluido o el regulador de aire no es suficientemente sensible a baja presión.	Agregue un regulador de fluido de presión baja o un regulador de aire de presión baja más sensible.
El flujo de fluido fluctúa durante el rociado.	El filtro de fluidos está obstruido. La fuente de fluido está vacía.	Revise el filtro de fluidos. Vuelva a llenar.
El flujo de fluido disminuye al rociar fluidos de alta viscosidad.	El tamaño de la manguera de aire es demasiado limitado para el flujo de aire más alto que se usa.	Use una manguera de 5⁄16" (7,9 mm) de diámetro interno (DI) si la manguera tiene 25 pies (7,6 m) de largo. Si se requiere una manguera más larga, use una manguera de 3⁄8" (9,5 mm) de DI.

207T01.EPS

válvula o están enroscadas en el conjunto o sobre él. Todo el conjunto se puede desatornillar para extraerse. En ambos casos, para retirar la punta, se puede desatornillar el anillo y los cuernos de descarga, y luego desatornillar la boquilla de fluido desde la inserción de la cabeza.

7.7.2 Resolución de problemas en los sistemas de rociado sin aire y sin aire asistidos por aire

Además de los problemas mencionados en la sección de resolución de problemas para los sistemas convencionales, existen diagnósticos de resolución de problemas específicos para los sistemas de rociado sin aire y sin aire asistidos por aire, que se muestran en la *Tabla 2.*

La pistola sin aire tiene procedimientos de extracción y ensamblaje de punta, anillo y boquilla similares a los de las pistolas de HVLP y convencionales. Como antes, los conjuntos de control simplemente se desatornillan.

8.0.0 Revestimientos especiales

La aplicación de revestimientos especiales requiere entrenamiento y certificación especiales. Sin embargo, en este nivel es apropiado incluir una introducción a los aspectos básicos de estos sistemas. Los tres revestimientos especiales más comunes son el rociado electrostático, el de múltiples componentes y el térmico.

Tabla 2 Diagnóstico de sistemas de rociado sin aire y sin aire asistidos por aire (1 de 2)

RESOLUCION DE PROBLEMAS DE LA BOMBA

Problema	Causa	Solución
No funciona.	Válvula cerrada u obstruida.	Limpie la línea de aire; aumente el suministro de aire. Verifique que las válvulas estén abiertas.
	Manguera de fluidos o pistola obstruidas.	Limpie la manguera o la pistola.*
	Fluido seco en la varilla de desplazamiento.	Limpie la varilla; siempre detenga la bomba en la parte inferior de la pasada; mantenga la copa húmeda llena con un solvente compatible.
	Piezas del motor neumático sucias, desgastadas o dañadas.	Limpie o repare el motor neumático.
	Se disparó el error de embalamiento en Data Trak.	Ver operación de Data Trak: embalamiento.
Salida baja en ambas pasadas.	Línea de aire restringida o suministro de aire inadecuado. Válvulas cerradas u obstruidas.	Limpie la línea de aire; aumente el suministro de aire. Verifique que las válvulas estén abiertas.
	Pistola/manguera de fluidos obstruida; DI de la manguera demasiado pequeño.	Limpie la manguera o la pistola*; utilice una manguera con un DI más grande.
	Congelamiento del motor neumático.	Abra el control de descongelamiento.
Salida baja en pasada descendente.	Válvula de entrada abierta o desgastada.	Limpie o repare la válvula de entrada.
	Fluido de alta viscosidad.	Ajuste los espaciadores de entrada.
Salida baja en pasada ascendente.	Empaques o válvulas de pistón abiertas o desgastadas.	Limpie la válvula de pistón; reemplace los empaques. Vuelva a llenar el suministro y cebe la bomba.
Velocidad acelerada errática.	Suministro de fluidos agotado, succión obstruida.	Limpie el tubo de succión.
	Fluido de alta viscosidad.	Reduzca la viscosidad; ajuste los espaciadores de entrada.
	Empaques de válvulas de pistón abiertas o desgastadas.	Limpie la válvula de pistón; reemplace los empaques.
	Válvula de entrada abierta o desgastada.	Limpie o repare la válvula de entrada.
Funciona lentamente.	Posible congelamiento.	Detenga la bomba. Si está equipada con control de descongelamiento, ábralo.
Realiza ciclos o no logra sostener la presión en pérdida.	Válvulas de control o sellos desgastados.	Consulte las instrucciones del fabricante para la reparación.
Burbujas de aire en el fluido.	Línea de succión floja.	Ajústela. Use sellador de roscas líquido compatible o cinta PTFE en las conexiones.

*Para determinar si la manguera de fluidos o la pistola están obstruidas, siga los procedimientos de liberación de presión. Desconecte la manguera de fluidos y coloque un contenedor en la salida de fluidos de la bomba para recolectar el fluido. Encienda la potencia de aire lo suficiente como para poner en marcha la bomba. Si la bomba se enciende, la obstrucción está en la manguera de fluidos o la pistola.

207T02A.EPS

8.1.0 Rociado electrostático y revestimientos en polvo

Los rociadores electrostáticos suelen utilizar métodos de revestimiento con componentes en polvo, que implican lechos fluidizados o pistolas rociadoras de polvo, con superficies calentadas y hornos. Las pistolas de rociado término no electrostáticas también se usan para el revestimiento en polvo de superficies no calentadas; sin embargo, también se usan sistemas de rociado con fluido electrostático. La *Figura 30* muestra este tipo de sistema de rociado impulsado por una bomba de diafragma de motor neumático y equipado con una pistola rociadora de fluido electrostático (*Figura 31*). Este sistema es capaz de rociar imprimadores a base de agua o a base de solventes con contenido medio a alto de sólidos, y revestimientos de múltiples componentes premezclados o con un único componente que están diseñados para ser aplicados por rociado electrostático. La pistola específica que se muestra para este sistema se autoalimenta con una turbina interna neumática y suministro de energía de corriente directa, que proporciona una carga electrostática de alto o bajo voltaje. A medida que el fluido de revestimiento sale del orificio de la boquilla, recibe una carga electrostática positiva a través del electrodo del centro del orificio. Las presiones operativas de aire y fluido para esta pistola son similares a las de las pistolas rociadoras de aire convencionales. Otros tipos de pistolas rociadoras de fluido elec-

Tabla 2 Diagnóstico de sistemas de rociado sin aire y sin aire asistidos por aire (2 de 2)

RESOLUCIÓN DE PROBLEMAS DE LA PISTOLA

Problema	Causa	Solución
Fuga de fluidos desde la parte trasera de la aguja de fluidos.	Empaques o cuerpo de la aguja desgastados.	Reemplace los empaques de agujas externos o todo el cartucho de la aguja de fluidos.
Fuga de aire desde la parte delantera de la pistola.	La válvula de aire no se asienta de manera adecuada.	Limpie/repare la válvula de aire.
Fuga de fluidos desde la parte delantera de la pistola.	Aguja de fluidos desgastada o dañada.	Reemplace el cartucho de la aguja de fluidos.
	Carcasa de asiento de difusor desgastada.	Reemplace el asiento del difusor y la junta. La junta debe reemplazarse siempre que se retire el asiento del difusor.
Fluido en conductos de aire.	Fuga en el sello de la punta de fluidos.	Ajuste o reemplace la punta de fluidos.
	Fugas alrededor de la carcasa del asiento del difusor.	Reemplace la junta del asiento del difusor. La junta debe reemplazarse siempre que se retire el asiento del difusor.
	Fuga en el accesorio de entrada de fluidos.	Reemplace la junta del accesorio de fluidos. La junta debe reemplazarse siempre que se retire el accesorio de fluidos.

RESOLUCIÓN DE PROBLEMAS DEL PATRÓN DE ROCIADO

Problema	Causa	Solución
Rociado fluctuante o con salpicaduras.	Suministro de fluido insuficiente.	Ajuste el regulador de fluidos o llene el tanque de suministro de fluidos.
	Aire en la línea de suministro de pintura.	Revise, ajuste las conexiones de manguera de sifón, purgueel aire de la línea de pintura.
Terminación deficiente o patrón de rociado irregular.	Presión de fluido incorrecta en la pistola.	Lea las recomendaciones del fabricante del fluido.
	El fluido está demasiado diluido o demasiado espeso.	Ajuste la viscosidad del fluido; lea las recomendaciones del fabricante del fluido.
	Pistola rociadora sucia, desgastada o dañada.	Repare la pistola rociadora.
Patrón corrido hacia un lado; el mismo lado del aire se ensucia.	Orificios del cuerno de descarga de aire obstruidos de manera parcial o total.	Limpie los orificios del cuerno de descarga de la pistola con solvente y una brocha suave.

207T02B.EPS

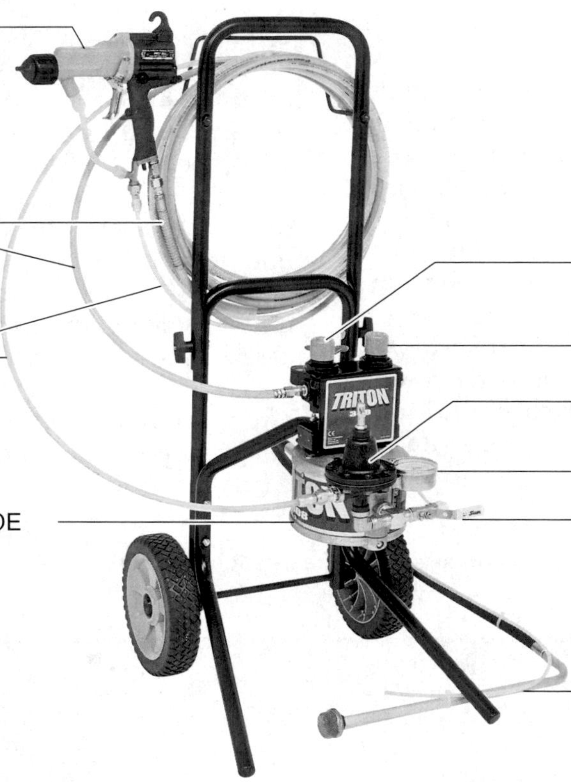

Figura 30 Sistema de rociado sin aire con pistola electrostática.

trostático operan a presiones de fluido y aire similares a las de las pistolas de HVLP y sin aire asistidas por aire. También se emplean pistolas con suministros de energía remotos.

En cualquier sistema de rociado electrostático, las superficies que se rocían deben ser de un material conductor adecuado, como el metal. Por lo general, se aplica sólo una capa de revestimiento debido a las características aislantes de la mayoría de los materiales de revestimiento. Las partículas de rociado se cargan eléctricamente y el objeto que se rocía recibe la carga opuesta. Las partículas son atraídas luego al objeto, de igual manera que las virutas de metal se ven atraídas a un imán. Debido a la carga, existen riesgos de formación de arcos eléctricos si alguna parte de la operación puede cerrar un circuito que no ha sido puesto a tierra de manera adecuada. Se deben tomar varias precauciones en torno a este equipo, entre las que se incluyen:

- El operario, el piso de la cabina y todos los metales y posibles materiales conductores que se encuentren en el área deben ponerse a tierra.
- Los operarios deben mantener contacto físico con la manija del rociador y tener conexión a tierra. Por lo general, el operario usa correas de conexión a tierra para piernas y no se permite usar zapatos con suela de goma aislantes.
- Los operarios no deben tener objetos metálicos sin conexión a tierra en sus cuerpos.

El riesgo de incendio es alto en esta especialidad en particular, por lo que existen diversas precauciones relacionadas con este peligro:

- Debe haber extintores de incendios en el área de rociado, la que debe mantenerse limpia.
- El equipo debe dejar de recibir voltaje antes de que se lo repare o le realicen mantenimiento.
- El solvente que se emplee para el enjuague debe tener puntos de inflamación tan o más altos que los del revestimiento en sí mismo.
- También corresponde tomar precauciones especiales en el caso de revestimientos a base de agua, por los riesgos adicionales implícitos. El agua suele ser un buen conductor, por lo que existen algunos riesgos en las salpicaduras relacionadas con su uso.

8.1.1 Revestimiento con pistola rociadora electrostática

Con una pistola rociadora electroestática, el fluido o el polvo se atomiza y se lo envía a una boquilla o campana que lo rocía y le da una carga positiva al mismo tiempo. La superficie objetivo se conecta a tierra y la carga hace que el material de revesti-

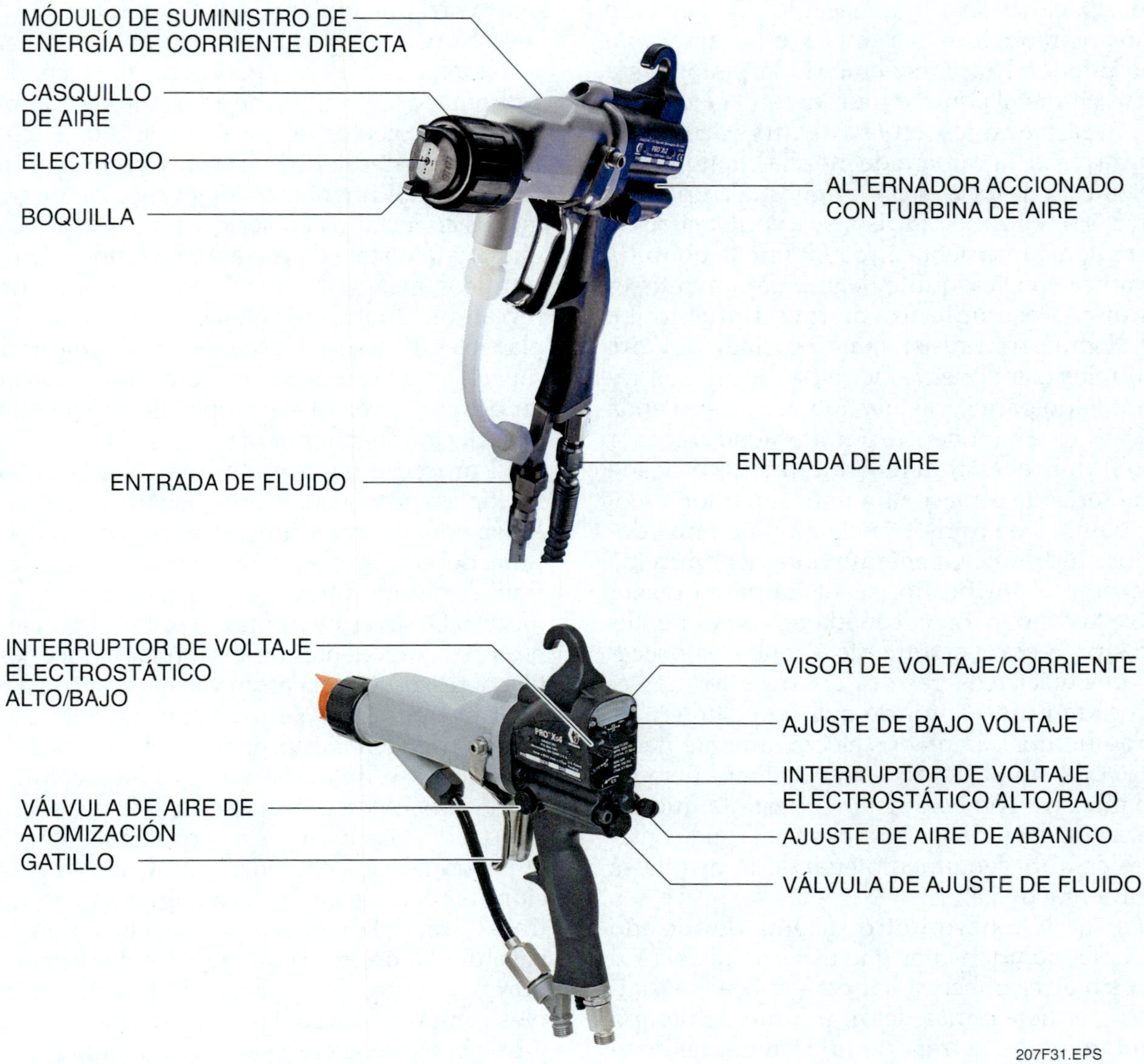

Figura 31 Pistolas rociadoras de fluido electrostático.

miento la cubra. Las partículas no se unen entre sí porque tienen carga similar.

Con muchos revestimientos, en especial los revestimientos en polvo, la pieza objetivo se calienta después, para fusionar el revestimiento. El resultado es un revestimiento bastante duro.

8.1.2 Revestimiento con lecho fluidizado

El otro procedimiento que se emplea habitualmente para formar revestimientos a partir de polvo es el lecho fluidizado, en el cual un objeto calentado se sumerge en una cuba de polvo convertido en fluido. Esto produce una revestimiento único relativamente espeso, y si la masa del objeto no retiene suficiente calor para curar completamente el revestimiento, puede retirarse y colocarse en un horno por tres o cuatro minutos.

En el lecho fluidizado, el polvo se encuentra sobre el suministro de aire en una membrana de separación. La membrana permite que el aire sople el polvo hasta un estado que se asemeja a un fluido. Esto permite que el polvo recubra por completo el objeto calentado. Esta tecnología es bastante cara en lo que respecta al equipo.

8.2.0 Sistemas de rociado de múltiples componentes

Los sistemas de rociado de múltiples componentes mezclan los componentes en la pistola, el rociador o en un colector remoto. Si los componentes se mezclan en la pistola, ésta tiene varios accesorios de entrada de fluido. Estos tipos de pistola sin aire se emplean para rociar revestimientos con tiempos de aplicación muy cortos. Hay pistolas con capacidad de purga mecánica, de aire o de solvente, de modo que la punta y/o la cámara de mezcla pueden limpiarse cuando la pistola está inactiva. La pistola que se muestra en la *Figura 32* es de purga mecánica, en la que una varilla que pasa a través de la cámara de mezcla cuando se libera el gatillo despeja la cámara hasta la boquilla de cerámica. Durante su uso, se expulsa aire de limpieza constantemente alrededor de la boquilla de cerámica en el casquillo de aire para mantener al mínimo la acumulación de revestimiento. La *Figura 33* muestra un sistema de rociado sin aire de múltiples componentes y de configuración rápida utilizado para la pistola que se muestra en la *Figura 32*. Los componentes líquidos (endurecedor y resina) del revestimiento se alimentan desde contenedores de almacenamiento separados mediante bombas de transferencia a una bomba dosificadora hidráulica, generalmente denominada dosificador. El dosificador se ajusta para que suministre la proporción adecuada de componentes líquidos para el revestimiento. Tiene dos precalentadores eléctricos para calentar en forma separada cada fluido antes de que ingresen en las líneas de fluidos calentados eléctricamente hacia la pistola. El conjunto de recirculación opcional que se muestra con este sistema permite que los fluidos se desvíen de las bombas hacia sus contenedores de almacenamiento cuando la pistola se encuentra inactiva.

La *Figura 34* muestra otro sistema de rociado de múltiples componentes que usa una pistola rociadora sin aire convencional para aplicar revestimientos que tienen más de un minuto de tiempo de asentamiento. Se trata de un sistema de dosificación mecánica con un motor neumático único que opera ambas bombas de fluidos. Los fluidos de revestimiento, calentados mediante calentadores de banda en sus contenedores de almacenamiento, se bombean a través de mangueras calentadas hasta un colector de mezcla remoto. El colector permite ajustar la dosificación y cortar el fluido, y se muestra alimentando dos tubos de mezcla estáticos conectados en serie, un protector de manguera y la pistola de rociado. Los tubos de mezcla estáticos mezclan a fondo los componentes del revestimiento y tienen elementos de mezcla reemplazables. Este sistema se muestra configurado con capacidad de enjuague con solventes para el colector de mezcla remota, los tubos de mezcla estáticos, el protector de manguera y la pistola.

El procedimiento preliminar con la pistola de múltiples componentes es enjuagarlo con el solvente apropiado. El procedimiento es específico del fabricante del equipo, pero básicamente se trata de hacer fluir el solvente a través de la pistola y la cámara de mezcla. Después de purgar la pistola, conecte las líneas de componentes desde el mezclador o los contenedores, pruebe el patrón y luego empiece a rociar.

Si la operación se interrumpe por la noche o el fin de semana, prepare la pistola y el rociador como se describe en las instrucciones del fabricante. En caso de que esta instrucción corresponda, deje las mangueras conectadas y no libere la presión de los contenedores. Cuando la operación de rociado finalice, enjuague la pistola y las líneas, vacíe la cámara de mezcla y llénela con vaselina. El objetivo es evitar que la mezcla se endurezca dentro de la pistola. El trabajo con múltiples componentes suele implicar el uso de epoxis, y una vez que el epoxi se asienta en la pistola, se hace casi imposible limpiarla.

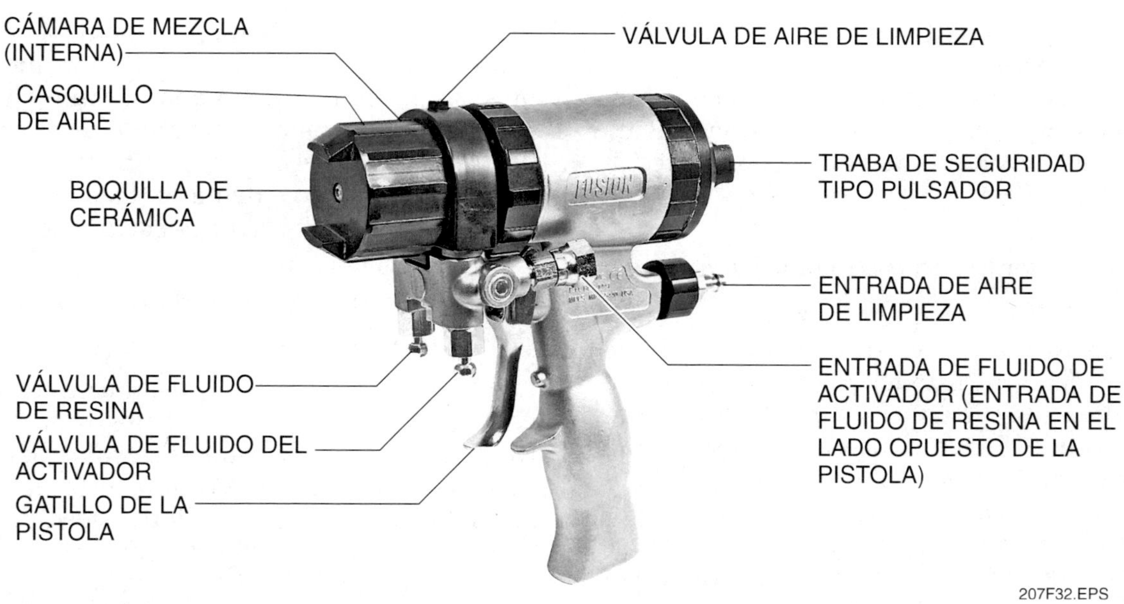

Figura 32 Pistola rociadora sin aire con múltiples componentes de mezclado interno de purga mecánica.

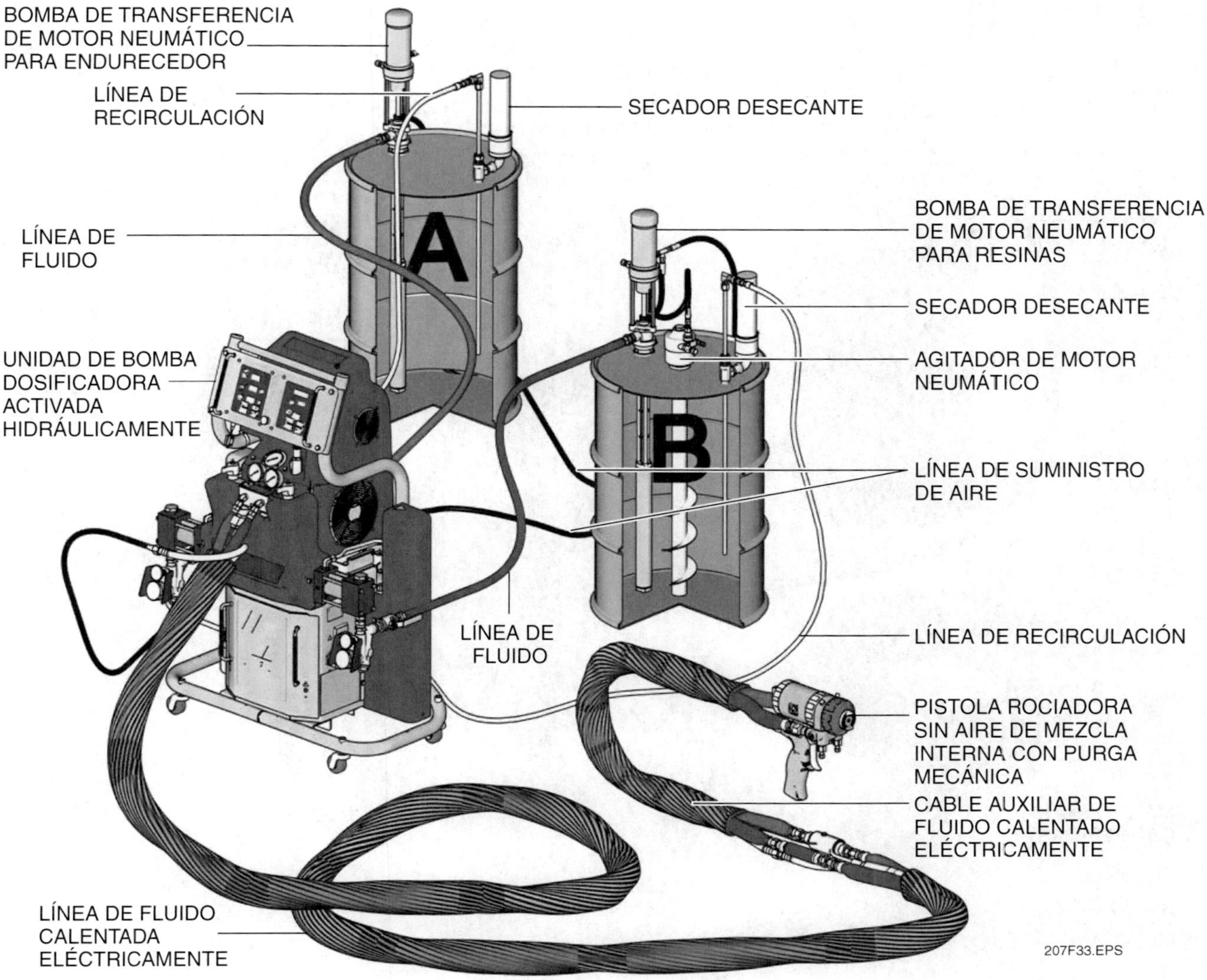

Figura 33 Sistema de rociado sin aire de componentes múltiples de asentamiento rápido.

El procedimiento de ajuste es bastante parecido al de una pistola sin aire, pero las bombas pueden presentar problemas si una funciona bien y la otra no. También es posible que las proporciones varíen si un componente es más viscoso que el otro. Lea y siga de cerca las instrucciones del fabricante para el equipo y los componentes.

La purga del solvente es a menudo una fuente de compuestos orgánicos volátiles. Asegúrese de utilizar el solvente recomendado por el fabricante para el material que se rocíe. Consulte la MSDS del material y el solvente, y use el EPP y los procedimientos apropiados. Los efectos negativos de la exposición a compuestos orgánicos volátiles pueden ser acumulables, y producirse con el paso de los años.

8.3.0 Rociado térmico

El revestimiento con rociado térmico consiste en el uso de una pistola de muy alta temperatura para rociar material fundido sobre el objetivo. Podría usarse para aplicar un revestimiento metálico sobre metales y distintos tipos de cerámica. Hay tres tipos básicos de pistolas de rociado térmico: de **plasma**, de llama de combustión y de arco eléctrico de dos cables. La carga de alimentación pueden ser polvo, alambre o una varilla. La pistola de plasma es la pistola de rociado térmico más versátil y caliente.

¡ADVERTENCIA!

Las temperaturas de una pistola de muy alta temperatura son lo suficientemente altas como para fundir metales y polvos de cerámica, o combinaciones de ambos. Se requiere entrenamiento y certificación especiales para usar una pistola de muy alta temperatura.

9.0.0 Equipos auxiliares

Las condiciones ambientales, como la humedad y la temperatura, repercuten considerablemente en las operaciones de aplicación de revestimientos.

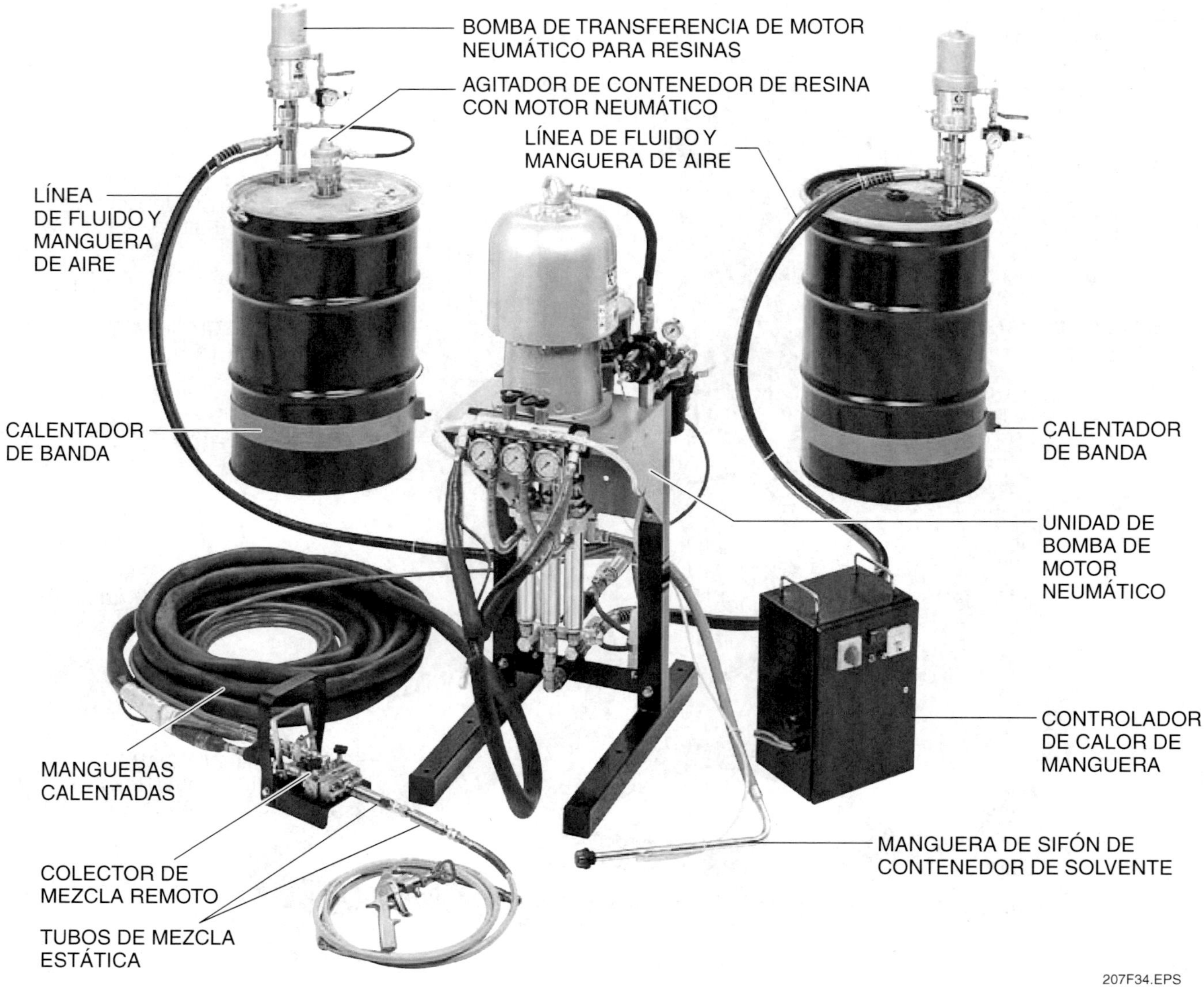

Figura 34 Sistema de rociado sin aire de componentes múltiples de asentamiento rápido.

En ciertas ocasiones, deben usarse equipos auxiliares dentro de una estructura o contención para modificar las condiciones ambientales y la temperatura de la superficie del sustrato a fin de brindar condiciones más deseables para aplicar revestimientos industriales. La temperatura de la superficie del sustrato, la temperatura del aire ambiente y la humedad relativa afectan el proceso de revestimiento y el tiempo de curado. La temperatura del aire y la de la superficie del sustrato suelen ser bastante distintas. Para los revestimientos a base de solvente, la tasa de evaporación del solvente y el tiempo de curado pueden verse afectados en gran medida por las condiciones ambientales. Cuando las temperaturas son demasiado bajas, los revestimientos podrían no curar adecuadamente. Cuando las temperaturas superficiales son demasiado altas, los revestimientos podrían no humedecer adecuadamente la superficie y provocar problemas en la formación de la película. Cuando la humedad relativa es demasiado alta, los solventes pueden tardar más en evaporarse y podría verse afectado el tiempo de reaplicación de revestimiento, y provocar que el solvente quede atrapado, se formen globos de aire, se produzca delaminación y la adherencia sea baja. Muchos revestimientos a base de agua deben aplicarse cuando el aire ambiente tiene una humedad relativa superior a un valor mínimo especificado, para que el curado sea apropiado.

La PDS generalmente brinda un rango de temperaturas de superficie del sustrato, temperaturas de aire ambiente y humedad relativa aceptables para la aplicación del revestimiento. Si no se llega a estos valores, se deben emplear equipos auxiliares para mejorar las condiciones. Entre estos equipos se encuentran las unidades de climatización, los humidificadores y los deshumidificadores.

9.1.0 Humedad y superficies/sustratos ferrosos

En muchas situaciones del ámbito industrial, la práctica estándar para las superficies y los sustratos ferrosos, si las condiciones climáticas lo permiten, es preparar y revestir únicamente la cantidad de superficie que puede recubrirse en un día. Los equipos de trabajo del contratista limpian y preparan un área, que luego puede pintarse antes de que se produzca corrosión (oxidación instantánea o eflorescencia), provocada por la humedad alta o la condensación de vapor de agua en la superficie. En los días en los que las condiciones climáticas les permiten trabajar, esto requiere que los contratistas alternen entre operaciones de preparación de superficies y operaciones de aplicación de revestimientos cada día, con la limpieza que cada operación implica. Dado que la preparación de superficies industriales en su mayoría implica algún tipo de limpieza abrasiva, este ciclo diario se denomina generalmente **ciclo de limpieza abrasiva y revestimiento**. El objetivo de este ciclo es aplicar el revestimiento sobre la superficie del sustrato antes de que la eflorescencia de oxidación (oxidación instantánea) se haga visible. La pérdida del brillo de la superficie y la aparición de oxidación instantánea están implícitas en las expresiones: "la limpieza se arruinó" o "la limpieza se perdió". Aunque algunos revestimientos pueden aplicarse sobre superficies con eflorescencia de oxidación, la mayoría de los revestimientos, incluso los revestimientos metálicos rociados térmicamente, no toleran la oxidación instantánea.

9.1.1 Control de humedad para superficies/sustratos ferrosos

Para eliminar la oxidación instantánea, se deben aplicar inhibidores de óxido a la superficie ferrosa o se debe controlar la humedad en la superficie para que la superficie limpiada a presión permanezca limpia. Esto a veces se denomina "proteger la limpieza". Los inhibidores de óxido sólo pueden demorar la oxidación instantánea por un tiempo limitado. Muchos revestimientos no son compatibles con los inhibidores de óxido, incluidos los revestimientos metálicos rociados térmicamente. La limpieza puede mantenerse por períodos relativamente largos, mediante el control de la humedad del aire en contacto con la superficie ferrosa. Esto puede lograrse dentro de áreas cerradas por medio de la deshumidificación o el acondicionamiento del aire de entrada para la preparación de superficies y la aplicación de revestimientos, y para la seguridad y la comodidad del trabajador. El mismo enfoque puede utilizarse para proyectos al aire libre, pero requieren el uso de algún tipo de contención sellada para aislar toda la superficie ferrosa, o segmentos graduales de ella, del contacto directo con los elementos climáticos. En períodos prolongados, el control de la humedad permite finalizar toda la preparación de la superficie y la limpieza en primer lugar. Luego se puede aplicar revestimiento en forma continua y de esta forma se elimina el ciclo diario de limpieza abrasiva y revestimiento. Algunos de los beneficios de la deshumidificación del área de trabajo para las superficies ferrosas son los siguientes:

- El proyecto puede realizarse las 24 horas del día, si así se lo desea. Los equipos pueden trabajar a tasas de producción óptimas en prácticamente cualquier momento, independientemente de la mayoría de las condiciones climáticas.
- Los contratistas pueden predecir con exactitud cuándo finalizará el proyecto y por lo general no estarán a merced de las condiciones climáticas.
- El control de la temperatura y la humedad del ambiente puede extender la temporada de trabajo muchos meses en algunas zonas geográficas. El trabajo puede comenzar a principios de la primavera y finalizar a fines de otoño, incluso cuando las condiciones climáticas fluctúen a diario.
- Se eliminan los problemas de superposición entre una superficie revestida y la siguiente, que pueden ocurrir con el ciclo de limpieza abrasiva y revestimiento.
- Se eliminan la contaminación por polvo y granos de las superficies recientemente revestidas, lo que es una consecuencia común del ciclo de limpieza abrasiva y revestimiento diario.
- Si se aplica más de una capa, entonces todas las capas pueden completarse en condiciones ideales. El plazo típico de dos días entre el imprimador y la capa final puede lograrse en condiciones óptimas.

9.1.2 Determinación y selección de equipos de deshumidificación para superficies/ sustratos ferrosos

La solución de deshumidificación para los problemas de corrosión de materiales ferrosos provocados por la humedad es reducir el contenido de humedad del aire a un nivel seguro, por lo general 50 % de humedad relativa o menos, sobre la base de la temperatura de la superficie de acero, no la temperatura del aire que fluye a través del área de trabajo. Para determinar la reducción deseada, se puede medir en primer lugar la temperatura de la superficie de acero con un termómetro simple y luego la temperatura de bulbo seco y de bulbo húmedo del aire ambiente con un psicrómetro de eslinga para determinar la humedad del aire ambiente. La humedad también puede medirse directamente con un medidor de humedad o de punto de rocío. Luego, puede usarse un gráfico psicrométrico junto con estas mediciones para determinar el punto de rocío y la humedad relativa resultante del aire con relación a la temperatura de la superficie de acero.

Sea cual sea la humedad, es casi siempre posible enfriar el aire lo suficiente como para lograr la saturación y luego la condensación. Se utilizan deshumidificadores de refrigeración mecánica, deshumidificadores desecantes de tipo absorción o una combinación de ambos para reducir la humedad del aire para contenciones o áreas cerradas.

El proceso de refrigeración mecánica se produce en un bucle presurizado cerrado en el que se hace circular un refrigerante a través de un compresor, un condensador, un receptor, una válvula de expansión y un evaporador. En este sistema, el gas refrigerante se comprime y alimenta a través de un condensador enfriado con agua o aire. El calor se retira del gas en el condensador y esto hace que el gas se condense y pase a estado líquido. El refrigerante líquido pasa por un tanque receptor y se libera a través de un orificio de la válvula de expansión hacia el lado de baja presión de la válvula, donde el líquido se evapora (expande) a estado gaseoso durante su paso por el evaporador. La evaporación del refrigerante líquido baja la temperatura del refrigerante y el evaporador justo por encima del punto de congelación, lo que hace que se extraiga calor del aire que pasa por el evaporador. Esto enfría considerablemente el aire y hace que la humedad del aire se condense sobre las aletas del evaporador. La humedad, en forma de agua, se drena de las aletas a un recipiente colector y luego a un puerto de drenaje exterior.

Los deshumidificadores desecantes de tipo absorción funcionan según un principio completamente distinto. Se carga un desecante absorbente de agua en una rueda de tipo panal que gira a entre 8 y 10 revoluciones por hora. La rueda gira continuamente entre un sector de deshumidificación y un sector de regeneración.

En el sector de deshumidificación, se extrae humedad del aire entrante y el desecante la absorbe. El sector de regeneración usa calentadores eléctricos o alimentados con combustible y un flujo reverso, forzado con ventilador, de aire caliente para secar el desecante mientras gira por el sector de regeneración. En algunas unidades, los calentadores también pueden calentar el aire seco que sale de la unidad para aumentar la temperatura del aire ambiente en el entorno de trabajo.

La selección del tipo correcto de deshumidificador para un trabajo está determinada en gran parte por el desempeño a baja temperatura de la máquina. Está muy extendido el uso de deshumidificadores de refrigeración, pero se desempeñan con mucha menos eficiencia a medida que los niveles de humedad y temperatura disminuyen durante el otoño, el invierno y la primavera. En algunos casos, las bobinas del evaporador se congelan a medida que el agua se condensa sobre ellas, lo que elimina su efectividad. Para el funcionamiento en clima frío, estas unidades generalmente requieren unidades precalentadoras para llevar el aire entrante hasta una temperatura muy por encima del punto de congelación y calentadores posteriores para elevar el aire enfriado por el evaporador a un nivel aceptable dentro del área de trabajo.

Los deshumidificadores desecantes de tipo absorción tienen prácticamente el mismo desempeño durante el invierno y el verano porque la afinidad del desecante por la humedad no se ve muy afectada por la temperatura. En estas unidades, la humedad se extrae en estado de vapor, por lo que no hay agua que pueda congelarse. Para las operaciones en otoño, invierno y primavera, los deshumidificadores desecantes de tipo absorción son las unidades que se usan con más frecuencia junto con calentadores externos adicionales, si fuese necesario, para acondicionar el aire suministrado al área de trabajo.

En verano, los deshumidificares de refrigeración son los que se usan con más frecuencia porque enfrían y deshumidifican el aire suministrado al área de trabajo. En situaciones de humedad extrema o en otoño y primavera, las unidades refrigerantes pueden complementarse con deshumidificadores desecantes de tipo absorción y calentadores externos. Los requisitos de potencia para múltiples unidades refrigerantes grandes pueden exigir equipos de generación eléctrica considerable en el sitio.

9.2.0 Equipos de acondicionamiento y deshumidificación ambiental

Por lo general se usan los siguientes tipos y tamaños de equipos para deshumidificar y acondicionar áreas cerradas y contenciones. La selección y la determinación de las dimensiones del equipo para un proyecto en particular en una ubicación geográfica específica es un proceso complicado y requiere los servicios de un experto en el campo de acondicionamiento del espacio de trabajo temporal.

9.2.1 Deshumidificadores desecantes

Estas unidades aptas para toda temperatura *(Figura 35)* están disponibles como unidades eléctricas o alimentadas a combustible (460 VCA, suministro eléctrico trifásico). Pueden conectarse en paralelo para proporcionar deshumidificación para proyectos de cualquier dimensión. Estas unidades generalmente tienen capacidades de entre 600 y 9.000 CFM (entre 17 y 255 m^3/min) cada una.

9.2.2 Deshumidificadores refrigerantes

Estas unidades para climas cálidos proporcionan deshumidificación al igual que enfriamiento del área de trabajo. Están disponibles como unidades de 460 VCA y su capacidad de enfriamiento varía de 3 a 20 toneladas (2,7 a 18 toneladas métricas) cada una. Algunas unidades se pueden apilar para obtener la deshumidificación y/o el enfriamiento total requeridos.

9.2.3 Enfriadores y bobinas de enfriamiento

Estas unidades están disponibles para usar individualmente o junto con equipos desecantes. Pueden conectarse en paralelo para proyectos de cualquier dimensión. Su uso con equipos desecantes permite reducir más la humedad y la temperatura dentro del área de trabajo. Los enfriadores tienen capacidades de enfriamiento de entre 20 y 45 toneladas (entre 70 y 158 KW). Las bobinas de enfriamiento generalmente tienen capacidades de entre 1.125 y 9.000 CFM (entre 32 y 255 m^3/min).

9.2.4 Calentadores de agua caliente/vapor de combustión directa e indirecta

Existen calentadores portátiles de agua caliente/vapor de alto volumen, de combustión directa e indirecta para proporcionar calor al entorno de trabajo. Las capacidades varían de 150.000 Btu a casi 7 millones (M) Btu (158 a 7.385 millones de julios [MJ]), según el tipo de unidad y el combustible. La *Figura 36* muestra una unidad de combustión directa a gas natural o propano disponible en tamaños de hasta 4,5 MBtu (4.748 MJ). Esta unidad proporciona 100 % de aire de relleno para el espacio de trabajo. El aire de relleno se extrae desde el aire exterior y se libera dentro de un edificio o contención. Una desventaja de las unidades de combustión directa es que introducen productos de la combustión en el aire que se suministra, lo que puede provocar problemas para los revestimientos. También puede haber problemas para el personal si el volumen de aire de intercambio es demasiado bajo. La *Figura 37* muestra un calentador de combustión indirecta de aceite o propano disponible en tamaños de hasta 1 MBtu (1.055 MJ). Puede proporcionar cualquier combinación de aire de relleno al igual que aire interior recirculado porque los productos de la combustión no se mezclan con el aire caliente y se evacúan al exterior. Para proyectos muy grandes, pueden usarse calentadores de vapor o agua caliente y manejadores de aire. La *Figura 38* muestra una caldera de vapor a aceite o gas natural con 6,9 MBtu (7.280 MJ) de salida. Esta unidad puede suministrar

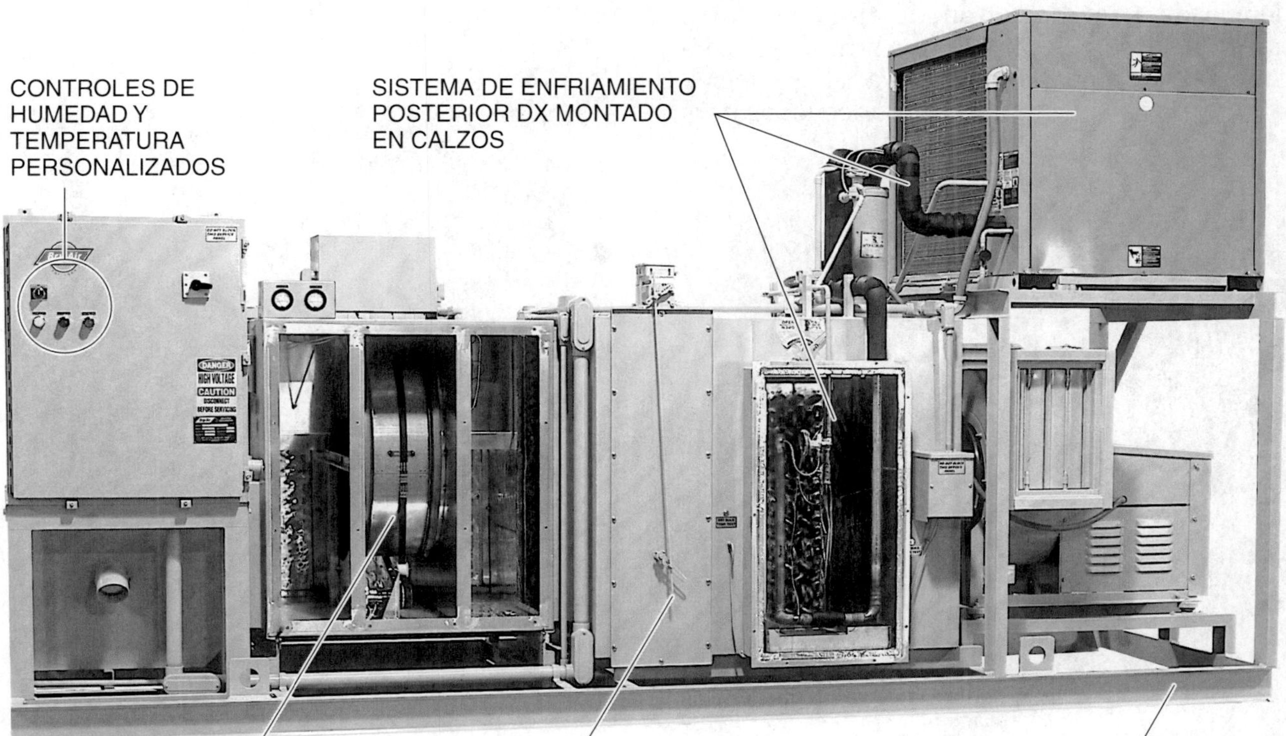

Figura 35 Deshumidificador desecante.

207F36.EPS

Figura 36 Calentador de combustión directa de propano o gas natural.

6.902 lb (3.131 kg) por hora de vapor, a hasta 212 °F (100 °C) y presiones de hasta 135 psi (0,9 MPa) a través de líneas aisladas a uno o más manejadores de aire. Los manejadores de aire contienen intercambiadores de calor y sopladores. El más grande puede calentar hasta 30.000 CFM (850 m³/min) de aire. Si la toma de aire se ubica en el exterior, los manejadores de aire pueden proporcionar cualquier combinación de aire de relleno y aire recirculado deseada.

Todas estas unidades calientan aire para proporcionar confort, pero provocan mucha turbulencia de aire, lo que puede agitar el polvo durante las operaciones de revestimiento. Asimismo, tal vez nunca puedan llevar a las superficies u objetos a las temperaturas adecuadas para las aplicaciones de revestimiento sin hacer que la temperatura del aire circundante sea incómoda. Se requiere que los calentadores cuenten con monitorización y alarmas de monóxido de carbono.

9.2.5 Calentadores eléctricos

Hay calentadores eléctricos, fáciles de operar y sin llamas, compatibles con deshumidificadores desecantes (*Figura 39*), con potencias de 15 a 150 kW (51.000 a 512.000 Btus). Estas unidades, al igual que los calentadores de combustión, calientan aire para proporcionar confort, pero pueden provocar turbulencia de aire.

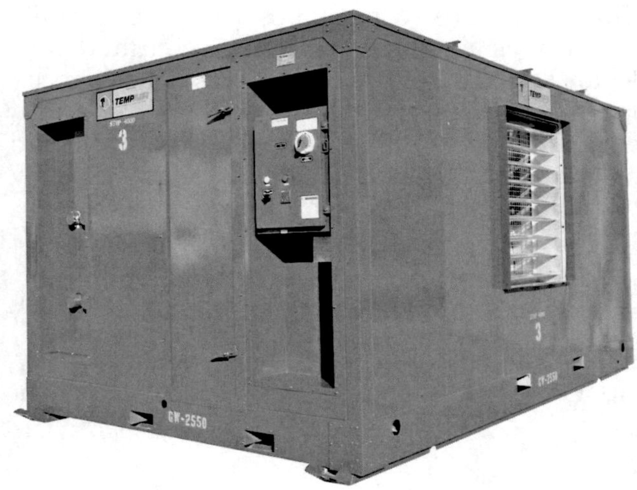

207F37.EPS

Figura 37 Calentador de combustión indirecta de aceite o propano.

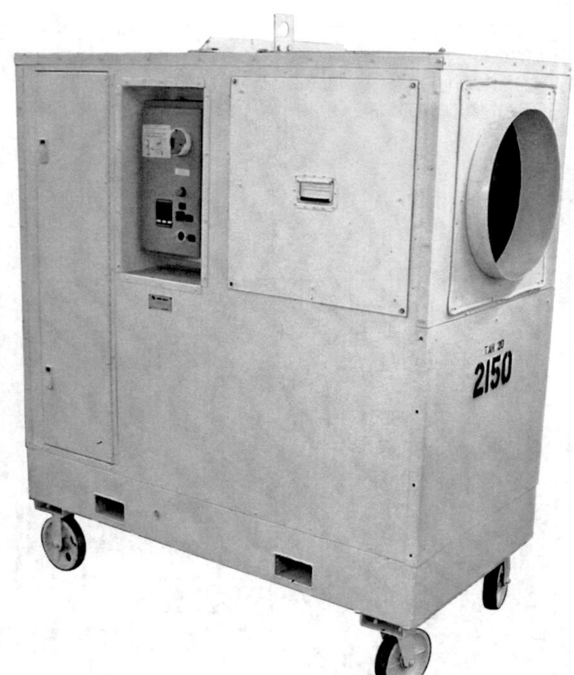

207F38.EPS

Figura 38 Caldera de vapor con combustión de gas natural o aceite.

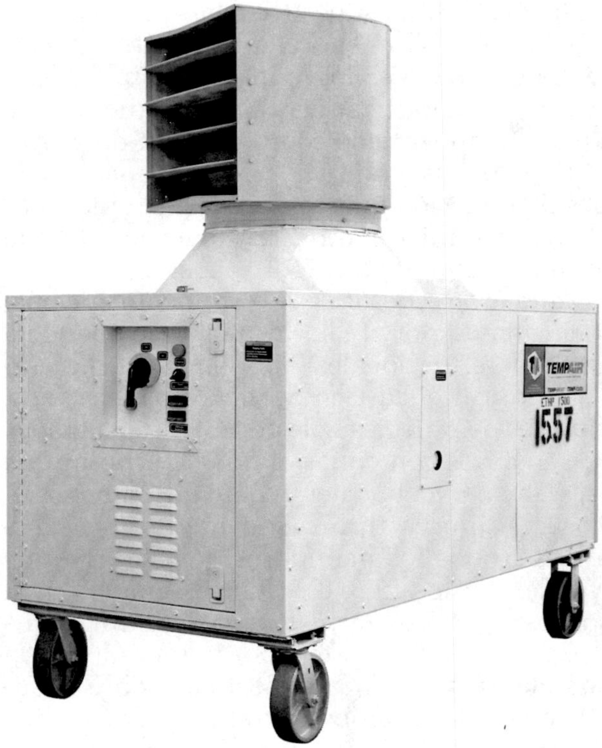

207F39.EPS

Figura 39 Calentador eléctrico.

¡ADVERTENCIA!

A menos que se usen calentadores eléctricos para suministrar aire de relleno del 100 %, pueden encenderse vapores inflamables por el calor de los elementos de resistencia eléctrica. Si se utilizan calentadores eléctricos, se debe usar un interruptor de circuito con falla a la tierra (GFCI).

9.2.6 Calentadores infrarrojos

Los calentadores infrarrojos de alta intensidad emiten calor radiante como energía electromagnética en las longitudes de onda infrarroja cercana (brillante), media y lejana (oscura). La longitud de onda infrarroja cercana se denomina brillante porque se la visualiza como una luz rojiza con resplandor. La longitud de onda infrarroja media puede visualizarse como un rojo oscuro, apagado y tenue, y la longitud de onda infrarroja lejana (oscura) generalmente no es visible. Ninguna radiación calienta directamente el aire ni provoca turbulencia. La radiación es absorbida por los objetos y las superficies, lo que provoca que se calienten. Las superficies y los objetos calentados luego calientan el aire por convección. La longitud de onda infrarroja cercana se absorbe en mayor medida por las superficies de acero o sílice y es efectiva para llevar el acero estructural o el concreto a las temperaturas requeridas para las operaciones de revestimiento. Las longitudes de onda infrarroja medias y lejanas son buenas para las aplicaciones de secado, en especial para revestimientos a base de agua.

A los efectos de la aplicación fija de revestimientos industriales, suelen usarse bancos fijos de tubos eléctricos o de gas con venteo. Para las operaciones de construcción en campo, suelen usarse unidades portátiles eléctricas o a gas sin venteo en bancos para obtener el nivel deseado de calentamiento.

¡ADVERTENCIA!

Estos calentadores no pueden ser puestos a funcionar en áreas donde haya o vaya a haber vapores inflamables. Asimismo, los de alimentación a gas sin ventilación se deben usar solamente en áreas con ventilación adecuada. La exposición prolongada a estos calentadores puede provocar quemaduras.

10.0.0 Control y evaluación de la calidad del revestimiento

El objetivo de la inspección de control de calidad es garantizar que se obtenga una aplicación de revestimiento de calidad, como lo requiere la especificación del revestimiento. El contratista es responsable de todas las funciones de control de calidad, sobre la base de la especificación del revestimiento. El control de calidad adecuado es la clave para el desempeño correcto del revestimiento y debe ser el medio para cumplir con la especificación.

Debido a que muchas operaciones de revestimiento críticas son muy costosas y requieren de mucha mano de obra, el control de calidad es extremadamente importante. Este es el motivo por el cual la inspección juega un papel tan importante en los programas de revestimiento. La calidad de un revestimiento aplicado depende de dos puntos muy importantes:

- La especificación del revestimiento.
- La inspección adecuada durante la preparación de la superficie. La observación adecuada de la mezcla del revestimiento, el tiempo de inducción, el tiempo de aplicación, el tiempo de aplicación de las capas adicionales de revestimiento y las condiciones ambientales para la aplicación y el curado también son factores importantes.

10.1.0 Medidores, instrumentos y pruebas de inspección

Se emplea una gran cantidad de medidores destructivos y no destructivos, instrumentos y pruebas para inspeccionar el revestimiento. Algunos de ellos se describen en las secciones siguientes.

10.1.1 Medidor de espesor de película húmeda

Como el aplicador debe conocer el espesor del revestimiento que se aplica, los aplicadores y los inspectores utilizan medidores de WFT, ya sea metálicos o de plástico. Estos medidores se calibran habitualmente de un lado en milésimas de pulgada y en el otro lado en micrómetros (µm). La *Figura 40* muestra cómo se utiliza un medidor de WFT, calibrado en micrómetros, para revisar el WFT de un revestimiento. Las hendiduras en el revestimiento húmedo dejadas por el medidor deben por último eliminarse y volver a revestirse.

> **NOTA** Un medidor de WFT no puede usarse con éxito en revestimientos de secado extremadamente rápido o con mucho pigmento.

10.1.2 Medidor de DFT

Además de los medidores de DFT destructivos, hay medidores de DFT no destructivos para verificar el espesor del revestimiento seco/curado sobre superficies metálicas. Como se define en la *Especificación de aplicación de pintura n.º 2 (PA-2) de SSPC*, se usan dos tipos de medidores. Los medidores tipo 1, efectivos únicamente para sustratos metálicos ferrosos, son medidores desprendibles en los que un imán permanente entra en contacto con la superficie del revestimiento. La fuerza necesaria para desprender el imán directamente de la superficie es medida e interpretada por el medidor como el valor de DFT en una escala o un visor que, en la mayoría de los casos, están calibrados en milésimas de pulgada y micrómetros. La fuerza de desprendimiento es inversamente proporcional al espesor del revestimiento. Los revestimientos delgados requieren más fuerza y los revestimientos gruesos, menos. Dado que la temperatura del revestimiento y del sustrato afecta la fuerza de desprendimiento, se deben utilizar cuadros o medidores de compensación específicos para rangos de temperatura alta, baja o normal. La *Figura 41* muestra un ejemplo de una versión de lápiz de bolsillo de un medidor desprendible tipo 1 con escala en milésimas de pulgada de un lado y en micrómetros del otro. Tiene una precisión de ±10 % más 0,1 milésimas de pulgada o 2,5 µm y se usa principalmente para verificaciones puntuales o en áreas angostas. Este fabricante en especial brinda compensación de gravedad en el lápiz, para que pueda usarse en cualquier posición. Asimismo, tiene medidores para rangos de temperatura normales y para temperaturas extremas entre –150 °F (–100 °C) y 450 °F (230 °C).

La *Figura 41* también muestra un medidor desprendible de imán tipo 1 más preciso que, cuando se utiliza sobre una superficie plana, no requiere que se levante físicamente el medidor de la superficie. La elevación se logra mediante una rueda selectora en la parte superior del medidor. Este medidor también tiene compensación de gravedad y una precisión de ±1 %. Se proporciona con diales de medición intercambiables en milésimas de pulgada o micrómetros. La precisión de este medidor y del medidor tipo lápiz se verifica con un estándar de espesor de revestimiento opcional proporcionado por el fabricante, que responde a los estándares nacionales (NIST). Si fuese necesario, al verificar el DFT en pequeños paneles o especímenes de prueba, el pie posterior del medidor debe separarse con cuñas al mismo espesor que el espécimen para obtener una medición precisa.

Los medidores tipo 2 son medidores electrónicos. Todos los medidores de este tipo que se venden en los EE.UU. están diseñados para sustratos metálicos ferrosos con revestimientos no magnéticos. Con este tipo de medidores, la sonda electromagnética se sostiene sobre la superficie del revestimiento y el medidor utiliza los principios de inducción electromagnética para detectar la densidad de fundente del campo magnético en la superficie del revestimiento. Al igual que los medidores desprendibles, la densidad del fundente es inversamente proporcional al espesor del revestimiento, y suelen requerirse cuadros de compensación de temperatura. La *Figura 41* muestra un ejemplo de un medidor electrónico programable tipo 2 que puede medir el DFT del revestimiento para sustratos metálicos ferrosos. Tiene ±1 % de precisión y abarca una gama amplia de espesores de revestimiento. También hay software auxiliar para registrar y analizar datos. Junto con el medidor se proporcionan cuñas plásticas de precisión de espesor conocido. Se emplean con un sustrato metálico sin recubrir para verificar el rango de medición de las revisiones de DFT deseadas.

10.1.3 Detectores de espacios pasados por alto y poros de alto y bajo voltaje

Para lograr la protección máxima de un sustrato metálico revestido, se deben detectar los espacios pasados por alto y los poros, que son discontinuidades de la capa de revestimiento. Esto se hace para reducir los efectos de la rotura ambiental del revestimiento y/o de la corrosión del sustrato con el tiempo. Durante las inspecciones, se pueden detectar espacios pasados por alto y poros en una película no conductora curada sobre un sustrato conductor por medio de detectores de esponja húmeda de bajo voltaje y detectores de escobillas de alambre de alto voltaje (*Figura 42*). En sistemas de

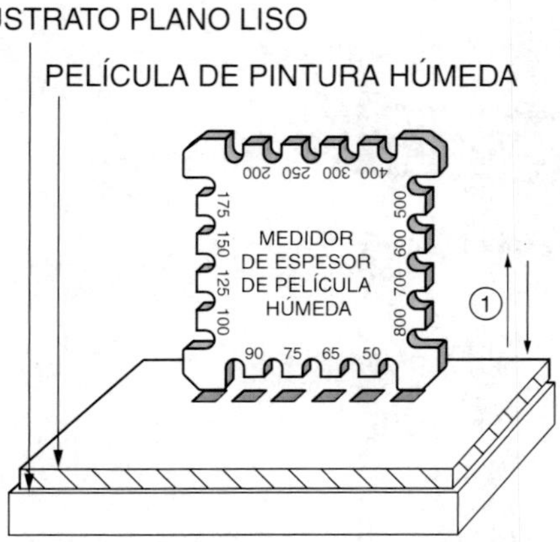

1. Mientras sostiene el medidor en posición perpendicular a la superficie húmeda, presiónelo despacio sobre la superficie. Las muescas de los extremos deben apoyarse sobre el sustrato o el imprimador o el acabado previamente curados. Retire de la superficie sin balancear el medidor. En este ejemplo, todas las muescas (desde 50-90 μm) se cubren con el revestimiento. Limpie con un paño suave todos los residuos de revestimiento que queden en el medidor.

VISTA DE UN MEDIDOR DE WFT INSERTADO Y LUEGO RETIRADO DE UNA PELÍCULA DE PINTURA HÚMEDA

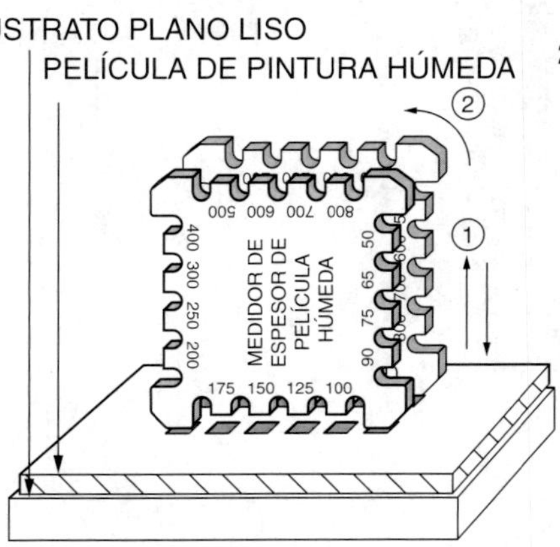

2. Gire el medidor hasta el siguiente conjunto de lecturas más altas. Repita la lectura al igual que en el Paso 1, tomándola cerca de la primera y la segunda. Nuevamente, en este ejemplo, todas las muescas (desde 100 y 175 μm) se cubren con el revestimiento. Limpie con un paño suave todos los residuos de revestimiento.

VISTA DE UN MEDIDOR DE WFT INSERTADO Y LUEGO RETIRADO DE UNA PELÍCULA DE PINTURA HÚMEDA

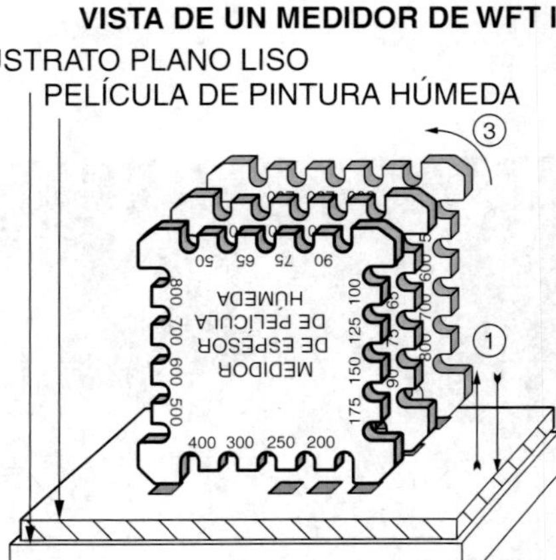

3. Gire el medidor hasta el siguiente conjunto de lecturas más altas. Repita la lectura al igual que en el Paso 1, tomándola cerca de la primera y la segunda. En este ejemplo, las muescas de entre 200 y 250 μm se cubren con el revestimiento, al igual que las muescas externas. Las marcas que quedan en la superficie del revestimiento muestran las mismas hendiduras. Esto significa que esta lectura es superior a 250 μm, pero inferior a 300 μm Limpie con un paño suave todos los residuos de revestimiento.

Repita la toma de mediciones en una superficie de alrededor de 1 yarda cuadrada (0,84 m²) alrededor de la medición inicial. Promedie el resultado. Este es el espesor de película húmeda (WFT) promedio en esta área. A partir de esta información, debería poder determinar si se está aplicando la cantidad correcta de pintura al sustrato.

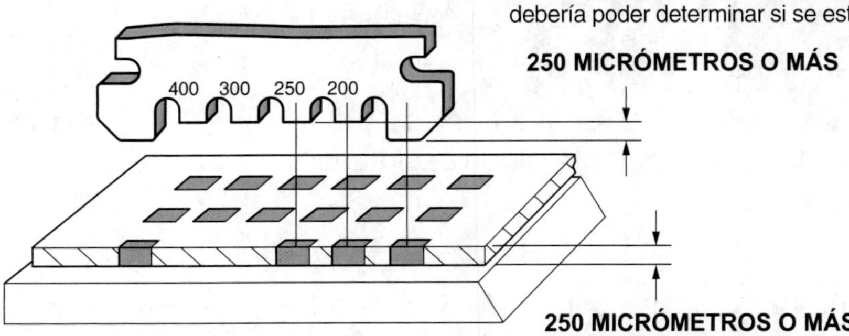

VISTA TRANSVERSAL DE UN MEDIDOR DE WFT. EL RESULTADO DE ESTA MEDICIÓN ES DE ENTRE 250 Y 300 MICRÓMETROS.

207F40.EPS

Figura 40 Verificación del espesor de película húmeda con un medidor.

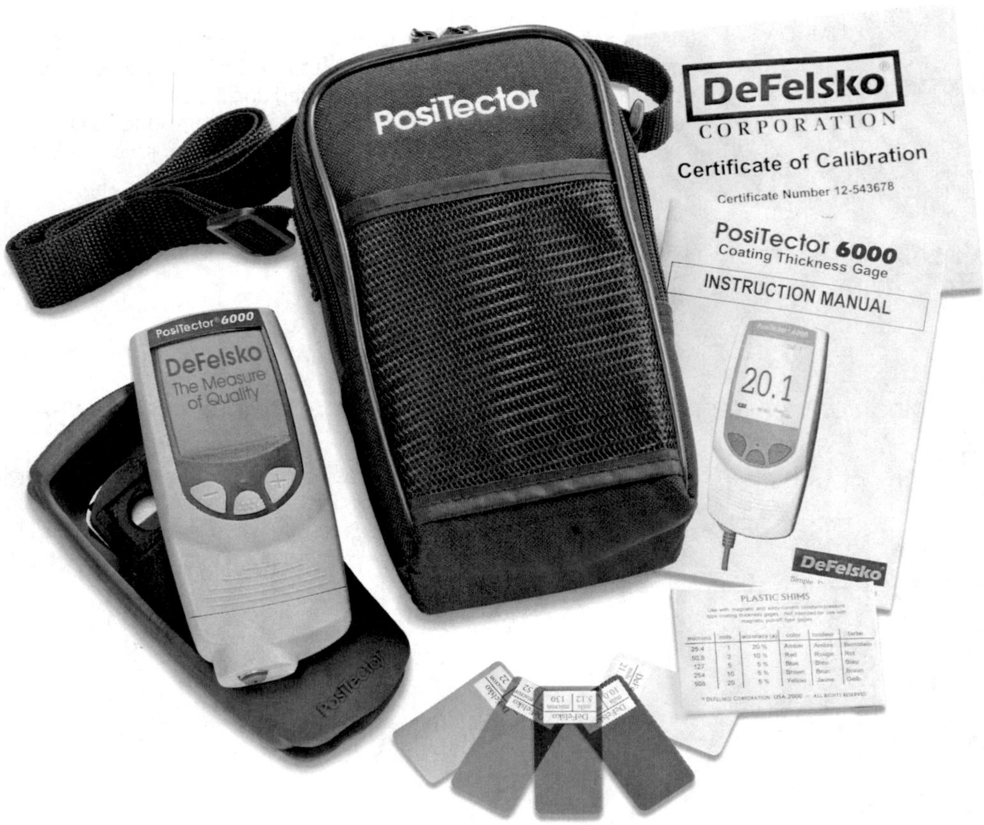

MEDIDOR ELECTRÓNICO TIPO 2

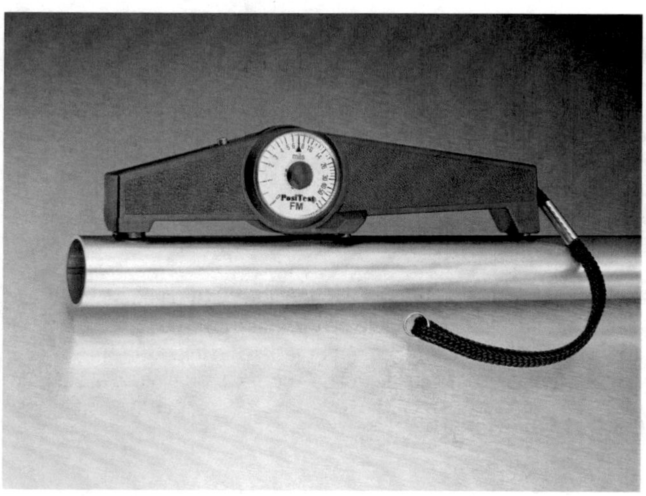

MEDIDOR DESPRENDIBLE MAGNÉTICO TIPO 1

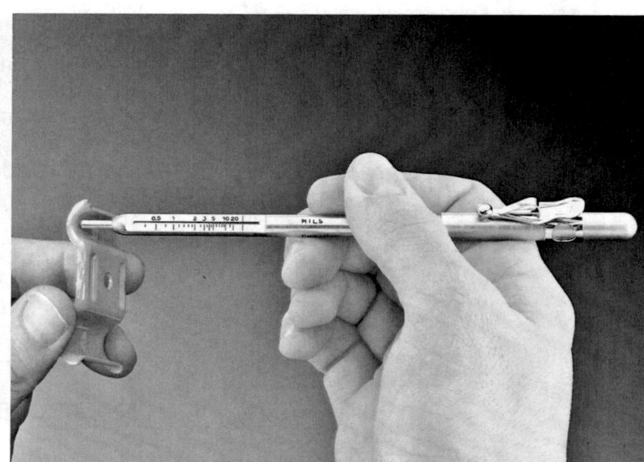

LÁPIZ MEDIDOR DESPRENDIBLE MAGNÉTICO TIPO 1

207F41.EPS

Figura 41 Medidores de DFT tipo 1 y 2.

revestimientos con un DFT de 0 a 20 milésimas de pulgada (0 a 508 µm), normalmente se usan detectores de bajo voltaje. No hay peligro de descarga eléctrica con los detectores de bajo voltaje. Los sistemas de revestimiento superiores a las 20 milésimas de pulgada (508 µm) suelen revisarse con detectores de alto voltaje, que presentan un peligro de descarga eléctrica para el usuario. Las escobillas de alambre para estos detectores están disponibles en diversos tamaños y formas. Se debe consultar a los fabricantes del revestimiento para determinar si se puede utilizar un detector

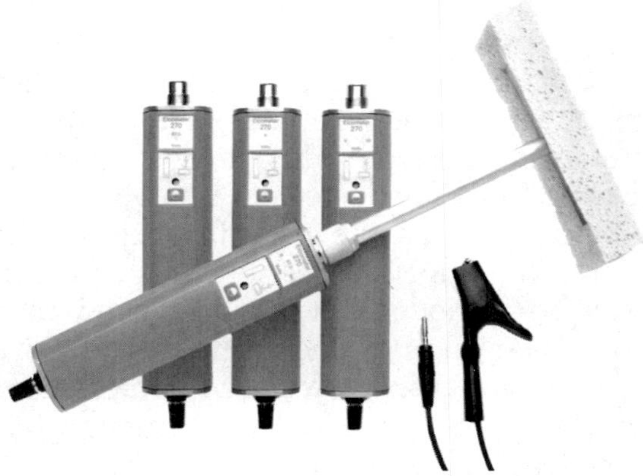

DETECTOR DE BAJO VOLTAJE

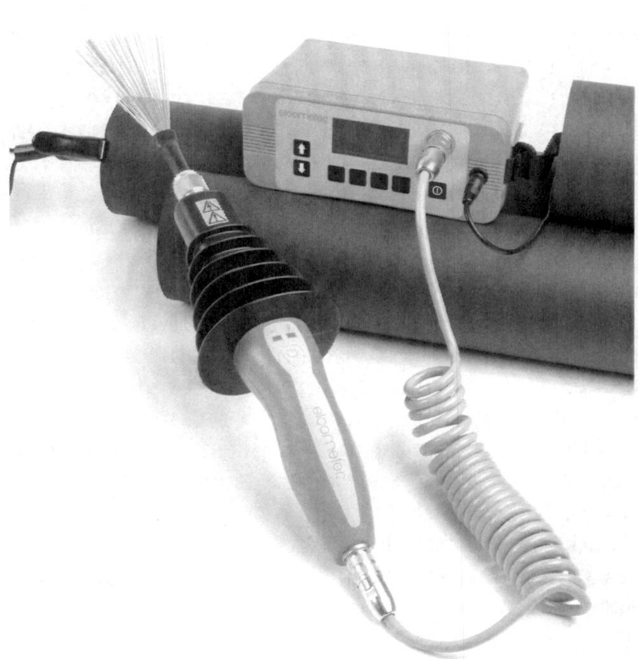

DETECTOR DE ALTO VOLTAJE

207F42.EPS

Figura 42 Detectores de espacios pasados por alto y poros de alto y bajo voltaje.

de alto voltaje y, en ese caso, qué nivel de voltaje debe usarse. El uso de voltaje excesivo puede dañar un revestimiento sano.

> **¡ADVERTENCIA!**
>
> Los detectores de alto voltaje presentan un peligro de descarga eléctrica y se deben utilizar como se indica en las instrucciones del fabricante del equipo. Evite todo contacto con los componentes metálicos de estos instrumentos durante el uso. Asimismo, estos detectores no deben usarse en áreas que contengan vapores inflamables o explosivos.

En el uso, el cable conectado a tierra del detector suele sujetarse al metal descubierto del sustrato de revestimiento y la esponja húmeda o la escobilla de alambre se coloca sobre el revestimiento. Las discontinuidades se señalan mediante una alarma en el detector. Asimismo, se pueden observar chispas en el lugar de la discontinuidad detectada. Para las tuberías existentes sobre el suelo o las secciones descubiertas de tuberías enterradas existentes, donde no puede accederse al metal del sustrato sin dañar el revestimiento, el cable de puesta a tierra se conecta a una varilla a tierra o se conecta a una cable sin revestir tendido en el agua adyacente a la tubería. En todos los casos, el área de revestimiento que se analizará deberá limpiarse de contaminantes como aceite, grasa, polvo o residuos.

> **NOTA**
>
> Los detectores de espacios pasados por alto y poros pueden usarse por lo general para verificar los revestimientos aplicados sobre sustratos debido al contendido de agua generalmente conductor del concreto.

10.1.4 Medidores de dureza

La resistencia por dureza es una de las diversas pruebas de resistencia mecánica que pueden realizarse sobre un revestimiento. Todos los medidores de dureza son destructivos para los revestimientos y la mayoría de las pruebas de dureza se realizan sobre cupones de prueba cubiertos en un lado con el revestimiento que se someterá a la prueba. Una de las pruebas de dureza más simples que puede usarse en el campo es la prueba de dureza con lápiz denominada prueba de Wolff-Wilborn. Suele realizarse con un equipo de prueba que puede usarse según los requisitos de *ASTM D3363*. El equipo incluye un medidor con ruedas que sostiene un lápiz especial. El medidor con ruedas está diseñado para mantener una fuerza constante de 7,5 N (Newtons) en la punta de la mina del lápiz y para mantener el ángulo correcto para el lápiz, lo que aumenta la capacidad de reproducción de la prueba. El equipo también contiene un conjunto de lápices especiales en 14 durezas, desde 6B a 6H, junto con dos sacapuntas especiales y un block de papel abrasivo que se utiliza para preparar las puntas de la mina de los lápices. La prueba de la ASTM se realiza sobre una superficie horizontal, y el medidor, equipado con el lápiz más duro (6H) en primer lugar, se presiona hacia delante desde atrás, una distancia de alrededor de 0,25 pulgadas (3 mm). Luego, el recorrido del movimiento se inspecciona visualmente para detectar rayones u orificios realizados por el lápiz. La prueba se repite progresivamente, a una distancia de alrededor de 0,5 pulgadas (12 mm) de la prueba anterior, con el siguiente lápiz más blando cada vez. Los datos finales de las pruebas ASTM son los siguientes:

- Dureza contra orificios: el lápiz más duro que deja el revestimiento sin cortes en una longitud de 0,25 pulgadas (3 mm)
- Dureza contra rayones: el lápiz más duro que no raya el revestimiento.

El impresor Barcol es un medidor de dureza contra hendiduras que cumple con el *ASTM D2583* para el uso con revestimientos de goma, plástico o reforzados con fibra de vidrio y metales suaves. Mide la profundidad de las hendiduras en números de la escala del impresor Barcol. En algunas aplicaciones, se pueden utilizar tablas de conversión para convertir los números de la escala Barcol a otras escalas de dureza comunes. Se usan discos de calibración proporcionados por el fabricante para calibrar el medidor en los extremos finales de su rango de medición. Durante el uso, la punta del penetrador siempre tiene que estar perpendicular a la superficie que se está sometiendo a prueba. Normalmente, se utilizan los paneles de prueba de los revestimientos cuando se toma una medición. Si fuese necesario, se deben acuñar ambos lados del extremo del soporte en la parte final del medidor para que la punta quede perpendicular. Para tomar una medida, presione firmemente el medidor hasta que el indicador deje de cambiar y observe el número Barcol en la indicación de lectura pico. En materiales más suaves, la indicación podría ser algo menor que la lectura pico. Asegúrese de no dañar la punta del penetrador de precisión por golpes o el arrastre sobre alguna superficie.

10.1.5 Prueba de resistencia a los solventes

Las pruebas de resistencia a los solventes (también denominadas pruebas de frote de solvente) se llevan a cabo mediante la impregnación de una bola de algodón o un paño con un solvente (a veces un solvente MEK) y el frotado de un área de la superficie del revestimiento de adelante hacia atrás (doble frotación) una cierta cantidad de veces. El efecto sobre la superficie se evalúa luego en términos de pérdida de brillo, ablandamiento o grado de frotación en comparación con un estándar de control para el revestimiento que se sabe que está completamente curado y que ha sido sometido a la misma prueba con el mismo solvente, por el mismo operario. Con este método, se puede llegar a una buena determinación cualitativa sobre el grado de curado. Esto es importante para los revestimientos como epoxis, ésteres de vinilo, poliésteres, alquidos y uretanos porque deben alcanzar ciertos niveles de resistencia a los solventes antes de recibir una capa superior y antes de ponerse en servicio. Sin embargo, el nivel de resistencia a los solventes en sí mismo no indica necesariamente un curado total, y algunos revestimientos se tornan resistentes a los solventes antes de estar totalmente curados para el servicio. El tiempo para alcanzar un nivel específico de resistencia a los solventes puede verse afectado por la temperatura, el espesor de la capa, el movimiento del aire y, para revestimientos a base de agua o reactivos al agua, la humedad. Los efectos del solvente de prueba sobre el revestimiento varían considerablemente según el tipo de revestimiento y el solvente empleado. Los fabricantes del revestimiento podrían especificar el solvente, la cantidad de frotaciones dobles y los resultados específicos de las pruebas que se requieren.

Como se define en el estándar *ASTM D5402*, las pruebas de frotado con solvente se utilizan comúnmente para determinar el grado de curado de revestimientos orgánicos que sufren un cambio químico durante el proceso de curado. El estándar no define una cantidad específica de frotaciones. El estándar *ASTM D4752* se utiliza para determinar el grado de curado de imprimadores ricos en zinc de silicato de etilo (inorgánicos) con una prueba de 50 frotaciones dobles y un solvente MEK.

10.2.0 Revestimiento adicional y reparación del revestimiento

La mayoría de los revestimientos requieren un tiempo de secado y curado para lograr una película libre de solventes y resistente a ellos. El tiempo varía según el tipo y la composición del revestimiento. El tiempo de secado y curado suele depender de la humedad, la temperatura y el espesor de la película.

En el lugar

Medidores para sustratos no ferrosos

Además de las mediciones del espesor de película seca (DFT, por sus siglas en inglés) en sustratos ferrosos, hay muchos modelos de medidores electrónicos que pueden realizar mediciones de DFT sobre sustratos metálicos no ferrosos, con corrientes parásitas en la superficie del revestimiento. Existen otros medidores electrónicos similares que usan los principios del ultrasonido para verificar el DFT en sustratos no metálicos tales como mampostería, concreto, madera y plástico.

Los fabricantes generalmente incluyen los tiempos de secado y curado en una lista sobre la etiqueta del envase y en la PDS del material de revestimiento. Los tiempos se brindan para cierta humedad y cierto espesor de película a distintas temperaturas ambiente. Los tiempos se relacionan con el período necesario antes de que el revestimiento pueda tocarse, manejarse, volver a recubrirse (tiempos máximos y mínimos) al igual que la cantidad de tiempo requerido para el curado total. Si un revestimiento vuelve a revestirse antes del tiempo especificado para ello, la capa anterior podría ablandarse y levantarse, o quedar solvente atrapado, o podrían producirse delaminación (desprendimiento de capas), globos de aire y otras fallas. Si pasa demasiado tiempo entre capas, la superficie del revestimiento anterior podría quedar demasiado dura como para permitir la adhesión y existiría la posibilidad de que se produjeran fallas tales como la delaminación, entre otras. En este caso, el revestimiento anterior debe dejarse curar totalmente y el revestimiento adicional, si fuese necesario, debe realizarse de acuerdo con las instrucciones del fabricante.

Un problema que puede ocurrir con los revestimientos es que aparezca transpiración o una capa blanca sobre las superficies revestidas poco después de la aplicación. Se debe a la presencia de agua en las películas del revestimiento que han sido aplicadas durante períodos de temperaturas bajas o humedad alta (más de 85 % de humedad relativa). Si lo permite la especificación, un solvente de secado más lento o un retardador podrían ayudar a reducir la cantidad de transpiración; sin embargo, para obtener mejores resultados, las operaciones de revestimiento deben posponerse o se debe usar una contención con control ambiental. Los revestimientos con poliaminas y, en menor grado, los agentes de curado de poliamidas, tienden a desarrollar transpiración amínica si se acumula humedad sobre la superficie o si hay mucha humedad mientras se realiza el curado. La transpiración amínica es un residuo aceitoso o difuso en la superficie provocado por amina sin reaccionar que reacciona con el dióxido de carbono y la humedad para formar un carbamato. La reacción se agrava si el espesor de la película es mayor y por el exceso de dióxido de carbono proveniente de los calentadores de gas portátiles. Este tipo de transpiración podría no ser fácilmente visible y puede interferir con la adherencia de los revestimientos que siguen, si no se lo detecta ni retira.

La transpiración amínica sólo puede detectarse positivamente mediante análisis de laboratorio. Para realizar un análisis de laboratorio, deben presentarse al laboratorio raspados de la superficie del revestimiento en lugares puntuales de la superficie. Sin embargo, la transpiración amínica también puede detectarse en superficies con el uso de un juego de verificación de transpiración amínica. Son equipos muy sensibles que se basan en el pH y detectan confiablemente este problema. Desafortunadamente, también pueden dar indicaciones positivas por otros tipos de contaminación superficial.

Dado que la transpiración amínica es fácilmente soluble en agua, el lavado a presión o la limpieza con agua y un detergente suave junto con un enjuague con agua limpia pueden eliminarla. Como resultado, podría ser más sencillo simplemente limpiar las superficies de revestimiento curadas con amina antes de volver a revestirlas.

Por lo general, al agregar un revestimiento adicional a uno totalmente curado o uno anterior con discontinuidades superficiales (poros, espacios pasados por alto, delaminación, globos de aire, corrosión, etc.) el revestimiento debe repararse y prepararse para la nueva capa. Esto implica recubrir nuevamente toda el área que se planea revestir, retirar las discontinuidades hasta el sustrato con medios químicos o mecánicos y achaflanar los bordes de estas áreas de vuelta en el revestimiento sano existente. Las reparaciones puntuales se limpian y fijan según se requieran. Luego, se suele limpiar el revestimiento existente con abrasivos para permitir que se adhiera el material de revestimiento y el solvente, y/o lavar a presión para retirar contaminantes. Todo el revestimiento existente se fija, si es necesario, y luego se lo vuelve a revestir.

10.3.0 Fallas y soluciones de la aplicación de revestimientos

Las fallas comunes de aplicación de revestimientos que se producen durante la aplicación o poco después de ella, junto con sus soluciones, se resumen en la *Tabla 3*. La mayoría de ellas se detectan mediante inspección al momento de la aplicación o durante el tiempo de curado después de finalizar la aplicación.

11.0.0 Manejo de residuos

Una corriente de residuos consiste en los residuos generados en un lugar en particular. Estos pueden ser peligrosos o no. Deben eliminarse y, según su tipo, la eliminación puede ser costosa. El primer paso en el manejo de residuos es controlarlos en su fuente de origen. Reducir los residuos al mínimo disminuye los costos de dos maneras. En primer lugar, ahorra dinero en materiales. En segundo lugar, permite ahorrar dinero en gastos de eliminación. La reducción de los residuos al mínimo también es buena para el medio ambiente. Los residuos que se liberan de manera accidental o deliberada al medio ambiente pueden contaminar el agua y el aire, matar animales, destruir la vegetación y ponen en riesgo la salud humana. Asimismo, podrían apli-

Tabla 3 Fallas comunes en la aplicación de revestimientos

Descripción	Causa	Solución
CORRIMIENTOS. También denominados marcas o cortinas. Flujo excesivo de pintura.	Pistola rociadora demasiado cerca del trabajo; demasiado diluyente; demasiada pintura; o superficie demasiado dura o lustrosa como para que la pintura se mantenga adherida.	Antes del curado, quite con cepillo el exceso de pintura y modifique las condiciones de rociado. Después del curado, lije y aplique otra capa.
PIEL DE NARANJA. Desniveles en la pintura que se asemejan a la piel de una naranja.	Pintura demasiado viscosa; pistola demasiado cerca de la superficie; solvente evaporado demasiado rápido; o presión de aire demasiado baja para permitir la atomización adecuada.	Antes del curado, quite con cepillo el exceso de pintura y modifique las condiciones de rociado. Después del curado, lije y aplique otra capa.
EXCESO DE ROCIADO. También denominado rociado seco. Superficie seca, plana y rugosa.	Las partículas que alcanzan la superficie no son lo suficientemente húmedas como para nivelarse, debido a la evaporación demasiado rápida del solvente; la pistola está demasiado alejada de la superficie; o caen partículas de pintura fuera del patrón de rociado.	Antes del curado, retire mediante cepillado en seco, seguido de limpieza con solvente. Después del curado, lije y aplique otra capa.
FORMACIÓN DE HILOS. Pintura delgada, fibrosa y con partículas similares a telas de araña.	Evaporación del solvente demasiado rápida. Es más común con las lacas de evaporación rápida, como los vinilos y los cauchos clorados.	Utilice un solvente deevaporación más lenta o aplique cuando esté más fría.
FORMACIÓN DE CRÁTERES. También llamada picadura. Hendiduras pequeñas y uniformes en la capa.	Bolsas de aire atrapadas en la película húmeda durante el rociado.	Lije o limpie con limpieza abrasiva hasta obtener un acabado liso y aplique capas adicionales.
OJOS DE PEZ. Separación o desprendimiento de la película húmeda que deja expuesto el sustrato o el acabado subyacente.	Aplicación sobre aceite, suciedad, silicona o revestimiento incompatible.	Lije o retire con limpieza abrasiva; aplique una capa fresca con brocha y una capa superior.
TRANSPIRACIÓN. Acabado plano de aspecto lechoso.	Condensación de humedad en condiciones de humedad elevada con diluyente de evaporación rápida o mal mezclado.	Lije o retire con limpieza abrasiva; vuelva a rociar con un retardador agregado al diluyente.
BRILLO DESPAREJO. Puntos brillosos y lustrosos irregulares.	Espesor de película irregular; humedad en la película; cambio de temperatura durante el curado; o pintura aplicada sobre una capa inferior blanda o húmeda.	Deje secar y aplique otra capa de acabado en condiciones aceptables de humedad.
FORMACIÓN DE ARRUGAS. Superficie áspera y con pliegues.	Formación de una piel sobre la pintura sin curar debido al exceso de espesor y/o condiciones climáticas demasiado cálidas, en especial en pinturas a base de aceite.	Raspe para eliminar las arrugas y aplique una capa más diluida, evite la luz del sol intensa.
FORMACIÓN DE AMPOLLAS. Burbujas pequeñas y grandes rotas o intactas.	Atrapamiento del solvente; superficies contaminadas con aceite, humedad o sal; o separación catódica.	Ponga sopladores en áreas cerradas para acelerar la liberación de solvente; limpie la contaminación de la superficie; brinde los niveles adecuados de protección catódica.
FORMACIÓN DE POROS. Pequeños orificios profundos que dejan expuesto el sustrato.	Atomización de rociado de pintura insuficiente; atomización gruesa; o pigmento asentado. Capa de neblina no aplicada a la superficie de la zona antes de la capa final.	Si el revestimiento no está curado, quite con cepillo y aplique una capa adicional. Si está curado, aplique una capa adicional.

207T03.EPS

carse fuertes multas por la eliminación inapropiada de residuos. Se deben seguir los siguientes lineamientos para controlar y eliminar los residuos de manera apropiada:

- Use sólo la cantidad de revestimiento necesaria.
- Coloque los materiales reciclables en el contenedor adecuado.
- Nunca mezcle los residuos peligrosos con los no peligrosos.
- Tenga cuidado de no liberar residuos al medio ambiente.

11.1.0 Eliminación de residuos no peligrosos

Los residuos no peligrosos se definen según las políticas de la empresa y las normas locales. Siempre elimine los residuos no peligrosos como lo describen las políticas de la empresa y en cumplimiento con las normas aplicables.

11.2.0 Eliminación de residuos peligrosos

Los residuos peligrosos representan un riesgo o un posible riesgo contra la salud humana o el medio ambiente. Pueden ser líquidos, sólidos, gases contenidos o lodo. Pueden ser subproductos de procesos de fabricación o productos desechados, como solventes. Estos productos deben desecharse de acuerdo con las leyes locales, regionales o nacionales. Las leyes locales o regionales pueden ser más estrictas que las nacionales, pero no más permisivas. La MSDS del producto indica métodos de eliminación que están de acuerdo con las leyes nacionales.

Por ejemplo, la EPA de los EE.UU. ha determinado que diversos residuos son peligrosos. Se definen en el documento de la EPA, *Título 40, Protección del medio ambiente, Parte 261: identificación y listado de residuos peligrosos*. Otros residuos también pueden clasificarse como peligrosos, como aquellos que son capaces de sufrir combustión espontánea, aquellos con un punto de inflamación bajo, como algunos solventes, y aquellos que son tóxicos, como algunas pinturas.

Toda persona o sitio que genere residuos peligrosos se denomina generador. Los generadores pueden ser grandes o pequeños, según cuántos residuos produzcan por mes. Algunos generadores producen una cantidad muy pequeña de residuos peligrosos por mes. Estas empresas pueden estar exentas de seguir las reglas que los generadores grandes y pequeños deben seguir, pero aun así deben eliminar los residuos peligrosos de manera adecuada. Todos los generadores de grandes y pequeñas cantidades deben hacer lo siguiente:

- Obtener un número de identificación de la EPA del estado o la autoridad con jurisdicción y competencia.
- Cumplir con el sistema de declaración.
- Manejar los residuos de manera adecuada antes del envío; por ejemplo, el empaquetado, el etiquetado, la marcación y la fecha de acumulación. Los residuos no deben mezclarse, incluidos los distintos tipos de residuos tóxicos.
- Cumplir con los requisitos de registros e informes.

Es muy importante saber qué residuos son peligrosos. Los residuos peligrosos deben colocarse en el contenedor adecuado según las normas pertinentes. Estos residuos deben ser eliminados por un contratista autorizado para ello. A veces, se deben analizar los residuos para determinar sus contenidos exactos.

Si alguna vez se derrama un material peligroso, revise las instrucciones de limpieza de la MSDS. Los organismos gubernamentales locales podrían exigir la notificación de los derrames, según el material y la dimensión del área implicada. Algunos estados tienen normas más estrictas sobre el manejo de materiales peligros y la limpieza de derrames. Consulte a su supervisor si tiene dudas.

RESUMEN

Este módulo describió las condiciones ambientales requeridas para aplicar revestimientos y efectuar el control de calidad y las inspecciones requeridas durante la aplicación de revestimientos, y las fallas y las soluciones relativas a su aplicación. Se analizaron los sistemas de rociado especiales y los métodos de aplicación para estos sistemas. Se brindaron descripciones y técnicas de aplicación para equipos de rociado de aire convencionales, HVLP, sin aire y sin aire asistidos por aire. También se trataron aquí los equipos y las técnicas para mezclar diferentes tipos de revestimientos. La información incluida en las especificaciones del revestimiento y en la PDS es fundamental para lograr aplicar el revestimiento de manera adecuada.

Preguntas de repaso

1. El valor umbral límite de un revestimiento define _____.
   a. la concentración de vapor necesaria para la ignición y la explosión
   b. la cantidad y concentración de vapor en el aire que puede inhalarse con seguridad durante un período específico
   c. la concentración de vapor más alta a la que pueden exponerse los trabajadores en un período de tiempo determinado
   d. el límite de umbral de vapor al que los trabajadores pueden estar expuestos durante un período de trabajo específico

2. Si se produce espuma después de agitar un revestimiento, éste debe _____.
   a. volver a mezclarse inmediatamente
   b. dejarse asentar
   c. aplicarse de inmediato
   d. desecharse

3. Las propiedades físicas de un material de revestimiento están determinadas por _____.
   a. la EPA
   b. la SSPC
   c. el fabricante
   d. ASTM internacional

4. La película del revestimiento debe _____ hasta alcanzar el estado sólido.
   a. fluir
   b. corroerse
   c. oxidarse
   d. secarse o curarse

5. La aplicación con brocha o rodillo debe emplearse únicamente cuando _____.
   a. las áreas son muy grandes
   b. las superficies son planas
   c. la PDS lo permite
   d. el trabajo es lo suficientemente grande

6. El WFT de un producto puede encontrarse en la _____.
   a. MSDS
   b. PDS
   c. OSHA
   d. EPA

7. Si surgen conflictos entre las especificaciones y la PDS, _____.
   a. deben resolverse
   b. la PDS tiene prioridad
   c. siga las sugerencias del fabricante
   d. no son importantes

8. El documento del fabricante que recomienda los métodos de aplicación es _____.
   a. la PDS
   b. la MSDS
   c. la especificación del revestimiento
   d. el documento de control de calidad

9. Los revestimientos para el acero generalmente requieren una temperatura de superficie al menos _____.
   a. equivalente a la temperatura del aire ambiente
   b. 5 °F (15 °C) sobre el punto de rocío
   c. 5 °F (15 °C) por debajo del punto de rocío
   b. 50 °F (28 °C) sobre el punto de rocío

10. La humedad relativa puede calcularse con _____.
    a. un anemómetro
    b. un solo termómetro
    c. un psicrómetro de eslinga
    d. un manómetro

11. Las áreas alrededor de los pernos y las esquinas pueden revestirse adecuadamente con _____:
    a. un escurridor
    b. un rodillo
    c. una brocha
    d. una cuchara

12. La mayoría de las fallas de revestimiento se deben a fallas en la aplicación o la preparación de la superficie.
    a. Verdadero
    b. Falso

13. Para determinar si hay presencia de aceite o grasa sobre el concreto, aplique agua a la superficie y vea si _____.
    a. se evapora
    b. forma gotas
    c. se escurre
    d. forma vapor

14. Para evaluar revestimientos existentes, verifique el espesor de la película, la condición del sustrato y la _____.
    a. temperatura superficial
    b. indicación del psicrómetro
    c. calidad de la adhesión
    d. MSDS

15. El tiempo requerido desde el comienzo del proceso de mezcla del componente hasta aplicar el revestimiento se denomina _____.
    a. tiempo de aplicación
    b. introducción
    c. curado
    d. tiempo de exudación

16. Los epoxis tienen el algunos/as de los/las _____ de revestimiento más complejos.
    a. ingredientes
    b. requisitos de preparación
    c. restricciones
    d. materiales

17. La viscosidad se ve afectada por la cantidad de solvente que contiene el material de revestimiento y _____.
    a. el color del pigmento
    b. la humedad cuando se mezcla
    c. la temperatura del material
    d. la abertura del viscosímetro

18. Los tipos más comunes de copas de viscosidad son: _____.
    a. SAE y métrica
    b. Ford, Zahn y DIN
    c. ISO e imperial
    d. la número 4 y la número 2

19. El suministro de aire comprimido para un rociador debe _____.
    a. ser de al menos 1.500 psi (103,42 bares)
    b. ser de al menos 100 °F (37,78 °C)
    c. estar limpio, seco y libre de aceite
    d. estar a presión total antes de la conexión

20. El orden general para revestir superficies es revestir _____.
    a. toda la superficie de una vez
    b. los bordes, las esquinas internas y las esquinas externas en primer lugar
    c. las partes planas primero
    d. los bordes por último

21. El tiempo de curado se ve afectado por _____.
    a. el color del revestimiento
    b. la temperatura de la superficie del sustrato
    c. el método de aplicación
    d. las especificaciones

22. Cuando las temperaturas ambiente son demasiado altas, los revestimientos pueden _____.
    a. no evaporar el solvente
    b. correrse o mostrar rastros de pasadas
    c. no humedecer adecuadamente la superficie
    d. curarse demasiado lentamente

23. El ciclo diario del trabajo de revestimiento sobre metales ferrosos se denomina _____.
    a. capa de reciclado
    b. ciclo de curado
    c. ciclo ambiente
    d. ciclo de limpieza abrasiva y revestimiento

24. El aspecto de la oxidación instantánea puede describirse como _____.
    a. brillo del óxido
    b. "la limpieza se perdió"
    c. "la superficie limpiada"
    d. la limpieza no se arruinó

25. La superficie limpia puede mantenerse por un período relativamente largo mediante el control _____.
    a. de la humedad
    b. de la exposición a la luz del sol
    c. del tránsito dentro del área de trabajo
    d. de la contaminación ambiental

26. Los dos tipos básicos de deshumidificadores son el refrigerante mecánico y _____.
    a. el electrónico cuántico
    b. el control de humedad relativa
    c. el desecante tipo absorción
    d. la deshidratación natural

27. Los deshumidificadores refrigerantes son los que se emplean con más frecuencia en _____.
    a. el trabajo en tanques
    b. condiciones climáticas de baja temperatura
    c. otoño, invierno y primavera
    d. verano

28. Si la especificación lo permite, un método para reducir la transpiración amínica es ______.
    a. utilizar un solvente de secado rápido
    b. utilizar un retardador
    c. aumentar la humedad relativa
    d. disminuir la temperatura ambiente

29. Un procedimiento de reparación para corrimientos de revestimiento es ______.
    a. eliminar con una brocha el exceso de pintura y, después del curado, lijar y aplicar otra capa
    b. lijar o limpiar a presión hasta obtener un acabado liso y aplicar capas adicionales
    c. raspar y aplicar capas más diluidas, evitando la luz del sol intensa
    d. lijar o limpiar a presión para eliminar el corrimiento y luego volver a rociar el revestimiento con un diluyente de secado rápido

30. Una corriente de residuos significa _____.
    a. la descarga no autorizada de residuos en una corriente
    b. todos los residuos generados en un lugar específico
    c. los materiales peligrosos del trabajo industrial
    d. una corriente contaminada cerca de un área industrial

Términos clave del oficio introducidos en este módulo

Atomización: reducción a partículas finas o rocío.

Ciclo de limpieza abrasiva y revestimiento: ciclo diario entre las actividades de preparación de superficies y aplicación de revestimientos.

Cuerno de descarga: una de dos protuberancias que expulsa aire y material en un patrón de dispersión desde la boquilla de una pistola rociadora convencional.

Límite de exposición a corto plazo (LECP): la concentración más alta de un material transmitido por el aire a la que los trabajadores pueden estar expuestos durante un período de tiempo prescrito.

Límite explosivo superior (LES): la mayor cantidad de concentración de vapor en el aire que puede explotar. Las concentraciones de vapor superiores al LES han desplazado tanta cantidad de oxígeno que no hay suficiente oxígeno en el aire para que explote.

Plasma: gas ionizado que se crea al pasar un gas, tal como argón, nitrógeno, helio o hidrógeno, por un arco eléctrico. Los componentes atómicos del gas se separan y luego se recombinan, y producen así una cantidad enorme de energía.

Promedio ponderado de tiempo (PPT): límite de tiempo al que un trabajador puede estar expuesto a un material durante cierto período, dado por lo general en horas de trabajo permitido por día o semana.

Valor umbral límite (VUL): límite superior para la concentración de solventes en el aire.

Apéndice A

HOJAS DE DATOS DE SEGURIDAD DE MATERIALES

MATERIAL SAFETY DATA SHEET

B65W511
04 00

Section 1 -- PRODUCT AND COMPANY IDENTIFICATION

PRODUCT NUMBER

B65W511

HMIS CODES
Health 2
Flammability 2
Reactivity 0

PRODUCT NAME
POLY-LON* 1900 Polyester Polyurethane (Part A), Extra White

MANUFACTURER'S NAME
THE SHERWIN-WILLIAMS COMPANY
101 Prospect Avenue N.W.
Cleveland, OH 44115

EMERGENCY TELEPHONE NO.
(216) 566-2917

DATE OF PREPARATION
01-APR-07

INFORMATION TELEPHONE NO.
(216) 566-2902

Section 2 -- COMPOSITION/INFORMATION ON INGREDIENTS

% by WT	CAS No.	INGREDIENT		UNITS	VAPOR PRESSURE
11	110-43-0	Methyl n-Amyl Ketone			
		ACGIH TLV	50	ppm	3.855 mm
		OSHA PEL	100	ppm	
18	108-65-6	1-Methoxy-2-Propanol Acetate			
		ACGIH TLV	Not Available		1.8 mm
		OSHA PEL	Not Available		
3	1332-58-7	Kaolin			
		ACGIH TLV	2	mg/m3 as Resp. Dust	
		OSHA PEL	10	mg/m3 Total Dust	
		OSHA PEL	5	mg/m3 Respirable Fraction	
35	13463-67-7	Titanium Dioxide			
		ACGIH TLV	10	mg/m3 as Dust	
		OSHA PEL	10	mg/m3 Total Dust	
		OSHA PEL	5	mg/m3 Respirable Fraction	

Section 3 -- HAZARDS IDENTIFICATION

ROUTES OF EXPOSURE
INHALATION of vapor or spray mist.
EYE or SKIN contact with the product, vapor or spray mist.

EFFECTS OF OVEREXPOSURE
EYES: Irritation.
SKIN: Prolonged or repeated exposure may cause irritation.
INHALATION: Irritation of the upper respiratory system.
May cause nervous system depression. Extreme overexposure may result in unconsciousness and possibly death.

SIGNS AND SYMPTOMS OF OVEREXPOSURE
Headache, dizziness, nausea, and loss of coordination are indications of excessive exposure to vapors or spray mists.
Redness and itching or burning sensation may indicate eye or excessive skin exposure.

Continued on page 2

207A01A.EPS

B65W511 page 2

MEDICAL CONDITIONS AGGRAVATED BY EXPOSURE

May cause allergic respiratory and/or skin reaction in susceptible persons or sensitization. This effect may be delayed several hours after exposure.

CANCER INFORMATION

For complete discussion of toxicology data refer to Section 11.

Section 4 -- FIRST AID MEASURES

EYES: Flush eyes with large amounts of water for 15 minutes. Get medical attention.

SKIN: Wash affected area thoroughly with soap and water. Remove contaminated clothing and launder before re-use.

INHALATION: If any breathing problems occur during use, LEAVE THE AREA and get fresh air. If problems remain or occur later, IMMEDIATELY get medical attention.

INGESTION: Do not induce vomiting. Get medical attention immediately.

Section 5 -- FIRE FIGHTING MEASURES

FLASH POINT	LEL	UEL
102 F PMCC	1.1	13.1

FLAMMABILITY CLASSIFICATION

Combustible, Flash above 99 and below 200 F

EXTINGUISHING MEDIA

Carbon Dioxide, Dry Chemical, Foam

UNUSUAL FIRE AND EXPLOSION HAZARDS

Closed containers may explode when exposed to extreme heat.

Application to hot surfaces requires special precautions.

During emergency conditions overexposure to decomposition products may cause a health hazard. Symptoms may not be immediately apparent. Obtain medical attention.

SPECIAL FIRE FIGHTING PROCEDURES

Full protective equipment including self-contained breathing apparatus should be used.

Water spray may be ineffective. If water is used, fog nozzles are preferable. Water may be used to cool closed containers to prevent pressure build-up and possible autoignition or explosion when exposed to extreme heat.

Section 6 -- ACCIDENTAL RELEASE MEASURES

STEPS TO BE TAKEN IN CASE MATERIAL IS RELEASED OR SPILLED

Remove all sources of ignition. Ventilate the area.

Remove with inert absorbent.

Section 7 -- HANDLING AND STORAGE

STORAGE CATEGORY

DOL Storage Class II

Continued on page 3

207A01B.EPS

==

PRECAUTIONS TO BE TAKEN IN HANDLING AND STORAGE

Contents are COMBUSTIBLE. Keep away from heat and open flame.

Consult NFPA Code. Use approved Bonding and Grounding procedures.

Keep container closed when not in use. Transfer only to approved containers with complete and appropriate labeling. Do not take internally. Keep out of the reach of children.

==

Section 8 -- EXPOSURE CONTROLS/PERSONAL PROTECTION

PRECAUTIONS TO BE TAKEN IN USE

NO PERSON SHOULD USE THIS PRODUCT, OR BE IN THE AREA WHERE IT IS BEING USED, IF THEY HAVE CHRONIC (LONG-TERM) LUNG OR BREATHING PROBLEMS OR IF THEY EVER HAD A REACTION TO ISOCYANATES.

Use only with adequate ventilation.

Avoid contact with skin and eyes. Avoid breathing vapor and spray mist.

Wash hands after using.

This coating may contain materials classified as nuisance particulates (listed "as Dust" in Section 2) which may be present at hazardous levels only during sanding or abrading of the dried film. If no specific dusts are listed in Section 2, the applicable limits for nuisance dusts are ACGIH TLV 10 mg/m3 (total dust), 3 mg/m3 (respirable fraction), OSHA PEL 15 mg/m3 (total dust), 5 mg/m3 (respirable fraction).

VENTILATION

Local exhaust preferable. General exhaust acceptable if the exposure to materials in Section 2 is maintained below applicable exposure limits. Refer to OSHA Standards 1910.94, 1910.107, 1910.108.

RESPIRATORY PROTECTION

Where overspray is present, a positive pressure air supplied respirator (TC19C NIOSH/MSHA approved) should be worn. If unavailable, a properly fitted organic vapor/particulate respirator approved by NIOSH/MSHA for protection against materials in Section 2 may be effective. Follow respirator manufacturer's directions for use. Wear the respirator for the whole time of spraying and until all vapors and mists are gone. NO PERSONS SHOULD BE ALLOWED IN THE AREA WHERE THIS PRODUCT IS BEING USED UNLESS EQUIPPED WITH THE SAME RESPIRATOR PROTECTION RECOMMENDED FOR THE PAINTERS.

When sanding or abrading the dried film, wear a dust/mist respirator approved by NIOSH/MSHA for dust which may be generated from this product, underlying paint, or the abrasive.

PROTECTIVE GLOVES

To prevent skin contact, wear gloves which are recommended by glove supplier for protection against materials in Section 2.

EYE PROTECTION

Wear safety spectacles with unperforated sideshields.

OTHER PROTECTIVE EQUIPMENT

Use barrier cream on exposed skin.

OTHER PRECAUTIONS

This product must be mixed with other components before use. Before opening the packages, READ AND FOLLOW WARNING LABELS ON ALL COMPONENTS.

Intentional misuse by deliberately concentrating and inhaling the contents can be harmful or fatal.

Continued on page 4

207A01C.EPS

Section 9 -- PHYSICAL AND CHEMICAL PROPERTIES

PRODUCT WEIGHT	11.78 lb/gal	1411 g/l
SPECIFIC GRAVITY	1.42	
BOILING POINT	284 - 308 F	140 - 153 C
MELTING POINT	Not Available	
VOLATILE VOLUME	47 %	
EVAPORATION RATE	Slower than ether	
VAPOR DENSITY	Heavier than air	
SOLUBILITY IN WATER	N.A.	

VOLATILE ORGANIC COMPOUNDS (VOC Theoretical - As Packaged)

3.56 lb/gal	427 g/l	Less Water and Federally Exempt Solvents
3.56 lb/gal	427 g/l	Emitted VOC

Section 10 -- STABILITY AND REACTIVITY

STABILITY -- Stable

CONDITIONS TO AVOID

None known.

INCOMPATIBILITY

None known.

HAZARDOUS DECOMPOSITION PRODUCTS

By fire: Carbon Dioxide, Carbon Monoxide

HAZARDOUS POLYMERIZATION

Will not occur

Section 11 -- TOXICOLOGICAL INFORMATION

CHRONIC HEALTH HAZARDS

No ingredient in this product is an IARC, NTP or OSHA listed carcinogen.

Prolonged overexposure to solvent ingredients in Section 2 may cause adverse effects to the liver, urinary and blood forming systems.

Persons sensitive to isocyanates will experience increased allergic reaction on repeated exposure.

Rats exposed to titanium dioxide dust at 250 mg./m3 developed lung cancer, however, such exposure levels are not attainable in the workplace.

Reports have associated repeated and prolonged overexposure to solvents with permanent brain and nervous system damage.

TOXICOLOGY DATA

CAS No.	Ingredient Name				
110-43-0	Methyl n-Amyl Ketone				
		LC50	RAT	4HR	Not Available
		LD50	RAT		1670 mg/kg
108-65-6	1-Methoxy-2-Propanol Acetate				
		LC50	RAT	4HR	Not Available
		LD50	RAT		8500 mg/kg
1332-58-7	Kaolin				
		LC50	RAT	4HR	Not Available
		LD50	RAT		Not Available
13463-67-7	Titanium Dioxide				
		LC50	RAT	4HR	Not Available
		LD50	RAT		Not Available

Continued on page 5

207A01D.EPS

Section 12 -- ECOLOGICAL INFORMATION

ECOTOXICOLOGICAL INFORMATION

No data available.

Section 13 -- DISPOSAL CONSIDERATIONS

WASTE DISPOSAL METHOD

Waste from this product may be hazardous as defined under the Resource Conservation and Recovery Act (RCRA) 40 CFR 261.

Waste must be tested for ignitability to determine the applicable EPA hazardous waste numbers.

Incinerate in approved facility. Do not incinerate closed container. Dispose of in accordance with Federal, State/Provincial, and Local regulations regarding pollution.

Section 14 -- TRANSPORT INFORMATION

US Ground (DOT)

May be Classed as a Combustible Liquid for U.S. Ground.
UN1263, PAINT, 3, PG III, (ERG#128)

Bulk Containers may be Shipped as:

UN1263, PAINT, COMBUSTIBLE LIQUID, PG III, (ERG#128)

Canada (TDG)

May be Classed as a Combustible Liquid for Canadian Ground.
UN1263, PAINT, CLASS 3, PG III, (ERG#128)

IMO

UN1263, PAINT, CLASS 3, PG III, (39 C c.c.), EmS F-E, S-E

Section 15 -- REGULATORY INFORMATION

SARA 313 (40 CFR 372.65C) SUPPLIER NOTIFICATION

CAS No.	CHEMICAL/COMPOUND	% by WT	% Element

No ingredients in this product are subject to SARA 313 (40 CFR 372.65C) Supplier Notification.

CALIFORNIA PROPOSITION 65

WARNING: This product contains chemicals known to the State of California to cause cancer and birth defects or other reproductive harm.

TSCA CERTIFICATION

All chemicals in this product are listed, or are exempt from listing, on the TSCA Inventory.

Continued on page 6

207A01E.EPS

B65W511 page 6

==

Section 16 -- OTHER INFORMATION

This product has been classified in accordance with the hazard criteria of the Canadian Controlled Products Regulations (CPR) and the MSDS contains all of the information required by the CPR.

The above information pertains to this product as currently formulated, and is based on the information available at this time. Addition of reducers or other additives to this product may substantially alter the composition and hazards of the product. Since conditions of use are outside our control, we make no warranties, express or implied, and assume no liability in connection with any use of this information.

207A01F.EPS

MATERIAL SAFETY DATA SHEET

B65V500
07 00

Section 1 -- PRODUCT AND COMPANY IDENTIFICATION

PRODUCT NUMBER

B65V500

HMIS CODES	
Health	2*
Flammability	1
Reactivity	1

PRODUCT NAME
POLY-LON* 1900 Polyester Polyurethane Hardener (Part B)

MANUFACTURER'S NAME
THE SHERWIN-WILLIAMS COMPANY
101 Prospect Avenue N.W.
Cleveland, OH 44115

EMERGENCY TELEPHONE NO.
(216) 566-2917

DATE OF PREPARATION
01-APR-07

INFORMATION TELEPHONE NO.
(216) 566-2902

Section 2 -- COMPOSITION/INFORMATION ON INGREDIENTS

% by WT	CAS No.	INGREDIENT	UNITS	VAPOR PRESSURE
0.7	822-06-0	Hexamethylene Diisocyanate (max.)		
		ACGIH TLV 0.005	ppm	0.05 mm
		OSHA PEL Not Available		
100	28182-81-2	Hexamethylene Diisocyanate Polymer		
		ACGIH TLV Not Available		
		OSHA PEL Not Available		

Section 3 -- HAZARDS IDENTIFICATION

ROUTES OF EXPOSURE
EYE or SKIN contact with product.

EFFECTS OF OVEREXPOSURE
EYES: Irritation.
SKIN: Prolonged or repeated exposure may cause irritation.
INHALATION: Irritation of the upper respiratory system.

SIGNS AND SYMPTOMS OF OVEREXPOSURE
Redness and itching or burning sensation may indicate eye or excessive skin exposure.

MEDICAL CONDITIONS AGGRAVATED BY EXPOSURE
May cause allergic respiratory and/or skin reaction in susceptible persons or sensitization. This effect may be delayed several hours after exposure.

CANCER INFORMATION
For complete discussion of toxicology data refer to Section 11.

Continued on page 2

207A01G.EPS

Section 4 -- FIRST AID MEASURES

EYES: Flush eyes with large amounts of water for 15 minutes. Get medical attention.

SKIN: Wash affected area thoroughly with soap and water.

INHALATION: If any breathing problems occur during use, LEAVE THE AREA and get fresh air. If problems remain or occur later, IMMEDIATELY get medical attention.

INGESTION: Do not induce vomiting. Get medical attention immediately.

Section 5 -- FIRE FIGHTING MEASURES

FLASH POINT	LEL	UEL
>200 F PMCC	N.A.	N.A.

FLAMMABILITY CLASSIFICATION
Not Applicable

EXTINGUISHING MEDIA
Carbon Dioxide, Dry Chemical, Foam

UNUSUAL FIRE AND EXPLOSION HAZARDS
Closed containers may explode (due to the build-up of pressure) when exposed to extreme heat.

During emergency conditions overexposure to decomposition products may cause a health hazard. Symptoms may not be immediately apparent. Obtain medical attention.

SPECIAL FIRE FIGHTING PROCEDURES
Full protective equipment including self-contained breathing apparatus should be used.

Water spray may be ineffective. If water is used, fog nozzles are preferable. Water may be used to cool closed containers to prevent pressure build-up and possible autoignition or explosion when exposed to extreme heat.

Section 6 -- ACCIDENTAL RELEASE MEASURES

STEPS TO BE TAKEN IN CASE MATERIAL IS RELEASED OR SPILLED
All personnel in the area should be protected as in Section 8.

Cover spill with absorbent material. Deactivate spilled material with a 10% ammonium hydroxide solution (household ammonia). After 10 minutes, collect in open containers and add more ammonia. Cover loosely. Wash spill area with soap and water.

Section 7 -- HANDLING AND STORAGE

STORAGE CATEGORY
DOL Storage Class IIIB

PRECAUTIONS TO BE TAKEN IN HANDLING AND STORAGE
Keep container closed when not in use. Transfer only to approved containers with complete and appropriate labeling. Do not take internally. Keep out of the reach of children.

Continued on page 3

207A01H.EPS

Section 8 -- EXPOSURE CONTROLS/PERSONAL PROTECTION

PRECAUTIONS TO BE TAKEN IN USE

NO PERSON SHOULD USE THIS PRODUCT, OR BE IN THE AREA WHERE IT IS BEING USED, IF THEY HAVE CHRONIC (LONG-TERM) LUNG OR BREATHING PROBLEMS OR IF THEY EVER HAD A REACTION TO ISOCYANATES.

Use only with adequate ventilation.

Avoid contact with skin and eyes. Avoid breathing vapor and spray mist.

Wash hands after using.

This coating may contain materials classified as nuisance particulates (listed "as Dust" in Section 2) which may be present at hazardous levels only during sanding or abrading of the dried film. If no specific dusts are listed in Section 2, the applicable limits for nuisance dusts are ACGIH TLV 10 mg/m3 (total dust), 3 mg/m3 (respirable fraction), OSHA PEL 15 mg/m3 (total dust), 5 mg/m3 (respirable fraction).

VENTILATION

Local exhaust preferable. General exhaust acceptable if the exposure to materials in Section 2 is maintained below applicable exposure limits. Refer to OSHA Standards 1910.94, 1910.107, 1910.108.

RESPIRATORY PROTECTION

Where overspray is present, a positive pressure air supplied respirator (TC19C NIOSH/MSHA approved) should be worn. If unavailable, a properly fitted organic vapor/particulate respirator approved by NIOSH/MSHA for protection against materials in Section 2 may be effective. Follow respirator manufacturer's directions for use. Wear the respirator for the whole time of spraying and until all vapors and mists are gone. NO PERSONS SHOULD BE ALLOWED IN THE AREA WHERE THIS PRODUCT IS BEING USED UNLESS EQUIPPED WITH THE SAME RESPIRATOR PROTECTION RECOMMENDED FOR THE PAINTERS.

When sanding or abrading the dried film, wear a dust/mist respirator approved by NIOSH/MSHA for dust which may be generated from this product, underlying paint, or the abrasive.

PROTECTIVE GLOVES

To prevent skin contact, wear gloves which are recommended by glove supplier for protection against materials in Section 2.

EYE PROTECTION

Wear safety spectacles with unperforated sideshields.

OTHER PROTECTIVE EQUIPMENT

Use barrier cream on exposed skin.

OTHER PRECAUTIONS

This product must be mixed with other components before use. Before opening the packages, READ AND FOLLOW WARNING LABELS ON ALL COMPONENTS.

Section 9 -- PHYSICAL AND CHEMICAL PROPERTIES

PRODUCT WEIGHT	9.41 lb/gal	1127 g/l
SPECIFIC GRAVITY	1.13	
BOILING POINT	Not Applicable	
MELTING POINT	Not Available	
VOLATILE VOLUME	0 %	
EVAPORATION RATE	N.A.	
VAPOR DENSITY	N.A.	
SOLUBILITY IN WATER	N.A.	

Continued on page 4

207A01I.EPS

VOLATILE ORGANIC COMPOUNDS (VOC Theoretical - As Packaged)

0.00 lb/gal	0 g/l	Less Water and Federally Exempt Solvents
0.00 lb/gal	0 g/l	Emitted VOC

Section 10 -- STABILITY AND REACTIVITY

STABILITY -- Stable

CONDITIONS TO AVOID

None known.

INCOMPATIBILITY

Contamination with Water, Alcohols, Amines and other compounds which react with isocyanates, may result in dangerous pressure in, and possible bursting of, closed containers.

HAZARDOUS DECOMPOSITION PRODUCTS

By fire: Carbon Dioxide, Carbon Monoxide

HAZARDOUS POLYMERIZATION

Will not occur

Section 11 -- TOXICOLOGICAL INFORMATION

CHRONIC HEALTH HAZARDS

No ingredient in this product is an IARC, NTP or OSHA listed carcinogen.

Persons sensitive to isocyanates will experience increased allergic reaction on repeated exposure.

TOXICOLOGY DATA

CAS No.	Ingredient Name				
822-06-0	Hexamethylene Diisocyanate (max.)				
		LC50	RAT	4HR	Not Available
		LD50	RAT		738 mg/kg
28182-81-2	Hexamethylene Diisocyanate Polymer				
		LC50	RAT	4HR	Not Available
		LD50	RAT		Not Available

Section 12 -- ECOLOGICAL INFORMATION

ECOTOXICOLOGICAL INFORMATION

No data available.

Section 13 -- DISPOSAL CONSIDERATIONS

WASTE DISPOSAL METHOD

Waste from this product is not hazardous as defined under the Resource Conservation and Recovery Act (RCRA) 40 CFR 261.

Incinerate in approved facility. Do not incinerate closed container. Dispose of in accordance with Federal, State/Provincial, and Local regulations regarding pollution.

Continued on page 5

207A01J.EPS

Section 14 -- TRANSPORT INFORMATION

US Ground (DOT)
Not Regulated for Transportation.

Canada (TDG)
Not Regulated for Transportation.

IMO
Not Regulated for Transportation.

Section 15 -- REGULATORY INFORMATION

SARA 313 (40 CFR 372.65C) SUPPLIER NOTIFICATION

CAS No.	CHEMICAL/COMPOUND	% by WT	% Element

No ingredients in this product are subject to SARA 313 (40 CFR 372.65C) Supplier Notification.

TSCA CERTIFICATION
All chemicals in this product are listed, or are exempt from listing, on the TSCA Inventory.

Section 16 -- OTHER INFORMATION

This product has been classified in accordance with the hazard criteria of the Canadian Controlled Products Regulations (CPR) and the MSDS contains all of the information required by the CPR.

The above information pertains to this product as currently formulated, and is based on the information available at this time. Addition of reducers or other additives to this product may substantially alter the composition and hazards of the product. Since conditions of use are outside our control, we make no warranties, express or implied, and assume no liability in connection with any use of this information.

207A01K.EPS

Apéndice B

Hojas de datos del producto

SHERWIN WILLIAMS

Industrial & Marine Coatings

POLY-LON® 1900

POLYESTER POLYURETHANE

PART A	B65-500	SERIES
PART B	B65V500	HARDENER

PRODUCT INFORMATION

Revised 6/05

PRODUCT DESCRIPTION

POLY-LON 1900 POLYESTER POLYURETHANE is a heavy duty, high performance, two component, exterior/interior, VOC compliant, high solids, polyester-aliphatic urethane. When properly cured, this dries to a super tough, "wet look", high gloss, flexible finish with maximum gloss retention, color retention, and chalk resistance. Designed to withstand aggressive industrial environments and provide excellent durability against severe weather conditions, prolonged exterior exposure, abrasion, impact, and general chemical attack.

- Retains its exterior appearance over a wide range of chemical, weather, and mechanical conditions.
- Superior exterior color and gloss retention.

RECOMMENDED USES

For use over prepared metal and masonry surfaces in industrial environments such as:

- Tank exteriors
- Pipelines
- Structural steel
- Bridges
- Marine vessels
- Rolling stock
- Conveyors
- Refineries
- Walls
- Floors

Conforms to AWWA D102-03 OCS #5 & #6.

- Suitable for use in USDA inspected facilities.

PRODUCT CHARACTERISTICS

Finish: High Gloss

Color: Wide range of colors available

Volume Solids: 65% ± 2%, mixed, may vary by color

Weight Solids: 76% ± 2%, mixed, may vary by color

VOC (EPA Method 24): mixed

Unreduced:	<340 g/L; 2.80 lb/gal	
Reduced 10%:	<388 g/L; 3.23 lb/gal	

May vary by Color

Mix Ratio: 3:1 by volume, 4 gallon mix

Recommended Spreading Rate per coat:

Wet mils:	3.0 - 4.5
Dry mils:	2.0 - 3.0
Coverage:	360 - 545 sq ft/gal approximate

NOTE: Brush or roll application may require multiple coats to achieve maximum film thickness and uniformity of appearance.

Drying Schedule @ 3.0 mils wet @ 50% RH:

	@50°F	@ 77°F	@100°F
To touch:	16 hours	2 hours	30 minutes
To handle:	24 hours	10 hours	2 hours
To recoat:			
minimum:	24 hours	12 hours	2 hours
maximum:	3 days	48 hours	24 hours
To cure:	7 days	7 days	5 days

If maximum recoat time is exceeded, abrade surface before recoating. Drying time is temperature, humidity, and film thickness dependent.

Pot Life:	5 hours	4 hours	45 minutes

Sweat-in-Time: None required

Shelf Life: 12 months, unopened
Store indoors at 40°F to 100°F.

Flash Point: 102°F TCC, mixed

Reducer/Clean Up: Reducer #132, R7K132

PERFORMANCE CHARACTERISTICS

System Tested: (unless otherwise indicated)
Substrate: Steel
Surface Preparation: SSPC-SP10
2 cts. Epolon II Primer @ 2.5 mils dft/ct
1 ct. Poly-Lon 1900 @ 2.0 mils dft

Abrasion Resistance:
Method: ASTM D4060, CS17 wheel, 1000 cycles, 1 kg load
Result: 76 mg loss (average of 5 trials)

Adhesion:
Method: ASTM D3359 Method B
Result: 5B, 100% Retention
Method: ASTM D4541
Result 1200 psi

Direct Impact Resistance:
Method: ASTM D2794
Result: 100 in. lb.

Dry Heat Resistance:
Method: ASTM D2485
Result: 200°F, 250°F intermittent

Exterior Durability:
Method: 2 years at 45° South
Result: Excellent, 87% gloss retention

Flexibility: (urethane only)
Method: ASTM D522, 180° bend, 1/4" mandrel
Result: Passes

Humidity Resistance:
Method: ASTM D4585, 100°F, 2000 hours
Result: No blistering, cracking, softening or delamination

Pencil Hardness:
Method: ASTM D3363
Result: 6H

Salt Fog Resistance:
Method: ASTM B117, 1000 hours
Result: Rating 10 per ASTM D610 for rusting, less than 1/16" creepage at scribe. No blistering, cracking, softening, or delamination of the film.

Meets the requirements of SSPC Paint No. 36, Levels 2 & 3

continued on back

207A02A.EPS

Sherwin Williams

Industrial & Marine Coatings

POLY-LON® 1900

POLYESTER POLYURETHANE

Part A	**B65-500**	**Series**
Part B	**B65V500**	**Hardener**

PRODUCT INFORMATION

Recommended Systems

Steel:

1-2 cts.	Epolon II Epoxy Primer @ 2.0 - 4.0 mils dft/ct
1-2 cts.	Poly-Lon 1900 Polyester Polyurethane @ 2.0 - 3.0 mils dft/ct

Steel:

1 ct.	Zinc Clad II Plus @ 3.0 - 5.0 mils dft
1 ct.	Epolon II Epoxy Primer @ 2.0 - 4.0 mils dft
1-2 cts.	Poly-Lon 1900 Polyester Polyurethane @ 2.0 - 3.0 mils dft/ct

Steel:

1 ct.	Epoxy Mastic Aluminum II @ 6.0 mils dft
1-2 cts.	Poly-Lon 1900 Polyester Polyurethane @ 2.0 - 3.0 mils dft/ct

Galvanizing:

1-2 cts.	Epolon II Epoxy Primer @ 2.0 - 4.0 mils dft/ct
1-2 cts.	Poly-Lon 1900 Polyester Polyurethane @ 2.0 - 3.0 mils dft/ct

Concrete/Masonry:

1 ct.	Kem Cati-Coat HS Epoxy Filler/Sealer @ 10.0 - 20.0 mils dft
1-2 cts.	Poly-Lon 1900 Polyester Polyurethane @ 2.0 - 3.0 mils dft/ct

The systems listed above are representative of the product's use. Other systems may be appropriate.

Surface Preparation

Surface must be clean, dry, and in sound condition. Remove all oil, dust, grease, dirt, loose rust, and other foreign material to ensure adequate adhesion.

Refer to product Application Bulletin for detailed surface preparation information.

Minimum recommended surface preparation:

* Iron & Steel:	SSPC-SP6/NACE 3, 1-2 mils profile
* Galvanizing:	SSPC-SP1
* Concrete & Masonry:	SSPC-SP13/NACE 6, or ICRI 03732, CSP 1-3

* Primer required

Tinting

Tint Part A with 844 Colorant at 200% tint strength. Five minutes minimum mixing on a mechanical shaker is required for complete mixing of color.

Application Conditions

Temperature:	40°F minimum, 100°F maximum (air, surface, and material) At least 5°F above dew point
Relative humidity:	75% maximum

Refer to product Application Bulletin for detailed application information.

Ordering Information

Packaging:	1 gallon mix:	4 gallon mix:
Part A:	.75 gallons	3 gallons
Part B:	1 quart	1 gallon

(premeasured components)

Weight per gallon:	11.4 ± 0.2 lb mixed, may vary with color

Safety Precautions

Refer to the MSDS sheet before use.

Published technical data and instructions are subject to change without notice. Contact your Sherwin-Williams representative for additional technical data and instructions.

Disclaimer

The information and recommendations set forth in this Product Data Sheet are based upon tests conducted by or on behalf of The Sherwin-Williams Company. Such information and recommendations set forth herein are subject to change and pertain to the product offered at the time of publication. Consult your Sherwin-Williams representative to obtain the most recent Product Data Information and Application Bulletin.

Warranty

The Sherwin-Williams Company warrants our products to be free of manufacturing defects in accord with applicable Sherwin-Williams quality control procedures. Liability for products proven defective, if any, is limited to replacement of the defective product or the refund of the purchase price paid for the defective product as determined by Sherwin-Williams. NO OTHER WARRANTY OR GUARANTEE OF ANY KIND IS MADE BY SHERWIN-WILLIAMS, EXPRESSED OR IMPLIED, STATUTORY, BY OPERATION OF LAW OR OTHERWISE, INCLUDING MERCHANTABILITY AND FITNESS FOR A PARTICULAR PURPOSE.

207A02B.EPS

SHERWIN WILLIAMS.

Industrial & Marine Coatings

5.23A

POLY-LON® 1900

POLYESTER POLYURETHANE

PART A	B65-500	SERIES
PART B	B65V500	HARDENER

APPLICATION BULLETIN

Revised 6/05

SURFACE PREPARATION

Surface must be clean, dry, and in sound condition. Remove all oil, dust, grease, dirt, loose rust, and other foreign material to ensure adequate adhesion.

Iron & Steel

Remove all oil and grease from surface by Solvent Cleaning per SSPC-SP1. Minimum surface preparation is Commercial Blast Cleaning per SSPC-SP6/NACE 3. For better performance, use Near White Metal Blast Cleaning per SSPC-SP10/ NACE 2. Blast clean all surfaces using a sharp, angular abrasive for optimum surface profile (1-2 mils). Prime any bare steel the same day as it is cleaned or before flash rusting occurs.

Galvanized Steel

Allow to weather a minimum of six months prior to coating. Solvent Clean per SSPC-SP1. When weathering is not possible, or the surface has been treated with chromates or silicates, first Solvent Clean per SSPC-SP1 and apply a test patch. Allow paint to dry at least one week before testing adhesion. If adhesion is poor, brush blasting per SSPC-SP7 is necessary to remove these treatments. Rusty galvanizing requires a minimum of Hand Tool Cleaning per SSPC-SP2, prime the area the same day as cleaned or before flash rusting occurs.

Poured Concrete

New

For surface preparation, refer to SSPC-SP13/NACE 6, or ICRI 03732, CSP 1-3. Surfaces must be clean, dry, sound and offer sufficient profile to achieve adequate adhesion. Minimum substrate cure is 28 days at 75°F. Remove all form release agents, curing compounds, salts, efflorescence, laitance, and other foreign matter by sandblasting, shotblasting, mechanical scarification, or suitable chemical means. Refer to ASTM D4260. Rinse thoroughly to achieve a final pH between 8.0 and 10.0. Allow to dry thoroughly prior to coating.

Old

Surface preparation is done in much the same manner as new concrete, however, if the concrete is contaminated with oils, grease, chemicals, etc., they must be removed by cleaning with a strong detergent. Refer to ASTM D4258. Form release agents, hardeners, etc. must be removed by sandblasting, shotblasting, mechanical scarification, or suitable chemical means. If surface deterioration presents an unacceptably rough surface, Kem Cati-Coat HS Epoxy Filler/Sealer is recommended to patch and resurface damaged concrete. Fill all cracks, voids and bugholes with ArmorSeal Crack Filler.

Always follow the standard methods listed below:

ASTM D4258 Standard Practice for Cleaning Concrete.
ASTM D4259 Standard Practice for Abrading Concrete.
ASTM D4260 Standard Practice for Etching Concrete.
ASTM F1869 Standard Test Method for Measuring Moisture Vapor Emission Rate of Concrete.
SSPC-SP 13/Nace 6 Surface Preparation of Concrete.
ICRI 03732, Concrete Surface Preparation

APPLICATION CONDITIONS

Temperature:	40°F minimum, 100°F maximum (air, surface, and material) At least 5°F above dew point
Relative humidity:	75% maximum

APPLICATION EQUIPMENT

The following is a guide. Changes in pressures and tip sizes may be needed for proper spray characteristics. Always purge spray equipment before use with listed reducer. Any reduction must be compatible with the existing environmental and application conditions.

Reducer/Clean Up .... Reducer #132, R7K132

Airless Spray

Pressure .... 2400 - 3000 psi
Hose .... 3/8" ID
Tip .... .013" - .017"
Filter .... 60 mesh
Reduction .... As needed up to 10% by volume

Conventional Spray

Gun .... Binks 95
Cap 63P
Tip 66
Atomization Pressure ... 50 - 60 psi
Fluid Pressure .... 20 - 30 psi
Reduction .... As needed up to 10% by volume

Brush

Brush .... Natural Bristle
Reduction .... Not recommended

Roller

Cover .... 1/4" woven with phenolic core
Reduction .... Not recommended

If specific application equipment is not listed above, equivalent equipment may be substituted.

continued on back

207A02C.EPS

SHERWIN WILLIAMS

Industrial & Marine Coatings

5.23A

POLY-LON® 1900

POLYESTER POLYURETHANE

Part A	**B65-500**	**Series**
Part B	**B65V500**	**Hardener**

APPLICATION BULLETIN

Application Procedures

Surface preparation must be completed as indicated.

Mix contents of each component thoroughly with power agitation. Make certain no pigment remains on the bottom of the can. Then combine three parts by volume of Part A with one part by volume of Part B. Thoroughly agitate the mixture with power agitation. Allow the material to sweat-in as indicated. Re-stir before using.

If reducer is used, add only after both components have been thoroughly mixed, after sweat-in.

Apply paint at the recommended film thickness and spreading rate as indicated below:

Recommended Spreading Rate per coat:

Wet mils:	3.0 - 4.5
Dry mils:	2.0 - 3.0
Coverage:	360 - 545 sq ft/gal approximate

NOTE: Brush or roll application may require multiple coats to achieve maximum film thickness and uniformity of appearance.

Drying Schedule @ 3.0 mils wet @ 50% RH:

	@50°F	@ 77°F	@100°F
To touch:	16 hours	2 hours	30 minutes
To handle:	24 hours	10 hours	2 hours
To recoat:			
minimum:	24 hours	12 hours	2 hours
maximum:	3 days	48 hours	24 hours
To cure:	7 days	7 days	5 days

If maximum recoat time is exceeded, abrade surface before recoating. Drying time is temperature, humidity, and film thickness dependent.

Pot Life:	5 hours	4 hours	45 minutes

Sweat-in-Time: none required

Application of coating above maximum or below minimum recommended spreading rate may adversely affect coating performance.

Performance Tips

Stripe coat all crevices, welds, and sharp angles to prevent early failure in these areas.

When using spray application, use a 50% overlap with each pass of the gun to avoid holidays, bare areas, and pinholes. If necessary, cross spray at a right angle.

Spreading rates are calculated on volume solids and do not include an application loss factor due to surface profile, roughness or porosity of the surface, skill and technique of the applicator, method of application, various surface irregularities, material lost during mixing, spillage, overthinning, climatic conditions, and excessive film build.

Excessive reduction of material can affect film build, appearance, and adhesion.

Do not apply the material beyond recommended pot life.

Do not mix previously catalyzed material with new.

In order to avoid blockage of spray equipment, clean equipment before use or before periods of extended downtime with Reducer #132, R7K132.

Mixed coating is sensitive to water. Use water traps in all air lines. Moisture contact can reduce pot life and affect gloss and color.

E-Z Roll Urethane Defoamer is acceptable for use. See data page 5.99 for details.

Quik-Thane Urethane Accelerator is acceptable for use. See data page 5.97 for details.

Refer to Product Information sheet for additional performance characteristics and properties.

Clean Up Instructions

Clean spills and spatters immediately with Reducer #132, R7K132. Clean tools immediately after use with Reducer #132, R7K132. Follow manufacturer's safety recommendations when using any solvent.

Safety Precautions

Refer to the MSDS sheet before use.

Published technical data and instructions are subject to change without notice. Contact your Sherwin-Williams representative for additional technical data and instructions.

Disclaimer

The information and recommendations set forth in this Product Data Sheet are based upon tests conducted by or on behalf of The Sherwin-Williams Company. Such information and recommendations set forth herein are subject to change and pertain to the product offered at the time of publication. Consult your Sherwin-Williams representative to obtain the most recent Product Data Information and Application Bulletin.

Warranty

The Sherwin-Williams Company warrants our products to be free of manufacturing defects in accord with applicable Sherwin-Williams quality control procedures. Liability for products proven defective, if any, is limited to replacement of the defective product or the refund of the purchase price paid for the defective product as determined by Sherwin-Williams. NO OTHER WARRANTY OR GUARANTEE OF ANY KIND IS MADE BY SHERWIN-WILLIAMS, EXPRESSED OR IMPLIED, STATUTORY, BY OPERATION OF LAW OR OTHERWISE, INCLUDING MERCHANTABILITY AND FITNESS FOR A PARTICULAR PURPOSE.

207A02D.EPS

Apéndice C

VISTA EN DESPIECE DE UNA PISTOLA ROCIADORA DE AIRE CONVENCIONAL

LISTA DE PIEZAS

1	CASQUILLO DE AIRE	1	22	VÁLVULA DE AGUJA	1
2	BOQUILLA DE FLUIDO	1	23	ANILLO	1
3	CONJUNTO DE CABEZA Y CUERPO	1	24	CONJUNTO DE CONTROL DE FLUIDO	1
4	Cabeza	1	25	Tornillo	1
5	Tornillo	1	26	Resorte	1
6	Cuerpo	1	27	Anillo	1
7	TORNILLO, gatillo	1	28	Cuerpo	1
8	PERNO, gatillo	1	29	CONEXIÓN	1
9	CONJ. DE CONTROL DE PUERTO LAT.	1	30	GATILLO	1
10	Vástago	1	31	CONJUNTO DE VÁLVULA DE AIRE	1
11	Resorte	1	32	Tuerca	1
12	Arandela	1	33	Empaque (conjunto de 5)	1
13	Empaque (Conjunto De 5)	1	34	Cuerpo	
14	Mandril	1	35	Vástago	1
15	Junta	1	36	RESORTE	1
16	Carcasa	1	37	JUNTA	1
17	Perilla	1	38	MANGA	1
18	Arandela	1	39	RETENEDOR	1
19	Tornillo	1	40	CONTACTO DESLIZANTE	1
20	JUNTA	1	41	EMPAQUE	1
21	CARCASA	1	42	TUERCA	1

207A03B.EPS

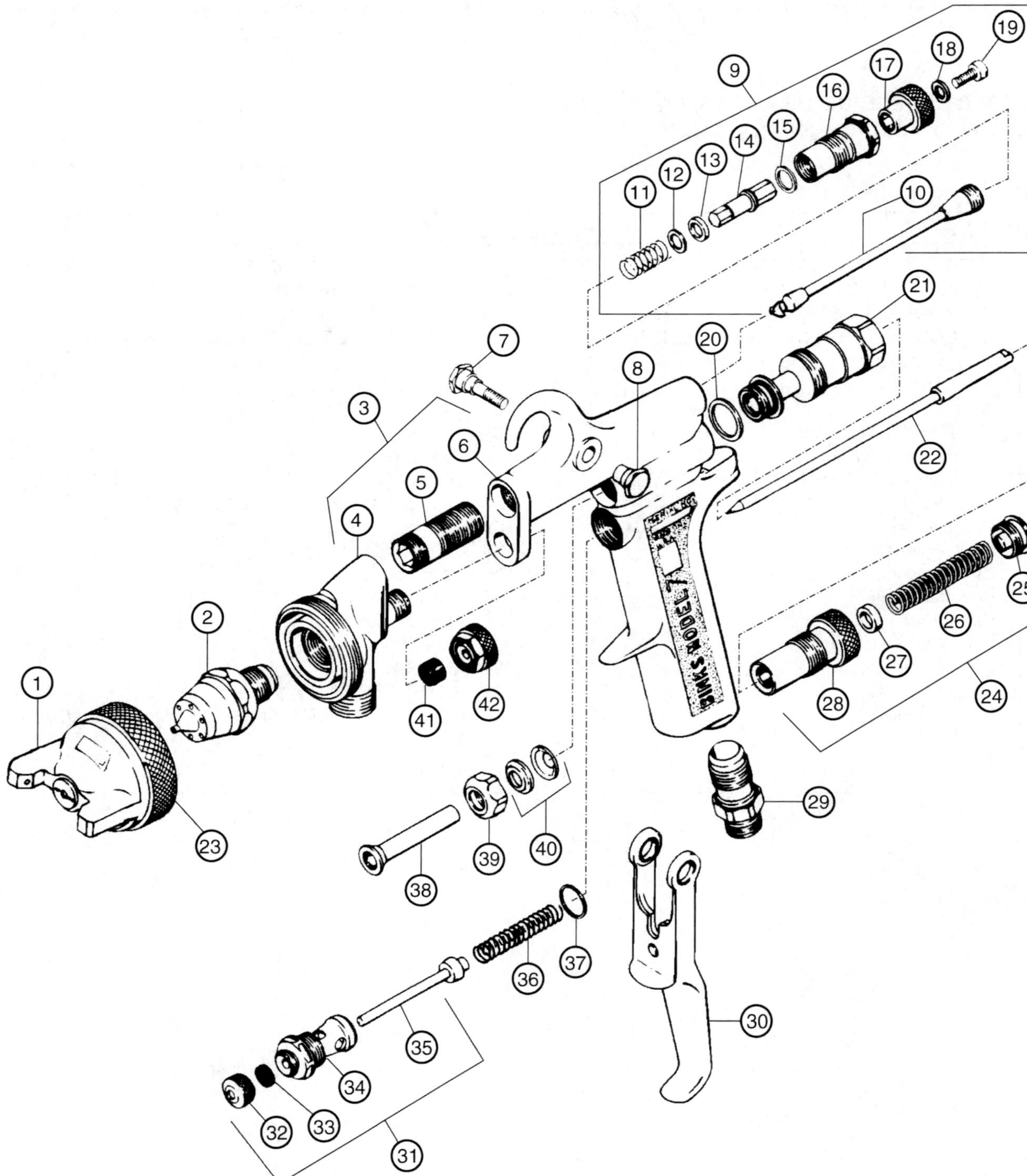

1
2
3
4
5
6
7
8
9
10
11
12
13
14
15
16
17
18
19
20
21
22
23
24
25
26
27
28
29
30
31
32
33
34
35
36
37
38
39
40
41
42
BINKS MODEL 7

207A03A.EPS

Vista en despiece de una pistola rociadora sin aire típica

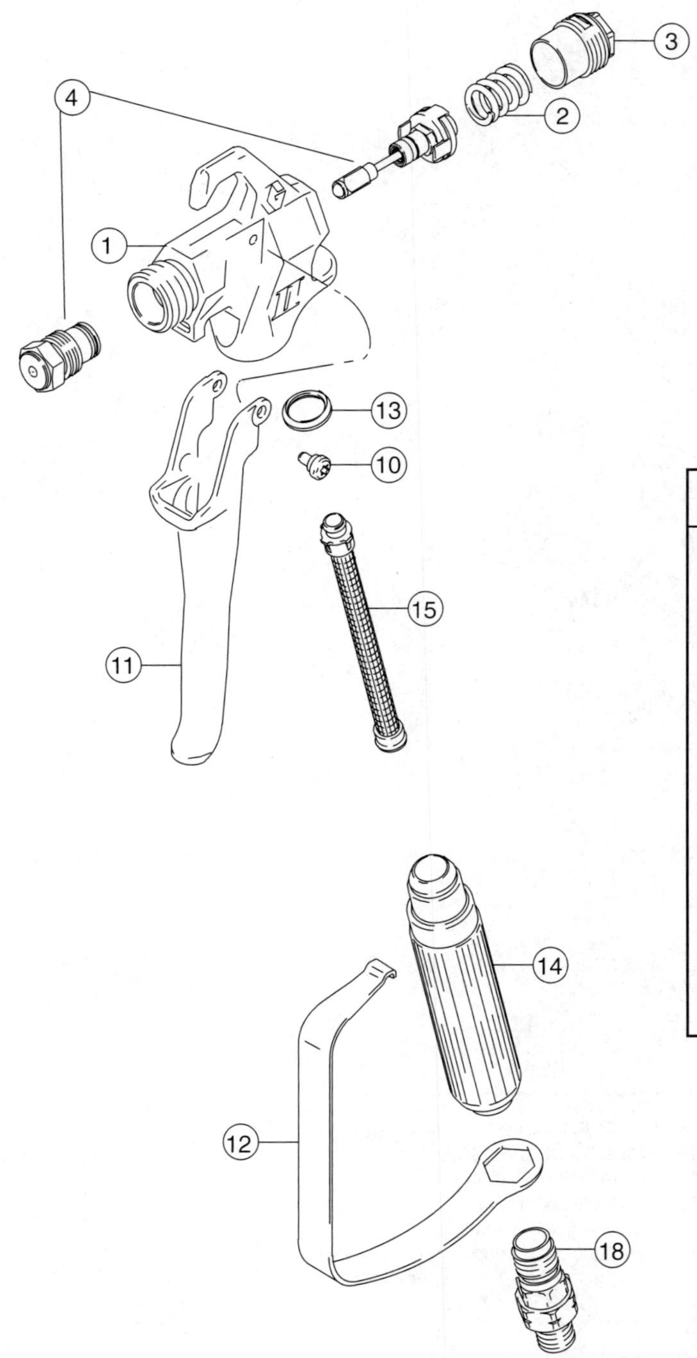

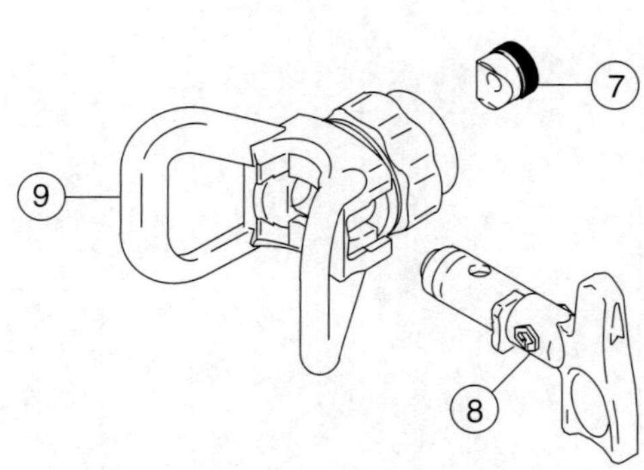

LISTA DE PIEZAS

1	CARCASA	1
2	RESORTE, compresión	1
3	TUERCA, extremo	1
4	CONJUNTO, aguja, reparación (Incluye 2)	1
7	SELLO	1
8	PUNTA DE INTERRUPTOR	1
9	PROTECCIÓN DE PUNTA	1
10	TORNILLO, tope, cabeza troncocónica (incluido con n.º 11)	2
11	GATILLO, 2 dedos/4 dedos	1
12	PROTECCIÓN, gatillo	1
13	SELLO, manga	1
14	MANGO	1
15	FILTRO, malla 60/100/60 y 100	1
16	MANGUITO, giratorio (no se muestra)	1
18	ESLABÓN GIRATORIO	1

207A03C.EPS

VISTA EN DESPIECE DE UNA PISTOLA ROCIADORA SIN AIRE ASISTIDA POR AIRE TÍPICA

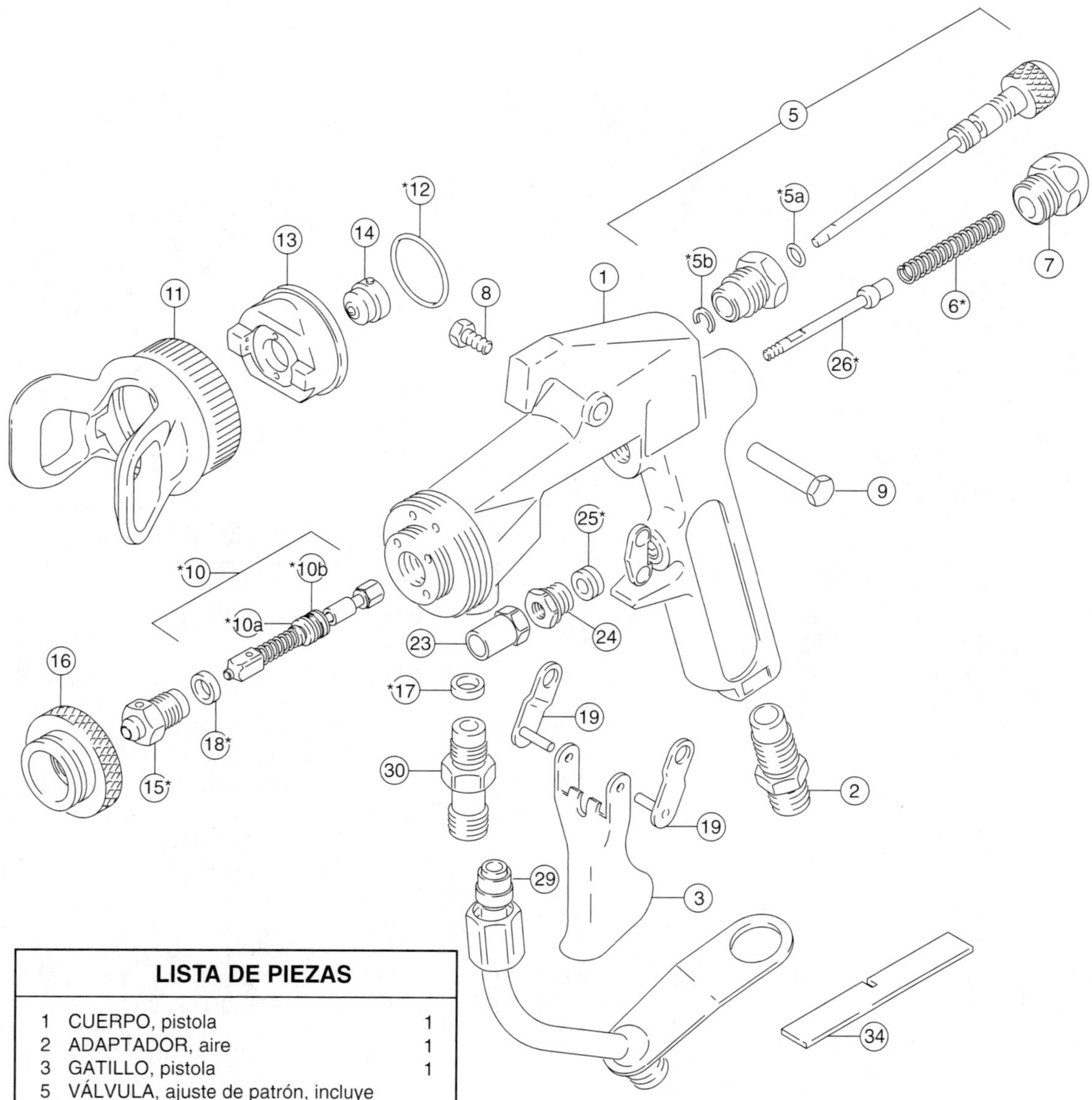

LISTA DE PIEZAS

1	CUERPO, pistola	1
2	ADAPTADOR, aire	1
3	GATILLO, pistola	1
5	VÁLVULA, ajuste de patrón, incluye art. 5a y 5b:	
	5a* JUNTA TÓRICA, caucho de nitrilo	1
	5b* RETENEDOR, sujetador	1
6*	RESORTE, compresión, válvula de aire	1
7	CASQUILLO, válvula de aire	1
8	ORNILLO, cabeza hexagonal de 10-24 x 0,375" (0,95 cm) de largo	1
9	PASADOR, giratorio	1
10	AGUJA, fluido, incluye art. reemplazables 10a y 10b:	
	10a* JUNTA TÓRICA; CV75	1
	10b* ANILLO, seguridad; PTFE®	1
11	PROTECCIÓN, punta	1
12*	UNTA TÓRICA, PTFE	1
13	CASQUILLO DE AIRE	1

14	PUNTA ROCIADORA; a elección del cliente	1
15*	ASIENTO DE DIFUSOR	1
16	SEPARADOR, aire	1
17*	JUNTA, fluido, Delrin®; se envía 1 sin ensamblar	2
18*	UNTA, fluido; homopolímero de acetal (negro) se envía 1 sin ensamblar.	2
19	EXTENSIÓN DE GATILLO	2
23	TUERCA, aguja	1
24	TUERCA, empaque, aire	1
25*	COPA EN U, PTFE	1
26*	VÁLVULA, aire	1
29	PROTECCIÓN, gatillo	1
30	CONECTOR, fluido	1

207A03D.EPS

VISTA EN DESPIECE DE UNA PISTOLA ROCIADORA HVLP TÍPICA

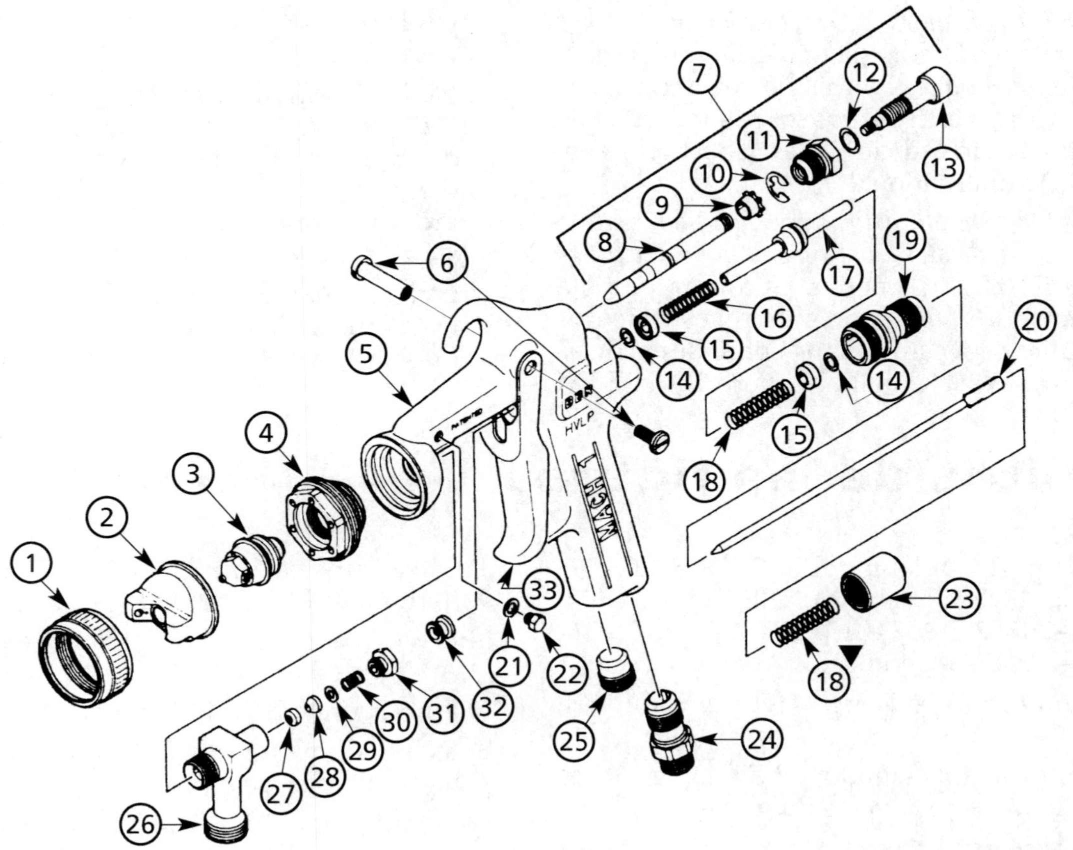

LISTA DE PIEZAS

1	ANILLO DE RETENCIÓN (metal)	1
2	BOQUILLA DE AIRE	1
3	BOQUILLA DE FLUIDO	1
4	INSERCIÓN DE CABEZA	1
5	CONJ. DEL CUERPO DE LA PISTOLA	1
6	CONJ. DE TORNILLO Y PERNO DE GATILLO	1
7	CONJ. DE CONTROL DE PUERTO LATERAL	1
8	VÁSTAGO DE CONTROL	1
9	CASQUILLO DE GUÍA	1
10	ANILLO DE RETENCIÓN	1
11	CUERPO DE CONTROL	1
12	JUNTA TÓRICA	1
13	TORNILLO DE CONTROL	1
14	JUNTA TÓRICA (Teflon)	1
15	RETENEDOR DE SELLO	1
16	RESORTE (amarillo)	1
17	CONJUNTO DE MANDRL	1
18	RESORTE (azul)	2
19	CARCASA	1
20	AGUJA DE FLUIDO (acero inoxidable)	1
21	JUNTA	1
22	TAPÓN	1
23	PERILLA DE CONTROL DE FLUIDO	1
24	CONEXIÓN DE AIRE	1
25	TAPÓN	1
26	ENTRADA DE FLUIDO (acero inoxidable)	1
27	ADAPTADOR DE PRENSAESTOPA	
28	SELLO DE AGUJA	
29	REFUERZO DE SELLO	
30	RESORTE	
31	TUERCA DE EMPAQUE	
32	TAPA DE MANDRIL DE VÁLVULA	1
33	GATILLO	1

207A03E.EPS

Recursos adicionales

Este módulo presenta recursos detallados para el entrenamiento en las tareas. Para ampliar los estudios, recomendamos el siguiente material de referencia.

ASTM D4227, Standard Practice for Qualification of Coating Applicators for Application of Coatings to Concrete Surfaces (Práctica estándar para la calificación de aplicadores de revestimientos para aplicar revestimientos sobre superficies de concreto). Última edición. West Conshohocken, PA: ASTM International.

ASTM D4228, Standard Practice for Qualification of Coating Applicators for Application of Coatings to steel Surfaces (Práctica estándar para la calificación de aplicadores de revestimientos para aplicar revestimientos sobre superficies de acero). West Conshohocken, PA: ASTM International.

NACE International; para obtener información y recursos sobre control de la corrosión, visite www.nace.org

SSPC-PA 2, Measurement of Dry Coating Thickness With Magnetic Gages (Medición del espesor de revestimientos secos con medidores magnéticos). Pittsburgh, PA: Society for Protective Coatings, 2004.

The Protective Coating User's Handbook (Manual para el usuario de revestimientos protectores). Dr. Louis D. Vincent. Houston, Texas: NACE Press, 2004.

Créditos de las figuras

Graco Inc., portada del módulo, 207F08, 207F12, 207F16, 207F17 (abajo), 207F18–207F22, 207F24–207F27, 207T01, 207T02A, 207T02B, 207F30–207F34, Apéndice D, Apéndice E

©iStockphoto.com/stayorgo (Jeffrey Zavitski), 207F01

©iStockphoto.com/kajetan, 207F02 (guantes resistentes a los productos químicos)

North Safety Products USA, 207F02 (guantes resistentes al calor), 207F03 (respirador de máscara completa), 207F05

Scott Health and Safety, 207F03 (respirador de media máscara), 207F04

Red Devil Inc., 207F06

Miracle Paint Rejuvenator Company, Inc., 207F07 (unidad de cinco galones)

Greg Londrigan, Hougen Mfg., 207F07 (unidad de un galón)

Rogers & Associates Consulting Services, 207F09

Norcross Corporation, www.viscosity.com, 617-969-7020, 207F10

Topaz Publications, Inc., 207F11, 207F14 (termómetro electrónico)

Sherwin-Williams Co., 207F13, Apéndice A, Apéndice B

TSI Incorporated, 204F14 (anemómetro)

Extech Instruments, 207F14 (psicrómetro digital, higrómetro electrónico)

Fotografía cortesía de Paul N. Gardner Company, Inc., 207F15, 207F42 (detector de bajo voltaje)

ITW Finishing Innovations, 207F17 (las tres superiores), 207F23, 207F28, 207F29, Apéndice C

Bry-Air, Inc., www.bry-air.com, 207F35

TEMP-AIR, Inc., 207F36–207F39

Altex Coatings Limited, 207F40

DeFelsko Corporation, 207F41

Elcometer, Inc., 800-521-0635, www.elcometer.com, 207F42 (detector de alto voltaje)

NACE International, 207T03

CURRÍCULO DE NCCER - COMENTARIOS DEL USUARIO

NCCER hace el esfuerzo de mantener estos libros de texto actualizados y libres de errores técnicos. Apreciamos su ayuda en este proceso. Si encuentra algún error, ya sea tipográfico o de contenido, en el currículo de NCCER, haga el favor de completar este formulario (o una fotocopia de él) o el formulario en línea en **www.nccer.org/olf**. Asegúrese de incluir el número exacto del módulo, la página, una descripción detallada y la corrección recomendada. Su comentario será puesto en conocimiento del comité técnico de revisión. Gracias por su ayuda.

Instructores: si tiene una idea para mejorar este libro de texto o encontró que algún material adicional es necesario para enseñar este módulo con eficacia, por favor háganoslo saber para que podamos presentar sus sugerencias al comité técnico de revisión.

NCCER Product Development and Revision

13614 Progress Blvd., Alachua, FL 32615

Correo electrónico: curriculum@nccer.org

En internet: www.nccer.org/olf

❑ Guía del estudiante ❑ AIG ❑ Examen ❑ PowerPoints Otro ____________________________

Oficio / nivel Fecha de copyright :

Número/título del módulo:

Número(s) de sección:

Descripción:

Corrección recomendada:

Su nombre:

Dirección:

Correo electrónico: Teléfono:

Glosario

Accidente: evento no planificado precedido por un acto inseguro, una condición de inseguridad o ambos que interrumpe las actividades y muchas veces resulta en lesiones personales o daño a la propiedad.

Agregado: piedra triturada o grava que se tamiza para usarla en el concreto.

Aire de relleno: aire que reemplaza al aire que ha escapado del recinto de contención.

Anclaje: punto de sujeción seguro para líneas de vida, cuerdas salvavidas o dispositivos de desaceleración.

Andamiaje colgante de dos puntos: plataforma manual o a motor que está sostenida por soportes colgantes en dos puntos suspendidos desde otros soportes que se encuentran por encima de la altura de la cabeza en un modo que permite elevar o descender la plataforma a la posición de trabajo.

Andamiaje: estructura temporal sostenida o plataforma o área de trabajo colgante diseñada para soportar trabajadores, materiales y equipos en lugares de trabajo elevados o inaccesibles por algún otro motivo.

Aparato: grupo de máquinas usadas en conjunto para realizar una tarea específica.

Arco: flujo de corriente eléctrica de un punto a otro a través de un gas como el aire.

Área: espacio que encierra una figura bidimensional.

Arnés de cuerpo entero: correas que se pueden asegurar al trabajador en un modo que distribuirá las fuerzas de detención de caídas en, al menos, los muslos, la pelvis, la cintura, el pecho y los hombros, con medios para sujetarlas a otros componentes de un sistema personal de detención de caídas.

Atomización: reducción a partículas finas o rocío.

Bloqueo: colocación de un dispositivo de bloqueo en un dispositivo de aislamiento de energía, de acuerdo con un procedimiento establecido, para garantizar que no se pueda operar el dispositivo de aislamiento de energía ni el equipo sometido a control hasta que el dispositivo de bloqueo sea retirado.

Borde que sobresale: borde de un piso, techo o armazón u otra superficie para trabajar o caminar (como las plataformas) que cambia de ubicación a medida que se colocan, forman o construyen más pisos, techos, plataformas o armazones. Un borde que sobresale se considera una parte y un borde sin protección durante los periodos en que la superficie no se encuentra activa y continuamente en construcción.

Caída libre: el acto de caer antes de que un sistema personal de detención de caídas comience a aplicar fuerza para detener la caída.

Capa de enlace: revestimiento que es compatible tanto con el existente como con el nuevo.

Ciclo de limpieza abrasiva y revestimiento: ciclo diario entre las actividades de preparación de superficies y aplicación de revestimientos.

Cilindro: forma creada por un círculo que se mueve en línea recta a través de un espacio perpendicular a la superficie del círculo.

Circunferencia: línea que encierra una figura bidimensional y cuyos puntos están todos a la misma distancia del centro.

Clasificación de servicio: clasificación del Instituto Nacional Estadounidense de Normas (ANSI, American National Standards Institute) asignada a las escaleras. Indica el tipo de uso para el cual la escalera está diseñada (industrial, comercial, familiar) y el límite máximo de carga de servicio (capacidad de peso) de la escalera. El límite de carga de servicio es el peso máximo combinado del usuario, las herramientas y todos los materiales que se concentran en los escalones de una escalera.

Combustible: aire o materiales que pueden explotar y provocar un incendio.

Con puesta a tierra: conectado a tierra o a un cuerpo conductor que extiende la conexión a tierra.

Conector: dispositivo que se usa para acoplar (conectar) piezas del sistema personal de detención de caídas con los sistemas de dispositivos de posicionamiento. Puede tratarse de un componente independiente del sistema, como un gancho. También se puede tratar de un componente integral de parte del sistema, como por ejemplo una hebilla o una argolla D cosida a un cinturón o un arnés de cuerpo entero o un mosquetón empalmado o cosido a una cuerda de seguridad.

Cuerda salvavidas: cuerda flexible, cable o correa que generalmente tiene un conector en cada extremo para conectar el cinturón o el arnés de cuerpo entero con un dispositivo de desaceleración, una cuerda de seguridad o un anclaje.

Cuerno de descarga: una de dos protuberancias que expulsa aire y material en un patrón de dispersión desde la boquilla de una pistola rociadora convencional.

Cumplimiento: plan de seguridad que cumple con los estándares mínimos de seguridad de la OSHA.

Decibeles (dB): medida de intensidad o volumen del sonido. Cuanto más alto es el nivel de decibeles, más fuerte, y por lo tanto, potencialmente más dañino, es el sonido.

Deficiente en oxígeno: atmósfera en la cual no hay suficiente oxígeno. Normalmente se considera así cuando está por debajo del 19,5 % de oxígeno por volumen.

Desecante: material que atrae y retiene vapor de agua.

Difuminar: trabajar los bordes de un área reparada de manera que haya una transición suave entre la zona de reparación y el revestimiento aislante de sonido.

Dispositivo de aislamiento de energía: cualquier dispositivo mecánico que evite físicamente la transmisión o la liberación de energía. Esto comprende, entro otros, los disyuntores eléctricos operados manualmente, los interruptores, las válvulas de línea y los bloqueadores.

Dispositivo de bloqueo: cualquier dispositivo que utilice un medio positivo, como un candado, para mantener un dispositivo de aislamiento de energía en una posición segura y evitar que se energice una máquina o un equipo.

Dispositivo de etiquetado: cualquier dispositivo notorio de advertencia, tal como una etiqueta y un medio de fijación, que pueda ser colocado de forma segura a un dispositivo de aislamiento de energía de acuerdo con un procedimiento establecido. La etiqueta indica que no se puede operar la máquina o el equipo al que se encuentra fijada, hasta que el dispositivo de etiquetado sea retirado de acuerdo con el procedimiento de control de energía.

Disyuntor diferencial a tierra: dispositivo de protección que actúa para desenergizar un circuito o una parte de él dentro de un período establecido cuando una corriente a tierra supera un valor predeterminado. Este valor es menor al requerido para activar el dispositivo de protección por sobrecorriente del circuito de suministro.

Efecto agudo: reacción inmediata a la exposición química, como náuseas o la muerte.

Efecto crónico: reacción demorada o de largo plazo a una exposición química. Los efectos crónicos pueden resultar en enfermedades graves, como el cáncer.

Electrolito: material no metálico que es capaz de conducir un flujo de corriente eléctrica, tal como un líquido en el cual se ha disuelto sal.

Emisiones: materiales que se escapan del área de contención, incluidas las columnas de partículas de materiales que se desplazan por el aire, los abrasivos, las astillas de pintura, los residuos, los derrames y las fugas de agua.

Enriquecida en oxígeno: atmósfera en la cual hay demasiado oxígeno. Normalmente se considera así cuando está por encima del 23,5 % de oxígeno por volumen.

Entrada: área de una estructura de contención por la cual los trabajadores pueden entrar y salir de un sistema de contención y ventilación.

Espacio cerrado que no requiere permiso de entrada: espacio de trabajo libre de todo riesgo mecánico, físico, eléctrico y atmosférico que pueda ocasionar lesiones o la muerte.

Espacio cerrado que requiere permiso: espacio cerrado que presenta riesgos reales o potenciales. Estos riesgos pueden ser atmosféricos, físicos, eléctricos o mecánicos.

Espacio cerrado: área que es lo suficientemente grande para que una persona trabaje dentro, pero con medios limitados de ingreso y egreso, y cuyo fin no es la ocupación humana continua.

Estándar de Comunicación de Riesgos (HazCom): reglamentación federal de la OSHA que requiere que los empleadores eduquen e informen a los trabajadores sobre los riesgos químicos en el lugar de trabajo (*29 CFR 1910.1200*).

Estructura de soporte: estructura sobre la cual se monta el material de contención.

Etiquetado: colocación de un dispositivo de etiquetado en un dispositivo de aislamiento de energía, de acuerdo con un procedimiento establecido, para indicar que el dispositivo de aislamiento de energía y el equipo que se está controlando no pueden ser activados hasta que el dispositivo de etiquetado sea retirado.

Exponente: número o símbolo ubicado a la de¬recha y encima de otro número, símbolo o expre¬sión, y que denota la potencia a la cual se debe elevar este último número, símbolo o expresión.

Exposición aguda: exposición de corto plazo, generalmente intensa, a una sustancia química.

Exposición crónica: exposición de largo plazo, generalmente de bajas dosis, a una sustancia química.

Flujo de aire forzado: aire que se suministra a un área de contención mediante el uso de ventiladores y sopladores.

Fuente de energía: cualquier fuente de energía eléctrica, mecánica, hidráulica, neumática, química, térmica u otra.

Herramientas con fuente de energía: herramientas que necesitan una fuente de energía, ya sea eléctrica, hidráulica o neumática, para funcionar.

Herramientas de impacto: herramientas que deben golpear o ser golpeadas para cumplir su tarea. Entre estas herramientas se encuentran los martillos, los cinceles y los machuelos.

Herramientas eléctricas: herramientas que usan corriente eléctrica para funcionar.

Herramientas neumáticas: herramientas que usan aire a presión para funcionar.

Hidrocarburos: productos derivados del petróleo, tales como el aceite y la grasa.

Higrómetro: dispositivo para medir la humedad.

Hipotermia: situación que hace peligrar la vida, ocasionada por la exposición a temperaturas muy bajas.

Hoja de datos de seguridad de materiales (MSDS): documento que debe acompañar a todos los materiales peligrosos. Identifica la sustancia e indica los límites de exposición, las características físicas y químicas, el tipo de peligro que presenta, las precauciones para un manejo y uso seguro, y medidas específicas de control.

Impenetrables: materiales que el polvo y el viento no pueden atravesar ni penetrar.

Impermeables: materiales que el agua no puede atravesar ni penetrar.

Iones: partículas cargadas eléctricamente.

Límite de exposición a corto plazo (LECP): la concentración más alta de un material transmitido por el aire a la que los trabajadores pueden estar expuestos durante un período de tiempo prescrito.

Límite explosivo superior (LES): la mayor cantidad de concentración de vapor en el aire que puede explotar. Las concentraciones de vapor superiores al LES han desplazado tanta cantidad de oxígeno que no hay suficiente oxígeno en el aire para que explote.

Línea de vida autorretráctil: dispositivo de desaceleración que contiene una cuerda que se enrolla en un tambor y se puede extraer del tambor, o retraer, bajo leve tensión durante el movimiento normal del empleado y el cual, después del inicio de la caída, traba automáticamente el tambor y detiene la caída.

Línea de vida: componente que consiste en una cuerda flexible conectada verticalmente a un anclaje por un extremo (cuerda de seguridad vertical) o conectada a un anclaje horizontalmente por ambos extremos (cuerda de seguridad horizontal) y que sirve como medio para conectar otros componentes de un sistema personal de detención de caídas a un anclaje.

Microsiemens: unidades de conductividad eléctrica.

Noble: término que se utiliza para describir un metal resistente a la corrosión.

Opacidad: capacidad de un revestimiento de cubrir u ocultar un sustrato.

Oxidación instantánea: oxidación que se produce desde el momento en que se inicia el proceso de hidrolavado hasta el momento en que se seca el agua utilizada en ese proceso.

Perpendicular: que forma un ángulo recto con el plano de una línea o superficie.

Persona competente: persona designada por la empresa que puede identificar las condiciones o entornos laborales que sean poco sanos, riesgosos o peligrosos para los empleados y que cuenta con autorización para corregir o eliminar rápidamente estas condiciones.

Pi: constante que define la relación entre el diámetro y la circunferencia, o el radio y el área, de un círculo.

Plan de mejores prácticas: plan de seguridad que incluye las mejores prácticas y equipos disponibles para garantizar la seguridad del trabajador.

Plasma: gas ionizado que se crea al pasar un gas, tal como argón, nitrógeno, helio o hidrógeno, por un arco eléctrico. Los componentes atómicos del gas se separan y luego se recombinan, y producen así una cantidad enorme de energía.

Plataforma: superficie de trabajo más elevada que otros niveles. Las plataformas se pueden construir con tablas de madera individuales, tablas fabricadas, tablas prefabricadas o plataformas fabricadas.

Presión negativa: condición de un recinto en la cual sale más aire del que ingresa.

Promedio ponderado de tiempo (PPT): límite de tiempo al que un trabajador puede estar expuesto a un material durante cierto período, dado por lo general en horas de trabajo permitido por día o semana.

Protecciones: dispositivos que protegen a los operadores de herramientas de partes móviles peligrosas como cuchillas, engranajes y poleas.

Prueba de tamiz: prueba que se realiza en los abrasivos cuando se los recibe, para ver si su tamaño coincide con la especificación.

Prueba en área reducida: prueba utilizada en operaciones de revestimiento en la cual el revestimiento seleccionado se aplica en un área pequeña del revestimiento existente para ver si son compatibles.

Radio: línea recta que une el centro de un círculo con un punto del borde del círculo.

Resistentes a las llamas : materiales que tardan en arder, pero continúan haciéndolo una vez que se encienden.

Retardadores de llama: materiales que dejan de arder cuando se ha eliminado el fuego.

Revestimiento de barrera: revestimiento que protege a un sustrato de la humedad y el oxígeno.

Revestimiento de curado por condensación: revestimiento en el cual reaccionan una o más moléculas orgánicas, que así forman una nueva unión y desprenden una molécula de agua.

Revestimiento de curado por correacción: revestimiento que requiere agregar un activador o catalizador al material base. También se llama revestimiento de componentes múltiples, multicomponentes o pluricomponentes.

Revestimiento de curado por hidratación: revestimiento que se cura mediante un proceso denominado hidratación, en el cual se combina agua químicamente con el revestimiento y sus componentes.

Revestimiento de curado por oxidación: revestimiento que contiene aceite vegetal que cura mediante un proceso denominado oxidación, en el cual los ingredientes del revestimiento reaccionan con el oxígeno contenido en el aire.

Revestimiento de sacrificio: revestimiento que se corroe para preservar el metal que recubre.

Revestimiento inhibidor: revestimiento que contiene pigmentos que reaccionan con la humedad absorbida dentro del revestimiento y luego con la superficie de acero, y así logran la pasivación del metal e interfieren con el proceso de corrosión.

Riesgo atmosférico: peligro potencial en el aire o condición de mala calidad del aire.

Sílice: compuesto cristalino blanco o incoloro que se usa para fabricar una gran variedad de materiales, en especial vidrio y concreto.

Sistema personal de detención de caídas: sistema usado para detener a un empleado en una caída desde un nivel de trabajo. Consiste en un anclaje, conectores y un arnés de cuerpo entero y puede incluir una cuerda salvavidas, un dispositivo de desaceleración, una cuerda de seguridad o combinaciones adecuadas de estos elementos. Desde el 1.º de enero de 1998, está prohibido el uso de cinturones para la detención de caídas.

Surfactantes: aditivos que se utilizan en las emulsiones de agua y aceite, que rompen la tensión superficial del líquido.

Unión: conexión de objetos conductores para establecer continuidad eléctrica.

Valor umbral límite (VUL): límite superior para la concentración de solventes en el aire.

Volumen: espacio encerrado por una figura tridimensional.

Español a Inglés

Término en Español	Término en Inglés
Accidente	Accident
Agregado	Aggregate
Anclaje	Anchorage
Andamiaje	Scaffolding
Andamiaje colgante de dos puntos	Two-point swing scaffolding
Aparato	Apparatus
Arco	Arc
Área	Area
Arnés de cuerpo entero	Body harness
Atomización	Atomizing
Bloqueo	Lockout
Borde que sobresale	Leading edge
Caída libre	Free fall
Capa de enlace	Tie coat
Ciclo de limpieza abrasiva y revestimiento	Blast and coat cycle
Cilindro	Cylinder
Circunferencia	Circumference
Clasificación de servicio	Duty rating
Combustible	Combustible
Con puesta a tierra	Grounded
Conector	Connector
Cuerda salvavidas	Lanyard
Cuerno de descarga	Horn
Cumplimiento	Compliance
Decibeles (dB)	Decibels (dBA)
Deficiente en oxígeno	Oxygen-deficient
Desecante	Desiccant
Difuminar	Feathering
Dispositivo de aislamiento de energía	Energy-isolating device
Dispositivo de bloqueo	Lockout device
Dispositivo de etiquetado	Tagout device
Efecto agudo	Acute effect
Efecto crónico	Chronic effect
Electrolito	Electrolyte
Emisiones	Emissions

Término en Español	Término en Inglés
Enriquecida en oxígeno	Oxygen-enriched
Entrada	Entryway
Espacio cerrado	Confined space
Espacio cerrado que no requiere permiso de entrada	Non-permit required confined space
Espacio cerrado que requiere permiso	Permit required confined space
Estándar de Comunicación de Riesgos (HazCom)	Hazard Communication (HazCom) Standard
Estructura de soporte	Support structure
Etiquetado	Tagout
Exponente	Exponent
Exposición aguda	Acute exposure
Exposición crónica	Chronic exposure
Flujo de aire forzado	Forced airflow
Fuente de energía	Energy source
Herramientas con fuente de energía	Electrically powered tools
Herramientas de impacto	Impact tools
Herramientas eléctricas	Power tools
Herramientas neumáticas	Pneumatic tools
Hidrocarburos	Hydrocarbons
Higrómetro	Hygrometer
Hipotermia	Hypothermia
Hoja de datos de seguridad de materiales (MSDS)	Material safety data sheet (MSDS)
Impenetrables	Impenetrable
Impermeables	Impermeable
Interruptor de circuito con falla a tierra	Ground fault circuit interrupter
Iones	Ions
Límite de exposición a corto plazo (LECP)	Short-term exposure limit (STEL)
Límite explosivo superior (LES)	Upper explosive limit (UEL)
Línea de vida	Lifeline

Español a Inglés

Término en Español	Término en Inglés
Línea de vida autorretráctil	Self-retracting lifeline
Microsiemens	Microsiemens
Noble	Noble
Opacidad	Opacity
Oxidación instantánea	Flash rusting
Perpendicular	Perpendicular
Persona competente	Competent person
Pi	Pi
Plan de mejores prácticas	Best practices plan
Plasma	Plasma
Plataforma	Platform
Presión negativa	Negative pressure
Promedio ponderado de tiempo (PPT)	Time-weighted average (TWA)
Protecciones	Guards
Prueba de tamiz	Sieve test
Prueba en área reducida	Patch test
Radio	Radius
Resistentes a las llamas	Flame-resistant
Retardadores de llama	Flame-retardant
Revestimiento de barrera	Barrier coating
Revestimiento de curado por correacción	Coreaction-cure coating
Revestimiento de curado por hidratación	Hydration-cure coating
Revestimiento de curado por oxidación	Oxidation-cure coating
Revestimiento de sacrificio	Sacrificial coating
Revestimiento inhibidor	Inhibitive coating
Revestimientos de curado por condensación	Condensation-cure coating
Riesgo atmosférico	Atmospheric hazard
Sílice	Silica
Sistema personal de detención de caídas	Personal fall-arrest system
Surfactantes	Surfactants
Unión	Bonding
Valor umbral límite (VUL)	Threshold limit value (TLV)
Volumen	Volume

Inglés a Español

Término en Inglés	Término en Español
Accident	Accidente
Aggregate	Agregado
Anchorage	Anclaje
Scaffolding	Andamiaje
Two-point swing scaffolding	Andamiaje colgante de dos puntos
Apparatus	Aparato
Arc	Arco
Area	Área
Body harness	Arnés de cuerpo entero
Atomizing	Atomización
Lockout	Bloqueo
Leading edge	Borde que sobresale
Free fall	Caída libre
Tie coat	Capa de enlace
Blast and coat cycle	Ciclo de limpieza abrasiva y revestimiento
Cylinder	Cilindro
Circumference	Circunferencia
Duty rating	Clasificación de servicio
Combustible	Combustible
Grounded	Con puesta a tierra
Connector	Conector
Lanyard	Cuerda salvavidas
Horn	Cuerno de descarga
Compliance	Cumplimiento
Decibels (dBA)	Decibeles (dB)
Oxygen-deficient	Deficiente en oxígeno
Desiccant	Desecante
Feathering	Difuminar
Energy-isolating device	Dispositivo de aislamiento de energía
Lockout device	Dispositivo de bloqueo
Tagout device	Dispositivo de etiquetado
Acute effect	Efecto agudo

Término en Inglés	Término en Español
Chronic effect	Efecto crónico
Electrolyte	Electrolito
Emissions	Emisiones
Oxygen-enriched	Enriquecida en oxígeno
Entryway	Entrada
Confined space	Espacio cerrado
Non-permit required confined space	Espacio cerrado que no requiere permiso de entrada
Permit required confined space	Espacio cerrado que requiere permiso
Hazard Communication (HazCom) Standard	Estándar de Comunicación de Riesgos (HazCom)
Support structure	Estructura de soporte
Tagout	Etiquetado
Exponent	Exponente
Acute exposure	Exposición aguda
Chronic exposure	Exposición crónica
Forced airflow	Flujo de aire forzado
Energy source	Fuente de energía
Electrically powered tools	Herramientas con fuente de energía
Impact tools	Herramientas de impacto
Power tools	Herramientas eléctricas
Pneumatic tools	Herramientas neumáticas
Hydrocarbons	Hidrocarburos
Hygrometer	Higrómetro
Hypothermia	Hipotermia
Material safety data sheet (MSDS)	Hoja de datos de seguridad de materiales (MSDS)
Impenetrable	Impenetrables
Impermeable	Impermeables

Inglés a Español

Término en Inglés	Término en Español
Ground fault circuit interrupter	Interruptor de circuito con falla a tierra
Ions	Iones
Short-term exposure limit (STEL)	Límite de exposición a corto plazo (LECP)
Upper explosive limit (UEL)	Límite explosivo superior (LES)
Lifeline	Línea de vida
Self-retracting lifeline	Línea de vida autorretráctil
Microsiemens	Microsiemens
Noble	Noble
Opacity	Opacidad
Flash rusting	Oxidación instantánea
Perpendicular	Perpendicular
Competent person	Persona competente
Pi	Pi
Best practices plan	Plan de mejores prácticas
Plasma	Plasma
Platform	Plataforma
Negative pressure	Presión negativa
Time-weighted average (TWA)	Promedio ponderado de tiempo (PPT)
Guards	Protecciones
Sieve test	Prueba de tamiz
Patch test	Prueba en área reducida
Radius	Radio

Término en Inglés	Término en Español
Flame-resistant	Resistentes a las llamas
Flame-retardant	Retardadores de llama
Barrier coating	Revestimiento de barrera
Coreaction-cure coating	Revestimiento de curado por correacción
Hydration-cure coating	Revestimiento de curado por hidratación
Oxidation-cure coating	Revestimiento de curado por oxidación
Sacrificial coating	Revestimiento de sacrificio
Inhibitive coating	Revestimiento inhibidor
Condensation-cure coating	Revestimientos de curado por condensación
Atmospheric hazard	Riesgo atmosférico
Silica	Sílice
Personal fall-arrest system	Sistema personal de detención de caídas
Surfactants	Surfactantes
Bonding	Unión
Threshold limit value (TLV)	Valor umbral límite (VUL)
Volume	Volumen